JN302612

地震と断層の力学
第二版

C.H.ショルツ 著

柳谷 俊・中谷正生 訳

古今書院

The Mechanics of Earthquakes and Faulting
2nd edition

Chirstopher H. Scholz
Lamont-Doherty Geological Observatory and
Department of Earth and Environmental Sciences,
Columbia University

Published by The Press Syndicate of
The University of Cambridge

©2002 Cambridge University Press

Japanese translation rights arranged with Cambridge University Press, UK
through Tuttle-Mori Agency, Inc., Tokyo

第二版への序文

　1989年にこの本の初版を出版したとき，地震と断層の研究はまだ急速に発展しつづけていたし，それは今にいたるまでつづいている．だから，この本が有用でありつづけるためには，大幅な改定と更新をおこなって新版をつくる必要があると思われた．もちろんこの12年間の進歩は一様ではない．急速な発展をした分野もあれば，比較的動きのなかった分野もある．その結果，大幅にかきなおした節や章もあれば，すこし更新しただけでほとんどかわっていないところもある．今回の改訂では全体の長さをかえないことをひとつの目標としたが，それはおおむねうまくいった．そのためには，今からみれば，おもったほど重要ではなかった事柄や，その後の研究によってぬりかえられてしまった事柄を削除しなければならなかった．

　初版のふたつの主要な主題は，その後にさらなる発展をとげた．ひとつは断層と地震の力学の密接なつながりである．1989年には，断層の力学はいぜん初歩的な段階にとどまっていたが，90年代に急速に進歩して，断層の重要なスケーリング則や，断層の集団としての特徴が発見され，こういったものが断層の成長と相互作用の過程からいかにして生じるかがわかった．このような断層の力学に関する知識によって，断層形成と地震というものが，「おなじ物理システムの発展のふたつの側面である」という認識がより完全になる．前者はながい時間スケールでの，後者はみじかい時間スケールでの見え方なのである．この方向のおおきな発展は，断層にしろ地震にしろ，個々がバラバラにふるまうのではなく，それらがつくりだす応力を介して，他の断層や地震と相互作用すると理解されるようになったことである．まわりの断層の活動を刺激することも，抑制することもあるが，断層でも地震でも，これらの集団は，そのような相互作用のトータルな結果として形成されるのである．

　もうひとつの主要な主題は，速度－状態変数（RS）摩擦則が，地震の力学において中心的な役割をはたすことである．RS摩擦則は，今や地震の不安定自体の原因となるだけでなく，地震に関連した他の広範な現象の原因となることがわかった．たとえば，サイスミック・カップリングの度合い，地震前後の現象，地震の誘発などをコントロールし，さらには地球潮汐のような一過的なものには，地震活動が比較的応答しにくい原因となっていることである．このようにこの摩擦則は，以前にはたがいに別々のことともわれていたおおくの現象の共通性を理解するための縦糸となるのである．そのいっぽうで，この摩

擦則の背後にある物理の理解が進み，この摩擦則は以前ほど不透明なものではなくなった．

デジタルの広帯域地震計のテレメーター化されたネットワーク，GPS や InSAR〔Interferometric Synthetic Aperture Radar; 合成開口レーダーをもちいたインタフェロメトリー〕による宇宙からの測地法が発達し利用できるようになったおかげで，地震とそのサイクルがいまだかってない精緻さでみえるようになった．これらの観測データのインバージョンによって，地震と地震のあいだの期間の載荷と地震後のリラクゼーションの詳細な様子とともに，California 州のような観測点のおおい地域で発生した大地震については，そのくわしい運動の様子が分解できるようになった．これらの成果はすべて，運動が生じた原因に関する理解をすすめるのに役だっている．

おおくの人々が今回の改訂作業をたすけてくれた．特に，中谷正生には負うところがおおきい．彼は初版の欠点に関してたくさんのコメントをくれ，また私が RS 摩擦則の物理的基礎をよりよく理解できるようにたすけてくれた．

　　　2001 年 4 月，New York 州 Palisades

序　文

　E. M. Anderson の断層の動力学〔The Dynamics of Faulting〕と C. F. Richter の初等地震学〔Elementary Seismolgy〕が刊行されてから，すでに 30 年以上たった．これらを教科書にして数世代もの地球科学者がそだった．これらの本は，断層や地震に関する卓越した記述ゆえに，いまだに一読に値するけれども，彼らが採用した力学的法則は，いまでは，学部の 2, 3 年生にもよく理解されている．また，このあいだに，地震と断層についてたくさんの事柄があきらかになり，これらの本に記述された，ふたつの主題である断層形成と地震は，断層の発現のひとつが地震であると，いっそうはっきり理解されたことによって，ひとつのさらにひろい分野に成長した．このような急速な進歩の時代には，2 冊の古典とのギャップをみたす適切な単行本はまったくかかれなかった．というわけで，この領域の学生や研究者とって，力学の基礎的原理のうえにしっかりときずきあげられたこの分野の今日的かつ包括的な全体像を把握することは，ますます困難になってきた．この要求をみたすためにこの本はかかれたのである．

　この分野の研究者が直面するすくなからぬ困難は，この主題の学際的な性質にある．歴史的な経緯から，地震の研究は地震学者の職分に属し，断層の研究は地質学者の職分に属するとかんがえられている．しかしながら，地震はいたるところに存在する断層の不安定な挙動の結果であり，しかも，すべりはほとんどの断層で地震のときに発生するので，ふたつの専門分野に対する興味はかならずからみあわなければならない．さらに，地震と断層形成のプロセスに対する力学の研究には，岩石力学の研究者もかかわるようになった．なぜなら，これらの自然現象の世界は専門分野をたて糸として体系化されているので，岩石の性質や岩石の表面の性質がもたらす最終的な帰結であるからである．

　科学，科学者の訓練は，研究対象に立脚するのではなく，彼らの所属する専門分野に立脚したものとなっている．そのせいで，地震・断層のような学際・境界領域に属する主題は，それぞれの専門の優位性をいかす応用問題として，ばらばらにアタックされる傾向がある．これは不都合なことで，分野間のコミュニケーションの不足のために，進歩がさまたげられ，誤解もふえるにちがいない．別々の，ときには対立する学派が，分野間の壁に保護されて繁栄を享受できる．あるひとつの専門分野ではたらく科学者は，自分の分野に関連する事柄であっても，他の分野で確立した事実には無知だろうし，まして，他の分野で信じられていることの基礎となる一連の事実関係に精通していることはのぞむべくもな

い．このことは，ある問題をかんがえるときに，さまざまな側面をみおとしてしまうのみならず，他の分野でえられた結果を，その分野の人々より過信してしまうことにもつながる．したがって，他の分野の成果を耳学問によってしるだけでは不十分であり，その分野の業績がどのような証拠の内的構造と道具だてにもとづいてうちたてられたかをしらなければならない．そして，やっとジグソー・パズルにおいてぴったりした位置をみいだすように，さまざまな専門分野でえられた結果の重要性を評価して，あたらしい分野にしめるそれぞれのただしい位置をさだめることができるのである．地震と断層に関する論文は彪大な数にのぼり，かつ多岐にわたるようになってきたので，このような作業には入門書が役だつ．そのような手引きは，木をみて森をみうしなうといった結果にならないように，ものごとを統一化できる二三の力学原理に準拠する必要がある．

　私はこの問題に対して，それぞれ程度の違いはあるが，さまざまにことなった専門分野に立脚したアプローチをこころみたし，それの初歩的な実用的知識をもっているけれども，私の専門は岩石力学であるので，この本では，岩石力学によるアプローチをもっとも強調した．断層はせん断クラックとしてとりあつかわれ，せん断クラックの伝播は破壊力学を適用することによって理解される．つぎに，断層がサイスミック〔seismic；地震波を放射する〕か，エイサイスミック〔aseismic；非地震性〕かをきめる断層の動きの安定性は，断層表面の摩擦すべりの構成則に支配されるので，摩擦は本書全体においてももうひとつのおおきなテーマである．しかしながら，このふたつの原理を地学に適用することはひとすりなわではゆかない．自然の条件をなぞった実験を，実験室で実際におこなうことは不可能である．実験的研究は，物理学的なプロセスをあきらかにし，理論の妥当性を評価するためにだけつかうことができる．したがって，実験的仕事によってえられた結果を自然現象に適用するには，概念的な飛躍が必要である．なぜなら，そこにはスケールの問題があるうえ，材料の性質やそれがおかれる物理的条件もよくわかっていないからである．概念的な飛躍には，つねに地質学的ならびに地球物理学的な観察を頼みとしなければならない．そして，物理学的原理を逆にたどりながら，断層の挙動をほんとうに支配する原因がきめられる．このようなわけで，この本では自然のケースの観察に関する記述におおくがついやされる．

　岩石力学は，大学の地球科学コースのカリキュラムでいつも講義されるわけではないので，1章，2章は岩石のぜい性破壊と摩擦にあてられ，出発点となる原理からスタートしている．これらの章は，後で地質学的現象を論ずるための基礎となる．ひきつづく章では，大学院初級レベルの地球科学に関係する原理の理解が前提となっている．そこでは，地質学，地震学，測地学の結果が提示されるが，さまざまな専門分野でもちいられたテクニックにはたちいらなかった．ここでは，専門的な技法をおしえることより，科学的な事柄に対する総括的な理解をあたえることに重点がおかれている．この本のゴールは，おのおのトピックを，他の分野にたずさわる人々にも理解できるレベルで，正確に記述すること

である．

　本を著述するにはさまざまな方法がありうる．われわれの主題に対して，物理的メカニズムをめぐって本を構成するか，物理的メカニズムが発現される自然現象をめぐって本を構成するかは，ひじょうにむずかしい選択であった．後者は，地球科学者にとってよくしられた方法であり，前者は力学の研究者にとってよくしられた方法であろう．よくなじんだ伝統的な枠組みも多数のこしたが，最終的には，力学を中心にした体系を採用することにした．なぜなら，二三のメカニズムが多数のことなる堨象において重要な役割をはたすからである．このとき，共通するメカニズムがみつけられなければ，とおくへだたった現象として理解されるかもしれない．ひとつの地震に複数の現象が発現していることもあり，しばしばふたつ以上のトピックに関係するため，主題をひとつずつ順番に提示することがいつも可能だったわけではない．したがって，ここでは相互に参照しあうような体系〔system of cross-referencing〕を採用した．読者がどのような道筋をたどっても，迷子にならないように構成したつもりだ．この体系が読者に混乱をもたらすことなく，おおいに有効であることをいのっている．

　私がはじめて大学院にはいった 25 年前には，この本でのべたような事柄の大部分はまだしられていなかった．Anderson や Richter の本でその輪郭がのべられた第 1 世代の知識は，第 2 世代によって力学の原理にのっとった研究がさらにすすめられ，以前より完全かつ定量的になった．この時代はたいへん生産的な時代であった．この本はこの時代の記念碑でもある．私自身の研究の発展も，おおくの人々との共同作業に負っている．私の最初の師である W. F. Brace は，この道に私をみちびいてくれた．以来，たくさんの人々が道をてらしてくれた．この時代をとおして，私は啓発的な科学助成制度の恩恵を享受することができ，それをつかって数おおくの興味ぶかい研究に従事することができた．しかもしばしば，すくなからぬ費用をつかうことができた．この点については，特に，National Science Foundation, U. S. Geological Survey, National Aeronautics and Space Administration に感謝したい．

　この本を準備するにあたり，多数の人々の助力をえた．特に，編集を担当していただいた Peter-John Leone，たくさんの図表を作成していただいた Kazuko Nagao，原稿のさまざまな部分を査読していただいた T. -F. Wong, W. Means, J. Logan, S. Das, P. Molnar, J. Boatwright, L. Sykes, D. Simpson, and C. Sammis に謝意をのべたい．特に，本文に対しておおくの有益なコメントをしてくれた T. C. Hanks にお礼をいいたい．彼は，20 年来にわたる交友関係を通じて，私のいたらない点をいつも指摘しつづけてくれた．私はこの本を妻の Yoshiko にささげる．彼女は，この仕事を遂行するのに必要な私的な生活の安定を講じてくれた．

目　次

第二版への序文 ... i
序文 ... iii

1　岩石のぜい性破壊　1

1.1　理論的概念 ... 1
　1.1.1　歴史的展望 ... 1
　1.1.2　Griffith 理論 ... 3
　1.1.3　線形破壊力学 ... 8
　1.1.4　クラック・モデル ... 13
　1.1.5　巨視的な破壊基準 ... 16
1.2　岩石強度の実験的研究 ... 21
　1.2.1　巨視的な強度 ... 22
　1.2.2　破壊エネルギー ... 27
　1.2.3　実験結果からみた破壊基準の意義 ... 30
　1.2.4　強度に対するスケールの効果 ... 34
1.3　破壊に対する間隙流体の効果 ... 35
　1.3.1　有効応力の法則 ... 35
　1.3.2　強度に対する環境効果 ... 37
1.4　ぜい性―塑性遷移 ... 42
　1.4.1　概括的な原理 ... 42
　1.4.2　圧力によってひきおこされるぜい性―塑性遷移 ... 44
　1.4.3　温度によってひきおこされるぜい性―塑性遷移 ... 46
　1.4.4　地質学的な条件への外挿 ... 48

2　岩石の摩擦　51

2.1　理論的概念 ... 51
　2.1.1　歴史的展望 ... 51

		2.1.2	摩擦の接着理論	53
		2.1.3	摩擦に対する弾性接触理論	55
		2.1.4	その他の摩擦の相互作用	60
	2.2	実験で観察された摩擦		62
		2.2.1	実験で観察された岩石の摩擦の一般的性質	63
		2.2.2	摩擦に対するさまざまな変数の効果	65
		2.2.3	摩擦	73
	2.3	スティック―スリップと安定すべり		76
		2.3.1	イントロダクション	76
		2.3.2	摩擦に対するすべり速度の効果；RS 摩擦則	79
		2.3.3	摩擦の安定・条件つき安定・不安定の領域	84
		2.3.4	スティック―スリップの動力学	90
	2.4	地質学的な条件下での摩擦		93

3 断層形成の力学　　　　　　　　　　　　　　　　　　　　　98

	3.1	力学的な枠組み		98
		3.1.1	断層形成に関する Anderson の理論	98
		3.1.2	オーバースラスト断層に対する Hubbert-Rubey の理論	101
		3.1.3	地殻の応力、既存の断層のすべり、摩擦	104
	3.2	断層の形成と成長		107
		3.2.1	断層の形成に関する問題	107
		3.2.2	断層の成長と発達	111
		3.2.3	断層の相互作用と断層の集団としての性質	122
	3.3	断層岩とその構造		131
		3.3.1	断層岩と変形のメカニズム	132
		3.3.2	ファブリックと表面	136
	3.4	断層の強度とレオロジー		140
		3.4.1	せん断ゾーンの断面のモデリング	141
		3.4.2	深部の延性的せん断ゾーン：断層の下部への延長	147
		3.4.3	断層運動にともなう熱	149
		3.4.4	地殻内の断層ゾーンの強度に関する論争	151
	3.5	断層の形態と不均一性の力学的効果		160
		3.5.1	断層のトポグラフィーと形態	160
		3.5.2	断層の不規則性の力学的効果	165

4 地震の動力学 171

4.1 歴史的発展 171
4.2 理論的な背景 173
4.2.1 動的なエネルギー・バランス 173
4.2.2 せん断クラックの動的な伝播 177
4.2.3 地震のラプチャーに対する簡単な応用 186
4.3 地震の現象学 189
4.3.1 地震の定量化 189
4.3.2 地震のスケーリング法則 193
4.4 地震の観察 200
4.4.1 ケース・スタディ 200
4.4.2 地震の発生系列 213
4.4.3 複合地震：クラスタリングとマイグレーション 217
4.5 地震の相互作用の力学 221
4.5.1 Coulomb 応力の増減 221
4.5.2 時間遅れのメカニズム 227

5 地震サイクル 233

5.1 歴史的展望 233
5.2 地殻変動のサイクル 236
5.2.1 ひずみの蓄積過程の測地学的観察 236
5.2.2 ひずみの蓄積のモデル 244
5.3.2 ポストサイスミックな現象 250
5.3 地震のサイクル 254
5.3.1 地震の再来 254
5.3.2 地震の再来時間に関する地質学的観察 262
5.3.3 不十分なデータをもちいた地震の繰り返しの推定 272
5.3.4 載荷サイクルと地震活動の変化 276
5.3.5 地震の周期性に関する問題 279
5.4 地震の再来モデル 281

6 地震テクトニクス　　287

6.1　イントロダクション　　287
6.2　地震テクトニクスの解析法　　290
　6.2.1　定性的解析　　290
　6.2.2　定量的解析　　292
6.3　比較地震テクトニクス　　295
　6.3.1　沈み込みゾーンの地震活動　　295
　6.3.2　海洋性地震　　303
　6.3.3　大陸の伸張地域　　307
　6.3.4　プレート内地震　　309
　6.3.5　深発地震のメカニズム　　314
　6.3.6　スロー地震と津波地震　　316
6.4　サイスミックな断層とエイサイスミックな断層の
　　　テクトニクスに対する寄与　　318
　6.4.1　エイサイスミックなすべり　　318
　6.4.2　沈み込みゾーンのサイスミック・カップリング　　321
6.5　人工的に誘発された地震活動　　325
　6.5.1　人工的に誘発された地震活動の例　　325
　6.5.2　貯水によって地震活動が誘発されるメカニズム　　329
　6.5.3　鉱山の操業によって誘発された地震活動　　332
　6.5.4　応力ゲージとしての人工的に誘発された地震活動　　332

7 地震予知と地震災害危険度の解析　　335

7.1　イントロダクション　　335
　7.1.1　歴史的概観　　335
　7.1.2　さまざまなタイプの地震予知　　336
　7.1.3　地震予知は可能か？　　339
7.2　先行現象　　340
　7.2.1　計器がなかった時代の観察　　341
　7.2.2　中期的先行現象　　343
　7.2.3　短期的先行現象　　355

7.3 先行現象のメカニズム　359
- 7.3.1 ニュークリエーション・モデル　360
- 7.3.2 ダイレイタンシー・モデル　364
- 7.3.3 リソスフェア載荷モデル　370
- 7.3.4 臨界点理論　373
- 7.3.5 モデルと観察結果の比較　374
- 7.3.6 地震予知の実験　382

7.4 地震災害危険度の解析　383
- 7.4.1 従来の方法　383
- 7.4.2 長期的な地震災害危険度の解析　384
- 7.4.3 現時点での地震災害危険度の解析　388

7.5 将来の展望と問題　389

文　献　394
索　引　441

1 岩石のぜい性破壊

　地球の上部リソスフェアにおけるひくい温度と圧力のもとで，珪酸塩岩石のおおきなひずみに対する応答はぜい性破壊である．ぜい性的な挙動をみちびきだすメカニズムはクラックの伝播であり，これはすべてのスケールで生じるだろう．ぜい性的な変形は，後にひきつづくさまざまなトピックを理解する基礎となるので，これをまなぶことからはじめよう．

1.1 理論的概念

1.1.1 歴史的展望

　岩石の強度に関する基本的な性質を理解することは，古代より実務に不可欠であった．鉱山の採鉱にはそれが重要であるし，また建築物の主たる材料は岩石だったからである．石器の製作には，クラックの伝播現象の直観的な把握が必要であった．そして，鉱山や石切場の掘削，石の彫刻は，岩石の力学的性質に関するふかい知識を要求する仕事である．たとえば，石切場におけるレイアウトと掘削においては，何世紀も昔から，効率と生産性をあげるために，岩石にわれやすい方向があることが利用されていた．ぜい性固体のもっとも重要な性質は，引っ張りのもとでの強度が，圧縮のもとでの強度よりずっとよわいことである．それゆえ，建築の分野では，アーチ，ドーム，飛び梁など，岩石を完全な圧縮状態でつかう構造物が発達した．

　岩石はその昔，工学材料として特に重要であり，その強度が科学的にしらべられた最初の材料のひとつである．19世紀末までには，岩石破壊の巨視的な現象学が科学的基礎の上に構築された．それほどたかくない封圧をかけて，多様な条件のもとで破壊実験がおこなわれた．Coulombの破壊基準やMohrの応力円をもちいた解析が発達し，岩石の破壊を記述するためにつかわれた．これらは十分な成功をおさめ，工学や地質学の分野において，破壊プロセスを記述するために現在でもつかわれている主要な手法となっている．

　ぜい性破壊の近代的理論は，強度を材料の原子論によって説明できないという危機，すなわち材料の強度をどう理解するか，という問いに対する解答として発展した．簡単にいえば，強度は，あたえられた条件のもとで材料がささえることのできる最大の応力とみな

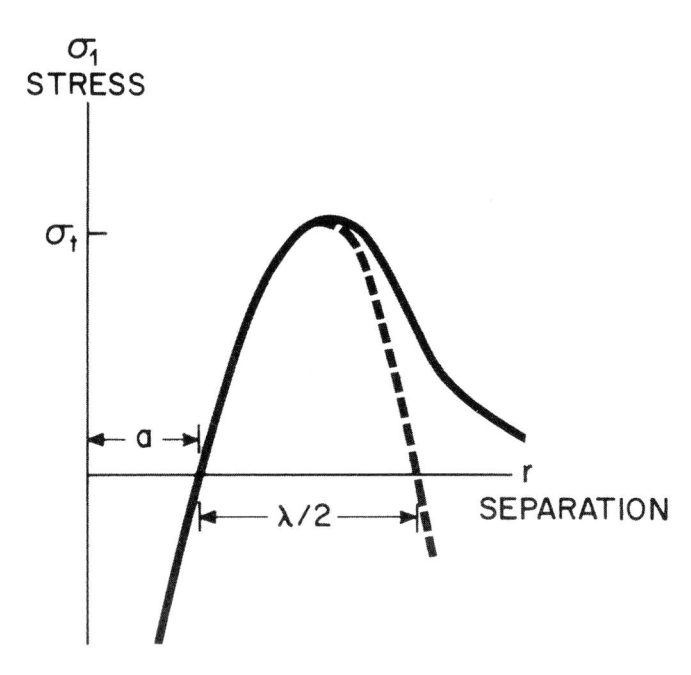

図1.1 原子間にはたらく力の非調和型モデルのスケッチ．応力と原子間距離の関係（太線）と，そのシヌソイドによる近似（破線）がしめされている．

せる．破壊（または流動）は原子間結合の破断と関係するはずである．したがって，固体の**理論的強度**の推定値は，格子面を横ぎって原子の結合をこわすために必要な応力である．

図1.1にしめすような，固体のなかの原子間にはたらく力の簡単な非調和型モデル〔anharmonic model〕をかんがえよう．引っ張り応力 σ が課せられると，原子間距離 r は，もとの平衡にある間隔 a よりふえる（Orowan, 1949）．応力がピークに達する直前だけをかんがえれば十分であるから，応力と変位の関係をシヌソイド〔正弦曲線〕で近似すると，つぎのようになる．

$$\sigma = \sigma_t \sin\left[\frac{2\pi(r-a)}{\lambda}\right] \tag{1.1}$$

微小変位に対しては，$r \approx a$ であるから，つぎのような関係がえられる．

$$\frac{d\sigma}{d(r-a)} = \frac{E}{a} = \frac{2\pi}{\lambda}\sigma_t \cos\left[\frac{2\pi(r-a)}{\lambda}\right] \tag{1.2}$$

しかし，$(r-a)/\lambda \ll 1$ であるから，コサインの部分は1になり，つぎの式がみちびかれる．

$$\sigma_t = \frac{E\lambda}{2\pi a} \tag{1.3}$$

ここで，E は Young 率である．$R = 3a/2$ のときには，原子はふたつの平衡の位置の中間にあることになる．対称性により，そこでは $\sigma = 0$ であり，$a \approx \lambda$ になる．したがって，理

論的強度はおおよそ $E/2\pi$ である．格子面を $\lambda/2$ だけひきはなす仕事は，固有表面エネルギー〔specific surface energy〕γ とひとしい．これは結合を破壊するために必要な単位面積あたりのエネルギーであり，つぎのようにかける．

$$2\gamma = \int_0^{\lambda/2} \sigma_t \sin\left[\frac{2\pi(r-a)}{\lambda}\right] d(r-a) = \frac{\lambda \sigma_t}{\pi} \tag{1.4}$$

ここで，$\sigma_t \approx E/2\pi$ とすると，$\gamma \approx Ea/4\pi^2$ とみつもることができる．

この見積もりによる理論強度の値は 5 - 10 GPa であり，現実の材料の強度より数桁おおきい．この違いは，現実の材料はすべて欠陥をふくむという仮説によって説明され，後になってこの仮説の正しさがみとめられた．ふたつのタイプの欠陥〔defect〕が重要である．ひとつはクラックであり，面状の欠陥である．もうひとつは転位〔dislocation〕であり，線状の欠陥〔line defect〕である．どちらの欠陥も，課せられた応力の増加に応答して伝播することがあり，材料のなかに降伏〔yielding〕をもたらす．これは，理論強度よりずっとひくい応力下でおこるだろう．なぜなら，どちらのメカニズムも，欠陥の存在によってひきおこされた**応力集中**〔stress concentration〕域のなかで，局所的に理論強度をこえるところがあればことたりるからである．このふたつのメカニズムは，巨視的にまったくちがった挙動をうみだす．クラックが活動的な欠陥であるときには，材料はばらばらになって，しばしばカタストロフィクに破壊する．これはぜい性〔brittle〕挙動である．転位のときにはその伝播によって塑性流動〔plastic flow〕がおこり，格子構造がたもたれたままでの永久変形〔permanent deformation〕が生じる．

これらのふたつのプロセスは，排他的とまではならないが，たがいに邪魔しあう傾向がある．したがって，結晶質固体の挙動をぜい性と延性〔ductile〕のふたつに分類することができる．もちろん，ふたつがまざりあった準ぜい性〔semibrittle〕としてしられる挙動もあり，これは意外と広範におこるかもしれない．リソスフェアは，レオロジー的物性がいちじるしくことなるぜい性と延性のふたつの部分から構成されているので，これらをあらわすためにつぎのようなあたらしい用語を定義すると便利である．すなわち，ぜい性をしめす領域を**スキツォスフェア**〔schizosphere；"spilt" の意をあらわすギリシャ語から借用した造語；破壊圏〕，延性をしめす領域を**プラストスフェア**〔plastosphere；流動圏〕とよぶことにする．この本ではほとんど，純粋なぜい性プロセスをとりあつかう．したがって，主としてスキツォスフェアの挙動とかかわることになる．

1.1.2 Griffith 理論

強度に関する近代的理論はどれも，そのことを明示してもしていなくても，現実の材料は欠陥をふくむことをみとめている．欠陥は，物体の内部に応力集中を生じさせ，理論強

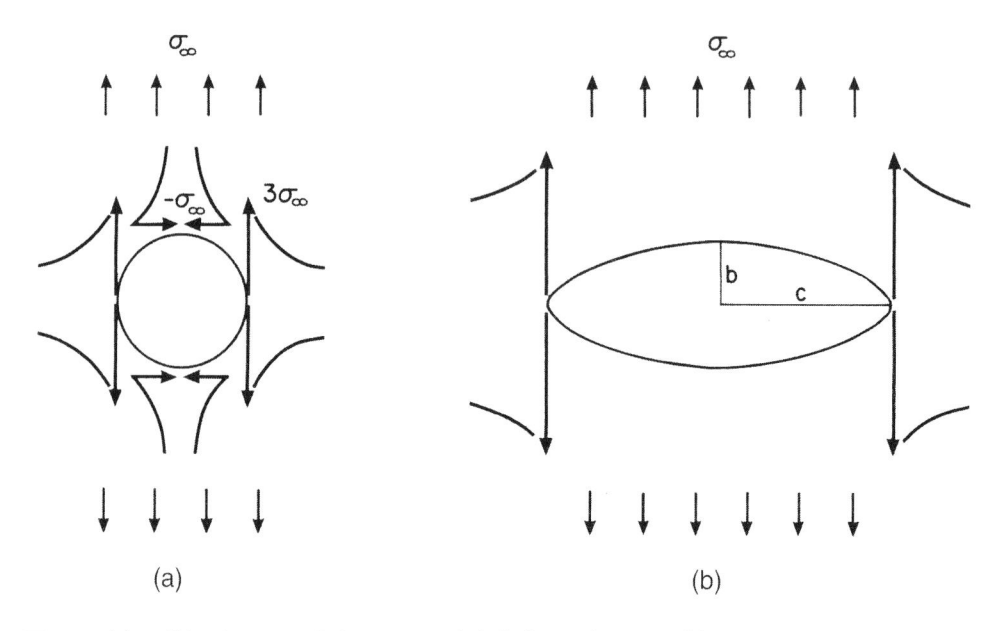

図1.2 (a) 平板のなかの円孔まわりとの応力集中．平板には一様な引っ張り応力 σ_∞ が遠方から課せられている．(b) 平板のなかの楕円孔まわりの応力集中．

度よりずっとひくい応力で材料が破壊する原因となる．簡単な例を図1.2aにあげる．この例では，円孔をもつ平板が，遠方から一様な引っ張り応力 σ_∞ をうけている．弾性理論から，円孔の上部と底部には大きさが σ_∞ の圧縮応力が存在し，左右端には大きさが $3\sigma_\infty$ の引っ張り応力が存在することをしめすことができる．このような応力集中は，円孔部分が荷重をになえないために生じ，応力集中の大きさは，孔のサイズには無関係で幾何学的形状だけできまる．図1.2bのように，短軸が b，長軸が c の楕円孔のときには，楕円孔の長軸端での応力集中は c/b に比例して増加することが，つぎの近似公式からわかる．

$$\sigma \approx \sigma_\infty(1+2c/b)$$

$c \gg b$ のときには，

$$\sigma \approx \sigma_\infty[1+2(c/\rho)^{1/2}] \approx \sigma_\infty(c/\rho)^{1/2} \tag{1.5}$$

ここで ρ は，クラック先端での曲率半径である．このことから，ひじょうにながくてせまいクラックでは，$\sigma_\infty \ll \sigma_t$ のときにも，クラック先端の応力が理論的強度に達することが明白である．式1.5は，クラックがながくなると応力集中がおおきくなることをあらわしているので，クラックの成長によって動的な不安定が生じることがわかる．

Griffith（1920, 1924）は，この問題をもっと基礎的なレベル，すなわちクラックの伸展におけるエネルギー・バランスとして定式化した．図1.3aに彼が考察したクラック・システムをしめす．このシステムは長さ $2c$ のクラックをふくむ弾性体であり，外部との境界にはたらく力によって載荷されている．クラックが長さの増分 δc だけのびると，外力

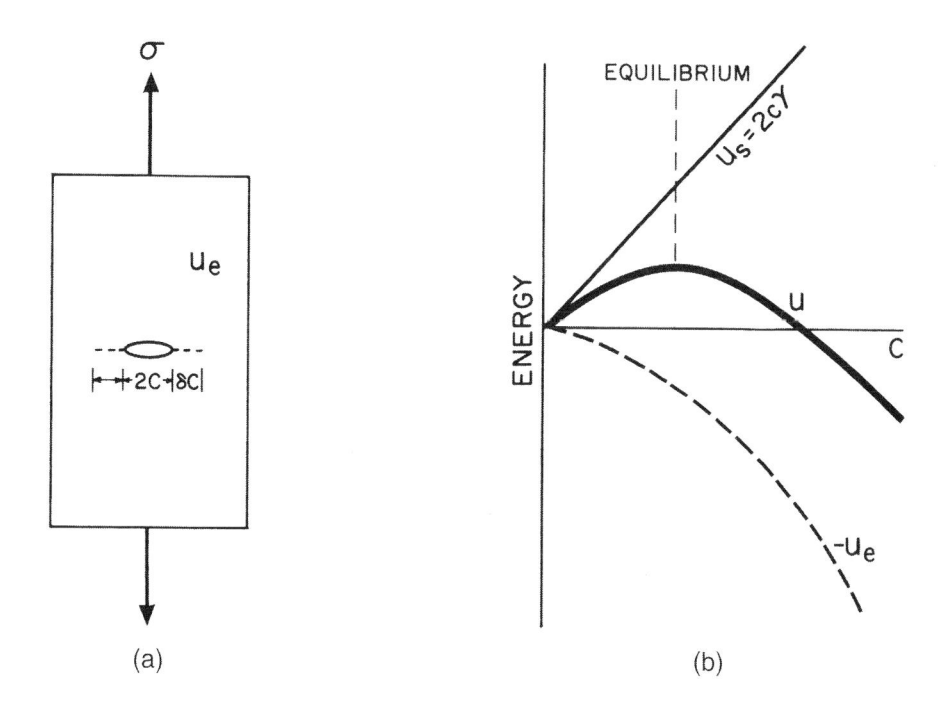

図 1.3 (a) 棒のなかに存在するクラックの伝播に関する Griffith モデル．(b) クラック伝播プロセスにおけるエネルギー配分．

によって W の仕事がなされ，内部ひずみエネルギー U_e が変化し，あたらしい表面をつくるのに必要なエネルギー U_s が消費されるだろう．したがって，静的なクラックに対するシステムの総エネルギー U は，つぎのようになる．

$$U = (-W + U_e) + U_s \tag{1.6}$$

カッコのなかの項は力学的エネルギーとよばれる．もし，クラックの伸長増分 δc の表面間の凝着力〔cohesion〕がなくなれば，あたらしいよりひくいエネルギー状態におちつくために，クラックが外側へ加速するのは明白である．したがって，クラックの伸長とともに力学的エネルギーは減少するにちがいない．逆に，あたらしい表面をつくるには，凝着力に抗する仕事がなされなければならないから，表面エネルギーはクラックの伸長とともに増加するだろう．このように競合するふたつの要因があるなかでクラックがのびるためには，システムの総エネルギーは減少しなければならない．いっぽう，力学エネルギーの減少と表面エネルギーの増加がバランスすれば平衡になる．したがって平衡条件は，つぎのようにかける．

$$dU/dc = 0 \tag{1.7}$$

Griffith は，一様な引っ張りをうける棒のなかにクラックが存在するケースを解析した．一様な引っ張り応力のもとにおかれた，長さが y，Young 率が E の単位断面積をもつ棒の

ひずみエネルギーは $U_e = y\sigma^2/2E$ である．もし長さが $2c$ のクラックが導入されると，ひずみエネルギーは $\pi c^2\sigma^2/E$ だけ増加するので，U_e はつぎのようになる．

$$U_e = \sigma^2(y + 2\pi c^2)/2E \tag{1.8}$$

クラックが導入されると，棒はより変形しやすく〔compliant〕なり，棒の有効弾性定数は $\underline{E} = yE/(y + 2\pi c^2)$ にさがる．クラックを導入するための仕事は，つぎのようになる．

$$W = \sigma y(\sigma/\underline{E} - \sigma/E) = 2\pi\sigma^2 c^2/E \tag{1.9}$$

そして，表面エネルギーの変化は，つぎの式であたえられる．

$$U_s = 4c\gamma \tag{1.10}$$

式 1.8 - 1.10 を，式 1.6 に代入すると，トータル・エネルギーがもとまる．

$$U = -\pi c^2\sigma^2/E + 4c\gamma \tag{1.11}$$

さらに，平衡条件（式 1.7）を適用すると，適切〔引っ張り応力と垂直〕に配向したクラックが平衡に達しているときの限界応力 σ_f がみちびかれる．

$$\sigma_f = (2E\gamma/\pi c)^{1/2} \tag{1.12}$$

図 1.3b に，システムのトータル・エネルギー U，ひずみエネルギー U_e，表面エネルギー U_s が，しめされている．この図から，式 1.12 が不安定平衡の位置をきめることがわかる．すなわち，この条件がみたされると，クラックは無制限にひろがり，本体の巨視的な破壊にいたる．

Griffith は，ノッチ〔notch；切り欠き〕の深さをかえてガラス棒の破断強度を測定することによって，彼の理論を実験的にテストした．式 1.12 とおなじ形をした実験結果がえられ，そこから彼は γ の値を推定できた．つぎに，高温で棒をひっぱり，ネッキングによってふたつに分離するのに必要なエネルギーを測定するという手法によって，γ の値の独立した推定をおこなった．彼は，この結果を室温まで外挿し，強度試験からえられた値とほどよい一致をえた．

Griffith の結果は，あくまで熱力学的な平衡の考察からみちびかれたものである．議論をもとにもどすと，Griffith の条件がみたされたとき，クラックの先端において理論的強度が達成されているかどうかが問題だろう．すなわち応力は，実際に結合をこわすのに十分なほどたかいのであろうか？ この問いは Orowan（1949）によって提起された．彼は，われわれが前にのべたような，原子レベルまでとがったクラックの先端での応力をかんがえた．式 1.3 と式 1.4 を組あわせれば，つぎの式がえられる．

$$\sigma_t = (E\gamma/a)^{1/2} \tag{1.13}$$

巨視的な応力 σ_f（式1.5）で載荷されるとき，長さ $2c$ のクラックの両端に発生する応力はつぎの式であたえられる．

$$\sigma_t = 2\sigma_f(c/a)^{1/2} \tag{1.14}$$

したがって，σ_f がつぎのようにもとまる．

$$\sigma_f = (E\gamma/4c)^{1/2} \tag{1.15}$$

この式は式1.12と酷似している．これらのふたつの結果がよく一致しているということは，これらがクラック伝播の必要十分条件であることをしめしている．Griffith の熱力学的取り扱いは，クラックの伝播がエネルギー的に有利となる条件をしめし，いっぽう Orowan の計算は，原子間結合を破断するに十分なクラック先端の応力の条件をしめしている．$\gamma \approx Ea/30$（式1.4）の代表値に対して，ひろく観察される強度 $E/500$ は，長さが $c \approx 1\,\mu m$ のクラックが存在すれば説明できる．電子顕微鏡が出現する以前には，このような微視的クラックがどこにでも存在するというのは仮説であった．そういうわけで，この微視的クラックに対して，**Griffith クラック**という用語があてられた．

　Griffith の定式化は，応力が一定という境界条件の結果として生じる暗黙の不安定性をもつ．対照的に，Obreimoff（1930）の実験では，クラックが安定に伝播する状況がつくりだされた．Obreimoff は，図1.4a にしめすように，書物のようにかさなった雲母のブロックのなかにくさびをおしこみ，雲母のへき開強度を測定した．この実験での境界条件は一定変位である．くさびはかたい〔stiff〕とかんがえられるので，曲げ力 F はどんな変位も生じさせることはない．このシステムに対してなされる外部仕事はゼロである．

$$W = 0 \tag{1.16}$$

初歩的な梁の理論から，まげられた薄片のひずみエネルギーは，つぎのようにあたえられる．

$$U_e = Ed^3h^2/8c^3 \tag{1.17}$$

そして，$U_s = 2c\gamma$ と $dU/dc = 0$ の条件をつかって，平衡にあるクラックの長さがつぎのようにもとまる．

$$c = (3Ed^3h^2/16\gamma)^{1/4} \tag{1.18}$$

図1.4b に，このシステムのエネルギーの状態がしめされている．このケースでは，クラックが静的な平衡状態にあることはあきらかであり，クラックはくさびがおしこまれた距

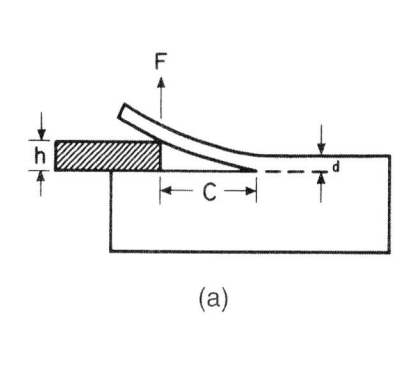

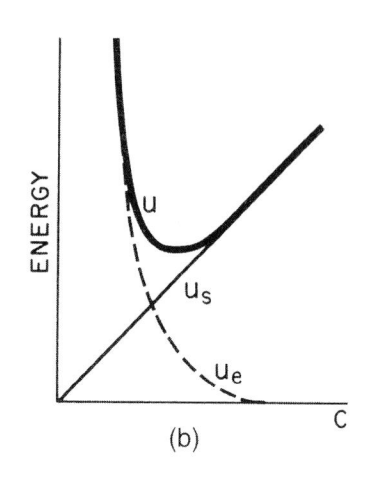

図 1.4 (a) Obreimoff のおこなった雲母のへき開実験．(b) へき開のプロセスにおけるエネルギー配分．

離とおなじ距離だけすすむ．この例は，安定性は，材料の物性というよりむしろシステムの応答によってコントロールされることをしめしている．このような問題点は，摩擦すべりの不安定に関する節 2.3 の議論において詳細にあつかう．このケースでは，載荷システムは無限にかたいということができ，クラックの成長は安定にコントロールされる．いっぽう Griffith の実験では，システムのスティフネスはゼロであり，クラックは不安定であった．もちろん，ほとんどの現実のシステムでは，載荷システムのスティフネスは有限であるので，クラックの伝播によるエネルギーの消費と，載荷システムによってなされる仕事の割合をくらべて，安定性を評価するべきである．

Obreimoff は，彼の実験において，クラックは即座に平衡長さに到達したわけではなく，くさびをおしこんだときに前方へジャンプし，その後，徐々に最終的な長さにちかづいたことに気づいた．しかしながら，真空中で実験をおこなったときには，このような過渡的な効果は観察されなかった．そのうえ，真空中で測定した表面エネルギーは，空気中ではかった表面エネルギーの約 10 倍であった．したがって，Obreimoff は，ぜい性固体の弱化におよぼす化学的な環境の重要な効果や，この効果に起因する**サブクリティカルなクラックの成長**〔subcritical crack growth〕を最初に観察した人である．この効果は，岩石のぜい性破壊のプロセスにおいてひじょうに重要であり，節 1.3.2 でもっと詳細に検討する．

1.1.3 線形破壊力学

線形破壊力学は，Griffith のエネルギー・バランス理論をルーツにもつアプローチであるが，一般的なクラック問題の解決にたやすく適用できる．それは連続体力学に準拠するアプローチであり，クラックは，数学的にひらたく，そして（線形）弾性体のなかのせま

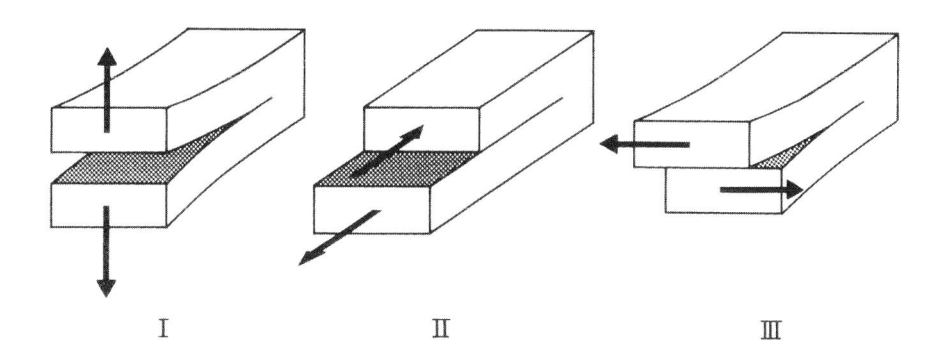

図1.5 3つのクラック伝播モード．

いスリット〔slit〕として理想化される．線形破壊力学は，クラックまわりの応力場を解析することと，そのような応力場によって記述されたなんらかの限界パラメーターによって破壊基準を定式化することから構成されている．こうして，巨視的強度は，材料に課せられた応力とクラック先端の応力との関係を介して材料の固有の強度と関係づけられる．クラックは連続体のなかにうめこまれているものとしてとりあつかわれるので，クラック先端の変形や破壊のプロセスの詳細は無視される．

クラックの変位場は3つのモードに分類することができる（図1.5）．モードⅠは，引っ張り，または開口モードである．このモードでは，クラック壁の変位がクラックに対して直交する．せん断モードはふたつあり，ひとつはモードⅡとよばれる面内〔in-plane〕せん断クラックで，変位はクラック面内に生じクラック端に対して直交する．もうひとつはモードⅢとよばれる面外〔antiplane〕せん断クラックで，変位はクラック面内で生じクラック端に平行である．モードⅡとモードⅢのせん断クラックは，それぞれ，刃状〔edge〕転位とらせん〔screw〕転位と相似である．

もし，クラックが平面状で完全にとがっており，クラック壁のあいだに凝着力がないと仮定すると，クラック先端の応力場と変位場に対するニアー・フィールド〔near field〕の近似は，以下のような単純な解析関数で記述できる．

$$\sigma_{ij} = K_n (2\pi r)^{-1/2} f_{ij}(\theta) \tag{1.19}$$

$$u_i = (K_n/2E)(r/2\pi)^{1/2} f_i(\theta) \tag{1.20}$$

ここで，図1.6にしめすように，rはクラック先端からの距離，θはクラック面からはかった角度である．K_nは応力拡大係数〔stress intensity factor〕とよばれ，$K_\mathrm{I}, K_\mathrm{II}, K_\mathrm{III}$は3つのクラック・モードと対応している．関数$f_{ij}(\theta)$は応力関数，$f_i(\theta)$は変位関数とよばれ，図1.6にその形状が図示されている．正確な表現は，線形破壊力学の標準的な文献を参照されたい（たとえば，Lawn and Wilshaw, 1975）．応力拡大係数は，クラックの幾何学と課

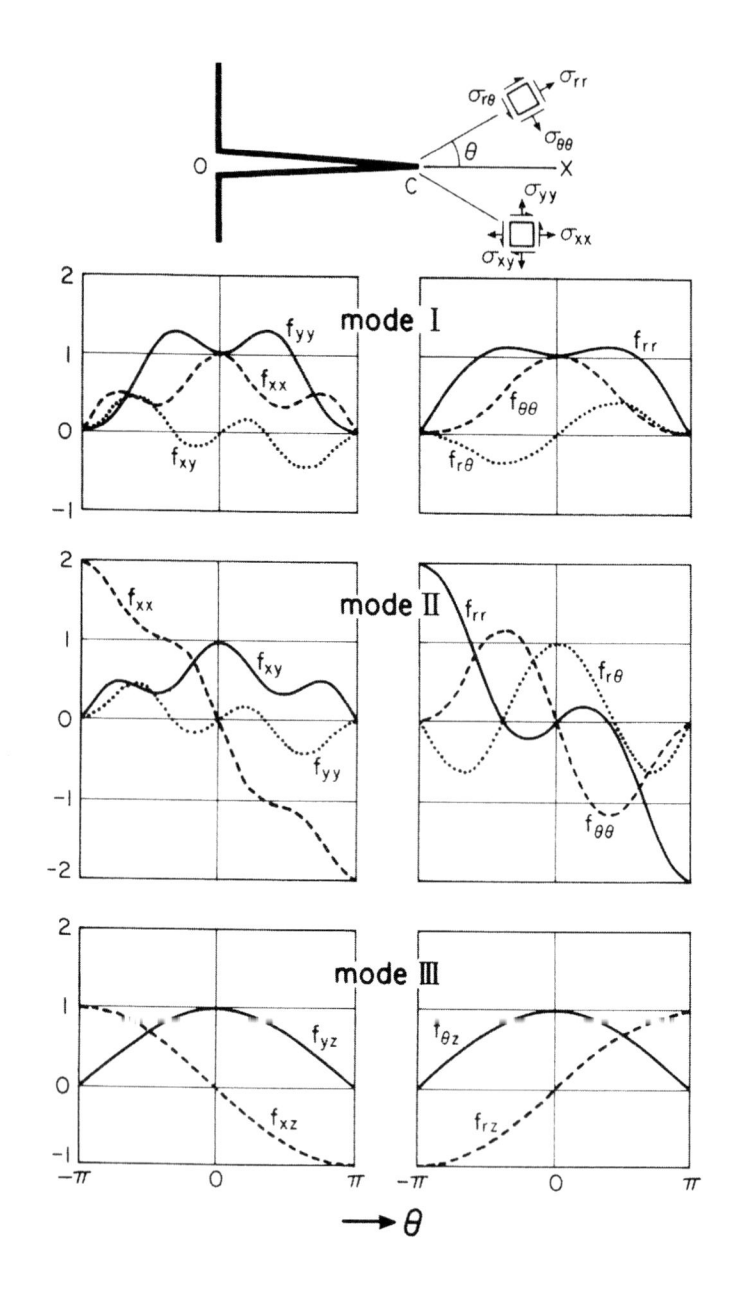

図 1.6 3つのクラック伝播モードに対するクラック先端近傍の応力関数．直交座標系と円筒座標系をつかって表示した．（Lawn and Wilshaw, 1975 の結果にもとづく）

せられた応力の大きさによってきまり，クラック先端の応力集中の強さをきめる．クラックの一般的な幾何学的形状・配置に対する応力拡大係数については，解がもとめられ，図表化されている（たとえば，Tada, Paris, and Irwin, 1973 参照）．応力拡大係数以外の項は応力の分布だけを記述する．

線形破壊力学と Griffith のエネルギー・バランスを関係づけるために，**エネルギー解放レート**〔energy release rate〕$\mathcal{G}$ を定義すると便利である（$\mathcal{G}$ を**クラック伸長力**〔crack extension force〕とよぶこともある).

$$\mathcal{G} = -d(-W + U_e)/dc \tag{1.21}$$

平面応力のときの $\mathcal{G}$ と $\mathcal{K}$ は，つぎのように関係づけられる（Lawn and Wilshaw, 1975; p.56）.

$$\mathcal{G} = K^2/E \tag{1.22}$$

また，平面ひずみのときには，つぎのような式になる.

$$\mathcal{G} = K^2(1-v^2)/E \tag{1.23}$$

ここで v は Poisson 比である．式 1.6 と式 1.7 から，〔モード I の〕クラックが伸展するための条件は，平面応力のときにはつぎの式であたえられる.

$$\mathcal{G}_c = \mathcal{K}_c^2/E = 2\gamma \tag{1.24}$$

平面ひずみのときには，つぎの式であたえられる.

$$\mathcal{G}_c = \mathcal{K}_c^2(1-v^2)/E$$

したがって，**限界応力拡大係数**〔critical stress intensity factor〕$\mathcal{K}_c$ と $\mathcal{G}_c$〔限界エネルギー解放レート〕は材料の物性である．このように，両者は，応力解析を通じて材料に課せられた応力と関係づけることができるので，ひじょうに有力かつ一般的な破壊基準となる物性である．$\mathcal{K}_c$ は**破壊じん性**〔fracture toughness〕ともよばれ，$\mathcal{G}_c$ は破壊エネルギー〔fracture energy〕ともよばれる.

単純で有用なケースは，図 1.7 にしめすように，クラックに一様な応力 σ_{ij} が遠方から課せられているときである．このケースの応力拡大係数は，つぎの式であたえられる.

$$\left. \begin{array}{l} K_I = \sigma_{yy}(\pi c)^{1/2} \\ K_{II} = \sigma_{xy}(\pi c)^{1/2} \\ K_{III} = \sigma_{zy}(\pi c)^{1/2} \end{array} \right\} \tag{1.25}$$

式 1.22 をつかって，それぞれのモードに対応するクラック伸長力をもとめると，平面応力のときには，つぎのようになる.

$$\left. \begin{array}{l} \mathcal{G}_I = (\sigma_{yy})^2 \pi c/E \\ \mathcal{G}_{II} = (\sigma_{xy})^2 \pi c/E \\ \mathcal{G}_{III} = (\sigma_{zy})^2 \pi c(1+v)/E \end{array} \right\} \tag{1.26}$$

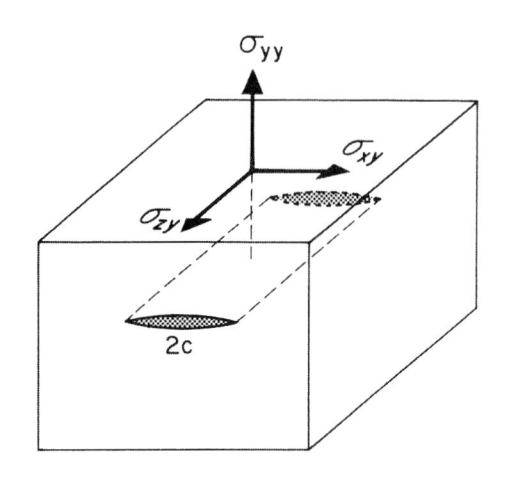

図 1.7 一様な応力場におかれたクラックの幾何学的形状.

平面ひずみのときには，モードIとモードIIについては，E を $E(1-\nu^2)$ でおきかえればよい.

式1.25を，式1.5であたえた楕円クラック先端の応力集中をあらわす近似式と比較してみよう．まず式1.19をよくみると，クラックの先端において応力の特異点がある．これは，スリットが完全にとがっているという仮定に起因し，物理に反している．すなわち，ちいさなひずみを暗黙の前提とする線形弾性論の仮定を内部からやぶるうえ，現実の材料は無限の応力をささえることができないからである．クラックの先端近傍では非線形に変形し，この特異点を緩和するような領域が存在するにちがいない．このような領域の存在は線形破壊力学的アプローチでは無視される．なぜなら，そのような領域のひずみエネルギーには上限があることをしめせるし，しかもそこからへだたった距離にある応力場をそれほどみださないからである．もちろん，クラック伸展の詳細な力学をしるにはクラック先端の応力場がいちばん重要である．しかしここでは，そのようなちいさなスケールには線形破壊力学が適用できないことや，またおおきなスケールの降伏域が存在するときにも適用できないことをのべるだけで十分である.

非線形ゾーンのなかでは，クラックがあらたに発生したり，塑性流動がおこるなど，さまざまなエネルギー散逸プロセスもクラック伸長力の一部に寄与するだろう．この付加的な寄与分を勘定にいれるため，式1.24を以下のようにかきかえる，

$$\mathcal{G}_c = 2\Gamma \qquad (1.27)$$

ここで Γ は，クラック先端領域のすべてのエネルギー散逸をすべてひっくるめたパラメーター〔lumped parameter〕である．この破壊基準はIrwin（1958）の研究と関係する．Γ にふくまれるプロセスの明細がいつもわかっているわけでないのだが，実際にそれが問題になることはない．なぜなら，非線形ゾーンの外側で適切な力学的測定をおこなえば，$\mathcal{G}$

をみつもることができるからである.［なぜなら，クラック先端まわりの積分は，経路に依存しないからである（Rice, 1968）］.

　破壊力学を地質学に応用するに際して直面するもっとも深刻な問題は，先端より背後のクラック壁には凝集力がはたらかないとする破壊力学の仮定にある．断層のせん断運動では，断層面全体にわたって摩擦が存在し，この摩擦に抗してなされる仕事は，このプロセスを記述するエネルギー・バランスにおいて重要なファクターとなるであろう．節 4.2.1 でさらに詳細に議論するが，この摩擦仕事の項の値をみつもることは不可能であるので，地震のエネルギー配分の問題はとくことができない．この意味で，式 1.24 と式 1.27 は，せん断モードのときには，エネルギー・バランスとむすびつけられたグローバルな破壊基準とは対照的に，局所的な応力破壊基準としての意義をもつにすぎない．

1.1.4 クラック・モデル

　断層とジョイントは自然に生じたせん断モードと開口モードのクラックであり，地震も，断層面上のあるかぎられた領域内ですべり量の増加をもたらすものであるから，やはりせん断クラックとかんがえてよいだろう．しばしば，断層やジョイントを横ぎるような相対変位のデータがえられるので，われわれは，それぞれのモデルから予想されるすべりの分布をしり，クラックを駆動している応力と関係づけたいとおもうのである．ここでいうクラック・モデルとは，載荷された固体のなかの不連続面にそってストレス・ドロップをあたえ，その結果として生じるクラックの壁面の変位を計算するモデルである．破壊力学では，クラック面に凝集力ははたらかないと仮定するので，ストレス・ドロップは課せられた応力にひとしい．このようなモデルを断層に適用するにあたっては，課せられた応力から断層面上での残留摩擦応力をさしひいたものをストレス・ドロップ $\Delta\sigma$ ととらえなおす．クラック・モデルと食い違いモデル〔dislocation model〕の違いに注意されたい．後者は不連続面にそって変位をあたえ，その結果としてそのまわりの固体に生じる変位分布を計算するモデルをさす．ここではまず，後の章で考察する3つのタイプのクラック・モデルを導入しておこう．

　弾性クラック・モデル　弾性クラックの理論は，たいがいの弾性論の標準的な教科書で説明されている．地学分野の応用については，Pollard and Segall（1987）のレヴューが役だつ．一様な応力をうけている弾性体のなかに，図 1.7 にしめされたようなクラックが存在する場合をかんがえよう．クラックの壁面間の相対変位は，それぞれのクラック・モードに対してつぎの式であたえられる．

$$\begin{matrix} \text{モード I} \\ \text{モード II} \\ \text{モード III} \end{matrix} \begin{pmatrix} \Delta u_y \\ \Delta u_x \\ \Delta u_z \end{pmatrix} = \begin{pmatrix} \Delta \sigma_{yy} \\ \Delta \sigma_{xy} \\ \Delta \sigma_{zy} \end{pmatrix} \frac{2(1-v)}{\mu} (c^2 - x^2)^{1/2} \qquad (1.28)$$

変位分布（図1.8a）は，どのモードであっても楕円状になることに注意しよう．変位の大きさは，駆動応力とクラック半長 c に比例して線形に増加する．課せられた直応力〔法線応力〕からクラックの内部の間隙圧 p をさしひいたものが，モード I クラックの駆動応力である．せん断モードの場合の駆動応力は，課せられたせん断応力から残留摩擦応力をさしひいたものである．半径 c の円形クラックのまわりの変位分布は，つぎのようにあらわされる（Eshelby, 1957）．

$$\Delta u(x, y) = \frac{24}{7\pi} \frac{\Delta \sigma}{\mu} [c^2 - (x^2 + y^2)]^{1/2} \qquad (1.29)$$

Pollard and Segall（1987）は，クラック間の相互作用を解析するため，いくつかのケースをえらんで，弾性クラックのまわりの応力と変位場を計算した．

　前節で強調したように，これらのモデルはクラック先端に応力特異点をもつので，クラック先端の領域には適用できない．節3.2でのべるように，断層の先端領域の変位プロファイルはテイパー状になり有限の傾きでほそってゆく．このことは，断層の先端領域ではなんらかの非弾性的変形が生じて，応力の特異性が緩和されていることを意味する．それゆえ，断層の成長をしらべるには，先端領域でなんらかの降伏をともなうようなクラック・モデルを検討する必要がある．つぎに議論するふたつのモデルはもともと，モード I クラックを対象につくられたものである（このモードのクラックは，工学分野の破壊力学で重要である）．しかしながら上でのべたように，変位分布の形状はモードがちがっても同一であるから，ここでは，これらのモデルがそのままセん断クラックにあてはまると想定して変位分布を議論する．

Dugdale - Barenblatt モデル　このモデル（Dugdale, 1960；Barenblatt, 1962）は，クラックの先端領域では，クラックが存在する平面上で，大きさ s の降伏またはブレークダウン領域ができていると仮定することによって，応力特異点の問題を克服しようとしている．すなわちその領域では，材料の降伏強度にひとしい大きさの凝着力 σ_y が，クラックを動かそうとする応力に抗するようにはたらいているとかんがえて，応力の特異性を解消するのである．せん断クラックでは残留摩擦応力 σ_f が存在するから，σ_y を $(\sigma_0 - \sigma_f)$ にいれかえる（Cowie and Scholz, 1992a）．クラック上の変位分布はつぎの式であたえられる（Goodier and Field, 1963）．

(a) Elastic model

(b) Dugdale model

(c) Small-scale yielding model

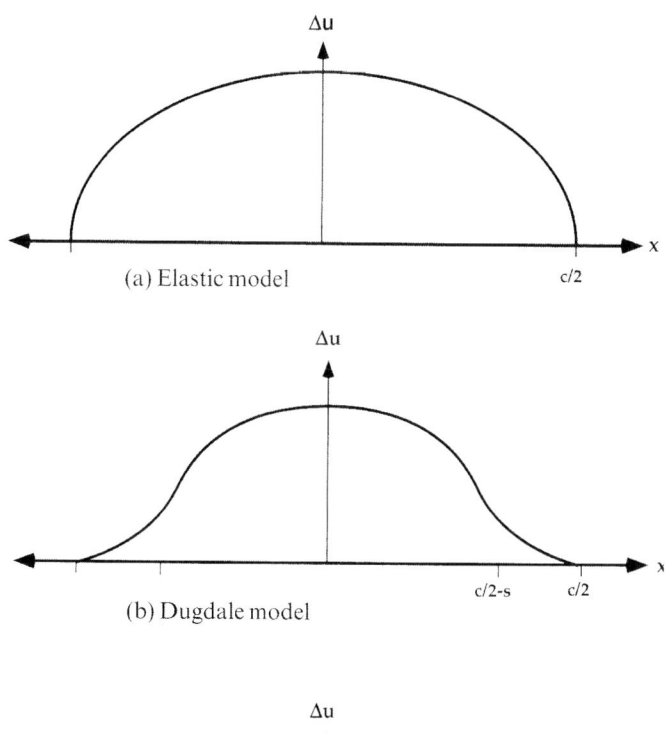

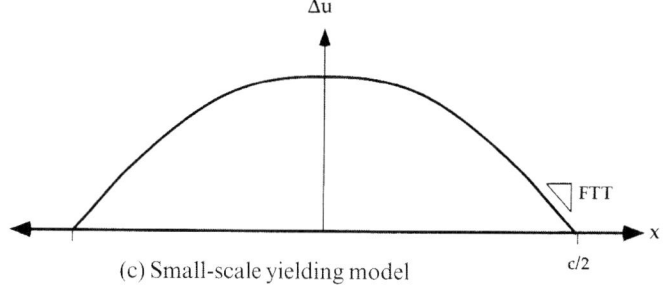

図 1.8 3つのタイプのクラック・モデルに対するすべり分布.

$$\Delta u = \frac{(1-v)(\sigma_0 - \sigma_\mathrm{f})c}{2\pi\mu} \left| \cos\theta \ln\frac{\sin^2(\theta_2 - \theta)}{\sin^2(\theta_2 + \theta)} + \cos\theta_2 \ln\frac{(\sin\theta_2 + \sin\theta)^2}{(\sin\theta_2 - \sin\theta)^2} \right| \quad (1.30)$$

ここで，$|x| < c/2$ かつ $\cos\theta_2 = (c - 2s)/c$ のときには，$\cos\theta_2 = 2x/c$ となる．図 1.8b にこの変位分布をしめす．先端付近の変位は，先端にむかって下に凹な形で減少してゆき，ブレークダウン領域 s では，応力を有限の一定値 σ_0 にたもっている．変位の大きさは，弾性クラック・モデルのときと同様に，ストレス・ドロップ $(\sigma_0 - \sigma_\mathrm{f})$ およびクラック半長に対して線形にスケールされることに注意しよう．σ_0 を無限大にもってゆく極限で，このモデルは弾性モデルに帰する．

この変位分布がねぎ坊主のような形状をしているのは，クラックをふくむ平面上だけで

降伏が生じるという不自然な仮定をしたせいである．実際の断層の変位プロファイルにおいてこのような形状が観察されることはまれである．変位プロファイルは，先端まわりで直線的なテイパーになっていることのほうがおおい（節 3.2）．さらに節 3.2 では，断層先端をかこむ"体積的領域"で非弾性変形が生じていることをしめす証拠も提示する．したがって，これらの特徴をそなえるモデルをかんがえる必要がある．

CFIT モデル　降伏がクラック先端をかこむ体積的領域で生じることを許容するようなモデルが数値的に研究されている．このような"小スケール降伏モデル〔small-scale yielding model〕"（Kanninen and Popeler, 1985；Wang and Scholz, 1995）は，図 1.8c に図示したような変位分布をしめす．変位の大きさは，他のふたつのクラック・モデルのときとおなじようにスケールされるが，このモデルでは，先端にむかって直線的に変位が減少してゆく．このテイパー部分の傾きは，モード I のケースでクラック端開口角〔CTOA；crack tip opening angle〕とよばれる．今かんがえているせん断モードのケースでは，断層端細り率〔FTT；fault tip taper〕よぶことにしよう．このパラメーターは，材料の降伏強度に比例することがみつけだされている．ステンレス鋼のような延性材料のなかでクラックが伸長してゆくような実験の結果をもっとも正確に表現するのは，CTOA が一定とするモデルである．実験では，クラックが伸長してゆくあいだ CTOA は一定であり，J 抵抗（$\mathcal{G}$ をはかるものさし）がクラックの長さとともに線形に増加してゆく．節 3.2.2 でみせるように，これらの性質は，ふたつとも断層が成長するときにも観察されている．したがって，FIT（または CTOA）が一定というのが，もっとも現実的な断層成長のモデルなのである．これらのモデルは解析的に表現できていないので，断層力学の文献ではあまり目にすることはないだろう．しかしながら，これらのモデルが断層の先端近くの変位勾配に関するデータを解釈するのに有用であることが後でわかるだろう．

1.1.5　巨視的な破壊基準

上で議論した破壊の理論は，弾性体のなかで 1 個のクラックがひろがる条件をあたえるものである．これらの理論は，均一な弾性材料の引っ張り破壊という特別なケースにすぎないけれど，その巨視的な強度も予測することが節 1.2 でしめされるだろう．しかしながら，一般的な応力状態におかれた岩石の強度を論ずるためには，どうしても経験的または半経験的にきめられた破壊基準をつかわざるをえない．このような破壊基準は，これまでのべた理論的な体系よりはるか昔の 19 世紀の終わり頃には確立された．

経験的または半経験的な破壊基準を定式化には，破壊のときの主応力 $\sigma_1 > \sigma_2 > \sigma_3$（圧縮を正にとる）のあいだの関係をあらわす破壊の包絡線〔failure envelope〕をきめるという手法がつかわれてきた．

$$\sigma_1 = f(\sigma_2, \sigma_3) \tag{1.31}$$

この破壊の包絡線には,材料を特徴づけることのできる二三のパラメーターがふくまれる.

　実験によってその一般性と有用性がしめされた経験的な破壊基準のひとつに,引っ張り応力場において,その大きさが引っ張り強度 T_0 をこえると,材料をふたつに分断するような引っ張り破壊が,最小主応力に直交する面上で発生するという基準がある.これはつぎのようにあらわされる.

$$\sigma_3 = -T_0 \tag{1.32}$$

　圧縮応力下でのせん断破壊は,一般には,Coulomb の破壊基準をつかって記述される.(しばしば,Navier - Coulomb の破壊基準,Coulomb - Mohr の破壊基準ともよばれる).これは,凝着力をもたない土の強度を記述するつぎのような単純な摩擦すべり基準,

$$\tau = \mu\sigma_n \tag{1.33}$$

に"凝着力"τ_0 の項をつけたしたものである.

$$\tau = \tau_0 + \mu\sigma_n \tag{1.34}$$

ここで,τ と σ_n は,材料のなかの任意の面上でのせん断成分とそれに垂直な成分をあらわす.パラメーター μ は**内部摩擦係数**〔coefficient of internal friction〕とよばれ,しばしば,$\tan \phi$ と表示される.ϕ は**内部摩擦角**〔angle of internal friction〕とよばれる.図 1.9 に,Mohr の応力円と一緒にこの破壊基準をしめす.Mohr の応力円から,破壊面と応力の関係を容易に推定できる.すなわち,主応力 σ_1 に対して鋭角,

$$\theta = \pi/4 - \phi/2 \tag{1.35}$$

をなし,σ_1 方向の両側に位置するふたつの**共役面**〔conjugate planes〕上で,せん断のセンスがたがいに逆の破壊が発生することがわかる.図 1.9 にしめされた幾何学的関係から,三角関数を処理して,主応力軸に対する式 1.34 の表現をみちびくことができる.

$$\sigma_1\left[(\mu^2+1)^{1/2} - \mu\right] - \sigma_3\left[(\mu^2+1)^{1/2} + \mu\right] = 2\tau_0 \tag{1.36}$$

これは σ_1,σ_3 面上で直線であり,σ_1 軸との切片が 1 軸圧縮強度である.

$$C_0 = 2\tau_0\left[(\mu^2+1)^{1/2} + \mu\right] \tag{1.37}$$

この破壊基準は圧縮応力だけが対象であった.この破壊基準を完全にするため,式 1.36 と引っ張り強度基準の式 1.32 とを組あわせると(Jaeger and Cook, 1976; p.89),つぎの式がえられる.

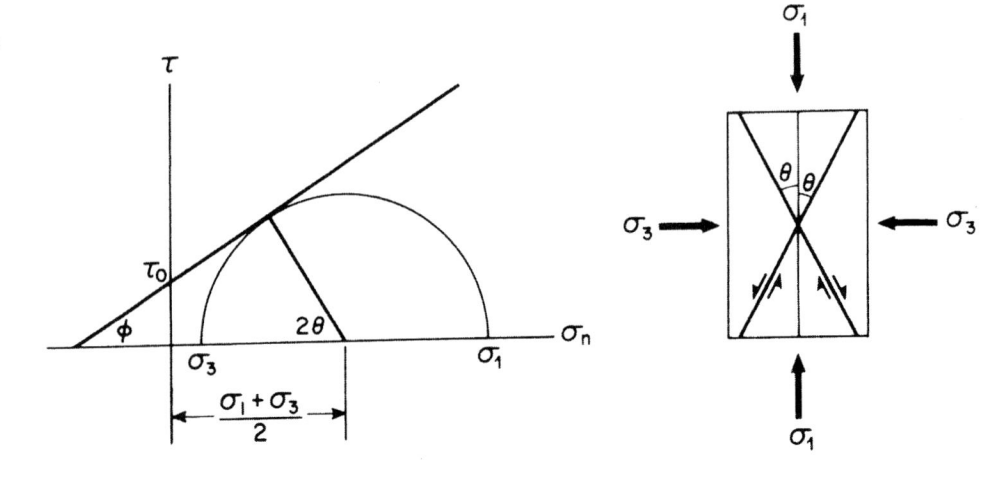

図1.9 Mohrの応力円をつかってしめしたCoulombの破壊基準．破壊のときのパラメーター間の関係が図の幾何学的関係から算定できる．右の図は，ふたつの破壊面と主応力との角度の関係をしめす．

$\sigma_1 > C_0[1 - C_0 T_0 / 4\tau_0^2]$ のときには

$$\sigma_1[(\mu^2+1)^{1/2} - \mu] - \sigma_3[(\mu^2+1)^{1/2} + \mu] = 2\tau_0 \quad (1.38)$$

$\sigma_1 < C_0[1 - C_0 T_0 / 4\tau_0^2]$ のときには

$$\sigma_3 = -T_0$$

この破壊基準は厳密に2次元のものであるから，強度に対する中間主応力 σ_2 の効果は予測できない．

　凝着力をもたない土に対する単純な破壊基準である式1.33は，微視的な破壊プロセスの見地から理解できる．パラメーター μ は，となりあう粒子どうしの摩擦係数であり，原理的に，破壊基準とは独立にきめることができる．また ϕ も物理的意味をもち，材料がささえられる最小安息角〔the steepest angle of repose〕を意味する．対照的に，Coulombの破壊基準の内部摩擦係数は，実際の摩擦係数とまったく関係づけることができない．なぜなら，最終強度に達する前の段階には，破壊面は存在しないはずであるから．おなじ理由で，凝着力の項を，摩擦項にそのまま加算できる圧力に対して独立の強度というような単純な解釈はできない．というわけで厳密には，Coulombの破壊基準は経験式とかんがえるべきである．

　Griffith（1924）は，彼のクラック伸展理論にもとづいて2次元の破壊基準をつくった．いちばんながくて，もっともクリティカルな方向に配向したGriffithクラックから開始するクラッキングは巨視的破壊とみなせるというのが，Griffithの破壊基準の背後にひそむ仮定である．彼は，2軸の応力場におかれた楕円クラックのまわりの応力を解析し，引っ

張り応力集中が最大になる，もっともクリティカルなクラックの配向があるのをみつけた．彼は，1軸引っ張り強度でこれらの結果を正規化することによって，1軸引っ張り応力のもとにおかれたクラックに対する実験結果と比較した．その結果，つぎのような破壊基準がえられる．

$$\sigma_1 > -3\sigma_3 \text{ ならば}$$

$$(\sigma_1 - \sigma_3)^2 - 8T_0(\sigma_1 + \sigma_3) = 0$$

$$\sigma_1 < -3\sigma_3 \text{ ならば，}$$

$$\sigma_3 = -T_0$$

(1.39)

これに対応するMohrの包絡線はつぎのような放物線になる（Jaeger and Cook, 1976; pp. 94 - 99 参照）．

$$\tau^2 = 4T_0(\sigma_n + T_0) \tag{1.40}$$

この破壊包絡線の引っ張り破壊の部分では，もっともクリティカルな配向になるクラックは，σ_3に直交するクラックである．せん断破壊の部分では，σ_1に対して，つぎの式であたえられるθだけかたむいて配向するクラックがもっともクリティカルである．

$$\cos 2\theta = \frac{1}{2}(\sigma_1 - \sigma_3)/(\sigma_1 + \sigma_3)$$

この破壊基準は微視的な破壊のメカニズムに基礎をおき，ただひとつの破壊基準によって，引っ張り破壊とせん断破壊を一緒にとりあつかえるという魅力的な性質をもつ．この破壊基準によれば$C_0 = 8T_0$となり，実際の1軸圧縮強度よりちいさく予測されてはいるが，ただしいオーダーである．この破壊基準は，Coulombの破壊基準と同様に，σ_2の効果を予測しない．

　McClintock and Walsh（1962）は，圧縮応力状態のもとでは，ある直応力σ_cをこえるとクラックがとじることが期待でき，その後は，摩擦力によってとじたクラックのすべりがさまたげられるにちがいないと指摘した．彼らは，Griffithの破壊基準をこの仮定にマッチするように定式化しなおし，以下の**修正Griffit破壊基準**〔modified Griffith criterion〕をえた．

$$[(1-\mu^2)^{1/2}-1](\sigma_1-\sigma_3) = 4T_0(1+\sigma_c/T_0)^{1/2} + 2\mu(\sigma_3-\sigma_c) \tag{1.41}$$

この破壊基準に対応するMohrのダイアグラム上の包絡線は，つぎのようになる．

$$\tau = 2T_0(1+\sigma_c/T_0)^{1/2} + 2\mu(\sigma_n-\sigma_c) \tag{1.42}$$

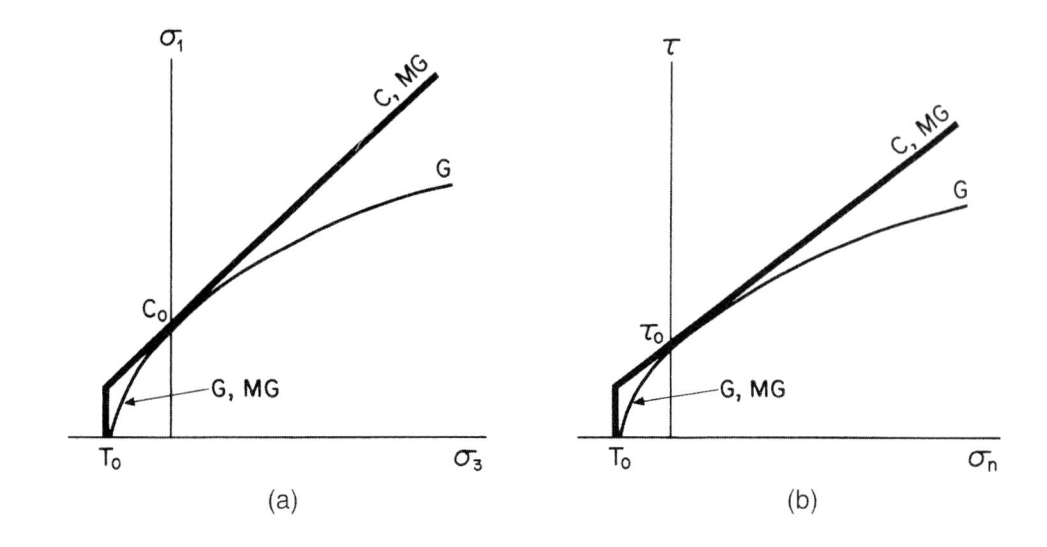

図 1.10 (σ_1, σ_3) と (τ, σ_n) の座標系に図示された 3 つの破壊基準の比較. (C) は Coulomb の破壊基準, (G) は Griffith の破壊基準, (MG) は修正 Griffith の破壊基準をしめす.

Coulomb の破壊基準と同様に, この破壊基準は, 破壊のときと σ_1 と σ_3, または τ と σ_n に線形関係があることを予測している. さらに, σ_c が無視できるくらいちいさいと仮定すると, 式はもっと簡単になり, 以下の式が得られる.

$$[(1-\mu^2)^{1/2} - \mu](\sigma_1 - \sigma_3) = 4T_0 + 2\mu\sigma_3 \tag{1.43}$$

そして,

$$\tau = 2T_0 + \mu\sigma_n \tag{1.44}$$

$\tau_0 = 2T_0$ のときには, Coulomb の破壊基準とおなじになり, μ は既存のクラックの壁にはたらく摩擦〔係数〕とみなせる. Brace (1960) はこの結果をもとに, この定式化が, Coulomb の破壊基準の物理学的な根拠になりうることを示唆した.

図 1.10 において, これら 3 つの破壊基準を (σ_1, σ_3) と (τ, σ_n) の座標系にあらわして比較した. これらの破壊基準はすべて, すくなくとも岩石強度を第一義的に説明するが, 実際の実験データにもとづいて, どの基準が適切かを識別することはできない. Coulomb の破壊基準が厳密には実験式であるのに対して, 一般化された Griffith の破壊基準は, 微視的なメカニズムの正確な記述にもとづいて巨視的な破壊を予測しようとした試みである. しかしながら, 次節でしめすように, どの破壊基準も破壊のプロセスの複雑さを十分には記述できないのである. しかも, 圧縮応力状態では, Griffith の定式化において仮定された微視的なメカニズムも誤りである.

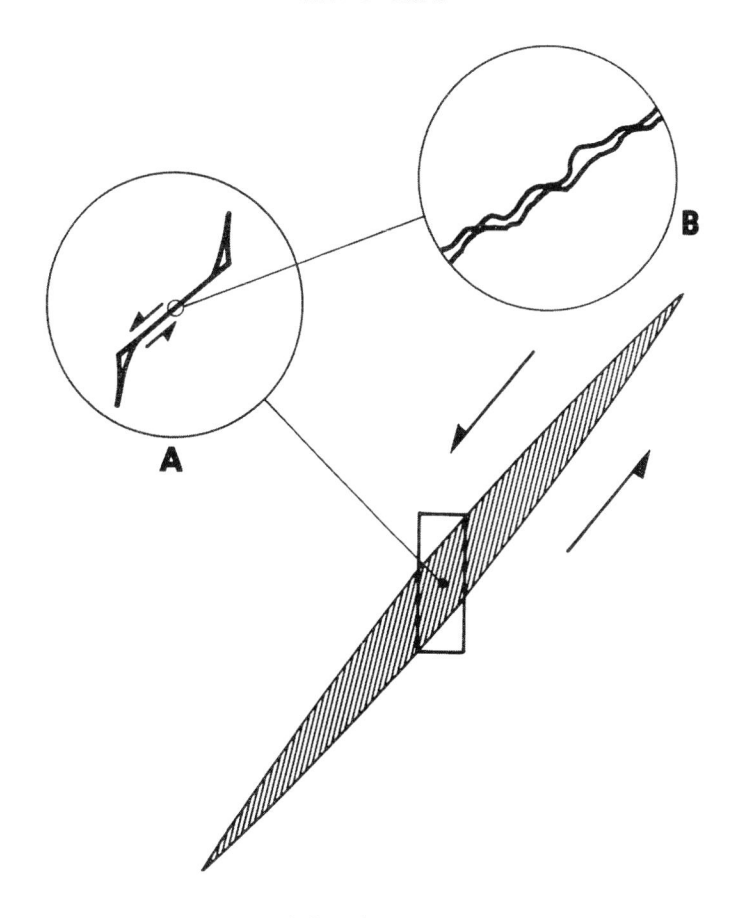

図 1.11 ことなるスケールにおいて破壊がどのようにかんがえられるかをしめす模式図．影がつけられた部分は断層をあらわし，長方形は実験室試料のサイズをあらわす．囲み A は試料のなかのマイクロクラックをしめし，囲み B はマイクロクラックの表面どうしの接触の細部をしめす．

1.2　岩石強度の実験的研究

　岩石強度の理論的な概念を論じたり，地質学的応用を目的に岩石強度を論じたりするときには，ひじょうに広範なスケールの現象をとりあつかっていることを念頭におくことが重要である．節 1.2.4 と節 3.2.2 で強度のスケール依存性を論じるが，それとは別に，破壊のプロセスをさまざまにちがった概念でとらえるのに応じて，スケールの体系もいちいちかんがえなおす必要がある．これは根本的に，さまざまなレベルの近似や複雑さを包含する．このアイデアを図 1.11 に図示する．図のなかでいちばんおおきなスケールのものは断層をあらわしている．中心部の長方形は，実験室スケールでぜい性的に破壊する岩石試料をあらわす．囲み A は岩石のなかでおこる微視的なクラッキングをあらわす．断層の伸展をひとまとまりの事象として考察するときに，破壊力学に準拠して断層を論じるこ

とは自然かつ有用であろう．ところが破壊力学にもとづく議論は，実験室スケールの試料でおこるプロセスの詳細を無視することになる．実験室のスケールにおける変形は複雑すぎて破壊力学を適用できないから，別のアプローチが必要である．それよりちいさなスケールである囲みAでしめされたような，個々のマイクロクラックのレベルでは，破壊力学がふたたび有用な手法になるだろう．囲みBは，囲みAのなかのせん断クラックの詳細をしめしたものである．囲みAのスケールでは摩擦としてとりあつかいうるものが，囲みBのスケールではアスペリティの破壊を意味する．したがって，このような複雑さのレベルはたがいに入れ子になっているとかんがえられるので，どのようなアプローチを採用するかは，対象とする現象のスケール，またどの程度の近似が必要であるのかに依存する．

1.2.1 巨視的な強度

　岩石の圧縮強度は一般的に，実験室において1軸または3軸圧縮試験によって測定される．引っ張り強度は，いくつかある直接的および間接的方法のひとつをつかってきめることができる．実験的手順のくわしい説明は標準的な教科書を参照されたい（たとえば，Jaeger and Cook, 1976；Paterson, 1978）．よく観察されるふたつの主要な破壊モードが，図1.12a，図1.12bにスケッチされている．すなわち，ひとつは引っ張り破壊であり，近似的にσ_3軸に直交する面によってふたつにわれる．もうひとつは1軸および3軸圧縮において生じるσ_1と鋭角に傾斜する面上のせん断破壊である．1軸圧縮試験では，しばしばσ_1に平行なスプリッティング〔splitting；引っ張り破壊によるたて割れ〕が観察される（図1.12c）．わずかな封圧〔confining pressure〕をかけることによってスプリッティングを抑制できるけれども，スプリッティングが，端面条件の効果なのか，1軸圧縮試験に本質的な破壊モードなのかははっきりとはわからない．

　図1.13に図示されているように，岩石強度に対して封圧はまったく劇的な効果をおよぼす．封圧をかけると，一般には強度が線形にふえるが，注意ぶかくなされた研究では，図にしめされたような上に凸の曲がりがみられることがおおい．試料の準備と実験に適切な注意をはらうと，強度のばらつきを1-2%程度におさえることができる（Mogi, 1966）．

　破壊前の変形の性質は，ひずみの成分の変化をくわしくしらべることにより理解できる．図1.14に，典型的な1軸圧縮試験でえられる載荷軸方向ひずみ〔axial strain；または，たてひずみ〕と体積ひずみ〔volumetric strain〕を応力に対してプロットした．これらの応力－ひずみ曲線は，図中にしめされたように4つの特徴的な段階にわけることができる（Brace, Paulding, and Scholz, 1966）．載荷の初期（段階I）には，応力－たてひずみ曲線は上に凹であり，固体の弾性から期待される以上に岩石の体積が収縮する．この挙動は，課せられた応力に対して，主として高角度に配向する既存のクラックがとじるのが原因であ

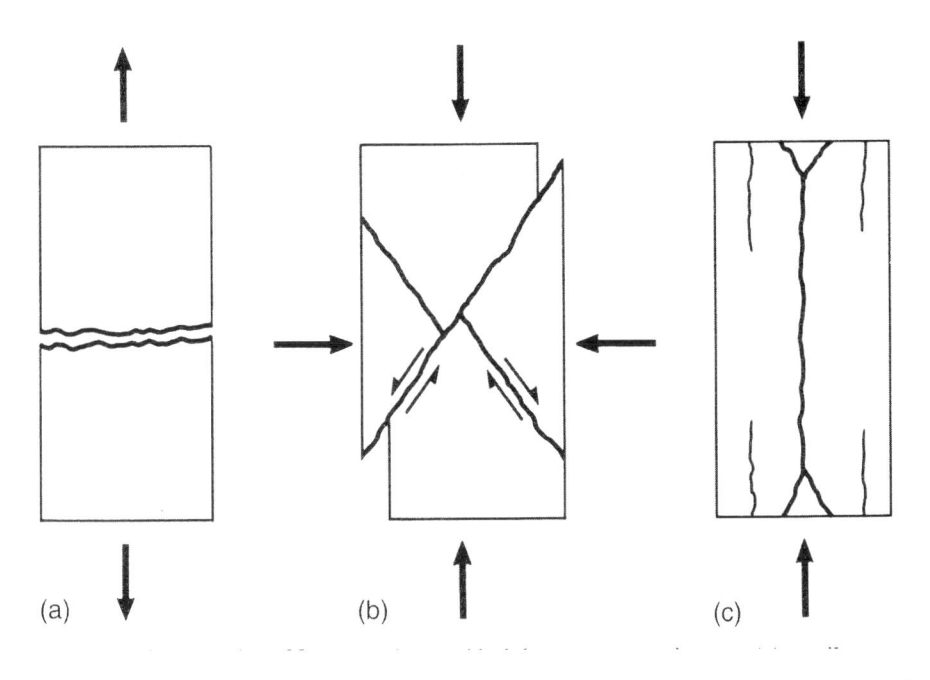

図 1.12 実験室の実験でみられる 3 つのモードの破壊．(a) 引っ張り破壊．(b) 圧縮試験でできる断層〔faulting；またはせん断破壊〕．(c) ひくい封圧で圧縮試験をおこなったときにしばしば観察されるスプリッティング．

る．3 軸圧縮試験では，差応力〔deviatoric stress〕を載荷するのにさきだって封圧をかけるが，そのときにクラックがとじてしまうので，このような段階は観察されない．クラックがほとんどとじてしまうと，岩石は，本来もっている弾性（定数）にしたがってほぼ線形弾性的に変形する（段階II）．つぎに，破壊強度の約半分の応力に達すると，弾性から期待される線形な変形からはずれ，岩石が相対的に膨張することが観察される（段階IIIと段階IV）．これにともなって載荷軸方向の Young 率も低下する．しかし，この膨張の主たる原因は載荷軸に直交する方向の非弾性的な膨張である．このように，差応力をかけた結果として生じる体積膨張のようなレオロジー的性質を**ダイレイタンシー**〔dilatancy〕とよぶ．Brace, Paulding, and Scholz（1966）の研究が発表されたときより前には，ダイレイタンシーは粒状材料でしかしられていなかった．彼らは，ダイレイタンシーの原因は，ひろくちらばって発達するマイクロクラッキングにともなう間隙の増加によると解釈した．

マイクロクラッキングにともなって放射されるアコースティック・エミッション〔acoustic emission；地震に酷似する弾性波の放射．以下 AE とよぶ〕は，上にのべたひずみのデータの解釈に根拠をあたえた（Scholz, 1968a）．図 1.15 にしめしたように，AE は，ダイレイタンシーの開始とともに発生しはじめ，段階IIIをつうじて，ダイレイタンシー・レートに比例して加速する．段階IVは，この段階において変形と AE の発生位置とにしばしば局所化が観察されるので，段階IIIと区別される（Scholz, 1968b；Sondergeld and Esty, 1982；Lockner and Byerlee, 1977；Soga et al., 1978）．したがって，段階IVは，巨視的な破壊

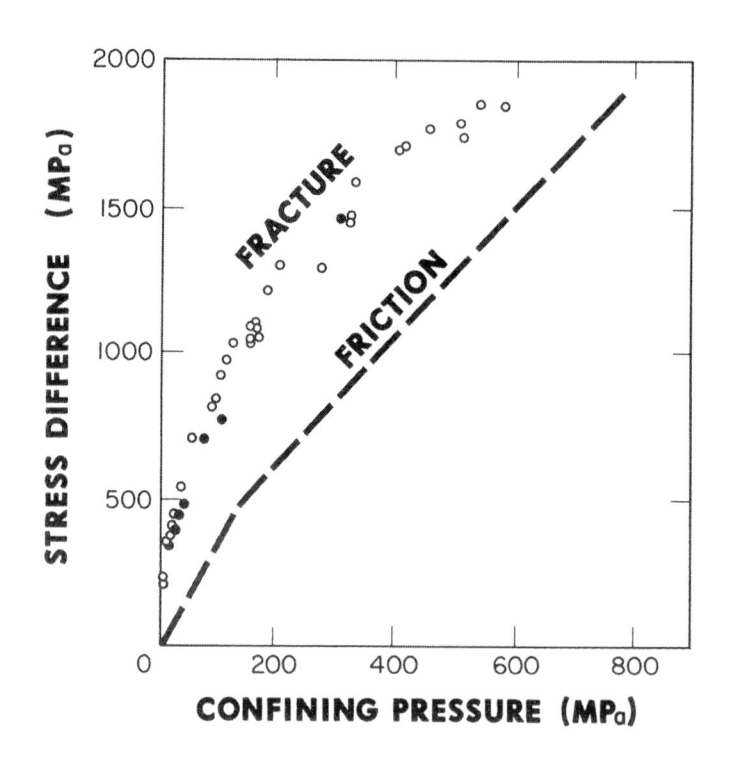

図 1.13 封圧の関数としてあらわされた Westerly 花崗岩の強度. 比較のため, 最適な方向をもつ面がすべるときの摩擦強度もしめした. 差応力は $\sigma_1 - \sigma_3$ である. 白丸は Brace, Paulding, and Scholz (1966) と Byerlee (1967a) による. 黒丸は Hadley (1975) による. 摩擦強度は Byerlee (1978) による.

の形成をみちびくようなマイクロクラックの合体と関係するようにみえる.

　図 1.14 のようなひずみのデータは, ダイレイタンシーに寄与するマイクロクラックは, そのほとんどが最大主応力にほぼ平行なクラックであることをしめしている. 破壊前のさまざまな段階まで載荷した試料をとりだして, 走査型電子顕微鏡〔SEM〕をもちいて観察しても, 応力に起因するクラックのなかでは載荷軸方向のクラックが卓越していることがたしかめられた (Tapponnier and Brace, 1976; Kranz, 1979).

　ダイレイタンシーの載荷軸まわりの分布〔異方性〕に関しては二三の研究があり, 軸対称の応力場のもとでも, ダイレイタンシーが軸対称をたもって発達するのはまれであることがみつけられている. Hadley (1975) や Scholz and Koczynski (1979) は 3 軸圧縮試験において, 岩石試料の最大主〔圧縮〕応力に直交する円断面は楕円形に変形し, その長軸と短軸の方向が, 既存のクラックのつくる微視的構造〔配向〕と一致することをみつけた. $\sigma_1 \neq \sigma_2, \sigma_2 \neq \sigma_3, \sigma_3 \neq \sigma_1$ のような真の 3 軸応力状態のもとでは, ダイレイタンシーの斜方晶系〔orthorhombic〕をなす対称性がひじょうに顕著になる. Mogi (1977, 2006) は, 真の 3 軸試験をおこなって, 中間主応力 σ_2 を σ_3 から σ_1 まで増加させると, σ_2 に平行なダイレイタンシーひずみは徐々に抑圧され, ついにはすべてのダイレイタンシーが σ_3 の方向

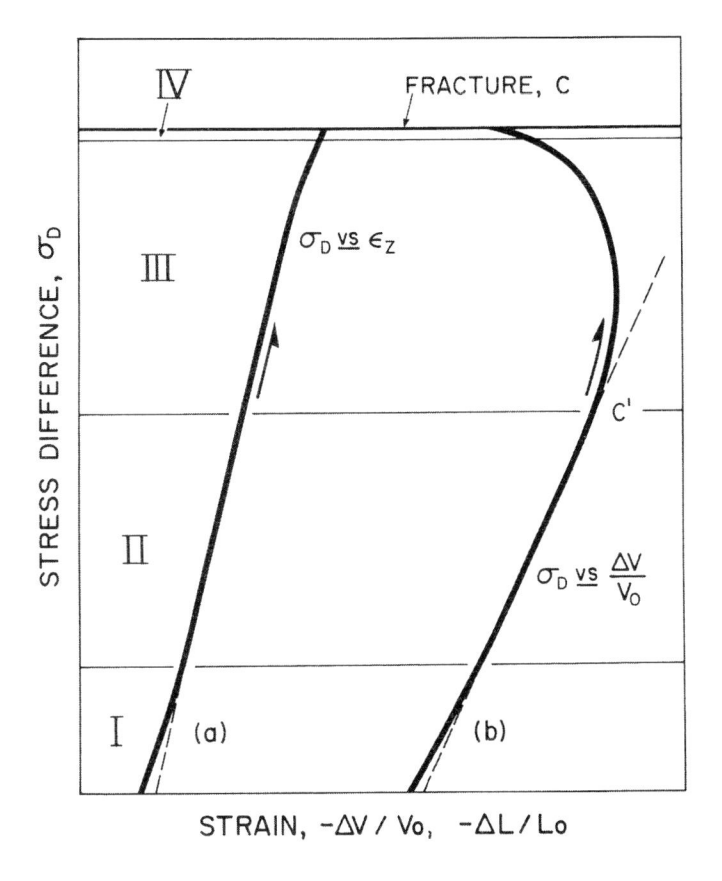

図 1.14 破壊まで載荷したぜい性岩石の圧縮試験における応力 σ_D と，たてひずみ（ε_z），体積ひずみ（$\Delta V/V$）の関係．

の膨張だけになることをしめした．ダイレイタント・クラックは選択的に $\sigma_1 - \sigma_2$ 面内で発生し，異方性の度合いは応力比〔σ_2 と他の主応力 σ_1, σ_3 との比〕によってコントロールされる．彼はまた，中間主応力 σ_2 の強度に対する顕著な効果をみつけた．σ_2 が σ_3 をうわまわり，σ_2 方向のダイレイタンシーが抑圧されると強度は増加するが，（図 1.13 でしめしたような圧力効果とおなじように）σ_3 と σ_2 を同時に増加させたときより増加の割合はちいさい．σ_1 に対して鋭角をなし，しかも σ_2 に平行に形成された巨視的破壊は，Coulomb の破壊基準をみたしている．横方向のダイレイタンシーが最少になる方向は破壊面のなかにある．このことは，さきにあげた $\sigma_1 = \sigma_2$ のときに異方的な発達をみせたダイレイタンシーのケースにもあてはまる．すなわち破壊面の配向は，マイクロクラックが卓越する配向によってコントロールされるようにみえる．マイクロクラックの配向は，いつもそうだというわけではないが，ふつうは主応力によってコントロールされる．このことは，ひじょうにつよい異方性をもつ岩石の強度の研究でとりわけはっきりあらわれた（たとえば，Donath, 1961）．異方性のとてもつよい岩石である蛇紋岩は，(001) のへき開面がよわいせいで強度がひくく，ダイレイタンシーをひきおこすことなくこわれる（Escartin, Hirth, and

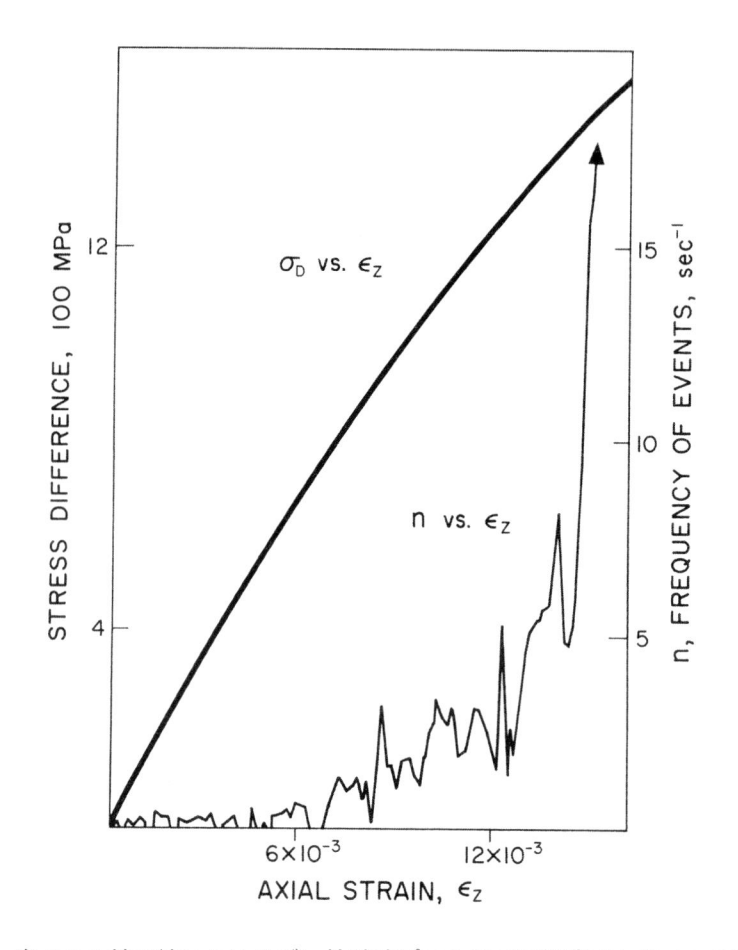

図 1.15 岩石の3軸圧縮におけるぜい性破壊プロセスにで観察される AE の頻度．(Scholz, 1968a の結果にもとづく)．

Evans, 1997)．

　高速フィードバックで剛性をあげた試験機をつかえば，完全な応力-ひずみ曲線を観察することができる（図 1.16）．ふつうの試験機だったら，ピーク応力（b）の直後に不安定が生じて，そこで実験がおわってしまうところだが，そんな場合には，Terada, Yanagidani, and Ehara（1984）の開発した手法をもちいて，不安定が生じないように実験が制御できている．この図の実験は Lockner et al. (1991) によるものだが，AE イベントが供試体のどこで発生したかがきめられている．図 1.17 には，AE イベントの震源分布が，図 1.16 に定義されたおのおのの段階ごとにしめされている．

　AE イベントはピーク応力（b）のあたりで局所化する．これは，載荷軸と斜交する断層のニュークリエーションというふうにみえる．降伏後の応力-ひずみ曲線（c-f）をたどりつつ破壊がすすむにつれて，断層が試料を横ぎるようにだんだんとひろがり，やがて完全にふたつに分断してしまう（f）．これより後の応力-ひずみ曲線が平坦になっているところは，断層の〔残留〕摩擦強度をしめしている．降伏点から残留摩擦強度までの

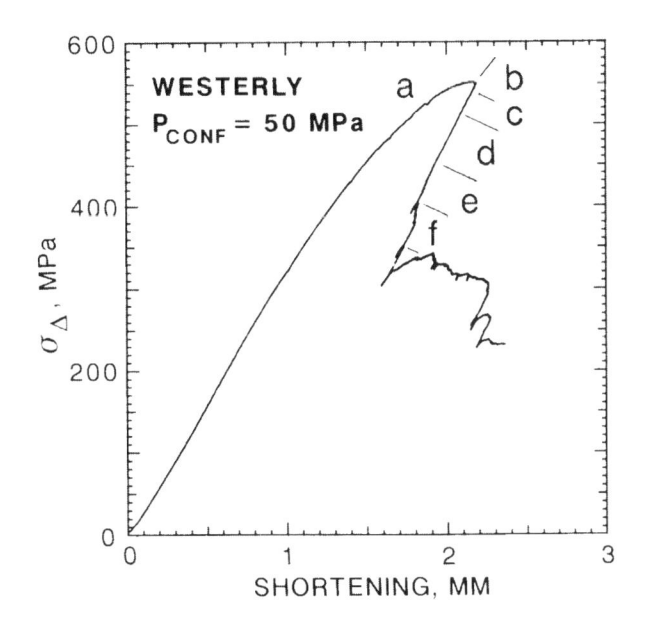

図 1. 16 岩石の完全な応力-ひずみ曲線．ピーク応力（b）から降伏後の領域（c～f）への応力のブレークダウンがしめされている．ブレークダウン後の領域にひきつづく平坦な安定領域は，できあがった断層の残留摩擦による．（Lockner *et al.*, 1991 の結果にもとづく）．

断層形成プロセスでは相当量のストレス・ドロップをともなう．

1.2.2 破壊エネルギー

岩石や造岩鉱物のなかで単一のクラックを伸長させ，破壊力学パラメーターである$\mathcal{K}_c$や$\mathcal{G}_c$を測定する研究がなされてきた．このような実験には，ダブル・キャンチレバー・ビーム法〔double cantilever beam configuration；図 1. 4a と同様な試験法〕かダブル・トーション法〔double torsion method；Atkinson, 1984, 1987 参照〕が採用され，あらかじめ試料に導入されたスターター・ノッチ〔starter notch〕からクラックを伸長させる．どちらの場合もモード I でこわれる．

ガラスや単結晶をもちいたこのタイプの実験では単一クラックが成長し，測定された$\mathcal{G}_c$から，式 1. 24 をつかって，材料の固有表面エネルギーを計算できる．しかしながら，岩石のような多結晶材料では，ぜい性プロセス・ゾーン〔brittle process zone〕とよばれる領域を形成して，複雑に分布するマイクロクラッキングによってクラックの先端まわりに変形が生じる（Friedman, Handin, and Alani, 1972；Evans, Heuer, and Porter, 1977）．クラックがのびると，プロセス・ゾーンの先端よりすこし後方では，マイクロクラックが連結して巨視的な破壊に成長するが，クラックの表面が完全な平面ではないので，たがいにかみあい，摩擦も存在して，巨視的な破壊に成長した後でも引っ張り応力をになうことができる

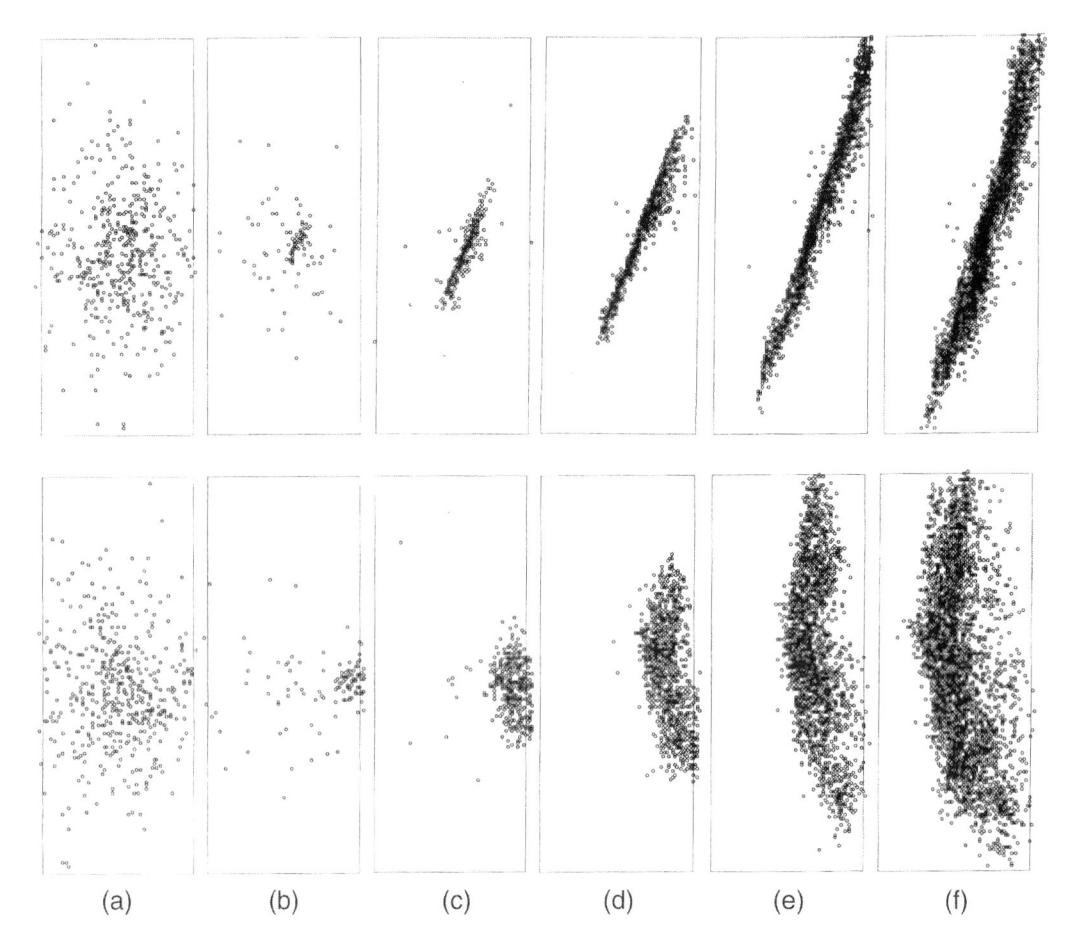

図1.17 図1.16の実験中に発生したAEの震源位置．AEイベントの局所化から断層のニュークリエーションと成長をみてとることができる．下段の図は，上段と直交する方向からながめた図である．（Lockner et al., 1991 の結果にもとづく）．

(Swanson, 1987)．したがって，プロセス・ゾーンの先端と，応力が解放されたクラックのあいだには，凝着ゾーンが存在することになる．凝着ゾーンの長さは，典型的に粒子半径の数倍である．その結果，一般的に，岩石の破壊エネルギーは，結合ゾーン全体が形成されて定常状態に達するまで，"クラック長さ" とともに増加するように測定される（Peck et al., 1985）．したがって，岩石のような多結晶材料で測定された $\mathcal{G}_0$ は，Irwinの基準（式1.27）の意味で解釈すべきである．このとき Γ は，プロセス・ゾーンで散逸されるすべてのエネルギーをひとまとめにしたパラメーターとかんがえられる．

特段の傷のない〔intact〕岩石試料を圧縮で破壊させるために必要なエネルギーは，もっと評価がむずかしい．ダイレイタンシーをひきおこし，試料全体に分散して発生するマイクロクラッキングは，表面エネルギーとAEの運動エネルギーとなってエネルギーを散逸させる．降伏後には，巨視的なせん断破壊を形成するのにエネルギーが散逸する．また，

これ以降，試料をさらに変形させるためには，摩擦に抗して仕事がなされる必要がある．Wong（1982）は，花崗岩を3軸圧縮で破壊させたときのエネルギーの散逸量を算定した．まず，SEMをつかった観察によって，ダイレイタンシーのときにつくりだされる応力に起因するクラックの密度を推定した．クラック密度と単結晶や岩石のモードIの破壊エネルギーとかけあわせ，マイクロクラッキングに関係するトータルな表面エネルギーを推定した．この推定値は，ひずみの非弾性成分に対する仕事と同程度であることがわかった．さらに彼は，Rice（1980）によって示唆された方法をつかって，せん断破壊の形成に必要な $\mathcal{G}_c$ を推定した．この方法は，応力のブレークダウン〔stress breakdown〕のあいだに，せん断によってなされた仕事を計算するものである．この方法で推定した $\mathcal{G}_c$ の値は 10^4 Jm^{-2} であった．この値は破砕ゾーンの形成中にできた，モードIのクラックの表面エネルギーをもとに推定した値より1桁から2桁おおきい．この結果から，Wongは $\mathcal{G}_{IIC}$ が本質的に $\mathcal{G}_{IC}$ よりずっとおおきいのか，せん断破壊ができるときに，摩擦によってかなりのエネルギーが消費されるのかのどちらかであるとかんがえた．その後，Cox and Scholz（1988a）は，直応力下で成長するせん断クラックの $\mathcal{G}_c$ を測定して，それには摩擦の成分がふくまれることをみつけた．

破壊エネルギーの測定値の典型的な範囲を表1.1にしめす．単結晶のデータは，材料固有の表面エネルギーの代表値とみなすことができ，それは1-10 Jm^{-2} である．代表的な岩石の $\mathcal{G}_{IC}$ の測定値はこれより1桁おおきい．これは，プロセス・ゾーンをつくるために，クラックのユニット長さあたり，単結晶のときよりずっとおおきな表面エネルギーが必要であること，この複雑に破壊されたプロセス・ゾーンでの変形には摩擦仕事がともなうことによる．しかし，すでにのべたように，これは，さらにたかく，10^4 Jm^{-2} のレンジである．3軸圧縮試験で測定されるたかい $\mathcal{G}_c$ は，一部には，せん断ゾーンをつくるときに，そこがこなごなに破砕されるせいもあるだろうが，ほとんどは摩擦仕事によるとおもわれる．なぜなら，おおきな圧縮直応力がせん断ゾーンを横ぎって存在するからである．二三の研究において，直応力に対する $\mathcal{G}_c$ の正の依存性がみつけられているが（Wong, 1986；Cox and Scholz, 1988a），これはまさしく摩擦仕事による効果だろう．直応力を作用させずにせん断破壊のエネルギーを測定しても，モードIの破壊よりおおきい $\mathcal{G}_{IIIc}$ がえられるが，それでも3軸圧縮試験による値よりはずっとひくい（Cox and Scholz, 1988a）．この測定では，スターター・ノッチに対して純粋なモードIIIの載荷がなされたが，モードIのマイクロクラックが卓越するプロセス・ゾーンとして破壊が伝播したことを指摘しておくことは重要である．次節や節3.2で論ずるように，真のせん断クラックが自分自身の面内を単一クラックとして伝播することはない．スケールをかえて観察すると，せん断クラックはモードIのクラックの配列なのである．せん断ラプチャーが伝播するには，既存の断層のような弱面が必要なのである．

表1.1 さまざまな造岩鉱物や岩石の破壊力学パラメーター

試験の種類	$\mathcal{K}_c$ MPa m$^{1/2}$	$\mathcal{G}_c$ J m$^{1/2}$
モードI		
単結晶		
石英 (1011)	0.28	1.0
正長石 (001)	1.30	15.5
方解石 (1011)	0.19	0.27
岩石		
Westerly花崗岩	1.74	56.0
黒斑れい岩	2.88	82
Solnhofen石灰岩	1.01	19.7
（成層に対して直交方向）		
モードIII		
Westerly花崗岩	2.4	100
（エンド・ロードなし）		
Solnhofen石灰岩	1.3	35
（成層に対して直交方向で、エンド・ロードなし）		
3軸圧縮		
Westerly花崗岩		10^4
地震		$10^6 - 10^7$

出典：モードI，Atkinson (1984)；モードIII，Cox and Scholz (1988a)
　　　3軸圧縮，Wong (1982)；地震，Li (1987)

1.2.3 実験結果からみた破壊基準の意義

　岩石の破壊じん性〔fracture tougness；$\mathcal{K}_{Ic}$，クラックが伸長するときの応力拡大係数の値〕が，岩石の構成鉱物の単結晶の破壊じん性よりずっとおおきいという測定結果は，単結晶のほうが，それとおなじの鉱物から構成される岩石よりつよいという一般的な観察と斉合する．すなわち，単結晶石英の1軸圧縮強度はおおよそ2000 MPaであるが，クォーツァイト〔珪岩〕の強度は典型的に200 - 300 MPaの範囲にある．この謎は簡単にとける．測定につかわれた単結晶はたいてい宝石級であり，たぶん顕微鏡でもみえないくらいの傷しか存在しなかったのであろう．いっぽう，クォーツァイトの傷は，すくなくとも粒子径とおなじくらいの大きさであろう．式1.25によると，応力拡大係数はクラック長さの平方根に比例するので，クォーツァイトの強度はずっとよわくなる．この例は，通常は，微視

〔この本では，断層形成を論じるにあたって，破壊力学的な検討と，後で展開される摩擦すべりに準拠した検討のふたつが重要な柱となっている．Scholzは，せん断型クラックの伝播と，摩擦すべりにおける不安定の発生・伝播のふたつを包含する概念として，ruptureという用語をもちいている．この意味で，この用語におきかわる日本語がみつからないので，ラプチャーという用語をそのままつかう〕

的破壊基準と巨視的破壊基準を区別してとりあつかわなければならないことをあきらかにしている．

いっぽう，岩石強度のおおまかな特徴を定性的に予測するにあたって，巨視的破壊基準（節1.1.4）はたしかに成功しているようにみえる．しかし，節1.2.1の結果にしたがえば，巨視的破壊基準が根拠とする微視的な破壊基準には明白な不備があり，このことを考慮するとすこし議論を要する．Griffithタイプの破壊基準は，もっともクリティカルなGriffithクラックが伝播するときに巨視的破壊がおこるという仮説に準拠している（"最弱リンク"理論〔weakest link theory〕）．これは，ダイレイタンシーが破壊強度の約半分の応力からはじまるという観察や，破壊にさきだって，マイクロクラッキングが試料全体にひろがっておこるという観察とあきらかに矛盾する．この問題は，Paterson（1978; pp. 64 - 66）によって，かなり詳細に論じられている．ここではふたつの重要なポイントに焦点をしぼる．

節1.1.4で論じたように，圧縮応力場において，もっともクリティカルなGriffithクラックは，σ_1に対して鋭角に配向するせん断クラックである．クラックまわりの応力場の解析によれば，最大クラック伸長力はクラック面内にはなく，σ_1に平行にちかづくようにまがってゆく道筋にある（Nemat-Nasser and Horii, 1982; Lawn and Wilshaw, 1975; pp. 68 - 72も参照）．応力場の解析は，図1.10の囲みAにえがかれているように，せん断クラックの先端から引っ張りクラックが伝播することをしめしている（Brace and Bombalakis, 1963）．このような引っ張りクラックは，わずかな距離を伝播した後では安定になり，もっと伝播させるためには，荷重をふやさなければならない．応力を増加させると，他のクラック源から同様なクラッキングがおこり，主として横方向の膨張を生じ，ダイレイタンシーの原因となる載荷軸に平行に配向するクラックの並びができあがる（図1.14）．しかし，これらのクラックがそれだけで試料全体の破壊をひきおこすことはない．マイクロクラックが発生するきっかけとしてここで議論したせん断クラックは，さまざまなケースのなかの一例にすぎないとかんがえるべきである．もともと岩石のなかには，応力が集中するもっと複雑な場所がたくさんあるにちがいない．Scholz, Boitnott, and Nemat-Nasser（1986）は，周囲が完全な圧縮応力場であれば，クラックはσ_1に平行に，最初の傷からながい距離を安定に成長することをしめした．そして，Nemat-Nasser and Horii（1982）は，これが1軸圧縮試験のときにしばしばみられるスプリッティングの原因になりうることを示唆した（図1.12c）．

もっとも根本的な問題点は，図1.11に提示したように，実験室でも自然においても，岩石は圧縮のもとで，巨視的にはσ_1の方向に鋭角をなすせん断破壊（断層）を形成して破壊するにもかかわらず，等方弾性体のなかのせん断クラックは，自分自身の面内に成長しえないということである．実際には，σ_1に対して傾斜するせん断クラック（断層）の伝播は，図1.18において3次元でしめされたように，σ_1に平行なモードIのクラックの生成によって実現する．せん断クラックの上下の先端はモードIIの載荷のパターンになっ

ているけれども，Brace and Bombalakis（1963）の実験でしめされたように，モードⅠの単一クラックの載荷軸方向への伝播によって成長する．モードⅢのパターンになっている横のエッジでは，モードⅠの軸方向クラックの並びがつくりだされる（Cox and Scholz, 1988b）．この挙動は応力解析から期待されるけれども，断層形成や断層の成長に関する重大な問題を提起している（節3.2）．Cox and Scholz（1988b）は，この問題に対する部分的な解をえた．モードⅢのクラックから伝播した最初のクラックは図1.18のようであるが，さらにせん断がすすむと，せん断面に平行なクラックによって，モードⅠのクラック配列はこわされてせん断プロセス・ゾーンが形成されるというものである．これは断層形成の最初の段階である．図1.17にしめされたAEイベントの局所化の様子から，断層が誕生して，成長してゆくプロセスをしることができる．Moore and Lockner（1995）は，このプロセスを顕微鏡をつかって観察した．彼らは，図1.17と同様な実験で，しかし，断層が途中までしか成長していない段階でとめた試料を回収してしらべ，モードⅠのマイクロクラックが，まさに伸長してゆく断層の両側と先端部に集中していることをみつけた．Zang et al.（2000）はこのプロセスをより詳細にしらべた結果を発表している．フィールド・スケールの断層におけるプロセス・ゾーンについても，同様な結果がえられている（節3.2.2参照）．

　岩石のぜい性破壊を複雑にしている他の主要な要因は，Mogi（1962）やScholz（1968a）によって強調されているように，岩石の不均一性であり，これが原因となってつよい不均一な応力場の発達が促進されることである．この結果，岩石のなかの局所的な応力は，課せられた応力といちじるしく乖離する．クラックは，このような局所的にたかい応力の領域からはじまることができるが，隣接したよりひくい応力の領域への伝播はおさえられる．同様に，粒子のスケールでみれば，粒子境界の存在やへき開などによって，フラクチャー・タフネスはおおきくばらつくであろう．この不均一性が，それだけで単一クラックが伝播して巨視的破壊にいたるのを抑止するにちがいない．引っ張り応力場でおこる多結晶材料の破壊のケースには，前のふたつのパラグラフで検討した考えはまったく適用できない．不均一性の効果は，プロセス・ゾーンの形成（Swanson, 1984）や，圧縮破壊のとき（Mogi, 1962）と同様に，破壊にさきだって発生するAEなどにはっきりとあらわれる．

　Griffithタイプの理論は，厳密には局所的なクラックが開始するのを予測する．したがって，つぎに生じる疑問は，なぜ岩石の破壊は，Coulombの破壊基準にしたがいながら，定性的にはGriffithタイプの理論の予測どおりになるのか？　という点である．しいてこれに理屈をつければ，巨視的な破壊はマイクロクラックの合体によっておこり，マイクロクラック自体は，局所的にはGriffith理論にしたがうように開始し発達する．したがって，全体としての破壊プロセスは，Griffith理論の予測どおりにスケールされるのである．本当のところ，先験的にただしいと信じられている原理は，（岩石）全体の物性は，岩石の部分（クラック）の物性の関数であるという考えである．もちろん，どのような関数で

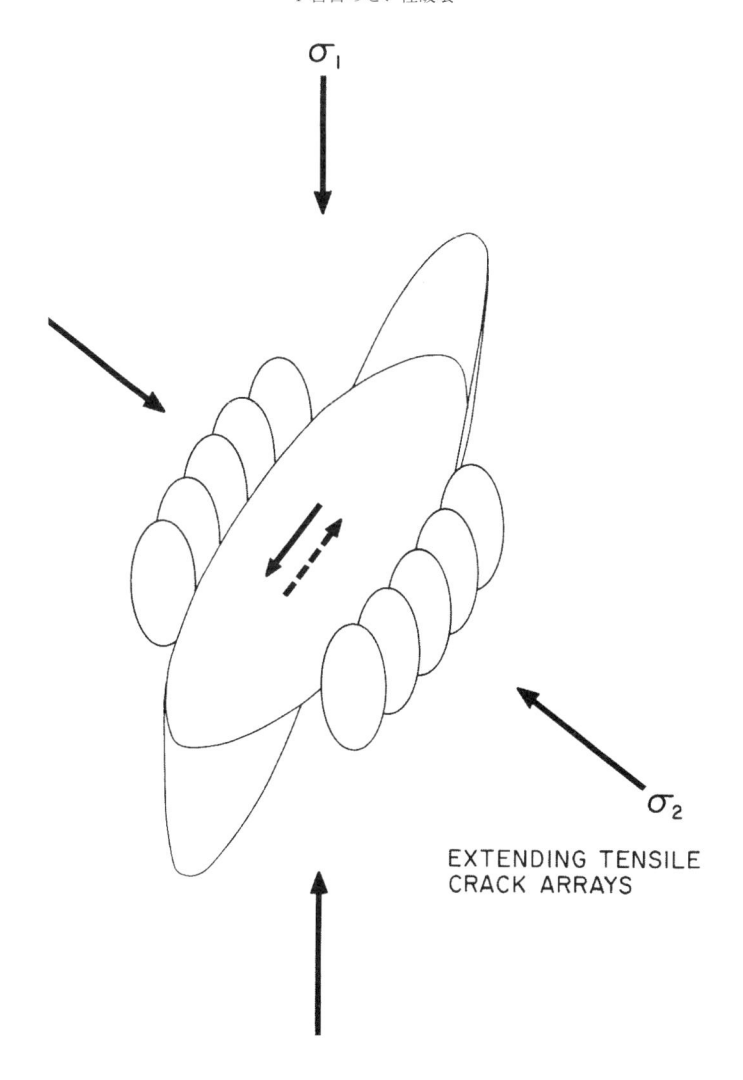

図 1.18 ぜい性材料のなかのせん断クラック・エッジから伝播する引っ張りクラックをしめす模式図.モードⅡとモードⅢのエッジでは,クラックの伝播のパターンがまったくことなる.

あるかは,岩石の破壊プロセスや微視的構造が複雑なので,厳密に解析されたことはない.たとえばひとつのヒントは,限界ダイレイタンシーに達すると破壊が生じることである(Scholz, 1968a ; Brady, 1969).実験条件をかえれば限界ダイレイタンシーの値が変化する(Kranz and Scholz, 1977)とはいえ,このような破壊基準が成立することは,自己相似性〔self-similarity〕がなりたつことを暗示している.自己相似性を議論する最近の試みは,確率的な意味での自己相似性(Allegre, Le Mouel, and Provost, 1982)や損傷力学モデル(たとえば,Main, 2000)に焦点がおかれている.

もし,あたえられた条件のもとで,マイクロクラックの密度がある限界値に達したときに,全体的な破壊がおこるという考えをうけいれるなら,個々のマイクロクラックの挙動

が2次元であるのに対して，破壊は3次元のプロセスとなる．このような破壊に対する3次元的な見方は，中間主応力 σ_2 の強度に対する効果を直観的に理解できる利点をもっている．なぜなら，σ_2 の効果は，σ_2 に対して高角度をなす面上でのマイクロクラックの発生を抑制する効果であり，その結果，σ_1 のいかんにかかわらず，マイクロクラックの発生総数は減少する．

1.2.4 強度に対するスケールの効果

　実験室での研究を地質学的現象に適用するときには，実験室でとりあつかえる大きさや時間より，ずっとおおきな大きさや時間に対するスケーリングとかかわることになる．ぜい性破壊に対する時間の効果に関する問題は節1.3.2にゆずり，ここでは強度に対するサイズ効果〔寸法効果〕について論じる．この主題に関しては，Jaeger and Cook（1976; pp. 184 - 185）と Paterson（1978; pp. 33 - 35）の本に詳細な議論がある．経験的にえられた重要な結果をまとめると，以下の関係がみつけられている．もし，試料の特徴的な大きさを D とすると，圧縮強度 σ_c は，つぎの式にしたがって減少することがみつかっている．

$$\sigma_c = mD^{-\zeta} \qquad (1.45)$$

ここで，ζ は1以下の定数，m は正規化のための定数である．図1.19に代表的な測定例をしめす．$\zeta = 1/2$ とすれば，式1.42は，$0.05\,\mathrm{m} < D < 1.0\,\mathrm{m}$ の範囲のデータによくあうことがわかっている．サイズの効果は，試料のなかに存在する傷のサイズが，試料のサイズに依存することに原因があると，一般にかんがえられてきた．われわれがすでに指摘したように，岩石の破壊が，最弱リンクのカタストロフィックな破壊によってうまく記述できないにしても，クラッキングの開始や究極の強度〔ultimate strength〕が，試料のなかの既存の最長クラックによってコントロールされることは期待できる．もし，岩石の本来の強度を，スケールに依存しない破壊じん性 $\mathcal{K}_c$ であたえることができ，〔試料のなかの〕最長クラックの平均長さが d に比例して増加すれば，$\zeta = 1/2$ とした式1.45は，式1.25から予測される．この値は，図1.19にしめされたデータとひじょうによく一致する．実験室でもちいる岩石試料を選択するときには，巨視的なクラックが存在するものをさけるので，やはり，$\zeta = 1/2$ とした式1.45と同様な関係が，強度と粒子サイズのあいだに成立する（Brace, 1961）．Petch の法則としてしられるこのスケーリング則は，もし最長クラック長さが粒子径に比例すると仮定すると，上の議論からよく理解できる．

　図1.19にしめされたデータをみると，試料の大きさが1メートルをこえると直線による近似からはずれて平坦になる．この研究は，あきらかに"ジョイントが存在しない"岩石を対象におこなわれたので，あるサイズよりおおきな傷をもつ試料を回避するというサンプリング・バイアス〔sampling bias〕がかかっているのがその原因かもしれない．そう

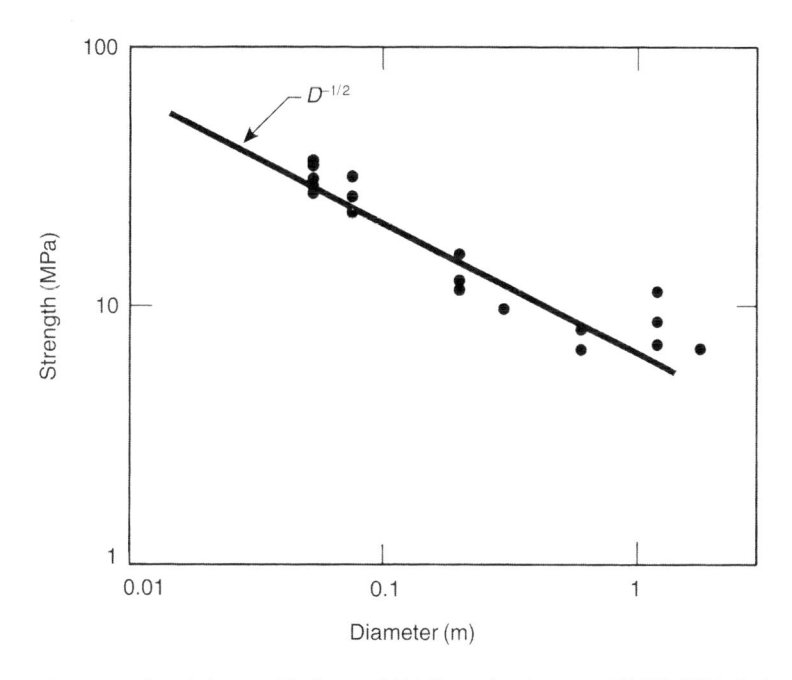

図 1.19 試料サイズと強度の関係〔サイズ効果〕．データは，石英閃緑岩をもちいた Pratt et al.（1972）の実験による．

でなければ，岩石が完全に破砕されているケースでは，スケールに支配される岩石の強度の下限値は，摩擦強度ということになる．節 2.1 で議論するように，摩擦にはサイズに依存する効果がないので，強度と摩擦の比較のために図 1.13 にしめされた，実験室で測定した摩擦値が強度の下限値となるべきである．フィールド・スケールでは，強度がスケールに依存しなくなり，摩擦強度よりいくらかたかいレベルになっていることを，節 3.2.2 でしめす．

1.3 破壊に対する間隙流体の効果

地殻のぜい性部分はほとんど例外なく，流体が浸透した状態にあると仮定できる．流体の浸透は，ふたつの重要な，しかしたがいに無関係な効果を，最終的に地質学的プロセスにおおきな影響をあたえる岩石の強度や破壊に対しておよぼす．ひとつは純粋な物理的効果であり，圧力によって流体が間隙におくりこまれ，破壊や摩擦に対して一種の潤滑剤のようにはたらく効果である．もうひとつは物理化学的効果であり，これが岩石強度に時間依存性をもたらす．

1.3.1 有効応力の法則

クラックのなかに圧力 p の流体が存在する場合のクラックの挙動を線形破壊力学（節 1.1.3）をもちいて記述するときには，この圧力を，課せられた応力 σ_{ij} に線形にかさねあわせることができ，応力拡大係数はその差，

$$\bar{\sigma}_{ij} = \sigma_{ij} - p\delta_{ij} \tag{1.46}$$

だけに依存する．ここで δ_{ij} はクロネッカー・デルタである．p は間隙圧とよばれ，テンソル σ_{ij} は**有効応力**〔effective stress〕とよばれる．多孔質固体のほとんどの物理的性質は**有効応力の法則**〔law of effective stress〕にしたがう．すなわち，外部応力だけが作用するときとはことなり，物理的性質が有効応力の変化に応答してかわることを意味する．有効応力の法則は，考察の対象となる物性 P ごとにことなり，一般に，つぎのような形をとる（Nur and Byerlee, 1971; Robin, 1973）．

$$P(\bar{\sigma}_{ij}) = P(\sigma_{ij} - \alpha p \delta_{ij}) \tag{1.47}$$

強度のときには，クラックの挙動をかんがえる必要があるが，一般にクラックは，摩擦的な接触をしている．そのようなケースでは（式 2.16 参照），$\alpha = (1 - A_r/A)$ である．ここで，A_r は真の接触面積，A はみかけの接触面積である．ほとんどのケースでは $A_r \ll A$ であるので，$\alpha \gg 1$ となり，単純な形の有効応力の法則（式 1.46）をつかうことができる．この有効応力の法則は，クラックの挙動を支配するので，最終的に巨視的強度も同様に支配することが期待される．したがって，岩石強度は，Coulomb の破壊基準をかきかえたつぎの式にしたがうと期待できる．

$$\tau = \tau_0 + \mu(\sigma_n - p) \tag{1.48}$$

これは実験とひじょうによく一致する．

この取り扱いでは，課せられた応力と，局所的な間隙圧はたがいに独立であることが仮定されているが，実際のケースでは，両者は岩石の変形をつうじてカップルされているであろう．カップリングの興味ぶかい一例は，ダイレイタンシーのときに観察される．ダイレイタンシーは間隙空間の増加をもたらすので間隙圧が減少する．ダイレイタンシーによる間隙の体積の増加レートが，ダイレイタンシー領域にながれこむ流体の流入レート（岩石の浸透率によって支配される）よりはやければ，間隙圧が低下して**ダイレイタンシー硬化**〔dilatancy hardening〕がおこるだろう（Frank, 1965）．この効果は，Brace and Martin（1968）によって証明された．彼らの結果を図 1.20 にしめす．ひずみレートをかえて，岩石の強度がつぎのふたつの条件下で測定された．ひとつは，封圧が $p_c = p_2$ であり，間隙圧は $p = p_1$ である．もうひとつは，封圧が $p_c = p_2 - p_1$ であり，試料は飽和し，間隙圧は $p = 0$ である．低ひずみレートのときには，間隙圧は一定にたもたれ，どちらの条件のもとでもおなじ強

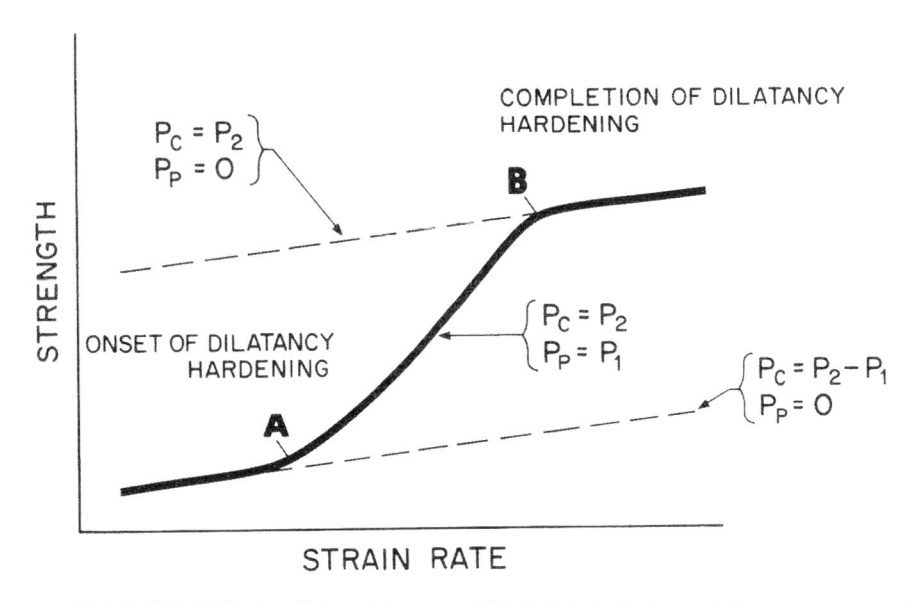

図 1.20 緻密な結晶質岩石のダイレイタンシー硬化をあらわすイラストレーション．P_c は封圧，P_p は間隙圧である．（Brace and Martin, 1968 の結果にもとづく）．

度をしめした．しかしながら，ある限界ひずみレートをこえると，ダイレイタンシー硬化によって，最初の条件下で測定した強度は，2番目の条件下の強度よりおおきくなる．さらに，もっとはやいひずみレートでは，ダイレイタンシー硬化が完了し，強度は $p_c = p_2$, $p = 0$ での強度にちかづく．この効果は，地震の先行現象のダイレイタンシー理論に重要な役割をはたす（節 7.3）．

1.3.2 強度に対する環境効果

節 1.1.2 で言及したように，Obreimoff は，雲母のへき開強度に対する環境効果に気づいた．これは，物理化学的効果であることがわかり，環境中に存在する化学的に活性なある種の物質が，ある一定レートで固体と反応することに起因する．反応レートは，クラック先端の引っ張り応力集中によって増進され，それと同時に，化学反応がおこると，固体の破壊じん性は局所的にさがる（Orowan, 1944）．このプロセスによって，このような環境条件にさらされる固体の強度が，本質的に時間依存性をしめすことがみちびきだされる．珪酸塩のケースでは，主たる化学的に活性な物質は水である．地球のリソスフェアのいたるところに水は存在するし，しかも地質学的プロセスでは変位レートはきわめてひくいので，この反応が岩石の強度をコントロールするにちがいない．しかし，地質学的な載荷レートが一様にひくいなら，ある種の平衡状態が達成され，これらのプロセスは検出されないだろう．地震のときのように，レートがとつぜんかわるときにだけ，この効果が目だつことになる（節 4.4 と節 4.5），さらにこの効果によって，地殻の応答は粘弾性的になる（節

6.5.2).このような岩石強度の環境効果は,ぜい性破壊のみならず,節2.3で詳細に論じるように,摩擦においても重要である.

水の存在は珪酸塩の塑性も増進する(Griggs and Blacic, 1965).このケースは,**加水軟化**〔hydrolytic weakening〕とよばれ,クラックの先端というより転位の核で反応はおこる.Journal of Geophysical Researchの特集号(Vol. 89, B6, 1984)には,この種の環境効果に関する論文が集められている.Atkinson(1984),Freiman(1984),Dunning et al.(1984),Swanson(1984)のぜい性破壊に対するすぐれたレヴューもこの号に掲載されている.

ガラスや岩石のなかでのクラックの伸長が,線形弾性破壊力学の予測からいちじるしくはずれることがあきらかにされている.応力拡大係数 $\mathcal{K}$ が $\mathcal{K}_{Ic}$ よりひくくても,クラックが伸長することがみつけられている〔サブクリティカルなクラック成長;subcritical crack growth〕.図1.21に $\mathcal{K}$ とクラック先端の伸長速度 v の典型的な関係をしめす.$\mathcal{K}$-v 関係には,ことなる挙動をしめす領域がいくつかみられる.なかでも,もっとも卓越する部分が領域IIであり,ここでは $\mathcal{K}$-v 関係が,実験的につぎのようにきまる.

$$v = A\mathcal{K}_I^n \tag{1.49}$$

ここで,A は定数,n はストレス・コロージョン〔stress corrosion;応力腐食〕インデックスとよばれる.以下にのべるように,このようなゆっくりとしたクラックの伸長は化学反応に由来するので,以下のような形式もこのんでつかわれる.

$$v = v_0 \exp(b\mathcal{K}_I) \tag{1.50}$$

領域IIでは,クラック先端の進展レートは,クラック先端の応力集中によって増進された化学反応レートにコントロールされる.そのような反応はたくさんあって複雑である.Si－O結合の水和作用〔hydration〕の簡単な例をもちいて,その原理を表現すれば,つぎのようになる(Freiman, 1984).

$$[\text{Si}-\text{O}-\text{Si}] + \text{H}_2\text{O} \leftrightarrow \chi \to 2[\text{SiOH}] \tag{1.51}$$

ここで,χ は活性錯合体〔activated complex〕である.このタイプの反応はふたつの重要な特徴をもっている.ひとつは,ひじょうにおおきな引っ張りひずみをつくりだすことである.そして反応は,クラック先端におけるおおきな引っ張り応力によって熱力学的に推進されるので,選択的にクラックの先端部でだけおこる.もうひとつは,共有結合のSi－Oが,もっとよわい水素結合〔hydrogen bond〕に置換されて,すでに存在する引っ張り応力によって簡単に破壊されることである.この反応レートを数式であらわし,それをもちいて式1.50をつぎのようにかきかえる(Freiman, 1984).

$$v = v_0 a(\text{H}_2\text{O}) \exp[(-E^* + bK_I)/RT] \tag{1.52}$$

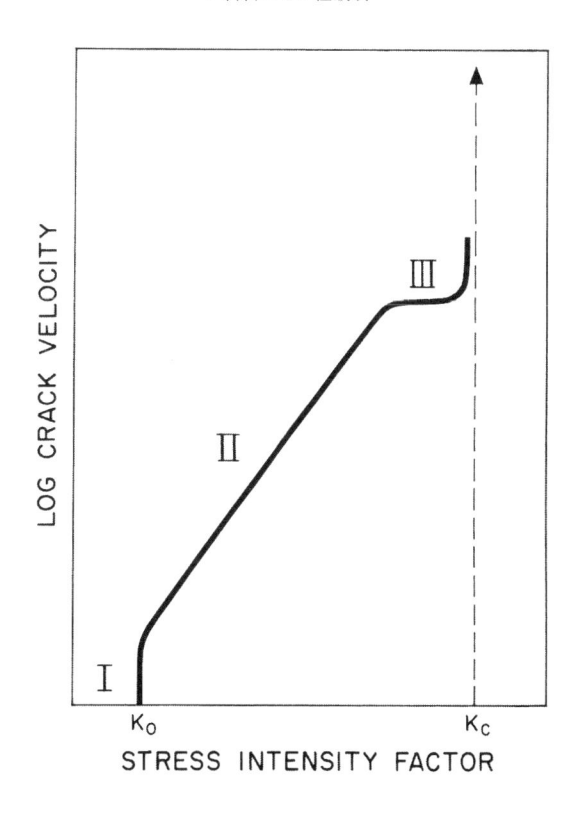

図1.21 ぜい性固体のサブクリティカル・クラック成長におけるクラック先端の伸長速度と応力集中係数との関係をしめす模式図．$\mathcal{K}_0$ は，ストレス・コロージョンによってクラックが伸長する下限値である．領域IIでは，クラック速度をコントロールするプロセスは化学反応である．領域IIIでは，化学的に活性物質のクラック先端への拡散によってクラック伸長速度がコントロールされる．$\mathcal{K}_c$ では，クラックは動的に伝播する．

ここで，E^* は活性化エネルギー，b は反応の（活性化体積に関係する）応力依存性をあらわす．この式から，クラック速度は，温度と水の化学的活性度〔chemical activity of water〕$a(H_2O)$ に依存することがわかる．これらは観察された典型的な効果である．そして，式1.49 - 式1.52 のパラメーターの測定値が，Atkinson（1984）によってまとめられている．

クラック速度がもっともはやいところでは，平坦な領域IIIがあらわれる（図1.21）．クラック速度をこのよう制限するプロセスは，化学的に活性な物質のクラック先端への拡散〔diffusion〕である．ガラスでは，領域IIIの存在は明瞭であるが，岩石のときは不明瞭である．これは，プロセス・ゾーンが存在して，拡散経路がずっと複雑になることに起因するようだ（Swanson, 1984）．図1.21 には，ストレス・コロージョンの下限値 $\mathcal{K}_0$ がしめされている．とはいえ，クラック速度がきわめておそいので（典型的に$< 10^{-9}$ m/s），このような下限が在存するかどうかを実験的に証明することは困難である．Atkinson（1984）は，ストレス・コロージョンの下限値が $0.2\mathcal{K}_c$ 程度のひくい値である可能性を示唆した．クラックの鈍化（Freiman, 1984）やクラックのヒーリング〔healing〕（Atkinson, 1984）などをふくむさまざまなメカニズムが，下限値の存在を証明するために検討された．

下限値の存在は熱力学からも予測できる（Cook, 1986）．このパラメーターが材料の長期的な強度をきめる．

このような環境効果により，岩石や多数のぜい性材料は，本質的に時間に依存する強度をもつ．もし，ガラスの棒が，その瞬間的な破断強度〔instantaneous breaking strength；仮想的に瞬間的な載荷をしたときの強度，実際にはできるだけ高速なひずみ速度で測定した強度〕より十分ひくい一様な引っ張り応力をうけると，ある特徴的な時間 $\langle t \rangle$ が経過した後，自然にこわれる．**静的な疲労**〔static fatigue〕とよばれるこの挙動は，おおくの材料でみつけられた．たとえば，引っ張り応力をうける溶融石英（Proctor, Whitney, and Johnson, 1967）や圧縮応力のもとでの石英（Scholz, 1972a）などがあげられる．後者については，破壊までの平均時間が，つぎの式で記述できることが，実験的にみつけられている．

$$\langle t \rangle = f[a(\mathrm{H_2O})] \exp[(E - n\sigma)/RT] \tag{1.53}$$

この式と式 1.52 の相似性は明白である．Weiderhorn and Bolz（1970）は，この観察によってきめられた静的な疲労法則が，式 1.49 または式 1.52 の積分によって予測できることをしめした．

同様に，瞬間的な〔高速載荷されたときの〕破壊強度をしたまわるような固定荷重で岩石が載荷されたときにも，なかではまったくおなじプロセスが進行するが，岩石のもつおおきな不均一性ゆえに，マイクロクラッキングは試料全体にずっとひろがっておこり，典型的なクリープ曲線とおなじ輪郭をもつ巨視的なひずみが生じることになる（図 1.22）．このようなタイプのクリープをきわだたせるものは，ひずみがダイラタントになることと，AE をともなうことである．すなわち，岩石のレオロジー（巨視的な応力－ひずみ－時間の挙動）は粘弾性であるが，その背後にひそむプロセスはぜい性である．Scholz（1968c），Cruden（1970），Lockner（1993）は，サブクリティカルなクラック成長と局所的な静的な疲労に準拠して，岩石のクリープを説明するモデルをつくった．変形の時間依存性をのぞけば，"クリープ載荷"におけるダイレイタンシーの総体的なメカニズムと巨視的な破壊にはたす役割は，3 軸圧縮のダイレイタンシーの場合とそれほどかわらないようにみえる．特に，破壊に先行してひずみレートが急激に加速する 3 次クリープ段階は，圧縮破壊の段階Ⅳとにているはずだ（節 1.2.1）．この段階では，主破壊に先行して変形のいちじるしい局所化がおこる（Yanagidani et al., 1985）．岩石に対する静的な疲労法則は，上にのべた単結晶やガラスに対する静的な疲労則とおなじ形をしている（Kranz, 1980）．

微視的なメカニズムと巨視的な破壊基準をむすびつけることについては，最近，いくつかの進展があった．Okui and Horii（1997）は，引っ張り型の"ウィング・クラック"どうしの相互作用のモデルをつくって，巨視的な破壊の開始を予測しようとこころみた．Lockner（1998）はぜい性岩石の変形の半経験的な一般化モデルをつくった．このモデルのふたつの基本的な要素は，不安定の開始時にはクリティカルなダイレイタンシーひずみ

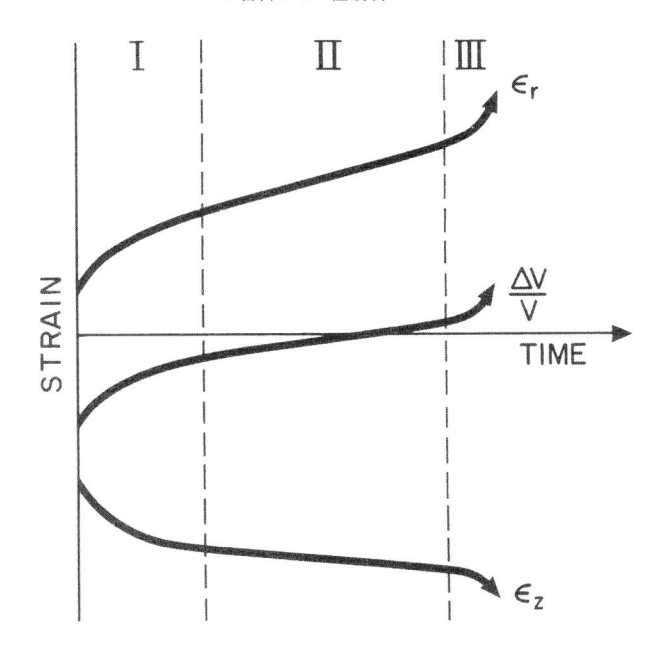

図 1.22 ぜい性クリープの 3 つの段階（ε_z, 載荷軸方向ひずみ；ε_r, 周方向ひずみ；$\Delta V/V$, 体積ひずみ）．I，II，III，は，それぞれ，1 次クリープ，2 次クリープ，3 次クリープである．3 次クリープは，カタストロフィックなぜい性破壊へむかってマイクロクラッキングが加速するフェーズである．

（この量は圧力に依存する）に到達することと，式 1.52 ににた形であたえられたサブクリティカルなクラック成長の速度則である．彼は，彼自身がしらべた岩石の応力–ひずみ曲線への当てはめによって，いくつかのパラメーターの意味をあきらかにし（これは岩石の構造の不均一性に関する情報を入力する作業といえる），一般化した挙動が予測できることをしめした．ひずみの局所化して断層が形成される降伏後の挙動については，Hazzard *et al.*（2000）が粉粒体モデルをつかってモデル化した．

岩石の強度は，サイズに依存しないパラメーターである $\mathcal{K}_c$ だけでは記述できない．なぜなら，サブクリティカルなクラックは応力拡大係数がずっとひくいときにも成長でき，究極にはクリティカルな破壊をひきおこす．節 4.5.2 でとりあげるように，この挙動は二三の興味ぶかい地震現象をみちびきだす．実験室から自然の条件までの岩石強度のスケーリングについて考察するなら（節 1.2.4），ここでのべた強度の時間依存性という観点から，地質学的なひずみレートでの岩石の破壊強度は，実験室の測定値より相当ひくくなければならないとの結論をみちびくことができる．しかし，ストレス・コロージョンには下限値 $\mathcal{K}_0$ があるため，強度の劣化にも下限がありそうだ．なにはともあれ，節 1.2.4 でのべた理由とおなじ理由によって，地殻の強度の下限は摩擦によってきまる．摩擦は，さまざまな効果が競合するのが原因で，強度よりもっと複雑な時間依存性をもつ（節 2.3）．

1.4 ぜい性－塑性遷移

　十分たかい圧力と温度のもとでは，結晶質材料の純粋なぜい性挙動は結晶質塑性にとってかわられる．これらのふたつの対照的な領域のあいだに，ふつう，ひろい遷移領域がある．そこでの変形は準ぜい性的であり，微視的なスケールではぜい性と塑性のプロセスが混合し，そのレオロジーは巨視的には延性である．したがって，あさいところでおこるぜい性的な断層形成は，もちろん岩種と熱的な環境につよく依存するけれども，深部では塑性的なせん断にとってかわられることが予想できる．スキツォスフェアとプラストスフェアのあいだのこの遷移は，地殻の力学的な物性をいちじるしく変化させ，地震やその他のぜい性的な現象が存在できる深さをきめる．ここでは，この遷移領域を，結晶塑性学の基礎にたちいらずに説明する．結晶の塑性については，他の文献を参照されたい（たとえば，Nicolas and Poirier, 1976 ; Poirier, 1985）．以下の議論では，**延性**〔ductility〕と**塑性**〔plasticity〕を区別することにしよう．延性は，おおきなひずみが許容でき，巨視的に均一な変形によって特徴づけられるレオロジーの性質をさすためにつかう．そこでは，どのような微視的なメカニズムが関係するかは問題とされない．いっぽう塑性は，そのメカニズムが，もしかすると拡散に関係するかもしれない転位運動のある形態であることをそれとなく暗示するためにつかわれる．したがって，**ぜい性－延性遷移**という用語はさけるべきである．なぜならこの用語は，破壊のモードと変形のメカニズムを混同しているし，特に，断層形成に関連するリソスフェアの力学的挙動の遷移に対する誤解のもとになったからである（Rutter, 1986）．そのかわりにわれわれは，そのあいだの準ぜい性領域もふくんで，純粋なぜい性から純粋な塑性にうつる遷移全体をあらわすために，**ぜい性－塑性遷移**〔brittle - plastic transition〕という用語をつかう．そして，準ぜい性領域は，片側はぜい性－準ぜい性遷移と，反対側は準ぜい性－塑性遷移でくぎられる．

1.4.1 概括的な原理

　岩石のぜい性－塑性遷移は，定性的にしか理解されていない．ぜい性－塑性遷移は，転位がクラックとおなじくらい容易に伝播できるような条件のもとでおこる．したがって，ぜい性－塑性遷移を，クラッキングと転位運動の競合という観点からとりあつかってもよいだろう．クラッキングは体積の増加と摩擦仕事に関係するので，圧力を増加するとクラッキングは抑圧されるだろう．しかしながら，転位によるすべり〔dislocation glide〕は体積の変化をともなわず，摩擦にも無関係なので，圧力に対しては鈍感である．いっぽう，転位は格子欠陥であるので，温度を上昇させると転位の動きやすさ〔mobility of dislocation〕が増進するのに対して，クラックのような面状の欠陥は温度にそれほど影響

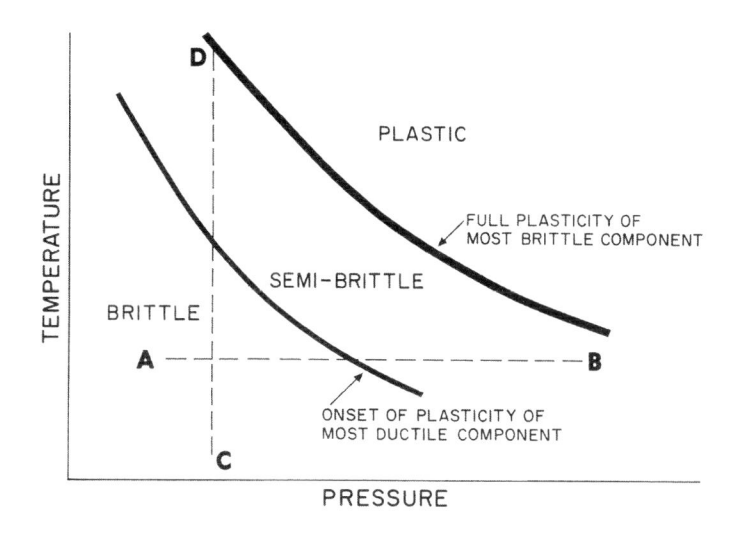

図1.23 P〔圧力〕－T〔温度〕の座標系において模式的にしめされたぜい性－塑性遷移．A－BとC－Dは，本文でのべた実験経路である．

されない．それゆえ，環境効果を無視すれば，応力によるクラッキングのおこりやすさは温度に鈍感である．したがって，塑性流動は高温・高圧でおこりやすく，どのような結晶質材料の変形にも，ぜい性と塑性のあいだの遷移がみられるだろう．このような変形のモードの変化はとつぜんおこるのではなく，図1.23に模式的にしめしたように，準ぜい性場をとおる段階的遷移をともなう（Carter and Kirby, 1978 ; Kirby, 1983）．このような段階的遷移がおこる理由はたくさんあるが，ひとつには多結晶材料の塑性への遷移は，それ自体が本質的に段階的にはじまるということによる．ぜい性－塑性遷移は，一般に，拡散がそれほど重要ではなく，塑性流動の主たるモードが転位すべりであるひくい温度ではじまる（とはいっても，準ぜい性領域にはいるにしたがい，拡散によって増進される転位の挙動が重要になる）．特に固有表面エネルギーがひくい結晶面でおこるへき開を除外すれば，クラッキングはそれほど結晶構造にコントロールされない．対照的に，転位すべりは結合をこわす必要があり，ふたつの等価な格子点をむすぶせん断ベクトルのオフセット〔食い違い〕の増分 b〔Burgersベクトル〕をたどるあらたな結合をつくりだす必要がある．したがってベクトル b は，あるきめられた結晶面のあるきめられた方向へ理論どおりに存在する必要があり，中途半端で不安定な位置をとることはできない．その結果，転位すべりは結晶構造におおきく制限され，かぎられた数のすべりシステムだけが可能である．珪酸塩では，特にこれがあてはまる．珪酸塩は，方向が限定されているつよい共有結合が卓越する複雑な構造をもち，しかも対称性がひくい．これが邪魔をして，どのすべりのシステムでもすべりが可能な方向の数が倍増することはない．あるすべりシステムの転位すべりをひきおこすのに必要なクリティカルなせん断成分の応力は，他のシステムとは独立である．したがって，どのような条件のときにも，"すべりやすい"システムと，活性化す

るためにさらに応力の増加が必要な"すべりにくい"システムがいつも共存するだろう．多結晶材料が完全に塑性流動するときには，おのおのの結晶粒子はどのようにもひずむ能力をもたなければならない．このためには，5種類の独立のすべりシステムがすべてはたらく必要がある．この条件はvon Mises - Taylor基準としてしられている．したがって，ぜい性－塑性遷移は，もっともすべりやすいシステムが活性になったときにはじまることができるが，5つの独立なすべりシステムがすべて活性になってしまわないと完了しない．または，珪酸塩のケースにしばしばおこるが，温度がたかくなり，von Mises - Taylorの基準を部分的に無効にしてしまうくらい，転位の上昇運動〔climb〕や回復〔recovery〕といった拡散によってコントロールされるようなプロセスが十分たかまれば，ぜい性－塑性遷移は完了する．

この遷移の途中には，ぜい性プロセスと塑性プロセスのあいだに重要な相互作用がある．クラック先端の応力はたかいので，塑性流動はそこに集中する傾向があるだろうし，塑性流動はクラッキングを抑圧し安定化させる効果をもつだろう．なぜなら，クラックの進展は，$\mathcal{G}$を増加させるような塑性流動による仕事をともなうからであり，そして，塑性流動がクラックの先端をにぶらせて，そこでの応力集中度をさげるからでもある．いっぽう，塑性流動はクラッキングをひきおこすこともできる．活動的になったすべりシステムの数が不十分なとき，粒子境界での結晶学的なミスマッチが原因となって，しばしば転位が集積し，あらたなマイクロクラックをつくりだすような応力集中をつくりだす（Zener - Strohのメカニズム）．

カタクラスティック流動〔cataclastic flow〕という用語は，延性的な応力－ひずみ挙動で特徴づけることのできる分散した〔局所化しない〕変形であって，しかもある程度は，内部クラッキングや摩擦すべりとも関係するタイプの変形をさす．粉体や，荷重をかけると簡単に粉砕され粉体同然となる間隙率のたかい岩石においては，カタクラスティック流動はほとんどがぜい性－摩擦による変形なのだろう．さらに，カタクラスティック流動は，ぜい性－塑性遷移領域のなかでの準ぜい性挙動の代表例でもある．そこでは，カタクラスティック流動はぜい性－摩擦による変形と塑性変形がまじりあっておこる．ダイレイタンシーが生じることと，封圧につよく依存する強度をもつことによって，カタクラスティック流動を完全な塑性流動と簡単に区別できる．

1.4.2　圧力によってひきおこされるぜい性－塑性遷移

珪酸塩は，室温のもとでいくらたかい封圧をかけても，延性をしめた例はない．したがって，図1.23にしめした経路A－Bをたどるぜい性－塑性遷移に対する圧力の効果は，珪酸塩より延性のたかい鉱物，たとえば方解石で構成される大理石を実験にもちいてしらべるのが代替する方法のひとつである．方解石は，室温で大気圧のもとで，力学的な双晶

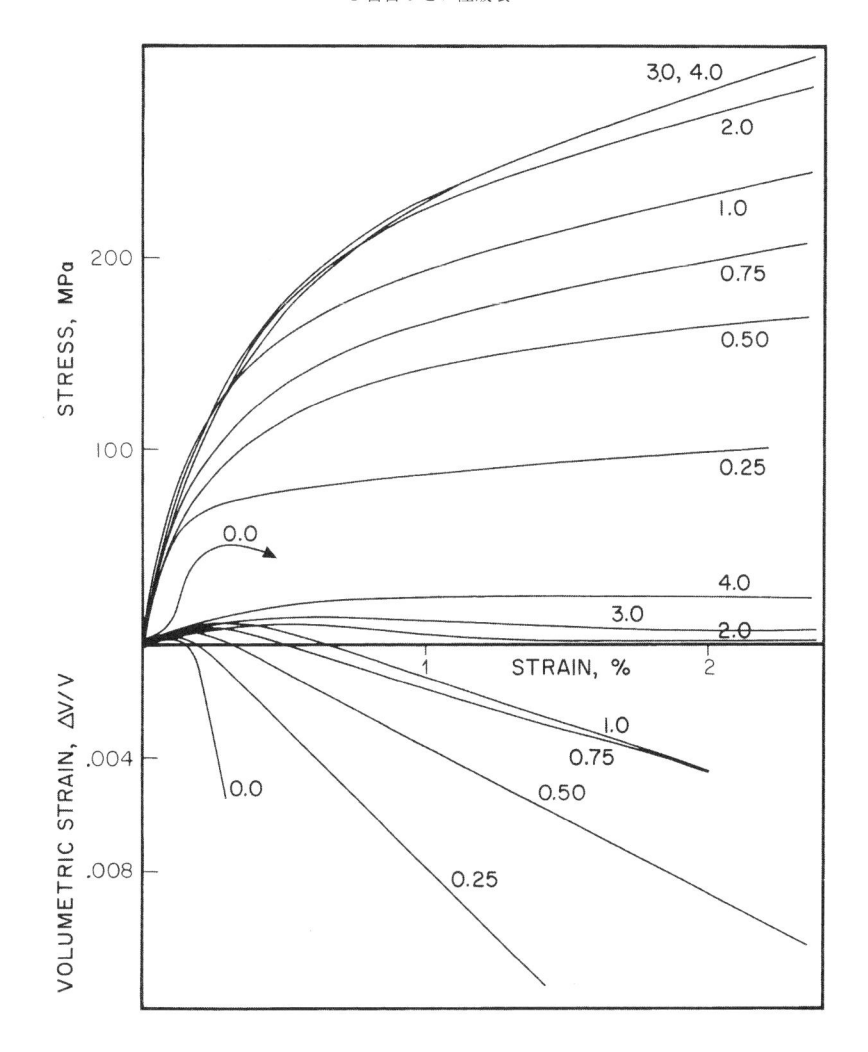

図 1.24 前の図 1.23 にしめされた経路 A − B をたどってぜい性−塑性遷移がおこるように封圧をかえて一連の実験をおこなったときの大理石の変形．上部の図は応力−ひずみ曲線をあらわし，ひくい封圧のもとで観察されるつよい圧力依存性は，封圧がたかくなると消滅する．図の下側には，体積ひずみが載荷軸方向ひずみに対してプロットされている．封圧が増加するにしたがい，ダイレイタンシーが徐々に抑圧されてゆくことがしめされている．完全な塑性への遷移は約 300 MPa でおわる．図のなか数字は封圧の値である〔kb で表示；1 kb = 100 MPa〕．（Scholz, 1968a の結果にもとづく）．

化〔twinning〕によって塑性的に変形する．さまざまな封圧をかけて変形させた大理石の応力−ひずみ曲線を，図 1.24 にしめす（Scholz, 1968a ; Edmond and Paterson, 1972 も参照）．1 軸圧縮下では，大理石は粉々になって破壊するが，わずか 25 MPa でも封圧をかけて圧縮すると延性をしめす．さらに封圧をあげると大理石の変形は延性的であるのに，そのふるまいは封圧におおきく依存することがわかる．降伏強度や，降伏後の応力−ひずみ曲線の勾配として定義されるひずみ硬化インデックスは，封圧 300 MPa までは急激に増加し，300 MPa をこえるとそれ以上の変化はない．体積ひずみも，載荷軸方向ひずみに対してプ

ロットされているが，ひくい封圧下では，降伏後の領域の載荷軸方向ひずみは定常なレートでふえるダイレイタンシーをともない，マイクロクラッキングが発生しつづけていることをしめしている．300 MPa までの封圧の効果は，ダイレイタンシーを徐々に抑圧することであり，300 MPa になると降伏後の変形には体積変化がともなわない．ダイレイタンシーと載荷軸方向ひずみの比は，応力－載荷軸方向ひずみ曲線におよぼす封圧の効果をよく模擬し，低封圧のときに最大になり，徐々に減少して 300 MPa でどちらもゼロになる．300MPa 以下では，大理石はカタクラスティックに変形するが，変形に対するぜい性過程の寄与率は圧力とともに徐々に低下し，300 MPa でぜい性－塑性遷移が完了して，完全な塑性をしめす．

1.4.3　温度によってひきおこされるぜい性－塑性遷移

節 1.4.1 で議論した原則は，多結晶体の酸化マグネシウム〔MgO〕をもちいた Paterson and Weaver（1970）のぜい性－塑性遷移に関する研究によってたくみに表現された．単結晶の MgO をもちいた変形実験の結果，低温では，すべりやすい {110}〈110〉のシステムだけが活性化することがわかった．{100}〈110〉システムは高温でだけ活性化し，高温では降伏強度はつよく温度に依存することがしめされた（図 1.25）．{110}〈110〉システムはふたつの独立したすべりシステムだけしか提供できないので，{100}〈110〉のシステムが活性化されるまで，多結晶体の塑性流動に関する von Mises - Taylor の基準は満足されない．その結果，室温で大気圧のもとにおかれた MgO の多結晶体はぜい性をしめす．

Paterson and Weaver は，0 MPa，200 MPa，500 MPa の封圧のもとで，さまざまに温度をかえて MgO の多結晶体を変形させた．図 1.25 に降伏応力がしめされている．ひくい温度のもとでは，変形はカタクラスティックであり，封圧は降伏強度に対していちじるしい効果をもつ．300℃をこえると，温度とともに降伏強度はさがり，強度に対する封圧の効果もちいさくなりはじめる．650℃では，多結晶体の強度の曲線は，{100}〈110〉すべりシステムの活性化からきめられた降伏強度曲線とまじわる．この点において，封圧 200 MPa，500 MPa での強度は収斂して {100}〈100〉システムの活性化曲線と一致し，さらに温度がたかい領域ではこの活性化曲線をたどる．ここでは，もはや強度の封圧に対する依存性はまったくみられず，完全に塑性的にふるまう．したがって，完全な塑性への遷移は，von Mises - Taylor の基準がみたされるまでおこらないというわけだ．地質学的にもっと重要な岩石では状況はもっと複雑になる．なぜなら，しばしばそのような岩石は，延性度がきわめて対照的な多数の鉱物から構成されていることがおおいからである．たとえば，石英－長石系の岩石がこれに相当し，Tullis and Yund（1977，1980）によって，ぜい性－塑性遷移領域での挙動がしらべられた．彼らの実験は，ちょうど図 1.23 の経路 C－D にそうように温度をあげておこなわれた．石英－長石系の岩石では，長石より数百℃ひくい温

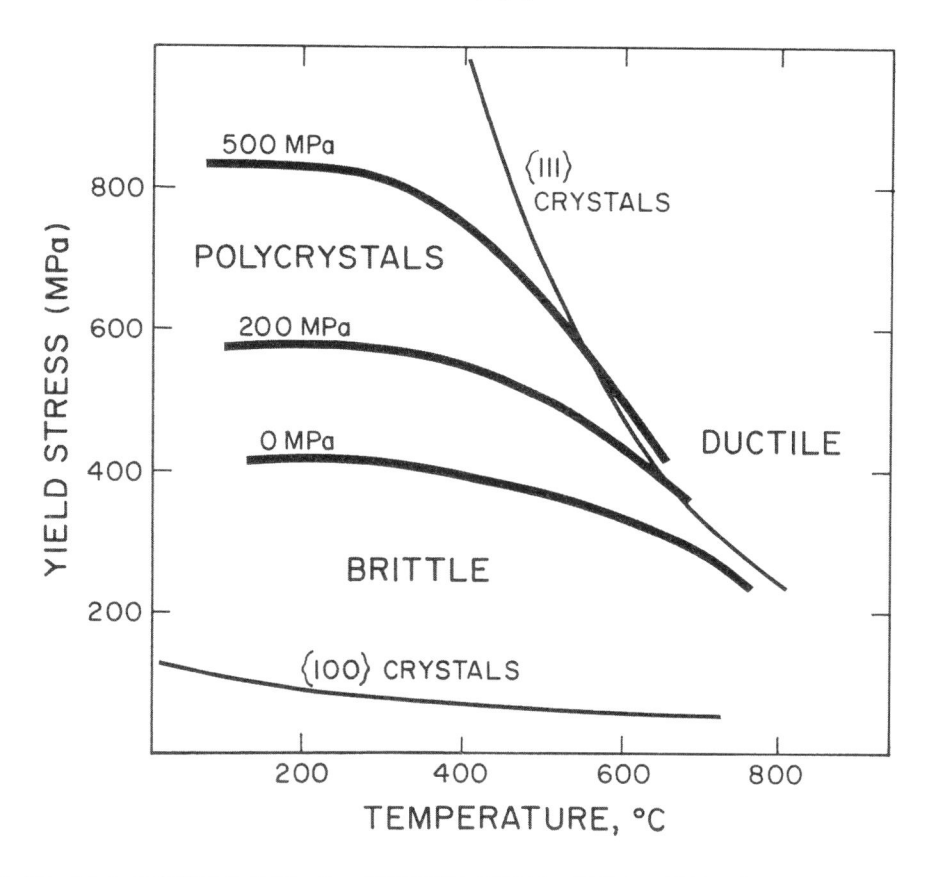

図 1.25 MgO の多結晶体のぜい性-塑性遷移と単結晶の挙動との関係. もっともすべりやすいシステムは［100］結晶のなかで活性化され，すべりにくいシステムは［111］結晶にある. 多結晶体は，ふたつのシステムがどちらも活性なときにだけ完全な塑性になる. （Paterson and Weaver, 1970 の結果にもとづく）.

度で，石英がぜい性-塑性遷移をひきおこす．長石は構造が複雑なうえ，対称性がひくいため流動しにくい．ひずみレート $10^{-6} \, s^{-1}$ で圧縮された花崗岩は，低温とひくい封圧のもとではぜい性をしめし，高温・高圧になるとカタクラスティックになった．温度がたかくなるにしたがい，石英にも長石にも以下にあげるような微視的構造の変化が観察された：①多数のマイクロクラック；②平面状のゾーンへ不均一に分布した転位とマイクロクラック；③少数のマイクロクラックと高密度にはなっているが依然として不均一なもつれあった転位；④マイクロクラックをめったにともなわない細胞状の下部組織を形成した転位；⑤マイクロクラックをともなわない亜結晶粒子に発達した密度はひくいが均一に分布する直線状の転位；⑥再結晶化した鉱物粒子と均一な密度の直線状の転位．"乾燥"状態の花崗岩では，マイクロクラックの活動が卓越した状態から，転位の運動が卓越する状態への遷移は，石英では 300℃ - 400℃，長石では 550 - 650℃でおこる．長石でのカタクラスティック流動から転位流動への遷移は，Tullis and Yund（1987）によってもっと詳細にしら

べられている．岩石自身が多相であるため，どの条件においても変形は不均一であった．

　Tullis and Yund（1980）は，他はおなじ条件のもとで，0.2重量パーセントの水を花崗岩にくわえて変形させると，明白な弱化がおこり，延性が促進されることをみつけた．これは間隙圧の効果ではなく，ストレス・コロージョンによってマイクロクラッキングが増進される効果と，転位の動きやすさを増加させる加水軟化の複合効果である．これらのふたつの効果のうち，加水軟化のほうが卓越するので，前述したぜい性－塑性遷移のときのそれぞれの段階の温度は，石英も長石も約150 - 200℃づつ低下する．それゆえ，水の含有量は，珪酸塩の流動挙動をきめる特に重要なパラメーターであるが，まだ研究の途についたばかりである．高温では，単に水をくわえるだけでぜい性－塑性遷移をひきおこすことがクォーツァイト（Mainprice and Paterson, 1984）と単斜輝石パイロキシナイト〔clinopyroxenite〕（Boland and Tullis, 1986）についてあきらかにされている．

1.4.4　地質学的な条件への外挿

　図1.26にしめされた，高圧・高温で試験されたSolnhofen石灰岩のデータには，それがシミュレートする地球の深さがしめされており，これをもとに地球内部のぜい性－塑性遷移の概略をまとめることができそうだ（Rutter, 1986）．図には，ふたつの遷移がしめされている．ひとつはぜい性から準ぜい性（カタクラスティック）挙動への遷移であり，もうひとつのふかい側の遷移は準ぜい性から塑性への遷移である．後者はダイレイタンシー（ひずみ）が生じる上限と一致し，強度にピークがあらわれる．ここではひずみレートが10^{-5} s^{-1}のときの結果がプロットされている．塑性はひずみレートに敏感であるので，ひずみレートがおそくなれば，強度のピークがさがり，遷移はよりあさいところでおこるようになるだろう．

　現在ではまだ，これらの結果を地質学的な条件まで外挿することは困難である（Paterson, 1987）．今日までにおこなわれた珪酸塩のぜい性－塑性遷移実験では，微視的構造についても水の含有量についても平衡状態にあるとはいえない．水は特に問題である．なぜなら，結晶格子のなかへの水の拡散は緩慢であるし，自然の条件において水がどのように平衡しているのかがあきらかではないからである．珪酸塩に対する水の溶解度は圧力とともにふえ，強度に対する圧力効果とは逆にはたらく（Tullis and Yund, 1980 ; Mainprice and Paterson, 1984）．Tullis and Yund（1980）の実験は，1.0 - 1.5 GPaの圧力のもとでおこなわれているが，おなじ温度になっているリソスフェアの深さをかんがえれば，圧力がたかすぎる．したがって，彼らの実験は，自然の環境でのひくい圧力のときよりも，もっと延性的であるようだ．これらの問題にくわえて，水の移動をともなう変形のメカニズムが他にも多数あるが，ここでは考慮されていない（Etheridge et al., 1984）．

　このような考察にしたがうと，リソスフェアの強度のモデリングに際して，高温の流動

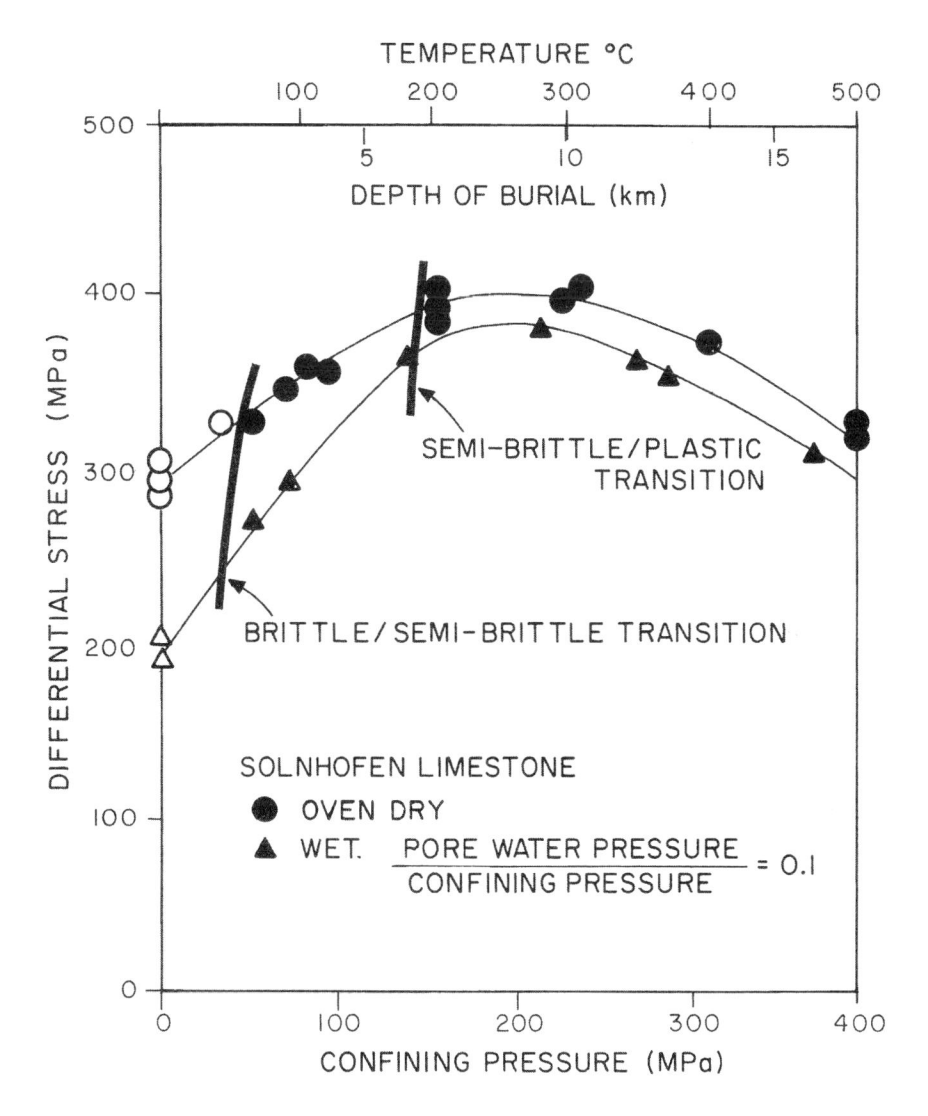

図 1.26 ぜい性－塑性遷移のさまざまな段階．Solnhofen石灰岩を $10^{-5} \mathrm{s}^{-1}$ で変形させた．さまざまな深さにみあう一連の圧力と温度のもとで変形実験がおこなわれた．ぜい性からカタクラスティック（準ぜい性）への遷移点（ここでぜい性的な断層形成がおわる）と準ぜい性から塑性への遷移点（ここでダイレイタンシーがおわる）とのあいだに，ひろい準ぜい性領域が存在する．（Rutter, 1986の結果にもとづく）．

則を，ぜい性－塑性遷移領域をつらぬいて，摩擦則とまじわる領域まで外挿する従来のやり方はかなり疑問である．この問題については，節3.4.1で詳細に議論する．流動則と摩擦則の交点は，一般に，地震性の断層運動がみられる深さの下限とされるが，厳密にいうと，これはあまりにも単純化されすぎた考えである．なぜなら，深さ方向の下限は，スティック－スリップから安定すべりへの遷移によってコントロールされており（節2.3.3），これは，岩石のバルクな〔bulk；かたまり全体としての〕変形のぜい性－塑性遷移と関係はあっても，はっきりと別の問題だからである．

現在のところ，自然において，ぜい性－塑性遷移がどのような条件でおこるかを推定するには，地質学的観察にたよるべきである．石英も長石もかぎられたすべりシステムしかもっておらず，転位すべりだけでは完全な塑性流動はおこらず，転位の回復や再結晶をともなうはずである．石英では，約 300℃ で回復や再結晶が出現し（Voll, 1976 ; Kerrich, Beckinsale, and Durham, 1977），長石では約 450 - 500℃ で出現する（White, 1975 ; Voll, 1976）．したがって，石英は緑色片岩〔greenschist〕相の変成相の始まりとほぼ同時に流動しはじめるが，長石は角閃岩〔amphibolite〕相の変成相に完全にはいるまで流動しはじめることはない．このふたつの変成相のあいだでは，石英－長石系の岩石は複合材料としてふるまい，石英が流動するのに対して，長石はかたいままぜい性的にふるまい，マイロナイトの典型的な構造組織〔texture〕である**ポーフィロクラスト**〔porphyroclasts〕ができあがる（節 3.3.2）．

② 岩石の摩擦

　いったん断層ができると，その後の断層の運動は摩擦にコントロールされる．摩擦は，岩石のバルクな物性というよりむしろ断層面の接触にかかわる物性である．スキツォスフェアでは，摩擦の微視的なメカニズムにはぜい性破壊が関係するが，摩擦の挙動は，バルクな岩石のぜい性破壊とは根本的にことなる．この章では摩擦の性質をくわしくしらべる．特に，断層の運動が地震波を放出するかしないか（サイスミックになるかエサイスミックになるか）をきめる摩擦すべりの安定性に重きをおく．

2.1 理論的概念

2.1.1 歴史的展望

　摩擦は，ひとつの表面で他の物体と接触する物体が，その面にそってすべるときに生じる運動に対する抵抗力である．摩擦はじつにさまざまなプロセスにおいて重要な役割をはたす．摩擦は可動部をもつ機械にかならず存在し，人類が消費するエネルギーのかなりの量が摩擦にうちかつためにつかわれている．それゆえ工学分野では，摩擦をへらすために多大な努力がはらわれてきており，簡便な潤滑法も大昔よりつかわれている．また，状況がかわれば，物をよりすべりにくくして，トラクションをふやすことも重要である．摩擦は日常生活におおきなかかわりをもつので，その基本的な性質は一般常識になっており，昔からよくしられてきた．車輪の発明の重要性は，すべり摩擦をよりちいさなころがり摩擦におきかえるというところにあったのである．しかしながら，摩擦はこんなにも身近な存在であったにもかかわらず，その本質は最近まであいまいなままであった．

　摩擦に対する最初の体系的な理解は，15世紀の中頃，Leonardo da Vinci によってえられた．彼は注意ぶかい実験により，ふたつの主要な摩擦法則を発見し，さらに，表面がなめらかであるほど摩擦がちいさくなることも観察した．Leonardo の発見は彼の手稿に秘匿されたままだったので，それから200年後に，Amonton によっておなじ法則が再発見されるにいたった．1699年の論文のなかで，Amonton はふたつの主要な摩擦法則についてのべた：

Amonton の第1法則：摩擦力は接触している表面のサイズに関係しない．

Amontonの第2法則：摩擦は直荷重〔normal load〕に正比例する．

　さらに彼は，表面の状態や材料のいかんにかかわらず，摩擦力は直荷重の約1/3であるという一般的な規則をみつけた．後でみるように，岩石の摩擦はおおよそこの2倍〔直荷重の約2/3〕である．

　Amontonの時代から約100年後のCoulombの時代にかけては，これらふたつの摩擦法則を説明しうるメカニズムが熱心に探究された．表面の粗さが摩擦に対して重要な役割をはたすことが認識されたのもこの時代である．**アスペリティ**〔asperities〕とよばれる表面の突起どうしのさまざまなタイプの相互作用によって，摩擦のメカニズムを説明することが優勢であった．Amontonや彼の同時代の人々は，摩擦の原因を剛体または弾性ばねとしてふるまうアスペリティの相互作用だとかんがえた．アスペリティが剛体としてふるまうとかんがえたケースでは，摩擦は，剛体アスペリティがたがいにのりあげるときに重力にさからってなされる仕事に起因するとみなされた．弾性ばねとしてふるまうとかんがえたケースでは，摩擦は，すべりのあいだにアスペリティが弾性的にまげられることに起因するとみなされた．このとき生じるたわみの量は荷重に応じてふえるので，摩擦も荷重とともにおおきくなるとかんがえられた．荷重がおなじなら，個々のアスペリティのたわみはアスペリティの数に反比例するから，個々のアスペリティにはたらく抵抗力を合計すると，アスペリティの数には関係なく，いつもおなじということになり，第1法則と一致する結果がえられる．ときたまアスペリティのせん断や破壊もおこるとかんがえられたが，摩擦にはたす役割は微々たるものだということになった．でないと摩擦は，せん断されるアスペリティの数に依存することになり，ついには，接触している表面のサイズに依存することになってしまうからである．

　静摩擦と動摩擦の違いもこの時代に認識され，さまざまな説明が提案された．Coulombは，特に木の表面では，静的な接触状態におけば，初期摩擦が時間とともに増加することに気づいた．これを説明するために，彼はブラシのようなトゲトゲの突起でおおわれた表面を想定した．すなわち，このような表面を接触させるとトゲトゲはかみあい，接触時間がながくなるほど，噛み合いのプロセスがだんだん顕著になるというわけだ．Coulombは，静摩擦が動摩擦よりおおきいというよくしられた観察事実を説明するのにこのメカニズムをつかった．

　これらの初期の摩擦理論の主たる欠点は，摩擦に特徴的なエネルギー散逸と磨耗が説明できないことである．エネルギー散逸も磨耗もアスペリティのせん断が重要なメカニズムであるが，これを確立するには，Amontonの第1法則を満足できるようなアスペリティせん断のモデルと，摩擦のプロセスによって損傷した表面の観察ができる顕微鏡の登場をまたねばならなかった．

ASPERITIES

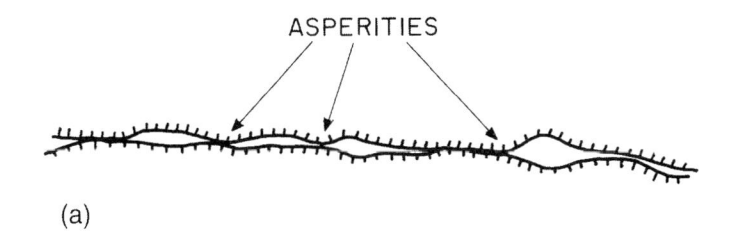

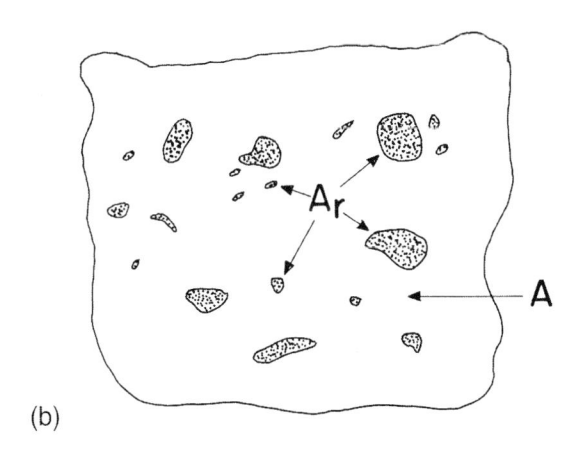

(a)

(b)

図 2.1 接触する表面の模式的な表現．(a) 断面図と (b) 平面図．平面図のなかで点描された領域が，アスペリティが接触している面積をあらわす．真の接触面積 A_r はこれらを合計した面積である．A はみかけの接触面積である．

2.1.2 摩擦の接着理論

摩擦の近代的概念はおおむね Bowden and Tabor（1950, 1964）におう．彼らの厖大な仕事は論文集にまとめられている．彼らは広範な材料をもちいて，さまざまな摩擦現象の研究をおこなった．彼らの仕事の中核をなすのは，金属の摩擦に対する接着理論である．そして，彼らの実験の多くは，この理論のさまざまな側面をテストすることを目的としていた．接着理論の概念は単純かつ巧緻である．彼らは，実際の〔固体の〕あらゆる表面は，図 2.1 にしめすようなトポグラフィー〔凸凹，または起伏〕をもつので，表面どうしを接触させると，アスペリティとよばれる数点でだけ接触するとかんがえた．このような接触領域の合計面積を真の接触面積 A_r とすると，一般に A_r は，みかけの接触面積（幾何学的な接触面積）A よりずっとちいさい．そして摩擦に関係するのは，A ではなく A_r だけである．彼らの基本的なモデルでは，直荷重 N を接触領域でちょうどささえられるところまで，接触しているアスペリティが降伏することが仮定されている．すなわち，つぎの式がなりたつ．

$$N = pA_r \tag{2.1}$$

ここで p は貫入硬さ〔penetration hardness〕であり，材料の強度に関するひとつの尺度である．つぎに彼らは以下のように推論した．接触点ではひじょうにたかい圧縮応力が発生するので接着がおこり，"結合部"〔junction〕では表面がたがいに接着〔weld〕される．表面をすべらそうとすれば，これらの結合部がせん断されなければならないだろう．したがって摩擦力 F は，結合部のせん断強度の総和となる．

$$F = sA_r \qquad (2.2)$$

ここで，s は材料のせん断強度である．ふたつの式を組あわせれば，ただひとつパラメーターである**摩擦係数**〔coefficient of friction〕μ をもちいて摩擦が記述できる．

$$\mu \equiv F/N = s/p \qquad (2.3)$$

これらの結果はエレガントなまで簡潔である．この理論の決定的な前進は式2.1にある．この式から，直荷重に応答するアスペリティの変形が，真の接触面積をコントロールすることが理解できる．この考えは古典的な摩擦理論にはまったくなかったものだが，Amontonの第1法則をよく説明する．さらに，アスペリティのせん断の具体的なメカニズムがなんであっても，せん断を規定するなんらかの構成則（式2.2）をあたえれば，トータルのせん断力は A_r に比例するという結果がうみだされるので，式2.1が N に関して線形であるかぎり，この式はAmontonの第2法則も暗黙にみたすのである．

　式2.3によってあたえられる摩擦係数は，おなじ材料をふたつのちがったものさしではかった強度の比である（ことなる材料どうしが接触するときには，やわらかいほうの材料の強度が摩擦係数をきめる）．したがって，第一近似として，μ は材料の種類，温度，すべり速度と無関係であるはずである．なぜなら，s と p のどちらもこれら3つのパラメーターにつよく依存するけれども，両者の違いは幾何学的定数分だけだからである．これらの予測が第一近似としてすべてただしいことが，実験によって裏づけられている（たとえば，Rabinowicz, 1965を参照）．さらに，さまざまなタイプの潤滑がほどこされたケースのように，式2.3がなりたたない劇的で重要な例外については，式2.1または式2.2がなりたたなくなるような特有のメカニズムをみつけることができるのである．

　摩擦の接着理論は，摩擦に関する相互作用の物理学的な本質を概念的に説明してはいるけれども，ほとんどのケースでただしい μ の値を予測することはできない．延性金属ではほぼただしい仮定といえるが，もし材料が理想的に塑性であり，圧縮下での降伏強度を σ_y とするなら，$p = 3\sigma_y$ かつ $s = \sigma_y/2$ となる．したがってこの場合には $\mu = 1/6$ が式2.3から予測される．ところが，潤滑されていない金属の摩擦係数は，通常はこの値の2倍から3倍ほどおおきい．こうなる理由は，摩擦においてなされる仕事は，接着でできた結合部をこわすのだけではないからである．アスペリティはしばしば隣接する表面をほりおこしたり，他のアスペリティとかみあったりするので，このような付加的な変形も算入する

には，式 2.2 に追加項をつける必要が生じる．すこしかんがえてみれば，式 2.1 で定義されたような A_r は最小値であり，せん断によってふえるとおもわれる．さらに，岩石のように通常はぜい性をしめす材料では，式 2.1 の背後にある基本的な仮定である，接触部は塑性的に降伏するというのは誤りとの議論もありそうだ．もしかすると岩石どうしの接触は弾性的なのかもしれない．そうだとすると，岩石のアスペリティは塑性的に降伏するというよりむしろぜい性的に破壊するのかもしれない．

したがって，摩擦の接着理論は概念的な枠組みとしてつかうことしかできない．どんな材料の摩擦を，どのような条件下で研究するにせよ，たいていはその条件と材料に特有な境界面の変形メカニズムに留意しなければならない．そのためには，μ が一般的に一定であることの説明に成功したおおきな枠組みとしての接着理論から，さらに細部へふみこんで，材料のタイプ，温度，すべり速度，表面粗さといったさまざまな条件が摩擦におよぼす効果をくわしく研究する必要がある．そういった情報は，個々のケースでどんな変形メカニズムが摩擦に関係しているかをしる手がかりになるだろう．しかもこのような研究は，それぞれの局面への応用に重要であり，なかでも地質学的な応用の場合には絶対的に重要である．このときには，実験室でえられた結果を地質学的な条件下へスケールするわけだから，摩擦のプロセスに関係する微視的なメカニズムを理解しなければならない．このためには，式 2.3 のように摩擦係数 μ を記述する構成則が，実際には別々のプロセスを記述するふたつの構成則の組み合わせであることをあらためて認識することが重要である．ひとつは，式 2.1 に記述された表面の接触のプロセスであり，もうひとつは，式 2.2 に記述された接触している表面のせん断のプロセスである．これらのふたつのプロセスにはことなるメカニズムが関係するかもしれないし，それらの相互作用も複雑であるかもしれない．

2.1.3 摩擦に対する弾性接触理論

式 2.1 に表現されたような，表面の接触はすべてアスペリティの塑性降伏のメカニズムによっておこるという考え方は，多数のケースで直感に反しているようである．すくなくとも珪酸塩のようなかたい材料では，接触のプロセスはほぼ弾性的だと期待できるだろう．もしこの考えがただしければ，アスペリティの接触面積は，弾性体の基盤の上におかれた弾性球の接触をとりあつかった Hertz の解にしたがうだろう．

$$A_r = k_1 N^{2/3} \tag{2.4}$$

ここで，k_1 は弾性定数と幾何学的なファクターが組あわさった係数である．式 2.4 を式 2.2 と結合すると，摩擦法則はつぎのように予測される．

$$\mu = s k_1 N^{-1/3} \tag{2.5}$$

この式は Villaggio (1979) によって導出されたものとおなじである．Bowden and Tabor (1964) は，ダイヤモンドの表面上にダイヤモンドの触針をすべらせたときの摩擦が式 2.5 にしたがうことをみつけた．しかしながら一般的には，平面どうしをすべらせたときの摩擦は，かたい材料の場合でも，式 2.3 と同様な線形の摩擦法則にしたがう．

このパラドックスは，Archard (1957) によって解決された．彼は，材料の表面は，球面形状をした先端をもつ多数の弾性インデンター〔indenter; 押し込み子〕によって構成され，個々のインデンターの先端には，さらにちいさな球状の先端がついている，さらにその先には... というモデルをつかって，表面の接触を研究した．ここでは，個々の球の接触は Hertz の式にしたがうが，球のサイズ分布の階層数を無限にふやした極限では，つぎのような線形法則に漸近する解がえられることをみつけた．

$$A_r = k_2 N \qquad (2.6)$$

ここで k_2 は，弾性定数と球の分布の幾何学的な特徴をふくむ量である．式 2.6 を式 2.2 の形の構成則と組あわせると，線形の摩擦法則が予測される．

Greenwood and Williamson (1966) は，たいらな表面とあらい表面の接触を表現するもっと現実的なモデルをつくった．そこではあらい表面を，アスペリティの高さのランダムな分布で記述した．この結果は，Brown and Scholz (1985a) によって，あらい表面どうしが接触するケースに拡張された．あらい表面どうしを接触させて，直応力 σ_n を課したときの表面の閉塞量 δ は，以下にあたえられる近似的な構成則にしたがう．

$$\delta = B + D \log \sigma_n \qquad (2.7)$$

ここで，B，D は表面のトポグラフィーによってきまる定数であり，弾性定数によってスケールされる．式 2.7 の妥当性をしらべるための実験結果を図 2.2 にしめす．あらい表面どうしを載荷すると，最初のサイクルでは，アスペリティの先端のぜい性破壊や塑性変形に起因する一定量の回復不能な閉塞が生じる．載荷サイクルを数回くりかえすと，ヒステレンシスは存在するけれども閉塞は完全に可逆的になる．したがって，接触はまさしく弾性的である．たとえば大理石のように延性的な岩石では，回復不能な永久閉塞がもっと顕著であり，塑性流動によるアスペリティの平坦化が観察される (Brown and Scholz, 1986)．Greenwood and Williamson (1966) は球状先端の接触を評価し，閉塞がある限界値 $\delta_p \approx k_3 \rho \, (p/E'')^2$ をこえると塑性流動が期待されることをみつけた．ここで，p は硬さ，ρ は先端の曲率半径，E'' は弾性定数，k_3 は幾何学的な形状をあらわす定数である．したがって荷重が十分たかくなると，ρ がちいさいアスペリティは，たとえふだんは p がたかいぜい性材料であっても，ぜい性破壊もしばしば仲介するだろうが，塑性的に流動してよいのである．この弾性接触モデルは，式 2.6 にしめされるように，荷重に対して A_r がほぼ線形に変化することも予測している．ここで k_2 は，弾性定数と表面のトポグラフィーに

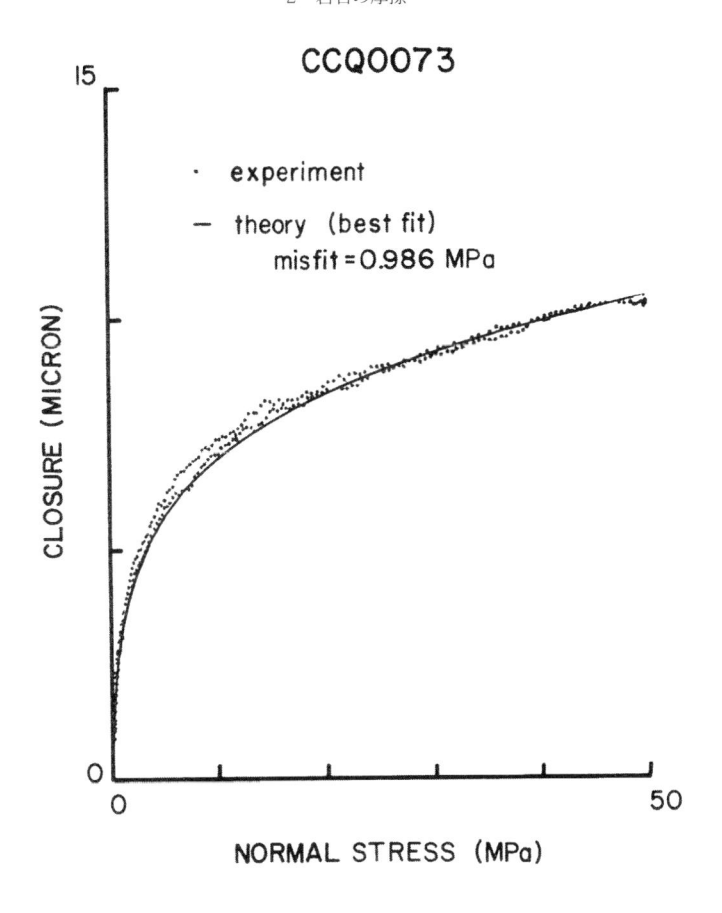

図 2.2 直荷重を作用させたときの接触する弾性表面間の閉塞量 δ. データの理論式へのあてはめは, Greenwood - Williamson の弾性表面の接触理論（修正版）をつかった表面トポグラフィーの解析による.（Brown and Scholz, 1985a から引用した）.

依存する.

　式 2.6 や式 2.7 のような, 直応力を課したときの表面の弾性接触を支配する構成則は, おもに表面のトポグラフィーによってコントロールされるので, その性質を理解することが重要である. Brown and Scholz (1985b) は, 10^{-5}m から 1 m までの帯域で岩石の表面のトポグラフィーを測定した. 図 2.3a に要約されているように, この帯域では, 自然の岩石表面は, フラクタル次元 D が空間波長によって変化するフラクショナル・ブラウン表面〔fractional Brownian surface；ブラウン運動がつくりだすような表面トポグラフィー〕ににていることがみつけられた. フラクタル表面は, $\omega^{-\xi}$ でおちてゆくパワー・スペクトルをもち, ξ は 2 と 3 のあいだの値をとる. ここで ω は空間周波数, そして $(5-\xi)/2 = D$ である (Mandelbrot, 1983 参照). 表面の形状は, D とある任意の波長で定義される表面粗さ κ_0 によってあらわされる. すなわち, このようなフラクタル表面では, 測定している表面のサイズを具体的に指定しなければ, 工学的な実務で使用されるアスペリティ

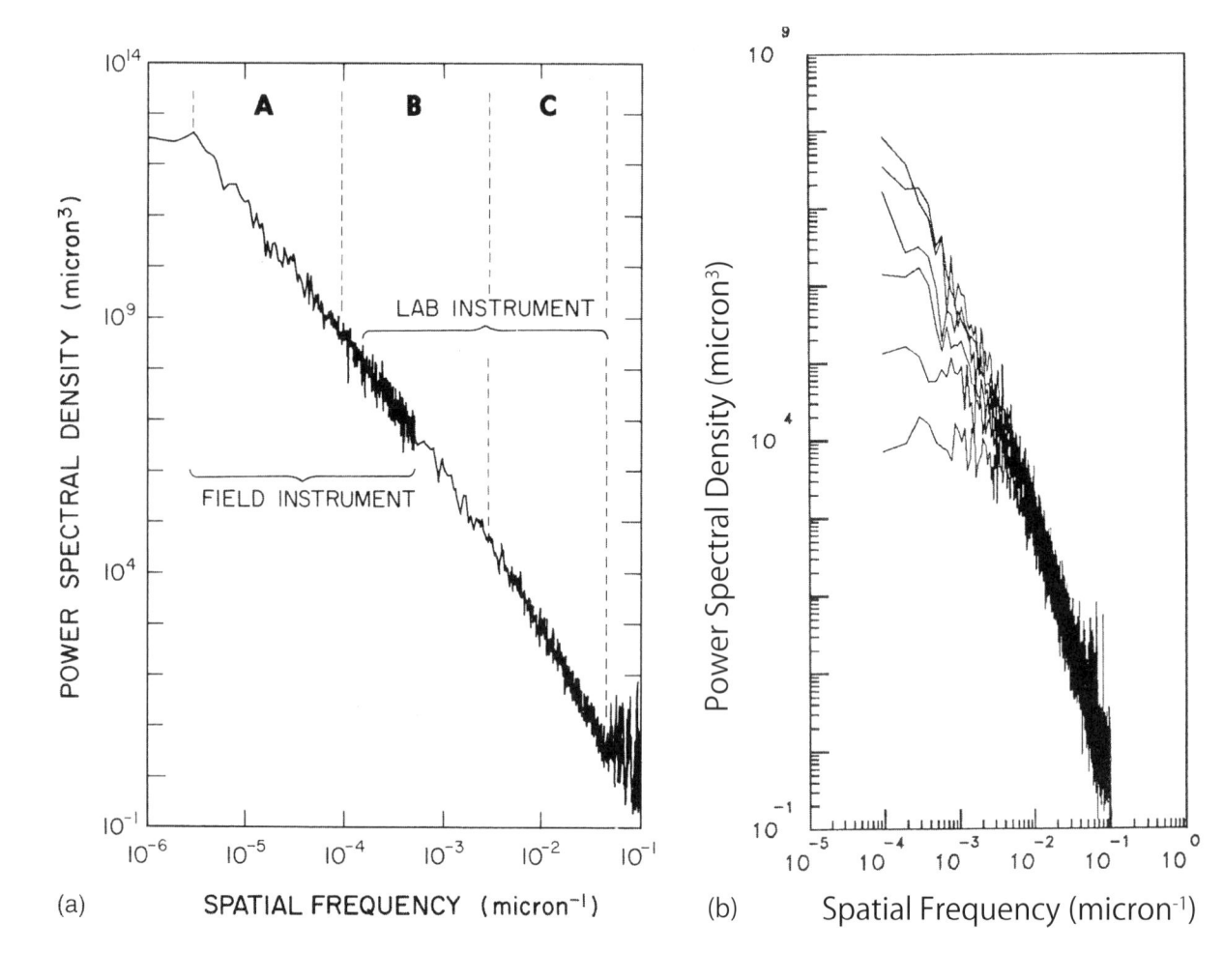

図 2.3 岩石表面のトポグラフィーのパワー・スペクトル．(a) 露頭のジョイントのパワー・スペクトル（波長の範囲は 1 m から 10 mm）．(b) さまざまな粗さの研磨された岩石表面のスペクトル（波長の範囲は 1 cm から 10 μm）（Brown and Scholz, 1985b の結果にもとづく）．フラクタル次元は，スペクトル曲線の傾きからもとめる．(a) 図のなかで A, B, C によって指示されているように測定の範囲をかえると，フラクタル次元もことなる値になることがみつけられた．(b) 図のスペクトルにみられる折れ曲がり〔コーナー〕は研磨の結果である．研削砥石の粒子のサイズとおおよそ一致するところでおれまがる．

高さの rms（2 乗平均）や，それと類似した尺度でもって表面粗さを特徴づけることはできない．対照的に，機械によって人工的に研磨された表面は，表面粗さのスペクトルに"コーナー周波数"がみられる．これは一般に，研磨粉の粒径に相当するあたりである．したがって，人工的に研磨された表面は，スケーリングの性質が自然にできた表面と根本的にことなるのである．

弾性的な接触に準拠した摩擦の理論をつくるためには，上でのべた接触モデルを，せん断をうける弾性接触の理論と組あわせなければならない．Yamada et al. (1978) や Yoshioka

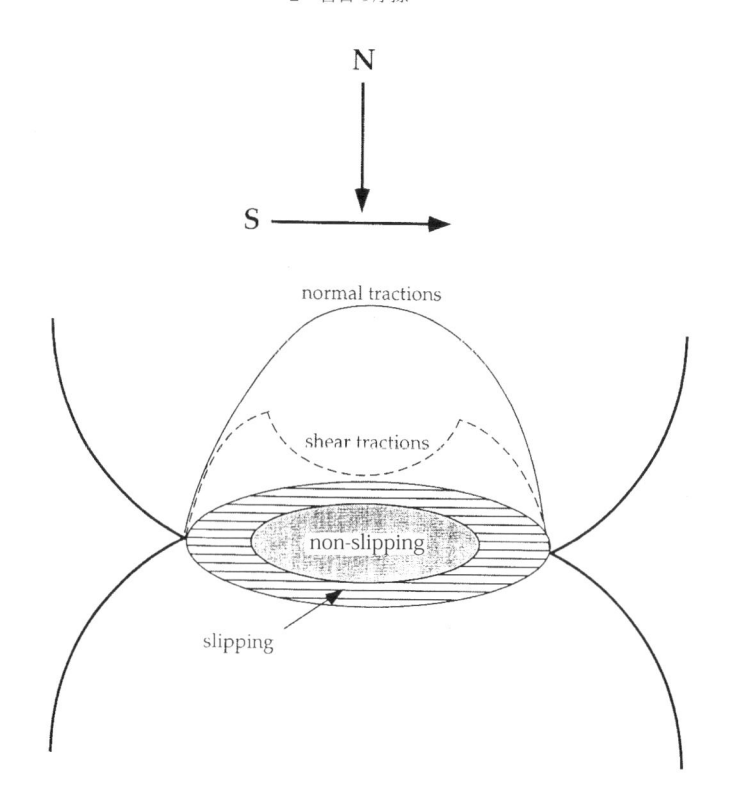

図2.4 直荷重とせん断荷重をうける弾性球の接触．ちいさなせん断荷重をかければ，すべっていない領域をとりまく円環状の部分ですべりが生じる．

and Scholz（1989a, b）は，すべりが生じないという条件下で，直荷重とせん断荷重が組みあわさって載荷される，接触した表面の弾性的な性質をしらべた．おなじ状況下で接触している弾性球のすべりのふるまいについてはMindlin（1949）の解があり，図2.4に図解されている．法線方向のトラクションは，接触円の中心で最大となり縁の部分ではゼロになる．いっぽうせん断トラクションは，すべりが生じないという条件下では，接触円の縁の部分で特異点をもち（ここが外側のクラックの先端に相当するから無限の応力集中が生じる），接触の中心で最小になる．したがって，すこしでもせん断荷重をかけると，縁の部分が即座にすべりはじめる．せん断荷重がふえるにしたがい，環状のすべり領域は同心円状に内側に伝播してゆき，やがて接触円全体が完全にすべるようになる．

Boitnott *et al.*（1992）は，実測した表面トポグラフィーからBrown and Scholz（1985a）の方法で構成した完全接触に対してMindlinの解を適用することによって，あらい平面の初期摩擦のモデルをつくった．図2.5では，彼らのモデルから予測された応力—変形曲線が，実験データと比較されている．せん断応力をかけると同時にすべりがはじまり，摩擦曲線は，接触での微視的な摩擦係数を $\mu = 0.33$ と仮定したときのモデルとよくあっている．しかし，モデルがデータにあてはまるのは最初の数マイクロメーターだけで，その後

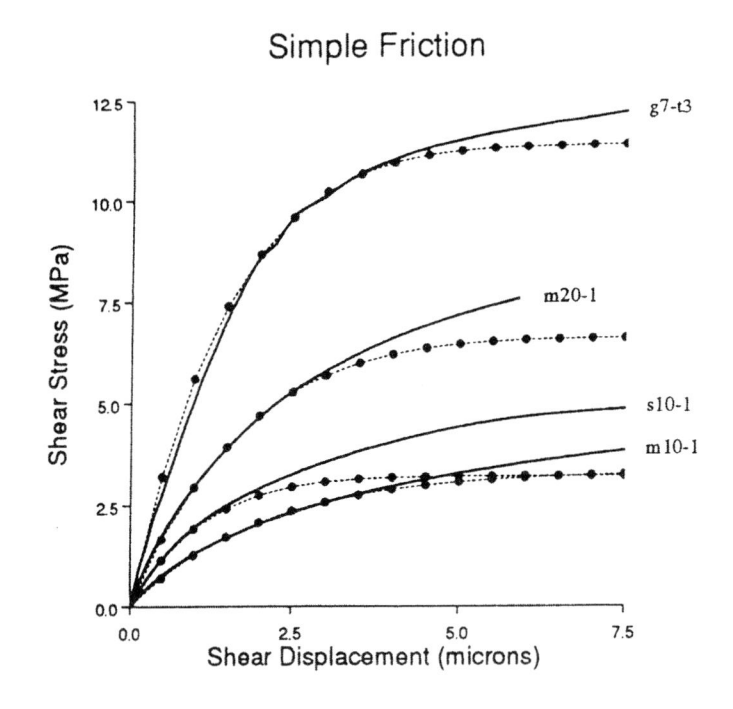

図 2.5 ちいさな変位に対する初期摩擦のふるまい．粗さと直荷重をかえて実験した．実線は実験データ，点をむすんだ曲線は，接触理論から予測されるふるまい．（Boitnott *et al.*, 1992 の結果にもとづく）．

は接触しているアスペリティの大部分が完全にすべるようになり，モデルで仮定されている初期条件がもはや適用できなくなる．すべりに対する摩擦抵抗は，その後のすべりのあいだ上昇しつづけ，最終的に，初期値の 2 倍ほどの定常値に達する．モデルと実験があわなくなるのは，接触のすべり以外の摩擦の相互作用の効果が，このモデルに組こまれていないことが原因である．

2.1.4　その他の摩擦の相互作用

これまでの議論から，アスペリティの変形が弾性的であろうが塑性的であろうが，真の接触領域 A_r は，荷重に対して線形に増加することが予測される．節 2.1.2 にしめしたように，すべりのせん断破壊則が式 2.2 の形をしていると仮定すれば，これだけで Amonton のふたつの法則を説明できるが，個々のケースで μ が具体的にどのような値をとるかは，この式のなかみによってきまる．また，Bowden and Tabor の基本的モデルで提唱された接着した結合部のせん断破壊は，ほとんどの場合，摩擦をよりちいさく予測することにも注意しなければならない．一般には，摩擦をおおきくする別のプロセスが参入している（Jaeger and Cook, 1976）．もっともよくあるプロセスを図 2.6 にしめす．なかでも，かたいアスペリ

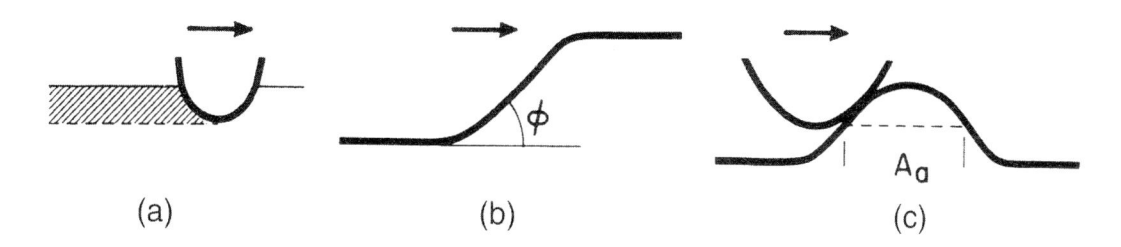

図 2.6 アスペリティの相互作用．(a) 掘り起こし〔ploughing〕．(b) 乗り上げ〔riding up〕．(c) 噛み合い〔interlocking〕．

ティがやわらかな表面に貫入し，すべりのあいだにやわらかい材料を完全にほりおこしてしまう効果は重要である．やわらかい方の材料の硬さをpとすると，曲率半径がρの球状先端をもつアスペリティは，接触半径rがつぎの式であたえられる値になるまで貫入する．

$$N = \pi r^2 p \tag{2.8}$$

すべるあいだにほりおこす溝の断面積A_gは，つぎの式であたえられる．

$$A_g = 2r^3/3\rho \tag{2.9}$$

この溝をほりおこすに必要な力はpA_gのオーダーであり，アスペリティ表面の結合部をせん断するのに要する力は$\pi r^2 s$のオーダーであろう．これらの力をくわえて式2.8をつかうと，つぎの式がえられる．

$$F = sN/p + 2N^{2/3}/3\pi^{3/2}p^{1/2}\rho \tag{2.10}$$

最初の項はせん断項とよばれ，式2.3とおなじである．掘り起こしによる項がくわわると摩擦は増加し，式は非線形になる．

図2.3aでしめした自然の表面のように，すべりはじめる前にある波長でトポグラフィーがよくかみあっていて，それよりながい波長でアスペリティが生じるような，不規則なトポグラフィーをもつふたつの表面がすべりの開始とともに，アスペリティはたがいにのりあげるだろう．すなわち，課せられた力Fや方向と表面の平均方向からちいさな角度ϕだけかたむいた向きにすべりが生じることになる．摩擦係数をμとすると，ϕがちいさいときには，つぎの式がなりたち，みかけの摩擦は増加する結果となる．

$$F = [\mu + \phi(1+\mu^2)]N \tag{2.11}$$

乗り上げ効果は，その運動が平均すべり表面に垂直な成分をもつため，すべったときに"ジョイント・ダイレイタンシー"が生じる．

図2.3aでしめしたようなトポグラフィーをもつ自然の岩石の表面では，アスペリティ

はすべてのスケールで存在するだろう．したがって，図2.6cにしめしたようなアスペリティどうしの噛み合いはどこにでもありそうだ．もし噛み合い距離がある限界値よりおおきければ，かみあったアスペリティをせん断してすべりがおこる（Wang and Scholz, 1994a）．これに必要な力は，つぎの式であたえられる．

$$F = sA_a \qquad (2.12)$$

ここで，sはアスペリティのせん断強度，A_aはアスペリティの面積である．A_aはA_rよりおおきいから，式2.2によって予測される値よりおおきな摩擦が予測される．しかも，このメカニズムからは，岩石の摩擦に特徴的な多量の摩耗も予測される．

　金属の摩擦における掘り起こしとアスペリティの噛み合いの効果は，Challen and Oxley（1979）とSuh and Sin（1981）によってみつもられた．彼らは，変形のメカニズムとして塑性流動を仮定し，一般的なケースでは，これらの効果の摩擦に対する寄与は，結合部のせん断の寄与とおなじオーダーであるとの結論をみちびいた．いっぽう，Byerlee（1967a, b）によって最初に指摘されたように，珪酸塩岩石の摩擦はたしかに，かなりの量のアスペリティのぜい性破壊をともなうにちがいない．これに対するもっとも強力な証拠は，岩石の摩擦すべりが多量の摩耗粒子をつくりだすことである．

　Biegel *et al.*（1992）とWang and Scholz（1995）は，すべりの始まりから定常状態に達するあいだに摩擦がどう変化するかを研究した．彼らがしらべた比較的なめらかに研磨された表面では，定常状態に達するのにおよそ1ミリメートルのすべりを要した．彼らがみつけた結果を図2.7に模式的にしめす．初期の摩擦は，図2.5にくわしくしめされているように，法線方向に接触しているアスペリティが，$\mu \approx 0.33$というひくい摩擦値ですべることによって発生する．いったん全面的なすべりが生じるとアスペリティがかみあって，Mindlin and Deresiewicz（1953）の傾斜した接触のモデルから期待されるように，摩擦がふえる．ひきつづいて表面がたがいに磨耗しあってくいこみあい，真の接触面積がふえて，すべり強化〔slip hardening〕となる期間がくる．ある特性距離だけすべると，摩擦は初期摩擦の約2倍のレベルになり，定常的な状態におちつく．この特性距離は表面の最初のトポグラフィーに依存し，過渡的な磨耗から定常的な磨耗への変化にも対応している．

2.2　実験で観察された摩擦

　地震の理解を目的とする摩擦の研究の興味は，断層の摩擦である．断層の表面のトポグラフィーはかみあっておらず，しかも摩耗生成物であるガウジ〔gouge〕が多量にはさまっている．研究のゴールは，初期摩擦の降伏の後に達成される"定常状態"の摩擦を理解し，さらにすべりがサイスモジェニックであるかどうかをきめる摩擦の安定性について理解することである．摩擦の実験は，ふつうは研磨された表面をつかってはじめられ，ときには

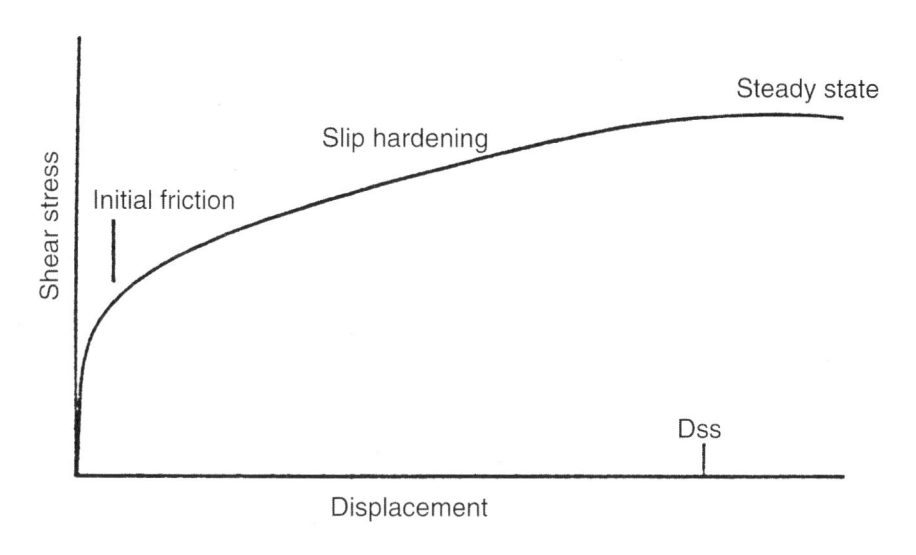

図 2.7　初期摩擦から定常状態の摩擦へいたる摩擦の変化．D_{ss} は定常状態に達したときの変位をあらわす．（Wang and Scholz, 1995 から引用した．）

人工的なガウジをはさんだものもつかわれる．実験は，たかい荷重をかけておこなわれることがおおい．

　一般に，岩石の摩擦の実験には図 2.8 にしめすような 4 つのタイプの構成のどれかがつかわれるが，それぞれに固有の長所と欠点がある．図 2.8 にしめされた 3 軸試験は，高温・高圧での研究にもっとも適しており，間隙流体圧も制御できる．しかしながら，すべりによって試料の幾何学的な構成が変化してしまうので，到達できるすべり変位の大きさが制限される．そして，スティック–スリップのあいだの動的測定については，その有効性は疑問である．なぜなら，急速なすべりのときには試料のミスアラインメントが生じる可能性があるからである．他の構成でおこなう実験では，直荷重が岩石の 1 軸圧縮強度よりひくいという条件でしか実験ができない．図 2.8b にしめされた直接せん断試験は単純で，おおきな試料に適しているが，モーメントが生じるので，直応力は表面全体にわたって一様ではない．この構成に属するバージョンのひとつに，Dieterich (1972) が考案した "サンドイッチ" 型せん断試験があり，この構成は比較的実験が容易であるという利点があるが，この場合にもモーメントが生じ，直応力は一様ではない．くわえて，すべり面がふたつという欠点がある．図 2.8c にしめすような 2 軸試験では，均等な応力がえられ，ある程度の変位まですべらせることが可能だ．いっぽうロータリーせん断試験（図 2.8d）は，特におおきな量の変位をつくりだすのに適している．

2.2.1　実験で観察された岩石の摩擦の一般的性質

　図 2.9 に，さまざまな岩石の研磨された面に対する摩擦強度がまとめられている．ここ

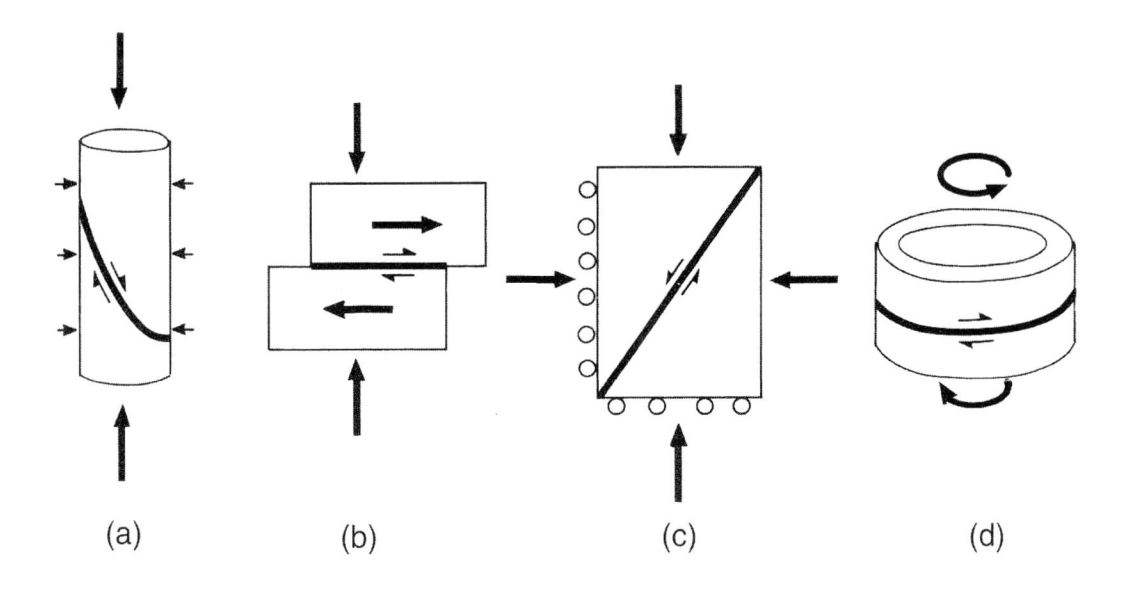

図 2.8 摩擦の研究につかわれるさまざまな実験法の構成．(a) 3軸圧縮．(b) 直接せん断．(c) 2軸載荷．(d) ロータリーせん断．

でもっとも重要なのは，粘土鉱物のいくつかをのぞけば，摩擦は岩種とは無関係であることと，たかい荷重での摩擦は非線形になるということである．したがって，摩擦を通常の方法，すなわち $\mu = \tau / \sigma_n$ で定義すると，摩擦係数 μ は直応力 σ_n に応じて減少することがわかる．Jaeger and Cook (1976; p. 56) は，この非線形の関係をあらわすのに，つぎの式を提案した．

$$\tau = \mu_0 \sigma_n^m \tag{2.13}$$

ここで，μ_0 と m は定数である．いっぽう Byerlee (1978) は，データを2本の直線にあてはめた．直応力 σ_n が 200 MPa よりたかいときには（単位は MPa），つぎの式であらわされる．

$$\tau = 50 + 0.6\sigma_n \tag{2.14a}$$

200 MPa よりひくいときには，つぎの式であらわされる．

$$\tau = 0.85\sigma_n \tag{2.14b}$$

この摩擦法則は，ごく少数の例外はあるけれども岩種とは無関係であり，炭酸塩岩石から珪酸塩岩石まで，ひじょうに広範な硬さと延性をもつ岩石に対してなりたつ．またこの摩擦法則は，第一次近似として，すべり速度，表面粗さに依存しないし，珪酸塩岩石については 350℃ まで温度に依存しない (Stesky *et al.*, 1974; Blanpied *et al.*, 1995)．この摩擦法則は **Byerlee の法則**〔Byerlee's law〕としてしられるようになった．その普遍性ゆえに，

MAXIMUM FRICTION

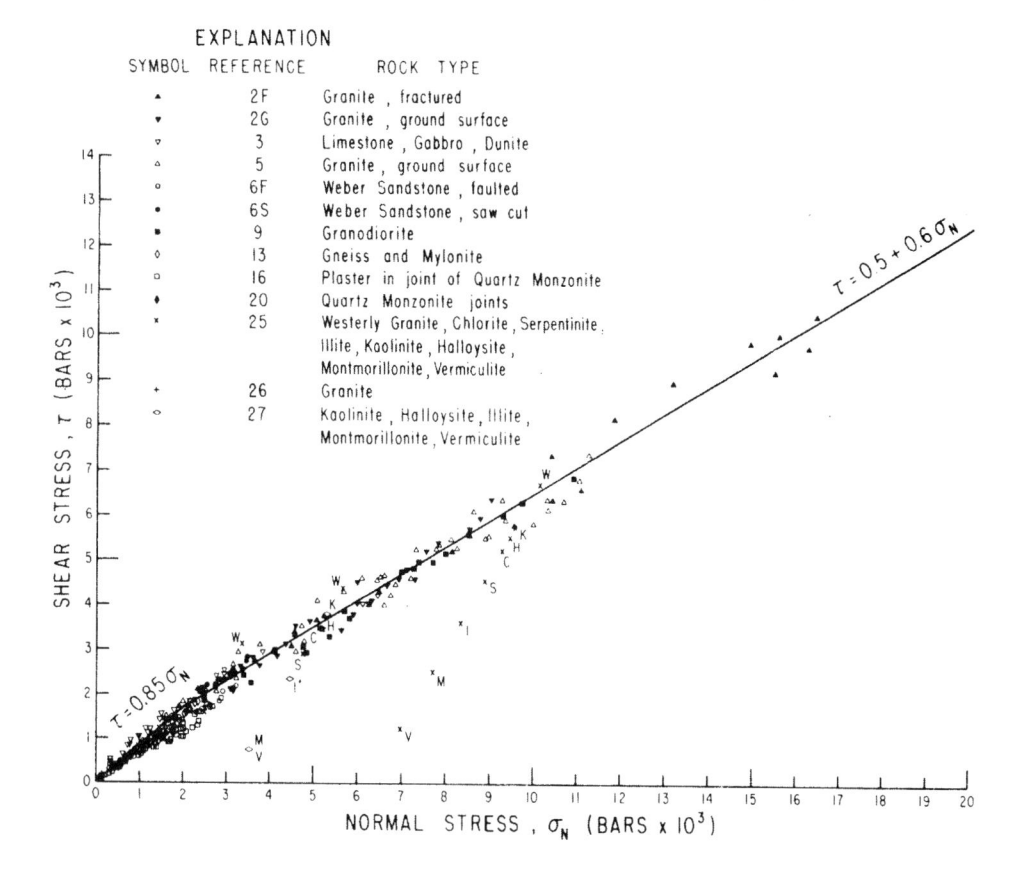

図2.9 直応力の関数としてあらわした岩石の摩擦強度．おおくの岩種をカバーしている．アルファベットをつけたデータ点は，凡例にしめしたさまざまな粘土鉱物のものである．(Byerlee, 1978 から引用した)．

自然の断層の強度を推定するのにつかうことができる．

しかしながら，岩石の摩擦すべりにおいてしばしば生じる動的不安定は（この現象は，実験室スケールでは後述するスティック－スリップとして，地学的スケールでは地震としてしられている），摩擦の二次的なオーダーの性質によってきまる．摩擦のこのような二面性についての説明は，やっとあらわれはじめた段階にある．

2.2.2 摩擦に対するさまざまな変数の効果

さまざまな変数が岩石の摩擦にこまごまとした影響をあたえるが，そのうちあるものはとても実験条件に敏感である．それゆえ，それぞれの効果を識別して，その原因を抽出できるくらいの精緻な実験をしようとしても，しばしば再現性がえられない．すべりの安定性を主としてコントロールするすべり速度や時間に関係する摩擦の効果が，まさしくこれ

にあてはまる（節2.3で論ずる）．ここではベース・レベルの摩擦強度をかえる原因となるような効果に限定して議論する．

硬さ 低一中荷重のもとでは，硬さの摩擦強度に対するゆるやかな効果がときどき観察できる（Byerlee, 1967b; Ohnaka, 1975）．この効果は，節2.1.2で説明した理由により，たかい荷重では無視できるようになる．硬さは摩擦強度にそれほどおおきな影響をあたえるわけではないが，どのような摩擦のメカニズムがはたらくかを左右する重要な役割をはたす．Logan and Teuful (1986) は，砂岩と砂岩（SS / SS），石灰岩と石灰岩（LS / LS），砂岩と石灰岩（SS / LS）の3つの組み合せについて，すべっているときの真の接触面積を測定した．彼らの結果を図2.10にしめす．どの組み合わせのときにも，A_r は直応力 N の増加にしたがって線形に増加した．この結果は，塑性接触理論，弾性接触理論のどちらからも予想されるものである（式2.1と式2.6）．砂岩と砂岩の組み合わせでは，直応力の増加とともに接触スポットの数が急速に増加して A_r がふえた．この結果は弾性理論から期待される（Yamada et al., 1978）．いっぽう，他の組み合わせではスポットの数はそれほどふえず，個々のスポットのサイズがおおきくなった．これはむしろ，Brown and Scholz (1986) によって大理石の表面で観察された，アスペリティ先端が塑性によってまるくなる現象ににている．どのケースにおいても，接触スポットの平均応力 N / A_r は一定であり，しかも荷重とは独立である．3つのケースの N / A_r の近似値は，砂岩と砂岩とでは 2200 MPa，石灰岩と石灰岩では 200 MPa，砂岩と石灰岩では 600 MPa であった．これらの値は，それぞれ，石英，方解石の1軸圧縮強度，方解石の貫入硬度とだいたいおなじである．したがって，これらの3つのケースについて，摩擦は，石英のアスペリティのぜい性破壊（SS / SS），石灰岩のアスペリティの平坦化とせん断（LS / LS），石英アスペリティによる方解石の掘り起こし（SS / LS）によってコントロールされていると解釈できる．真の接触面積の違いは，アスペリティのせん断抵抗の違いをちょうど補償するようにはたらくので，全体としての摩擦はどのケースでもだいたいおなじになっている．Stesky and Hannan (1987) は静的な接触実験をおこなって，石英と石灰岩を接触させたケースについて Logan and Teufel とおなじ結果をえた．しかし彼らは，もっと延性的な材料（石膏）では，ある限界荷重をこえると A_r が非線形に増加することをみつけた．このことは，節2.3.3で論じる，塑性によってひきおこされる安定性の遷移の性質を理解するための手がかりになるかもしれない．硬さと延性は，摩耗のプロセスにもつよい影響をおよぼす（Engelder and Scholz, 1976；節2.2.3も参照のこと）．

温度と延性 温度は，金属や岩石の摩擦強度に対して，ひじょうにひろい範囲にわたって，まったく影響をおよぼさないか，影響をおよぼしてもその効果はわずかであることが観察されている（Rabinowicz, 1965; Stesky, 1978）．なぜなら，温度の効果の大部分は，材

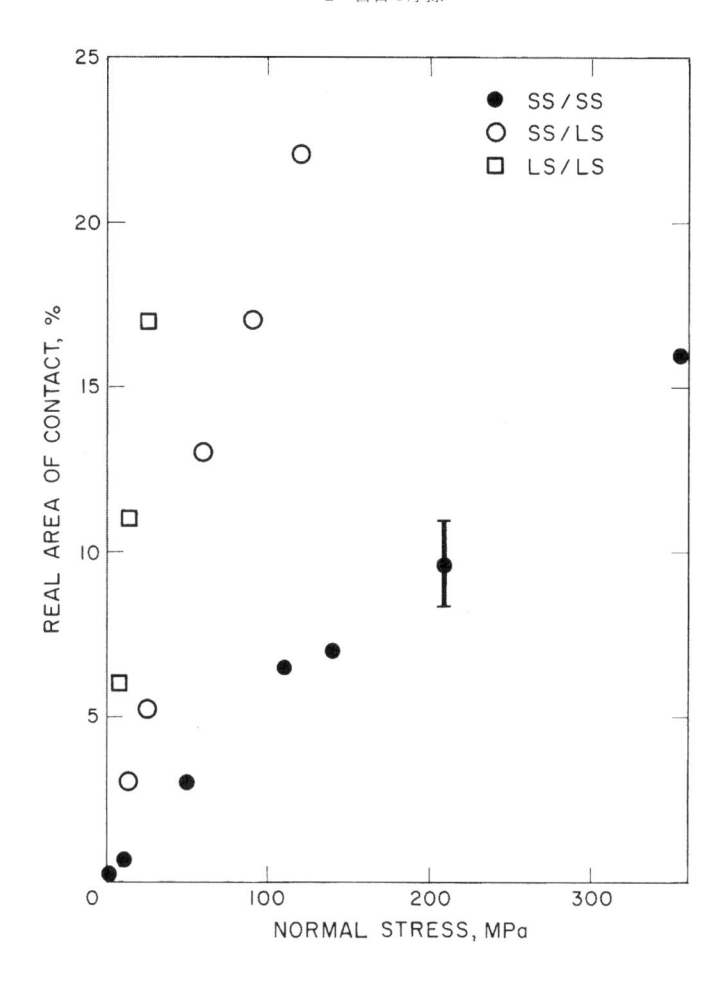

図 2.10 摩擦すべりのあいだの真の接触面積〔見掛けの面積との比〕と直応力との関係. SS / SS は砂岩と砂岩, LS / LS は石灰岩と石灰岩, SS / LS は砂岩と石灰岩の組み合わせをしめす.（データは, Logan and Teuful, 1986 による）.

料の硬さや延性をかえるだけだから, いままさに議論したように, 摩擦に対する効果はわずかである. したがってこの観察結果は, これまで提示してきた概念とよく斉合する. しかしながら, 温度が十分にたかくなって, せん断ゾーンの材料が, 表面が溶着してしまうほどの延性をしめすようになれば $A_r \approx A$ となり, すべりはせん断ゾーンの材料自体が延性せん断変形をおこすことによってまかなわれるようになるだろう. このような状況では, 構成則は摩擦法則というより流動則ににかよったものとなり, 強度は直応力に依存しなくなるだろう.

図 2.11 は, 花崗岩ガウジの摩擦係数を温度の関数としてしめしたものである（Blanpide, Lockner, and Byerlee, 1995）. 乾燥している場合には, ひじょうにひろい温度範囲で摩擦は温度に鈍感である. 湿潤の場合も 350℃までは温度に鈍感だが, それ以上の温度では, 摩擦は急激にさがってひじょうにつよい正のすべり速度依存性をしめすようになる. Chester

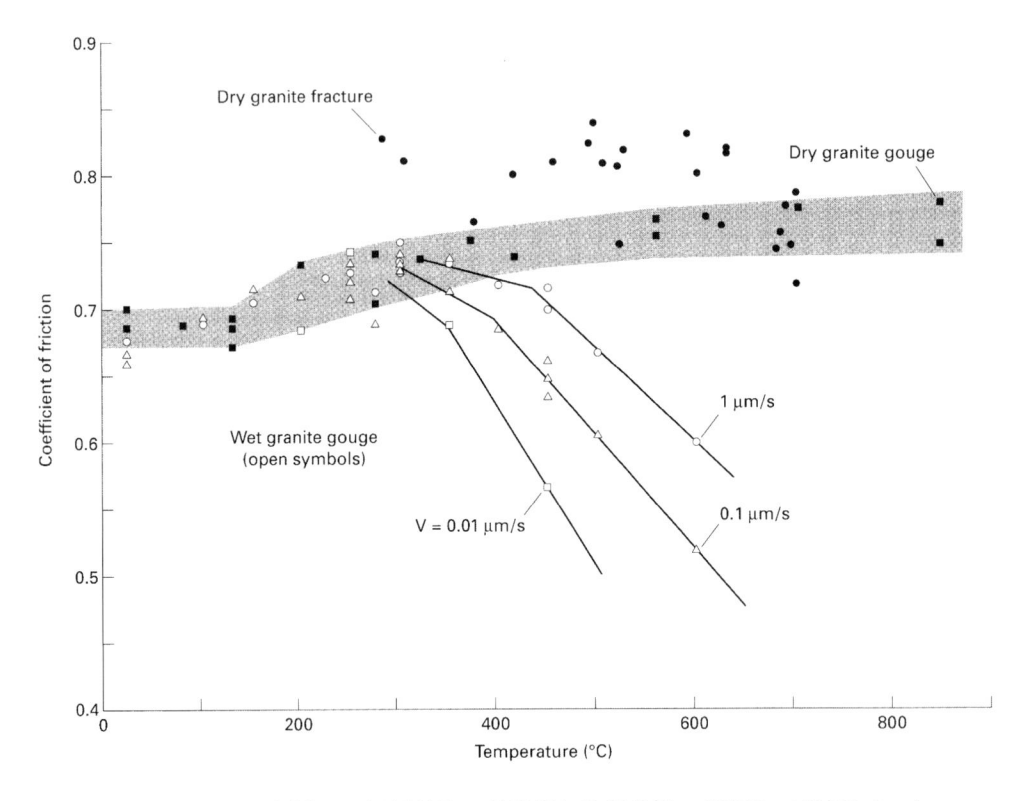

図 2.11　温度をかえて測定した湿潤状態の花崗岩と乾燥状態の花崗岩の摩擦強度.（Blanpied *et al.*, 1995 から引用した）.

and Higgs (1992) によって，細粒の石英ガウジについても，同様のふるまいが観察された．低温－湿潤や高温－乾燥条件で変形させたガウジの組織（図 2.12b, c）には，粒径のいちじるしい減少と Reidel せん断ゾーンが観察された．いっぽう，高温－湿潤条件下で変形させた場合 (図 2.12d) には，粒径の減少はほとんどみとめられず，岩石ブロックとガウジの境界の近くですべりに平行なせん断ゾーンができている．前者と後者では，ガウジ内部の変形メカニズムがあきらかにちがうのである．

　Chester (1995) は，高温－湿潤条件で観察される摩擦の温度弱化と速度強化というふるまいは，圧力溶解などの溶解輸送プロセスによって支配されているのだと論じた．他の条件下では，ガウジ層の摩擦の主要なメカニズムはカタクラシス〔cataclasis；圧砕変形・流動〕である．石英ガウジを高温－湿潤条件で変形させた実験では，ヴァインの形成が観察されており (Higgs, 1981)，Chester (1995) のくだした結論を支持する．しかしながら，節 1.4.3 でのべたように，水の存在は結晶塑性をおおいに促進するという効果もあるから，高温－湿潤条件でのガウジの変形にはその寄与もあるかもしれない．Higgs (1981) の実験試料では，結晶塑性がおこった証拠となる結晶軸の選択配向もみつけている，高温－湿潤条件での摩擦強度低下のメカニズムがなになのかを明確に特定するには TEM（透過型

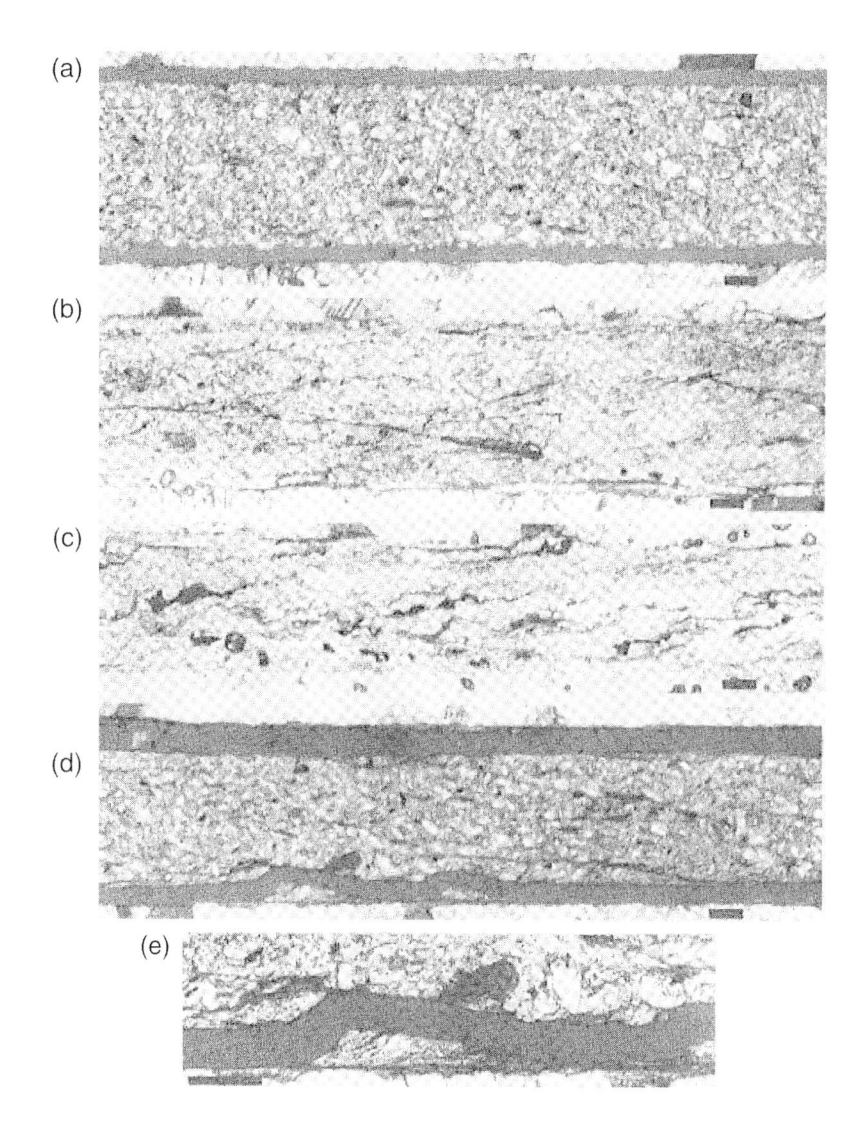

図 2.12 実験室で変形させた花崗岩ガウジの顕微鏡写真．すべり面に垂直な切断面，平面偏光，スケール・バーは 100 μm，せん断の方向は右横ずれである．ガウジ層は岩石からはがれてしまっていて，その隙間はエポキシで充填され，写真では，白もしくはあかるい灰色にみえる．(a) P_c = 400 MPa, P_{H_2O} = 100 MPa で 550℃まで熱せられたガウジ．せん断は課していない．(b) 150℃，湿潤条件で変形させた試料．粒径の減少と R_1 Riedel シアー(右下りにみえる)や C 面(層にほぼ平行)をともなう変形がみとめられる．(c) 温度を 702℃，乾燥条件で変形させた試料．ガウジのなかのいたるところでせん断変形がおこっている．黒雲母と磁鉄鉱の粒子はひしゃげられ，さらにはちぎれて密にならぶ多数の R_1 シアーによってオフセットを生じている．(d) 温度を 600℃，湿潤条件で変形させた試料．Riedel シアーが層に対して低角でガウジ層をきっている．粒径は，出発試料(図 2.12a)とそれほどかわらない．(e) (d) を拡大したもの．ガウジと岩の境界の近くにせまい(5‐10 μm)のせん断ゾーンがみえる．(Blanpied *et al.*, 1995 から引用した)．

電子顕微鏡）をもちいた本格的な研究が必要である．

とはいっても，岩塩ガウジを砂岩の表面にはさんで室温で変形させた Shimamoto (1986) の実験から，おおくの事柄をまなびとることができる．節 1.4.2 で論じた大理石の場合とおなじように，直応力を増加させると，岩塩はぜい性－塑性遷移をひきおこす．3 つのすべり速度における岩塩ガウジの摩擦強度を図 2.13 にしめす．直応力がひくいときには，強度は典型的な摩擦法則にしたがい，直応力の増加とともに急速に増加する．すべり速度の効果はよわく，部分的には負になる．中間的な直応力では，ガウジの挙動は依然として摩擦的であり，直応力の増加とともに強度が急速に増加するけれども，すべり速度の効果は正になる．さらに直応力がたかくなると，せん断強度の直応力に対する依存性がうしなわれる．この領域では，摩擦係数は直応力に対していちじるしい負の依存性をしめし，すべり速度に正の依存性をしめす．直応力が 200 MPa 以上になると，もはや直応力に対して無関係となり，すべり速度に対するつよい正の依存性がみられた．直応力が 250 MPa のときには，岩塩は完全な塑性をしめし，せん断強度は岩塩の流動則にしたがうようになった（Shimamoto and Logan, 1986）．図 2.11 と図 2.13 を比較すると，花崗岩と岩塩はともにぜい性－塑性遷移の境界を横ぎっている．図 2.11 の花崗岩の実験では等圧の径路をたどり，図 2.13 の岩塩の実験は等温の径路をたどってこの遷移がおこった．

したがって，ぜい性－塑性遷移の前に熱による軟化（節 3.4.1 をみよ）はおこるかもしれないが，せん断ゾーンの挙動は，それを構成する材料がぜい性－塑性遷移を完了してしまう点まで，直応力が増加すると強度も増加し，本質的に摩擦的な性質を維持するようにおもわれる．珪酸塩岩石では，350℃以下の場合には，摩擦強度に温度がまったく効果をもたないことが観察されている．延性によってひきおこされる速度効果の符号の反転については，後で議論するが（節 2.3.3 参照），じつはそれが断層の安定性をコントロールし，ひいては，地震が発生できる深さをコントロールするのである．

間隙流体　高温で摩擦強度を低下させること以外にも，水は摩擦に対してふたつのことなる効果をもつ．ひとつは流体圧としての純粋な力学的な効果であり，もうひとつは，化学的作用で固体の強度を低下させることによる環境効果である．後者では，流体のなかで水がもっとも重要な作用物質である．このふたつの効果は，節 1.3 でのべたぜい性破壊に対する水の同様な効果に対応する．

流体圧の効果は，摩擦に対する有効応力の法則をみちびきだす．ふたつの表面が接触し，外部から直応力 σ_n が課せられており，接触していないすき間に流体圧 p がかかっているなら，つぎの式がなりたつ．

$$\sigma_n A = p(A - A_r) + \sigma_c A_r \tag{2.15}$$

ここで，σ_c はアスペリティ結合部の平均応力である．式 2.1 あるいは式 2.6 から，$\sigma_c A_r =$

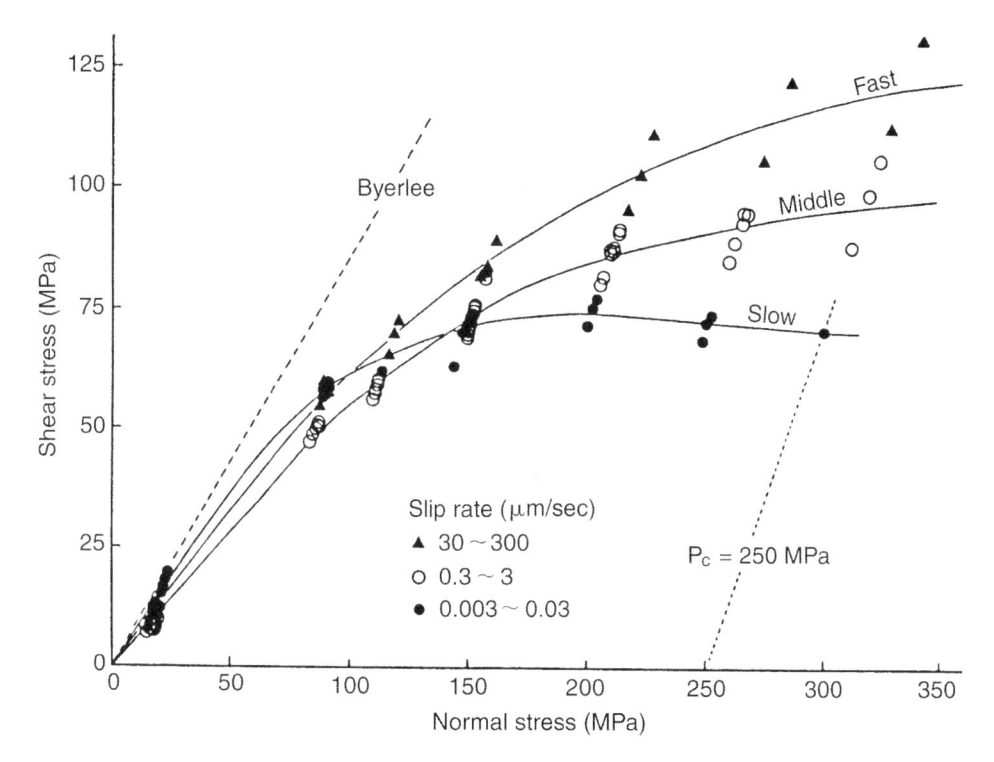

図 2.13 岩塩をガウジとしてはさんだ砂岩表面の摩擦強度．3つのすべり速度における摩擦強度が直応力に対してプロットされている．(Shimamoto, 1986 から引用した).

N となり，$N/A = \overline{\sigma_n}$ であるから，接触と摩擦をコントロールする有効直応力はつぎのようになる．

$$\overline{\sigma_n} = \sigma_n - \left(1 - \frac{A_r}{A}\right)p \tag{2.16}$$

この式は，摩擦に対する有効応力の法則を定義している．ほとんどの場合は $A_r/A \ll 1$ であるので，式 2.16 はたいてい単純な有効応力の法則（式 1.46）でとてもよく近似できる．いっぽう，たとえば，透水率〔permeability；または水理伝導率〕のようなジョイントのすき間量にきわめて敏感な物性に対しては，式 2.16 と式 1.46 の差異は無視できないだろう（Kranz *et al.*, 1979）．Byerlee (1967a) は，さまざまな流体圧のもとで斑れい岩〔gabbro〕の摩擦を測定し，つぎのような摩擦法則をみつけた〔単位は MPa〕．

$$\tau = 10 + 0.6(\sigma_n - p) \tag{2.17}$$

式 2.14a と比較すると，水のふたつの効果が明瞭である．第2項は有効応力の法則をあらわし，第1項は水の存在それ自体に起因する摩擦の低下を反映している．

Dieterich and Conrad (1984) は，乾燥したアルゴンの雰囲気下と，通常の実験室の湿度下

でおこなったおなじ実験を比較して，摩擦におよぼす湿度の効果をしらべた．彼らは，実験室の湿度下で 0.55 - 0.65 の範囲にあったベース・レベルの摩擦係数 μ が，乾燥したアルゴンの雰囲気下では 0.85 - 1.0 に増加することをみつけた．この結果は，Byerlee のそれとよく一致している．またこの実験では，すべりの安定性をきめるときに需要である，摩擦に対する時間とすべり速度の効果のいくつかが，乾燥した条件下では抑圧されることもみいだされた．このことは，これらの効果をもたらすメカニズムに関して，それまでにいわれていた予測のただしさを確証した．この点については節 2.3 であらためて論じる．

摩擦に対する湿度の効果をもたらす原因には，いくつかのものがかんがえられる．表面は非平衡な電荷をもつので，ふだんは周りの環境中から吸着した分子膜によっておおわれている．この分子膜は，接触する表面どうしの接着力を低下させる．Dieterich and Conrad は，実験にさきだち，試料の汚れをとるために乾燥雰囲気下でやいたので，たぶん吸着層がかなり除去されたにちがいない．これが原因で摩擦がよりたかくなったのである．彼らはまた，水蒸気を実験チャンバーのなかに導入すると，摩擦がたちまち通常のレベルにもどることをみつけた．これには，Obriemoff が最初にみつけた水が珪酸塩の表面エネルギーを減少させる効果も関係するであろう（節 1.1.2 参照；Parks, 1984 も参照）．けっきょく，岩石の摩擦はしばしばアスペリティのぜい性破壊によって生じるから，節 1.3.2 で論じた水が岩石のぜい性破壊強度を低下させるプロセスとおなじものがアスペリティにはたらき，摩擦の低下にも重要な役割を演じるのである．

よわい断層ガウジ　図 2.9 にしめされたように，粘土などの鉱物のいくつかに，ほとんどの鉱物や岩石にくらべて本質的に摩擦がひくいものがある．これらの鉱物は，しばしば自然の断層ガウジのなかで変質作用の生成物としてみつけられる．とりわけ節 3.4.3 で議論するように，San Andreas 断層がよわいかもしれないと提唱する仮説を考慮すると，特別な注意をはらう価値がある．

粘土のなかでもっともよわいのはモンモリロナイトであり，常温常圧下において摩擦係数は約 0.2 である（Morrow, Radney and Byerlee, 1992）．しかしながら，モンモリロナイトは 150-200℃ で分解され，より強度のたかいイライトになる．Morrow, Radney and Byerlee は，この相変化を組み入れた断層のモデルをつくり，深さ方向の平均強度は摩擦係数にして約 0.4 であるとの結論をみちびいた．このモデルでは，断層ガウジはこれらふたつの鉱物だけからできていると仮定された．ところが，San Andreas 断層系に属する断層のガウジを地球化学的にしらべると，自然の"粘土断層ガウジ"は，実際には母岩の粘土サイズの粒子が主成分であって，粘土鉱物ではないことがあきらかにされている（Kirschner and Chester, 1999）．そうであるならば，強度は Byerlee 則の範囲，すなわち摩擦係数で 0.6 くらいである可能性がたかい．

蛇紋岩は，かんらん岩が水和作用をうけてできるもので，海洋性のトランスフォーム断

層などの超塩基性岩中にできた断層のガウジのなかでみつかる．この鉱物は多形であり，クリソタイル型のものは室温では $\mu \approx 0.2$ (Reinen, Weeks and Tullis, 1991) と低強度である．しかし，温度があがると強度もあがり，200℃で $0.4 < \mu < 0.5$ という (Moore et al., 1996, 1997) もっとありふれたタイプであるリザダタイトやアンディゴライトの強度に達する．これらの鉱物の摩擦はすべり速度に対する依存性が中立である傾向があり，安定すべりをおこしやすいだろう．San Andreas 断層の「クリープ」している部分には蛇紋岩が存在しており，これがこのクリープというめずらしい挙動の原因ではないかと示唆されている (Reinen, Weeks, and Tullis, 1994)．しかしながら，San Andreas 断層がよわいという仮説は，深さ方向の平均摩擦係数が $\mu \leq 0.1$ であることを必要としているので（節 3.4 を参照），そこらじゅうに粘土や蛇紋石鉱物が存在すると仮定しても説明できるものではない．

　モンモリロナイトやクリソタイルが室温でよわいのは，その結晶構造に直接の原因があるのではなく，これらの鉱物がつよく水を吸着し，これがそこでの拘束された間隙水圧として作用するためである（Morrow, Moore, and Lockner, 2000）．どちらの鉱物も加熱して吸着水をとばしてやれば，よわいという性質をうしなう．これは可逆的なプロセスである．

2.2.3　摩耗

　摩擦すべりはいつも表面の損傷と侵食をともなう．このプロセスは摩耗としてしられている．摩耗にはいくつかの重要なメカニズムがあるが，接着摩耗〔adhesive wear〕と研磨摩耗〔abrasive wear〕が特に重要である（Rabinowicz, 1965）．接着摩耗は，結合部がたいへんつよく接着されているため，結合部だけではなく，むしろ隣接するアスペリティをせん断してしまうときに発生する．その結果，いっぽうの表面ははぎとられて，もういっぽうの表面にうつる．研磨摩耗は，むかいあった材料のあいだに硬さのコントラストがあり，かたいほうの材料がやわらかいほうの材料をほりおこしてガウジができるプロセスである．岩石は，しばしば硬さのちがう鉱物をふくむので，研磨摩耗が接着摩耗より重要なことがおおい．さらに，造岩鉱物がぜい性をしめす条件のもとでは，摩耗のプロセスはぜい性破壊によって支配され，ばらばらの角ばった磨耗粒子がつくりだされるだろう．岩石の摩擦の文献では，このような摩耗によってできる固結していない岩屑を，断層でみつかるおなじ材料に対する呼称を地質学用語から借用して，ガウジとよんでいる．もっと延性的な条件下では，接着摩耗がより重要になり，延性的な断層運動におけるマイロナイトの生成に寄与するだろう（節 3.3）．

　Archard (1953) によって提唱された理論は，磨耗のプロセスの主たる特性を定量的に記述するが，摩耗のメカニズムを特定していないのでひろく応用できる．まず，真の接触面積が式 2.1 によってあらわされると仮定することからはじめよう．ここでは，Logan and Teufel (1986) の結果にしたがって，p のかわりに詳細なメカニズムを規定しない硬さパラ

メーター h をつかう．つぎに，接触領域は直径 d の円であると仮定すると，法線載荷力 N で載荷された単位面積中に，つぎの式であたえられる n 個の接触点が存在するだろう．

$$n = \frac{4N}{\pi h d^3} \tag{2.18}$$

ここで個々の接触結合部は，実効距離 d_e できえてしまうと仮定し，$d_e = \alpha d$ としよう．α は 1 にちかい定数であることが実験によってたしかめられている（Rabinowicz, 1965）．単位長さの移動〔すべり〕に対して，個々の結合部は $1/d_e$ 倍だけ補充されなければならないので，単位あたりの移動に対する結合部の数 $\mathcal{N}$ は，つぎの式であらわされる．

$$\mathcal{N} \equiv \frac{n}{d_e} = \frac{4N}{\alpha \pi h d^3} \tag{2.19}$$

ある結合部がすべりのあいだにせん断破壊される確率を k としよう．そして，せん断によってつくられる石屑を直径が d の半球だと仮定すると，摩耗レート（単位すべりあたりにつくられる摩耗生成物の体積として定義）は，つぎのようにあらわされる．

$$\frac{k \pi d^3}{12} \mathcal{N} = \frac{kN}{3h\alpha} \tag{2.20}$$

したがって，距離 D だけすべるあいだにつくりだされる摩耗生成物の体積 V はつぎのようにあらわされる．

$$V = \frac{kND}{3h\alpha} \tag{2.21}$$

間隙率の変化を無視すれば，つくりだされるガウジの厚さは，つぎのようになる．

$$T = \frac{\kappa \sigma D}{3h} \tag{2.22}$$

ここで，σ は直応力，$\kappa = k/\alpha$ は**摩耗係数**〔wear coefficient〕とよばれる無次元のパラメーターである．σ がすべりのあいだ一定であれば，すべり量に対するガウジ厚さの比 T/D も一定になるだろう．

$$\frac{T}{D} = \frac{\kappa \sigma}{3h} \tag{2.23}$$

摩耗のメカニズムとしてはさまざまなものを仮定できるが，そのときには，式のなかの幾何学的ファクターをかえればよい（Rabinowicz, 1965）．しかしここでは，そのような細部

の違いはひとまとめにしてκにふくめる．

　このモデルは実験によってチェックできるし，κの値もきめられる（Yoshioka, 1986）．図 2.14 には，Yoshioka のデータがしめされている．ここでは，すべりに対するガウジの厚さの比が直応力に対してプロットされている．かなりのばらつきがあるけれども，えられた結果は，おおざっぱにみると式 2.23 によって予測される線形関係と一致している．データを直線で近似すると，その傾きが$\kappa/3h$である．Logan and Teuful（1986）のおこなった砂岩のすべり実験での測定から$h = 2$ GPa の値がえられており，この値と図 2.13 からえられた傾きの値をつかうと，砂岩に対して$\kappa = 0.3$，花崗岩に対して$\kappa = 0.075$という値をえた．これらのκの値は，まさしく研削作業などでみられる摩耗の典型値でもある（Rabinowicz, 1965）．砂岩の摩耗レートはいつも，花崗岩の摩耗レートの 3 倍から 4 倍である．花崗岩も砂岩も珪酸塩を豊富にふくむから，計算ではhの値をおなじにしたので，この結果はモデルと矛盾するようにみえる．しかしながら，このモデルでは基質は一様で丈夫であることが仮定されている．岩石では，摩耗に際して鉱物粒子がもぎとられることが期待される．だから，花崗岩と砂岩では鉱物粒子境界の強度がちがうことも考慮すべきである（Hundley-Goff and Moody, 1980）．この強度は 1 軸圧縮強度から類推することができ，花崗岩の圧縮強度は砂岩に比較して 3 倍ほどおおきいので，これでもって摩耗レートの違いを説明できそうだ．接触面積は単結晶の強度によりコントロールされるが，摩耗レートはバルクな岩石の強度によってコントロールされる（Kessler, 1933）．この解析は，断層形成のときのガウジの生成に対しても適用できる（節 3.2.2）．自然の断層に対する摩耗係数は，ここでのべた実験室での値よりおおきいことがみつけられている．上のべた摩耗法則は，定常状態での摩耗を記述しているが，完全な摩耗曲線（図 2.15）には，過渡的な"ランニング－イン"〔running-in；なれあう〕のフェーズがふくまれる．摩耗レートは，はじめはたかいが，定常状態のレートにおちつくまで，すべりとともに指数関数的に減衰する．Wang and Scholz（1994b）は，ランダム表面の接触モデルをつかって磨耗のモデル化をおこなった．彼らは，過渡的な磨耗はかみあったアスペリティのせん断破壊であることをしめした．いっぽう，定常状態に達したときの磨耗は，まだけずりとられずにのこっている凹凸の最上部が定常的にけずりとられてゆく状態に対応する．

　摩耗がつづくと，ある時点で表面はガウジによって完全に分離され，摩擦の性質は，表面の性質というより，むしろガウジの性質になるだろう．岩塩ガウジをつかった Shimamoto（1986；節 2.2.2 も参照）の実験は，まさにこのケースに相当する．すなわちシステムの摩擦挙動は，ぜい性－延性遷移全体をとおして岩塩の変形にしたがい，高圧力下では岩塩の流動則にしたがう（図 2.13）．

　いっぽう，ガウジがぜい性材料の破片から構成されているときには，ガウジは粉体としてのせん断特性をしめし，粒子の粉砕が卓越するカタクラスティック流動やダイレイタンシーをともなう（Sammis *et al.*, 1986; Marone, Raleigh, and Scholz, 1990）．実験では，粉砕

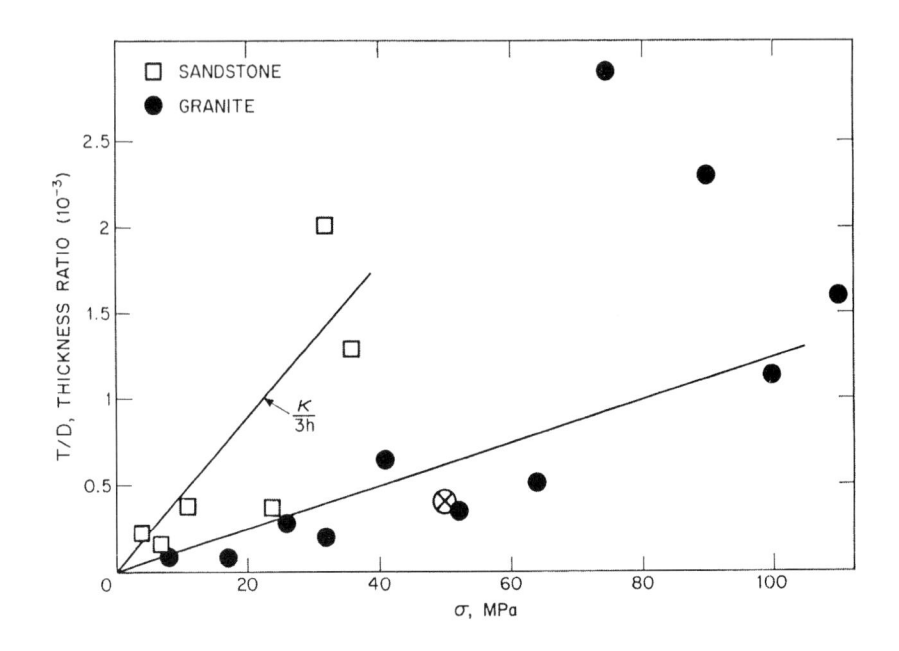

図 2.14 すべり量に対するガウジ厚さの比 (T/D) と直応力の関係．2 種類の岩石で実験した．中あきクロス・シンボルは，さまざまな直応力下で 30 cm すべらせたときの T/D の平均値をしめす（Scholz, 1987 の結果による；データは Yoshioka, 1986 による）．

のプロセスは，サイズ分布がフラクタル，すなわちべき乗法則にしたがう粒子をつくりだすことがみつけられている．自然の断層ガウジにおいてもおなじ結果が観察されている（Sammis *et al.*, 1986; Marone and Scholz, 1989）．いったん，せん断または粒子サイズの減少が限界レベルに達すると，それ以上の変形は，せん断ゾーンに対して鋭角をなす Reidel せん断ゾーン，または境界のせん断ゾーンに局所化しはじめ，そのゾーンのなかでは粒子サイズはさらにちいさくなる（図 2.12 参照）．これらの粉体材料のせん断にはダイレイタンシーがともない，すべりを安定化させるつよい効果があらわれる．この効果については節 2.3.3 で議論する．

2.3 スティック–スリップと安定すべり

2.3.1 イントロダクション

すべりのあいだに摩擦抵抗力が変動すると，動的な不安定が生じることがあり，ストレス・ドロップをともなうひじょうに急激なすべりが発生する．この現象は，しばしばくりかえしておこる．すなわち，不安定すべりの後，運動がとまって応力がふたたび蓄積される時期があり，この後につぎの不安定がひきつづく．そのようなシステムでは，すべりは

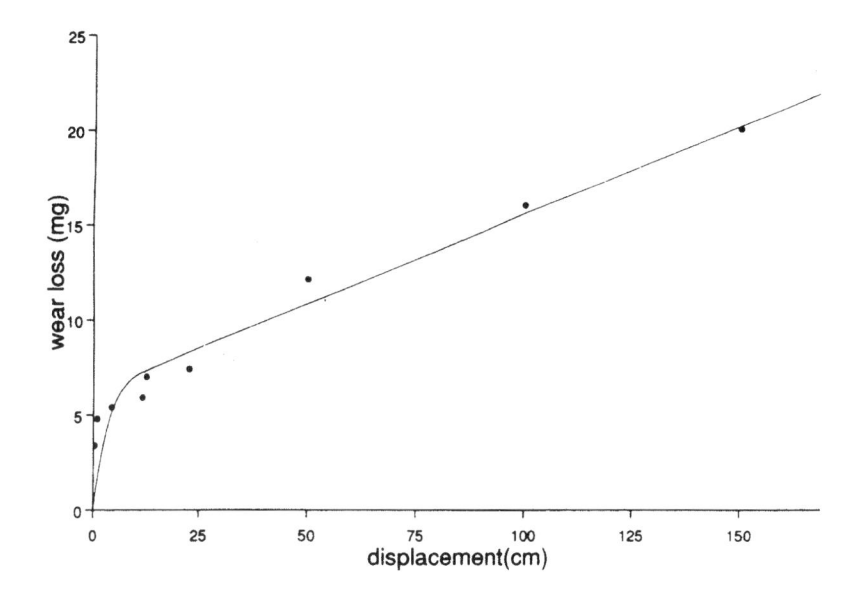

図 2.15 Westerly 花崗岩の完全な摩耗曲線．$\sigma_n = 3$ MPa である．初期の指数関数的な立ち上がりの部分は，実験の開始時のランニング－イン段階の摩耗であり，その後，一定レートの定常状態の摩耗に進展する．このデータを曲線へあてはめると，$\partial V / \partial D = \kappa_1 [V_0 - V(D)] + \kappa_2 A_r$ である．ここで，V_0 は当初の過剰粗さ，A_r は真の接触面積，κ_1 と κ_2 はふたつの摩耗係数である．

実質的にすべて不安定の期間に生じる．このような摩擦の挙動は持続的な**スティックースリップ**〔stick-slip；固着－すべりという訳語をあてることもある〕とよばれる．図 2.16a に不安定が生じる条件を図示する．ここでは，スティフネス K をもったばねを介して載荷される単純な摩擦スライダー〔すべりブロック〕をかんがえる．ばねのスティフネスは，載荷試験機のスティフネスか，あるいは断層をとりまく岩盤の弾性的な物性をあらわす．図 2.16b にしめされるように，スライダーの摩擦抵抗力 F が変化すると仮定しよう．すなわち，F には最大値があり，その後すべりとともに減少する．この減少の段階では，傾きが $-K$ の直線にそってばねの力がぬけてゆく．もしすべりが接点 B に達して，すべり u に対して F が K よりはやく下落すれば，不安定が生じるだろう．なぜなら，スライダーの加速をうながすような力の不均衡が存在しているからである．C 点に達した後では，F がばねにたくわえられた力よりおおきくなるので，スライダーは減速して D 点で停止するにいたる．B と C のあいだの実線 F と直線でかこまれた面積と，C と D のあいだ実線 F と直線でかこまれた面積はちょうどおなじである（ほかにエネルギーの散逸はない）．不安定が生じる条件は，つぎの式であらわされる．

$$\left| \frac{\partial F}{\partial u} \right| > K \tag{2.24}$$

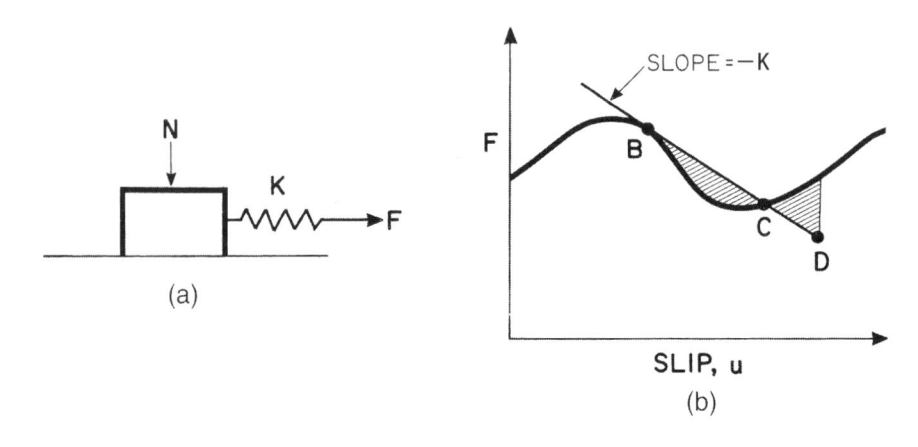

図 2.16 摩擦不安定が発生する原因を説明する模式図．(a) ばね－スライダー・モデル．(b) 力と変位の関係をしめすグラフ．便宜的にこのような〔構成則〕を仮定したが，このケースでは，ある変位の増分に対して，システムが追従できない急速な速度で摩擦抗力が低下する．

したがって安定性は，スライダーと表面のあいだの摩擦の物性と，スライダーを載荷している環境の弾性的な物性からきまる（クラックの安定性に対する境界条件の役割に関する議論をおもいだしてほしい．節 1.1.2 を参照のこと）．

持続的なスティック－スリップは，岩石の摩擦すべりでひろく観察されるので，Brace and Byerlee (1966) は，この現象が地震のメカニズムであると提唱した．地震は既存の断層でくりかえされるすべりの不安定性であるから，定義からしてスティック－スリップ現象そのものである．Brace and Byerlee の論文の意義は，地震のメカニズムを説明するにあたって，強度ではなくすべりの安定性に着目した点である．それゆえ，地震のメカニズムの研究はこの論文をもって現代にはいったといえる．

図 2.16b にスケッチしたような，すべりとともに強度が低下するような摩擦挙動がしばしば観察されることがあり，**すべり弱化**〔slip weakening〕とよばれる．すべり弱化の結果，不安定すべりにいたることがある．岩石のスティック－スリップ不安定に関する初期のモデルは，このタイプの挙動に焦点をあてている（Byerlee, 1970）．しかしながらすべり弱化は，本質的に摩擦強度がふたたびもとのレベルへもどるメカニズムをもたないので，ある平均摩擦〔応力〕レベルを中心にして，持続的なスティック－スリップがくりかえすことが説明できない．実験ではスティック－スリップの反復挙動がしばしば観察されるのだが，これこそが地震を説明するために必要とされるタイプのふるまいである．

Coulomb の時代からつづく考えは，すべりがはじまるためには，すべりは静摩擦係数 μ_s をこえなければならず，すべっているあいだは，すべりは動摩擦 μ_d による抵抗をうけるというものである．もし $\mu_s > \mu_d$ なら不安定すべりがおこるだろう．しかしながら，持続的なスティック－スリップがおこるためには，不安定すべりにひきつづいて，摩擦が静摩

擦のレベルまで回復するメカニズムが不可欠である．そのような「ヒーリング」のメカニズムを最初にしめしたのは Rabinowicz（1951, 1958）である．彼は，ふたつの面を静的に接触させ，荷重のかかった状態で時間 t だけ保持すると，μ_s が近似的に $\log t$ に比例してふえることをみつけた．

　Rabinowicz はまた，摩擦がある値から他の値に変化するためには，限界すべり D_c だけすべることが必要であるという重要な事実を発見した．彼はこれを，斜面上で静的接触状態にあるブロックにボールをぶつけたときに，ある限界距離だけすべらなければ，静摩擦値から動摩擦値への低下がおこらないという観察によってみつけた．また，どんな摩擦実験でも摩擦力のゆらぎがみられるが，これにはある限界すべり距離以下でのみ相関がみられ，さらに限界すべり距離は，接触接合部の平均直径にほぼひとしいことをみつけた（Rabinowicz, 1956）．これらのふたつの現象を考慮すると，つぎのようなすべりの不安定条件がみちびかれる．

$$\frac{(\mu_\mathrm{s}-\mu_\mathrm{d})\sigma_\mathrm{n}}{D_\mathrm{c}} > K \qquad (2.25)$$

　Rabinowicz はまた，持続的なスティック－スリップをしめすシステムはすべり速度弱化〔velocity weakening〕の性質をもつこと，すなわち定常状態のすべりにおける μ_d が速度 V に対して $\log V$ で減少することをみつけた．岩石摩擦に対するヒーリングとすべり速度弱化を最初にみつけたのは，それぞれ Diererich（1972）と Scholz, Molnar, and Johnson（1972）である．しかしながら，すべり速度依存性の重要性は，Ruina（1983）が，速度強化の摩擦システムでは，不安定すべりがおこっても不安定性はすみやかに減衰して安定すべりの状態になってしまうことをしめすまで，完全には理解されなかった．いっぽう，速度弱化システムでは，いかに注意ぶかくシステムを駆動しても，だんだんと成長する振動がかならずあらわれ，持続的なスティック－スリップの状態に達してしまう．したがってヒーリングのメカニズムは，式 2.25 の条件がみたされれば，すべり不安定をおこすことはできるのだが，それだけでは持続的なスティック－スリップをおこすには不十分である．そのためには，摩擦がすべり速度弱化をしめさなければならない．

2.3.2　摩擦に対するすべり速度の効果；RS 摩擦則

　図 2.17 には，摩擦に対するすべり速度と時間の効果がしめされている．図 2.17b には，スライド－ホールド－スライド実験の結果がしめされている．このタイプの実験では，定常状態のすべりにつづけて，ある時間 t だけ準静的に保持（ホールド）し，さらにその後で，以前とおなじ速度ですべりを再開させる．この瞬間には，摩擦が $\Delta\mu_\mathrm{s}$ だけ増加していることが観察され，その後のすべりで以前の定常すべりの摩擦値にもどる．これがヒーリン

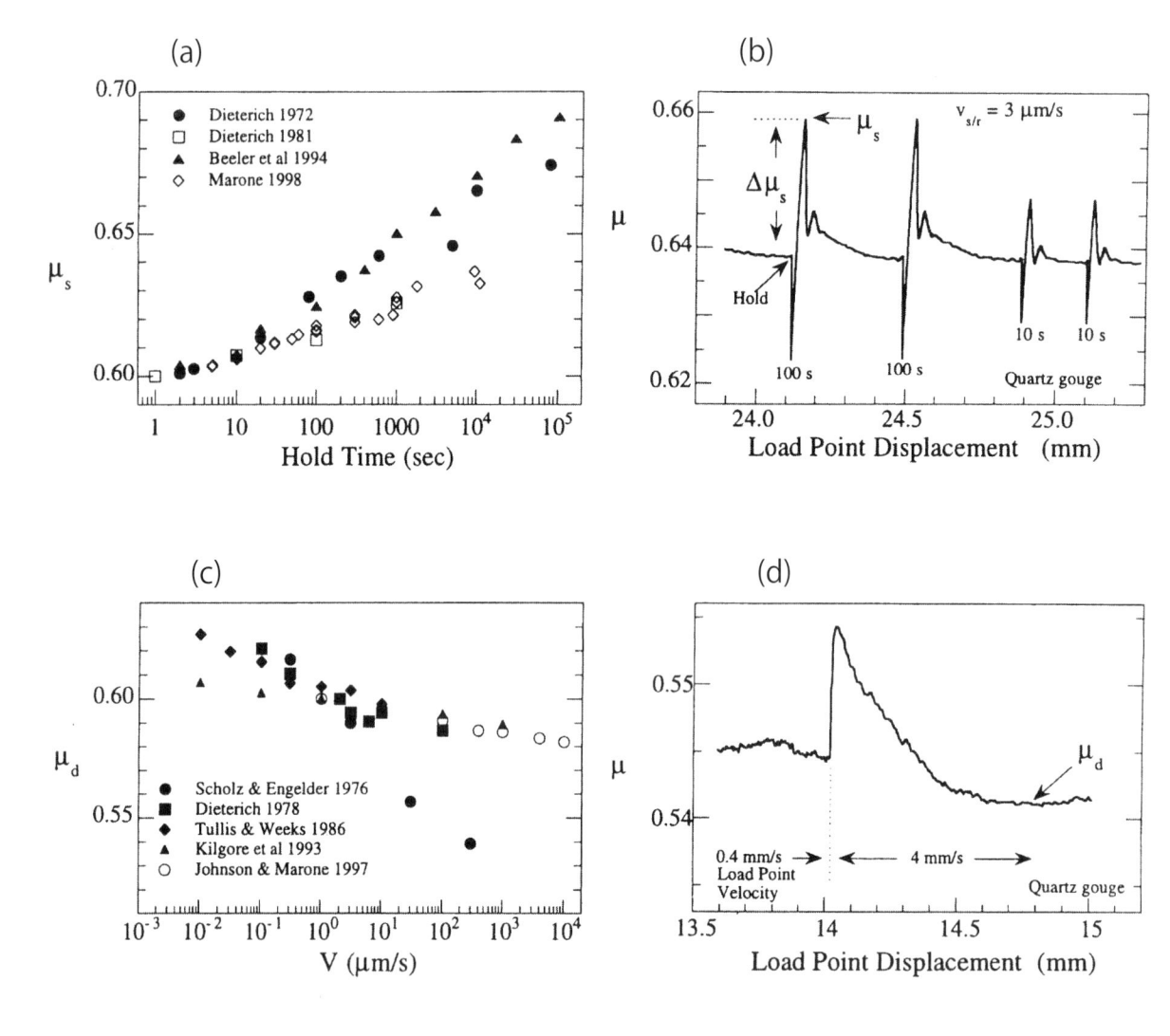

図 2.17 摩擦に対するすべり速度と時間の効果．(a) 静摩擦に対するホールド時間の効果．粉体の断層ガウジをはさまない場合 (黒ぬり) とはさんだ場合（白あき）．(b) 摩擦に対するホールド時間の効果．摩擦を変位に対して図示している．スライド－ホールド－スライド試験の結果であり，静摩擦 μ_s とホールド時間ならびにホールド後の摩擦の増加分 $\Delta\mu_s$ がかきこまれている．すべり速度は 3 μm / s．(c) すべり速度に対する動摩擦係数をしめした．(d) 摩擦に対するすべり速度の効果．すべり速度をとつぜん変化させたときの摩擦応答．まず過渡的な増加があり，ひきつづいてあたらしい動摩擦のレベルへむかって減少してゆく．(Marone, 1998 から引用した).

グの効果であり，静摩擦 μ_s はホールド時間に対して対数的に増加する（図 2. 17a）．図 2. 17d には，速度ステップ実験の結果がしめされている．この実験は，すべり速度を 1 桁とつぜんにジャンプさせるというもので，そうすると摩擦は即座に増加し（いわゆる**直接効果**〔direct effect〕），これにひきつづくすべりのあいだに，摩擦はあたらしい定常状態に対応したレベル（図の場合には，以前のおそいすべり速度での定常値よりひくいレベル）ま

で減衰してゆく．動摩擦μ_dはすべり速度に対して対数的な依存性をもつ．この図の場合は，負の依存性，すなわち速度弱化ということになる．

これらの観察にあてはまる経験則がDieterich (1979a)によって提案され，その後Ruina (1983)が，速度と状態に依存する摩擦則〔rate and state dependent friction law；以下ではRS摩擦則とよぶ〕として定式化した．RS摩擦則には，いくつかちがったバージョンも提案されている（最近のレヴューについてはMarone (1998)を参照）．実験による観察結果に，いままでのところもっともよくあう式のひとつは，Dieterich - Ruina則とか"スローネス則"などとよばれているもので，摩擦はその瞬間のすべり速度Vと，時間に依存する状態変数θに，つぎのような形で依存するとされる．

$$\mu \equiv \mu(V, \theta) = \mu_0 + \mathfrak{a} \ln\left(\frac{V}{V_0}\right) + \mathfrak{b} \ln\left(\frac{V_0 \theta}{D_c}\right) \tag{2.26a}$$

ここででてくる状態変数θは，つぎの式にしたがって時間発展する．

$$\dot{\theta} = 1 - \left(\frac{V\theta}{D_c}\right) \tag{2.26b}$$

この摩擦則は岩石だけではなく，プラスチック，ガラス，紙などさまざまな材料の摩擦に適用できる（Dieterich and Kilgore, 1994; Heslot *et al.*, 1994, Baumberger, Berthoud, and Caroli, 1999）．静的な場合には$\theta = t$であるから，Dieterich (1979a)は，θは接触の平均年齢，すなわち任意の瞬間において存在する個々の接触が，最初に接触の状態にはいってからの経過時間の平均であると解釈した．そうすると，限界すべり距離D_cはある一定すべり速度Vのもとで，現存の接触の集団が破壊され，相関のないあらたな接触集団におきかわるのに必要なすべり距離であるとかんがえられ，$\theta = D_c/V$となる．これが"スローネス則"とよばれる所以である．式2.26aにおいて，μ_0がある定常状態での基準すべり速度V_0になるよう$\theta_0 = D_c/V_0$とおくと，速度Vで定常的にすべっている状態での摩擦は，つぎのようになる．

$$\mu_{ss} = \mu_0 + (\mathfrak{a} - \mathfrak{b}) \ln\left(\frac{V}{V_0}\right) \tag{2.27}$$

したがって，μ_dを速度Vにおけるμ_{ss}だと定義すれば（図2.17cのμ_dはこういう意味をもつ），つぎの式のような速度依存性をもつ．

$$\frac{d\mu_d}{d(\ln V)} = \mathfrak{a} - \mathfrak{b} \tag{2.28a}$$

静的な場合には，式2.26bは$\theta = t$であるから，ホールド時間がながいときには，つぎ

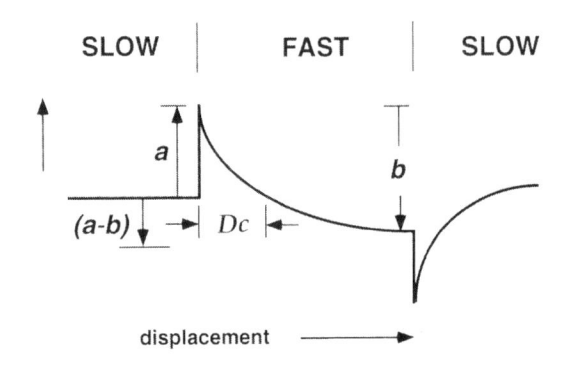

図 2.18 すべり速度の e 倍の増減に対する摩擦の応答をしめす模式図．RS 摩擦則の用語の定義もしめした．

の式がなりたつ．

$$\frac{d\mu_s}{d(\ln t)} = \mathfrak{b} \tag{2.28b}$$

これらのふたつの関係は，図 2.18 に図示されている．摩擦パラメーターの $\mathfrak{a}$ と $\mathfrak{b}$ はつねに正で，10^{-2} オーダの値である．図 2.17d にしめしたように，載荷点の速度をとつぜん V_1 から V_2 へジャンプさせると，スライダーの速度は，応力応答がスパイク状のピークに達する時点で V_2 になる．載荷システムが十分な剛性をもてば，この時点まで達するには接触の年齢 $\theta_1 = D_c/V_1$ にくらべて，みじかい時間しかかからないので，年齢は一定のままであるとかんがえてよい．したがって直接効果による摩擦のジャンプの大きさは，つぎの式であたえられる．

$$\Delta\mu = \mathfrak{a} \ln\left(\frac{V_2}{V_1}\right) \tag{2.28c}$$

速度ステップ実験での応答は図 2.18 にまとめてある．摩擦が直接効果だけがみえている状態から定常状態へ変化するのに要するすべり距離は D_c できめられ，実験室の試料ではマイクロメートル〔10^{-6} m〕の範囲にある．

ここまでは現象論であるが，その背後にある物理は，やっと最近になってあきらかにされた．Baumberger et al.（1999）は，Dieterich（1979b）にしたがって，式 2.26a を以下のように，Bowden and Tabor の式 2.2 の形にかきなおすことを提案した．

$$F = s(V)A_r(\theta) \tag{2.29}$$

ここで，$A_r(\theta)$ と $s(V)$ はそれぞれ以下の式であらわされる．

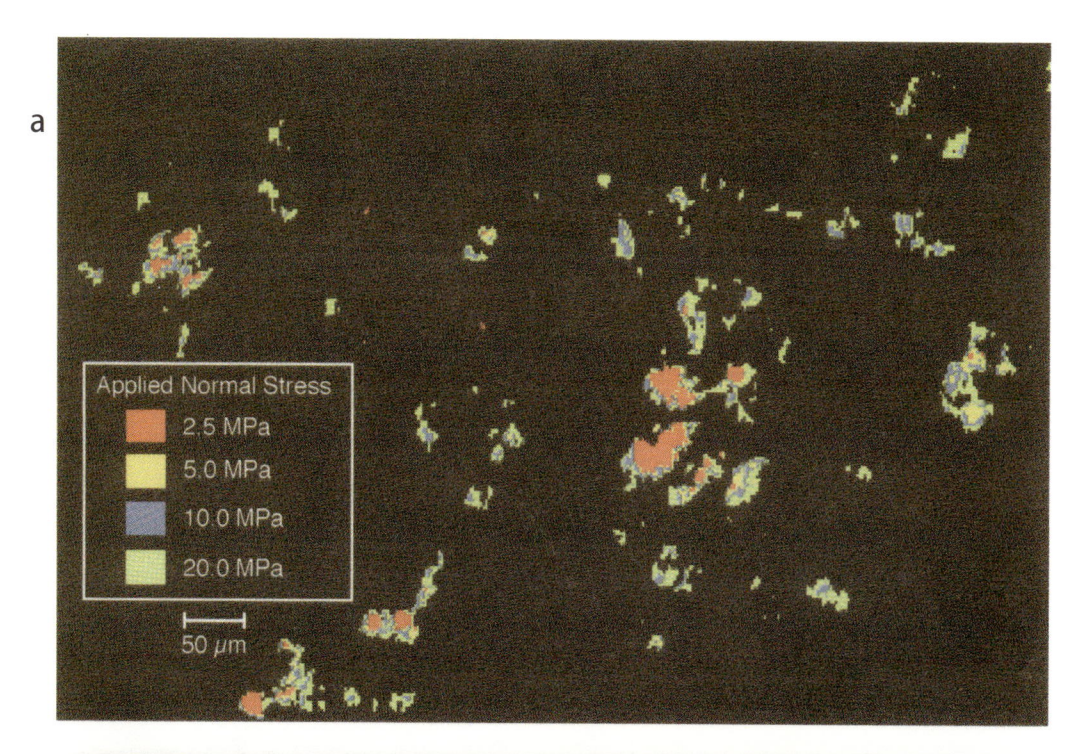

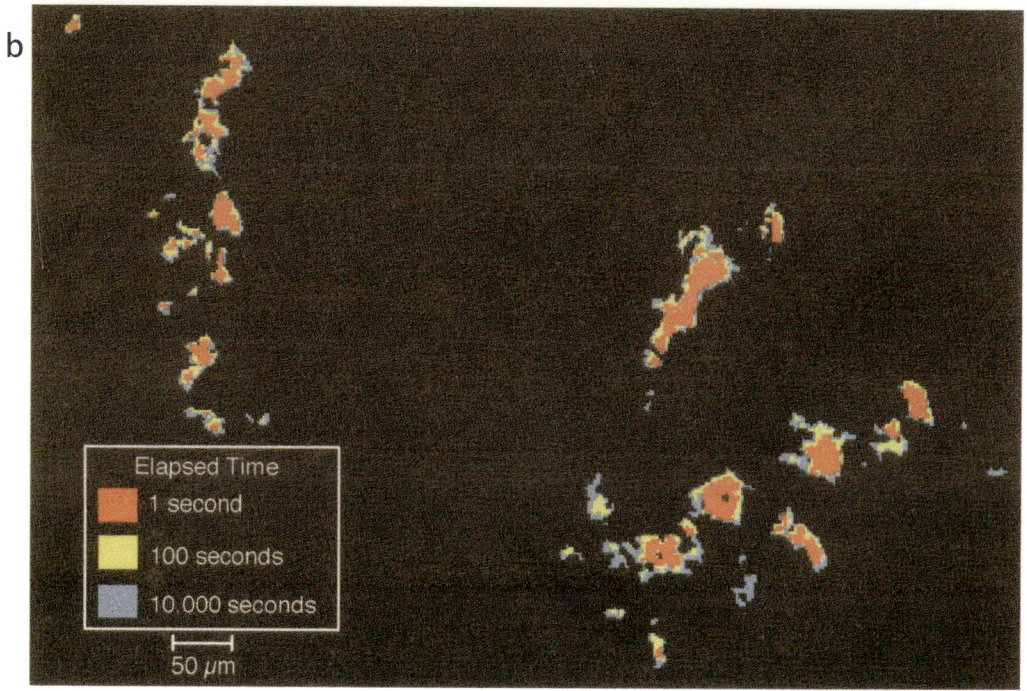

カラー図1 アクリル・プラスティックのあらい表面どうしの接触領域.（a）直応力の増加による変化.（b）直応力 10 MPa のもとでの静的接触時間の増加による変化.（Dieterich and Kilgore, 1994 から引用した）.

$$A_r(\theta) = A_0\left[1 + \beta \ln\left(\frac{\theta V_0}{D_c}\right)\right] \quad (2.30a)$$

$$s(V) = s_0\left[1 + \alpha \ln\left(\frac{V}{V_0}\right)\right] \quad (2.30b)$$

接触時間の対数にしたがう真の接触面積の増加（式2.30）は，アスペリティのクリープによることがあきらかにされている (Scholz and Engelder, 1976; Dieterich and Kilgore, 1994). この現象はカラー図1にしめされている．この現象は，温度がひくいうちは水蒸気が存在するときにしかおこらないので（Westbrook and Jorgansen, 1968; Dieterich and Conrad, 1984），節1.3.2で論じたような環境の効果にほかならない．せん断強度の速度依存性（式2.30b）については，ひずみ速度が応力に対して指数関数的に依存するような熱活性化過程である，一種の非弾性クリープによって接触の結合部がせん断されることによると論じられている（Baumberger *et al.*, 1999; Nakatani, 2001）．Nakataniは，この問題につぎの式を採用した．

$$s(V, T) = \frac{kT}{\Omega}\left[\ln\left(\frac{V}{V_0}\right) + \frac{Q}{kT}\right] \quad (2.31)$$

ΩとQは，それぞれ活性化体積と活性エネルギーである．彼は高温では，低温（<350℃）とくらべてずっとたかいQをしめす領域があることをみつけた．この種のクリープ則がなりたつとすれば，せん断応力がすこしでも課せられていれば，いつもなにがしかのすべりがおこっているということになる．

このようにRS摩擦則的な効果には，主としてふたつの効果があることになる．ひとつは準静的接触下でのヒーリングで，アスペリティのクリープによる真の接触面積の拡大に起因する．もうひとつは直接効果で，結合部のせん断強度自体が速度依存性をもっていることに起因する．すべりの安定性は定常状態の摩擦が速度にどう依存するかできまるのだが，けっきょくこのようなふたつの効果の兼ね合いできまるのである．

2.3.3 摩擦の安定・条件つき安定・不安定の領域

図2.16aのような簡単なばね－スライダー・システムをかんがえ，摩擦スライダーはRS摩擦則にしたがうとしよう．このシステムの安定性は，有効直応力σ_nとK，摩擦パラメーター（$\mathfrak{a} - \mathfrak{b}$）と$D_c$だけで完全にきまり，摩擦のベース・レベルの摩擦$\mu_0$には依存しない．材料の摩擦が速度強化，すなわち（$\mathfrak{a} - \mathfrak{b}$）$\geq 0$ならシステムは本質的に安定である．いっぽう，材料が速度弱化，すなわち（$\mathfrak{a} - \mathfrak{b}$）$< 0$なら，不安定領域と条件付安

定領域があり，そのあいだで Hopf 分岐〔Hopf bifurcation〕する．分岐は有効直応力 $\bar{\sigma}_c$ が，つぎの式であたえられる限界値をこえるときにおこる．

$$\bar{\sigma}_c = \frac{KD_c}{-(\mathfrak{a}-\mathfrak{b})} \qquad (2.32)$$

図 2.19 にしめしたように直応力の値がたかいときには，システムは準静的な載荷に対して不安定である．直応力が限界値よりひくいときには，準静的な載荷に対しては安定だが，動的な載荷をうけ，図にしめした ΔV よりおおきい速度ジャンプを課せられると不安定になる．この安定性の遷移を横ぎるときのシステムのふるまいが図 2.20 に図示されている．分岐条件の近くでは，自励振動的な運動がおこる．

Scholz（1998a）は，これらの安定性に関するさまざまな領域で，どのような地震現象が生じるかについてレヴューしている．さしあたっての議論では，地震の破壊の始まりは不安定領域でしかおこらないことだけ了解しておいてほしい．地震がはじまると，動的な載荷によって，ラプチャーは条件つき不安定領域までひろがってゆくことがあるが，速度強化の領域にはいると負のストレス・ドロップが生じるので，すぐに停止させられる．

しかしながら，2 次元や 3 次元のケースでは，剛性率は長さのスケールに反比例するはずである．すべっている領域を楕円形クラックとしてあつかうことにすれば，せん断スティフネスはつぎの式であらわされる．

$$K = \frac{E}{2(1-v^2)L} \qquad (2.33)$$

ここで E は Young 率，v は Poisson 比，L はすべっている領域の長さである．したがって安定性の遷移は，L がつぎの式であたえられるある限界値 L_c に達したときにおこる．

$$L = \frac{ED_c}{2(1-v^2)\sigma_n(\mathfrak{b}-\mathfrak{a})} \qquad (2.34)$$

このことは，すべっている領域が L_c に達するまでは，安定なすべりがおこる「ニュークリエーション」の段階があり，不安定がおこるのはその先であることを示唆する．地震予知の理論では，このニュークリエーション・プロセスにおおきな関心がはらわれている（節 7.3.1）．

このように，岩石の摩擦すべりの安定性は，岩石強度の時間依存性のふたつの側面であるふたつの対抗する効果の相対的な大きさに依存する．どちらの効果も環境に依存する．安定性を左右するパラメーターの種類はそれほどおおくないが，たとえば構成則（式 2.26）のパラメーターの値は，二三の岩種についてきめられているだけである．現時点では，他のケースについては，推測によって一般化するしかできないのである．

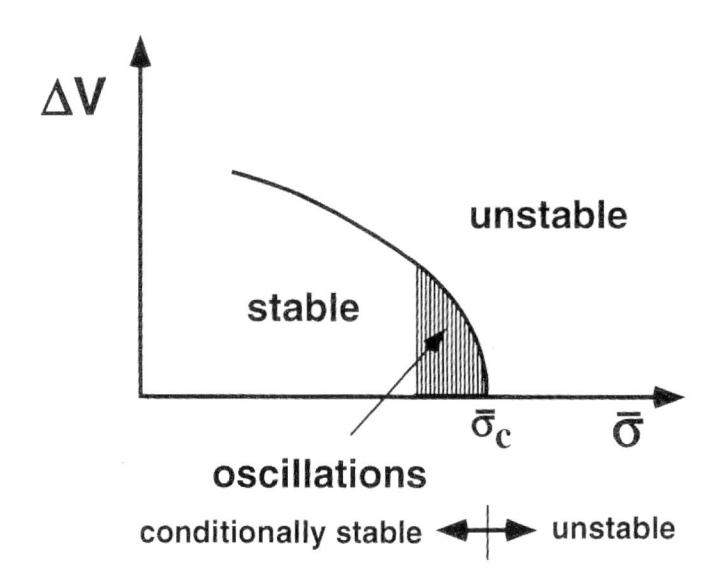

図 2.19 ($a-b$) が負の場合のシステムの安定性の模式図. システムを不安定にみちびくのに必要な速度のジャンプの大きさを有効直応力の関数としてしめした. 直応力がある限界値よりたかいときには, どんなわずかな擾乱でもシステムは不安定になる. ここは不安定領域とよばれる. この限界的値以下では, システムは準静的な載荷に対しては安定だが, 十分な大きさの速度擾乱で「キック」されると不安定になる. ここは条件付安定領域とよばれる.

 a と b は圧力, 温度, すべり速度といったパラメーターに依存するはずの物性であるから, さまざまな条件下での摩擦すべりをかんがえるときには, $a-b$ の符号によって安定の領域と不安定の領域がぬりわけられるだろう. 安定／不安定を区分する最初の試みは, 花崗岩についておこなわれた Brace and Byerlee (1970), Byerlee and Brace (1968), Stesky et al., (1974) による研究である. 彼らは単純に, スティック－スリップと安定すべりのどちらが観察されるかで領域を区分した. 彼らは, 高温および低直応力では安定になりがちであることをみつけ, さらに, 安定すべりとスティック－スリップの遷移はかなりシャープであることみつけた.

より最近の研究は, 摩擦パラメーターである a, b, D_c の値をきめることを志向している. 図 2.21 に花崗岩や石英のガウジに対して熱水条件できめた摩擦パラメーターの値が温度の関数としてしめされている. これらの実験で測定されたベース・レベルの摩擦は図 2.11 にしめされている. この実験のデータは, RS 摩擦則で状態変数をふたつもちいるという拡張をほどこした式にあてはめられたので, b に相当するパラメーターは b_1 と b_2 のふたつになる. データをみると, 低温では, ($a-b_1-b_2$) はゼロか, わずかに正であり, 90℃をこえると負になり, そして 350℃以上ではおおきな正の値となっている. この後者の変化をみちびきだす原因は, 直接効果のパラメーターである a がつよい正の温

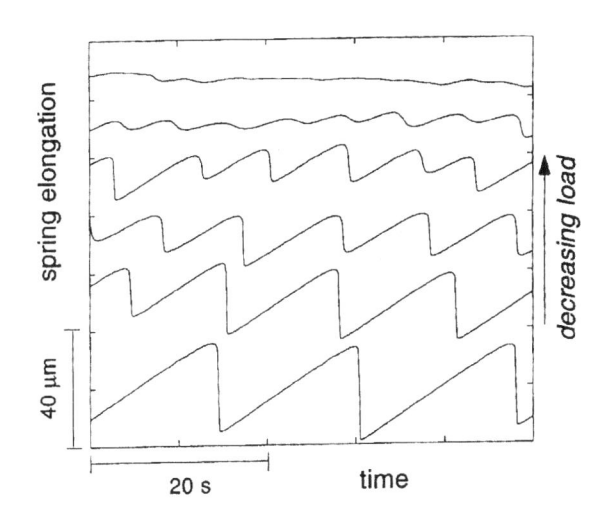

図 2.20 一定の載荷点速度で駆動されているばね－スライダー・システムの応答．直荷重が減少させてゆくにしたがい，スティック－スリップから安定すべりへ遷移する．遷移は振動のおこるせまい条件領域を横ぎる．(Baumberger *et al.*, 1999 から引用した).

度依存性をもつことにある．Chester (1995) と Blanpied *et al.*, (1998) はこれらのデータを，350℃以上で摩擦のメカニズムは溶解－析出クリープに変化するからだと解釈した．この解釈は，おなじ温度でベース・レベルの摩擦がおおきく低下するという観察結果と合致している（図 2.11）．

地殻の断層に関連していえば，限界温度でおこる不安定領域から安定の領域への顕著な遷移を，**ふかい側の安定性の遷移**〔lower stability transition〕とよぶ．昔は，サイスモジェニック・ゾーンの底は地殻岩石のぜい性－塑性遷移によってコントロールされるとかんがえられていた（Macelwane, 1936）．最近でもこのような考えがふたたびとりあげられたりもしたが（たとえば，Sibson, 1982），節 1. 4. 4 でいったように，地震は摩擦不安定であるから，その深さの限界はバルクな岩石のレオロジーというよりはむしろ，摩擦の安定性の遷移にコントロールされるはずである．しかしながら，意外なことではないが，ふかい側の安定性の遷移は，接合部のせん断クリープがより延性的なメカニズムにかわる条件でおこるという点において，両者は関連している

Shimamoto (1986) がおこなった岩塩をつかった実験であきらかにされた摩擦のすべり速度依存性が図 2.22 にしめされている．もっともひくい直応力下では，すべり速度弱化，すなわちスティック－スリップが観察される領域がある．直応力がよりたかいケースでは，岩塩の挙動は準ぜい性領域にはいり（図 2.13 をみよ），どのすべり速度でも速度強化が観察されすべりは安定である．いちばんたかい応力下の実験では，ぜい性－塑性遷移が完了し，すべり速度依存性はすべて一様に正になり岩塩の流動則に支配される．

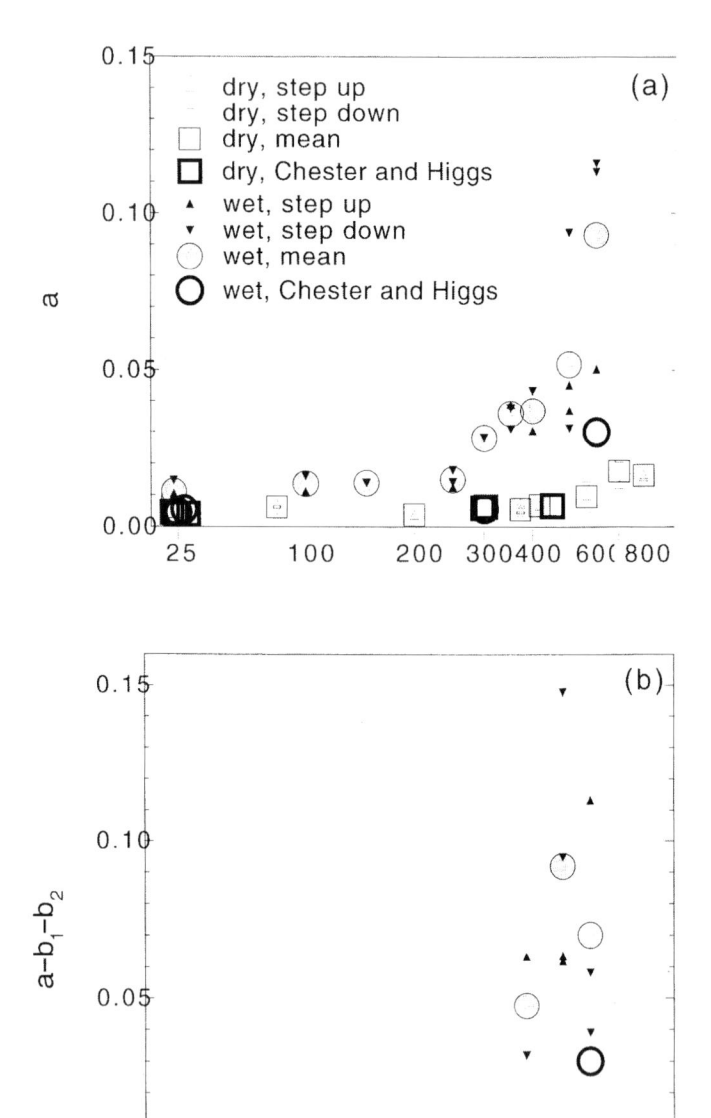

図 2.21 RS 摩擦則のパラメーターの値．花崗岩と石英に対するパラメーターの値を温度の関数としてしめしたもの．(Chester and Higgs のデータは石英，他のデータは花崗岩)．この解析では，データは状態変数をふたつもつ RS 摩擦則にデータをあてはめたので，b は $b_1 + b_2$ におきかわっている（Blanpied *et al.*, 1998 から引用した）．

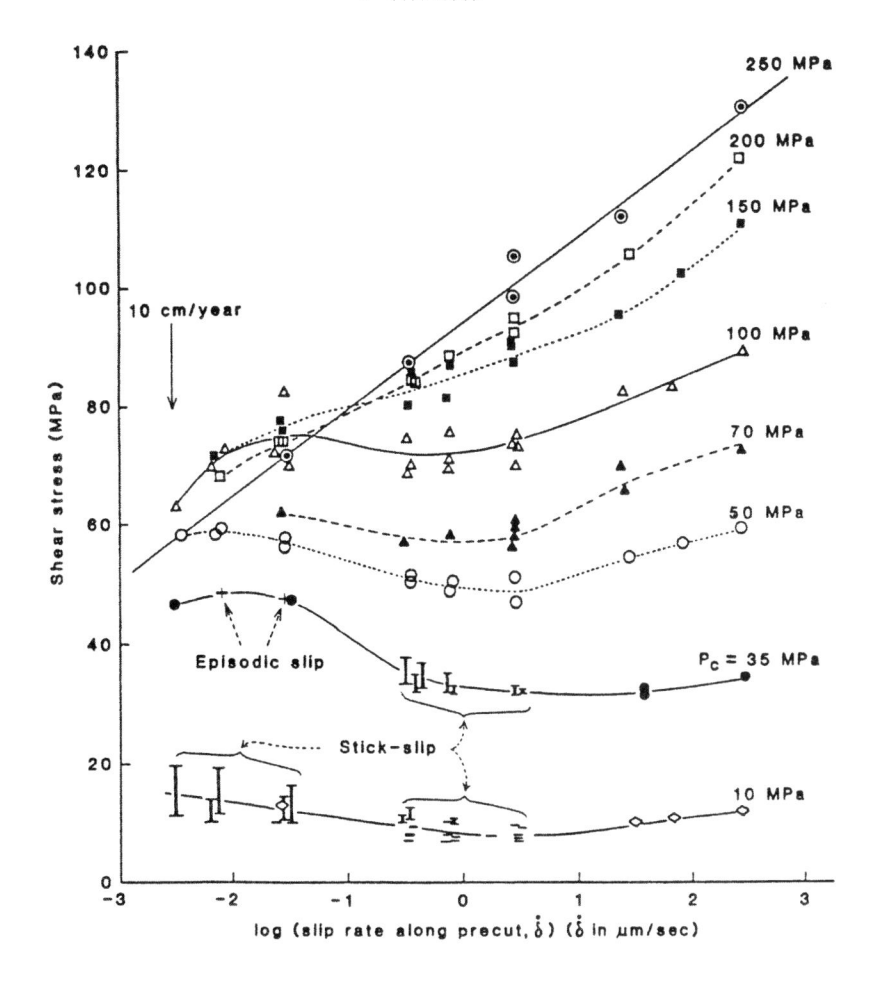

図 2.22 さまざまな封圧の下で測定した岩塩ガウジの摩擦すべりの速度依存性.（Shimamoto, 1986 から引用した）.

　図 1.23 とのアナロジーにより，摩擦すべりのぜい性−塑性遷移を模式的にあらわすことができる（図 2.23）．Shimamoto の実験は図中の経路 A − B にそっておこなわれ，岩塩の延性の始まりが安定性の境界に一致する．摩擦からバルクな流動への遷移がおこるのは，岩塩のぜい性−塑性への遷移が完了するところである．いっぽう，花崗岩についてしらべた Blanpied *et al.* (1998) の実験は経路 C − D にそう．彼らは安定性の遷移を 350℃ で観察した．節 1.4 の議論の結果から，この温度は石英が塑性的にふるまいはじめる温度に一致していることがわかる．また，ふかい側の安定性の遷移の境界で，研磨摩耗から接着摩耗へかわることも期待してもよいだろう（節 2.2.3）．その結果，断層でつくりだされる岩石のタイプが変化することが期待できる．したがって，ふかい側の安定性の遷移は，断層の力学にとってきわめて重要である．このコンテクストにもとづいて，ふかい側の安定性の遷移の役割を，ぜい性−塑性遷移の役割とともに節 3.4 で議論する．

　図 2.19 - 2.20 のような分岐型の安定性の遷移は式 2.32 の条件でおこる．これは地

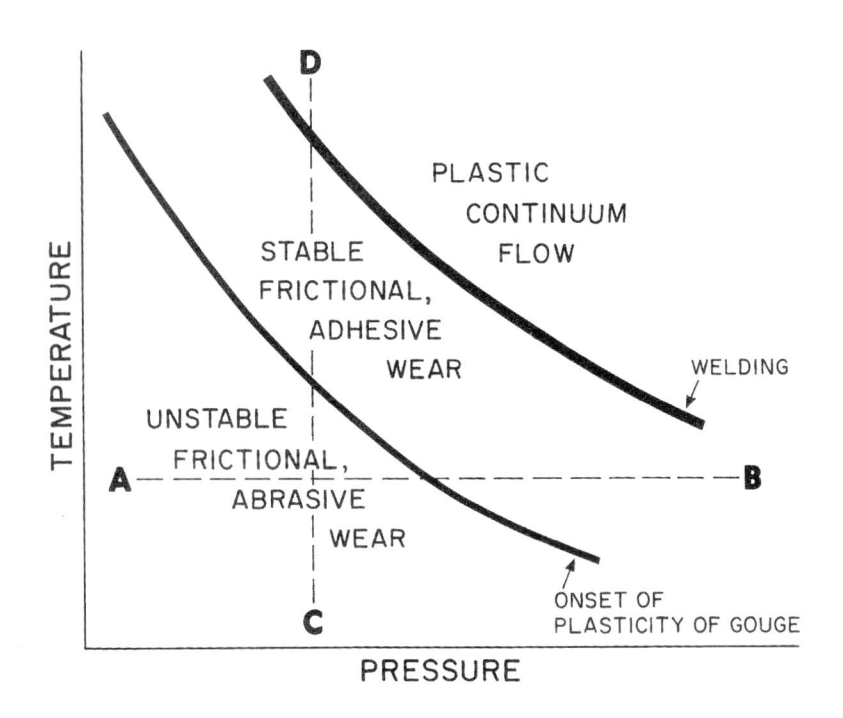

図 2.23 摩擦すべりにおけるぜい性−塑性遷移のさまざまな段階を温度−圧力軸に対してしめした模式図.

殻のあさいところで生じるとおもわれるので，**あさい側の安定性の遷移**〔upper stability transition〕とよんでもよいだろう．この深さより浅部では地震はおこらないと期待される．

この議論では，ひとつの岩種のなかで遷移がおこることだけをかんがえてきた．実際の断層では，岩種がかわることによって安定性が遷移するということもあるかもしれない．この種の変化で，よくあるかもしれないものとして，浅部で固結したガウジから未固結のガウジにかわることがあげられる．そのために（$a-b$）の符号が負から正へかわり，上で議論したメカニズムとはちがった原因で浅部の安定性の遷移がおこることになるのかもしれない (Marone and Scholz, 1988; 節 3.4.1 参照)．粉体における（$a-b$）の符号の変化は，せん断されるとダイレイタンシーが生じることによっておこる．このプロセスは正のすべり速度依存性をもつのだが，これが粒子どうしの接触にはたらく本質的な負の速度依存性をうわまわるというわけだ (Marone *et al.*, 1990). この効果は，せん断がせまいシアー・バンド〔shear band〕に局所化するときには，かなりちいさくなるかもしれない (Marone, 1998).

2.3.4 スティック−スリップの動力学

図 2.16a にしめした，ばね−スライダー〔ブロック〕・システムの運動の評価をおこな

うことによって，実験室で観察されるスティック－スリップ運動の記述が可能になり，地震運動の1次元的なアナロジーがえられる．ばね定数 K のばねを通じて力 F で載荷される質量 m のスライダーをかんがえ，ばねの片端は載荷点となり速度 v でひっぱられてゆくとしよう．この運動を支配する微分方程式は，つぎのようにあらわされる．

$$m\ddot{u} + a\dot{u} + F(u, \dot{u}, t, t_0) + K(u - vt) = 0 \quad (2.35)$$

ここで，第1項は加速度項，第2項は地震波の放出などによるダンピング項，第3項はすべりのあいだの摩擦力，第4項はばねからうける力である．

式 2.35 のもっとも単純な解（たとえば，Jaeger and Cook, 1976; Nur, 1978）は，ダンピングがなく，すべりがはじまった瞬間に，当初の静摩擦値 μ_s が動摩擦値 μ_d へ低下すると仮定されたケースである．ばねは，すべりの開始時（$t = 0$）には，静摩擦力にうちかつのにちょうど十分な量 ζ_0 だけのびている．すなわち，$K\zeta_0 = \mu_s N$ である．したがって，この運動は静摩擦と動摩擦の差 $F = \Delta\mu N$ で駆動されている（ただし $\Delta\mu = \mu_s - \mu_d$）．さらに，スライダーの平均速度に比較して載荷点速度は無視できると仮定すると，式 2.35 はつぎのような簡単な形となる．

$$m\ddot{u} + Ku = \Delta\mu N \quad (2.36)$$

初期条件は，$u(0) = \dot{u} = 0$ である．このときつぎのような解がえられる．

$$\left. \begin{array}{l} u(t) = \Delta\mu \dfrac{N}{K}(1 - \cos\kappa t) \\ \dot{u}(t) = v = \Delta\mu \dfrac{N}{\sqrt{Km}} \sin\kappa t \\ \ddot{u}(t) = a = \Delta\mu \dfrac{N}{m} \cos\kappa t \end{array} \right\} \quad (2.37)$$

ここで，$\kappa = \sqrt{Km}$ である．すべりの継続時間は，つぎの式であたえられる．

$$t_r = \pi\sqrt{\dfrac{m}{K}} \quad (2.38)$$

すべりおえて，静摩擦に復帰すると，あらためて載荷サイクルがはじまる．けっきょく，すべりの継続時間，すなわち**ライズ・タイム**〔rise time〕はスティフネスと質量だけに依存し，$\Delta\mu$ や N に対して独立である．対照的に，トータルなすべり $\Delta u = 2\Delta\mu(N/K)$，粒子速度，粒子加速度は，摩擦の低下に正比例する．すべりにともなう力の降下は $\Delta F = 2\Delta\mu N$ であるから，ストレス・ドロップは $\Delta\sigma = 2(\mu_s - \mu_d)\sigma_n$ となる．

式 2.37 は，実験室で観察されるスティック－スリップの運動のすぐれた第1次近似をあたえる（たとえば，Johnson, Wu, and Scholz, 1973; Johnson and Scholz, 1976）．ここで式

2.37 の速度 v は，**粒子速度**〔particle velocity〕であり，**ラプチャー速度** v_r とはべつものである（ラプチャー速度とはすべっている領域とすべっていない領域の境界がすすんでゆく伝播速度のことである．動的なすべりにおいては，v_r は媒質の地震波速度，それも横波速度にちかい値をとることがおおい（Johnson and Scholz, 1976））．

この単純なモデルでは，摩擦が静的な値から動的な値へ瞬時に低下することが仮定された．しかしながら，すでにのべたように，摩擦の低下は限界すべり距離をすべるあいだに連続的に進行する．したがって，不安定すべりにさきだつニュークリエーションのあいだに，かならず安定すべりが生じなければならない（Dieterich, 1979b）．このような先行的な安定すべりを，図 2.8c にしめした 2 軸載荷の構成をつかって Ohnaka et al.（1986）が実験的に観察した例が，図 2.24 と図 2.25 にしめされている．すべり面にそって配置された測点で測定したせん断応力の時間変化は図 2.24 に，すべりの事象がどのように発展するかは図 2.25 にしめされている．準静的なすべりの速度が増加してくると，A 点での応力は減少しはじめニュークリエーションがはじまる．準静的なすべりは，断層面にそって地震波速度よりずっとおそい速度で伝播する．動的なすべりは，B 点ではじまり，横波の速度よりわずかにおそいラプチャー速度で逆むきに伝播した．すべりの停止（ヒーリング）も同様に，横波にちかい速度で伝播した．この実験で観察されたニュークリエーションの長さ L_c は式 2.34 とよく一致した．彼らはまた，直応力を 3 倍にふやして実験したときの結果も報告している．そのときにはニュークリエーションは観察されなかった．この結果も式 2.34 から期待される．このケースでは，L_c が彼らの測点間隔と同程度であるから，ニュークリエーションが十分に解像できなかったのだろう．

摩擦実験において典型的に観察されるストレス・ドロップの大きさは，トータルなせん断応力の 10% のオーダーである．このようなちいさめのストレス・ドロップの値は，式 2.26 のようなもっと完全な構成則と a と b の実測値をつかった式 2.36 の解と斉合する．もっとも，解の細部は，ひじょうにはやいすべり速度で摩擦がどうなるかという仮定におおきく依存する．たとえば，Okubo and Dieterich（1986）は，式 2.26 をつかった動的すべりの予測と，Dieterich（1981）のバージョンの構成則をつかって予測された動的すべりを比較した．後者では，はやいすべり速度ではすべり速度の効果が中立になるという仮定がなされている．実験と比較して，前者はストレス・ドロップをおおきく予測しすぎ，後者のほうがずっとよい一致がえられることをみつけた．しかしながらたぶん，実際の挙動はいっそう複雑であろう．Shimamoto の結果（図 2.22）は，はやいすべり速度の領域が，いちじるしいすべり速度強化によって特徴づけられることをしめしている．これは，Okubo and Dieterich のケースより，ストレス・ドロップをさらにちいさくする効果をもつだろう．

このように，もっとも単純な形をした摩擦則でさえバラエティにとむ挙動を予測する．広範なすべり速度をカバーするためには，状態変数をふやしたり定式化をかえたりする必要があるので，摩擦則はこまかな点でもっと複雑になるようである．しかしながら，理想

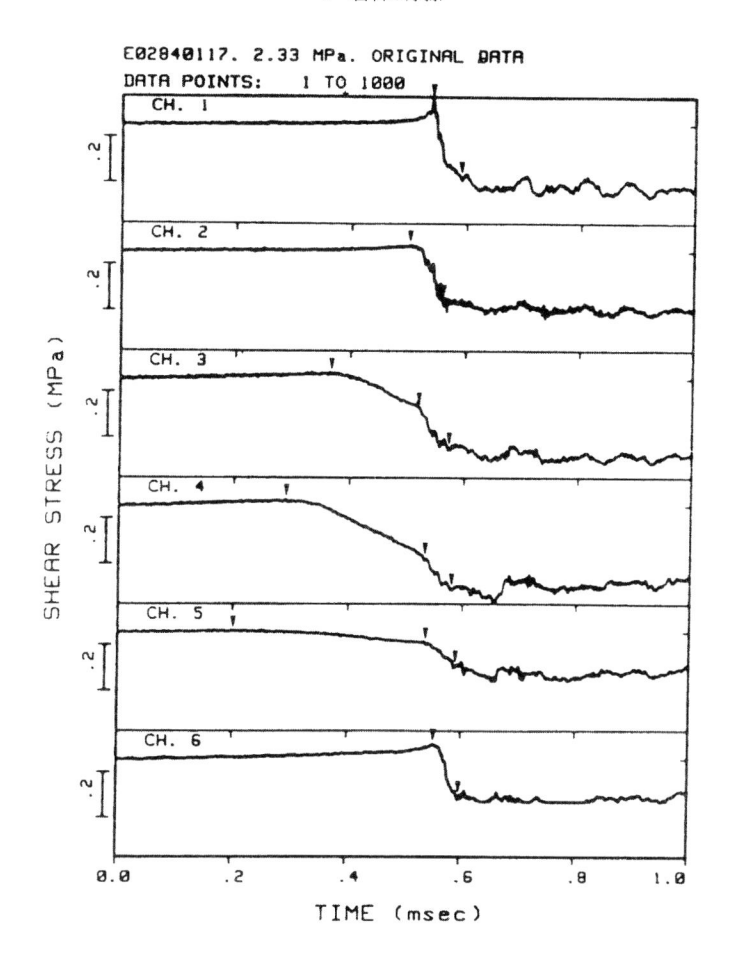

図 2.24 2軸載荷された花崗岩のスティック－スリップ不安定におけるニュークリエーション．すべり面の長手方向にそって配置されたひずみゲージで観察したひずみの記録．(Ohnaka *et al.*, 1986 から引用した)．

化された実験室の条件のもとでえられた結果の細部が，どの程度まで自然の断層に適用できるか，逆に，観察された自然の現象からどの程度までこのような定式化を検証できるかは，未解決のままである．

2.4 地質学的な条件下での摩擦

節 2.1.2 の議論は，なぜ Byerlee の法則（式 2.14）のような摩擦のすべり基準が，実質的に岩石の種類や温度に依存しないかをあきらかにした．これらの結果を実際の地質学的な条件に外挿することに，とりわけ問題はないようにおもわれる．この摩擦法則を地質学的スケールに適用することは，Amonton の第 1 法則がなりたつことを再確認することに他ならない．われわれにとって重要なサイスミックにすべる断層のケースでは，摩擦に対す

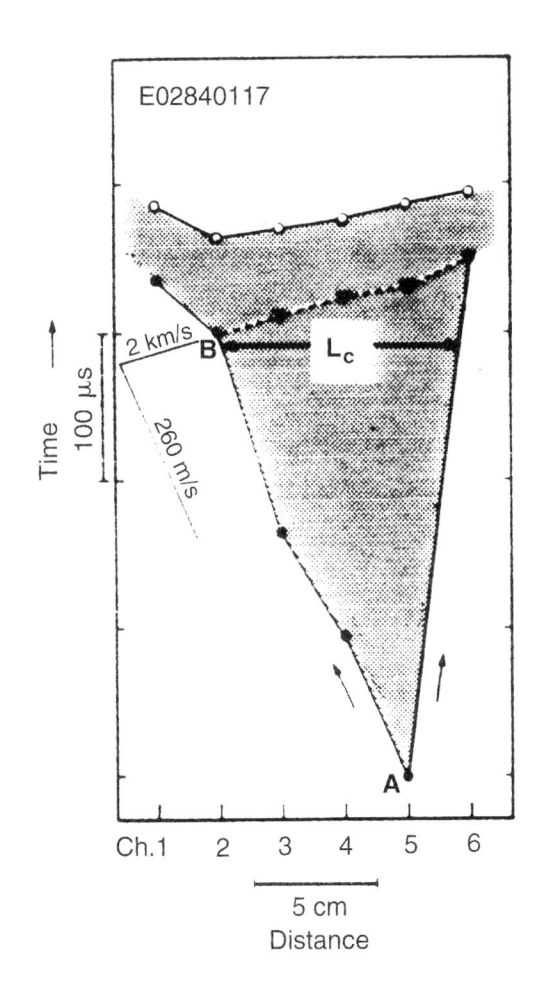

図 2.25 2軸載荷された花崗岩のスティック－スリップ不安定におけるニュークリエーション．図 2.24 とおなじ実験でえられたひずみの記録から構成したすべりの時間的進展の様子．まずチャンネル 5 で安定すべりがはじまったことがわかる（A 点）．図 2.24 の最初の矢印でしめされた時点から〔せん断〕応力が減少に転じていることから，安定すべりは約 260 m/s の速さでチャンネル 2 までひろがり（B 点），すべり域の長さは L_c に達した．すると動的なすべりがおこり，約 2 km/s の速さで面全体にひろがった．スティック－スリップの終わりには，ヒーリング（すべりの停止）が面上を音速にちかい速度で逆向きに伝播した．直応力は 2.33 MPa．（Ohnaka *et al.*, 1986 から引用した）．

るすべり速度の効果が負でなければならないことがわかっている．したがって地質学的な載荷速度での摩擦は，実験室で測定された摩擦よりいくぶんたかくなるはずだ．しかしながら，実験室で測定されたすべり速度の効果の係数はちいさく，1桁のすべり速度の変化に対し，摩擦はわずかに数パーセントしか変化しない（図 2.17）．したがって，地質学的なすべり速度と実験室でのすべり速度の違いによる摩擦の差はそれほどおおきくない．

摩擦のスケーリングに関するこのコメントの妥当性に対する確証は，Colorado 州の Rangely でおこなわれた誘発地震活動を対象とする巨大なスケールのフィールド実験によ

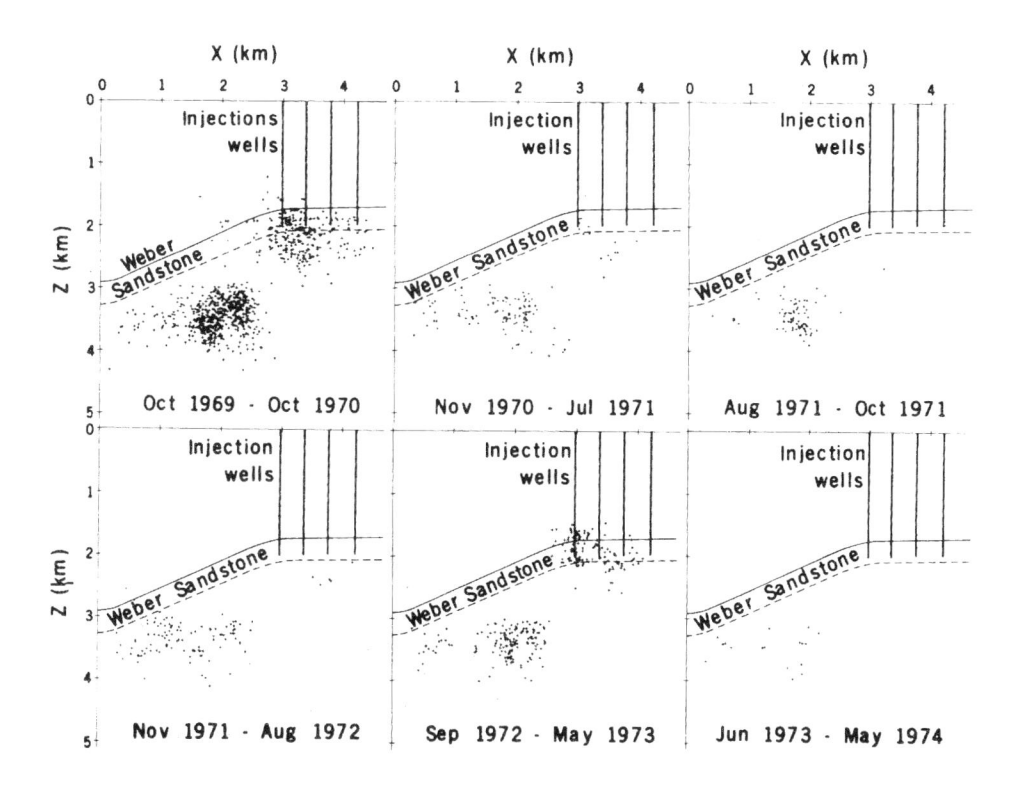

図 2.26 Rangely 油田でおこなわれた地震をコントロールする実験で観測された地震活動．抗井の場所とさまざまな段階における地震の発生状況を震源断面図で表示した．第1のフレームの期間に水が注入され，第1と第3のフレームのあいだの期間では水がくみあげられた．第4と第5ではふたたび水が注入され，第6ではふたたびくみあげられた．水の圧力と地震活動の記録は図 2.29 にしめされている．(Raleigh *et al.*, 1976 から引用した).

ってえられている（Raleigh, Healy, and Bredehoeft, 1972, 1976）．Rangely 近くの油田の断層面上では，はげしい微小地震活動が観察され，その地震活動の原因は，石油の2次回収作業の期間の過剰流体圧であるとの仮説が提唱された．この仮説をテストするため，一連の坑井をもちいて水の注入と汲み上げをくりかえし，震源深さでの流体圧をコントロールする実験が考案された．また震源の深さでの現位置地殻応力が測定され，この貯留層から採取した岩石をもちいて，実験室で摩擦が測定された．さらに，微小地震の震源メカニズムから断層の方位に関する情報がえられ，有効応力の法則を適用して，摩擦すべりが発生する限界圧力が計算された．このフィールド実験で観察された地震活動の断面図が，時間フレームをかえて図 2.26 にしめされている．また図 2.27 には，地震活動と圧力の記録がしめされている．圧力をある限界値以下にさげると，微小地震の活動は即座にとまり，限界値をこえるように圧力をあげると，たちまち地震活動が再開した．この実験によって，摩擦すべりに対する有効応力の法則が自然環境のもとでも成立すること，誘発地震活動にはたす摩擦すべりの役割（節 6.5 も参照）があきらかにされたばかりでなく，実験室で測

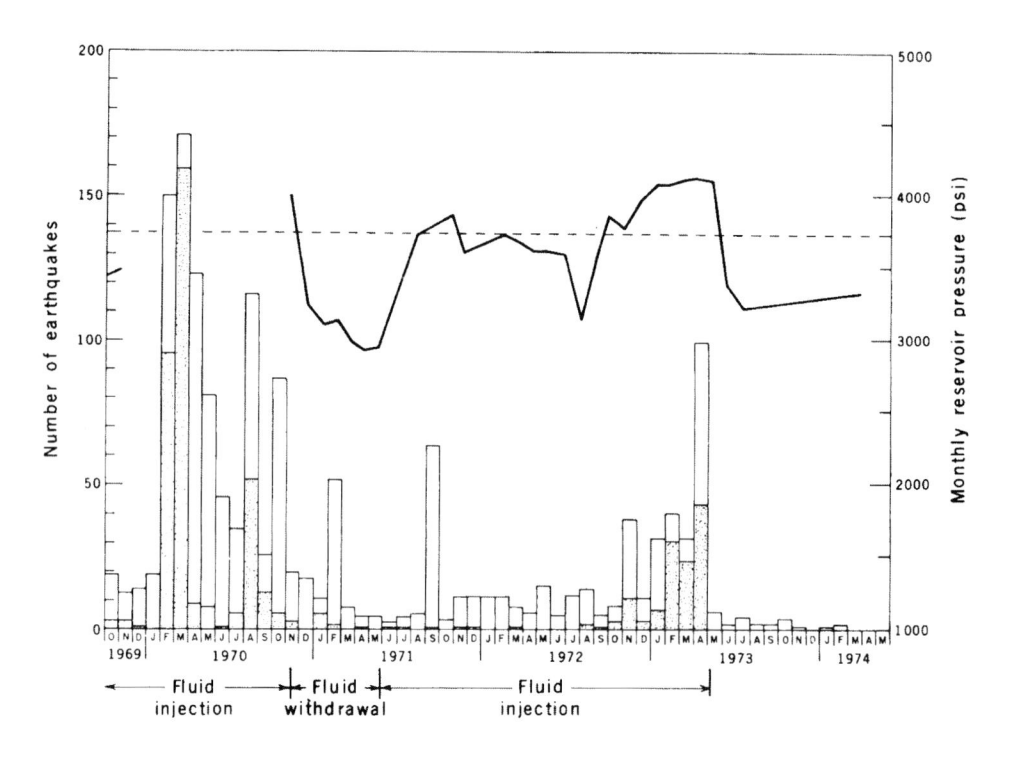

図2.27 Rangelyでの実験における圧力と地震活動の記録．点線は，地殻応力状態の測定値とWeber砂岩の摩擦強度から推定した地震がトリガーされる限界応力値をあらわす．(Raleigh *et al.*, 1976から引用した)．

定した摩擦値を自然に対して適用できることもあきらかにされた．

　大陸地殻の強度がByerlee摩擦則によって支配されているというより広範な証拠は，節3.1.3と節3.4.4でしめされる．しかしながら，安定性をコントロールするRS摩擦則に関するパラメーターについては，摩擦の絶対強度のように確信をもって，実験室でえた値を外挿することができない．RS摩擦構成則（式2.26）には，限界すべり距離D_cというパラメーターがあり，これは力学的な接触に関するなんらかの特徴的長さでスケールされるのだろう．Rabinowicz（1951, 1956, 1958）は金属の摩擦でのD_cは，接触結合部の平均的な直径の長さに相当することをみつけた．これは直接観察と摩擦力の自己相関関数からの結果である．実験室での岩石の摩擦の測定からきめられたD_cの代表値は10 μmのオーダーで，表面のトポグラフィーの粗さとおなじくらいである．そしてOkubo and Dieterich (1984) は，表面粗さが増加するとD_cも増加することをみつけた．これはRabinowiczのモデルと斉合している．Tse and Rice (1986) とCao and Aki (1985) は，この構成則をつかって自然の断層がひきおこす現象シミュレートするモデルをつくるに際して，両者とも$D_c \approx 1$ cmを仮定しなければならないことをみつけた．この値は実験室でもとめられた値より3桁おおきい．

図2.3bにしめしたように，実験室の測定につかわれる研磨された平面は，そのトポグラフィーのスペクトルにコーナー周波数をもっている．これがその表面の特徴的な長さのスケールをきめ，限界すべり長さ D_c はここからきまるのかもしれない．しかしながら，自然の断層は，図2.3aにしめされたようなフラクタル的なトポグラフィーをもち，それを記述する特徴的な長さのスケールをもたない．それゆえ，実験室の測定から地質学的なスケールへ，どのようにしてパラメーター D_c をスケールするかということが問題となる．この問題をとくためにさまざまな試みがなされている（Scholz, 1988a; Marone and Kilgore, 1993）が，まだコンセンサスはえられていない．D_c のスケーリング問題は，地震のニュークリエーション・ゾーンのサイズがどれほどであるかをかんがえるための鍵となっており，地震予知の理論においても重要である（節7.3.1）．

　スケーリングに関するもうひとつの問題は，摩擦の微視的なメカニズムと関係するパラメーター a と b が，自然において実験室とおなじかどうかが明確でないことである．節4.3.2で論じられるように，自然の断層の強度が，実験室の摩擦実験で観察されるよりもっとつよいすべり速度依存性をしめす証拠がある．このことは，いままでかんがえてきたヒーリング・メカニズムにくわえて，たとえば化学的に促進されたヒーリング・メカニズムが，自然において作用する可能性をあらわしている．この問題を追求するにあたって指針となるのは，実験室でえられた経験がどれほど自然の断層のふるまいを説明するかをしらべるしかなく，両者の違いに細心の注意をはらわなければならないということになる．

3 断層形成の力学

　ぜい性によってコントロールされるテクトニクスは，長短ふたつの時間スケールにわけてかんがえることができるだろう．みじかい時間スケールの現象が地震であり，ながい時間スケールの現象が断層の発達である．地震の作用がつみかさなることによるので，断層には過去の地震の活動の歴史が刻印されている．われわれはこの章で，断層は摩擦をともなう準静的なクラックであるという観点から断層の力学を考察する．まず最初に，断層形成の初歩的理論の議論からはじめ，その後，断層の形成や成長を研究するもっと現代的なアプローチを論じる．また，断層がつくりだす岩石や構造についてものべる．ここでは，本書の他のどの章よりも地質学的な観察にたよるところがおおきい．最後に，全体のまとめとして，断層の強度とレオロジーについて議論した後，断層に対して不均一性がはたす役割を論じる．不均一性の問題は，この本の全体をつらぬくサブテーマである．

3.1　力学的な枠組み

3.1.1　断層形成に関する Anderson の理論

　1905 年に発表され，きわめて独創的でおおきな影響をあたえた論文と 1951 年に出版された著書で，E. M. Anderson は，断層の起源に関する現代的な力学的概念をつくりあげ，断層がテクトニクスにおいて重要な役割をはたすことを強調した．Anderson の理論のもっとも重要な功績は，断層がぜい性破壊の結果であることを認識し，この問題に Coulomb の破壊基準を適用したことである．ここから彼は，断層面が，最大主応力の方向から両側に鋭角をなし，中間主応力の方向をふくむ 2 枚の面の共役な組（節 1.1.4，式 1.32）をなすようにできる場合があるはずだとかんがえるにいたった．さらに Anderson は，自由地表面の近くでは主応力のひとつは鉛直であるという条件を適用すると，3 つの主応力間の大小関係に 3 種類のパターンがかんがえられ，このパターンに応じて，断層の 3 つの主要なタイプ，すなわち，逆断層〔reverse fault〕，正断層〔normal fault〕，横ずれ断層〔strike-slip fault；または走向すべり断層〕が出現することをしめした．

　Anderson の考えは，図 3.1a にしめすような Coulomb の破壊基準面の断面をしらべることによって容易に理解できる．便宜上，3 つの主応力が南北，東西，鉛直方向をむくと仮

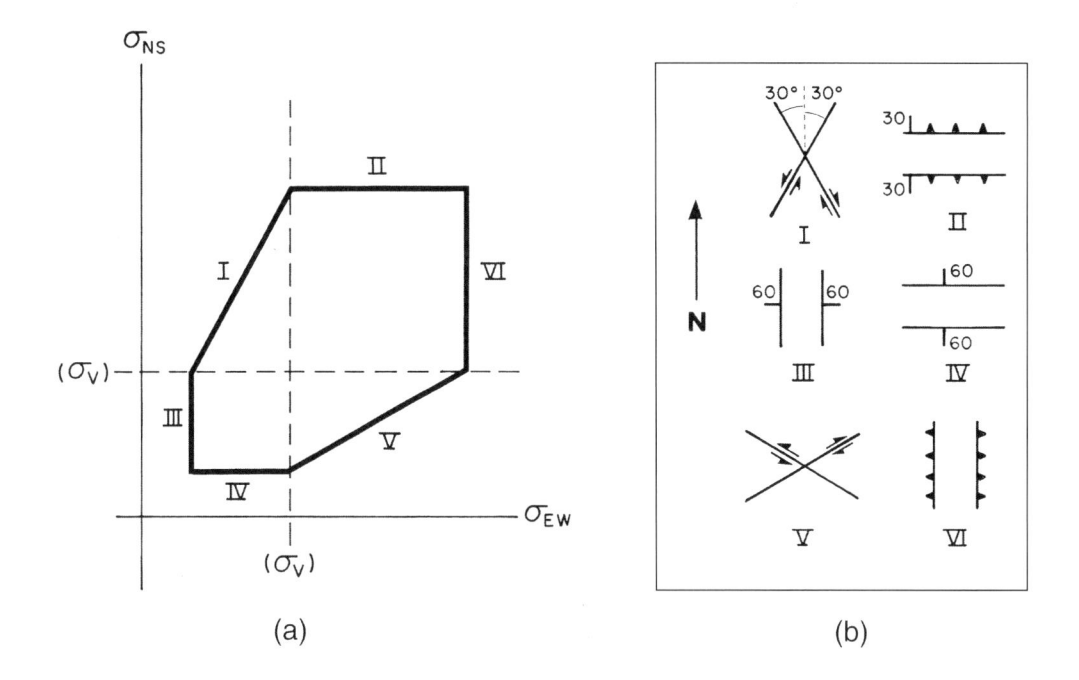

図 3.1 断層形成に関する Anderson の理論．(a) Coulomb の破壊基準面の切断図．ここでは σ_V を一定にとった．ローマ数字でしめされた各辺は，それぞれのタイプの断層形成における水平面内のふたつの主応力の関係をしめしている．(b) それぞれのタイプの断層の平面図（$\phi = 30°$）．

定し，それぞれ，$\sigma_{NS}, \sigma_{EW}, \sigma_V$ とよぶことにしよう．この断面は，σ_V がある任意の値のところでの断面をみたもので，いわばある固定した深さでできる断層をしらべていることになる．このときの（σ_V を固定した場合の）破壊基準は 6 角形で記述され，これは直線 $\sigma_{EW} = \sigma_{NS}$ に関して対称である．図の辺 I の部分は，$\sigma_{NS} > \sigma_V > \sigma_{EW}$ の場合に，式 1.36 の直線によって記述される破壊基準である．したがって，この辺上の応力条件では，図 3.1b の I にしめされた向きのふたつの共役面上に横ずれ断層ができる．（ここでは，内部摩擦角 ϕ を 30° と仮定している）．$\sigma_{EW} = \sigma_V$ である辺 I と辺 II の角をこえると，σ_{EW} は中間主応力になる．したがって，図 3.1a の辺 II は，衝上断層〔thrust faulting；または逆断層〕ができる条件となり，その傾斜は 30° で走向は東西である．辺 III では $\sigma_V > \sigma_{NS} > \sigma_{EW}$ であるから，正断層ができ，その走向は南北で傾斜角は 60° である．同様に，図 3.1a の他の 3 辺上の条件でできる断層も，図 3.1b にしめされている．

Anderson（1951）は，彼の仮説を支持する証拠として，Coulomb の破壊基準から期待される角度の関係にしたがう多数の共役断層の例をイギリスの断層からみつけだした．しかしこの理論でいえるのは，断層ができるときの応力状態に対する断層の向きだけであって，彼がとりあげたようなふるい断層の場合には，ふつうは，共役にみえる角度関係にある断層であってもそれが同時にできたという証明はできない．もっとまぎれのない伊豆半

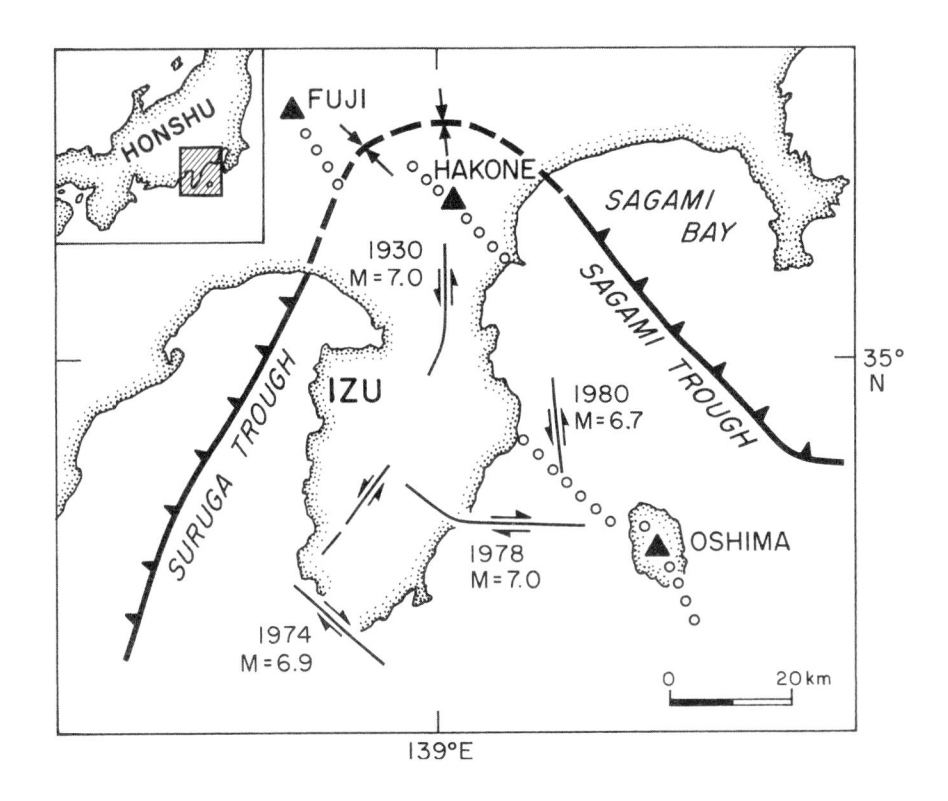

図 3.2 伊豆半島において現在活動しているテクトニクスの要素．日付がはいった曲線は，歴史的な横ずれ大地震のラプチャー・ゾーンをしめす．白丸列は活火山の寄生噴火の連なりをしめす．駿河トラフと相模トラフは沈み込み型のプレート境界で，南側がフィリピン海プレート，北側がユーラシア・プレートである．(Somerville, 1978 にもとづく)．

島の例を図 3.2 にしめす．ここは日本弧に対して北北西の方向に現在でも衝突しつづけている伊豆－小笠原弧〔Izu - Bonin arc〕の最北部に位置する（Somerville, 1978；Nakamura, Shimazaki, and Yonekura, 1984）．伊豆半島の最北部では褶曲もみられるが，もっとも特徴的なテクトニクスの構造は共役系の横ずれ断層である．これらの完新世〔現世〕の断層は現在でも活動している．これらの断層で20世紀に発生したおもな地震の日付とすべりの方向も図中にしめした．この事例では，断層ができたときと活動した期間の同時性に疑問の余地はない．

　火山円錐丘や側〔寄生〕噴火孔が，そのまわりの共役断層を2等分するような角度で配列し，最大圧縮応力（σ_1）の方向と平行にならんでいることも興味ぶかい（Nakamura, 1969）．この事実は，岩脈〔dike〕の形成を水圧破壊〔hydraulic fracturing〕のメカニズムと関係づけた Anderson の理論にも一致する．この理論は，構造地質学に対する彼のもうひとつのおおきな貢献である（Anderson, 1936, 1951）．横ずれ断層の方向と側噴火列の方向のどちらもが，この地域だけでなく，こことテクトニックな環境が類似した場所でのσ_1の方向を推定するためにつかわれてきた（Nakamura, 1969; Nakamura, Jacob, and Davies,

1977; Lensen, 1981).

　伊豆半島の例は，この解析をおこなうときに考慮しなければならない限界も示唆している．図3.2を注意してみれば，断層や側噴火列の走向が場所によってかわっていることに気づくだろう．すなわち，この程度のちいさな領域のなかでさえ，応力場の向きは一定ではない．したがって，データが欠如している地域の応力の方向を外挿によってきめることは，かならずしも適切とはいえない．もうひとつの注意すべき点は，伊豆半島の北部で推定される σ_1 の方向が，隣接する駿河湾や相模湾の沈み込みゾーンの走向と直交していないことである．これらの沈み込みゾーンが斜めにすべっていることは，他のデータから確認されている．沈み込みゾーンのような構造は，今ここでかんがえている破壊ではない（節6.3.2をみよ）ので，均一な応力場中での破壊基準にしたがう必要はなく，したがって応力の向きをこういった構造から推定してもあいまいさがのこる（じつは，プレートの運動方向すら，沈み込みゾーンに対して斜めをむいていることがある）．

3.1.2　オーバースラスト断層に対する Hubbert - Rubey の理論

　Anderson の考えでは容易に説明できないタイプの断層のおもなものに，浅角のオーバースラスト〔overthrust；押しかぶせ断層〕がある．これはいちじるしく傾斜のゆるやかな断層であって，上盤の岩体は，横方向におおきくひろがったうすいシート状であるのがふつうであり，それが水平に移動した距離も相当な距離であることがおおい．オーバースラスト断層の向きは，Anderson 理論から予測される向きとはあわない．それどころかふつうにかんがえると，オーバースラスト断層の存在自体が力学的に不合理なものにおもわれる．図3.3に，このような不思議な状況が図解されている．底面の摩擦によるトラクションに抗してブロックをおす力をかんがえてみよう．単位幅をもち，長さが l，厚さが z，密度が ρ のブロックに対して水平方向に作用する力の釣り合いをかんがえ，単純な有効応力の法則を仮定すると，つぎの式がえられる．

$$F = \sigma_h z = (\sigma_v - p) l \mu \tag{3.1}$$

ここで，σ_h は水平応力，σ_v は垂直応力，μ は摩擦係数である．さらに，被り圧を $\sigma_v = \rho g z$，間隙圧を $p = \lambda \rho g z$（λ は適当な定数）とすると，つぎの式がえられる．

$$\sigma_h = (1 - \lambda) \rho g l \mu \tag{3.2}$$

この式から，σ_h が岩石の強度 C をこえることなくおすことのできるブロックの長さの最大値が推定できる．ここで，p が静水圧であるとし，$\rho = 2.5$ だとすると，$\lambda = 0.4$ となる．さらに，ごくふつうの条件とかんがえられる $C = 200$ MPa, $\mu = 0.85$ を仮定すると，式3.2から $l = 16$ km となる．もっとこまかく計算しても，本質的におなじ答がえられる（Jaeger

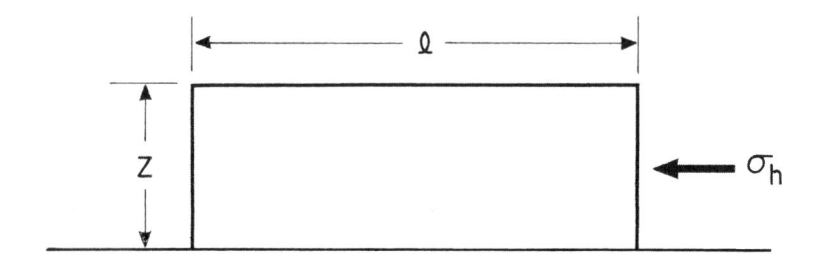

図 3.3 押しかぶせ断層〔overthrust〕における力の釣り合いをしめす模式図.

and Cook, 1969 ; Suppe, 1985).

　問題は，この予測に反して多数のオーバースラスト・シートの実際に観察される長さが 50 - 100 km の範囲にあることである．**デコルマン**〔decollements ; 仏語で分離を意味する．わずかに傾斜する基盤の上に，それとは無関係に変形した褶曲やスラスト・ベルトがのっかっている構造をさす〕のケースでは，石膏や岩塩のような低強度の延性的な物質の層の上を上盤がうごくので，式 3.1 の右辺は物質のせん断強度 τ_{max} と l の積でおきかえるべきである．このような物質では $\tau_{max} \ll C$ であるから，現実に $l \gg z$ となっていても理にかなっている．しかし，デコルマンは特殊なケースであって，これまでのべてきたオーバースラストの問題にとって一般的な解決にはならない．他にかんがえられるタイプの載荷として，重力によって断層が駆動される可能性があげられる．底面にはたらくトラクションが式 3.2 であたえられるものとおなじであれば，断層がうごくには，角度 $\theta = \tan^{-1}[(1-\lambda)\mu]$ だけ傾斜していなければならない（Jaeger and Cook, 1969; p. 417）．間隙圧が静水圧レベルだとすると，$\lambda = 0.4$ だから，30°達するにスロープが必要となる！

　オーバースラスト問題に対するひとつの解決案として，Hubbert and Rubey（1959）は，条件によっては間隙圧が水頭圧をおおきくうわまわり，被り圧にちかづくことさえありうるという仮説をとなえた．こうかんがえれば λ は 1 にちかづき，式 3.2 から，すべりに対する摩擦抵抗力が消滅することがしめされる（この結果，オーバースラスト・シートの長さに関する拘束もきえる）というわけである．この仮説はおおきな論争をひきおこした．Voight（1976）の著書に，この問題に関する重要な論文と関連する問題についての議論があつめられている．

　Hubbert and Rubey がこの問題に対して有効応力の法則を適用したのは，当時としては斬新であったが，そのときの論争の中心はこの点ではなくて，"過剰圧力"〔overpressure〕の発生と保持のメカニズムであった．これが説明できそうな候補として，ふたつの仮説が提案された．そのひとつは，Hubbert and Rubey の提案によるもので，頁岩のような透水係数のひくい岩石によって蓋をされた飽和堆積物が圧密されることによって過剰圧力が発

生するという考えであり，油田における豊富なデータによって支持されている．この可能性は堆積盆に限定されるが，堆積盆はオーバースラストがみられる典型的な地質構造であるので，おおくのケースはこのメカニズムによって説明できそうである．地震に関連するふかい地質構造で，圧密－過剰圧力のプロセスが影響をおよぼしそうなのは，前地褶曲，スラスト・ベルト，沈みこみゾーンの浅部である．節 6.3.1 で論じるように，沈みこみゾーンでは，テクトニクスによって運搬されたくさび形付加体〔accretionary wedge〕のなかや，沈み込みのプロセスで圧密される堆積物のなかで，この過圧力のメカニズムが増進させられる．

　提案されたふたつ目のメカニズムは，議論される機会はすくなかったが，変成作用にともなう脱水反応によって，たかい間隙圧が発生するというメカニズムである．これは，San Andreas 断層における局所的にたかい間隙圧が発生する道筋を説明するために提案されたが（Irwin and Barnes, 1975），後には，中部地殻あたりの深さでの広域変成作用という観点から論じられることがおおくなった（たとえば，Fyfe, Price, and Thompson, 1978；Etheridge et al., 1984）．ディタッチメント・ゾーンのなかでの水と岩石の相互作用の研究において，たとえば Reynolds and Lister（1987）は，延性ゾーンではたかい間隙圧が存在するが，ぜい性－塑性遷移ゾーンより上では，圧力がぬけてしまっているとの結論をみちびいた．しかしながら，前進変成作用がおきそうな深さは，スキツォスフェアの下部領域と部分的にかさなりあうので，このメカニズムは，断層強度をかんがえるには重要かもしれない（節 3.4.3 でとりあげる）．

　デタッチメント〔detachment〕という用語は，オーバースラスト断層にもつかわれるが，もっと一般的には結晶質基盤のなかでほぼ水平にひろがる延性断層をさす．このケースには Anderson の理論はあてはまらない．なぜなら，延性的せん断は，Coulomb の破壊基準がさす方向ではなく，せん断応力が最大になる面でおこるだろうし，そのような深さまで，地表面の近くに対する境界条件を適用する必要はないからである．また，完全に塑性的な流動では，強度は圧力には依存しなくなるから，Hubbert - Rubey の理論もあてはまらない．

　Hafner（1951）と Sanford（1959）は，自由地表面からふかくなるにしたがって，断層の向きが Anderson の理論からはずれてゆくようなモデルをつくった．彼らは，地下のある深さの水平面をモデルの底面とし，そこでのせん断応力やせん断変位を境界条件としてあたえた．このモデルでは，底部での最大主応力の傾斜が 45°以下の低角になることが要請されるので，その応力場に Coulomb の破壊基準を適用すると，リストリックな断層〔listric；地表近くでは傾斜が高角であるが，ふかくなるにつれ低角になり上に凹にカーブする断層〕ができることが予測される．しかしながら，正断層型の地震をしらべてみると，断層はスキツォスフェアのなかではリストリックになっていないことがわかった（Braunmiller and Nabelek, 1996）．伸長場でも圧縮場でも，スキツォスフェアより十分に深いところまでゆけば，最大せん断応力面が水平になるかもしれない．これはデタッチメ

ントができやすい条件である．しかし，もしスキツォスフェアのなかでデタッチメントができるなら，そのときには Hubbert - Rubey の条件をみたさなくてはならない．

今日では，デタッチメントという用語は，"低角の"正断層をさすためにもさかんにつかわれている．地質構造の復元の結果にもとづいて，このような正断層が，傾斜がわずか数度の面上でうごくのだといわれている（たとえば Wernicke and Burchfiel, 1982）．しかし，これを Hubbert - Rubey のメカニズムでこれを説明することはできない．このケースでは鉛直応力（断層にほぼ垂直）が最大主応力 σ_1 になるが，p は σ_3（水平応力が σ_3 になる）をこえられないからである（Scholz, 1992）．この問題は，図 3.3 のブロックをひっぱろうとするようなものである．（しかし，ひとつの可能な解決案については節 6.3.3 を参照のこと）．正断層がとることのできる最小の傾斜角については，次節で議論する．

3.1.3　地殻の応力，既存の断層のすべり，摩擦

Anderson の理論は，断層の向きとそれができたときの応力の向きとの関係をあたえるにすぎない．断層の摩擦強度は断層をつくるのに必要な応力よりちいさく，いったん断層ができてしまえば，断層は弱面となっているので，応力場がもっとも破壊をおこしやすい向きでなくともふたたびすべることができる．このせいで，活断層や地震の断層面解の方向から応力場の方向を推定することには，不確定さをともなうことになる．

この問題を，図 3.4 にしめした Mohr のダイアグラムをもちいて説明しよう．この図には，断層の強度をあらわす摩擦強度の包絡線と，断層をとりまく岩盤の強度をあらわす Coulomb の強度包絡線の両方をかきいれてある．おおきい方の Mohr の応力円 A は，あたらしい断層ができるための条件をあらわす．しかし，既存の断層で適当な向きのものがあれば，あらたに断層をつくるよりひくい応力条件で，こちらがさきにすべってしまう．このような条件をみたす断層の向きの範囲はひろく，図のなかの β がその角度の範囲である．このような角度範囲があることは，断層の向きや地震の断層面解から推定する σ_1 の方向の不確かさに直結する．この問題は3次元のケースでも一般的に生じるので（Mckenzie, 1969），地震テクトニクス的解釈をおこなうにあたってゆゆしき問題となっている（節 6.2.1）．それでも，多数の断層面解や断層の向きの分布をつかえば，応力の向きについてもっと信頼できることがいえるかもしれない．（Angellier, 1984; Gephardt and Forsyth, 1984；節 6.2.1 を参照）

ここでの議論の鍵となるのは，既存の断層がふたたびすべるための条件をしることである．2次元のケースでは，σ_1 に対して角度 θ_R をなす断層をすべらせるための応力の条件はつぎのようにかける（Sibson, 1985）．

$$\frac{(\sigma_1 - p)}{(\sigma_3 - p)} = \frac{(1 + \mu \cot\theta_R)}{(1 - \mu \tan\theta_R)} \tag{3.3}$$

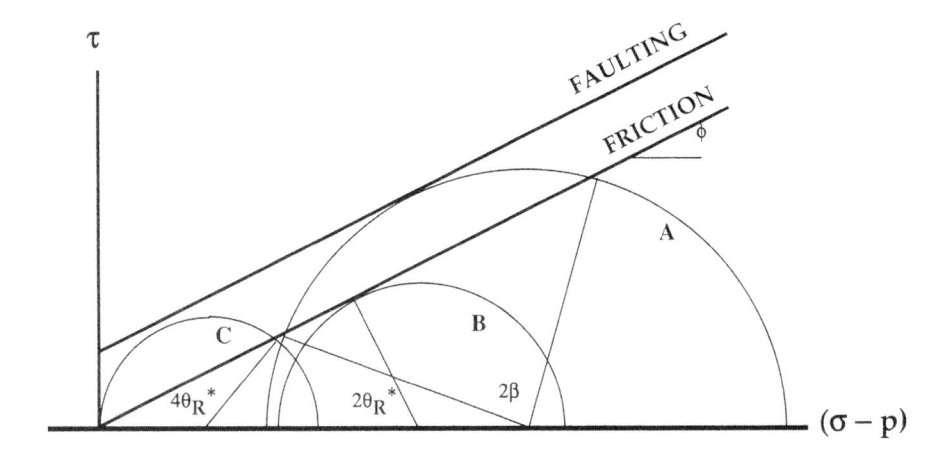

図 3.4 Mohrの応力円とふたつの破壊包絡線の関係．包絡線のひとつは，岩盤がはじめてこわれて断層ができる条件（Coulomb 破壊基準）を，もうひとつ包絡線は，既存の断層上ですべりがおこる条件（摩擦基準）をあらわす．Mohrの応力円Aは，断層をこわすのに必要な応力状態をあたえる．βでしめされた範囲をむく既存の断層は，もっともこわれやすい向きにある断層があらたにこわれるよりさきにすべるだろう．Mohrの応力円Bは，もっともうごきやすい向きの既存の断層がふたたびすべるための条件をしめす．Mohrの応力円Cは，ロック・アップ角 $2\theta_R^*$ をむいた断層がすべる条件をあらわす．この角度以上では，断層はふたたびすべることができない．

ここで，pは間隙圧，μは摩擦係数である．この応力比の最小値が，断層のすべりに対する最適角 θ_R^* をあたえる．この角度は式 1.35 であたえられる角度とおなじになる．この状態は図 3.4 の Mohr の応力円 B であたえられる．式 3.3 の応力比は θ_R^* で最小となり，このまわりではゆるやかに変化するが，$2\theta_R^*$ では無限大に発散する．この角度がロック・アップ角〔lock-up angle〕である．p が σ_3 にちかづけば，ロック・アップ角にちかい角度の断層まですべることが可能になるが，p が σ_3 をこえることはできないので（もし p が σ_3 をこえたら水圧破壊がおこり間隙流体は流出してしまう），ロック・アップ角をこえる断層がすべることはありえない．図 3.4 の Mohr の応力円 C がこの条件をあたえる．

図 3.5 は，余震分布，測地データ，断層運動をあらわす地表の形態から，断層面が一意にきめられた正断層型および逆断層型地震の傾斜角のヒストグラムである（Jackson, 1987, Sibson and Xie, 1998）．同時に，応力の向きが Anderson の考えにしたがうと仮定したときの摩擦係数 0.6 に対する最適角とロック・アップ角もしめしてある．データは，この摩擦値に対して予測されるロック・アップ角にただしくしたがっている．もっともよくみられる角度は，正断層でも逆断層のケースでも，最適角というより σ_1 からいくらかはなれた方向をむく．これは予期されることであって，有限のすべりはかならず傾斜すべり断層を σ_1 の向きからとおざかるほうへ回転させるので（Sibson and Xie, 1998），よく発達した傾斜すべり断層はもはや最適角をむいていない．低角のスラストがほとんどないのは，

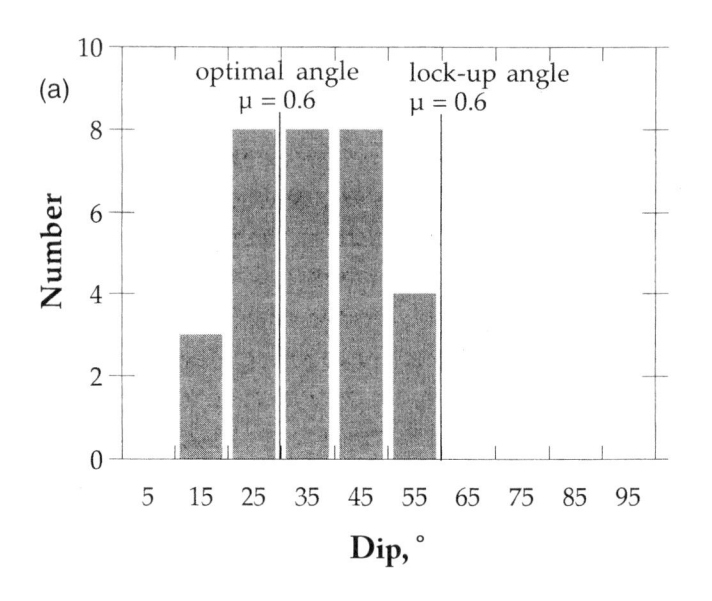

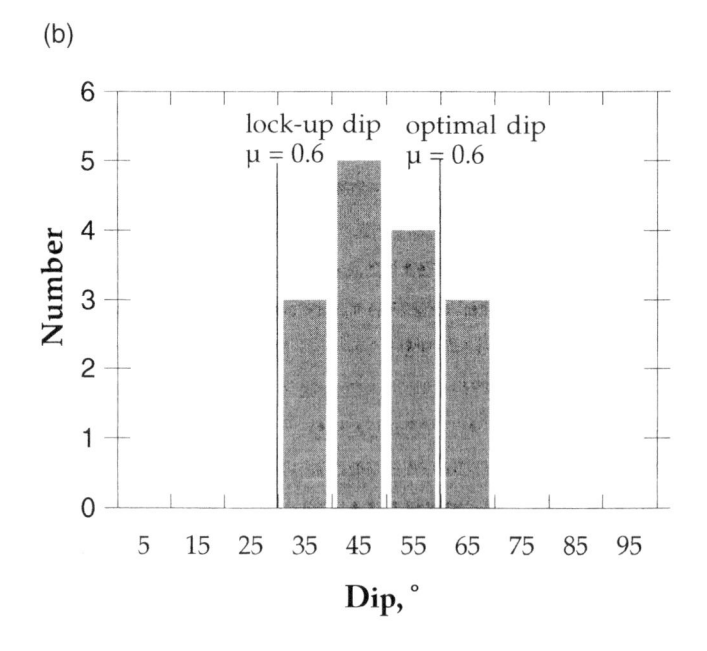

図 3.5 衝上断層地震と正断層地震の傾斜のヒストグラム．(a) 衝上断層地震（データの出典は Sibson and Xie, 1998）．(b) 正断層地震（データの出典は Jackson, 1987）．断層面が一意にきめられた地震だけをつかい，ここでは，それぞれのケースについて，摩擦が $\mu = 0.6$ のときの最適角とロック・アップ角をかきいれた．

Sibson and Xie（1998）が，沈み込みゾーンの地震とヒマラヤの前縁スラストの地震を除外したからである．

　これらの結果は，断層が実験室で観察されるのとおなじくらい値の摩擦係数をもつということに対する強力な証拠である．データ・セットのなかにロック・アップ角にちかい傾

斜をもつ地震があるという事実からすると，p が σ_3 にちかづくか，ひとしくなることがあるのだろう．実際に，ロック・アップ角をむいた高角逆断層で水圧破壊がおこったことが，ヴァイン〔vein；岩脈〕の入り方からわかった事例がある（Sibson, Roberts, and Poulsen, 1988）．正断層のデータには，ロック・アップ角以下の傾斜角をもつ地震がない．この事実は低角の正断層が活動しうるという仮説に対する否定的な証拠であり，Wernicke（1995）の議論とは対立する．Abers（1991）は，Woodlark Basin で通常のロック・アップ角より低角の傾斜角をもつかもしれないような正断層型地震のメカニズム解をみつけたが，その後，地震波によるイメージングによりその断層の傾斜角は 30°であることがしめされ，けっきょくのところ図 3.5 のデータと斉合するものであった（Floyd *et al.*, 2001）．

3.2　断層の形成と成長

3.2.1　断層の形成に関する問題

　Coulomb の破壊基準を断層形成に適用した Anderson の理論は，この問題について適切かつ有用な現象論的な理解をあたえたが，節 1.2.3 で論じたように，「せん断クラックは不安定になっても自身の面内にひろがることができない」というむずかしい問題が依然として未解決である．もし命題がただしいなら，断層はどのようにできはじめて，しかもしばしば，巨大な長さにまで成長するのであろうか？

　野外調査では，ジョイントが連結して断層がつくられる事例がたくさん報告されている（Segall and Pollard, 1983a, b ; Granier, 1985, Segall and Simpson, 1986, Martel and Pollard, 1989）．そこでなされた解釈は，（もともとはモードⅠの破壊として形成された）ジョイントに平行な向きだった σ_1 が，そのジョイントをせん断しようとするあたらしい方向へ回転したというものである．そして，あらたなせん断でジョイントは再活性化され，ジョイントとジョイントのあいだにモードⅠのクラックができて"馬のしっぽ形"の構造（図 3.6）をなすように配列し，ジョイントどうしが連結するというのである．これらのクラックと，図 1.18 に模式的にしめされたせん断クラックのモードⅡ側のエッジからひろがるクラックがよくにていることに注意しよう．

　しかし，このような事例は，断層形成プロセスに対する一般的な説明として満足できるものではない．かりに，断層がうまれるメカニズムがいつもこうだとするなら，まず引っ張り破壊をつくるのに適した方向をもつ応力場が先行し，その後，できあがったクラックをせん断ですべらせる方向へ応力場が回転するプロセスがいちいち必要だということになる（共役断層の場合ではこれが 2 度おこらなければならない）．そのうえ，上述の例では，かぎられた範囲のジョイントがつながっているだけだが，現在みられるようなながい断層系をつくりだすには，その長さに対応するほどひろい範囲にわたってジョイントが事前に

図 3.6　花崗岩のなかのモード II の破壊の終端部にみられる馬のしっぽ形ファン．主クラックのせん断のセンスは右横ずれである．写真の横幅が約 2 m に相当する．（写真撮影は Therese Granier による）．

分布してしなければならないことになる．

節1.2.3の議論から，断層のできはじめは，あるスケールでみればクラック・アレーの合体によることが期待される．Pollard, Segall, and Delaney（1982）と Etchecopar, Granier, and Larroque（1986）は，引っ張りクラックのエシェロン配列〔en echelon array；雁行配列〕が，断層のモードⅢのエッジからひろがっているという観察結果を報告した．これは図1.18にしめされたパターンと類似している．Knipe and White（1979）は，変成度のひくいテレーンのなかで，せん断ゾーンが形成されるごく初期の段階に，このようなクラック配列ができることをみつけた（この例は図3.25参照）．

Cox and Scholz (1988a, b) も，モードⅢのせん断クラックの先端から，引っ張りクラック配列が発生することを実験的にみつけている．その方向も図1.18のモードⅢのエッジにできたクラックと類似している．しかしながら，さらにせん断しつづけると，配列したクラックは，せん断に平行な一連のクラックによって連結されてせん断プロセス・ゾーンをつくり，最終的にはせまい破砕ゾーンとなったせん断クラックがひろがるという形態になる．彼らは，せん断ゾーンの成長を累進的なプロセスだとかんがえた．こうかんがえると応力解析が有効なのは，最初のクラック配列ができる段階だけということになる．いったんその配列ができてしまうと，応力解析ができないようなひじょうに不均一な応力場がつくりだされるのである（Pollard *et al.,* 1982；Cox and Scholz, 1988b）．

断層の先端のすぐさきにできるモードⅢの構造の実例を，南アイスランド地震ゾーンにみることができる（Einarsson and Eiriksson, 1982）．ここは，地下でおこった1回の横ずれ地震によって，年代のわかい溶岩床に破壊が生じたとおもわれる事例がみられる．図3.7と図3.8に，1912年の$M=7$の地震（場所については図4.24の地図をみよ）のときに地表に露出したラプチャーのスケッチと写真をしめす．この地震では，雁行配列をなす破壊ゾーンをはさんで2mの右横ずれが生じた．そしてこの破壊ゾーンを走向にそって9kmにわたってたどることができる（Bjarnason *et al.,* 1993）．かっていちども破壊されたことのない玄武岩中にできたこの雁行配列の構造には，ふたつの規則性がみられる．①個々の引っ張り破壊は，典型的には長さ1mほどでその走向は断層に対して40°の方向をむいている．②これらの引っ張り破壊は雁行に配列して長さ10-100mのさらにおおきな配列となり，断層トレースの全体的な方向に対して20°ほどかたむいている．つまり，ひとつひとつの引っ張りクラックは，地下の右横ずれ断層によるモードⅢの応力集中で生じたものとしてまっとうな向きをむいており，雁行する引っ張りクラックの配列は Reidel せん断の向きになっている．これらの構造については，Belardinelli, Bonefede, and Gudmundsson（2000）がくわしい解析をおこなった．

したがって断層は，多数の破壊がからみあって構成される体積的な構造をもち，単純な平面ではない．個々のせん断面は，粉砕岩〔cataclastic rock〕で構成されるコアをもち，その砕屑サイズは角礫からガウジにいたるまでさまざまである．そして断層コアのまわ

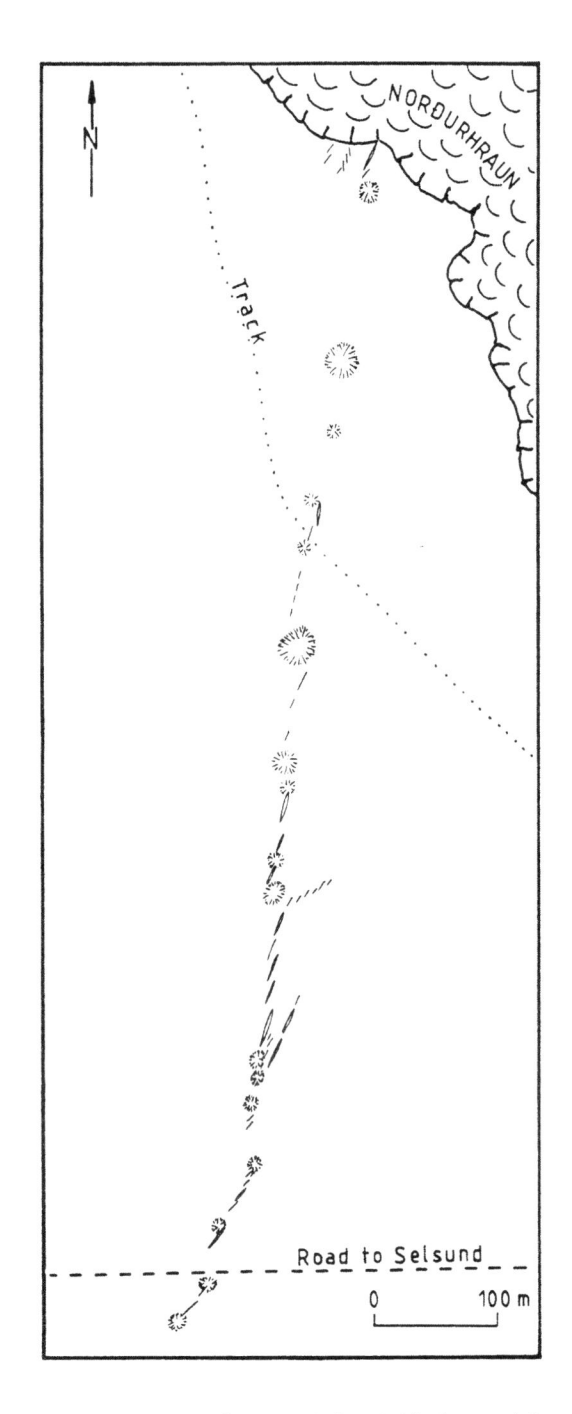

図 3.7　1912 年に南アイスランド地震ゾーンで発生した地震のラプチャー・ゾーン（部分）．断層の動きは南北走向面上の右横ずれであり，先在する断層がない年代のわかい玄武岩の溶岩床をきっている．（Einarsson and Eiriksson, 1982 から引用した）．

りは，たくさんのクラックがはいったダメージ・ゾーンがとりかこんでいる（Chester and Logan, 1986；Chester, Biegel, and Evans, 1993；Caine, Evans, and Forster, 1996）．われわれのつぎなる問いは，断層はどうやってひろがり，断層コアやダメージ（プロセス）・ゾ

図 3.8 プッシュ・アップと引っ張り割れ目のアレー．南アイスランド地震ゾーンでおこった 1 回の地震でできたもので，あたらしいパホイホイ溶岩（表面が餅のようになめらかで，うねった形の玄武岩質溶岩）をきって，横ずれ型のラプチャー・ゾーンを形成している．前景のプッシュ・アップの高さは 1.5 m．矢印はせん断のセンスをしめす．引っ張り割れ目は破線で強調されている．とおくにみえるプッシュ・アップを点線でかこんだ．このような構造を約 10 km にわたってたどることができる．（写真撮影は著者による）．

ーンはどうやってできるのか？　という問いである．

3.2.2 断層の成長と発達

　断層の走向にそった変位量のプロファイルを図 3.9 にしめす．ここでは，均一な岩盤のなかにある正断層で，他の断層から孤立しているものをえらんだが，断層の長さはさまざまのものがふくまれている．変位のパターンはクラック・モデル（図 1.8）から期待されるパターンに類似していて，最大変位は真ん中近くにあり，両端では変位がゼロになるまでテーパー状にへってゆく．これは，クラック先端での応力が有限値にとどまらなくてはならないという拘束をみたしている．断層の中心部にすべりが蓄積してゆくと，断層先端での応力集中は増加するので，断層は面内方向〔横方向〕に成長して応力集中を緩和しなければならない（そのように断層が成長したのをしめす地形的証拠については，Keller, Gurrola, and Tierney, 1999 を参照）．したがって断層は，一点からはじまったものが，すべりの進行とともに成長してゆき，徐々にその特徴的な様相をもつにいたるとかんがえてよ

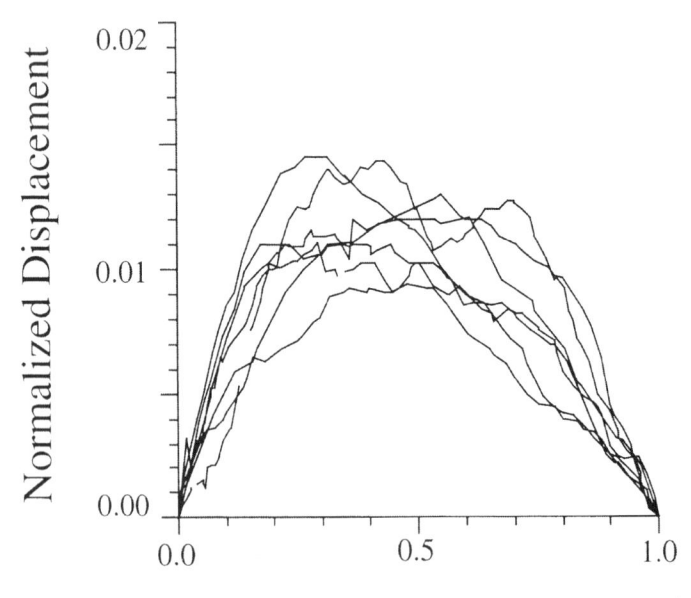

図 3.9 California 州東部の Volcanic Tableland にあるさまざまな長さの正断層にそった変位プロファイル．断層長で規格化した．（Dawers *et al.*, 1993 から引用した）．

い．

　それならば，断層の総変位量 D と断層長 L を関係づけるスケーリング則があることが期待でき，そこから断層の成長の力学に関しての情報がえられるだろう．Cailleux（1958）にはじまり，さまざまな研究者がこのようなスケーリング則を探究してきており（Elliott, 1976；Watterson, 1986；Walsh and Watterson, 1988；Marrett and Allmendinger, 1991），これらの初期の研究では，$D \propto L^n$（$2 \geq n \geq 1$）がなりたつことがあきらかにされている．しかしながら Cowie and Scholz（1992b, c）は，これらの初期のデータ・セットの大部分は文献からぬきだしたもので系統的な誤差をふくんでいると指摘した．さらに彼らは，物理的な理由から D と L の関係は線形になるべきだと指摘した（ただし比例定数は，ケースごとにちがっていてもよい）．その後，このスケーリングに焦点をしぼった研究がおこなわれ（Dawers, Anders, and Scholz, 1993；Villemin, Angelier and Sunwoo, 1995；Schlische *et al.*, 1996），D と L は実際に線形にスケールすることがわかった．図 3.9 は，長さが 690 m から 2200 m までの断層のデータがしめされているが，図示したように変位を断層長で規格化してしまうとどれもおなじ形にみえる．このことは線形なスケーリングがなりたつことを示唆している．図 3.10 にさまざまなデータをあつめた結果をしめす．このデータは，長さのスケールで 7 桁をこえる範囲にわたって，$D = \zeta L$ の関係がなりたつことをしめしており，比例定数 ζ の平均値は 3×10^{-2} である．

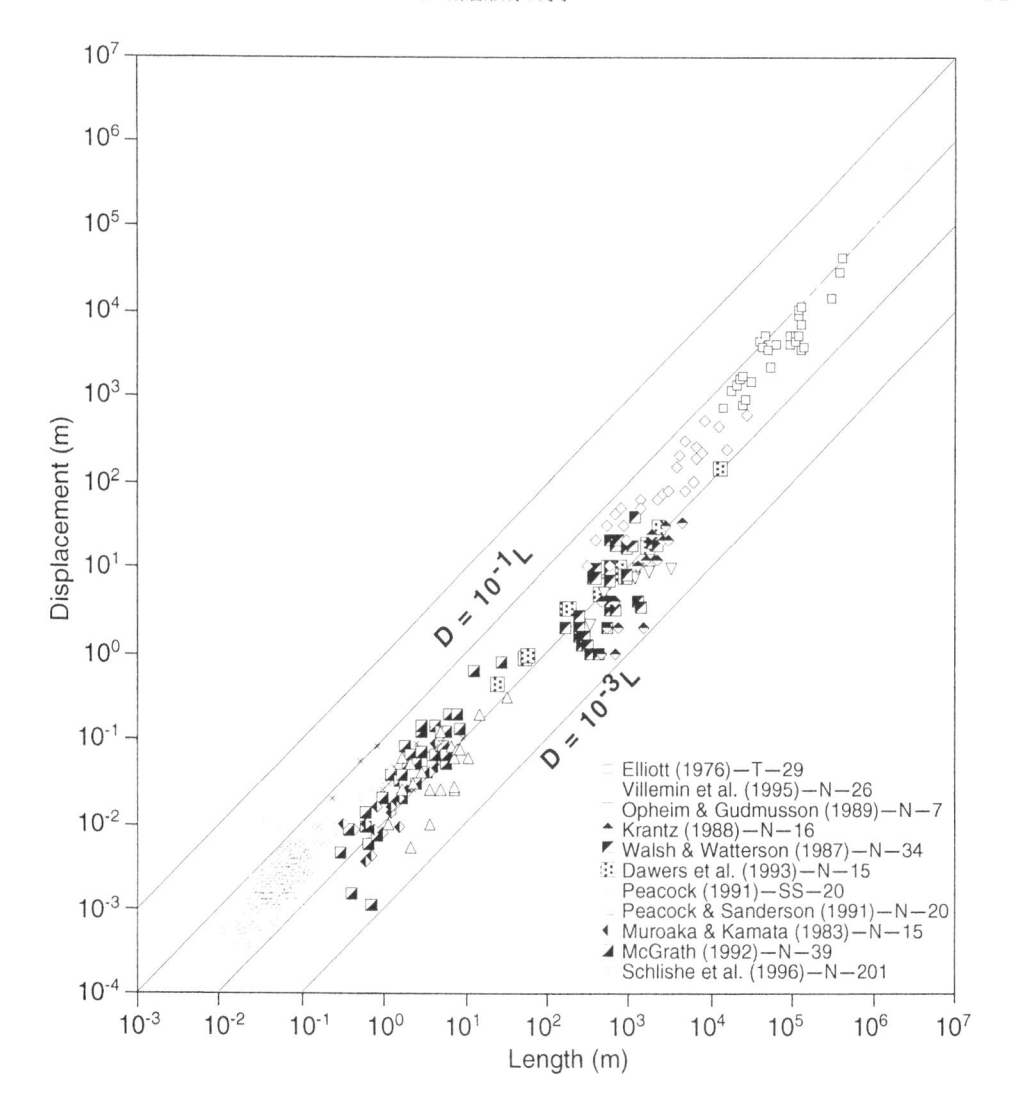

図 3.10 断層の長さ L と最大累積すべり量 D の関係．さまざまなテクトニクスの環境にある断層のデータがふくまれている．(Schlische *et al.*, 1996 にもとづく)．

それでは，節 1.1.4 のクラック・モデルをもちいてこれらの結果を解釈してみよう．線形弾性破壊力学から，$\mathcal{K} \propto \Delta\sigma\sqrt{L}$ （1.25 式），または $\Delta\sigma \propto D/L$ （式 1.28）という関係がえられている．かりに，$\mathcal{K}$ が一定という Griffith の仮定（式 1.24）にしたがうなら，$D \propto \sqrt{L}$ となることが期待できるが，これは図 3.10 のデータからみとめられない．D と L が線形であるためには，Griffith の仮定に反して，破壊エネルギーが $\mathcal{G} \propto L$ という関係をみたすと結論せざるをえない．Cowie and Scholz（1992a）と Scholz *et al.*（1993）は，Dugdale モデルを考慮した考察からこの結論に到達した．Dugdale モデルによると，D と L の線形スケーリングがなりたつということは，ストレス・ドロップ（$\sigma_0 - \sigma_f$）がスケールに依存しないということを意味する（とはいっても，σ_0 はインタクトな岩石の強度，σ_f

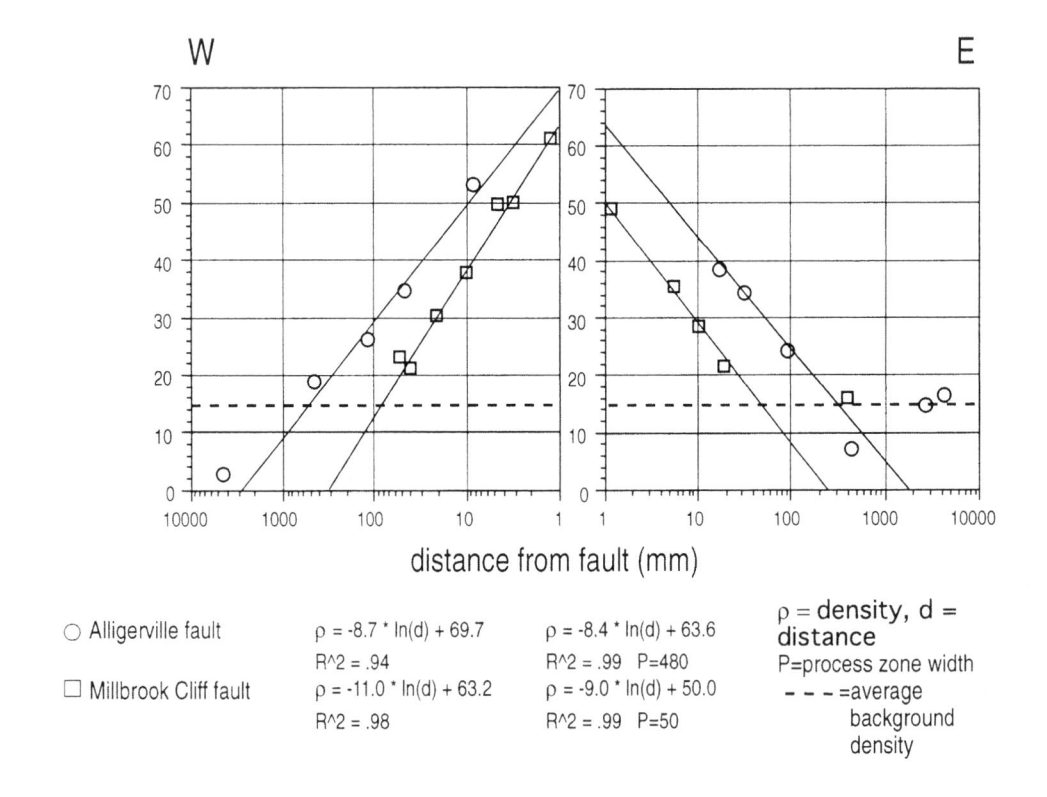

[グラフ: W側とE側のマイクロクラック密度 vs 断層からの距離]

○ Alligerville fault $\rho = -8.7 * \ln(d) + 69.7$ $\rho = -8.4 * \ln(d) + 63.6$ ρ = density, d = distance
                          $R^2 = .94$ $R^2 = .99$ P=480   P=process zone width
□ Millbrook Cliff fault $\rho = -11.0 * \ln(d) + 63.2$ $\rho = -9.0 * \ln(d) + 50.0$ - - - =average background density
                          $R^2 = .98$ $R^2 = .99$ P=50

図 3.11 マイクロクラックの密度と断層からの距離の関係．おなじ地域のおなじ岩種のなかにある長さのことなる横ずれ断層について測定した．(Vermilye and Scholz, 1998 から引用した)．

は岩石の摩擦強度であるから，岩種と深さには依存する）．比例定数 ζ は $(1-\nu)(\sigma_0 - \sigma_f)/8\mu$ にひとしい．長期間・大スケールでのせん断定数 μ をどうみつもるかによってかわるが，断層を駆動するストレス・ドロップの代表値は $10^2 - 10^3$ MPa のオーダーになる（Cowie and Scholz, 1992a）．

図 3.9 にしめした断層の変位のプロファイルには，楕円形の変位分布をしめし，クラック先端で変位の勾配が無限大になるという弾性クラック・モデル（図 1.8a）の予測みたす形状のものはひとつもない．ストレス・ドロップや材料の物性などが不均質なら，単純な楕円形がゆがむことはありうるが（Bürgmann, Pollard, and Martel, 1994），大事なことは，それを考慮しても，弾性クラック・モデルでは先端近くで変位勾配が無限になってしまうことである．無限大の変位勾配は自然界ではみられない．したがって，弾性クラック・モデルは先端からはなれたところでの変位場や応力場を予測するのにはつかえるけれども（たとえば，Gupta and Scholz, 1998），先端の近くでは応力（とひずみ）の特異点が生じるため（Goodier, 1968），そこにはこのモデルを適用できない．観察された断層の変位プロファイルの先端はいつも有限の勾配をもったテーパー形となっており，断層の先端の近傍で非弾性な変形が生じたことをしめしている．図 3.9 のプロファイルは FTT〔fault

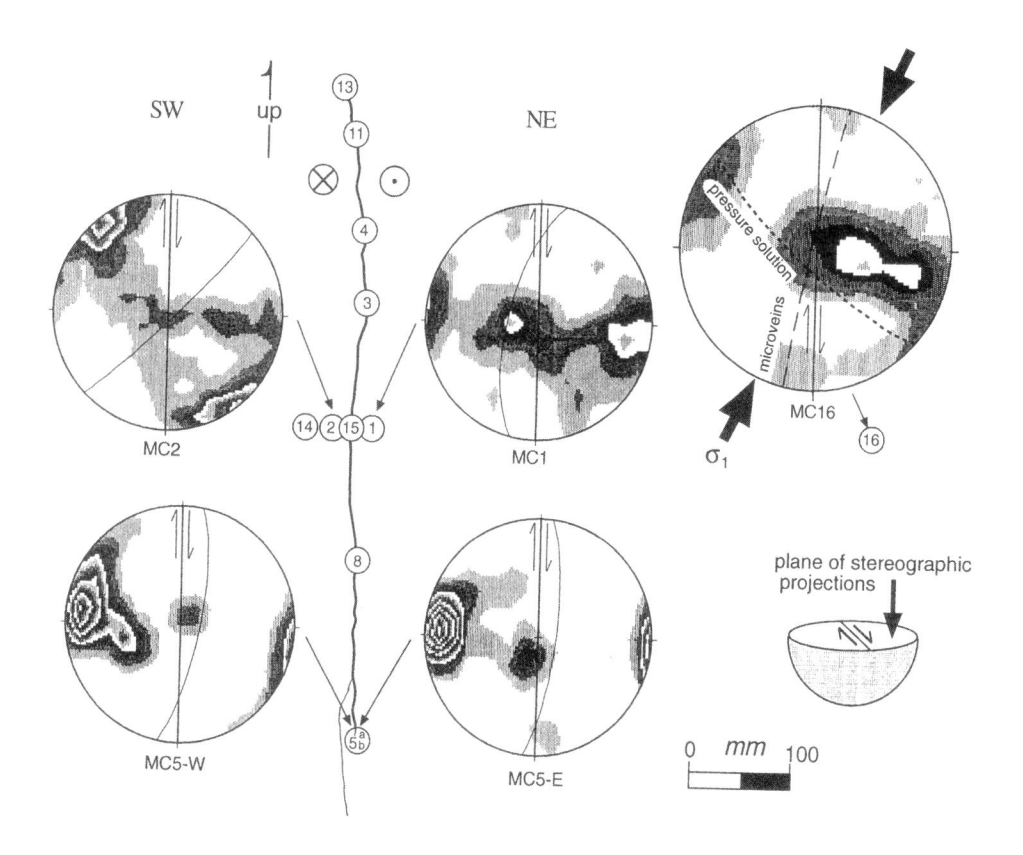

図 3.12 ちいさな横ずれ断層まわりのマイクロクラックの方位の分布．ここでは，マイクロクラックを平面とみなし，その法線の極をステレオネットへ投影した．断層から数メートルはなれたところでのクラック（MC16）の方位分布は，これらのクラックがここでの広域応力である σ_1 に平行なダイレイタント・マイクロクラックであることを示唆する帯状パターンをしめす．断層の近くのマイクロクラック（MC1 と MC2）については断層の先端での応力場に斉合している．断層の先端でのクラックは断層に平行で，削はくによって被り圧がへってゆくあいだに断層がふくらんだことを示唆している．（Vermilye and Scholz, 1998 から引用した）．

tip taper；断層先端の変位プロファイルのテーパーの勾配〕がほとんど直線的でかつ断層長によらないという点で，CFTT（FFT が臨界値をとる）モデルににている（Dawers et al., 1993）．このことは，孤立した断層は一定の FTT をたもちながら成長することを示唆し，CFTT モデルに一致する．さらに弾塑性材料をもちいた実験（Kanninen and Popelar, 1985, pp. 367 - 371）とも斉合する．図 3.9 では，他の断層から相当に孤立している断層をえらんでおり，こういったモデルは，孤立という条件をみたす断層にしかあてはまらない．断層どうしが接近していて，おたがいのつくりだす応力場を介して影響しあうときには，もっと複雑な変位プロファイルができる．この問題は次節でとりあげる．

断層の先端で非弾性変形が生じたという直接的な証拠が，断層をとりかこむダメー

ジ・ゾーンの野外調査からえられている（Anders and Wiltschko, 1994；Vermilye and Scholz, 1998）．ダメージ・ゾーン内での変形の度合いは，断層からの距離に応じて指数関数的に減少する（図3.11）．ダメージ・ゾーンを，かつてのプロセス・ゾーンの航跡だと解釈するなら，この減り方は期待どおりである（Scholz et al., 1993）．この解釈は，図3.12にしめしたマイクロクラックのパターンの観察でも支持される．ここでは，珪岩の垂直な崖に露出している右横ずれ断層の近くのマイクロクラックの方位がステレオ投影されている．観察の対象としたのは引っ張り型の粒間クラック〔intergranular crack；複数の粒子にわたって連続する割れ目〕である．この図は，クラック面をポール・プロットし，その等高線を水平面に投影したものである．断層から数メートルはなれたところ（MC16）ではかったバックグラウンドのマイクロクラックはガードル分布〔girdle pattern；帯状パターン〕をしめす．これはバックグラウンドの広域応力に平行なダイラタント・マイクロクラックであると解釈され，断層から約25°かたむいている．断層の近くのマイクロクラック（MC1とMC2）は，断層の両側でちがった向きをしめす．北東側では断層の走向にちかい向きで，南西側でははなれた向きをむいている．このようなマイクロクラックの向きは，モードⅡのクラックが伸展するときに発生するマイクロクラックのパターンに斉合する．すなわち，右ずれのモードⅡの鉛直な断層の先端が観察者のほうにむかって伝播するときには，観察者の右側の圧縮象限では，マイクロクラックが断層面にちかい向きに発生し，左側の引っ張り象限では，断層面からはなれた向きに発生する（Scholz et al., 1993）．これとおなじパターンが，図1.16でしめした実験とおなじタイプの実験でつくられたプロセス・ゾーンでも観察されている（Moore and Lockner, 1995）．さらに，より詳細な観察がZang et al. (2000)によってなされている．

　断層の先端では，マイクロクラックは断層に平行な向きに集中している（MC5）．この現象はMoore and Locknerの実験でも観察されており，削はく作用〔unroofing〕によって断層が地上に露出してゆくプロセスで，断層の直応力が緩和して断層がふくらんだためにつくられた引っ張りクラックだと解釈される．

　プロセス・ゾーン内の二次的なせん断，圧力溶解へき開や引っ張り破壊などの巨視的な構造（features）も距離に応じておなじように減少してゆくが，マイクロクラックほどまんべんなく観察されるわけではない（Vermilye and Scholz, 1998）．これは，応力場の擾乱が主として粒子のスケールでおこるからである．

　図3.11のデータは，おなじ珪岩中に存在する長さが40 mの断層と長さが0.8 mの断層のマイクロクラックの密度をしらべたものである．断層のカタクレサイト・コアの縁でのマイクロクラック密度の最大値は断層の長さに依存しないが，プロセス・ゾーンの航跡の幅Pは断層の長さとともにふえる．この結果を他の出典のデータと組みあわせてみると，PはLでもって線形にスケールすることがしめされる（図3.13）．断層が単位長さだけ伸長するのに要する破壊エネルギーは，断層をとりまくダメージ・ゾーンのサイズに比例す

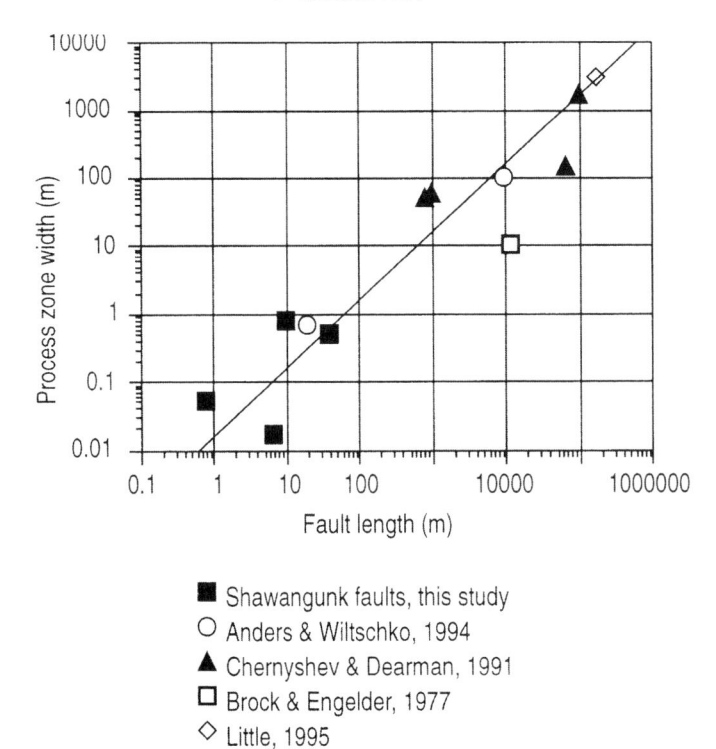

図 3.13 プロセス・ゾーンの航跡の幅と断層の長さの関係．(Vermilye and Scholz, 1998 から引用した).

るはずだから，この関係は，さきに D - L のスケーリングをしらべたときにえらた，$\mathcal{G}$ が L でもって線形にスケールされるという結論に対する直接の証拠になっている．このスケーリングはおどろくべきことではない．降伏後は純粋な塑性をしめす弾性材料では，クラック先端での降伏ゾーンの半径はつぎの式であたえられる（Atkinson, 1987).

$$r_y = (1/2\pi)(K/\sigma_y)^2 = \frac{L}{8}\left(\frac{\sigma_a}{\sigma_y}\right)^2 \tag{3.4}$$

ここで σ_y は降伏強度，σ_a は載荷応力であり，断層が自己相似を維持しながら伸長するときには，どちらもスケールに依存しない．もちろん，われわれがここで議論しているのは塑性材料ではないが，おおくの高靱性セラミクスは，多結晶岩石のようなファブリックをもち，$\mathcal{K}$ がクラック長とともに増加するいわゆる「R 曲線」とよばれるふるまいをしめす（Evans, 1990）．ひろいスケールをカバーする測定はされていないが，典型的な R 曲線は $\mathcal{K} \propto \sqrt{L}$ を示唆し，これは $\mathcal{G} \propto L$ がなりたつこと意味する．CFTT モデルは，実際に観察される FTT がまっすぐで一定であることと，D が L に対して線形にスケーリングすることの両方を予測するが，このモデルでは，さらに J 抵抗（$\mathcal{G}$）がクラック長に対してほ

ぼ線形に増加することも観察される（Kanninen and Popelar, 1985; pp. 367-371）．このように CFTT モデルは，断層に関するすべての重要な観察事実をおさえている．

ここでえられた，断層を駆動する応力がスケールによらないという結論から，節 1.2.4 でおこなった強度のスケール依存性に関する議論に決着をつけることができる．そこで議論した強度のサイズ依存性は実験室のスケールだけにしかあてはまらない．断層のような巨視的なスケールでは，強度はスケールによらない不変量となる．またこの強度は，断層先端の成長のための破壊エネルギーとして消費される余計な仕事の分だけ，摩擦よりはすこしたかいはずである．さらに，$\mathcal{G}$ が L でもって線形にスケールされるから，以前かんがえられていたようなエネルギー・バランスによる不安定が生じることはない．式 1.10 の表面エネルギー項は今や c^2 に比例して増加するから，断層（あるいは地震）がその長さをこえると，破壊がとまらなくなってしまう Griffith 的な意味での臨界長さは存在しない．もちろん，これがただしいことはとっくにしられている．はじまったらとまらないような断層（あるいは地震）などないのである．大事なことは，この $\mathcal{G}$ のスケーリングがただしく理解される前は，この事実は（節 1.1.2 で議論したように）境界条件のせいだと漠然とかんがえられていたということである．

断層上のすべりが徐々に蓄積し，断層が面内方向に成長するにつれ，カタクレサイト・コアの厚さも増加する．図 3.14 は，結晶質珪酸塩鉱物でできた岩盤内のぜい性断層に関して，ガウジ・ゾーンの厚さ T と累積すべり量 D の関係をしめしたものである．このケースでは，$T \propto D$ であり，比例定数はだいたい 10^{-2} である．この関係は，ガウジが摩耗によってつくられたことをしめしていると解釈できる（Robertson, 1982; Scholz, 1987）．この考えは，式 2.22 であたえられた，定常状態での摩耗則が予測するところと斉合するが，図 3.14 にしめされたデータは，断層の磨耗レートが，なめらかな表面をもちいた実験室の摩耗実験の結果（たとえば，図 2.14）よりずっとたかいことをしめしている．断層の磨耗レートがたかくなる原因としてひとつかんがえられるのは，断層近くのプロセス・ゾーンの岩石はすでにいちじるしく破壊されており，健全な岩石よりずっとくだけやすいということであろう．断層が地震でラプチャーするたびに，ラプチャーの先端のたかい応力集中場でマイクロクラックが生じる．これは，その断層で地震がおこるかぎりくりかえされるので，プロセス・ゾーンはカタクレサイト・コアをとりまくように成長しつづける．実験室の試料よりずっと表面があらいことも，自然の断層の磨耗レートをたかくしている要因であろう．断層がなめらかであれば，ガウジによって断層面はすぐさま完全にへだてられてしまう．こうなると，すべりの大部分は，表面の研磨ではなくガウジのなかの粒子の回転や変形によってがまかなわれるようになり，摩耗レートはおおきく低下するだろう（これは 3 体研磨とよばれる（Rabinowicz, 1965））．断層面はフラクタル（節 3.5.1 参照）であるので，アスペリティのトポグラフィの振幅は長波長のものほどおおきくなる．したがって，どんなにガウジがあつくなっても，アスペリティどうしが直接にぶつかるところが

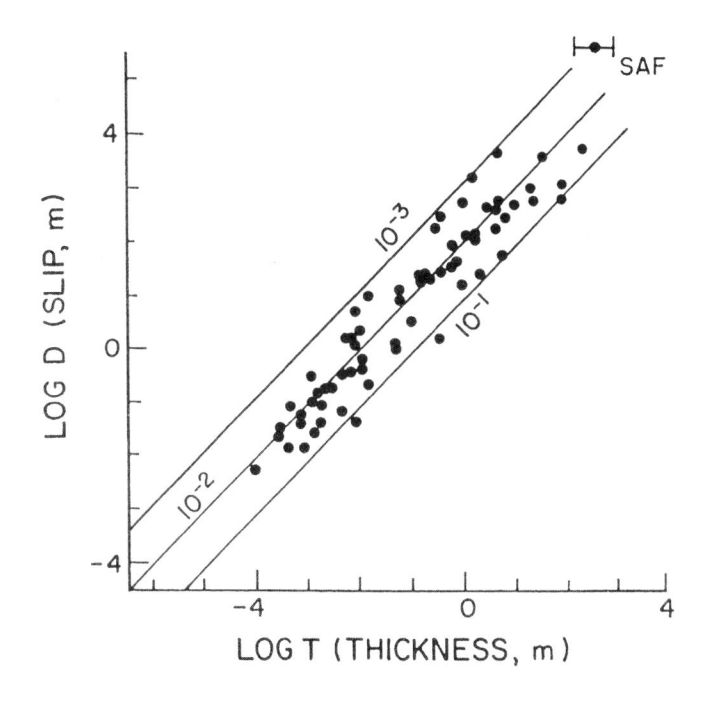

図 3.14 ガウジ・ゾーンの厚さ T と累積すべり量 D の関係. 主として, 結晶質岩石のなかに生じた断層のデータがあつめられている. SAF と表示された点は San Andreas 断層の値である. (Scholz, 1987 にもとづく；主として Robertson, 1982 のデータをつかった).

かならずでてくるだろう. このような接触領域では摩耗がはげしいことが期待される. この考えは, フラクタル表面の摩耗モデルをつくった Power, Tullis and Weeks (1988) によってとりあげられた. 彼らのモデルでは, 面のなめらかさが定常状態に到達することはなく, いつまでもランニングインしつづける. Sibson (1986a) は, 角礫化 〔brecciation〕 はほとんど, そのような場所である断層の "ジョグ" でおこると強調している. 彼は, すべりベクトルに平行な断層壁でおこる摩耗と, 断層のジョグやアスペリティでおこる角礫化のメカニズムとを区別している. 彼はまた, 圧縮性ジョグでの "ひろく分散した粉砕角礫化" 〔distributed crush brecciation〕や伸張性ジョグでの "縮裂性角礫化" 〔implosion brecciation〕がおこるメカニズムについてのべ, その事例も紹介した(節 3.5.2 参照). これらもすべて, 研磨摩耗の一種であるとかんがえられ, その生成物によって断層ゾーンの厚さはます.

前節でのべたように, もし断層がエシェロン・クラック・アレーからはじまるなら, すべりがすすむにしたがって, 摩耗によってステップ 〔step；節 3.5.1 参照〕 を徐々にこわしながら, より連続的でよりなめらかな断層がつくりだされることが期待される. このプロセスは, 図 3.15 にしめされている. ここでは, 多数の横ずれ型の活断層について, 単位長さあたりのステップの数が, 累積すべり量に対してプロットされている. この図は摩耗曲線 (図 2.15) によくにており, もっとも急速な変化は, 変位量がちいさいランニン

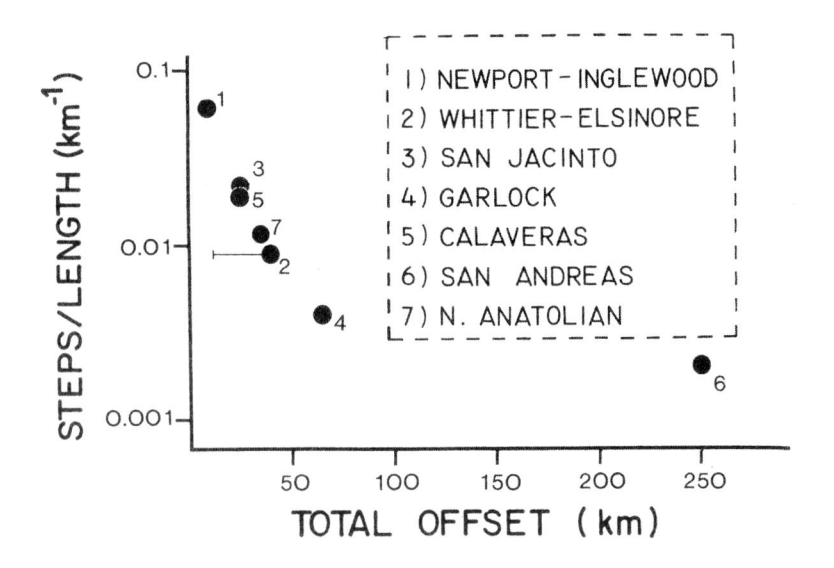

図 3.15 横ずれ活断層の累積すべり量に対する単位長さあたりのステップの数.（Wesnousky, 1988 から引用した）.

グインの段階でおこっている．また，摩耗が本質的に異方的なプロセスであることに注意すれば（節 3.5.2），すべりに対して垂直な方向は，それほどなめらかにならないことがわかる．したがって，純粋な傾斜すべり断層〔dip-slip fault；すべりが傾斜方向だけに生じる断層〕では，地表面のトレースはかならずしもなめらかにはならない．

式 2.22 であたえられた摩耗則は，岩種などの他の条件がおなじであれば，深さとともにガウジ・ゾーンの厚さがふえることも予測している．スキツォスフェアでは，深さとともに断層が厚くなるという考えを支持する結果が，Feng and McEvilly（1983）によって，San Andreas 断層を横ぎっておこなわれた屈折法による地震波探査の結果からえられた．彼らは，San Andreas 断層がほぼ鉛直な低速度層として特徴づけられ，約 10 km の深さまで，深さとともに厚さがふえることをみつけた．Wang et al.（1986）は，おなじ地域で測定された重力のデータを解釈して，これと一致する結果をえた．彼らはさらに，地表面にむかって厚さがふえる，副次的な低密度の岩石のゾーンもみつけた．彼らは，Chester and Logan（1986）の 2 ゾーン・モデルをつかってこれを解釈した．このモデルでは，中央のガウジ・ゾーンは深さとともに厚みをまし，外側をとりまく破壊された岩石のプロセス・ゾーンは，深さとともにうすくなるとされている．ガウジ・ゾーンが深さとともに厚さをますことは，直応力がふえるのにしたがって摩耗がはげしくなることによると解釈できるだろう．そして，その外側をとりまく粉砕されたゾーンが深さとともにうすくなるのは，断層ゾーンの外側の岩石強度がますことによると解釈できよう．Anderson, Osborne, and Palmer（1983）は，他の地域で，ガウジ・ゾーンが深さとともにうすくなることをみつけた．

これは地表面のちかいところだけに限定された結果であるかもしれない．地表近くでは，岩石は風化によってもろくなり摩耗レートがおおきくなる．ところで，断層ゾーンの構造は断層にそって一定ではない．Mooney and Ginzburg（1986）は，エイサイスミックにすべっている California 州中部の San Andreas 断層では，顕著な低速度ゾーンがみとめられたが，摩擦で固着している部分では，地震探査の分解能（2 km）の範囲では低速度層が検出できなかったとのべている．このことは，（節 6.4.1 でも議論されるように）ガウジ・ゾーンの構造と断層の摩擦的な特性が関連していることを示唆している．

　断層運動での力学的仕事は，主として，①摩擦発熱，②ガウジとダメージ・ゾーンをつくるための表面エネルギー，③サイスミックなすべりが生じるときには弾性波の放射に消費される．節 2.2.3 で論じた摩耗モデルから，ガウジの形成につかわれるエネルギーの比率を推定することが可能である．このモデルによると，破片がひとつふえるごとにあたらしい表面積 $\pi d^2/2$ がつくりだされるので，式 2.22 から，距離 D すべるあいだにあたらしくできる表面積 A を，つぎのようにあらわすことができる．
式 3.5 の分母の d は，粒子サイズが減少するにしたがい，あらたな表面積がつくりだされることを反映している．表面エネルギー U_s（$= A\gamma$）に対する摩擦による仕事 W_fr（$= \mu N D$）に対する比 ξ（$= U_s / W_\mathrm{fr}$）を定義すると，ξ はつぎのようになる．

$$A = \frac{2\kappa N D}{h d} \tag{3.5}$$

ここで，μ は摩擦係数，γ は固有表面エネルギーである．

　Yoshioka（1986）の実験で測定されたガウジの卓越粒子径，$d = 5\ \mu\mathrm{m}$，$\gamma = 10^3\ \mathrm{erg/cm^2}$（Brace and Walsh, 1962），$\mu = 0.5$ をつかい，節 2.2.3 とおなじ κ と h の値をつかえば，

$$\xi = \frac{2\kappa\gamma}{h d \mu} \tag{3.6}$$

Yoshioka の実験に対して，$\xi < 10^{-4}$ となる．これは，Yoshioka によるもっと完全な見積もりと比較して妥当な値である．自然の断層において観察されるたかい摩耗レートを説明できるようなおおきな κ（もしくはちいさな h）の値をつかっても，d の値がおなじだと仮定すれば，$\xi = 10^{-3}$ にしかならない．この値は，Yoshioka の結果の上限にちかいが，それでもエネルギー散逸量としては無視できる．

　プロセス・ゾーンをつくるのにつかわれる表面エネルギーは，たぶんこれと同程度かこれ以下であろうから，断層をすべらすための力学的仕事とくらべると，とるにたらない量である．延性せん断ゾーンのマイロナイトの厚さも，すべり量とともに近似的に線形に増加する（Hull, 1988）．このケースでは，そのメカニズムは，マイロナイトのひずみ硬化が関係しているとかんがえたほうがよさそうだ（White et al., 1980 ; Means, 1984）．T と D の

表 3.1　断層のスケーリング・パラメーターの代表値

	L, 長さ	D, 変位	P, プロセス・ゾーンの幅	T, カタクレサイト・ゾーンの幅
L	1	10^{-2}	10^{-2}	10^{4}
D	10^{-2}	1	1	10^{2}
P	10^{-2}	1	1	10^{2}
T	10^{-4}	10^{-2}	10^{-2}	1

あいだの比例定数の値は，ぜい性断層に対してきめた値とにかよっている．ただし，たとえば，スイスの Glarus 地域（Schmid, Boland, and Paterson, 1977）のような超塑性〔superplastic〕ゾーンのケースは例外で，そこでは数桁ちいさい．低変成度のテレーンでは，（すべり量の割には）うすい断層が，特に千枚岩〔phyllitic rock；雲母のきめがこまかく，へき開面に光沢があるスレート状の岩石〕や炭酸塩鉱物の岩石のなかでみつかることがある．このようなケースでは，摩耗のメカニズムは研磨ではなく，接着摩耗またはもっとちいさい摩耗係数となるなんらかのメカニズムである可能性がたかい．それでも，κにずっとちいさな値をつかえば，式 2.22 を適用できるかもしれない．節 3.3.2 で論ずるように，ある種のマイロナイトもまた摩耗によってつくられたようだ．他に，シュードタキライト〔pseudotachylytes〕については，$D \sim T^{2}$ というスケーリング則がみつけられている．(Sibson, 1975)．この事例でのシュードタキライトは，地震によるすべりのときにできたメルトであることがしめされており，その大きさは，摩耗ではなく摩擦発熱にコントロールされる．

　いままでのべた巨視的なスケーリングの関係は，すべりが蓄積するにつれて，断層の面積も厚みも徐々に増加することをしめしている．同時に，断層ゾーンの内部の変形もすすむ．その結果，おおきなひずみが生じて，断層ゾーンの岩石にそれに応じた構造ができあがる．また，断層ゾーンのトポグラフィーは全体的になめらかになってゆく．さまざまな断層のスケーリング関係にあらわれる比例定数の代表的な値を表 3.1 にしめす．しかし，すでにのべたように，個々のケースでは代表的な値からおおきくはずれていることもある．

3.2.3　断層の相互作用と断層の集団としての性質

　前節では孤立して存在する断層の伝播と成長について議論した．しかし断層は，ふつうは集団を形成しており，断層は集団のなかで，みずからつくりだす応力場を介してさまざまな相互作用をひきおこす．また，断層自体もセグメントにわかれており，隣接するセグメントどうしの相互作用もあるだろう．このような相互作用の効果として，断層の発生と成長が促進されたり抑制されたりすること，断層のすべり変位プロファイルがゆがめられること，断層が結合したり合体したりすることなどがかんがえられる．これらの効果があわさって，断層の集団としての特徴がつくりだされる．

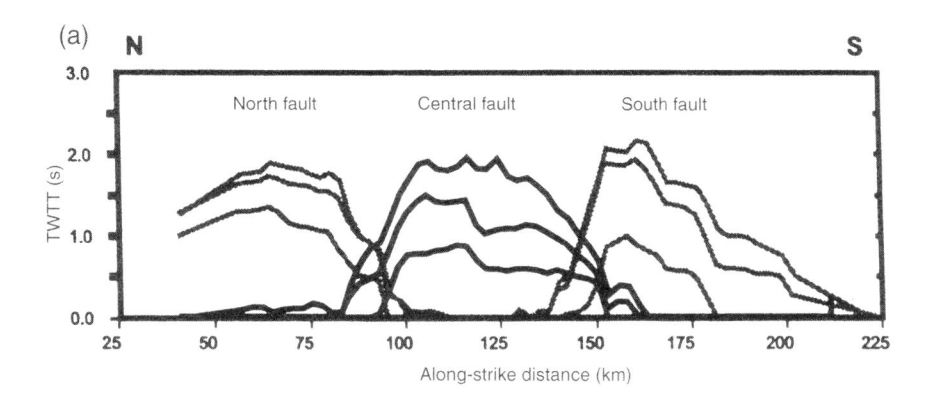

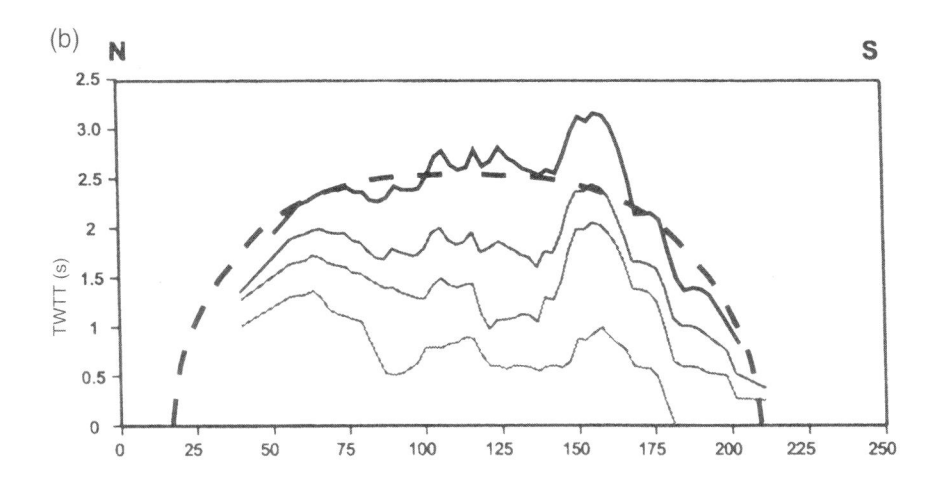

図 3.16 正断層間の相互作用．(a) 東アフリカ地溝系の中央 Malawi リフトの主たる境界断層を構成する 3 つの正断層について，3 つのことなる時点での変位プロファイルを復元したもの．南と北の断層は，どちらも中央の断層から上盤側へ約 5 km はなれている．(b) 上でしめした 3 つの断層の変位プロファイルを合計してつくったそれぞれの時点での変位のプロファイル．点線は，トータルの長さがおなじ単一の断層に期待されるプロファイル．(Contreras, Anders, and Scholz, 2000 から引用した)．

断層の相互作用 図 3.16 は東アフリカ地溝系の Malawi リフトの主たる境界断層〔bounding system〕を形成する 3 つの正断層について，3 つのことなる時点での変位プロファイルを復元したものをしめす．断層の先端がかさなりあっているところでは，変位勾配がその反対側の先端とくらべて急である．そして，変位がふえつづけても，（かさなりあって）相互作用をおこしている先端はほとんど伝播することなく，ただそこでの変位勾配が急になってゆくだけである．このようにゆがめられた変位のプロファイルは断層どうし相互作用として観察される証拠の代表例である（Peacock, 1991: Peacock and Sanderson,

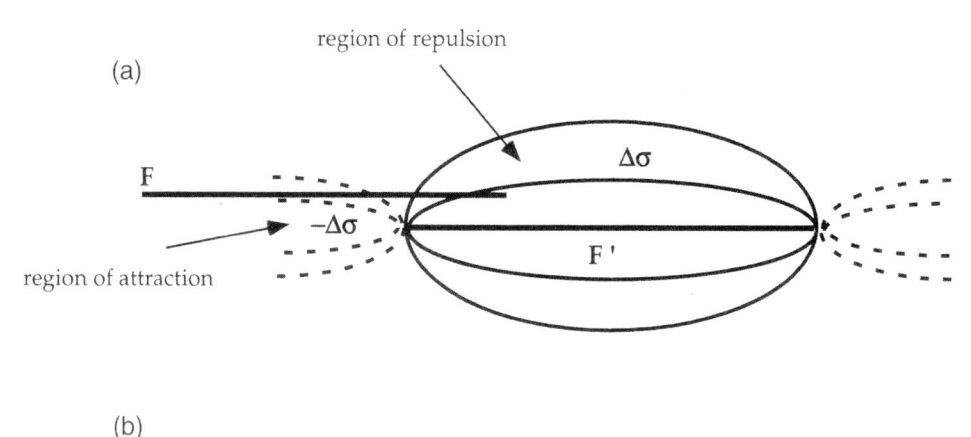

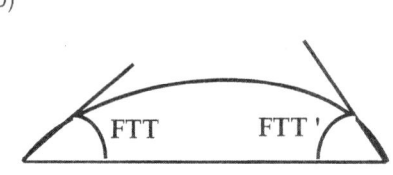

図3.17 断層どうしの相互作用がおこるメカニズム．ふたつの断層はそれらの応力場を通じてたがいに影響しあう．(a) オーバーラップしているふたつの平行な正断層を傾斜の方向にみおろした図．実線の等高線は応力の低下を，点線の等高線は応力増加をあらわす．(b) 断層Fの変位プロファイル．相互作用のため近接している方の先端では反対側の先端よりFTTが急峻になっている．

1991, 1994)．したがってこの相互作用はD/Lの比率に影響し，図3.10にみられるばらつきはおおむねこの効果で説明できる．

Willemse (1997) と Willemse, Pollard, and Aydin (1996) は，弾性クラック・モデルをつかって，正断層どうしのこのタイプの相互作用をしらべ，断層の先端が近接しているところでは，図3.16の観察とおなじ変位勾配の急峻化がおこることをみいだした．この相互作用の物理は，正断層のCFTTクラック・モデル（図1.8）によって考察するとわかりやすい．図3.17aには，ふたつの断層の平面図がしめされている．断層どうしは，断層面の法線方向にSだけはなれていて，かさなっている部分の長さがOである．右側の断層F'によるストレス・ドロップの分布も実線の等高線でしめした（逆に破線は応力増加をあらわす．簡単のために傾斜を垂直と仮定したので，ストレス・ドロップは対称に分布する）．節1.1.4でのべたように，このモデルでは，断層先端のテーパー（FTT）は断層先端の近傍での応力集中に比例するとかんがえられる．この応力集中は，孤立して存在する断層に対して，$\sigma_y - \sigma_a$であたえられる．ここで，σ_yは降伏応力，σ_aはこの地域にかかっている広域応力である．しかしながら，図3.17aの左側の断層Fの右側の先端は，断層F'によるストレス・ドロップの場のなかにあるので，そこでのFTTは$\sigma_y - (\sigma_a - \Delta\sigma)$に比例することになり，図3.17bにしめされたように，反対側の先端より急峻になるだろう．

ここでしめしたのは正断層のケースであるから，相互作用をしている断層の先端はモードIIIであり，相互作用は対称で，せん断応力だけが関係する．横ずれ断層の場合は，相互作用は反対称で，せん断と直応力の両方が関係する（Segall and Pollard, 1980）．

断層の合体　上に議論した相互作用は反発的なものであった．図3.17の左側の断層Fが点線の領域，すなわちF′によって応力が増加した領域にあったなら，上とは逆にこの断層は断層F′の方にひきつけられ，ついには，それと合体するだろう．合体の初期の段階では，合体した断層の変位分布は，合体のおこった領域で極小値をもつ．しかしすべりが蓄積していくにつれ，それぞれの断層セグメントの変位分布を加算したものは，最終的におなじ長さをもつ単一の断層の変位分布にちかづいてゆくだろう．かさなりあわずに，ある程度はなれている断層どうしであっても，多数のちいさなリンク断層をつくって合体できる（Dawers and Anders, 1995；Crider and Pollard, 1998）．図3.16bの実線は，各時点で3つの断層の変位を合計したプロファイルである．変位が蓄積してゆくにしたがい，変位を合計したプロファイルは徐々に，システムの全体長にひとしい長さをもつ単一の断層の変位プロファイル（破線で表示）にちかづいてゆく．

ストレス・シャドウ　近隣の断層によるストレス・ドロップの領域にすっぽりおおわれてしまった断層は活動をやめ，そこではあたらな断層がニュークリエートできない．図3.18にストレス・シャドウの効果をしめす写真をのせた．ストレス・シャドウの幅は，断層の幅（この場合は深さ方向）に比例するから，断層の長さとともにおおきくなる．しかし断層が，ぜい性層の厚さ全体に達した後は，ストレス・シャドウの幅はサイスモジェニック・ゾーン〔地震を発生することのできるゾーン，節2.3.3を参照〕の厚さに比例する一定の値でうちどめになる．このストレス・シャドウになるという現象は，集団内での断層どうしの間隔をきめる第一の要因である．

断層の集団のもつ特徴　断層の集団〔fault population〕は，たいへんきわだった統計的性質をもつ（この話題に関する論文集としては，Cowie, Knipe, and Main, 1996を参照のこと）．断層の集団には，べき乗則のサイズ分布が共通してみられる．

$$N(L) = aL^{-C} \tag{3.7}$$

ここで$N(L)$は，長さがLよりおおきい断層の数である．このような統計にはたいてい単純な地図をもちいてカウントされるが，この手法では，スケールの範囲が1桁以内にかぎられてしまうため，べき指数の値はあまりあてにならないし，そもそもべき乗則にあてはまるかどうかに疑問の余地がある事例もおおい（Cladouhos and Marrerr, 1996）．この問題は，おなじ場所の地図をいくつかの縮尺でつくり，スケールの範囲をひろげたサイズ分布

図 3.18 小規模な正断層で観察されるストレス・シャドウの効果．(a) 断層の下盤（FW）の写真．弓形の曲線の内側の領域はこの断層のストレス・シャドウになっており，よりちいさな断層がみられない．スケール・バーは 10 cm．(b) 走向方向からみた写真．いくつかあるおおきな断層のストレス・シャドウがみとめられる．みやすくするために，断層にはチョークがひかれている．（Ackermann and Schlische, 1997 から引用した）．

をもとめれば解決できる．そうすれば，べき指数の推定も改善される（たとえば，Scholz et al., 1993）．図 3.19a にしめす例は，マゼラン衛星が撮影した金星の平原に存在する正断層の SAR 画像によるもので，ふつうの地図よりおおきなダイナミックレンジをもつ．したがってこのケースでは，正断層の分布がべき乗則（$C \approx 1$）にしたがうことについては反駁の余地はない．

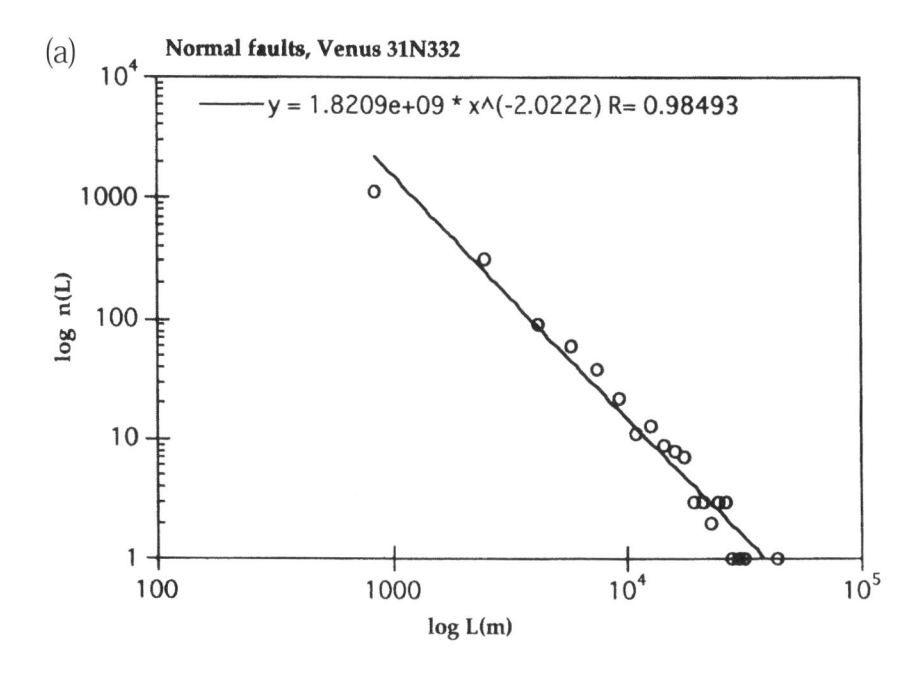

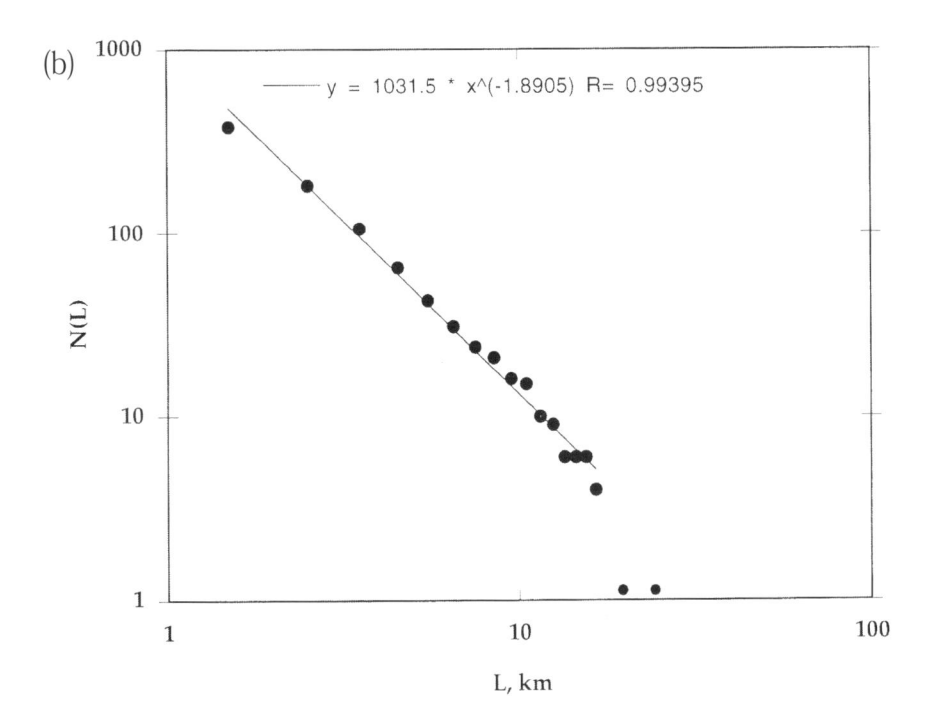

図3.19 べき乗則をしめす断層の長さの分布.（a）マゼランのSAR画像からえられた金星の平原の正断層に対する長さ－頻度分布.（Scholz, 1997aから引用した）.頻度のプロットでは指数が－2になっているから，式3.7は$C \approx 1$になる.（b）San Andreas断層の副次断層に対する長さの累積頻度分布.（Scholz, 1998bから引用した）.

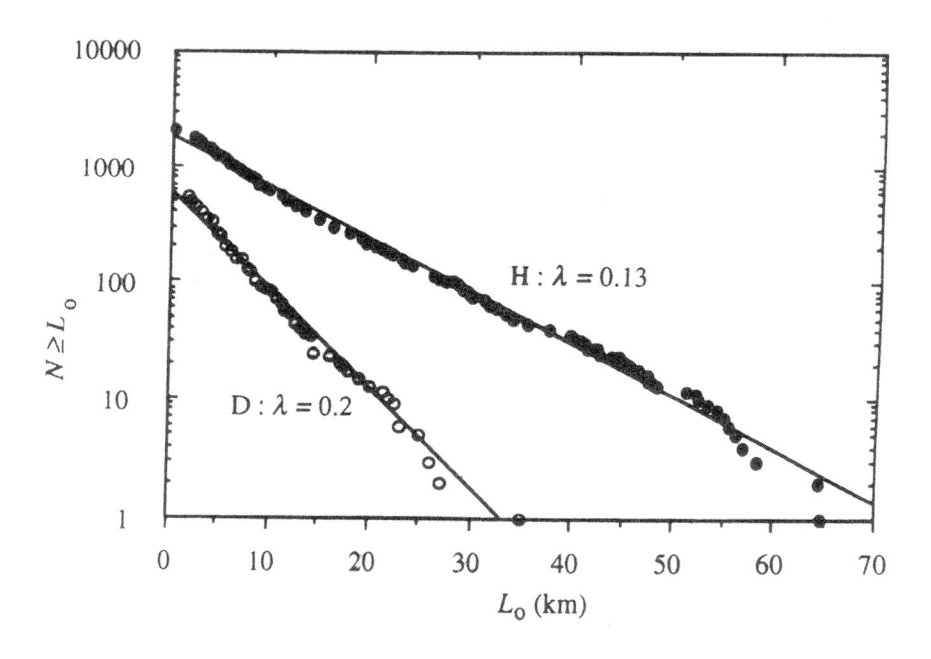

図 3.20 中央海嶺の山腹にある正断層の分布．このケースではべき乗分布というより，指数関数的な分布になるようだ．(Cowie *et al.*, 1993 から引用した)．

　断層は一枚の連続面ではなく，多数の不連続なセグメントや副次断層〔subfault〕の網目で構成されている．図 3.19b にしめすように，副次断層のサイズ分布もべき乗則にしたがう．この事例では $C \approx 2$ である．これらの分布は地震に対する Gutenberg - Richter 則ににている．断層に対する統計と地震に対する統計のあいだになりたつ関係については節 4.3.2 で議論する．

　しかしながら，すべての断層の集団がべき乗則の分布をもつわけではない．図 3.20 は海底音響探査によってえられた中央海嶺の近くにある正断層のサイズ分布である．これらはあきらかにべき乗型分布ではなく，指数関数にあてはめたたほうがよくあう．また，堆積地層中にできるジョイント〔joint; 節理〕では，ジョイントが一定の間隔でならび，その間隔は岩種と地層の厚さの関数であるということがよく観察される（たとえば，Price, 1966; p. 144)．断層でもこのように一定の間隔でならぶことがあるようだ．このような例として，Nevada 州の Basin and Range 地方の正断層，California 州の San Andreas 断層系南部の横ずれ断層，ニュー・ジーランドの Marlborough 断層系があげられる（節 5.2.1 をみよ)．

　延性的な基盤（substrate）の上にのせたぜい性層をひっぱるケースに対する数値モデリングやアナログ実験（Spyropoulos *et al.*, 1999；Spyropoulos *et al.*, 2002）では，破壊のサイズ分布が，ひずみ量と破壊の密度の関数として連続的にかわってゆくことが観察されている．ある限界ひずみ量に達するとクラックが発生しはじめ，その数はひずみの増加とともに急速にふえてゆく（図 3.21)．この段階では，あらたな破壊の生成と個々の破壊の成長

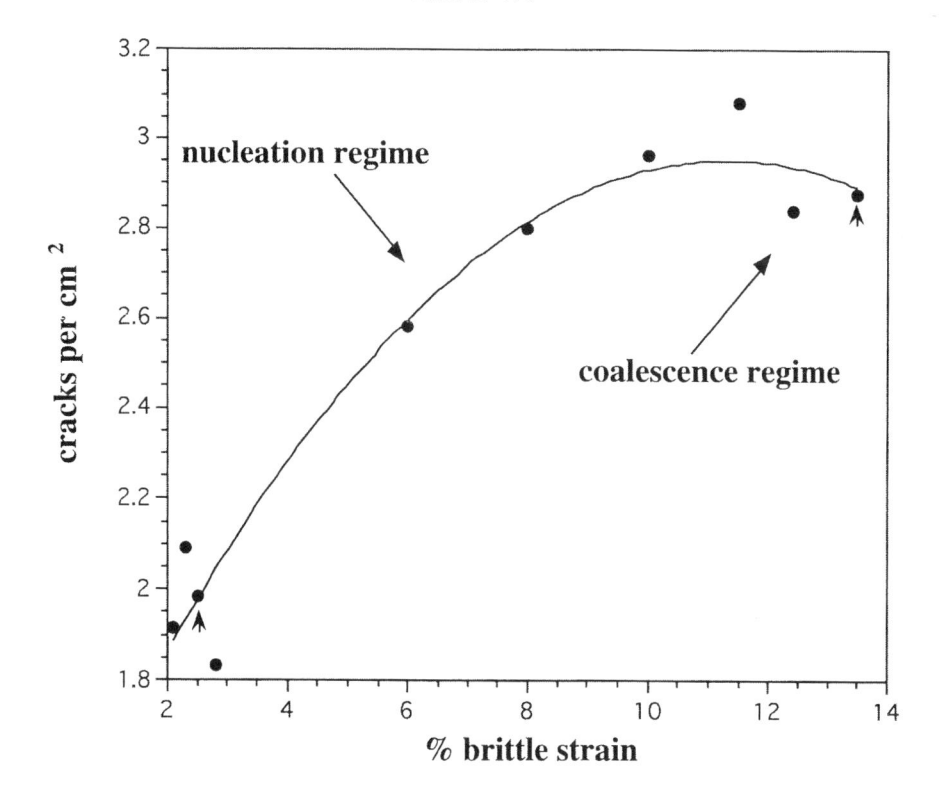

図 3.21 断層の集団の発展をシミュレートするための粘土をつかったモデル実験．始めは断層があらたにできることが支配的で，ひずみとともに断層の数は急速に増加し，断層の分布はべき乗則にしたがう．ひずみがおおきくなると，合体と応力の遮蔽によって，断層の分布はより指数関数的になる．（Spyropoulos *et al*., 1999 から引用した）．

が支配的で，長さの分布はべき乗型である．破壊の密度（とひずみ）がさらにふえると，クラックどうしの相互作用が重要になる．すなわち，ストレス・シャドウにはいる領域がふえてあらたな破壊の発生頻度がへってゆくのとひきかえに，合体の頻度がふえて，クラックの総数はへることになる．この合体の段階では，破壊の長さの分布は指数関数へかわってゆく．もっとひずみがおおきくなると，最終的には，実験系全体におよぶサイズのクラックが等間隔でならぶ飽和状態へむかう．飽和状態でのクラックの間隔は，ぜい性層の厚さに比例する．このような進化の様子は自然のシステムで観察される結果と一致する．自然界の断層では，2％くらいのひずみではべき乗則にしたがう分布となり（図 3.19），ひずみが 10 - 15％に達している中央海嶺の正断層（図 3.20）では指数分布といったほうがよい．図 3.22 にしめされたように，ジブチの Asal リフトではひずみに応じて分布則がかわってゆくのが観察される（Gupta and Scholz, 2000）．ぜい性ひずみは，6 - 8％までは断層の D/L 比を一定にたもったまま断層の密度が増加することによってまかなわれる．ひずみがこのレベルをこえると，逆に断層の密度は一定にたもたれ，ひずみの増加分は D/L

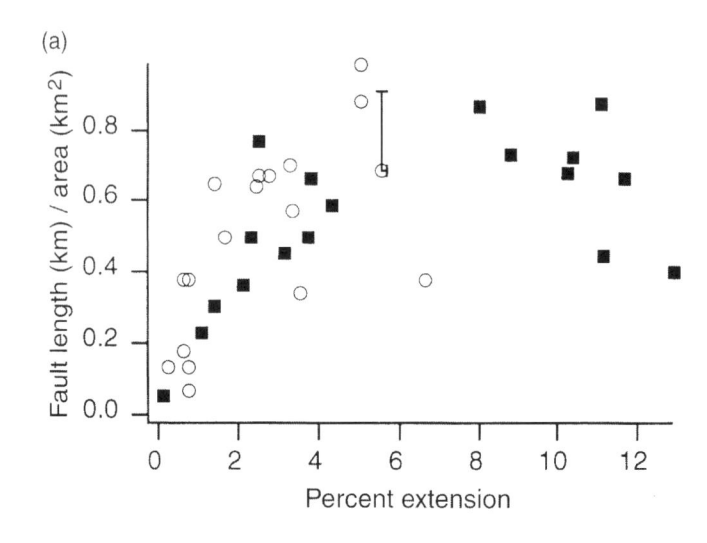

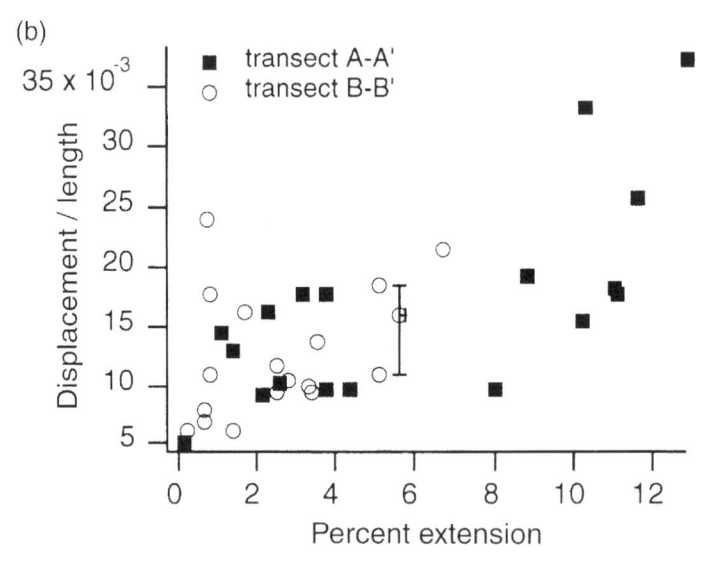

図 3.22 (a) ぜい性ひずみに対する断層の密度のプロット．エチオピアとジブチにまたがる Afar 低地の Asal リフト（黒四角）と東アフリカリフト（白丸）の正断層のデータ．ぜい性ひずみは，断層のモーメントをたしあわせて計算した．(b) 同地域でのひずみ量に対する平均変位／長さの比．（Gupta and Scholz, 2000 から引用した）．

比がふえることによってまかなわれるようになる．こうなると，基本的には，図 3.16 のときのように両端をピン留めされたような状態になっているとかんがえられる．ひずみ量がちいさいときには，断層の分布はべき乗分布にしたがい，おおきいときには指数関数分布になっていた．

ジョイントについても，ジョイントの間隔の分布が同様な進化をみせることが，アナログ・モデル実験でしめされている（Rivers *et al.*, 1992）．断層のスケーリングについてここでいったことのほとんどは，スケーリング・パラメーターの値がちがうだけで，それ以外

はそのままジョイントの集団に対してなりたつ（たとえば，Vermilye and Scholz, 1995 を参照）．

クラックが飽和した状態での 2 次元分布については古典的な解がある．このときには，応力が遮蔽される長さのスケールでクラックの間隔がきまる（たとえば，Hu and Evans, 1989；Bai, Pollard, and Gao, 2000）．これ以外の分布は，個々のクラックの性質から直接説明することはできない．これらは自己組織化された臨界現象（節 5.4 をみよ）の典型例であって，クラックの応力場を介する多体相互作用によって，ひろい範囲で組織化がおこる．べき乗則分布は，Bak, Tang, and Wiesenfeld（1988）の砂山モデルのようなひらいた系でみちびかれる正典的な結果である．べき乗則から指数分布へ変化する原因は，クラックの遮蔽効果により，あらたにクラックが発生しうる領域の面積が減少するので，分布につけくわわるちいさなクラックの数が減少することと，クラックの成長の様式が，個々のクラックの成長からクラックどうしの合体へかわることである．

3.3 断層岩とその構造

地質学者たちは何世紀も前から，破砕された岩石が断層に関係するとかんがえてきた．断層の活動と密接に関係する岩石を最初に記載したのは Lapworth（1885）である．彼は，北西スコットランドの Moine 衝上断層で観察されるある種の岩石を，**マイロナイト**〔mylonite〕と名づけた．この用語の文字どおりの意味は，"粉砕された岩石"であるが，Lapworth がこの用語をもちいて記載した岩石は，現在では塑性変形の産物とかんがえられている．Lapworth の時代から今日まで，断層岩の成因に関する理解とそれを記述するための用語には，おおきな混乱がみられる．その主たる原因は，断層岩がひじょうに多様であることである．たとえば，Moine 衝上断層では，Lapworth が定義した型（単一のフォリエーション〔foliation；葉状構造〕とリニエーション〔lineation；線構造で〕でかたくて緻密な薄層状になっている）のマイロナイトを Stack of Glencoul で見学した後，断層の傾斜方向のあさい側へ 2, 3 時間あるけば，Knocken Crag で，まったく再結晶化作用の痕跡もフォリエーションもないこまかく粉砕された岩石粉で充填された断層をみることができるという具合である．

そのような岩石の成因については，混乱にみちた歴史がある．やはりスコットランド高地の岩石を研究していた Christie（1960）は，これらの岩石ができるにあたって，破砕作用〔cataclasis〕にくわえて再結晶が重要であることに最初に気づいた人で，その当時までの論点をまとめた．しかし，マイロナイトに特徴的な粒径の減少は，単にぜい性的に粉砕されたのではなく，もっぱら塑性流動による可能性があることがしめされたのは，ごく最近のことである（Bell and Etheridge, 1973）．断層岩はそのもととなる母岩から連続的な系列をなすべきだが，それをどう区分しどんな用語をあてるかについては，現在でも決着が

表 3.2 テクスチャーにもとづく断層岩の分類

	ランダム・ファブリック					葉状化している		
非凝着性	断層角礫（目にみえる岩片の量が全体の30%以上）							
	断層ガウジ（目にみえる岩片の量が全体の30%以下）					葉状化したガウジ		
凝着性	マトリックスの特徴	ガラス－脱ガラス化したガラス	シュードタキライト					マトリックスの割合 %
		テクトニクスによる粒子サイズの減少が再結晶化作用や新鉱物形成作用による鉱物粒子の成長を支配する	粉砕角礫	粗粒（角礫の大きさ＞0.5 cm） 細粒（0.1＜角礫の大きさ＜0.5 cm） 微粒（角礫の大きさ＜0.1 cm）				0 - 10
			カタクレサイト・シリーズ	プロトカタクレサイト	マイロナイト・シリーズ	プロトマイロナイト	フィロナイト・シリーズ	10 - 50
				カタクレサイト		マイロナイト		50 - 90
				アルトラカタクレサイト		アルトラマイロナイト		90 - 100
		鉱物粒子の成長がいちじるしい			ブラストマイロナイト			

ついていない．

3.3.1 断層岩と変形のメカニズム

　断層ゾーンの岩石は，そこでどんなプロセスがはたらいたかをしめす第一の証拠となる．断層は，スキツォスフェアを完全につらぬき，延性せん断ゾーンとしてプラストスフェアのかなりの部分をもつらぬくので，さまざまな変形メカニズムがひととおり関与し，豊富な種類の岩石ができあがる．そのうえ，このような岩石には，しばしば条件のことなる複数の変形期間を経験してきたものもおおいはずだ．深部でできた断層岩といっても，実際には，それが隆起して地表に露出した昔の断層岩をしらべるのだから，断層の運動が隆起のプロセスのあいだも継続していたとすれば，断層ゾーンには，さまざまな条件のもとで形成された多種多様な断層岩が露出するだろう．後からできた構造や岩石が，それ以前の

痕跡をぬぐいさってしまうかもしれないし，地震時の急激なせん断のあいだにつくられた岩石は，地質学的な時間スケールでは短命かもしれない．断層ゾーンのさまざまなレベルの構造でおこる変形のメカニズムや，その構造の履歴を再構成する作業は困難で，現時点では，単純化された説明だけができるにすぎない．Sibson（1977）は，さまざまなタイプの断層岩とその変形メカニズムについて論じた．テクスチャーをもとにした彼の分類に，すこし加筆したものを表3.2にしめす．いくつかの代表的なタイプについては，顕微鏡写真を図3.23にしめす．Snoke, Tullis, and Todd (1998) は断層岩のすばらしい写真集を出版した．

　テクスチャーによる分類は，横軸を無構造でランダム・ファブリックであるかフォリエーションをもつかでわけ，たて軸は，固結した岩石と未固結の岩石にわけている．未固結のタイプは，角礫からガウジまで粒子サイズによってこまかく区分されている．固結したタイプは，テクトニクスによる細粒化の度合いと，残存する粗粒結晶や母岩の断片に対する細粒基質の割合によって区分されている．残存する粗粒結晶は，マイロナイトの系列では，**ポーフィロクラスト**〔porphyroclasts〕とよばれている．これらは，ブラストマイロナイト〔blastomylonite；変成結晶作用がすすんだマイロナイト〕にみられる塑性変形の途中もしくはその後の結晶成長でできた**ポーフィロブラスト**〔porphyroblasts；斑状変晶〕とは別物である．

　表3.2には，葉状化ガウジを，Sibson のオリジナル・リストにつけくわえた．なぜなら，これは自然でもみられるし，実験室でもつくりだせるからである（Chester, Friedman, and Logan, 1985）．私はこの種の岩石の見事な露頭を Blue Ridge スラストの Grandfather Mountain にある Linfield Falls 断層（North Carolina 州）でみたことがある．断層は，厚さ1メートルの細粒の石英－長石質砂になっているのではっきりわかる．この砂層は，ひじょうにもろいが，そのなかに板状にわれたマイロナイト的な構造と，質のフォリエーションやリニエーションをみることができる（その近辺で採取された類似の岩石の顕微鏡写真が図3.23a にしめされている）．Linfield Falls 地区では，ガウジ・ゾーンから1メートル以内の母岩（花崗片麻岩）のなかに，マイロナイト質のよわいフォリエーションもみることができる．

　Sibson は，断層岩ができるメカニズムを，つぎのふたつのタイプに分類した．ひとつは，微視的メカニズムが主としてぜい性破壊である"弾性－摩擦"〔elastico-frictional〕のタイプであり，もうひとつは，おおかれすくなかれ結晶塑性が関与する"準塑性"〔quasi-plastic〕のタイプである．後者のカテゴリーには，溶解や拡散が関与するさまざまなプロセスもふくまれる．弾性－摩擦メカニズムには，母岩のぜい性破壊，摩擦（研磨）摩耗，ガウジや岩礫のカタクラスティックな変形がふくまれる．このような文脈では，カタクラスティック流動という用語は，節1.4にのべたような，もっと一般的な定義である準ぜい性的な挙動をさすのではなく，粒子の回転，粒子境界での摩擦すべり，ぜい性破壊による粉砕が関

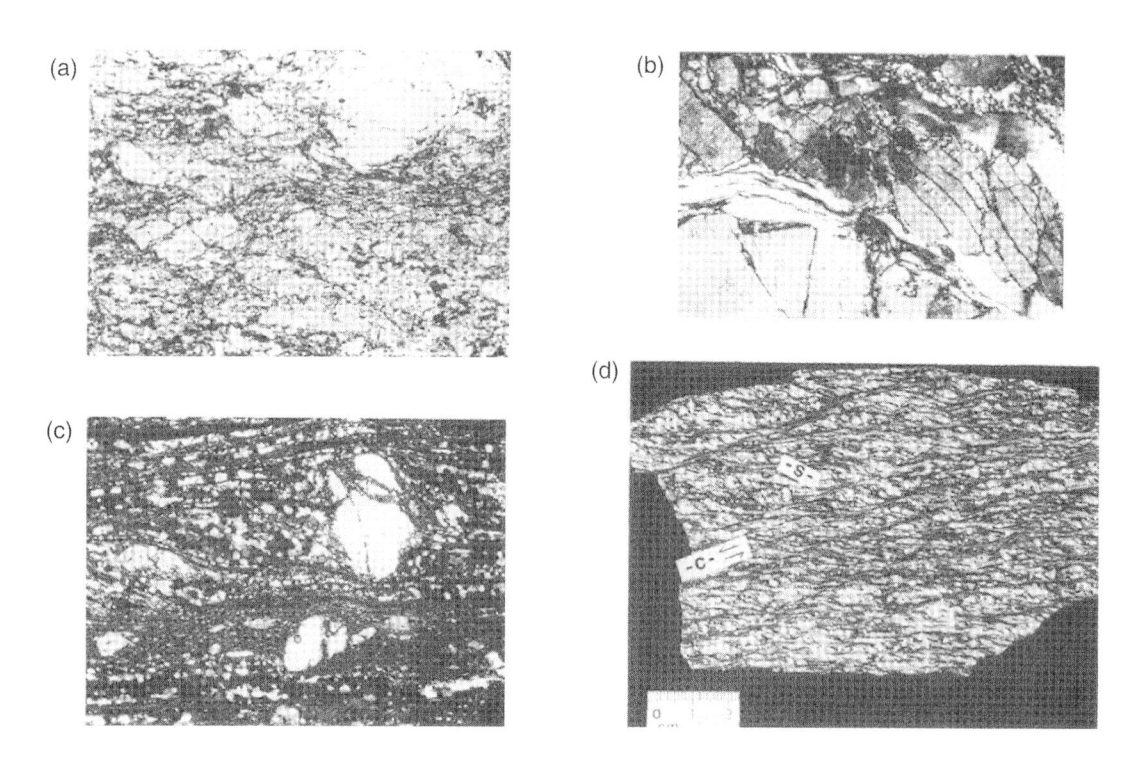

図 3.23 断層岩の顕微鏡写真．すべて花崗岩の母岩から形成されたもの．(a) Striped Rock 花崗岩のなかの葉状化カタクレサイト．Virginia 州，Independence の Fries 衝上断層ゾーン下位の Blue Ridge 衝上断層で採取．視野は 3.3 mm，下方ポーラー．細粒の板状珪酸塩鉱物〔phyllosilicate〕の葉状化マトリックスのなかに石英，長石やその他の石質岩片が存在する．(b) 準ぜい性場（高変成度の緑色片岩相程度の条件）でできた花崗岩質マイロナイト．塑性的に変形したマイカや石英リボン構造にとりまかれた，破壊された微斜長石がみとめられる．視野は 3.3 mm．直交ポーラー．California 州南部の Peninsular Ranges マイロナイト・ゾーンの Borrego Spring せん断ゾーン地域で採取．(c) 完全な塑性場（角閃岩変成度）でできた花崗岩質マイロナイト．よく発達した石英リボン構造とカリ長石の動的再結晶がみられる．視野は 3.3 mm．直交ポーラー．(b) とおなじ産地．(d) S－C マイロナイトの標本試料（低変成度角閃岩相）．California 州南部の Eastern Peninsular Ranges マイロナイト・ゾーンの Santa Rosa マイロナイト・ゾーンで採取．（写真撮影は Carol Simpson による）．

与する粒子の集合体の変形をさしている．準塑性プロセスは，さまざまなタイプの転位クリープをふくみ，変形時再結晶化作用や圧力溶解，ときには超塑性をともなう（Sibson, 1986b；節 1.4 も参照）．

Sibson は，未固結の岩石とカタクレサイト・シリーズは弾性－摩擦プロセスによって，マイロナイト・シリーズは準塑性プロセスによって形成されたとした．深さがふかくなるにしたがい（すなわち圧力と温度が増加すると），断層ゾーンでみられる岩石が，表 3.2 の左上から右下への経路にそって変化することが，一般的な傾向として期待できるかもしれない．しかしながら，以下にのべるようなケースもあるので，それぞれの系列のなかで

の岩種の遷移は，かならずしも温度や圧力条件といったまわりの環境の違いを反映しているわけではない．Sibson（1977）は，せん断ゾーンの中心へむかってひずみが増加するにしたがい，断層岩の種類が，プロトマイロナイトからマイロナイトへ，さらにウルトラマイロナイトへの遷移するとかいている．ひずみプロファイルがひじょうに不連続な地表面の近くでさえ，角礫化した岩石からガウジへと遷移し，そこから葉状化ガウジへ遷移するのがよくみられる（Chester and Logan, 1986；Chester, Biegel and Evans, 1993）．ひずみの増加は，固結している岩石でも未固結の岩石でも，フォリエーションのないタイプから，葉状化したタイプへ遷移させる効果をもつようだ．カタクラスティックな流動や塑性流動によって次第に細粒化すれば，粒子サイズに依存する溶解や拡散が関与するプロセスが促進されるかもしれない（Mitra, 1984）．

　テクスチャーに関する情報だけでは，岩石ができた深さについて，カタクレサイトならスキツォスフェアに，マイロナイトならプラストスフェアにという以上のことを，はっきりということはできない．とはいっても，深さに応じた漸進的な変化が存在するのはあきらかだ．たとえば Simpson（1985）は，低変成度緑色片岩相くらいの条件から角閃岩変成相（約 300 - 450℃，節 1.4 参照）までの範囲で生じた花崗岩を母岩とするマイロナイトの研究をおこなった．このシーケンスの写真が図 3.23b - d にしめされている．低変成度緑色片岩相の条件でできたマイロナイトは，石英の塑性変形，長石のぜい性破壊，雲母のキンキング〔kinking；へき開面のするどい屈曲〕によって特徴づけられる．中－高変成度の緑色片岩相では，石英，雲母，正長石の再結晶が明瞭であるが，斜長石にはわずかな低温塑性変形しかみられない．角閃岩変成度またはそれ以上になると，すべての鉱物に転位の回復や再結晶がみられた．したがって，このシーケンスはぜい性と塑性の両方の領域にまたがっている．節 1.4 でのべたように，緑色片岩変性度の境界が，準ぜい性領域の限界をきめている．Sibson のテクスチャーによる分類法では，マイロナイトのシリーズは準ぜい性領域にあり，ブラストマイロナイトは塑性領域にあるとしかいえない．両者のあいだの遷移は，だいたい緑色片岩変成相と角閃岩変成相の境界（〜450℃）でおこる．

　Sibson（1977, 1986b）はまた，地震のときの急激なすべりによって生じた断層岩と，地震サイクルのそれ以外の期間のゆっくりとした変形によってできた断層岩を区別しようとした．急激なすべりによって生じた断層岩のなかで重要なものにシュードタキライト〔pseudotachylyte〕がある．この岩石は，ひじょうに細粒でふつうは黒色をしており，その量に多少はあるが，しばしば粉砕された岩片をふくみ，ふつうは断層ゾーンでみつかる．Sibson（1975）は，おもにヴァインの入り方にもとづいて，地震すべりのときに発生する摩擦熱による溶融によってシュードタキライトができたとの結論をくだした．シュードタキライトにはときどきガラスがふくまれるが，たいていは脱ガラス化しているので，その起源は，ヴァインの入り方，テクスチャー，流理構造から推測しなければならないことがおおい（Maddock, 1983）．過去にはまれな岩石とかんがえられていたが，最近ではより頻

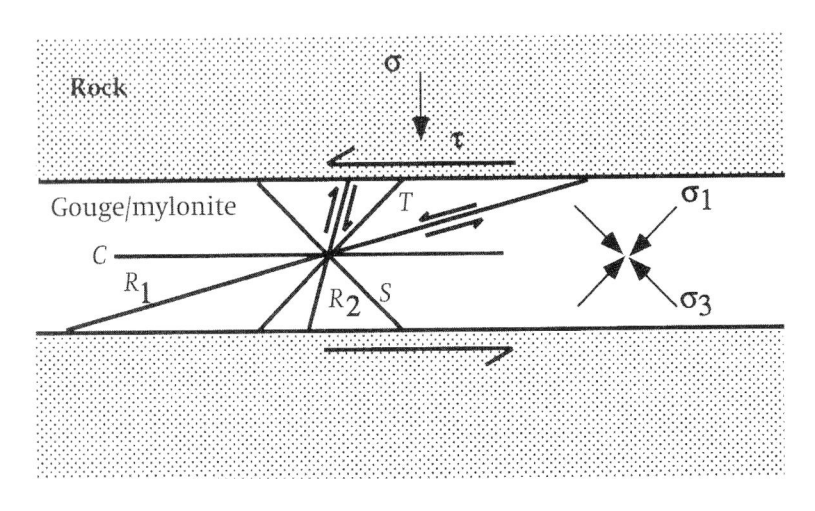

図 3.24 せん断ゾーンの模式図．せん断帯に対する主応力の向きと，主要な構造要素の幾何学的な関係をしめす．

繁に発見されるようになった．したがって，めずらしかったのは，鑑定法が確立していなかったためだとおもわれる．シュードタキライトがちゃんと同定できてその分布図がつくれても，フィールドでみられる存在度は，シュードタキライトができる実際の頻度よりちいさくなってしまう．なぜなら，シュードタキライトは，生成後にさらに変形がおこると簡単にきえてしまうからである．Grocott（1981）によれば，シュードタキライトは，断層ゾーンのなかでも特別な構造をもつ部分に偏在して形成されるようだ．シュードタキライト以外に地震時のすべりにともなってできる構造として，ガウジでみたされた砕屑岩脈〔clastic dike〕があげられる．これは，地震すべりにともなう急激な間隙圧の変化が原因である（Gretner, 1977）．Sibson（1986a, 1987）は"縮裂角礫岩"を発見し，すべりのときに急激に間隙圧がさがったことがその成因だと推測した．

3.3.2 ファブリックと表面

マイロナイトは，リニエーションとフォリエーションが吻合状に〔anastomosing；組織と組織が複雑にからみあうパターン〕からみあうファブリック〔fabric；鉱物の組み合せによってできる幾何学的構造〕によって特徴づけることができる．このようなファブリックは，Lapworth（1885）によって最初に記述された"流理"〔fluxion〕構造をつくる．さらに，せん断ゾーンに特有のノンペネトラティブ〔nonpenetrative；変形が巨視的な破壊やすべりによる〕な構造要素が多数存在し，これらはすべてせん断ゾーンそれ自身と独特の幾何学的な関係をもっている（図3.21）．これらのファブリック要素に対して，ふたつの用語体系がつかわれている．ひとつは Berthe, Choukroune, and Jegouzo（1979）によってつくられた用語法，もうひとつは Logan *et al.*（1979）による用語体系であり，これは Riedel（1929）

の用語にしたがいながら，実験室で観察される構造にその基礎をおいている．ここでは，前者の用語法をつかうこととし，後者の用語をカッコにいれてしめす．

　もっとも目だつフォリエーションは，Berthe, Choukroune, and Jegouzo によって S［p］面（"シストサイト"〔schistosite；片理〕）とよばれたもので，せん断ゾーンに対して 135 - 180°の角度をなしている．これは有限ひずみ楕円の最大伸張軸の方向である．単純せん断のケースでは，最初は 135°の方向をむくが，さらにせん断されると回転してせん断ゾーンに対してほぼ平行にちかづいてゆく．リニエーションは S 面内にあってせん断の方向をむく．つぎに目だつ構造は R_1 方向の Reidel せん断面であり，せん断ゾーン全体とおなじせん断のセンスをもつ．これほどはよく発達していないが，R_2 方向の逆センスのせん断面がみられることもある．これらの面におけるすべり量は，その幾何学的関係から必然的に制限される．しかしこれとは別に，せん断ゾーン全体とすべりのセンスがおなじで，せん断ゾーンに平行なとぎれとぎれのすべり面もできるだろう．この面上ではすべりの量に制限はない．このタイプのせん断面は C［y］（"シセルマン"〔cisaillement；せん断〕）面とよばれる．C 面がよく発達したマイロナイトを S - C マイロナイト（図 3. 23d）とよぶ．これらのファブリック要素の多くは，図 3. 23 にしめした断層岩でも，実験室で変形させた人工ガウジ（図 2. 12）でもみとめられる．

　このようにマイロナイトの構造の方向は，断層を単純せん断させたときの方向と斉合するが，つぎの問題は，なぜ単純せん断の条件になるのかということである．その答えは Byerlee and Savage（1992）によってあたえられた．彼らは，粉体であろうが塑性変形する岩石であろうが，Coulomb 塑性にしたがって変形する材料層をはさむ断層では，この層内の最大圧縮応力は断層面に 45°をなすまで回転することをしめした．したがって，そのような応力配置に対して，〔ふたつの〕Riedel せん断面は，まさしく式 1. 35 であたえられる共役な Coulomb 降伏面にあたり，S 面ができはじめる向きは層内の主応力 σ_1 に垂直な向きである．このように，断層内部での応力の向きは，外から課せられた応力の方向とはちがうのである（図 3. 24）．さらにこのせいで，断層のみかけの摩擦係数は μ_a = sin（tan$^{-1}\mu$）となるから（Lockner and Byerlee, 1993），このような断層は予想よりいくらかよわいだろう．たとえば，μ = 0. 85 なら μ_a = 0. 70 となる．

　このようなわけで，これらのファブリックは，せん断ゾーンのひずみ場の向きを反映しているのであって，ある特定の変形メカニズムがはたらいた証拠となるわけではない．たとえば S 面フォリエーションは，特に粘土鉱物にとむガウジのなかでは，機械的な回転に起因する板状鉱物の選択配列によってできる（Rutter *et al.*, 1986）．いっぽう，変成度のたかいマイロナイトでは，S 面フォリエーションは，塑性変形と再結晶による結晶方位の選択的な配向によってできる（Simpson and Schmid, 1983；Lister and Williams, 1979）．同様に，C 面は，未固結のガウジの場合にはすべりが集中したゾーンであるが（Chester and Logan, 1986），変成度のたかいマイロナイトの場合には再結晶作用によって細粒化した粒子でで

きたうすいゾーンである（Simpson and Schmid, 1983 ; Lister and Snoke, 1984）．Reidel せん断は，もともとぜい性変形に対して定義されたものだが，延性変形でも C′ とよばれるフォリエーションやへき開が R_1 の方向に発達することがある．

引っ張り破壊〔gash；割れ目，裂け目〕の配列である（T）アレーもよくみられる．最初は，最小主応力に垂直な方向に形成される．つぎに，有限ひずみにより回転して S 字形になる．これは低変成度から中変成度の変成岩のテレーンでよくみられ，ヴァインが別の材料で充填されているのでよく目だつ．引っ張りガッシュ・アレーは，せん断ゾーンがまさにできようとした兆候とみなせる（Knipe and White, 1979）．一例を図 3.25 にしめす．せん断ゾーンにこのような引っ張り破壊が存在することは，異常にたかい間隙圧が存在し，水圧破壊によってそのような破壊ができたことを意味するととられることがある（たとえば，Reynolds and Lister, 1987）．しかしながら，せん断ゾーンに付随してひずみが集中した領域にでできた引っ張りガッシュ・アレーについては，そのようにかんがえる必要はない．なぜなら，そこでの局所的な応力場は，その周囲の応力場からかなり逸脱しており，しかもこの応力集中ゾーンにおける引っ張りクラック・アレーは，せん断クラックのエッジにそって発生する引っ張りクラック・アレーと同様のメカニズムによってできるからである（節 1.2.3 と節 3.2.1）．図 3.25 にしめしたようなできはじめのせん断ゾーンで，引っ張りガッシュ・アレーだけにヴァインが集中しているケースでは，間隙圧が周辺岩盤の主応力のひとつをうわまわるという説明はうけいれがたい．

せん断ゾーンのひずみは中心部にむかってふえることがおおく，そのプロファイルは連続なこともあれば不連続なこともある．図 3.26 に，模式的な例をしめす．ひずみが連続であるときには（図 3.26a），S 面フォリエーションは S 字形に変形し，その形状からひずみプロファイルを測定することができる（Ramsay and Graham, 1970）．S 面フォリエーションが，せん断ゾーンと平行になるようないちじるしくおおきなひずみ場のときには，このようなひずみ測定は限界につきあたる．せん断が徐々に発達して C 面（Simpson, 1984）ができているとき（図 3.26b）には，ひずみは不連続であって，オフセット・マーカーとなるものがなければ，もはやせん断ゾーン全体のトータルなひずみ量は推定できない．純粋にぜい性的な断層が形成されたときには，せん断の不連続性はたいへん顕著である（図 3.26c）．摩擦面による不連続なオフセットが存在するときには，通常のひずみの概念は意味をなさないが，それでも断層ゾーンの中心部へむけて変形度あがってゆくことはみてとれる（Chester and Logan, 1986）．

ぜい性か延性かをとわず，せん断ゾーンに共通するもうひとつの主要な特徴は，ほとんど変形していない岩石から構成されるレンズ状の塊であり，キロメーターからミリメーターにわたるスケールでみとめられる．このレンズの長軸はすべりの方向とほぼ一致している．それが地図のスケールでのガウジ・ゾーンであろうが，微視的なスケールでのマイロナイトの基質であろうが，細粒部分の変形はレンズ状の塊のまわりを吻合状のパターンを

図 3.25 せん断ゾーンの発生段階における，引っ張りによる割れ目の配列（ガッシュ・アレー）．Cornwall の Hartland Quay．すべりのセンスは左横ずれ．（写真撮影は Simon Cox による）．

つくって流動したようにみえる．粒子のスケールでは，レンズ状の部分はポーフィロクラストとよばれ，通常はもっとも変形をうけにくい鉱物，たとえば石英―長石系の岩石では主として長石から構成されている．マイロナイトでは，ポーフィロクラストは，しばしば再結晶した微粒子が列になった非対称的な**眼球構造**〔augen structure〕をつくる．これをつかってせん断の方向を推定することも可能だろう（Simpson and Schmid, 1983）．

断層ゾーンのなかのすべり面は，典型的に（いつもというわけではない）なめらかで光沢があり，ふつうはすべり方向に条線〔striation〕がついている．このような面は**スリッケンサイド**〔slickensides；鏡肌〕とよばれている．条線そのものをあらわすためにこの用語をもちいる研究者もある（いくぶん問題のある用例である；Fleuty, 1975 参照）．条線は，いちばんあたらしいすべりの方向をしめす指標として，ながいあいだつかわれてきた．そしてときには，条線に垂直なちいさな階段状の凸凹をつかって，すべりのセンスを明確に決定できる（すべりの方向に対してくだり階段状になる）．

スリッケンサイドはさまざまなメカニズムによってつくられる．正統的なスリッケンサイドは，溝や岩屑の跡がついたみがかれた表面であり，きっと研磨摩耗によってできたのだろう．リニエーションをもつ多層化した〔laminated〕ガウジの表面がみつかることもあ

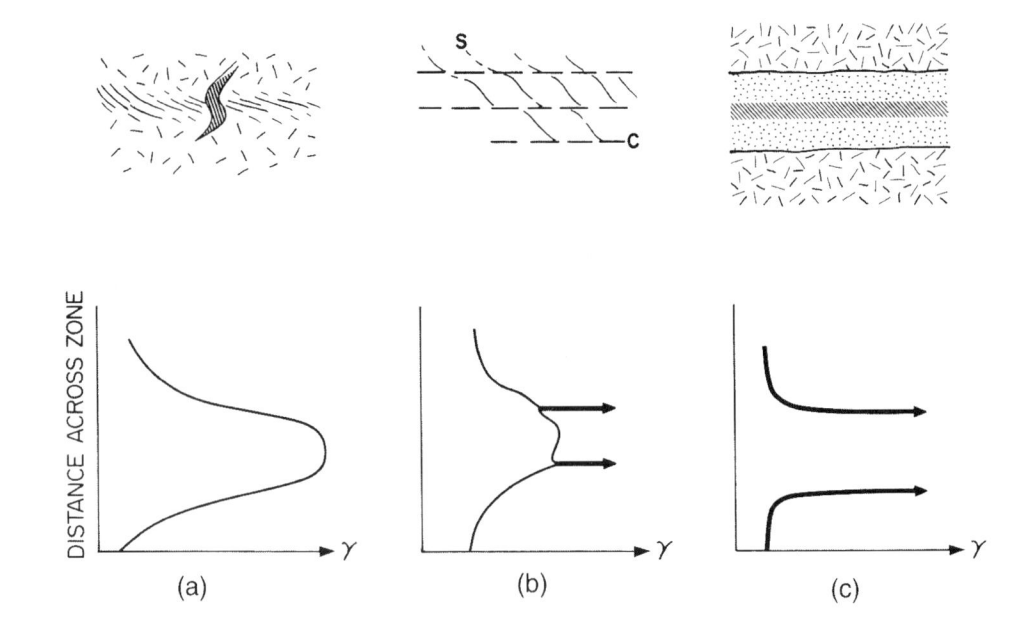

図 3.26 3つのタイプのせん断ゾーンの模式図とそのひずみのプロファイル．(a) 連続．(b) 不連続（S - C マイロナイト）．(c) ひじょうに不連続（ぜい性）．

る（Engelder, 1974b）．断層面が，すべりに平行な方向に成長した繊維状の結晶やリニエーションをもつヴァイン材料でおおわれていることもあり，これらもスリッケンサイドとよばれる（Durney and Ramsay, 1973）．このケースでは，スリッケンサイドは摩耗作用ではなく成長作用によってつくられる．溶解や析出も，断層表面上にみられるさまざまな構造をつくるに際してなんらかの役割をはたすようだ．

3.4　断層の強度とレオロジー

　50年以上も前に，地震学の発達により地震の深さが正確にきめられるようになり，ほとんどの地震の震源はあさいことが発見された．さらにこのことが，スキツォスフェアとプラストスフェアのレオロジー的な性質の違いを反映しているとかんがえられるようになった．Macelwane（1936）は，"**地質－地震学のフロンティア**"〔geologico-seismological frontier〕と題する，この分野の進歩を展望する講演において，当時の知見と解決を要する重要な課題を簡潔にのべた：

　　地質学者は当たり前のように，地球の表面近くは破壊のゾーンであり，その下は
　　流動ゾーンであるとかんがえてきた．ところが，被害をひきおこすような地震の
　　多くが，予想されたように破壊ゾーンの上部から降伏しはじめるのではなく，破

壊ゾーンの底やそこよりいくぶんふかいところからはじまることが発見されたのである．地震の震源〔focus〕の**標準的な**深さ，または地震波の最初の顕著な放射がおこる深さは，10 キロメートルから 15 キロメートルのあいだにあるようにおもわれる．［強調は原典のママ］

この考えと観察結果は，今日までそれほどかわっていない．しかし，ごく最近になって，破壊のゾーンと流動のゾーンに対して，昔よりいっそうたしかなことがいえるようになり，Macelwane によって提起された地震がはじまる深さに関する問いにもこたえられるようになった．岩石の破壊や摩擦に対する理解，断層の地質学的観察，関連する地震学的観察をもとに，スキツォスフェアととりわけプラストフェアの断層のレオロジーと強度に関して，それなりに緻密な見取り図をえがくことが可能になった．とはいっても，このモデルの定量的な性質となると，依然として基本的なところで意見の不一致がのこされている．

3.4.1　せん断ゾーンの断面のモデリング

Macelwane の話にでてきた破壊のゾーンと流動のゾーンが存在するという概念には，1980 年までたいした進歩はなかった．Brace and Kohlstedt（1980）と Kirby（1980）は，実験室でのデータを組みあわせて，大陸のリソスフェアのレオロジーに関する単純なモデルをつくった（図 3.27）．このモデルでは，リソスフェア上部の強度については，静水圧的な間隙圧の勾配を仮定したうえで Byerlee の摩擦則をつかっている．Anderson 理論による応力状態と断層の方向の関係も仮定されているので，衝上断層をつくるのに必要な応力は，正断層に対する応力よりずっとおおきいとかんがえられる．横ずれ断層に対する応力はそのあいだのどこかにある．ふかい部分は，適当な岩石（図 3.27 は湿潤状態のクォーツァイト）の高温での定常流動則を低温へ外挿したものに準拠している．このモデルはリソスフェアの強度の下限をあたえる．なぜならこのモデルは，最弱な方向をむく断層をすべらせるために必要な応力レベルをあたえるからである．摩擦則によって予測される上部の強度は，間隙圧をどう仮定するかだけによってきまるが，下部の強度は仮定する岩石の種類，温度，ひずみレートに依存する．

摩擦則と流動則が交差する部分が，地殻のぜい性－塑性の遷移点とされた．Sibson (1982) と Meissner and Strelau (1982) は，断層ゾーンの岩石の変形メカニズムに関する観察結果や地震の震源の深さ分布を，このモデルと比較した．彼らは，予測されたぜい性－塑性遷移領域の深さが，断層岩に延性の証拠が最初にみられる深さや，地震が発生する最大深度とおおよそ一致していることをみつけた．これは，このモデルに対する強力な確証であるようにおもわれたので，モデルの緻密化と応用が追究された．たとえば，地震活動の深さ分布のわずかな変化を，熱流量の変動と関連づけるといったような研究である

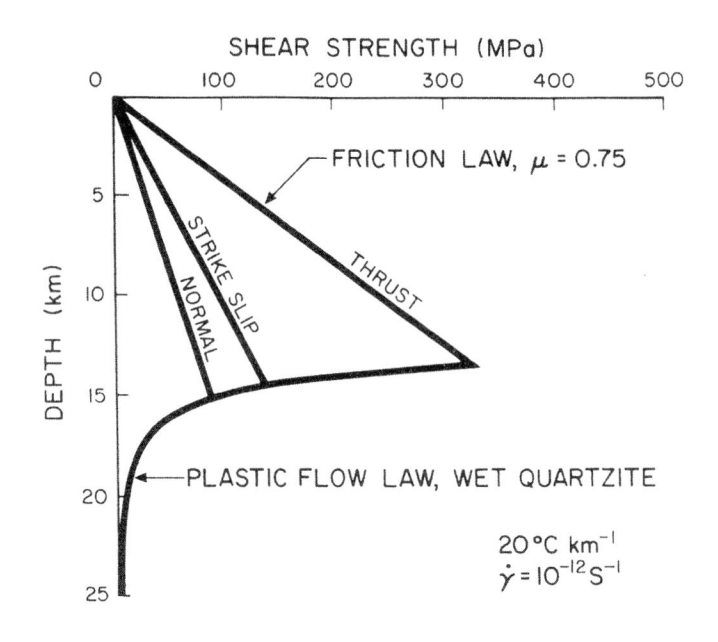

図 3.27 リソスフェアの強度をあらわす単純なモデル．あさい部分の強度は，もっともすべりやすい方向をむいた Coulomb の摩擦則にしたがう断層との釣り合いを仮定している．摩擦係数 $\mu = 0.75$ と静水圧的な間隙圧が仮定されている．ふかい部分の強度は，実験によってきめられた湿潤状態の珪岩の流動則（Jaoul, Tullis, and Kronenberg, 1984）を外挿してもとめた，図中にしめされたひずみ速度と温度勾配を仮定した．

(Chen and Molnar, 1983 ; Sibson, 1984 ; Smith and Bruhn, 1984 ; Doser and Kanamori, 1986).

　しかしながら，節 1.4 で論じたように，ぜい性－塑性遷移が，この単純なモデルでえがかれるようにある一点でおこるはずはなく，圧力と温度の上昇にしたがって，完全なぜい性から，準ぜい性モードをへて，完全な塑性モードまで徐々に変化するはずである．ふかい部分につかわれている定常的流動則を準ぜい性場までは外挿することはできないし，まして，そのさきの摩擦則と交差するところまで外挿することはできない．塑性領域から準塑性領域にはいると，構成鉱物ごとに塑性変形メカニズムが順々にはたらかなくなるので，ここでの岩石の強度は下部での流動則から外挿した値よりつねにたかい．そして次第に，ひずみをまかなうのに微視的なぜい性プロセスが必要になってくるため，強度は圧力に依存するようになるだろうが，図 3.27 のモデルでは，この要素は考慮されていない．

　Simpson（1985）が記述したような道筋にしたがって，岩石が準ぜい性領域において，プロトマイロナイトからウルトラマイロナイトにかわってゆくにつれて，変形しない部分がへり，組成の違いによるフォーリエーションが発達する．定常的な塑性流動の状態に達するのはこのような変化が完了してからである．ここでは，そこに達するまでは，マイロナイトがどのような流動則によっても記述できないというわけでもないが，どのような法則にしたがうかを高温実験からみちびかれた定常的な塑性流動則の外挿によって推定する

ことができない.

　図3.27にしめされたモデルの解釈において，もうひとつ暗黙に仮定されていることは，断層面上での離散的な摩擦すべりから，延性せん断ゾーンでのバルクで連続的な流動への遷移，すなわちぜい性から準ぜい性への遷移はとつぜんおこることである．ここでは，摩擦は，ぜい性プロセスと同義であり，塑性変形には関与しないことが仮定されている．［このことは，たとえば，Sibson（1977）が変形の分類につかった用語，"弾性－摩擦" と "準塑性" から想像できる］．すでにわれわれは2章で，巨視的な摩擦（強度）はそれをつかさどるアスペリティの微視的な変形メカニズム（それがぜい性破壊であろうが塑性流動であろうが）には左右されないことを指摘した．塑性流動は，高温における金属や岩石の摩擦のメカニズムである．断層ゾーンでマイロナイトが出現しはじめたからといって，そこが摩擦層の底をあらわすということはできない．実際，マイロナイトには不連続なすべり面（C面）がたくさんあるのだから，マイロナイトでも摩擦がおこっているとかんがえざるをえないのである．その強度が直応力に線形に依存する摩擦すべりが，バルクな変形にとってかわられるのは，摩擦面が溶着してしまったとき，すなわち $A_r \approx A$ となったときである．これは，延性がおこりはじめるより深部であるとかんがえられる.

　節2.3.3で説明したように，延性がはじまっても，断層の摩擦的な性質も摩擦係数の値も基本的にはかわらないが，すべりの速度依存性は，すべり速度弱化からすべり速度強化へ転ずる．ふかい側での摩擦の不安定への遷移点は延性の始まりと一致し，地震が開始できる最大深度（サイスモジェニック・ゾーンの底）をきめる．またその深さで，摩耗のメカニズムが研磨摩耗から接着摩擦へかわるだろう．後者は，金属の摩擦メカニズムの典型であり，アスペリティの塑性的せん断によっておこり，しばしば，片側の表面からもういっぽうの表面に材料が移動する．このあたりの深度で形成されるマイロナイトは，そこにある岩石のバルクな延性変形でできた産物というより，部分的には接着摩耗によってできた産物であろう（Scholz, 1988b）.

　図3.28に，上で解説した特徴を具体的にもりこんだせん断ゾーンの断面の見取り図的モデル〔synoptic shear zone model〕をしめす．ここでとりあげた例では，San Andreas断層地域の熱流量の測定にもとづく地温勾配（Lachenbruch and Sass, 1980, モデルB）をつかっている．したがって，図の左に指示された深さは，San Andreas断層だけにあてはまる．このモデルは石英－長石組成の地殻を対象としているので，石英の塑性がはじまる300℃が，ぜい性から準ぜい性への遷移温度であり，そして長石の塑性のはじまる450℃が，準ぜい性から塑性への遷移温度である．最初の遷移を T_1，2番目の遷移を T_2 とよぶ.

　断層岩は T_1 でカタクレサイトからマイロナイトへかわり，摩耗のメカニズムも研磨摩耗から接着摩擦にかわる．母岩の性質が一定であれば，式2.22は，深さとともに断層の厚さがふえなければならないことをしめしている．しかしながら，圧力がふえるにしたがって母岩の強度が上昇するので，カタクレサイト層の厚さは逆にふかいところほどうすく

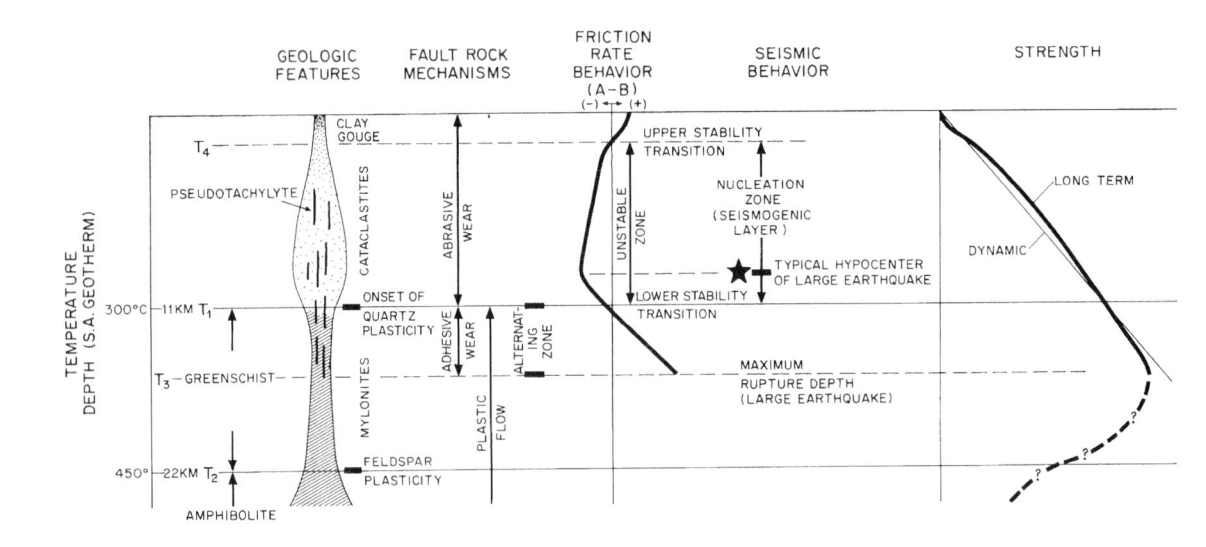

図 3. 28 せん断ゾーンの断面の見取り図．くわしい説明は本文を参照のこと．(Scholz, 1988b から引用した).

なることもかんがえられる．1992 年の Landers 地震が発生した断層では，板状で垂直の低速度ゾーンの厚さは地表付近で 300 m であるのが，深さ 8 km では 100 - 150 m にまでうすくなっているのがあきらかになった．この低速度ゾーンはカタクレサイト・ゾーンである可能性がもっともたかい（Li *et al.*, 2000）．T_1 でカタクレサイト・ゾーンがせまくなるような絵がかかれているが，なぜかというとふつうは，接着摩耗係数は研磨摩耗係数よりずっとちいさいからである（Rabinowicz, 1965）．非対称的な砂時計の形をした断層ゾーンはかなり理想化された描像であり，せいぜい均一な物性をもつ岩盤のなかの純粋な横ずれ断層にしか適用できない．

　断層の安定・不安定に関する性質は，式 2. 28 をもとに，すべりレート変数 $A - B = (\mathfrak{a} - \mathfrak{b}) \sigma_n$ をもちいて記述できる．この値が負のときは，断層はすべり速度弱化をしめすから不安定である．正のときは，すべり速度強化をしめし安定である．ここでもちいたモデルは，図 2. 21 にしめしたモデルとおなじである．ただし，地表面近くは例外で，そこでは $\mathfrak{a} - \mathfrak{b}$ が正になることが仮定されており，これに対応して，あさい側での安定の遷移が存在することになる．これを T_4 であらわす．このような浅部での遷移の存在は，Scholz, Wyss, and Smith（1969）によって最初に提案された．これは，よく発達した断層の浅部側と深部側の両方で，地震活動がカットオフされるといういう観察結果にもとづいている（図 3. 29）．T_4 での遷移には，ふたつの可能な原因がかんがえられる．ひとつは，限界スティフネスが直応力に依存することであり（節 2. 3. 3 と節 2. 4 を参照），その結果，浅部では，すべり核の長さ〔nucleation length〕がひじょうにおおきくなる可能性がある．

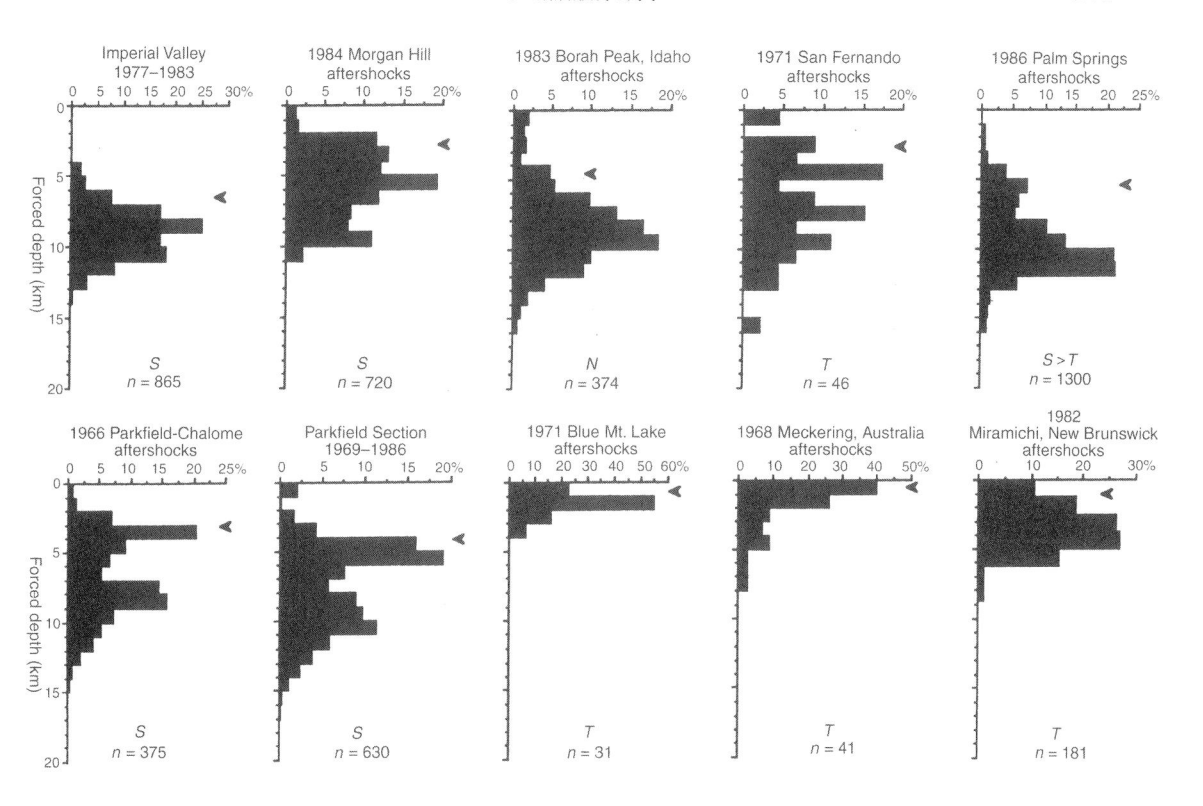

図 3.29 よく発達した断層と未発達の断層でおきる地震の深度分布．図のなかにしめされ記号は，そこで卓越する断層モード（横ずれ断層，S；衝上断層，T；正断層，N）をしめす．地震の 90％が矢印でしめした上限と下限のあいだでおこる．かなりの量の累積すべりをともなうよく発達した断層では，あさい側とふかい側のカットオフがはっきりとみえる．すべり量のひじょうにすくないプレート内の断層（Blue Mountain Lake, Meckering, Miramichi）では，あさい側のカットオフは明瞭ではない．（Marone and Scholz, 1988 の結果にもとづく）．

もうひとつの原因は，Marone and Scholz（1988）によって提案されたもので，浅部の断層ゾーンに未固化のガウジが存在することをその根拠としている．なぜなら未固化のガウジは，一般にすべり速度強化をしめすからである（節 2.2.3）．そしてこの説明の根拠となったのは，あついガウジの層が存在しそうな，よく発達した断層ゾーンにかぎって，2-4 km の深さで地震活動にカットオフが観察されるという事実である（図 3.29）．New York 州の中央 Adirondacks のようによく発達した断層が存在しない地域では，ずっとあさいところでも地震が発生することがわかっている（たとえば，Blue Mountain Lake, 図 3.29）．California 州の Imperial Valley では，未固化の堆積層が異常にあつく，深さ 5 km までつづいており，地震はそれよりふかいところでだけ発生する（Doser and Kanamori, 1986）．

ふかい側の安定への遷移は T_1 でおこるので，地震が開始できるサイスモジェニック・ゾーンは，T_1 と T_4 でくぎられる．このモデルでは，サイスモジェニック・ゾーンの底は 300℃の等温線とマイロナイトの最初の出現によって特徴づけられる．これは，図 3.27 の

単純なモデルに対してあたえた解釈と一致しているが，理由はことなっている．T_1とT_4は，地震が**開始**できる範囲をさだめるが，地震が**ひろがる**〔propagate〕ことのできる領域をさだめるわけではない．サイスモジェニック・ゾーン全体を破壊するような大地震は，あきらかにT_4をつらぬいて動的にひろがり，地表面もこわしてしまう．同様に，地震がひろがることのできる深さは，T_1によって制限されるのではなく，Das（1982）やTse and Rice（1986）のモデルによってあきらかにされたように，ある程度ふかいところT_3（$<T_2$）までひろがるだろう．しかし，その地震の余震の震源はT_1によって制限されるだろから，余震の分布から，本震によるラプチャー・ゾーンの底の位置をきめることはできない．

　余震分布が，その深さ方向の広がりもふくめて，本震のラプチャー域の輪郭をえがきだすことが一般に仮定されるが，Strelau（1986）は，これに対する根拠はあいまいであるか循環論法になっていることを指摘した．過去の地震学の標準的な方法，特に測地学的方法はそれだけで，地震による断層運動の最深部の深さを正確にきめられるほどの分解能をもたない．たとえば，Thatcher（1975a, b）は，1906年のSan Francisco地震の測地学のデータからは，10 kmより深部での1 m程度のすべりを検出できないことをしめした（図5.2も参照）．しかしながら，もっと近代的な地震学的手法は，条件にめぐまれればこの程度の分解能をもつ．

　今やわれわれは，地表面からT_3までひろがるスキツォスフェアと，T_1とT_4を境界にもつサイスモジェニック・ゾーンを区別できるようになった．T_1とT_3のあいだの領域は，コサイスミックな動的すべりとインターサイスミック〔interseismic〕な期間の準ぜい性的流動が交替しておこる領域である．このような交替領域の存在をしめす地質学的な証拠は，せん断ゾーンの観察によって徐々に数をましており，この領域で形成されるマイロナイトに，シュードタキライトや断層角礫岩がまじっていることがみつけられている（Sibson, 1980a, b ; Stel, 1981, 1986 ; Wenk and Weiss, 1982 ; Passchier, 1984 ; Hobbs, Ord, and Teyssier, 1986）．Hobbs, Ord, and Teyssierは，このようなシュードタキライトの存在を，延性的な不安定の結果として説明しようとした．彼らのモデルでは，湿潤状態の石英のようなレオロジー的性質をもつ材料では，およそ200℃をこえると不安定がおこりえないことがわかった．しかしながら，地震があさい側から動的にT_1につきあたると仮定すると，インターサイスミックなひずみレート（または，約10^{-3} s^{-1}）より8桁ほどおおきいコサイスミックなひずみレートにさらすことになり，これは彼らのモデルからすると，地震はずっとふかくひろがることができるということになるはずだ．

　さてここで，Macelwaneが提示したもうひとつの問い，なぜ大地震の破壊は，地表側からではなく，ほとんどサイスモジェニック・ゾーンの底の近くで開始するのか？　という問いにとりかかろう．Sibson（1982）は，せん断ひずみエネルギーがいちばんたかいところはスキツォスフェアの底であるから，そこがもっとも大地震の発生源になりやすいことを指摘した．この定性的なアイデアは，ふたつの方法によってふくらまされた．Tse and Rice（1986）は，断層ゾーンの準静的な摩擦モデルをつかって，地震の開始は$A-B$が最小になるところでもっともおこりやすいことをみつけた（節5.2.2も参照）．彼らのモデルにしたがうならば，サイスモジェニック・ゾーンの深部で$A-B$が最小になる．Das and Scholz（1983）はちがった角度からこの問題を論じた．彼らは，強度とストレス・ドロップが深さとともに増加することを仮定した動力学モデルをもちいて，あさくて応力のひくいところから出発したラプチャーは，ふかくて強度のたかい領域のなかへ伝播しないことをしめした．ふかくて応力のたかい領域ではじまったラプチャーだけが，スキツォスフェア全域をつききってひろがる能力がある．

　このモデルからえられた強度の深さ方向のプロファイルが，図3.28のいちばん右側のフレームにしめされている．図3.28と図3.27のもっとも重要な違いは，図3.28では，強度がすくなくともT_3まで摩擦則に支配されつづけ，T_1では強度は不連続にならないことである．したがって強度のピークはおおよそT_3にくる．ここよりふかくなると，T_2からは高温の流動則もくわわるので強度がさがるだろう．T_2になるまで完全な塑性が達成されることはないけれども，断層ゾーンにながれこんできた流体に促進される**圧力溶解**〔pressure solution〕メカニズムがはたらき，断層はT_2よりあさいところで接着されてしまい，強度もその点より上で低下することが期待される（Etheridge *et al.*, 1984；Kerrich, 1986；Chester, 1995）．

　ここで説明した断層ゾーン・モデルは，石英－長石系の地殻だけに適用できる．そして，深さのスケールは，あきらかに，どのような地温勾配を仮定するかに依存している．多少の制約があるもののこの結果は，他のふたつの主要な地震テクトニクス地帯である海洋リソスフェアの断層や沈みこみゾーンにまで敷衍できる．これらのケースは節6.3.1と節6.1.2.でとりあげられる．

3.4.2　深部の延性的せん断ゾーン：断層の下部への延長

　地球ダイナミクスのモデルをつくる研究者たちはよく，図3.27のレオロジー・モデルに誘導されて，地球のリソスフェアをゼリー・サンドイッチとして表現する．サイスモジェニック・ゾーンに対応する弾性層が粘性的な下部地殻にのっているという図式である．この世界観によると，断層は，ぜい性－塑性遷移のところで粘性層によってきりはなされて，そこでおわってしまう．これとは対照的的に，図3.28に私がえがいたのは，断層は深部へ，マイロナイト・ゾーンとして，延性領域までつづいているという絵である．このような構造はひろく観察されており，それが私のえがいた絵のもとになっている．もしこの後者の見方のほうがただしいとすれば，ふかくまで貫入しているマイロナイト・ゾーンが，どうして図3.27（と図3.28）にしめした水平なレオロジー構造と両立しうるのだろう？

マイロナイト・ゾーンはひずみが局所化する場所であるから，ひずみ弱化がおこるはずである．このような場をつくるひずみ弱化のメカニズムはたくさんあるかもしれないが，ここでは単純で確実におこるものをひとつだけ検討する．花崗岩質母岩の緑色片岩相条件でのレオロジーをかんがえよう．そのとき石英は，図3.27の流動則にしたがって塑性的に流動するが，長石はまだぜい性とつよい強度をたもっている．典型的な花崗岩は，ほとんど長石で構成され，石英の割合はわずかに10%程度にすぎない．このような条件では，コンクリートの強度が砂利でささえられているのとおなじことで，花崗岩の強度は長石でささえられている．コンクリートにおけるセメントとおなじで，全体の強度や変形に対する石英の寄与はないにひとしい（Jordan, 1988）．しかしながら，有限ひずみの段階に達すると，マイロナイト・ファブリックが発達し，図3.23b - dのように，石英と長岩は分離してせん断に平行な互層をつくる．こうなると全体の強度は石英の強度まで低下し，図3.27の流動則にしたがう．**ただし，これはせん断ゾーンに平行なせん断変形にかぎってあてはまる．**このようなふるまいは，方解石と岩塩をもちいたアナログ実験であきらかにされている（Kawamoto and Shimamoto, 1998）．せん断ゾーンの外や，せん断ゾーンに平行でない向きのせん断変形については，岩石は依然として長石の強度をもっている．したがって母石が花崗岩で緑色片岩相（300 - 450℃）の条件にあるものが，図3.27のレオロジーにしたがうのは，せん断ゾーンがそれに平行にせん断する場合だけであって，他の条件では，岩石はこの深度では粘性的ではなく，準ぜい性でつよいはずだ．単一鉱物からなる岩石では，鉱物種の違いによる組織の再編によるひずみ弱化はおこりえないから，その主たるメカニズムは，結晶が選択的な配向をして"すべり〔glide〕やすく"なることである場合がおおい．

深部にあったものが露出したテレーンでは，延性的せん断ゾーンを，変成相が緑色片岩相の始まりからグラニュライト相にいたるまで完全たどることができる．下部地殻までよくしらべられており，せん断ゾーンは深さとともに幅をますことがわかっている（Bak, Korstgard, and Sorensen, 1975；Hanmer, 1988；Hanmer, Williams, and Kopf, 1995）．現在活動している断層に関しては，San Andreas 断層系の断層が下部地殻および地殻／マントルの境界をオフセットさせていることが，地震波プロファイルにしめされている（Henstock, Levander, and Hole, 1997；Parsons, 1998）．さらに，California 州での測地データも，せん断ゾーンがSan Andreas 断層の下部に，サイスモジェニック・ゾーンの層厚の2 - 3倍までのびていなければならないことをしめしている（Gilbert, Scholz, and Beavan, 1994）．力学的には，その深部の延性的せん断ゾーンもひっくるめて，地殻全体をつらぬく構造として断層をかんがえなくてはならないのである．ゼリー・サンドイッチ・モデルは，図3.27をあまりにも単純化しすぎたモデルである．

ひとつの興味ぶかい問いは，断層がさきか，深部のせん断がさきかという問いである．共役な横ずれ断層のなす角度をしらべることでこの問いにこたえられる．鋭角をなしてい

れば，Coulomb の破壊基準の予測通りだから，断層がさきである．直角なら，最大せん断応力の向きだから，塑性流動の（Tresca）基準にしたがっており，せん断ゾーンがさきにできたということになる．一般的には前者がただしいと仮定されているが，図 3.2 にしめした事例では，断層はあきらかに直交している．

3.4.3　断層運動にともなう熱

重力に対する仕事を無視すれば，変形のあいだになされた仕事は，ほとんどすべてが熱に変換されるはずである．断層は，テクトニックな仕事がそこに集中してなされる場所であるので，力学的に熱が発生した証拠をさがすのに適した場所である．断層運動のエネルギー・バランスは，以下のようにかくことができる．

$$W_f = Q + E_s + U_s \tag{3.8}$$

W_f は，摩擦であれ，延性変形であれ，断層運動に投入された力学的仕事である．Q は熱，U_s は表面エネルギーである．式 3.5 をもちいて U_s の値をみつもると，断層運動では U_s は無視できることはすでにしめした．E_s は地震波となって放射されたエネルギーである．弾性波の放射へのエネルギーの分配率については，節 4.2 で再度とりあげるが，ここでは E_s の項を無視して議論をすすめる．

われわれはふつう，熱そのものではなくむしろ温度や熱流量を測定するので，式 3.8 の時間微分形をかんがえるほうがより便利である．右辺のうしろの 2 項を無視すると，つぎのようにかける．

$$\tau v \geq q \tag{3.9}$$

ここで，τ は速度 v ですべっている断層にはたらく平均せん断応力であり，q は断層によってつくりだされた熱流量である．式 3.8 の右辺のうしろ 2 項が完全に無視できるときには等式になる．断層運動が発生するの熱の効果は，おおきくわけてふたつある．ひとつは，断層が地質学的な時間を通じておこなった平均的な仕事による効果で，これにかかわる定常的な熱のサイン〔signature〕が断層のまわりに刻印されるだろう．これには，式 3.9 のすべり速度として，地質学的にきめられた平均すべりレートをつかう．プレート境界をなす大規模な断層に対して，そのすべり速度は 1 - 10 cm / y である．もうひとつは，コサイスミックなすべりによって瞬間的に発生する熱パルスである．このケースでは，式 3.9 の v の値として，動的なすべりのときの粒子速度をつかうべきであり，その値は 10 - 100 cm / s が適切である．

せん断発熱　最初にあげたケースはせん断発熱とよばれる．Scholz（1980）は，断層ま

わりの接触変成域〔metamorphic aureole〕によって発見された断層発熱の事例を多数レビューした．地質学的にもっとも決定的でわかりやすい例は，衝上断層の上盤において，変成勾配〔metamorphic gradient〕が逆転している例である．もちろんこれらはすべて，岩石の強度が温度にひじょうに敏感な，延性的に変形しているテレーンでおこる．その結果，熱による軟化がおこって，せん断発熱のバッファー〔buffer；緩衝〕となっている（これに関するモデルは，Brun and Cobbold, 1980；Fleitout and Froidevaux, 1980 を参照のこと）．炭酸塩シーケンスの岩層では，方解石が 300 - 400℃で急激に軟化するため，せん断発熱はその温度をこえられない．超塩基性の岩石からなる断層では，せん断発熱は 550℃でおこる蛇紋岩の脱水反応によってバッファーされ，花崗岩では，650℃でおこる溶融によってバッファーされるようである．後者のケースでは，Himalayas の Main Central スラストでみられるように，硅線石変成度の変成作用が達成されるだろう．Himalayas では，断層にそって再生花崗岩〔anatectic granite〕がみつかる．Molnar, Chen, and Padovani (1983) はこの事例をくわしく解析し，もしこの花崗岩が断層の近くで形成されたのであれば，50 MPa をこえるせん断応力による発熱が必要であるとの結論をくだした．しかしながら，より最近の Harrison *et al.* (1998) による研究は，30 MPa のせん断応力がはたらきつづけていれば，Main Central スラストにおける変成度の逆転と再生花崗岩の両方の事象が説明できるとしている．Nabelek and Liu (1999) もおなじような事例を報告している．他にもアルプス（Stuwe, 1998；Reinecke, 1998）とニュー・ジーランドの Alpine 断層（Scholz, Beavan and Hanks, 1979；Grapes, 1995）の例が出版されている．Leloup *et al.* (1999) は横ずれゾーンのせん断発熱のモデルをつくり，おおくの事例に適用した．沈み込みゾーンでのせん断発熱の重要性については，Barnett *et al.* (1994) が変成作用の有無と程度にもとづいて，Wang *et al.* (1995) が地表での熱流量のデータにもとづいて，それぞれ議論している．図 6.5 と図 6.6 に，沈み込みゾーンでのせん断に関連した接触変成域の様子がしめされている．

コサイスミックなすべりによる瞬間的な発熱　急激なコサイスミックなすべりのあいだにおこる瞬間的な発熱は，すべり速度がはやいことと，岩石の熱伝導率がひくいために，実質的に断熱状態でおこる．したがって，断層が十分うすければ，局所的にひじょうにたかい温度に達することもあるだろう．合理的な地震パラメーターの値を仮定すれば，摩擦溶融（McKenzie and Brune, 1972）が期待できるし，液体相があれば，それが気化することも期待できる（Sibson, 1973）．これらの効果が生じるかどうかは，すべりが厚さ約 1 cm 以内のゾーンに集中するかどうかにかかっている（Cardwell *et al.*, 1978；Sibson, 1973）．シュードタキライトがみつかることは，ときには摩擦溶融がおこるという証拠である．断層でヴァインや砕屑岩脈がみつかることは，瞬間的に間隙圧がたかくなったことを示唆しているのだろう．

つぎにでてくる問いは，断層の動的な摩擦抵抗に対して，これらの諸現象がどのような影響をおよぼすか？　という問いである．もし断層面が溶融した物質でおおわれたり，被り圧をうわまわる圧力をもつ蒸気でみたされたりすれば，断層の摩擦抵抗はとつぜんに低下し，地震のストレス・ドロップは，通常の値である絶対応力の10％程度にとどまらず，絶対応力にちかづくだろう．

メルトによる潤滑は，高速ですべる金属で重要になることがあるし，接触圧力が溶融をひきおこす雪の上でのスキーや氷の上でのスケートのケースでも重要である（Bowden and Tabor, 1964）．しかしながら，水をふくまないときには，珪酸塩のメルトの粘性はたかく，コサイスミックな一瞬の溶融では，有意な量の水がメルトにとりこまれるのに十分な時間がない．摩擦溶融したときのメルトの粘性が，乾燥花崗岩のメルトとおなじ程度（10^7 - 10^8 poise ; 1 - 10 MPa·s）であると仮定すれば，厚さ1 cmの層に対するコサイスミックなせん断ひずみレート（10^1 - 10^2 s^{-1}）に対して，メルト層はかなりのせん断抵抗（10 - 100 MPa）を保持するはずである．

Spray（1987）は岩石の摩擦溶融の実験をおこない，溶融したときの強度の低下はわずかであることをみいだした．さらにSibson（1975）は，自然のシュードタキライトを解析して，メルトの残留強度はかなりつよいとの結論をみちびいた．自然の断層でこのようなメルトの効果をかんがえるときには，メルトがおこるために必要な条件である1 cm以下のせまいゾーンに限定されるすべりが，全体のどのくらいの割合をしめるのかをかんがえなければならない．Erismann, Heuberger, and Preuss（1977）は，オーストリアのTyrol地方で有史以前におこった巨大な地すべりの研究において，地すべり面の摩擦溶融が，すべりにともなう重力エネルギーの低下から予測されるよりずっとすくないことをしめした．このケースでは，摩擦溶融のメルトが，厚さ10 - 100 cmの厚さをもつ瓦礫ゾーン全域にちらばる割れ目〔sliver〕のなかでみつかった．彼らは，瓦礫ゾーンのなかで粒子が高速でうごいたのでそのゾーンの熱伝導率がたかくなり，メルトをつくる効率が期待されたよりずっとちいさくなったとの結論をくだした．

間隙流体の瞬間的な気化によって圧力がたかまるところは，たぶんアスペリティが密着している局所的なパッチにかぎられるだろう．もしそうなら，アスペリティが真に接触している面積は，断層の全面積にくらべてずいぶんちいさいので，ひろい領域にわたって動的な断層強度を減少させる効果は，それほど顕著ではないだろう．

3.4.4　地殻内の断層ゾーンの強度に関する論争

地震学には，地震は周囲のせん断応力を完全に解放し，そのときの解放量であるストレス・ドロップ（1 - 10 MPa）が，スキツォスフェアの絶対応力レベルの目安であるとかんがえるながい伝統がある．この考えは，コサイスミックなひずみ解放量を測地学的に測定

し，これが地殻のたえられる"限界ひずみ量"であるとした Tsuboi（1933, 1956）にさかのぼる．もっと最近では，地震のストレス・ドロップを地殻の強度と同一視した Chinnery（1964）の例がある．地震のスティック－スリップ理論の出現によって，この立場はもはや過去のものになったのだが，いまだに地震学の文献には，この長年にわたって信じられきた考えのなごりをみつけることができる．たとえば，応力とストレス・ドロップを区別せずに議論し，断層のストレス・ドロップがおおきな部分は**つよい**（同様に，ストレス・ドロップがちいさい部分はよわい）と短絡してしまうことがあげられる．しかしながら，断層のせん断強度が，地震のストレス・ドロップ（1 - 10 MPa）とおなじレベルの応力しかささえられないほど**よわい**ものなのか，あるいは，Byerlee 則で表現される実験室での摩擦係数の代表値 0.6 - 0.7 から期待される応力（～ 100 MPa）をささえられるほどつよいものなのかについては，今も論争がつづいている．

この問題についての議論をはじめた節 3.1.3 では，正断層でも逆断層でも，活断層の傾斜の範囲は，まさしく摩擦係数 $\mu = 0.6$ から予測される通りになることをしめした．特に，摩擦係数を $\mu = 0.6$ としたときのロック・アップ角をこえる傾斜すべり断層が観察された例がないことは，地震をひきおこしている断層で摩擦係数がひくいものが存在するという考えに対するつよい反証となっている．

世界中のさまざまなテクトニクスの地域でのふかい（> 1 km）ボアホールにおける現位置応力測定によってえられた地殻の絶対応力のレベルや，応力と深さの関係をみると，地殻にかかっている応力は，Byerlee 則から期待される摩擦係数（0.6 - 0.7）をもち，静水圧勾配の間隙圧がかかった断層のなかで，もっともすべりやすい方向をむいたものを，ぎりぎりささえることのできるレベルであると解釈できる（McGarr and Gay, 1978; Zoback and Healy, 1984, 1992；Brudy et al., 1997）．図 3.30 に，今までに掘削された最深のボアホールであるドイツの KTB での応力測定の結果をしめす．このデータは，応力の上限値は摩擦係数が約 0.65 の断層の摩擦強度であり，間隙圧は静水圧にひとしいことを示唆している（Brudy et al., 1997）．この仮説は，ボアホールの底での注水テストのとき，そこでの応力のわずか 1 %に相当するの水圧をくわえただけで，微小地震の活動が誘発されたことによってたしかめられた（Zoback and Harjes, 1997）．

これらの結果は，Byerlee 則が一般的になりたっていることをしめす．すなわち，活動的なテクトニクスの地域での地殻応力の上限は，摩擦係数が約 0.6 の断層のすべりによってきめられている．しかしながら，California 州の San Andreas 断層は例外であって，とてもよわいのではないかという主張がなされている．この主張の主たる論拠は，San Andreas 断層による熱の発生をしめす証拠がまったくみつからないことにある（Brune, Henyey, and Roy, 1969；Lachenbruch and Sass, 1973, 1980）．California 州では地表面での熱流量の測定例が多数あるが，断層の近くでは，熱伝導モデルから期待される局所的な熱流量の異常はまったくみつかっていない．Brune, Henyey, and Roy は，平均せん断応力がおよそ 20 MPa 以

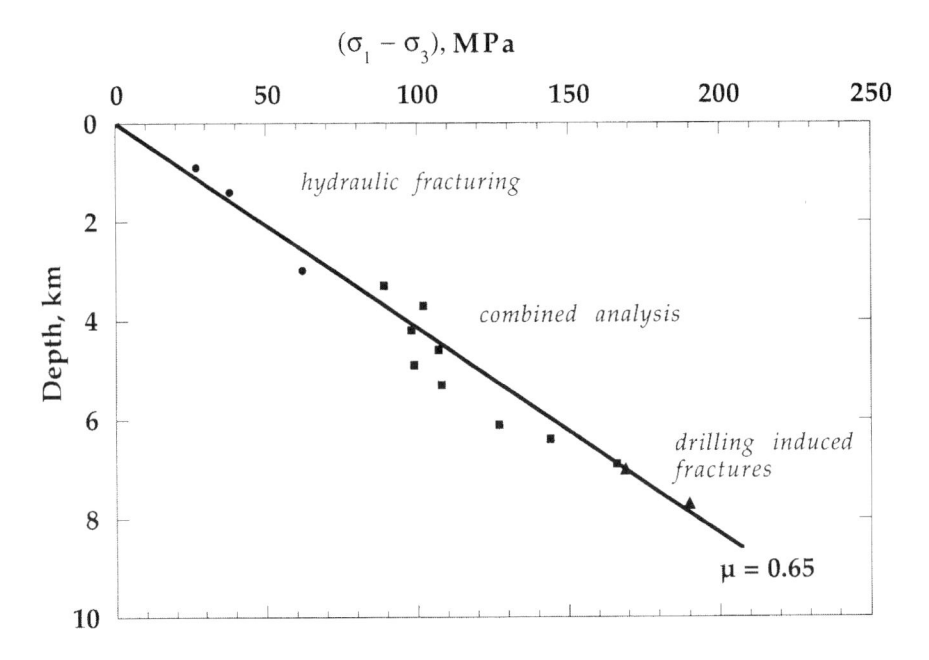

図 3.30 ドイツの KTB ボアホールで測定された差応力（$\sigma_1 - \sigma_3$）を深さに対してプロットしたもの（Brudy et al., 1997 にもとづく）．直線は，摩擦係数が $\mu = 0.65$ でもっともすべりやすい方向をむいた断層とつりあう応力をしめす．

上なら，自分たちの熱流量測定で異常がみつけられるはずだとかんがえた．Lachenbruch and Sass は，もっとおおきなデータ・セットをしらべあげ，やはり測定にひっかかるような異常はまったくみつからず，せん断応力の最大値として Brune et al. とおなじ値（平均応力の 2 倍）を支持した．つかわれたデータの一例を図 3.31 にしめす．ここでは比較のために，深さ方向に平均して 50 MPa のせん断応力が課せられているとしたときに，35 mm / y でうごく断層から期待される定常的な熱流量の異常もしめされている．データには局所的な熱流量の異常をしめす証拠はない．

もしこの熱流量の測定にもとづいた主張がただしければ，断層の間隙圧が被り圧にちかいか，断層ゾーンを構成する材料の摩擦係数が < 0.1 ということになる（Lachenbruch and Sass, 1992）．節 2.2.2 で検討したように，そんなに摩擦係数のひくい材料で断層ができているとはおもえないので，被り圧にちかい流体圧を，周囲の母岩を水圧破壊することなく維持できる道筋をかんがえるという線にそった努力がおこなわれた．Rice（1992）はそのような条件をみたすモデルを提案した．幅のせまいひくい透水率の断層コアが動的なシールとしてはたらき，その中心では被り圧にちかい間隙圧が維持されるが，縁では水圧破壊をおこさない圧力まで低下するというモデルである．Faulkner and Rutter（2001）は，これが地質学的にみて可能であることをしめしたが，シール内の流体圧を地質学的な時間を通して維持するには，現在しられているマントルの流体源は数桁ちいさすぎるともいってい

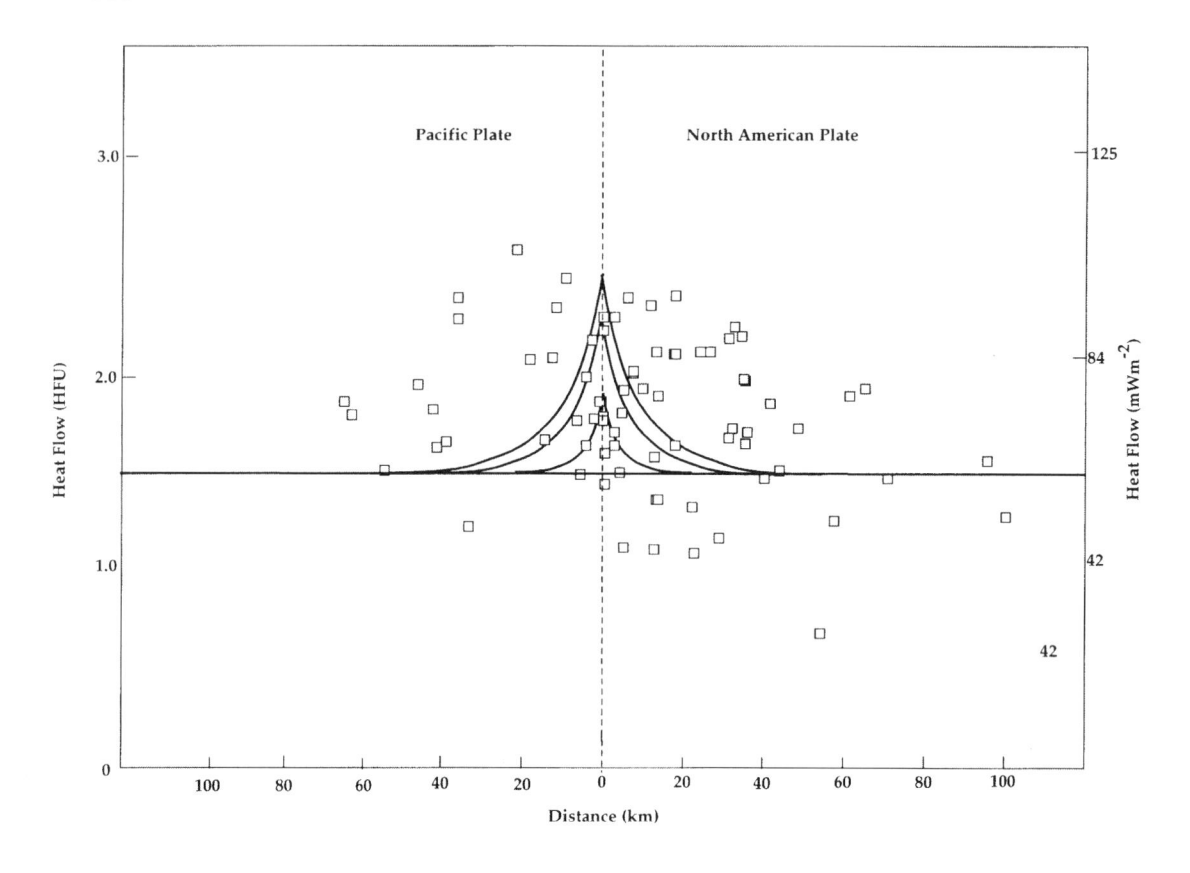

図 3.31 San Andreas 断層での熱流量．断層に直交する断面に投影されている．3 本の曲線は，サイスモジェニック層全体での平均せん断応力 51.8 MPa, すべり速度を 4 cm/y としたときに，熱伝導のモデルから予測される熱流量をしめす．いちばん下の曲線はすべりがはじまってから 0.3 My 後，真ん中の曲線は 2.4 My 後，上の曲線はすべりが長時間継続したときに達成される定常状態での熱流量の分布である．（Lachenbruch and Sass, 1980 にもとづく）．

る．彼らはまた，このモデルに必要な材料と圧力条件では，断層はおおきな地震をおこさずにクリープしてしまう可能性がたかいだろうとみとめている．

　California 州の San Andrea 断層での応力測定は，San Andrea 断層の強度がひくいということに斉合するのだろうか？　特にこの問いにこたえるために，San Andrea 断層のそばの Cajon Pass で 3.5 km の深さまで応力測定がおこなわれた．結果は，KTB の結果とおなじで，断層に平行なたかいせん断応力が存在することをしめし，摩擦係数は 0.6 とみつもられる．しかし，応力の向きは左横ずれで，San Andrea 断層の動きのセンスとは逆であった．Zoback and Healy（1992）は，これを San Andrea 断層はとてもよわいことを意味すると解釈したが，Scholz and Saucier（1993）は，測定結果は近くにある左横ずれの Cleghorn 断層の強度を反映したものであること，また，この Cajon pass での測定は，San Andrea 断層上の応力に対して感度がわるいことをしめした．これ以外に，San Andrea 断層上の応力の大きさに関する証拠となるような測定は，Mojave 地区の深さ 1 km までのボアホールからえ

られたデータがあるだけである（Zoback, Tsukahara, and Hickman, 1980; McGarr, Zoback, and Hanks, 1982）．これらのデータから，応力は深さとともにふえてゆくことがわかり，これに斉合する摩擦係数の値は 0.4 - 0.5 とみつもられた．このひくい値は，粘土のガウジでの測定値（Morrow, Radney, and Byerlee, 1992）と斉合するが，熱流量の異常がないことを説明しようとするとまだまだたかすぎるのである．

　Mount and Suppe（1987）（Zoback et al., 1987 も参照）は，中央 California では，褶曲軸が San Andreas 断層にほぼ平行な活背斜がつらなっていると指摘した．これらの背斜のなかには地表に露出していない衝上断層があり，そこで地震がおきている．そのすべりのベクトルは褶曲軸に直交する（Ekström et al., 1992）．さらに，褶曲のなかで観察されたボアホール・ブレークアウトは，最大圧縮応力の向きが San Andreas 断層にほぼ直交していることをしめす．Mount and Suppe はこれらの知見を，この地域の広域応力の σ_1 がほぼ断層に垂直である証拠であり，San Andreas 断層の摩擦係数の値がとてもひくいことを意味すると解釈した．（さらにくわしい議論は Lachenbruch and Sass（1992）を参照）．しかしながら，Miller（1998）は，古地磁気学的な証拠から，これらの褶曲ができたときにはその軸が San Andreas 断層に対してななめであったのが，後に時計回りに 30°ほど回転して，現在のような位置関係になったのだということをしめした．彼は，この変形はひずみが分割されて，プレート運動のうちの断層に垂直な成分が－この成分が過去 3.5 Ma のあいだ存在したことがわかっている（DeMets et al., 1990）－断層に垂直な方向の短縮によって解消されたことをあらわしていると主張した．このような変形様式は California 州の中部および南部のすべての Coast 山脈でみられ，そこではプレートの動きのせん断成分は San Andreas 断層にそのままあらわれ，断層に垂直な成分は，褶曲，衝上断層，隆起によって解消されている（Page, Thompson, and Coleman, 1998）．さて，Coalinga 近くで褶曲ができたときには，褶曲軸は San Andreas 断層から 30°の向きだったので，σ_1 は断層から 60°の向きになっているとかんがえられる．背斜の内部の応力場は，その構造の変形に関係しており，広域応力の方向とはちがうのである．またこの地域の他のところには，San Andreas 断層のそばに，それとほぼ平行な活衝上断層がある（Oppenheimer, Reasenberg, and Simpson, 1988; Zoback, Jachens, and Olson, 1999）．彼らはこれを，σ_1 が San Andreas 断層にほぼ垂直であることを意味していると解釈し，それゆえ San Andreas 断層はひじょうによわくなければならないとかんがえた．このような形のひずみの分割は，斜めに収束する沈み込みゾーンでもおこる．Molnar（1992）が指摘したように，ひずみの分割がおこるのは横ずれ断層がよわいせいだという考えは恣意的なもので，唯一の可能性ではなく，そのことだけで断層がよわいと断ずることはできない．Michael（1990）は Hamilton の原理から，すべりの成分が横ずれ断層とそれにほぼ平行な衝上断層にわかれるのは，ほとんどのケースでエネルギー的に有利であり，横ずれ断層がよわいとする必要はないことをしめした．McCaffrey（1992）も，力の釣り合いの解析からおなじ結論に達した．

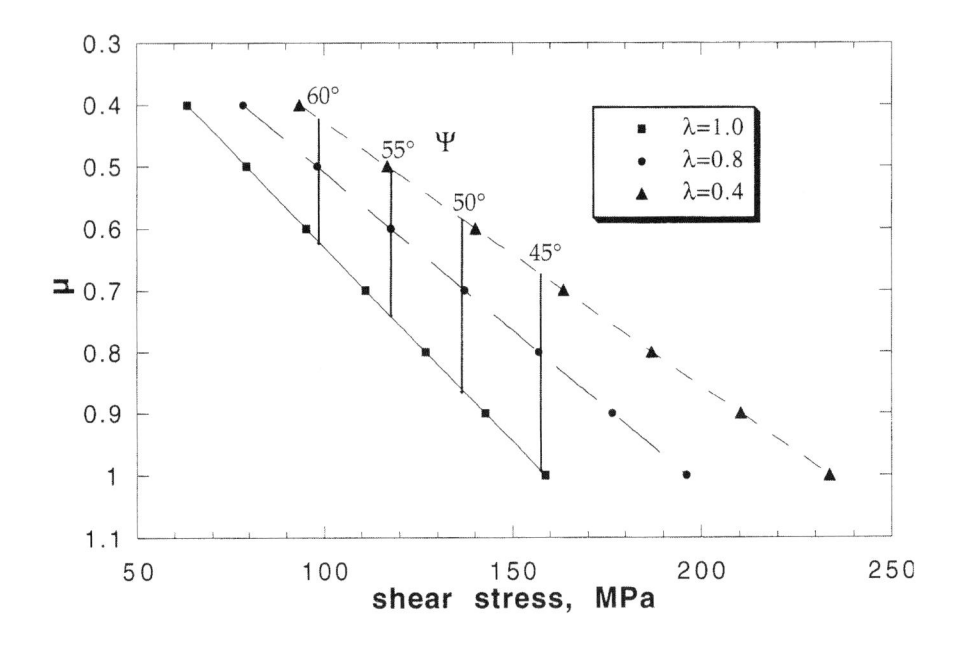

図3.32 San Andreas 断層のからはなれたところでの最大水平圧縮応力 σ_1 の向きが断層からそれぞれ 60°, 55°, 50°, 45° となるように応力場を回転させるのに必要な San Andreas 断層面上でのせん断応力（深さ方向の平均値）の大きさとそれに対応する摩擦係数．間隙圧パラメーター λ がちがう3つのケースについて計算した．(Scholz, 2000 から引用した).

　Miller の復元からえられる σ_1 と断層のなす角が 60°という結果は，$\mu = 0.6$ に対するロック・アップ角になっている．しかしこれだけでは，断層上のせん断応力の値はきめられない．California 州南部の地震のメカニズム解をつかった応力のインバージョン（Hardebeck and Hauksson, 1999）によると，San Andreas 系の断層からはなれると，この地域ではどこでも，σ_1 は断層に対して高角をなすが，断層から 20 km 以内では σ_1 の向きが断層に対して 40-60°の向きに回転する（図 3.32 に，こうしてきめた断層が σ_1 となす角度 θ〔図では Ψ〕が黒四角でプロットされている）．この地域では，San Andreas 断層はプレート運動のベクトルに対して斜めをむいているから，プレートの収束は断層に垂直な成分をもつ．この成分は横ずれ断層上での動きでは解消できず，一般に他の断層運動，たいていは衝上断層運動によって解消される．たとえば，Hardebeck and Hauksson がきめた Ft. Tejon 地区の応力のプロファイルをみると，南西のほうでは σ_1 は San Andreas 断層から〜 90°をむいていて，その結果，このあたりでは San Fernando 地震 (1971) や Northridge 地震 (1996) に代表されるような衝上断層運動がおこる．おなじ測線上で断層から 20 km 以内の領域をみると，σ_1 は断層の方向へ回転してゆき，断層の近くでは θ の角度が 40°になっている．断層に垂直な収束による圧縮〔応力〕は，プレート境界〔San Andreas 断層〕をはさんで連続でなくてはならないが，せん断成分のほうは，San Andreas 断層の深部にあるせん断

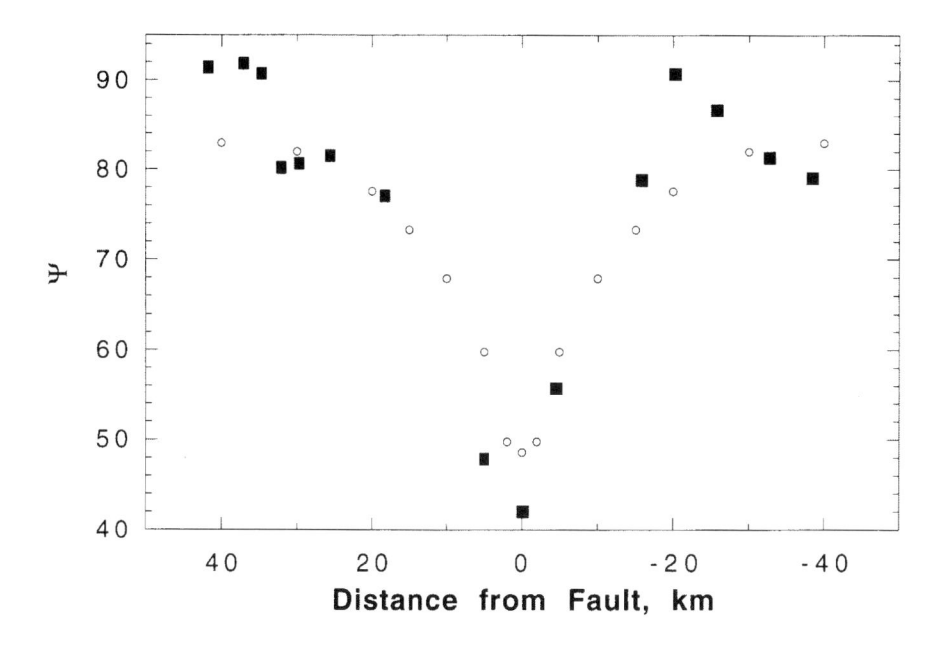

図 3.33 San Andreas 断層からはなれたところでの最大水平圧縮応力の向きと断層からの距離との関係．白丸は，図 3.32 の結果をもちいて Turcotte and Spence（1974）のモデルから予測した結果をプロットしたもの．断層が固着している深さを 10 km までと仮定した．黒丸は，Hardebeck and Hauksson（1999）による Ft. Tejon 地域に対する地震のメカニズム解をもちいた応力のインバージョンからよみとったデータ．

ゾーンのすべりによって，断層付近に集中するだろう（Turcotte and Spence, 1974）．断層の下部延長が存在する証拠は節 3.4.2 で議論した．

断層に垂直な圧縮応力は，もっともうごきやすい向きをむく衝上断層とつりあっているから，これらの断層の強度を仮定すれば，圧縮応力の大きさを計算できるはずだ．さらに，観察された σ_1 の回転をつくりだすのに要する San Andreas 断層上のせん断応力の大きさも計算できる（Scholz, 2000）．上でレヴューしたように，断層の典型的な強度は，間隙水圧が静水圧の勾配をもつことを仮定し，摩擦係数を約 0.6 としてもとめられる．このように衝上断層の強度を仮定したとき，θ がそれぞれ 60°，55°，50°，45° になるように回転させるのに必要な San Andreas 断層上でのせん断応力と摩擦係数の値が，図 3.32 にしめされている．間隙水圧については，被り圧〔間隙水圧パラメーター λ；$\lambda = 1.0$〕，静水圧〔$\lambda = 0.4$〕，その中間値〔$\lambda = 0.8$〕をとるケースを計算した．図 3.33 は，断層からの距離の関数として応力の回転をしめすもので，Ft. Tejon で観測された値と比較されている．この計算は，Turcotte and Spence（1974）のモデルをつかい，深さ 10 km までが固着していると仮定して計算した．

図 3.32 にしめされた San Andreas 断層のせん断応力を深さ方向に平均した値は 90 - 160

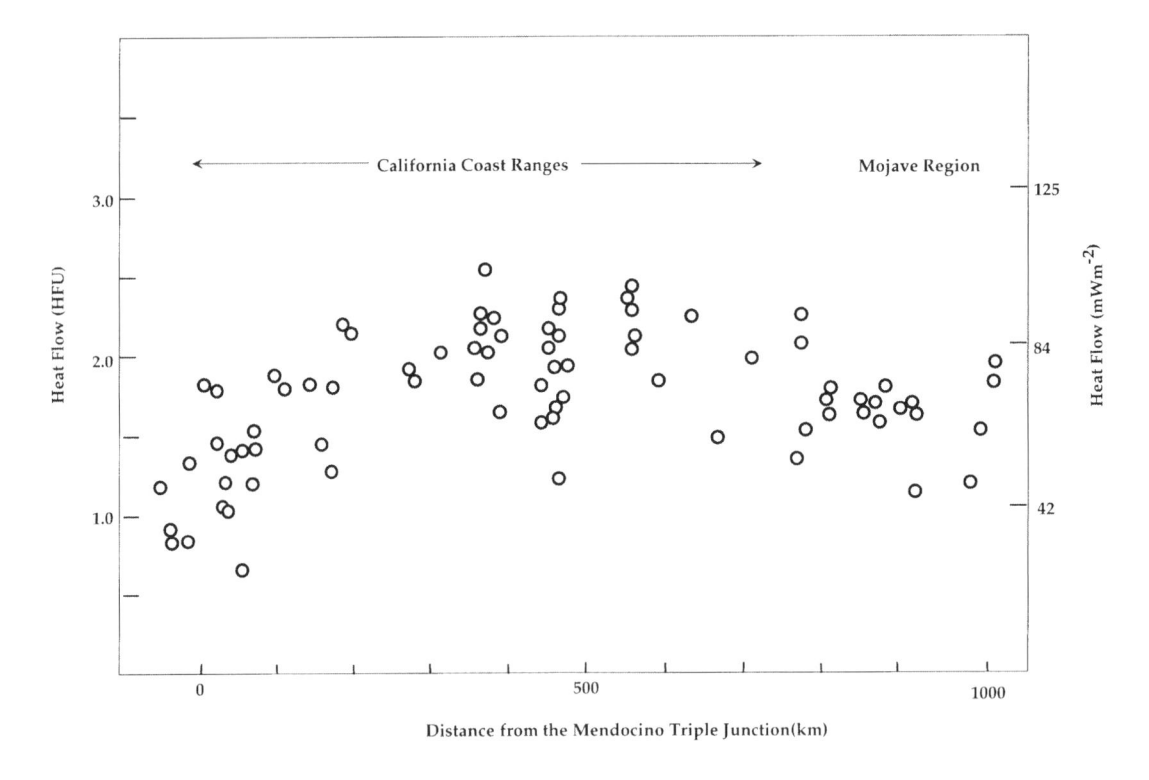

図 3.34 California 州の海岸地域の熱流量．San Andreas 断層に平行な面に投影した．横軸は，断層の年齢がゼロとなる Mendocino 三重会合点からはかった距離である．（Lachenbruch and Sass, 1980 から引用した）．

MPa の範囲にあり，熱流量から推定される値より 5-6 倍もおおきい．これらの計算値は，衡上断層の強度をいくらと仮定するかでかわってくるので，衡上断層もひじょうによわいと仮定すればこれをちいさくすることはできる．しかし，Hardebeck and Hauksson (1999) の結果をみると，San Andreas 断層は応力場をひろい範囲で回転させているから，San Andreas 断層上のせん断応力は，システムの他のすべての応力とおなじオーダーの大きさでなくてはならない．したがって San Andreas 断層がひじょうによわいと主張するなら，California 州南部のすべての断層がひじょうによわいと主張しなければならなくなる．そのような考えをとらないならば，熱流量にもとづく議論のほうがなにかをみおとしているということになる．

図 3.31 にしめされた熱流量のデータには，San Andreas 断層のすぐそばでは熱流量の異常はまったくみられない．これとは対照的に，San Andreas 断層をとりまく幅が約 100 km のひろい範囲に熱流量の異常がみられ，地殻の年齢から予想される値の 1.5 HFU より 0.8 HFU ほど熱流量がたかい（図 3.31 と図 3.34; Lachenbruch and Sass, 1980）．この異常は，Mendocino 三重会合点にむかって断層の年齢と累積すべり量がゼロになってゆくのにしたがい消滅してゆくから（図 3.34），断層運動によって力学的につくりだされた異常で

ある可能性がたかい．スラブの窓効果'（Lachenbruch and Sass, 1980）という別の考え方も提案されたが，これでは温度も十分たかくならないし，場所もふかすぎるので，これで熱流量の異常を説明することはできないことがしめされた（Henstock et al., 1997; Henstock and Levander, 2000）．この広範な熱流量の異常は，100 MPa のせん断応力が課せられた断層のすべりによって発生する熱に相当するほどの大きさをもち（Hanks, 1977），それゆえ，San Andreas 断層はつよいとする考えに斉合する．それではなぜ，断層のすぐそばに熱流量の異常がないのだろう？ ひとつには，San Andreas 断層の大部分は，単一の断層ではなく幅が 100 km をこえるゾーンのなかの 3 本またはそれ以上のほぼ平行な断層から構成されるシステムであるということがあげられる．これらの断層のひとつひとつが熱をだすので，それらが組あわさったものは，おのおののピークがならされて幅のひろい異常になるだろう．図 5.4 や図 5.5 の速度場とおなじ状況である．また，局所的な異常が予測されるのは熱の移動がすべて熱伝導によるというモデルによるものであって，地殻のように透水性のある媒質が流体で飽和しているときには，流体の移動によって多量の熱がはこばれる可能性がある（O'Neill and Hanks, 1980）．断層を横ぎる方向の熱流量の異常が期待されるのに存在しなかった事例としてよくしられた中央海嶺に関しては，海洋地殻内での水の対流によって熱がうしなわれているという説明がなされた（Anderson Langseth, and Sclater, 1977）．はたして，San Andreas 断層の熱流量の異常に関してもこれで説明できるだろうか？

Williams and Narasimhan（1989）は，San Andreas 断層の典型的な地表地形をかんがえると，重力による水の流れが，断層がつくりだした熱流量の異常をぬぐいさってしまう可能性があることをしめした．Lachenbruch and Sass（1992）は，Cajon Pass のボアホールでの透水率の測定，およびそこから採取したコア試料の透水率の測定をおこない，そのようなことがおこるには透水性がひくすぎると主張した．しかしながら，破壊された岩盤の透水性はスケールとともにおおきく増加することがしられている（Brace, 1980, 1984）．したがってボアホールでの測定は，地殻スケールでの透水性を過少に評価するはずである．Townend and Zoback（2000）は破壊のなかを流体がながれることによって，地殻スケールでの透水率は，コア試料ではかった透水率より 3 - 4 桁たかくなり，その結果として，地殻の間隙水圧はほとんどどこでも静水圧になっていることをしめした．そのようなたかい透水性のもとでは，流体の水平方向の動きによる熱の移流もかんがえるべきである（Manning and Ingebritsen, 1999）．Lachenbruch and Sass（1980）は，San Andreas 断層の近くにある温泉にはそれほどおおきな熱の流れをになえないことを指摘して，上の考えに反対の主張をした．しかしながら，地熱地帯での熱の輸送が主に温泉によることはめったにないのである．そのいっぽうで，周囲よりほんの数度あたたかいだけの水によってひじょうに大量の熱がはこばれる可能性も指摘されている（たとえば，Manga, 1998）．このように California 州の Coast 山脈地域での熱流量の異常を，単純な熱伝導モデルでかんがえるのはおかしいとおもう理由は多々あるのだが，現時点ではこの問題に適切な解釈をあたえるまでにはいたっ

ていない.

　最後にまとめておくと，応力のデータはすべて，断層が摩擦係数を 0.6 とした Byerlee 則にしたがうという考えにのっとって矛盾なく説明できるといえる．熱流量から提起された主張とは対立するけれど，California 州の応力のデータは，San Andreas 断層の強度はその地域の他のちいさな断層の強度とおなじくらいであることをしめしている．応力のデータをみるかぎり San Andreas 断層に珍奇なシールや摩擦のメカニズムが必要とはおもわれない．しかしながら，California 州の中央部で San Andreas 断層がクリープしている部分は，断層としてきわめて異例であり，他の部分よりよわい可能性がたかい．なぜならここでは有効直応力がひくいために（節 6.4.1 をみよ），安定すべり（節 2.3.3）になっている可能性があるからである．

3.5　断層の形態と不均一性の力学的効果

3.5.1　断層のトポグラフィーと形態

　節 3.2.1 でのべた断層のクラック・アレーへのセグメンテーション，節 3.3.2 でのべたスリッケンサイドの形態，そして節 3.2.3 でのべた副次断層を別にすれば，われわれは断層を，摩擦が支配する平面としてとりあつかってきた．しかしながらどのスケールでみても，断層は完全な平面ではない．理想的状態からの逸脱は，断層の力学や地震の不均一性（節 4.4）に対して有用な情報をあたえる．つぎの引用からわかるように，E. M. Anderson はこの点を十分認識していた（Anderson, 1951; p. 17）.

> 断層平面〔fault plane〕という用語をつかうことはとても便利であるが，しらべてみると断層が絶対的な平面であることはめったにない．ちいさなスケールでは表面にはいつも溝がきざまれ，スリッケンサイドとよばれる外観を呈する．この溝のきざまれかたが，断層のうごいた方向，すくなくともいちばんあたらしい動きの方向をしめしていると仮定できるだろう．そのような溝にそう断面は直線であろうが，溝を横ぎる切断面はまがりくねった線になるであろう．そして小規模でおこることは，もっとおおきなスケールでくりかえされているだろう．すこしかんがえると，断層が動きの方向に成長するなら，断層は直線コースをとることがわかる．さもなければ，断層が進行するにしたがい，相当なゆがみが生じるか，オープン・スペースができるだろう．

　このくだりは，Anderson が，断層の不規則な形状はどのスケールでも存在し，それが断層のすべりベクトルの方向につよく規定されることを認識していたことをしめす．図

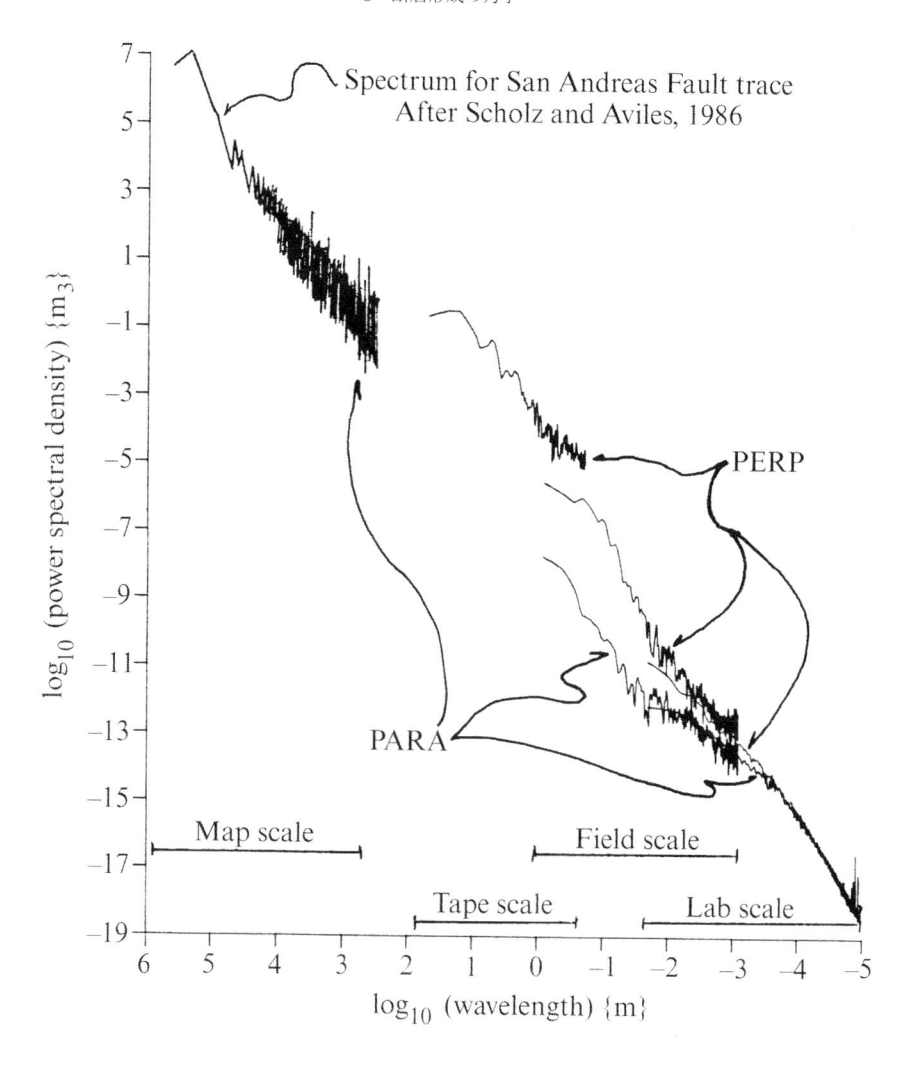

図 3.35 断層表面のトポグラフィー・プロファイルのパワー・スペクトル．PARA と PERP はすべりベクトルに対して平行と垂直をあらわす．(Power *et al.*, 1987 から引用した)．

3.35 に，断層表面にそうトポグラフィー・プロファイルのパワー・スペクトルをしめす．100 km から 10 μm の範囲におよぶこれらのデータは，断層がこの範囲のすべてにわたって不規則な表面であり，断層面のトポグラフィーが，一般化されたフラクタルとしてスケールされることをしめしている．すべりベクトルに対して平行方向と垂直方向に測定されたプロファイルのパワー・スペクトルは，トポグラフィーにつよい異方性があることをしめしている．特に，すべりに平行な方向は，垂直な方向よりずっとなめらかである．この異方性は，地図のスケールでもみられる．すなわち，横ずれ断層の地表面のトレースは，傾斜すべり断層のそれよりずっとまっすぐである．幾世代にもわたって，初等構造地質学の教科書は，この違いを，傾斜した（平坦な）断層と地表面の凸凹の干渉によって説明し

てきたが，この説明は上でのべた本質的な事柄をみおとしている．断層表面の異方性は摩耗の異方性を反映している．すなわち，断層面はいったんできあがると，摩耗によってすべり方向のトポグラフィーがよりなめらかになるように変化するのである．

　上述した断層表面のトポグラフィーに関するフラクタル的性質には，位相の情報はまったくふくまれておらず，単に，断層で生じる不規則性はどのようなものであれ，すべてのスケールであらわれるといっているだけである．不規則性の構造がフラクタル集合を形成すると，それらのサイズ分布はフラクタルの特徴であるべき乗則にしたがう．しかしながら，そのような構造はぜい性プロセスによって形成されるので，ぜい性破壊の力学がきめるような特徴的な形態を呈することが期待される．

　断層でみられる不規則な形態を記述しようとすると，すぐさま不可解な用語法のジャングルに行く手をはばまれてしまう．長年のあいだに地質学者が導入した用語は，すざましい数になる．これらの用語は，ある地域にだけ通用する用法にすぎないことがおおい．また，横ずれ断層と衝上断層とでも，かなりちがった用語法がつかわれる．最近になって，おおくの研究者が，断層の不規則性がラプチャーを妨害するのにはたす力学的役割に気づきはじめ，あたらしい分類体系を導入した．そこでは，幾何学的特徴とその構造にもっとも重要な関連があると彼らが感じた力学的なプロセスの両方をあらわす用語がつかわれている．とはいっても，これらの体系はまだ不完全であり厳密な定義もなされていないので，みんなにうけいれられたともいえず，文献をさらに混乱させた．これらの語彙をはっきりと説明するには，長大な用語集をつくる必要であるが，われわれはそんなことがしたいわけではない．

　われわれはこの問題をさけるために，転位力学の分野でながくつかわれてきた記述的体系（たとえば，Weertman and Weertman, 1964）を導入する．これは単純であるばかりでなく，力学的な意味をもち，すでに存在する地質学の用語法と共存できるという利点がある．以下の議論では，実際の断層面の局所的，または広域的な平均としてつかえるような理想化された平面を定義し，それをすべり（平）面とよぶことにしよう．図 3.36 にしめすように，すべりベクトルはこの平面内にある．このすべり面から断層面が逸脱するパターンには，図にしめしたようなふたつの特別なケースがある．すべり面からの逸脱線が，すべりベクトルに対して直交するときには**ジョグ**〔jog〕とよび，平行のときには**ステップ**〔step〕とよぶ．この分類をおこなう力学的な理由はあきらかである：ジョグの動きはかならず体積ひずみに影響するが，ステップの動きは体積ひずみに影響しない．ジョグはすべりをいちじるしく妨害するが，ステップの効果はそれほどでもないだろう．ジョグはかならず，ラプチャーに対してモードⅡのクラックとなり，ステップはモードⅢのクラックとなることにも注意しよう．せん断クラック・モードの定義とおなじく，ジョグやステップは特別のケースである．一般に両者は，すべりベクトルの方向からななめにずれる領域によってつながっている．このことと，すべりベクトルが実際にはかならずしもうまく定義できると

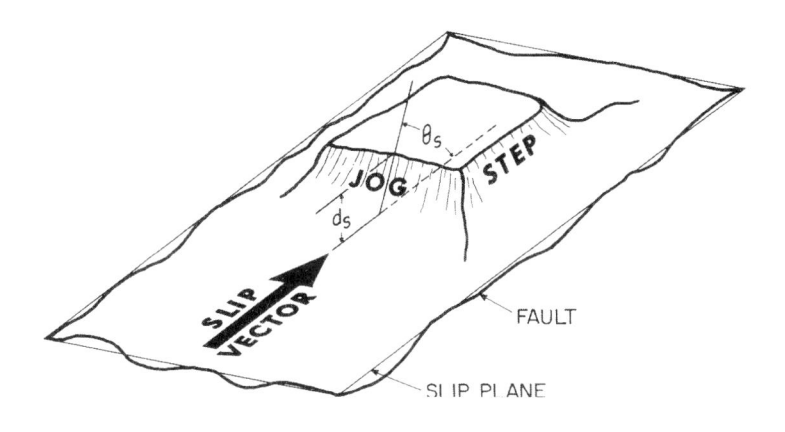

図 3.36 ジョグとステップの定義をしめす模式図.

はかぎらないことを考慮して，すべりベクトルとの方向関係とは無関係に，単にすべり面から逸脱していることを意味する**ステップオーバー**〔stepover〕という従来の地質学用語もつかうことにしよう．これらの定義はどのような断層のタイプでも通用する．横ずれ断層のすべり面からの逸脱は，平面図の上ではジョグであり，断面でみればステップだろう．傾斜すべり断層では逆になる．ジョグは符号をもち，ジョグがつくりだす体積ひずみの正負で定義する．すなわち，圧縮性〔compressional；または拘束性〕のときは（−），伸張性〔extensional；または引っ張り性〕のときは（＋）である．ステップは体積ひずみをともなわないので符号をもたない．ジョグの正負をきめるための規則をみつけるために，横ずれ断層を平面図でみた場合をかんがえよう．ステップオーバーのセンス（右または左）が，断層のセンス（右ずれまたは左ずれ）とおなじときには，ジョグは伸張性であり，逆のときには圧縮性である．傾斜すべり断層についても，基準フレームを（通常の水平フレームのかわわりに）垂直にとるだけで，おなじ規則が適用できる．

　ジョグとステップのサイズはまちまちであるが，それらはすべり面からの逸脱量〔偏差〕として測定される（図 3.36 の d_s）．急峻度〔abruptness〕もかわるが，それはすべり面との角度 θ_s ではかる．d_s と θ_s と断層ができて以来の累積すべり量に応じて，ジョグはさまざまな形状をしめす．オフセット・ジョグはそのひとつであるが，断層のストランド〔strand；断続する断層のひとつづきの輪郭〕どうしがはっきりとつながっていないものをさす．θ_s が 90°よりおおきいときにはオーバーラップ〔overlap〕とよび，θ_s が 90°よりちいさいときにはアンダーラップ〔underlap〕とよぶ．ベンド・ジョグ〔bend jog〕，デュプレックス・ジョグ〔duplex jog〕とよばれる他のふたつの形態は，すべりが蓄積してゆく発達段階に対応するのであろう．ステップ・デュプレックスがしられていない点をのぞけば，ステップについてもジョグのときとおなじ形態分類が適用できる．

　さてここで，この用語法と他の研究者による用語法との対応関係についてのべておこう．

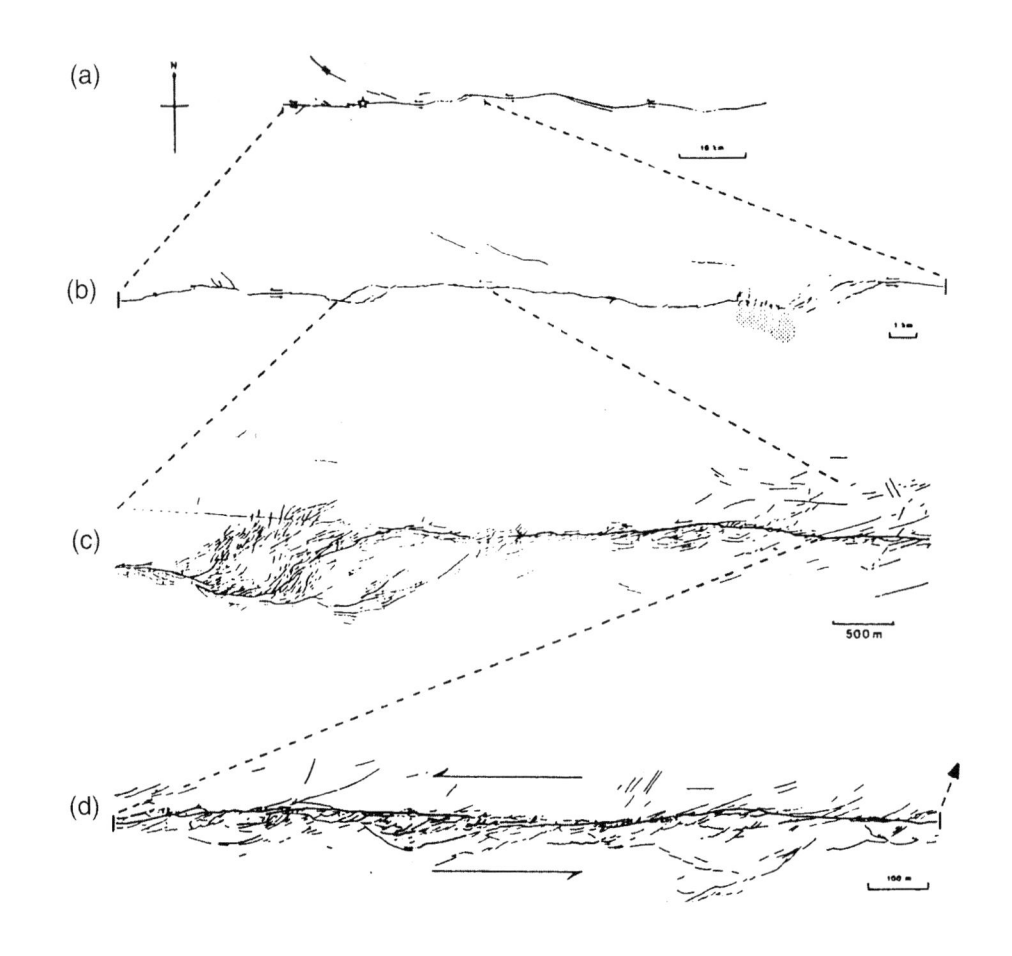

図 3.37 Dasht-e-Bayez 地震で生じた断層の地表面のトレース．4つのスケールで図示．スケール・バーは，それぞれ (a) 10 km, (b) 1 km, (c) 500 m, (d) 100 m である．(Tchalenko and Berberian, 1975 から引用した)．

Sibson (1986c) は，横ずれ断層のケースでは，われわれがオフセット・ジョグとよぶものにかぎって，ジョグという用語をつかい，圧縮性と伸張性に対応する用語として，アンタイダイレテーショナル〔antidilatational〕とダイレテーショナル〔dilatational〕という用語をあてている．Crowell (1984) は，ベンド・ジョグに対して，拘束〔restraining〕と解放〔release〕という用語をおなじ意味でつかっている．King (1986) は，われわれのつかった意味でのジョグとステップに対して，ノンコンサーバティブ・バリアー〔nonconservative barrier〕とコンサーバティブ・バリアー〔conservative barrier〕という用語をつかっている．ここでわれわれがつかった用語法は，さまざまな用例を融合して統一的にとりあつかうことができ，しかも断層のタイプによらない．節 3.2.3 でのべたように，断層を詳細にえがきだせば，どのスケールでみても不連続なストランドで構成されている．一例として図 3.37 に，Dasht-e-Bayez（イラン）の横ずれ地震の地表面にあらわれたラプチャーのトレースが，4つのことなったスケールでしめされている．にかよった構造が，どのスケールでもみとめ

られるであろう．おなじことが，粘土でつくった小規模な模型を実験室で変形させたときにもみとめられる（Tchalenko, 1970）．

　垂直断面でみれば，傾斜すべり断層にも，類似の構造が観察されるだろう（Woodcock and Fisher, 1986）．しかしながら，堆積地層をきる衝上断層の構造は，しばしばまったくことなる外観をもつ．衝上断層のすべり（平）面は，層理の方向にごくちかいことがおおい．層理はそもそも弱面を構成する要素なので，しばしば選択的に断層面になる．断層は，あるときは層理をたどり，またあるときには層理をななめにきってフラットとランプの階段状の構造をつくる．層理による強度の異方性があると，断層ベンド褶曲〔fault-bend fold; スラストの上盤にできる褶曲〕が2重3重にできてデュープレックスが形成されることもおおい．このような構造は，堆積層をきる衝上断層において，他の断層のときよりずっと顕著である．

　断層（ストランド）の末端でも，他のストランドと交差して終端されているとき以外は，ジョグでみられたのと同様の構造がみつかる．このような例として，馬のしっぽの形をした扇状構造（図 3.6）やその圧縮版とでもいうべき構造があげられる．ジョグのなかに断層ができることもあり，伸張性のジョグでは正断層，圧縮性のジョグでは衝上断層になる．前者のケースが十分に発達すると，堆積盆地〔sedimentary basin〕が伸張性ジョグのなかにつくりだされるだろう．いちばん顕著な例は，**プル・アパート・ベースン**〔pull-aparts basin〕である（Aydin and Nur, 1982）．これと反対の原理で，圧縮性ジョグのなかでは，地殻の短縮によって隆起したブロックである**プッシュ・アップ**〔push-up〕ができることもある（図 3.8 参照）．

　断層が地表面と交差するあたりでは，応力ゼロの境界条件となるため，そのような条件に特有なスプレー〔splay；分岐断層．断層の延長線の片側に限定される場合をいう〕ができる．衝上断層は地表と非対称に交差するので，スプレーは上盤にだけ発生し，**覆瓦扇構造**〔imbricate fan〕を形成する．横ずれ断層にあらわれる類似の構造はより対称的であり，**フラワー構造**〔flower structure〕とよばれる．

3.5.2　断層の不規則性の力学的効果

　ジョグもステップもラプチャーの障害物になる．d_s と θ_s で計量される構造の鋭さに応じて，障害の度合いはかわってくる．ジョグとステップはどのスケールでも存在するので，動的なラプチャーのあらゆるスケールにおいて不均一性を生じせしめ，はなはだしい場合にはラプチャーを停止させる．ジョグがあると，断層面をおおきくねじまげるか，まわりの岩盤全体を非弾性に変形させないとすべることができないので，ラプチャーに対するもっとも重大な障害物となる．ジョグのなかで生じた変形の例を図 3.38 にしめす．

　障害物としての効果は，圧縮性ジョグのほうが伸張性ジョグよりおおきいだろう．なぜ

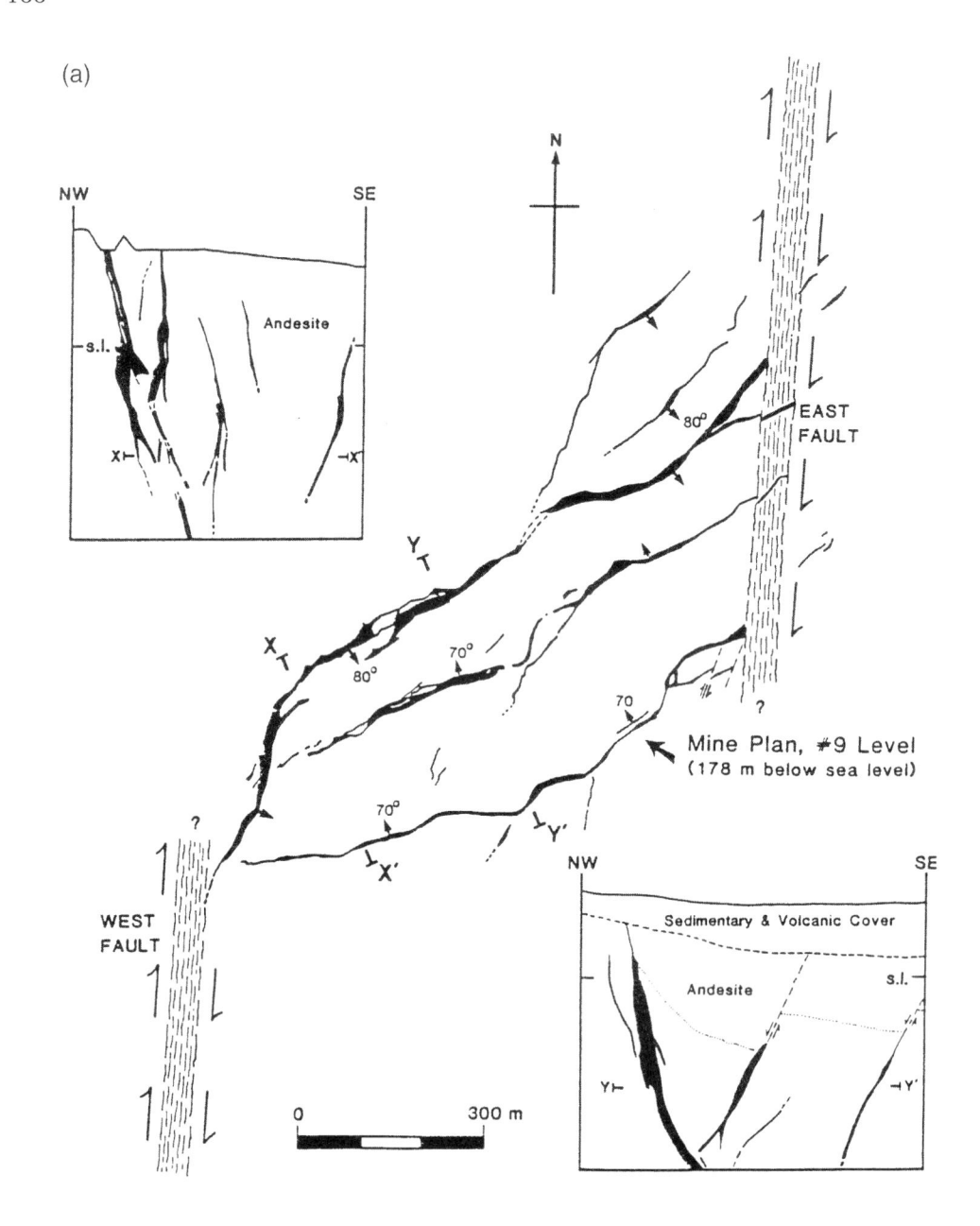

図 3.38 断層ジョグの中にできるさまざまな構造. (a) 伸張性ジョグ：右横ずれ断層にある右ステップのジョグ, ニュー・ジーランドの Martha 鉱山, (Sibson, 1987 から引用した). (b) 圧縮性ジョグ：右横ずれの断層にある左ステップのジョグ, California 州南部の San Jacinto 断層ゾーン, Coyote Creek 断層, Ocotillo Badlands 地区. (Sharp and Clark, 1972 の結果にもとづく. N. Brown による追補がなされている).

なら, 圧縮性ジョグのなかの変形は平均直応力がたかいところでおこるし, 圧縮性ベンド・ジョグでの摩擦はどこよりもおおきいからである (Segall and Pollard, 1980, Harris and Day, 1993). しかしながら, 伸張性ジョグであっても, 動的なラプチャーに対しては, ラプチ

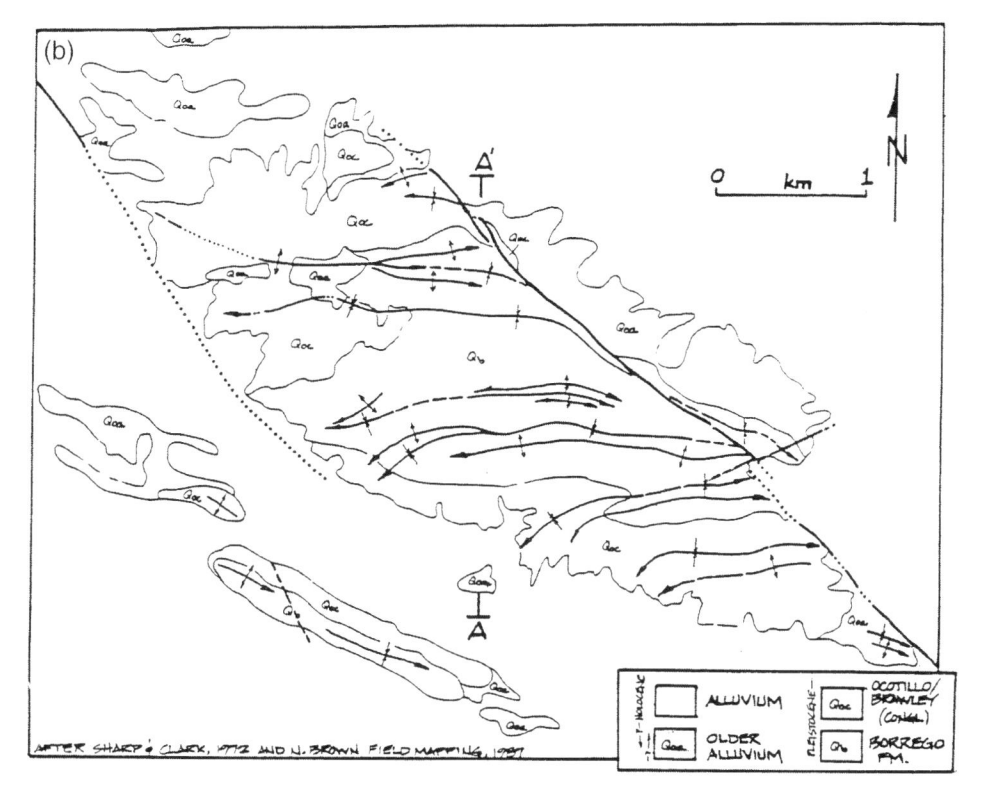

図3.38 つづき

ャーの障害物としての効率を増加させる効果がくわわることがある（Sibson, 1985）．伸張性ジョグでは，地震時に直応力がさがるが，これにともなう間隙弾性効果（節6.5.2）によって，間隙圧もコサイスミックに減少するので強度がますのである．もちろんラプチャーが停止した後には，間隙圧のさがった領域に周辺から水が流入するので，この過渡的な効果はきえさり，（動的または準静的な）ポストサイスミックなすべりが生じるだろう．いっぽう圧縮性ジョグでは，間隙弾性効果は間隙圧を増加させるようにはたらき，過渡的に強度が低下するだろう．この結果，コサイスミックな水圧破壊が発生したり，ヴァインや砕屑岩脈をつくりだすこともあるだろう．

　断層がすべるに際して，ステップは運動学的な拘束にはならないけれど，ジョグやステップは動的なすべりをさまたげる効果をもつだろう．なぜなら，モードⅡやモードⅢのクラックに対して，それを駆動するせん断応力は，クラック先端の前方の面内で最大になるので，ジョグであってもステップであっても断層面のベンド〔曲がり〕は，どの方向をむいていようとも駆動応力を低下させることになるからである．ジョグがあるとどちらの符号のものであっても，地震のラプチャーをさまたげ，停止させることが観察されている（Sibson, 1985, 1986c; Scholz, 1985），またベンドがラプチャーの開始をコントロールしたかもしれないケースが報告されている（King and Nabelek, 1985）．

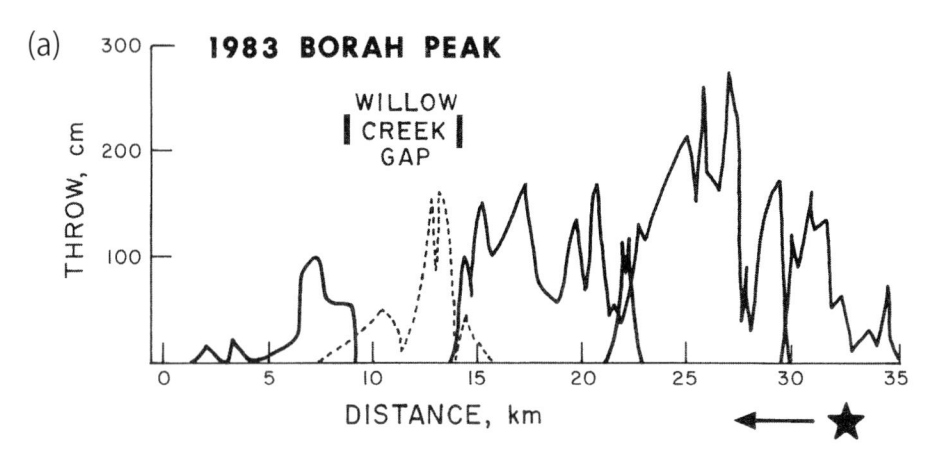

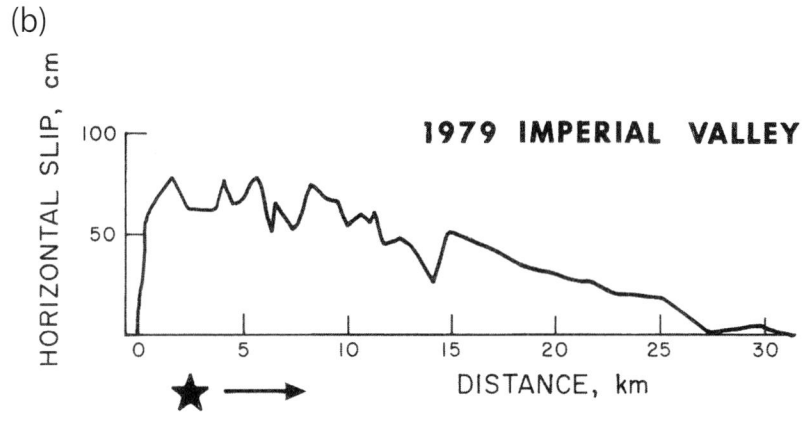

図3.39 おなじくらいの断層長さもった地震の地表でのすべりの走向にそった分布. (a)Borah Peak 地震, Idaho 州, 1983：正断層. データは Crone and Machette (1984) による. 破線は副次断層上のすべり. (b)Imperial Valley 地震, California 州, 1979：横ずれ断層. （データの出典は Sharp *et al.* (1982)）.

　Barka and Kadinsky-Cade (1988) は，北 Anatolian 断層や他のトルコの断層を対象に，断層の幾何学がラプチャーをどのようにコントロールするかを体系的に研究した. 北 Anatolian 断層は累積すべり量がちいさいため，San Andreas 断層よりたくさんのセグメントにわかれている（San Andreas の 250 km に対して 35 km，図 3.15 を参照）. その結果，地震はよりみじかいラプチャーとなる傾向がある. Barka and Kadinsky-Cade は，ラプチャーは，$d_s > 5$ km のおおきなジョグ（伸張性か圧縮性かにかかわらず）ではかならず停止するが，これよりちいさなジョグについては突破することができると結論した. 1992 年の Landers 地震では，ラプチャーは 3 km の伸張性ジョグをとびこえた（節 4.4.1 を参照）

　1 回の地震によってできた地表面でのすべりの分布は，ふつうはかなり不規則である（図 3.39）. この観察結果は，解放されるモーメントの分布をきめる地震学的インバージョンによっても支持される（節 4.4）. このことから，ここまでにのべた例は，ラプチャ

ーに対する断層の不規則性の効果のなかでも，もっとも極端でひじょうにわかりやすい事例であったといえる．断層のトポグラフィーが，どのスケールでみてもあらいということから期待されるように，このような効果は，さまざまなスケールでおこっているはずである．図 3.39 にしめしたふたつの事例をくらべると，傾斜すべり断層（Borah Peak 地震）の地表面すべりは，横ずれ断層（Imperial Valley 地震）よりずっと不規則である．この傾向はかなり頻繁にみられるもので，さきに言及したように，すべりに平行方向より，すべりに直交方向のほうがずっと不規則なトポグラフィーをもつことに起因するのであろう．Borah Peak 地震については，節 4.4.1 でさらにくわしく論じる．図 6.11a には，この地震でできた断層崖の写真がしめされている．

　つぎに，このような不規則の形態が，どう存続するかを考察しなければならない．摩耗は表面をなめらかにするプロセスであるので，すべりが進行するにしたがい，不規則性がしだいに除去されるのが期待できる．その結果，（図 3.15 にしめしたように）断層はなめらかで単純な幾何学的形状に進化するであろう．しかしながら，図 3.35 の断層トポグラフィーの測定によると，断層はすべての波長にわたりフラクタルでありつづけている．このことは，表面をあらくするプロセスも同時に存在して，それが不規則性を維持することをしめしている．たとえば，交差する断層上の運動によって，ジョグが成長するかもしれない．

　Parkfield の近くの San Andreas 断層ゾーンは，2 km ほどの幅をもつ Cholame Valley となり，そこは厚さがおよそ 2 km の低速度の堆積物でみたされている．それでも，地震によってできたトレースを 1 m の分解能でみわけることができる（1966 年と 1934 年の地震で地表面に生じたラプチャーのトレースは，このくらいしかはなれていなかった）．1966 年のラプチャーの南端にある幅約 2 km のジョグは，サイスモジェニック・ゾーンの底まで達している（Eaton, O'Neill, and Murdock, 1970）．したがって，このジョグは地表面だけの形態ではないことになる．1966 年のラプチャーのトレースと平行に，ちょうど南西 2 km のところに他の断層のトレースがある．これも完新世のものだが，今では活動していない（1966 年の地震で，このトレースの一部に 2 次的なすべりが生じはしたけれど）．このふたつのトレースは，谷の北端の断層ゾーンにあるブロック（Middle Mountain）の両側からのびている．ふるいほうのトレースを南東にのばせばジョグは切断される．したがって地質学的な意味での最近に，すべりがふるいトレースからあたらしいトレースへのりうつってジョグがつくりだされるという断層ゾーンの組みかえがおこったことがわかる．この事例は，断層ゾーンの幅が相当ひろいときでも，現役の地震によってつくられたトレースはずっと幅のせまい構造であることをしめしている．しかし，10^4 y のオーダーの時間で乗り換えがおこることがありうることもわかる．地震でできたトレースの幅の狭さと永続性に関する上の見解 — 断層の不規則構造についてもおなじことがいえそうだ — を最初に確立したのは Sharp and Clark（1972）であり，その後，Sibson（1986b）がこれについて

レヴューした．

　ここでとりあげた問題は，地震の繰り返し（節 5.4）を理解し，長期的地震予知（節 7.4）をおこなうためにひじょうに重要である．たとえば，Schwartz and Coopersmith（1984）は，断層や断層セグメントには，いつも"固有"地震〔characteristic earthquakes〕としてラプチャーするものがあり，もしかするとこれは，断層の不規則性によって支配されているのかもしれないとのべた．ラプチャーの構造の支配が，どのくらい決定的であるか，また永続的であるか，どのくらい初期条件に依存するか，さらにその構造をどのくらい認識しうるかをとう必要がある．これらの概念を災害の危険度のアセスメントや地震予知につかうには，おおくの問いにこたえる必要がある．われわれは節 5.3.2 でこの問題を再度とりあげる．

④ 地震の動力学

　断層の摩擦はしばしば不安定であり，急速なすべりをおこしながら，ラプチャーが断層面を動的に伝播する．これらの突発的な動きは地震波を生成する．これがもっとも一般的で重要なタイプの地震のメカニズムである．したがって地震は，時間スケールがみじかいぜい性テクトニクスの現象である．この章では断層すべりの動力学を論じ，ラプチャー・プロセスという観点から，地震のもっとも重要な特性についてレヴューする．

4.1　歴史的発展

　人類の歴史をとおして，人々の地震の発生源に関する概念は神話の領域に属していた．古代ギリシャの哲学諸派は，地震を自然現象であるとはかんがえたが，この主題に対する考察はおおいに思弁的であり，近代理論との共通点はない〔Adams（1938）には，古代ギリシャからルネサンスまでの人々が，この主題をどのようにかんがえたかに関するすぐれた歴史的叙述がある〕．地震は，地質学的な現象に対する弾性的な応答であるとの考えは，Hooke によって 1668 年に出版された**地震に関する講話**〔Discourse on Earthquake〕のなかではじめて展開された．19 世紀の中頃から後半になって機器をもちいた観測がはじまり，地震と地質学的現象のかかわりが記録されだした．Lyell（1868）は，地震が地球のダイナミズム〔dynamism；自然の現象を力の作用によって説明しようとする理論〕に重要な役割をはたすとかんがえた．彼は，地震のときにできた断層にも標高の永久的変化にも気づいていた．彼は，地震がつくりだした断層や変形のいくつかの事例を注意ぶかく記述したにもかかわらず，彼の同時代の人 Mallet とおなじように，地震の直接の原因は，熱的なもの，すなわち火山活動か，熱膨張，熱収縮のどれかであるとかんがえていた．

　地震と動的な断層運動をはじめて明確にむすびつけ，テクトニック・プロセスと関係づけたのは地質学者の G. K. Gilbert である．彼は，California 州で 1872 年におきた Owens Valley 地震のときに，地表面の断層トレースなど，地震がつくりだしたさまざまな現象をみつけた．また，Great Basin 地方の断層地図を精力的につくるうちに，この地方の山脈の前線には，できたてにみえる崖が頻繁に存在すること気づいた．彼は，断層にそってとつぜん発生するラプチャーの繰り返しによって，たかい山脈がつくりだされたとの結論をみちびいた．彼はこれを以下のようにのべた（Gilbert, 1884）．

押し上げ運動〔upthrust〕は，地殻のなかに圧縮とゆがみによる局所的なひずみをつくる．そしてこのひずみは，破壊された表面の初期摩擦にうちかつまで増加する．とつぜん，しかもほとんど瞬間的に，ひずみを解放するのに十分な動きが生じる．そのあとには，静穏ながい期間があり，その間にひずみは徐々に再蓄積される．降伏の瞬間の動きはとてもすばやく，そのうえ急におわるので，衝撃がつくりだされ，四方八方の地殻をゆりうごかし，やがて消滅してゆく…．この地域では，山脈の大部分がその片側または反対側でおこった破壊によって隆起した．そしてたくさんの事例から，最後の標高の増加はごく最近の出来事である証拠がみつかる．

　Gilbertは単にこの地震理論がGreat Basinに適用できると主張しただけである．しかしほどなく，地震と断層のあいだにはおなじような関係があることがさまざまなところでみつけられた．McKay（1890）は，ニュー・ジーランドの南島で発生した大地震の場所へ地震の2年後に旅行し，Hope断層においてできたての横ずれ断層崖を発見した．その直後，1891年の日本でおこった濃尾地震のときには，ななめすべりの巨大な断層崖がみつかった（Koto, 1893；図4.1も参照）．KotoはLyellから積極的な引用をして，ヨーロッパの地質学者のあいだでおこなわれていた，断層は地震の原因であるか結果であるかに関する論争についても相当くわしく論じている．彼は地震の起源は断層だと力づよく論じた．あきらかに彼は，この問題に関するGilbertの見解をしらなかった．1906年のSan Francisco地震のときには，San Andreas断層で大規模なラプチャーがみられ，測地学的な測定の結果，このような大地の破壊は地表面だけのものではないことがあきらかになり，最終的には，Reid（1910）がSan Francisco地震の解析のなかで表明したような地震の断層起源説が優位になった．

　あさいテクトニックな地震の大部分は断層の不安定によって生じるということが，結局は地震観測によって証明されたが，それにはずいぶんと時間がかかった．1923年にNakanoによってはじめてダブル・カップルの放射パターン理論が導入されたが，実際の地震に対してこの考えをもちいることは遅々としてすすまなかった．地震波の放射パターンから震源メカニズムを決定するには，ひろい領域をカバーする標準化された地震計のネットワークと，膨大な計算を要するので，観測機器とコンピューターの発達をまたねばならなかったのである．

　そのうえ，この問題に対する科学的意見はしばしばまっこうから対立した．地表面で断層があらわれるのは，陸上でおこる大地震のうちのほんの一握りにすぎず，しかも植生が邪魔をして断層がしばしばかくされてしまうので，断層起源説は地震の一般的メカニズムでないと簡単に否定することが可能であった．また，ダブル・カップルとシングル・カップルのどちらが地震のただしい表現であるかに関するおおきな論争があった〔Kasahara

図4.1 1891年の濃尾(美濃－尾張)地震のときにできた断層崖．この有名な写真は Koto (1893) によって撮影された．地震から約70年たって撮影されたおなじ場所の写真が Bolt (1988, p. 41) の本に掲載されている．この断層崖は，いまではこの地震で生じた副次的な正断層によるものとされており，北側がすこし隆起した．

(1981)の著書がこの論争を回顧している〕．シングル・カップルは，地震前後のふたつの力学的な平衡状態をつなげることができず，したがって物理学的に成立しえないので，今日からみるとこの論争は無駄であった．

　地震の震源に対する研究のあたらしい時代は，1960年代の初期にできた全世界を網羅する地震ネットワーク〔Worldwide Standardized Seismic Network (WSSN)〕と，コンピューターの広範な利用とともにはじまった．この時代になって，断層の動的な運動が大多数の地震の起源としてひろくうけいれられたのである．

4.2 理論的な背景

4.2.1 動的なエネルギー・バランス

　地震は，動的に伝播してゆくせん断クラックとみなすことができる．そこで，1章でお

こなったように，このプロセスに対する動的なエネルギー・バランスをかんがえることから議論をはじめよう．これには，式1.6であたえたエネルギー・バランスの式に，運動エネルギーの項と，先端より後方のクラック表面でなされる摩擦仕事をつけくわえればよいだろう．

$$U = (-W + U_e) + U_s + U_k + U_f \tag{4.1}$$

節1.1.2で論じたように，Wは外力によってなされる力学的な仕事，U_eは内部ひずみエネルギーの変化，U_sはクラックをつくるのにつかわれる表面エネルギーである．U_kは運動エネルギー，U_fは摩擦に抗してなされる仕事である．ここでは，重力のエネルギーを無視している．

動的なケースでは，平衡条件（式1.7）は時間微分で表現され，動的なエネルギー・バランスの式をつぎのようにかくことができる．

$$\dot{U} = 0 = (-\dot{W} + \dot{U}_e) + \dot{U}_s + \dot{U}_k + \dot{U}_f \tag{4.2}$$

各項は，図4.2にしめされる領域に対する以下のような積分をあらわす．

$$\dot{U}_k = \frac{\partial}{\partial t} \frac{1}{2} \int_{V-V_0} \rho \, \dot{u}_i \dot{u}_i \, dV \tag{4.3a}$$

$$\dot{U}_s = \frac{\partial}{\partial t} \int_\Sigma 2\gamma \, dS \tag{4.3b}$$

$$\dot{W} = \int_{S_0} \sigma_{ij} \dot{u}_i n_i \, dS \tag{4.3c}$$

$$\dot{U}_f = \frac{\partial}{\partial t} \int_\Sigma \sigma_{ij} \Delta u_i n_i \, dS \tag{4.3d}$$

$$\dot{U}_e = \frac{\partial}{\partial t} \frac{1}{2} \int_{V-V_0} \sigma_{ij} \varepsilon_{ij} \, dV \tag{4.3e}$$

ここでΔu_iは，クラックの上下面での差，すなわち食い違い変位である．

凝着力がはたらかないクラックという線形弾性破壊力学の仮定を採用すれば，摩擦項（式4.3d）はゼロになる．すると，クラックの先端をとりかこむ円環〔toroid〕Σ_0にそった経路 $g = (\dot{W} - \dot{U}_e) - \dot{U}_k$ に依存しない積分〔path-independent integral〕によって，クラック先端へのエネルギー流量を評価することが可能になり〔いわゆるJ積分〕，このケースでは，表面エネルギー項（式4.3b）とあわせて，エネルギー・バランスの式4.2をとく

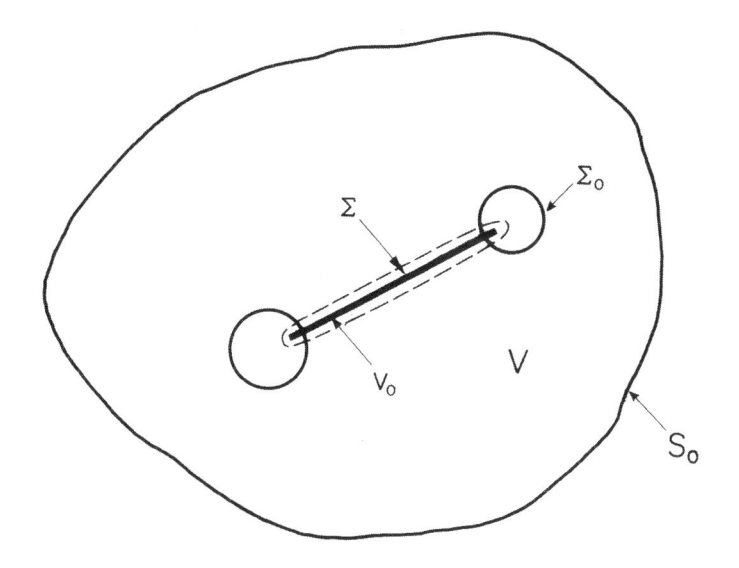

図 4.2 動的なエネルギー・バランスをかんがえるための積分領域.

ことができる（Achenbach, 1973；たとえば, Richards, 1976；Aki and Richards, 1980 参照）.
しかしながら，摩擦が存在するときには u_i と σ_{ij} が未知なので，クラック表面全体 Σ（式
4.3d）をカバーする積分は計算できない．したがって，エネルギー・バランスの式は手に
おえなくなる．節 1.1.3 でのべたように，このことは線形弾性破壊力学をせん断クラック
に適用しようとするに際して深刻な問題となる．このようなわけで式 4.2 をつかって，次
節で論ずるようなさまざまなせん断クラックの動力学モデルをとくことはできないので，
われわれはこの方法をとらずに，エネルギー・バランスとは別の破壊基準である応力―破
壊基準〔stress - fracture criterion〕をつかう.

　地震全体でのエネルギー分配をきめようとするときにも，これに関係する問題がもちあ
がる．ラプチャー時間全体に関して式 4.2 を積分し，（たとえば，地球全体のような）十
分おおきな体積を積分領域にえらぶと，外部との境界での仕事の項（式 4.3c）がきえる
ので，放射された地震波のエネルギー E_s をつぎのようにあらわすことができる．

$$E_S = \Delta U_k = -\Delta U_e - \Delta U_f - \Delta U_s \tag{4.4}$$

ラプチャーの前後で，せん断応力が，初期値 σ_1 から最終値 σ_2 へ $\Delta\sigma$ だけ降下するなら，
式 4.3e に発散定理を適用して，内部ひずみエネルギーの変化をつぎのようにかくことが
できる．

$$\begin{aligned}\Delta U_e &= -\frac{1}{2}\int_\Sigma (\sigma_1 - \sigma_2)\overline{\Delta u}dS - \int_\Sigma \sigma_2 \overline{\Delta u}dS \\ &= -\frac{1}{2}(\sigma_1 + \sigma_2)\overline{\Delta u}A\end{aligned} \tag{4.5}$$

ここで，$\overline{\Delta u}$ は平均すべり，A は断層面積である．符号を反転すれば，この表現は断層運動のなす仕事 W_f（式3.8）になっていることがわかる．ちょうど，クラック面上のすべりにともなうひずみエネルギーの減少分が，断層運動の仕事に供給される．

さらに議論をすすめるためには，すべりのあいだに断層表面にはたらくトラクション応力のふるまいについて，なんらかの仮定をする必要がある．すべりのあいだ，摩擦応力は動摩擦によってきまる一定値 σ_f になると仮定すれば，動的なストレス・ドロップを $\Delta\sigma_d = (\sigma_1 - \sigma_f)$ と定義できる．そうすれば，地震波としてでてゆくエネルギーは，つぎのようにかける．

$$E_s = \frac{1}{2}(\sigma_1 + \sigma_2)\overline{\Delta u} A - \sigma_f \overline{\Delta u} A - 2\gamma A \tag{4.6}$$

これは，式3.8の陽的な表現である．［式4.3dの積分は，ふたつの部分に分割できることに注意されたい．2番目の部分の $\int \sigma_{ij} u_i n_j dS$ は，この近似式ではゼロと仮定されている．Kostrov（1974）は，ラプチャーのあいだには，応力の急激な変化が存在するにちがいないと指摘した．なぜなら，それがまさしく震源近傍における地表面の強振動をひきおこすからである．この近似では，ニアー・フィールドの［near field］の高周波数成分をもつ加速度のエネルギーを無視しており，これは E_s には参入されていない］．さらに，$\sigma_2 = \sigma_f$ の仮定を追加し（Kostrov, 1974 ; Husseini, 1977），表面エネルギーは無視できるという節3.2.2の結果をつかえば，E_s を簡単な形で表現できる．

$$E_s \approx \frac{1}{2}\Delta\sigma \overline{\Delta u} A \tag{4.7}$$

式4.7は，地震の前後の応力変化に関する情報だけが地震波の放射にふくまれ，絶対応力に関する情報はまったくふくまれていないことをしめす．このことは，エネルギーがどう分配されるかをかんがえるうえで，深刻な問題をなげかけている．なぜなら，断層運動に要する仕事は，まさしく絶対応力に依存するからである．地震効率 η を，$\eta = E_s / W_f$ と定義すると，式4.5と式4.7から，つぎの式がえられる．

$$\eta = \frac{\Delta\sigma}{\sigma_1 + \sigma_2} \tag{4.8}$$

この式から，地震効率は絶対応力に依存し，地震波を観察するだけではきめることができないことがわかる．McGarr（1999）は $\eta \leq 0.06$ であることをしめした．これはストレス・ドロップが絶対応力より約1桁ちいさいことを示唆するもので，絶対応力は100 MPa 程度であるが，ストレス・ドロップは 5 - 10 MPa 程度であるという観察結果（節3.4.3）にも，実験室できめられた摩擦のパラメーター（節2.3.4）の値とにも斉合する．

最終的なストレス・ドロップ，すなわち"静的な"ストレス・ドロップ $\Delta\sigma$ が，動的なストレス・ドロップ $\Delta\sigma_d$ とひとしいという仮定もまた恣意的である．たとえば，節2.3.4でしらべた，ばね－スライダー・モデルをかんがえると，地震波の放射がまったくない

ときには，$\Delta\sigma = 2\Delta\sigma_d$ がなりたつ．地震波が放射されるときには，$\Delta\sigma$ はそれよりちいさくはなるだろうが，動的なオーバーシュート（慣性の効果）をかんがえれば，$\sigma_f > \sigma_2$ となることを期待してよいのかもしれない（Savage and Wood, 1971；Scholz, Molnar, and Johnson, 1972）．つぎの節で，一般的に動力学モデルが，なにがしかのオーバーシュートを予測することをしるだろう．

4.2.2 せん断クラックの動的な伝播

地震のモデル化には，運動の変位の時間変化を適切にえらんだ二三のパラメーターによってあらかじめ規定する運動学モデル〔kinematic model〕がよくつかわれる．なかでもHaskell（1964）の食い違い伝播モデル〔propagating dislocation model〕とBrune（1970）のモデルが代表的である．後者は，ラプチャー速度を無限だと仮定しているにもかかわらず，震源の合理的な動的特性があたえられるという利点がある．運動学モデルは，かなり詳細に地震を記述することができるが，われわれの関心事であるラプチャー・プロセスそれ自体に対する物理的な洞察をあたえるものではない．この目的のためには，動力学モデル〔dynamic model〕からえられた結果を検討する必要がある．ここでいう動力学モデルとは，あらかじめ破壊基準だけが規定された弾性体の運動方程式を満足するモデル意味する．ここでは，もっとも単純な動力学モデルからえられたわれわれの関心にとって重要な二三の結果だけを議論する．もっと厳密かつ詳細な数学的取り扱いは，たとえば，Aki and Richards（1980），Kostrov and Das（1988），Freund（1990）の著書を参照されたい．

本書では，不安定すべりにおけるラプチャーのメカニズムを，ふたつのことなる方法で記述した．1章ではぜい性破壊として，2章では摩擦のスティックースリップ不安定としてとりあつかった．これらふたつは，断層面上のせん断応力のストレス・ドロップと，媒質のなかの運動を関係づけているという点で数学的には等価であるが，ラプチャー・プロセスをみる視点は伝統的にことなっている．理論的な破壊力学では，クラックを伝播させるには，単位面積あたりの固有破壊エネルギーが必要だと仮定されており，これは材料定数である．いっぽう，スティックースリップ・モデルでは，断層面上の〔せん断〕応力が静摩擦値に達し，かつ動的な不安定がおこりうる条件がみたされたときに，ラプチャーがおこると仮定されている．破壊モデルでは，クラック先端の応力はどんなにたかくなってもよいが，スティックースリップ・モデルでは，クラックの先端でのエネルギー消費はなく，そこでの応力も有限にとどまらなくてはならない．このような違いは歴史的なものであって，主として，ふたつのアプローチに内在する理想化の仕方に起源をもつ．後でわれわれは，このふたつの観点を融合したモデルについて論じる．

まず，限界に達し，今まさに不安定な伝播を開始しようとしている状態にあるせん断クラックをかんがえよう．もっとも簡単なのは，Andrews（1976a）が論じたモードⅢのク

ラックのケースである．モードIIIのクラックが，$y = 0$ の面上に存在し，$z = -L$ から $z = L$ までひろがっているとしよう．クラックから十分はなれた遠方でのせん断応力は一定であり，これを σ_1 とする．そして，断層面上の応力がすべり摩擦の値 σ_f とひとしいとすると，クラック上の変位は（Knopoff, 1958），つぎのようにあらわされる．

$$u = \frac{\sigma_1 - \sigma_f}{\mu}(L^2 - z^2)^{1/2} \tag{4.9}$$

ここで，トータル・オフセット〔total offset〕Δu はこの値の2倍である．μ は剛性率である．式4.9を式4.5に代入して積分すれば，ひずみエネルギーの変化がつぎのようにもとめられる．

$$\Delta U_e = -\frac{\pi}{2\mu}(\sigma_1 + \sigma_f)(\sigma_1 - \sigma_f)L^2 \tag{4.10}$$

そして，表面エネルギーの供給や地震波の放射につかうことのできる正味のエネルギーは，つぎの式であらわされる．

$$-\Delta U_e - \Delta U_f = \frac{\pi}{2\mu}(\sigma_1 - \sigma_f)^2 L^2 \tag{4.11}$$

クラックの半長 L が dL だけ増加すると，利用できるエネルギーの増加分はつぎの式であらわされる．

$$\partial(-\Delta U_e - \Delta U_f) = \frac{\pi}{\mu}(\sigma_1 - \sigma_f)^2 L dL \tag{4.12}$$

これは，L が限界クラック半長が L_c になったときに，破壊エネルギー $2\mathscr{G}_c dL$ をクラックの両端に供給するのにちょうど十分であるはずだ．したがって，L_c がつぎのようにもとまる．

$$L_c = \frac{2}{\pi}\frac{\mu \mathscr{G}_c}{(\sigma_1 - \sigma_f)^2} \tag{4.13}$$

たとえば，$\mathscr{G}_{IIIc}$ に実験室でえられる代表値 10^2 Jm^{-2}（表1.1）をつかい，ストレス・ドロップを1 MPaと仮定すると，$L_c = 1.9$ m となる．いっぽう，地震学的に推定した $\mathscr{G}_c$ の代表値は 10^6 - 10^7 Jm^{-2} である．したがって，この値を採用すれば，L_c の値はこれに比例しておおきくなるはずだ（地球物理学的データから $\mathscr{G}_c$ をきめる方法とその結果については，Li（1987）を参照のこと）．このように破壊エネルギーの値がおおきいことは，大地震ではクラックがながいこと，すなわち応力拡大係数がおおきいことに起因している．通常これは，クラックの先端まわりにかなりの体積の非弾性変形域が付随することを意味していると解釈される．断層の成長に対してみつけられたように（節3.2.1），もし $\mathscr{G}_c$ が L で線形にスケールされるなら，式4.13は定義できなくなり，限界クラック長というものも存在しないことになる．

　このモデルは，節1.1.3で論じたように，クラック先端で応力の特異点を生じ，物理に

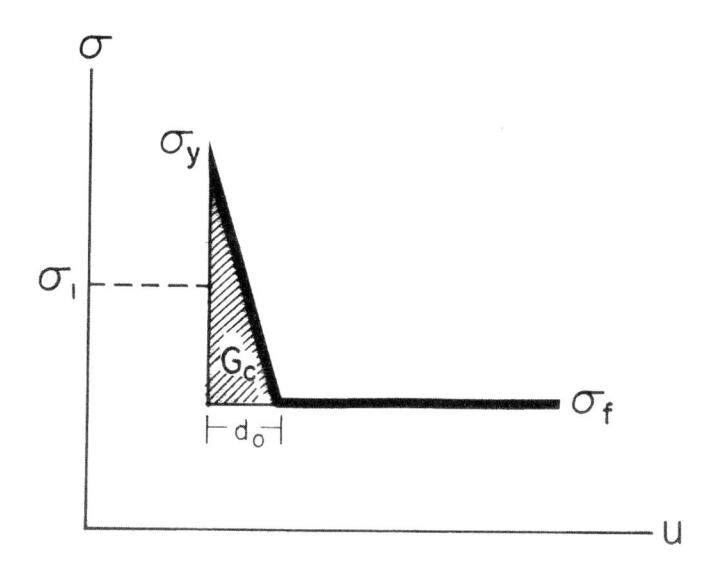

図4.3 単純なすべり弱化モデルによるクラックの先端で応力のブレークダウンの表現.

反する結果をもたらす．この問題は，クラックの破損〔breakdown；ブレークダウン〕はある有限な距離にわたって生じるのだと仮定することによって回避できる．この仮定は，ストレス・ドロップやそれに附随する応力集中をなまらせる効果がある．ぜい性破壊では，これはプロセス・ゾーンの発達に対応し，摩擦においては，静摩擦と動摩擦のあいだのブレークダウンに対応するのだろう．節2.3.2で言及したように，静摩擦から動摩擦にかわるには有限の限界すべり距離が必要である．Ida（1972, 1973）はすべり弱化を考慮したラプチャー・モデルをつくった．図4.3にそのうちのひとつをしめす．このモデルについては，Andrew（1976a）がさらにくわしく論じている．このモデルでは，初期応力 σ_1 は降伏応力 σ_y よりちいさい．限界すべり距離 d_0 だけすべると，σ_y は摩擦応力 σ_f までブレークダウンする．

破壊エネルギーは，ラプチャーのブレークダウンのときになされる仕事のうち，一定の摩擦応力 σ_f に抗してなされた仕事をこえる部分である．すなわち，図中の影がつけられた部分がこれに相当し，その値はつぎのようにあらわされる．
これを式4.13に代入すると L_c がもとまる．

$$\mathcal{G}_c = \frac{1}{2}(\sigma_y - \sigma_f) d_0 \tag{4.14}$$

モードIIのケースでも，ひじょうによくにた結果がえらる（Andrews, 1976b）．これらの

$$L_c = \frac{\mu}{\pi} \frac{(\sigma_y - \sigma_f)}{(\sigma_1 - \sigma_f)^2} d_0 \tag{4.15}$$

結果は，節2.3で論じた摩擦モデル，とりわけ式2.34と同等だとかんがえられる．

クラックの半長が L_c をこえると，ラプチャー速度 v_r はある限界値まで加速するだろう．モードⅢのケースでは，媒質の横波速度が限界速度である（Kostrov, 1966）．クラック周りの応力場も，伝播しているときには静的なケースとことなる．これらの特徴を説明するために，数学的にもっと単純なケースである，うごいているらせん転位（Cottrell, 1953）をつかおう．らせん転位の応力場の幾何学的形状はモードⅢクラックと類似しており，結果の一般的なところは双方に共通であろう．$y = 0$ 面のなかを z 方向に伝播しているらせん転位の変位は，モードⅢのクラックのときとおなじく u の成分だけを生じるので，運動方程式はつぎのような簡単な形でかける．

$$\frac{\partial^2 u}{\partial z^2} + \frac{\partial^2 u}{\partial y^2} = \frac{1}{\beta^2}\frac{\partial^2 u}{\partial t^2} \tag{4.16}$$

ここで，β は横波速度である．われわれがもとめているのは，転位が z 軸にそって定常な速度 v_r でうごき，$v_r = 0$ のときには静的な解 $u = \mathbf{b}(\theta/2\pi)$（$\mathbf{b}$ は Burgers ベクトルで，すべりの単位である）に一致するような解である．式 4.16 は波動方程式であり，定常的に伝播する解は Lorentz 変換によってえられることがしられている．このケースでは，変数 $z_1 = (z - v_r t)/(1 - v_r^2/\beta^2)^{1/2}$ を導入して変換する．定常的な伝播のときには，$\partial^2/\partial t^2 = v_r^2(\partial^2/\partial z^2)$ であることに気づけば，波動方程式はつぎのようになる．

$$\frac{\partial^2 u}{\partial z^2} + \frac{\partial^2 u}{\partial y^2} = 0 \tag{4.17}$$

そしてこの解は，つぎのようにあたえられる．

$$u = \frac{b}{2\pi}\tan^{-1}(y/z_1) \tag{4.18}$$

v_r がゼロになると z_1 は z になるので，この極限は静的な解になる．伝播している転位の応力場は，z が $(z - v_r t)/(1 - v_r^2/\beta^2)^{1/2}$ とおきかわる点をのぞいて，静的な応力場とおなじである．$(z - v_r t)$ の項は転位の運動を記述し，$(1 - v_r^2/\beta^2)^{1/2}$ の項は応力場が運動している方向に短縮されることをあらわしている．電磁気学でよくしられるこの"相対論的収縮"は，運動が波動方程式によって支配されることによる帰結である．

電気動力学との相似性からおおくのことがみてとれる．ひずみエネルギー密度 $\frac{1}{2}\mu[(\partial u/\partial z)^2 + (\partial u/\partial y)^2]$ と運動エネルギー密度 $\frac{1}{2}\rho(\partial u/\partial t)^2$ をくわえて，転位のエネルギー密度をもとめると，Einstein 方程式がえられる．

$$U = \frac{U_0}{(1 - v_r^2/\beta^2)^{1/2}} \tag{4.19}$$

ここで，Uはうごいている転位のエネルギー密度，U_0は静止時のエネルギー密度である．v_rがβにちかづくと，Uは無限になる．したがって，転位は音速（横波）よりは高速で伝播することができない．

モードIIIのクラック伝播〔ラプチャー〕速度に上限があることは，このケースではクラック先端の応力場にはせん断応力だけが存在していることに気づけば直観的に理解できる．せん断応力の伝播速度は横波速度に制限されるので，ラプチャー速度もこの値が上限になる．モードIIの伝播は，クラック先端の応力場にせん断応力と直応力の両方が存在するため，もうすこし複雑になる．そのようなケースでは，せん断応力の成分はRayleigh波速度で伝播し，直応力成分は縦波速度で伝播する．このような複雑さが発生するのをしめす例が，Andrews（1976b, 1985）によるモデルによってしめされた．このモデルでは図4.3とおなじすべり弱化モデルをつかっている．無次元の強度パラメーターS〔あるいはラプチャー抵抗パラメーター〕を導入すれば，ラプチャーの伝播を適切に特徴づけることができる．ここでSは，すべりを発生させるのに必要な応力の増加と，動的なストレス・ドロップの比として定義される．

$$S = \frac{(\sigma_y - \sigma_1)}{(\sigma_1 - \sigma_f)} \qquad (4.20)$$

図4.4に，ラプチャーの伝播の様子をあらわす時空間プロットをしめす．これは$S=0.8$の場合の計算結果である．このタイプのモデルでは，図4.4aにおいて影がつけられたゾーンでしめされたように，ラプチャーのフロントは有限な幅をもつ．片側はすべりの始まりをあらわし，もういっぽうの側はストレス・ドロップの完了をあらわす．比較のため，縦波，横波，Rayleigh波の伝播に相当する傾きが記入されている．すべりの挙動は図4.4bにしめされている．ラプチャーは，最初はゆっくりとはじまり，クラック長が限界長さの約2倍になるころにはRayleigh波の速度に達する．クラックの加速にしたがい，ラプチャー・フロントはせまくなる．ラプチャー速度は，ある程度の距離を伝播するあいだはRayleigh波速度にとどまるが，その後分岐するのが観察され，すべりの一部は超音速で伝播するようになる．最終的には，ラプチャーが横波よりはやい速度で伝播し，縦波速度にちかづくのが観察される．この段階では，ラプチャー・フロントはふたたびひとつになっている．図4.4cは，クラック面上のせん断応力の時間的な変化をしめす．ラプチャーがRayleigh波速度よりわずかにおそく伝播するときには，ラプチャーの前に，横波速度で伝播する応力のピークが存在する．やがてこのピークは，Rayleigh波が到着する前にある程度のすべりを発生させるのに十分なほどおおきくなり，ついには，このRayleigh波の到着前のすべりが，2番目の応力のピークを減衰させるのに十分なほどおおきくなる．時間が十分経過して，このような段階になっても，すべり関数には依然としてカスプ〔cusp；尖点〕がRayleigh波の到着時に観察される．すなわち，すべりは縦波によってはじまるが，すべ

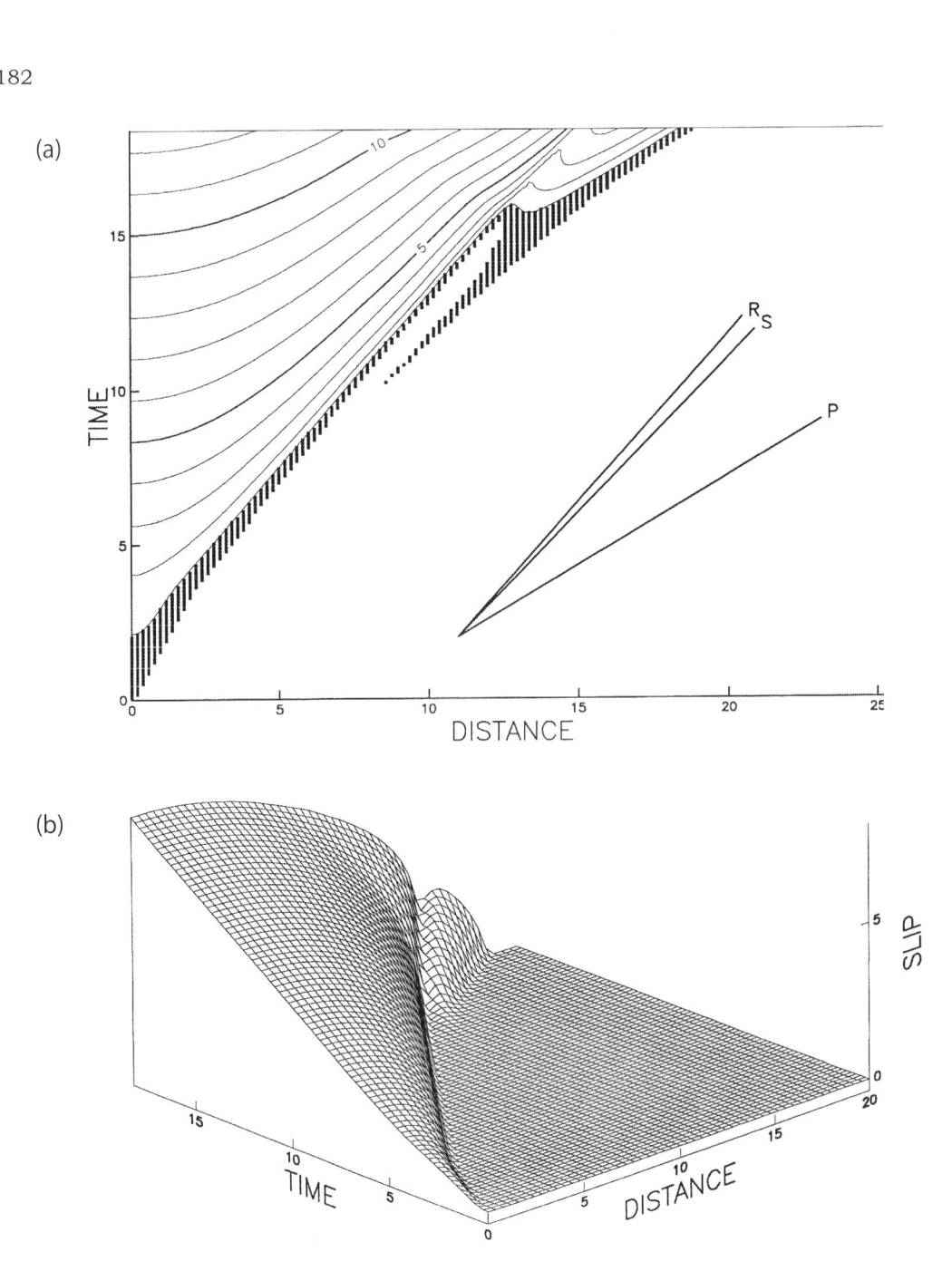

図 4.4 すべり弱化をともなうモード II のクラックの伝播．(a) クラックが伝播しているときのすべりの等高線．距離と時間は無次元化され，それぞれ x/L_c と $\beta t/L_c$ である．すべりの等高線の間隔は $1.3\,L_c\Delta\sigma_d/\mu$ である．影をつけた部分はブレークダウン領域をあらわし，そこでのすべりは $u < d_0$ の段階である．P, S, R で指示された直線は，媒質の P 波，S 波，Rayleigh 波の速度をあらわす．(b) おなじ座標系で表示された無次元化したすべり $(\mu/\Delta\sigma_d)(u/L_c)$ の立体的表現．ながめている方位は，Rayleigh 波の方向である．(c) クラック面内の無次元化したせん断トラクションの立体的表現．表示法は (b) とおなじ．(Andrews, 1985 から引用した).

(c)

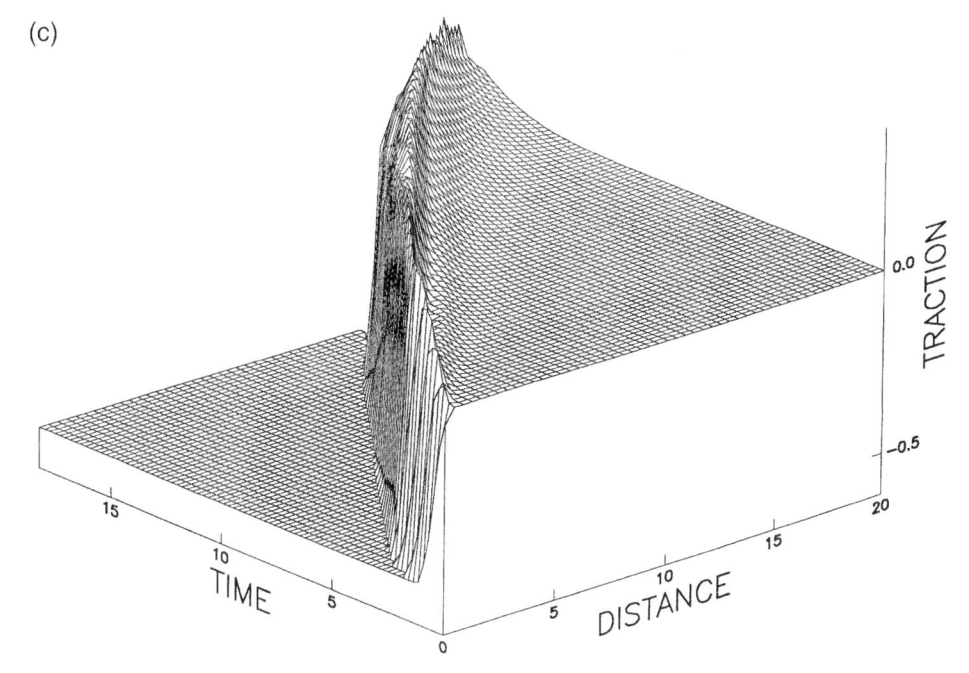

図4.4のつづき

りの駆動力，すなわちすべりと平行なせん断応力の成分はRayleigh波の速度で到着する．したがって，依然として主要なすべりはこのときにはじまるのである．

ひじょうに類似した挙動が，RS摩擦則を採用したときにも観察されている（Okubo, 1988）．しかしその詳細は，ラプチャー抵抗パラメーターSに依存する．たとえば，もし1よりずっとちいさいSをえらべば，断層のラプチャーに対する抵抗はよわく，モードIIのときには，ラプチャー速度は縦波速度にすばやく到達する（Burridge, 1973 ; Das, 1981）．横波速度をこえるインターソニックなラプチャー速度〔縦波速度よりはおそい〕が，実験室でのモードIIクラックのケースで観察されている（Rosakis et al., 1999）．

さてつぎに，これらの詳細を無視した単純な3次元モデルに対するすべり関数をかんがえよう．もっとも単純な動力学モデルとして，一様なストレス・ドロップをもつ自己相似のせん断クラックがある一点から発生し，一定のラプチャー速度でどこまでも伝播するとしよう（Kostrov, 1964）．このモデルは破壊力学の仮定に立脚し，さらに線形性を仮定しているので，摩擦応力σ_fを絶対応力からさしひくことができる．したがって，その解は，動的なストレス・ドロップ$\Delta\sigma_d$だけに依存する．一定のラプチャー速度v_Rで伝播するラプチャーに対する，点P(x, y)（図4.5a）におけるすべりの時間的変化は，つぎのようにあらわされる．

$$t_h \geq t \geq \frac{(x^2+y^2)^{1/2}}{v_R^2} \quad \text{のとき}$$

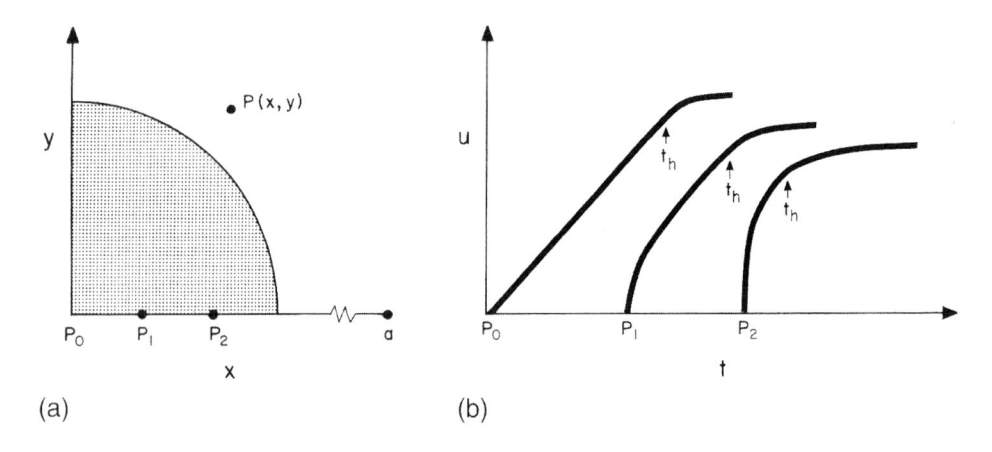

図 4.5 点 P におけるすべりの時間的変化. (a) 点 P に接近するラプチャー(点刻されている). (b) 点 P_0, P_1, P_2 におけるすべりの時間的変化. 各点はこの順にラプチャーの開始点からの距離がおおきい. t_h は, ラプチャーが停止したときに, 最終的なクラック端 a から逆に伝播するヒーリング波の到着をあらわす.

$$u(x, y, t) = v_0 \left[t - \frac{(x^2 + y^2)}{v_R^2} \right] \quad (4.21)$$

ここで, x と y はラプチャーの出発点からはかった距離であり, v_0 は粒子速度の漸近値 t_h は, 有限クラックのケースにおいてはヒーリングが開始する時間である. ラプチャーの出発点からの距離がことなるいくつかの点でのすべりの時間的変化が, 図 4.5b にしめされている. ラプチャーの出発点をのぞいて, クラック先端のすぐ後ろで, 粒子速度に平方根形の特異点があらわれる. こうなるのは応力の特異点がクラック先端の前方に存在することによる (式 1.19). 前の議論とおなじ理由で, これは物理に反する結果である. 図 4.6 に, ラプチャーの出発点から距離 r だけはなれた点における粒子速度の時間的変化をしめす. 最大粒子速度をえるために, 粒子速度の特異性をカットオフ時間 $1/f$ にわたって平均すると, つぎの式がえられる.

$$v_{\text{MAX}} \approx C \frac{\Delta \sigma_d}{\rho \beta} \left(\frac{2fr}{v_R} \right)^{1/2} \quad (4.22)$$

ここで C は, ラプチャー速度 v_R に依存するパラメーターである (v_R がゼロから β に増加するにしたがって, 1 から $2/\pi$ の範囲で変化する). 式 4.22 から, v_{MAX} は応力拡大係数 $\mathcal{K} = \Delta \sigma_d (\pi r)^{1/2}$ (式 1.25) に比例することがわかる. 実際には, 動的な応力拡大係数は静的なそれよりわずかにちいさく, β に対する v_R の比に依存する (Achenbach, 1973). クラックの先端がその点をこえて十分な距離を伝播すると, クラック先端の応力集中による影響はなくなり, すべり速度は低下して v_0 に漸近する.

[図: 点Pにおける粒子速度のグラフ。縦軸 PARTICLE VELOCITY、横軸 TIME。最大値 $V_{MAX} \approx C \frac{\Delta\sigma}{\rho\beta}\left(\frac{2fr}{V_R}\right)^{1/2}$、定常値 $V_0 = C\frac{\Delta\sigma}{\rho\beta}$]

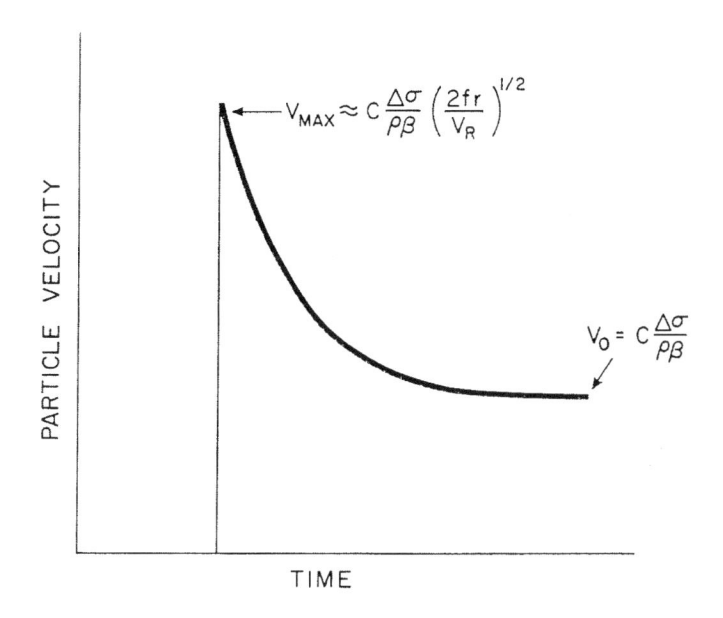

図 4.6 点 P における粒子速度．

$$v_0 = C \frac{\Delta\sigma_d}{\rho\beta} \tag{4.23}$$

したがって動的な動きは，$\Delta\sigma_d$ をもちいて線形にスケールされる．

Madariaga（1976）はおなじモデルをつかい，あらかじめラプチャーが半径 $r = a$ で停止すると規定されたケースを数値的に解析した．彼は，ラプチャーの内側の点のすべり速度はとつぜん減速し，その後すぐさま時間 t_h で停止することをみつけた．ここで t_h は，クラックの最終的な境界から，ラプチャーの停止によってつくりだされた Rayleigh 波が到着する時間である．彼はこのプロセスを**ヒーリング**とよんだ（図 4.5b）．このケースにおける最終的なすべり分布は，半径 a の円板状クラックに対する静的な解（Eshelby, 1957）とおなじ楕円形になる．

$$u(x, y) = \frac{12}{7\pi}\frac{\Delta\sigma_d}{\mu}a\left(1 - \frac{x^2 + y^2}{a^2}\right)^{1/2} \tag{4.24}$$

ただし，動的なオーバーシュートのため，すべりはあらゆるところで 30% 程度おおきくなる．したがってヒーリングの段階では，まわりのボリュームで応力が解放され，動的な平衡から静的な平衡に移行するあいだにストレス・ドロップが 30% 増加し，静的なストレス・ドロップは動的なストレス・ドロップよりおおきい．

さてここで，節 2.1 で議論した断層の接触の概念にもどると，ラプチャーは厖大な数のアスペリティの接触の破断の集合体とかんがえられる．しかもこれらのアスペリティの接触は，すべてのスケールで存在するだろう．ここでのべたクラック問題につかわれた破壊

基準は，多数のアスペリティの強度の空間的な平均をとりあつかっているとかんがえられる．いっぽう状況によっては，単一のアスペリティを対象とするラプチャーの力学を考察したいときもある．これは，クラックが"外側にある"問題とかんがえられる．このケースでは，媒質の内部の破壊されていない領域が，すでに破壊された領域にかこまれている．Das and Kostrov（1983）は，この問題に関して以下のように理想化した．破壊されていない部分に関しては通常の方法でとりあつかうが，外側の破壊されている部分に関しては，応力が一定（摩擦値）にたもたれるという要請をおく．このとき，アスペリティのラプチャーはふつうクラック伝播とおなじようにおこるが，クラックのときには，断層をとりまく部分に応力を増加させるのに対し，アスペリティのときには，まわりの領域のすべりを増加させるというのがおおきな違いである．

4.2.3 地震のラプチャーに対する簡単な応用

これらの理想化された動的なラプチャー・モデルの研究から，地震のメカニズムを支配する物理が理解できる．しかし現実は複雑なので，一般にはモデルでえられた結果をそのままでは適用できない．現実のラプチャーは，もっと複雑な破壊基準にしたがうだろうし，あきらかに完全な平面ではない．そのうえ，動的なラプチャーの伝播に関係するパラメーターは，どのスケールでみても不均一だとおもわれる．したがって，モデルから予測される特徴をおおまかにしか観察できないとかんがえるべきである．いずれにせよ現在のデータの品質では，ラプチャー・プロセスをひじょうにこまかくしらべることはできない．

たとえば，地震のラプチャー速度を例にとってかんがえてみよう．われわれは，モードIII側のエッジが横波速度よりはやく伝播しないことをしっている．さらに，すべりの主要な部分は，依然としてRayleigh波速度に制限されそうであるにしても，モードII側のエッジは横波速度よりはやく伝播できることをしっている．現実のデータの質は，主要なすべりの伝播が同定できる程度である．したがって全体のラプチャーは，横波速度またはRayleigh波速度で伝播するように観察されるだろう．報告された観察結果もおおむねこのようなものである．しかしながら，例外的に，たとえば節4.4.1でも一例を紹介するが，ラプチャー速度の変動を観察することができるケースもある．そして，このような結果を，断層の属性という観点から解釈するときには，この節の結果を考慮する必要がある．

ひじょうに単純なモデルをつくって，動的なラプチャー・プロセスの具体的なイメージをえて，それをもとに観察結果を議論することは有用である．ここでは，おなじ面上にあるラプチャーが点P（図4.5a）に接近してきたとき，その点における応力の時間的変化をかんがえよう．図4.7に模式的にしめしたような，ふたつのケースについて議論する．初期の段階では，ラプチャーは点Pからある距離だけはなれており，応力は初期値σ_1にひとしく，点Pでの静的な強度はσ_yである．ラプチャーがちかづいてくると，クラック先

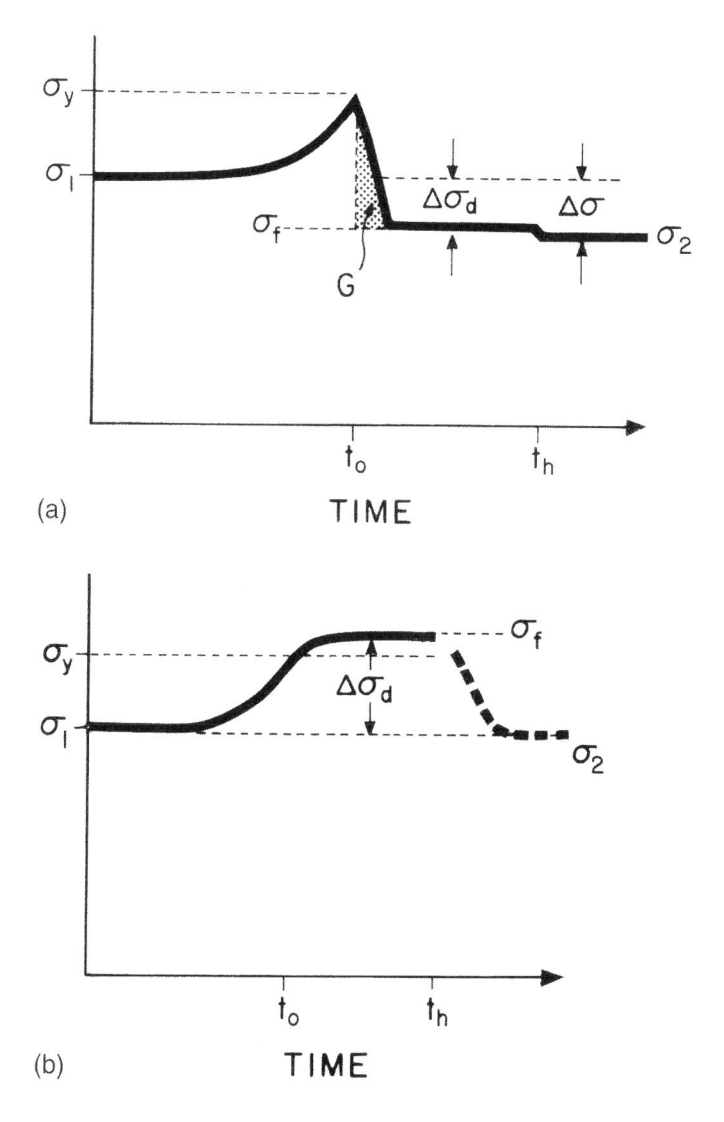

図 4.7 ラプチャーのあいだの応力の時間的変化．(a) すべり速度弱化をしめす点での時間変化．(b) すべり速度強化をしめす点での時間変化．破線は地震後のリラクゼーションをあらわす．

端の前方に生じる動的な応力集中により，点 P の応力は増加する．そして時間 t_0 で応力が σ_y に達するとすべりが開始する．すべりのあいだの応力の時間的変化は点 P での摩擦構成則にしたがう．図 4.7a では，これまでに仮定してきたケースをかんがえる．すなわち，すべりのあいだに摩擦が低下し，$\Delta\sigma_d = \sigma_1 - \sigma_f$ は正の値になる．ここでは，すべりのあいだ動摩擦応力 σ_f は一定であると仮定されているが，時間 t_h でヒーリングがはじまってから後には，オーバーシュートによって応力がさらに降下するのがみられる．したがって，最終的なストレス・ドロップは $\Delta\sigma_d$ よりおおきい．

動的なラプチャーが，なぜラプチャー抵抗パラメーター S（式 4.20）によって支配されるのかが，この例から容易に理解できる．S には絶対応力の項はふくまれず，ふたつの応

力差の比だけで定義されているので，S は日常的な強度の概念ではないことに注意しよう．さらに，σ_y と σ_1 は点 P で定義されるが，分母にふくまれているパラメーターは，隣接するラプチャー面全体の空間的な平均値であることにも注意しよう．前節で理想化したモデルのように，断層が完全に均一であるときには，分母も点 P での属性となる．分子は点 P における静的な強度と載荷された初期応力との差であり，強度の過剰〔strength excess〕とでもよんでよいだろう．いっぽう分母は，接近してくるラプチャーによって生じる動的な応力の上昇の尺度となる．ラプチャーの出発点でだけ，初期応力 σ_1 は σ_y とひとしくなる．

これらのファクターのすべてが，ラプチャー抵抗 S に影響する．S がたかいセグメントはつよいセグメント，ひくいセグメントはよわいセグメントとよぶことも可能かもしれないが，S の意味でつよいとは，σ_y がたかいか σ_1 がひくいかの 2 つの可能性があり，どちらの場合であっても，ラプチャーの駆動力である付近の断層セグメントのストレス・ドロップに対して相対的にきまる値である．したがって，ラプチャーの挙動の観察をもとに，断層の属性としての強度を解釈するときには，議論を慎重にすすめる必要がある．さもなければ，文献にしばしばみられるように，混乱が生じるだろう．

Das and Aki（1977）のモデルでしめされたように，断層の他の部分より相対的にたかい S 値がラプチャーを抑圧したり，停止させたりすることができるのはあきらかである．Day（1982）がしめしたように，S の変動もラプチャーの速度におおきな影響をおよぼす．図 4.7a で，σ_y だけを変動させてかんがえてみれば，どうラプチャー速度が変化するかが想像できる．点 P における σ_y がひくいほどラプチャーの開始時刻がはやまり，たかいほどおくれてはじまる．したがって，S のたかい領域から S のひくい領域へ伝播するラプチャーは，通常よりはやいラプチャー速度となり，その逆もなりたつ．

図 4.7a にしめしたケースは，式 2.26 であたえられたタイプの構成則にしたがい，しかもすべり速度弱化をしめす断層のケースと斉合する．いっぽう，すべり速度強化がおこるときには $\sigma_f > \sigma_y$ となり，図 4.7b のような挙動をしめすだろう．このケースでは $\Delta\sigma_d$ が負となり，この部分の断層は，エネルギーの吸い込みになるだろう．すなわち，周囲の断層の正のストレス・ドロップをもつ部分からエネルギーをもらわなければ，この部分でのすべりを駆動することができない．ラプチャーがそのような領域のなかへふかく伝播するとかならず停止するのはあきらかである．この効果は，節 3.4.1 でスキツォスフェアのふかい側の底が生じる原因としてとりあげたものである．負のストレス・ドロップは他の原因でもおこる．すべり速度弱化がおこっているところでさえ $\sigma_1 < \sigma_f$ となっている領域が存在しうる．ここでも，上とおなじようにラプチャーの伝播が抑止される．これは"地震の空白域"〔seismic gap〕をつくりだす原因となる極端なケースである．

図 4.7b では，つよいすべり速度強化が，σ_f を σ_y よりおおきくなるまでひきあげると仮定した．したがって，このケースでは，最終的な応力は静的な強度よりたかい．このような状況では，動的なすべりがおわった後に摩擦が徐々に緩和する．すなわち，応力が静的

な強度にひとしくなるまで準静的にすべりつづける（破線の曲線）．このプロセスはアフタースリップとしてしられており，後で詳細に論ずる（節 5.2.3）．

4.3 地震の現象学

4.3.1 地震の定量化

　地震の動力学についてわかっていることの大部分は，地震から放射された地震波を研究することにきめられてきた．このような研究では，震源と地震計をむすぶ地震波伝播経路の効果や，地震計の応答がもたらす効果に対する注意ぶかい取り扱いが必要である．このためにさまざまなテクニックが開発されてきたが，それらについてふれるのは本書の目的ではない．この主題については，多数のすぐれた地震学の教科書にゆずる（たとえば，Aki and Richards, 1980；Kasahara, 1981）．ここでは，ラプチャー・プロセスの動力学を理解するのに必要な事柄に限定してレヴューする．

　地震のサイズの伝統的な尺度は**マグニチュード**〔magnitude〕である．これは対数スケールの尺度であって，距離と地震計の応答を適切に補正した，特定のモードの地震波の，特定の周波数の振幅に準拠している．その結果，さまざまなタイプのマグニチュード（m_L, m_b, M_s, 等々）が目的に応じてつかわれるにいたった．おなじタイプのマグニチュードであっても，放射パターンの効果や伝播経路の違いによって，同一の地震に対するマグニチュードが観測所ごとにちがうといった事態も生じうる．さまざまなタイプのマグニチュードの尺度をたがいに関係づける多数の方法が提案されてきたけれども，そのような換算をおこなっても，同一の地震に対して報告されたさまざまな尺度のマグニチュードが一致するとはかぎらない．

　マグニチュードは，地震波の記録から地震のサイズをはかるには便利な方法であるが，もっと物理学的に意味のある地震のサイズは，下式で定義される**地震モーメント**〔seismic moment〕をつかって測定される．

$$M_{0ij} = \mu(\Delta u_i n_j + \Delta u_j n_i) A \tag{4.25}$$

ここで Δu_i は，断層面積 A 上での平均すべりベクトル，n_j は断層面の単位法線ベクトル，μ は剛性率である（一般に，Δu_i と n_j は場所の関数であるが，式 4.25 を積分でかけばよい）．M_{0ij} は，スカラー値が $M_0 = \mu \Delta u A$ である 2 階のテンソルで，ふたつの方向がすべりと断層の方位をさだめる．すべりと断層の方向に関する幾何学的情報の部分をとりだしたものを**震源メカニズム**〔focal mechanism〕（または断層面解；fault-plane solution）とよぶ．ダブル・カップルの震源については，地震モーメント・テンソルの非対角要素だけがゼロでない．

　M_0 とマグニチュード M の関係は，図 4.8 にしめされたように，地震波の放射スペクト

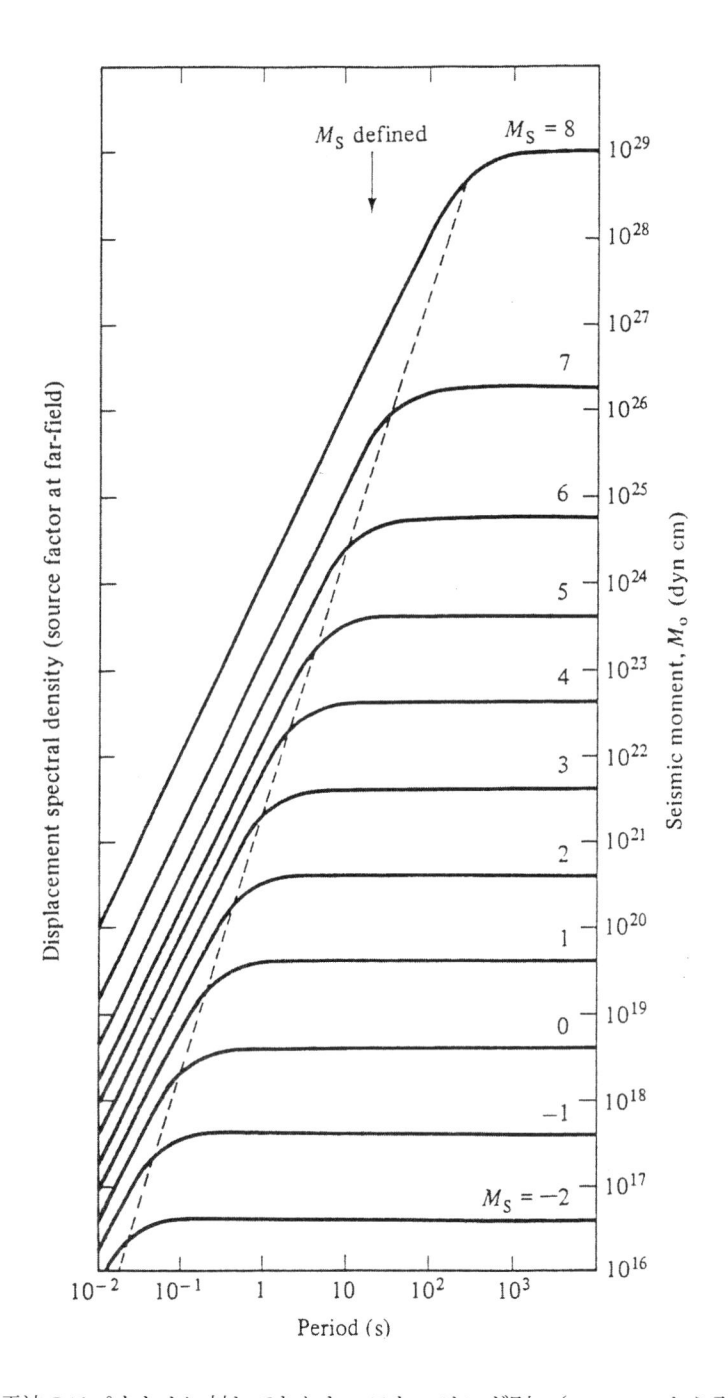

図4.8 地震波のスペクトルに対してなりたつスケーリング則.（Aki, 1967から引用した）.

ルをかんがえれば理解できよう．ここでしめしたスペクトル（Aki, 1967による）は，地震を食い違い変位の移動としてとりあつかったHaskellの運動学的モデルに準拠したものである．スペクトルは，長周期側でフラットでありM_0に比例する．このモデルの場合には，コーナー周波数〔corner frequency〕f_0より高周波側で，スペクトルはω^{-3}に比例して下

落してゆく．この図には，表面波マグニチュード M_s をもとめるために伝統的につかわれてきた周期（20秒）に矢印をかきいれてある．f_0^{-1} が20秒よりみじかいときには，$M_s \propto \log M_0$ である．したがって，マグニチュードとモーメントをつなげる関係式を経験的にきめることができる．一例として，つぎの式をあげておく（Purcaru and Breckhemer, 1978）．ここで M_0 の単位は N m^2 である．十分おおきな地震で f_0^{-1} が20秒よりながくなると，式4.26はもはや成立しなくなり，M_s はモーメントをかなり過小に評価する．こうなったとき，

$$\log M_0 = 1.5 M_s + 9.1 \tag{4.26}$$

M_s スケールは飽和〔saturate〕したという．これはおおよそ $M_s = 7.5$ でおこる．実体波マグニチュード m_b はもっと短周期（～1秒）で測定するので，さらにちいさなマグニチュードで飽和する．飽和サイズをこえる地震に対して伝統的なマグニチュードをつかいたければ，式4.26をもちいて，モーメントからマグニチュードを計算すればよい．これは M_w と表記される（Kanamori, 1977）．

地震波として放射されるエネルギーとモーメントは，式4.7をモーメントのスカラー量の定義と一緒につかえば関係づけられる．
この式を，つぎの Gutenberg-Richter の経験式，
〔単位は SI ユニット〕と組あわせ，さらに，地震のストレス・ドロップが，近似的に一定

$$E_s = \frac{\Delta \sigma}{2\mu} M_0 \tag{4.27}$$

で～3 MPa だとすると（Kanamori and Anderson, 1975），式4.28と式4.26は斉合すること

$$\log E_s = 1.5 M_s + 4.8 \tag{4.28}$$

がわかる（Kanamori, 1977 ; Hanks and Kanamori, 1979）．しかしこれには，かなりの近似と一般化がなされているので，地震のラプチャー・プロセスを議論するときには，かならず直接的にきめたモーメントをつかうようにするべきである．

他にも，図4.9にしめしたようなパラメーターがおおくの地震についてきめられている．**震源**〔hypocenter〕は，地震波の放射が開始した点であり，動的なラプチャーの開始点でもある．ラプチャー面内のどの点も震源になる可能性がある．**震央**〔epicenter〕は，単に震源を地表面へ投影したものである．最近しばしば報告されるようになった**モーメント・セントロイド**〔moment centroid〕は，文字どおり開放されるモーメントの重心を意味し，震源とはまったく無関係である．ラプチャーは，断層面上を外側へむかって，動的なすべりがとまるところまでひろがる．動的なすべりがとまる最終的な境界が地震の空間的な寸法をきめる．

よくつかわれる地震サイズの定性的な表現（並の，おおきな，等々）は，マグニチュー

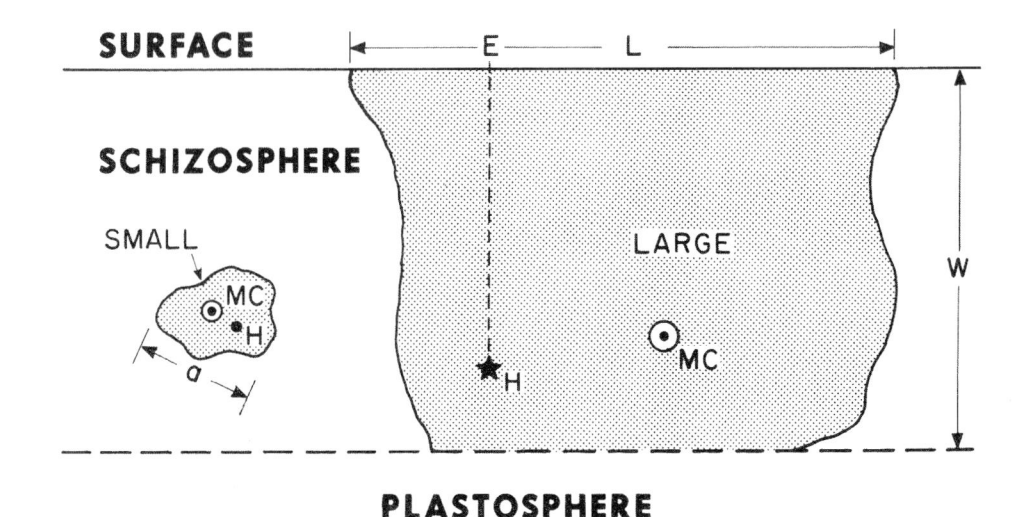

図 4.9　小地震と大地震の定義をしめす模式図. それぞれの地震の震源 (H), 震央 (E), モーメント・セントロイド (MC), ラプチャーのサイズ (a, L, W) がしめされている.

ドにおおよそもとづいているとはいえ, 人が居住する地域でおこったらどのくらいの破壊力をもつかをしらせるためのものである. ラプチャーがひきおこす結果ではなく, その物理を論ずるのがこの議論の目的であるので, このような用語は役にたたない. しかしながら地震を, **大地震**〔large earthquake〕と**小地震**〔small earthquake〕のふたつのクラスにわけてかんがえることはわれわれにとっても必要である. われわれは, そのラプチャーの寸法がスキツォスフェアの厚さ W に達しない地震を小地震とよぶことにしよう. すなわち小地震は, もっぱらスキツォスフェアの内部で発生して停止する. したがってその挙動は, 境界のない弾性的なぜい性固体のなかのラプチャーとして記述してよいだろう. 対照的に大地震は, ラプチャーの寸法がスキツォスフェアとおなじであるか, その厚さをこえるものをいう. 地震がおおきくなると, 上端を地表面, 下端をスキツォスフェアの底に拘束されて, アスペクト比を増加させながら水平方向だけにひろがる. このような区別をするにはふたつの理由がある. ひとつは, このように定義された小地震と大地震はことなるスケーリング則にしたがい, 放射される地震波のスペクトルの形状もことなる. これは, 小地震と大地震では幾何学的形状や境界条件がちがうことを反映しているのだろう. もうひとつの理由は, テクトニクスにおける地震の役割を定量的にかんがえるときには, 一般に, 大地震だけをかんがえれば十分だということである. 小地震から大地震へかわるマグニチュードの大きさは, テクトニックな環境に依存することに注意されたい. たとえば San Andreas 断層を例にとるなら, スキツォスフェアの厚さは約 15 km しかなく, $M = 6 - 6.5$ あたりで小地震と大地震がわけられる. いっぽう, 沈み込みゾーンでは, 沈み込みの面にそってはかったスキツォスフェアの幅はずっとながく, 小地震と大地震は $M = 7.5$ くらい

でわけられるだろう．

4.3.2　地震のスケーリング法則

　動的なクラック・モデル（節 4.2.2）やばね－スライダー・モデル（節 2.3.4）の解析の結果，すべり，速度，加速度など，ラプチャーの動的な特性をあらわす量はすべてストレス・ドロップでもって線形にスケールされることがわかった．したがってストレス・ドロップが，もっとも基本的なスケーリング・パラメーターである．原理的には，上にのべた観察可能な測定量のどれからでも，ストレス・ドロップを逆算できるのだが，実際にはむずかしい．

　測地学的なデータや，断層すべりと断層の長さから，静的なストレス・ドロップの情報がえられ，すべり，速度，加速度の地震学的測定から，動的なストレス・ドロップの情報がえられる．ストレス・ドロップは点ごとに定義されるが，インバージョンでは，断層上のある領域（はっきりどの部分とはいいがたい）での積分平均が算出される．これにはいくつかの理由がある．まず第1に，断層上のストレス・ドロップが不均一に分布する一般的なケースでは，任意の一点におけるすべりの時間関数は，その一点でのストレス・ドロップによって独立にきまるわけではなく，隣接するすべての点でのストレス・ドロップの分布の関数である．これが，どのような関数なのかはしられておらず，また"隣接する"とかんがえる領域はどこまでかもあきらかでない．第2に，観測される地震波は，すべりの分布を積分したような性質をもち，そのうえすべりパラメーターの測定はそれ自体，平均的な測定である．すなわち，動的なすべりパラメーターは時間的な平均であり，静的な測定は空間的な平均である．したがって動的な測定では，使用した地震波のタイプと周期に依存する結果がえられるだろう．けっきょく，どのようなインバージョンであっても使用するモデルにつよく依存する．なぜなら，地震波の放射を震源パラメーターとむすびつけるためには震源のモデル化が必要でり，そのときには単純な幾何学的形状が仮定されるからである．

　この結果，"ストレス・ドロップ"の測定がたくさん報告されているにもかかわらず，その値がたがいに一致することはすくなく，不一致の理由を評価することもむずかしい．たとえば，ラプチャーの継続期間にわたって平均した動的ストレス・ドロップは，実体波のスペクトルをもちいてきめることができるし（Brune, 1970）．強震動記録の加速度のrms 値〔平均2乗振幅〕からきめることもできるが（Hanks and McGuire, 1981），結果は一致しない．あきらかにこれらの測定は，ことなる平均化をほどこしていることになるし，また他にも，さまざまな点でモデルに依存する．たとえば，ピーク加速度（Hanks and Johnson, 1976）や，断層運動の開始時のすべり速度（Boatwright, 1980）をつかう方法では，ラプチャー・イベントの一部分だけのストレス・ドロップがもとまる．そういうわけで，「"真の"ストレス・ドロップはこれこれです」といえるような話ではないのである．さまざま

な方法によってきめられた推定値は，ふつうは4倍から5倍の幅でしか一致しない．これは誤差ではなく，前提となっている物理があいまいであることを意味する．おなじ方法でえられた推定値どうしなら，その違いをくわしく論じることに意味はあるだろう．

ストレス・ドロップの測定にまつわる混乱や不確実さは，地震モーメントの概念で統一的に理解される以前にさまざまなマグニチュードが存在した状況とある面では類似している．実は，地震モーメントはストレス・ドロップのものさしであるとかんがえることもできる．すなわち，地震モーメントは，ストレス・ドロップの分布を震源ボリューム全体にわたって積分したものである．しかしながらストレス・ドロップが，等価な物体力の集合としてのモーメント・テンソルと陽的に関係づけられたことはないし，"震源ボリューム"とは何なのか，あるいは他のパラメーターとどういう関係にあるかも明示されていない．この点で，ストレス・ドロップの問題は，昔の時代のマグニチュードの問題よりもっと深刻な問題である．静的なクラック・モデルから，静的なストレス・ドロップの平均値の一般的な表現をえることができる．

$$\Delta\sigma = C\mu\left(\overline{\frac{\Delta u}{\Lambda}}\right) \qquad (4.29)$$

ここで，Δu は平均すべり，Λ はラプチャーの特徴的な寸法をあらわす長さスケール，C はラプチャーの幾何学的形状に依存する定数である．カッコのなかは，Λ に対して平均したコサイスミックなひずみ変化である．あるいはまた，スプリング−スライダー・モデルのときと同様に，μ / Λ を，$\Delta\sigma$ と Δu を関係づけるスティフネスとみなせる．式4.29の定数が，閉形式でえられたことはない．円板状のクラックでは，$\Lambda = a$，すなわちクラック半径，$C = 7\pi/16$ である（これは，式4.24から u と Δu の違いに注意することによってえられる）．無限媒質のなかの無限長で幅の半長が W の横ずれ，またはななめすべりのラプチャーについては $\Lambda = W$ である（Knopoff, 1958；Starr, 1928）．横ずれに対して，C は $2/\pi$，ななめすべりに対して，C は $4(\lambda+\mu)/\pi(\lambda+2\mu)$ である．ここで，λ は Lame の定数である．

地震波のデータからストレス・ドロップをもとめるためには，なんらかのモデルに準拠して，すべりの時間的変化があらかじめ規定されていなければならない．Brune, (1970) の例をあげると，実体波スペクトルのコーナー周波数 f_0 は，$1/t_R \approx v_R/a$ に比例していると解釈される．ここで，t_R はラプチャーの継続時間，a はラプチャー半径，v_R はラプチャー速度である．小地震のモデルとして，円板形のラプチャーを採用すると，以下の関係がえられる．

$$M_0 = \frac{16}{7}\Delta\sigma a^3 \qquad (4.30)$$

a と M_0 のどちらも地震波スペクトルから決定できる．多数の小地震からきめられた a と

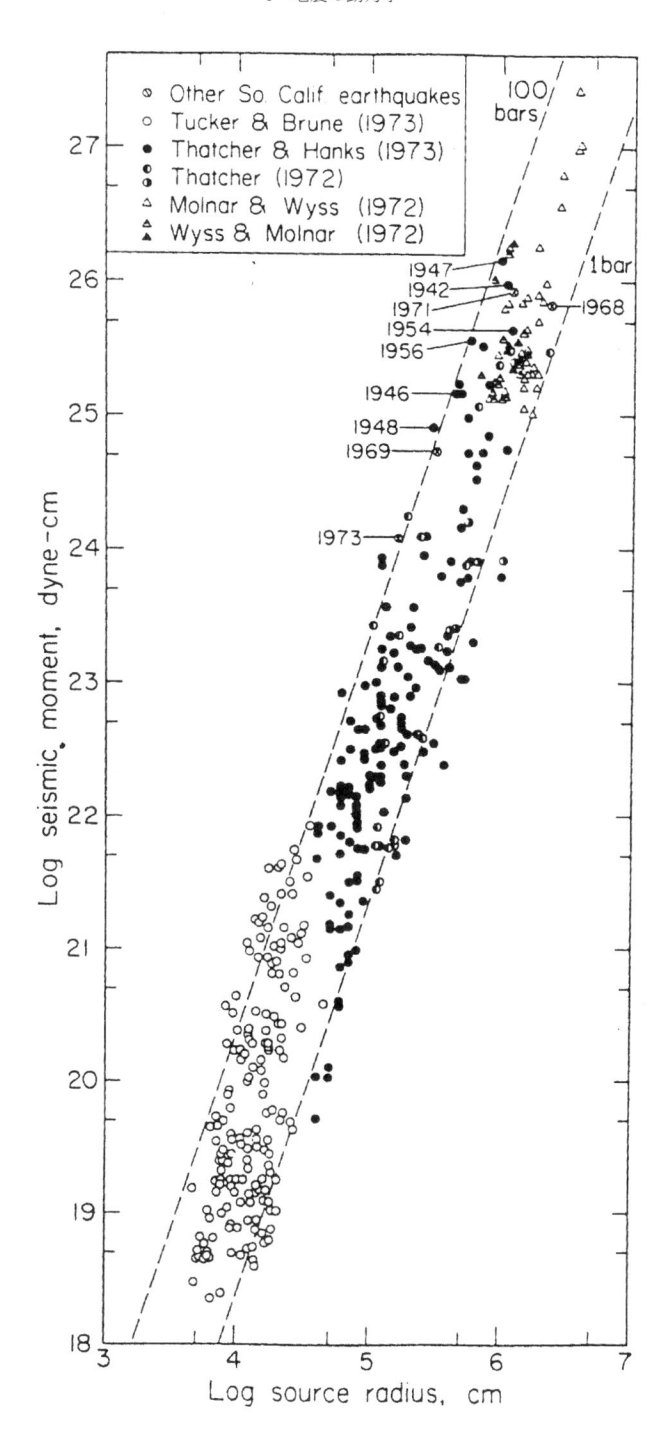

図 4.10 小地震の M_0 と震源半径の関係. 破線は一定のストレス・ドロップをあらわす. (Hanks, 1977 から引用した).

M_0 のデータを, 図 4.10 にしめす. ひろい範囲のサイズの地震に対して, モーメントが a^3 に比例することはあきらかである. これはストレス・ドロップが, 地震のサイズによらず, 近似的に一定であることをしめしている. この観察結果は, 地震の自己相似性を支持する

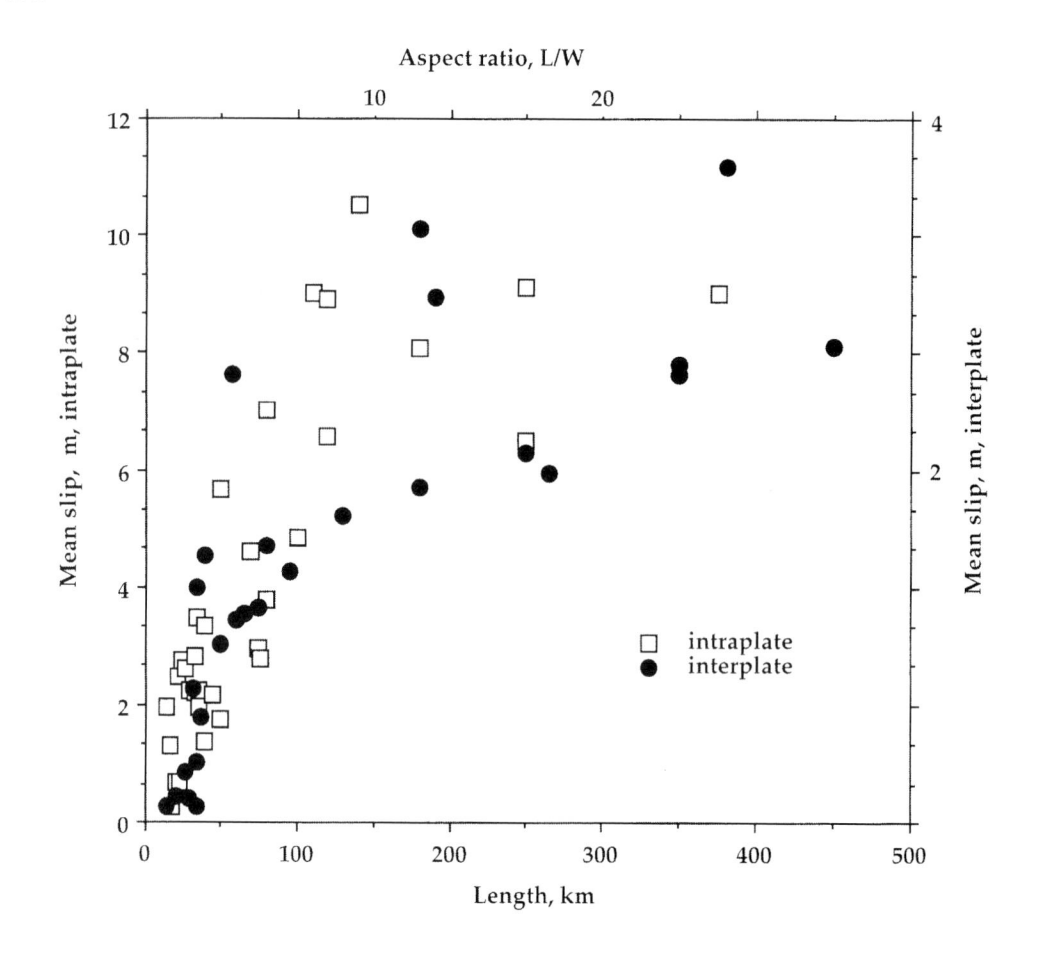

図 4.11 大地震のラプチャーの長さに対する平均すべり量．スケーリングはふたつの領域に大別される．すべり量は，アスペクト比が約 10 まで長さに対してだいたい線形に増加し，それ以上になると長さに依存しない．表 4.1 で領域 1 と領域 3 としてあげられたこのふたつの領域のあいだには，広範なクロスオーバー領域がある．（Scholz, 1994c にもとづく）．

もっとも強力な論拠である．この結果は一般性をもつが，過度に強調すべきではない．図 4.10 から，ストレス・ドロップの平均値は約 3 MPa であることがわかるが，あきらかに $\Delta\sigma$ の値は 0.03 - 30 MPa のひろい範囲に分布している．このようなばらつきは，テクトニックな意義をもつだろう．

地震がおおきくなると，スキツォスフェア全域をラプチャーしてしまい，その後は走向にそって伸長するから，幅はおなじであるが，長さがことなる地震がつくりだされる．ラプチャーの寸法は，地表面のラプチャーの長さ，または余震の空間分布から推定できる．図 4.11 は，地殻内でおこった大地震，すなわち $L \geq W^*$ であるような地震の平均すべり量を，ラプチャー長さに対してプロットしたものである．ここで W^* は約 10 - 20 km 程度で定数とおもってよい．ふたつの領域がみとめられる．$L \geq 10W^*$ のアスペクト比がひじょうにおおきな地震では，2 次元のクラック・モデルから期待されるようにすべり量は漸近

表 4.1 地震のスケーリング則

地震のサイズ	すべりのスケーリング則	モーメントのスケーリング則
1. $L < W^*$	$\Delta u \propto L$	$M_0 \propto L^3$
2. $W^* < L < 10W^*$	$\Delta u \propto L$	$M_0 \propto L^2 W^*$
3. $L \geq 10W^*$	$\Delta u \propto W^*$	$M_0 \propto L W^{*2}$

値に達していて，一定である．ところが，$W^* < L < 10\,W^*$ というひろい範囲がクロスオーバー領域となっていて，この範囲の地震では，Δu が L に対してほぼ線形に増加する．したがって，$L \leq W^*$ の地震もくわえれば，地震のスケーリングは，表 4.1 にまとめたように，3 つの領域にわかれるのである．

M_0 が $L^2 W^*$ に比例するクロスオーバー領域 2 があることは，Scholz（1982）によって最初に指摘され，Pegler and Das（1996）によってあらたなデータをもちいて裏づけられたが，その範囲が単純なスケーリングに関する考察から期待されるよりもずっとひろいために（Bodin and Brune, 1996; Mai and Beroza, 2000），しばらくのあいだは論争になった（たとえば Romanowicz, 1992）．Shaw and Scholz（2001）は，動的なモデルにおいて図 4.11 とそっくりな結果をえた．このモデルでは動的な効果によって広範なクロスオーバー領域が生じ，たいていのおおきな地震はこの範囲にはいる．領域 3 の地震はまったくまれな存在であるので，ごく最近になってその存在がみとめられた（Scholz, 1994c）．Wells and Coppersmith（1994）の経験式は，表 4.1 にしめされた 3 つの領域の存在をひとまとめにして表現したものである．

図 4.11 には，プレート境界地震とプレート内地震でスケーリング・パラメーターの値がちがうという重要な特徴がみられる．長さがおなじならば，後者は前者より 3 倍ほどすべり量がおおきい．領域 2 では，Δu と L のあいだの比例定数はプレート境界地震に対して 6.5×10^{-5}，プレート内地震に対して 1.5×10^{-5} である．領域 3 では 2 次元クラック・モデルをもちいて，プレート境界地震とプレート内地震に対するストレス・ドロップ量を評価することができ，前者では〜4 MPa，後者では〜12 MPa となった．

Heaton（1990）は，強震動記録にもとづいて，地震の最中の任意の瞬間にすべりがおこっている領域は，その地震の最終的な縦横どちらの寸法よりもかなりちいさく，こうなるためには「強度がセルフ・ヒーリング〔self-healing；自己回復〕するメカニズム」が必要であると提唱した．もしこれが本当なら，上で議論したような巨視的なスケーリング則を説明することは，両方の条件をみたすモデルをつくれはするものの（Cochard and Madariaga, 1996），むずかしくなる．しかし，次節でのべる地震のすべりの運動学的な再構成の結果をみれば，話は Heaton がかんがえたほど単純ではないことがわかる．

領域 1 と領域 2 でのスケーリング則は，断層に対して観察されたそれ（図 3.10）とお

なじ形をしている．しかし比例定数は，断層の方が地震の場合より数桁おおきい．これは関連するストレス・ドロップ量が，断層のときには岩石の破壊強度と摩擦強度の差であるが，地震のときには静摩擦と動摩擦の差となり，ずっとちいさい量だからである．断層上の変位は，地震のサイクルがくりかえされて増加してゆくのだが，両者のスケーリング則のつじつまもあっている（Cowie and Scholz, 1992b）．領域 3 は断層については観察されていない．図 3.10 の断層は最長のものでも約 100 km であるが，断層の傾斜方向の幅は，延性せん断ゾーン部の幅までふくめると地震発生層の幅の数倍になる．したがって図 3.10 の断層では，アスペクト比が最大でも 3 しかなく，クロスオーバーがおこる値よりずっとちいさい．（注：San Andreas 断層のようなプレート境界である断層は，きまった端というものがないので，このようなスケーリング則にしたがわない）．

小地震と大地震のあいだで自己相互性がそこなわれるのとおなじように，地震のサイズ・スペクトルのちいさい側にも問題がある．図 4.10 にしめしたデータ・セットのなかには，a に下限が存在することを示唆するように，あるレベル以下で M_0 が a^3 より急勾配で減少しているものがみとめられる．これに対して，まったく対照的な説明がなされてきた．Hanks（1982）は，これを波動伝播の効果であると主張した．すなわち，地表面のごく近辺で高周波の波はおおきく減衰するため，地表においた地震計で検出される波は，最大周波数 f_{MAX} 以下にかぎられるというのである．したがって，ふかいボアホールに設置された地震計ではこの効果は観測されない（Abercrombie, 1995; Aki 1984, 1987）．いっぽう，Rydelek and Sacks（1989）は，別の論拠からこの効果は震源の真の性質によるもので，震源の最小サイズがあらわれているのではないかと提案した．この見方には理論的な裏づけがあり（節 7.3.1），この見方がただしいとすると，M_0 には観測されている範囲で下限はないのだから，地震の半径のほうに下限があって，そこでは $\Delta\sigma$ がどこまでもちいさくなることによって，モーメントのちいさい地震が存在しているのだということになる．

これとおなじ大きさのところ，すなわち $M = 4$ あたりでパラメーター $e' = E_S / M_0$ の値に顕著な変化がある（McGarr, 1999; Kanamori and Heaton, 2000）．$M = 4$ よりおおきな地震では $e' \approx 10^{-4}$ で大きさによらない．これ以下の地震では，e' は 1，2 桁ちいさくなり，しかもかなりばらつく．$e' = (2\Delta\sigma_d - \Delta\sigma)/2\mu$ という関係式（このは，式 4.6 の表面エネルギーの項を無視するとえられる）と，$\Delta\sigma$ のもっともらしい値をもちいると，この限界的なマグニチュードよりおおきな地震では $\Delta\sigma \approx \Delta\sigma_d$，ちいさな地震では $\Delta\sigma \approx 2\Delta\sigma_d$ となる．これらは，e' のふたつの限界値に対応している（Savage and Wood, 1971）．前者は地震波の放射によるダンピングが最大の場合に相当し，後者は放射によるダンピングが無視できる場合に相当する．Kanamori and Heaton はこの変化が摩擦溶融の始まりに対応するものだろうといったが，これも憶測であって，e' の変化の原因はまだあきらかにされていない．

もうひとつの基礎的なスケーリング則は，地震サイズ－頻度分布である．どのような地域でも，あるあたえられた期間におこったモーメントが M_0 以上の地震の数 $N(M_0)$ は，

つぎの式にしたがうことがみつけられている.

$$N(M_0) = a M_0^{-B} \tag{4.31}$$

ここで, a は時間と場所でかわる変数である. この関係は歴史的に, Gutenberg - Richter 式または Ishimoto - Iida〔石本－飯田〕の式とよばれている. 式をマグニチュードでかけば, 式 4.26 より指数は $b = 3/2B$ になる. この種のべき乗則分布はフラクタル集合に特徴的なものであり, 地震が自己相似であることがそのままあらわれているである. 全世界の地震をあわせてみると, 指数 $B = 2/3$ になるが, この値は地震の自己相似的スケーリングからみちびけることがしめされている (Hanks, 1979；Andrews, 1980；Aki, 1981). しかし, すでに定義した小地震から大地震へのクロスオーバー領域があり, 大地震側では図 4.12 にみられるように, B が 1 にかわる (Pacheco, Shcolz, and Sykes, 1992). このことは, ここで自己相似性がやぶれることを反映している.

実験室の岩石破壊実験では, 応力が増加すると AE の B 値がさがることがあきらかにされているけれども (Scholz, 1968c), 自然の地震では, B 値が標準的な値からおおきくはずれることはあまりない. ただし, 火山地帯における群発地震のケースは例外で, B 値はしばしばひじょうにたかくなる. 単一の断層または断層のセグメントに対して, 地震のサイズ分布がきめられたとしても, 断層全体をラプチャーする大地震のサイズをおなじ断層でおこった小地震の分布から外挿してきめると, いちじるしく過小評価になることがわかっている (Wesnousky *et al*., 1983；Singh, Rodriguez, and Esteva, 1983；Schwartz and Coppersmith, 1984；Davison and Scholz, 1985; Stirling, Wesnousky and Shimazaki, 1996). 一例を図 4.13 にしめす. このフラクタルの"破れ"は, 小地震と大地震が別々のスケーリング則にしたがうこと, つまり, 小地震と大地震がことなるフラクタル集合に属することに起因する (Scholz, 1994). したがって, 地震災害危険度の評価をおこなうにあたって, 小地震と大地震を区別することはたいへん重要である (節 7.2). また, おおよそ $M = 3$ よりちいさい地震の分布は, 式 4.31 からあきらかに逸脱しており, 自己相似性がなりたつ範囲は, マグニチュードのちいさい側にも限界があることが示唆されている (Aki, 1987).

図 4.14 は, 地震のサイズ分布についてしらべた結果をまとめたものである. (a) は, ひとつの断層上で, その全断層長 L_f を破壊するおおきな地震の 1 サイクルのあいだにおこった地震の分布をしめす. (b) は, おおくの断層をふくむ地域全体の地震の分布がしめされている. このような分布は, 節 3.2.3 で議論した断層のサイズ分布に由来する. ひとつの断層での地震の分布 (図 4.14a) を, 断層のサイズ分布の式 3.7 で $C = 1$ (図 3.19a) としたものとあわせてかんがえれば, 図 4.14b にしめされた地域全体の地震のサイズ分布がえられる (Scholz, 1997b). いっぽう, 副次断層〔subfault〕のサイズ分布は $C = 2$ (図 3.19b) であって, ここから小地震のサイズ分布の B が $2/3$ になるのをみちびくことができる. この副次断層のサイズ分布は, 地震波の変位スペクトルが, 高周波側で ω^{-2} でおち

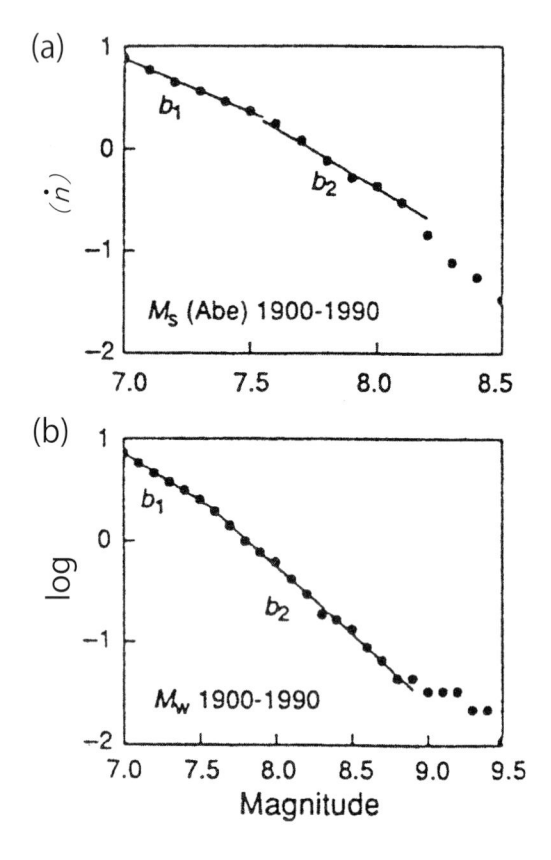

図 4.12 Pacheco and Sykes (1992) の全地球で発生した地震のカタログをつかってきめた浅発地震に対する大きさ－頻度分布．(a) M_s に対する頻度分布．(b) M_w に対する頻度分布．頻度は，あるマグニチュードをこえる地震が1年あたりの何個発生するのかをあらわす．$M = 7.5$ で傾きが 1.0 から 1.5 に変化するのがみられる．これは，このカタログの大多数をしめる沈み込みゾーンで発生する地震が，小地震から大地震へかわることに対応する．(Pacheco *et al.*, 1992 から引用した)．

ることも説明する（Frankel, 1991）．

4.4 地震の観察

4.4.1 ケース・スタディ

この節では，とくにラプチャー・プロセスに注意をはらって，多数の地震をくわしく紹介する．地震ごとに細部はかなりちがうので，ここでとりあげるケースは，かならずしも典型的であるというわけではない．ここでは，3つの主要なタイプの断層を代表するものを選択した．これらは，すべて大陸性の環境下でおこった地震である．Loma Prieta 地震

1964

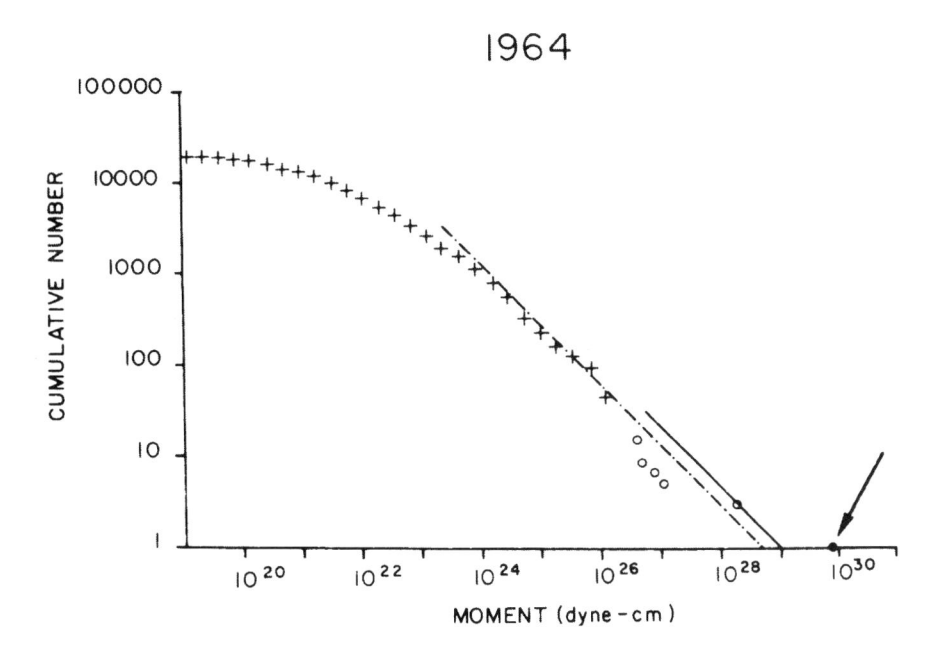

図 4.13 1964 年の Alaska 地震のラプチャー・ゾーンのなかでおこった小地震のサイズ分布．この地震の再来期間で正規化したもの．1964 年の本震は矢印で指示されている．本震が，小地震の分布を外挿してえられる期待値より約 1 桁おおきいことに注意すること．$M_0 < 3 \times 10^{23}$ dyne-cm のところからゆるやかに平坦化するのは，これよりちいさな地震が完全に捕捉されないことによる．（Davison and Scholz, 1985 から引用した）．

Earthquake Size Distributions

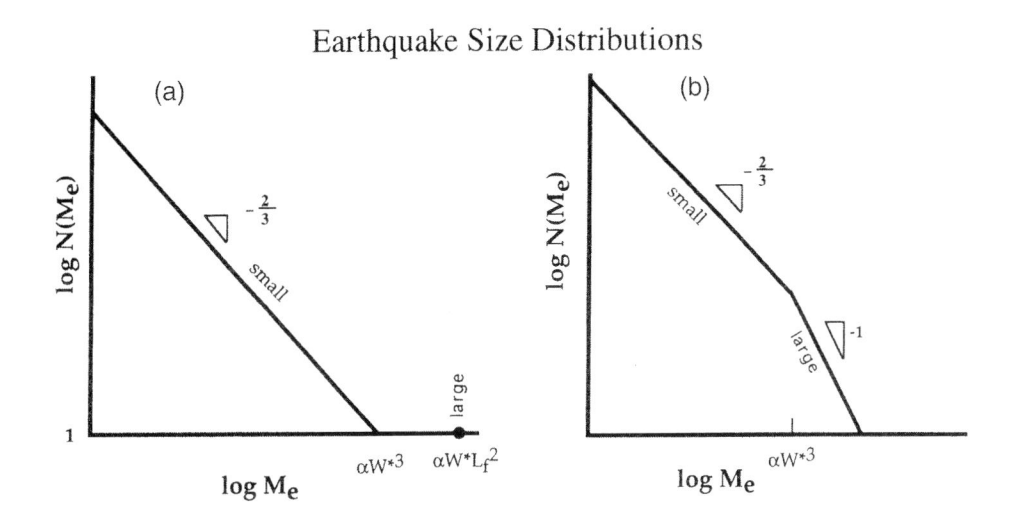

図 4.14 地震の大きさの累積数分布をしめす模式図．(a) ひとつの断層またはプレート境界のひとつのセグメントについての分布．(b) 多数の断層またはプレート境界のセグメントをふくむひろい領域についての分布．（Scholz, 1997b から引用した）．

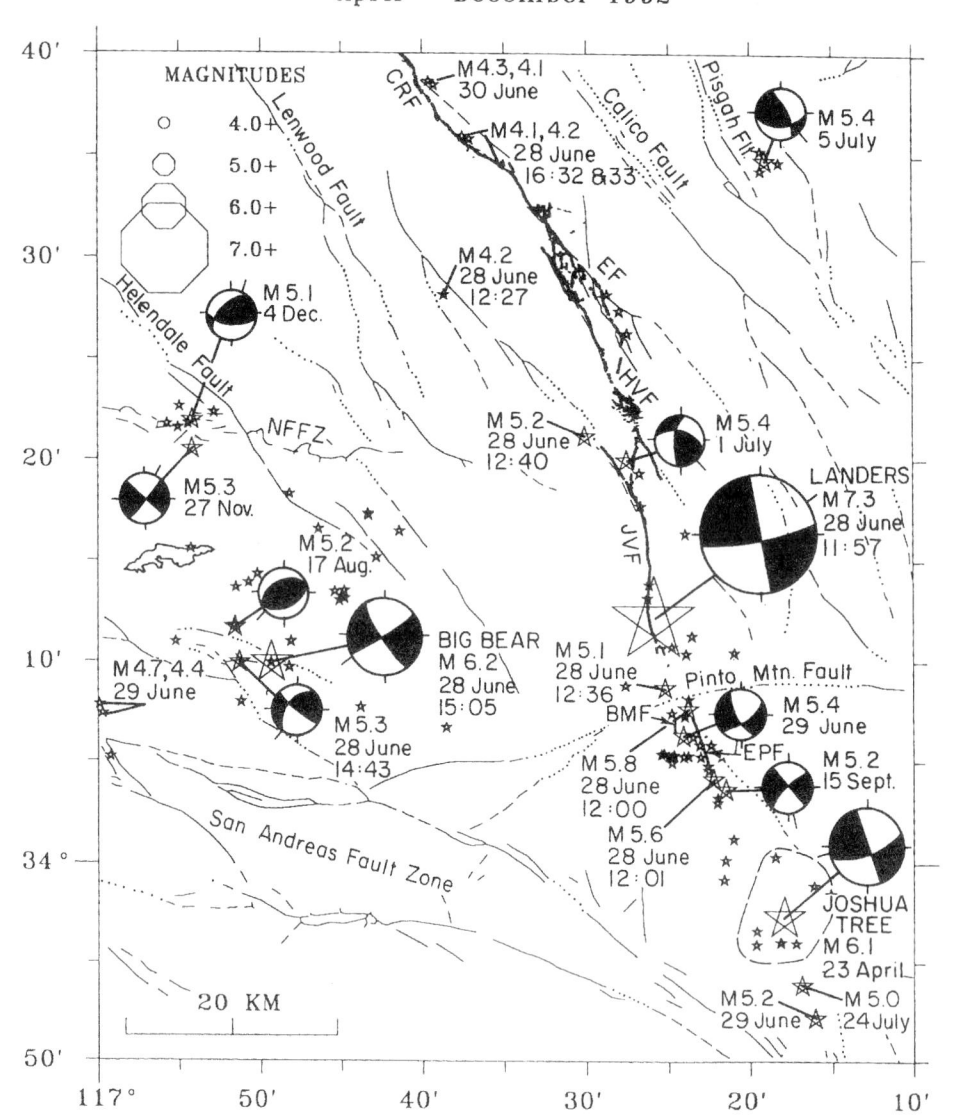

図 4.15 Landers 地震の発生系列をしめす地図. 1992 年 4 月から 12 月にかけて記録されたすべての $M \geq 4$ の地震と主要な断層をしめす. 太線は Landers の本震のときに地表にあらわれたラプチャーをしめす. $M \geq 5$ の地震に対する下半球投影のメカニズム解もしめされている. CRF, Camp Rock 断層；JVF, Johnson Valley 断層；NFFZ, North Frontal 断層帯；BMF, Burnt Mountain 断層；EPF, Eureka Peak 断層；HVF, Homestead Valley 断層. (Hauksson *et al.*, 1993 から引用した).

だけがプレート境界地震であり，これ以外の地震は（節 6.3.4 であたえた基準にてらすと）狭義のプレート内地震である．ここではまず第一に，よく研究された地震という観点からえらんだ．

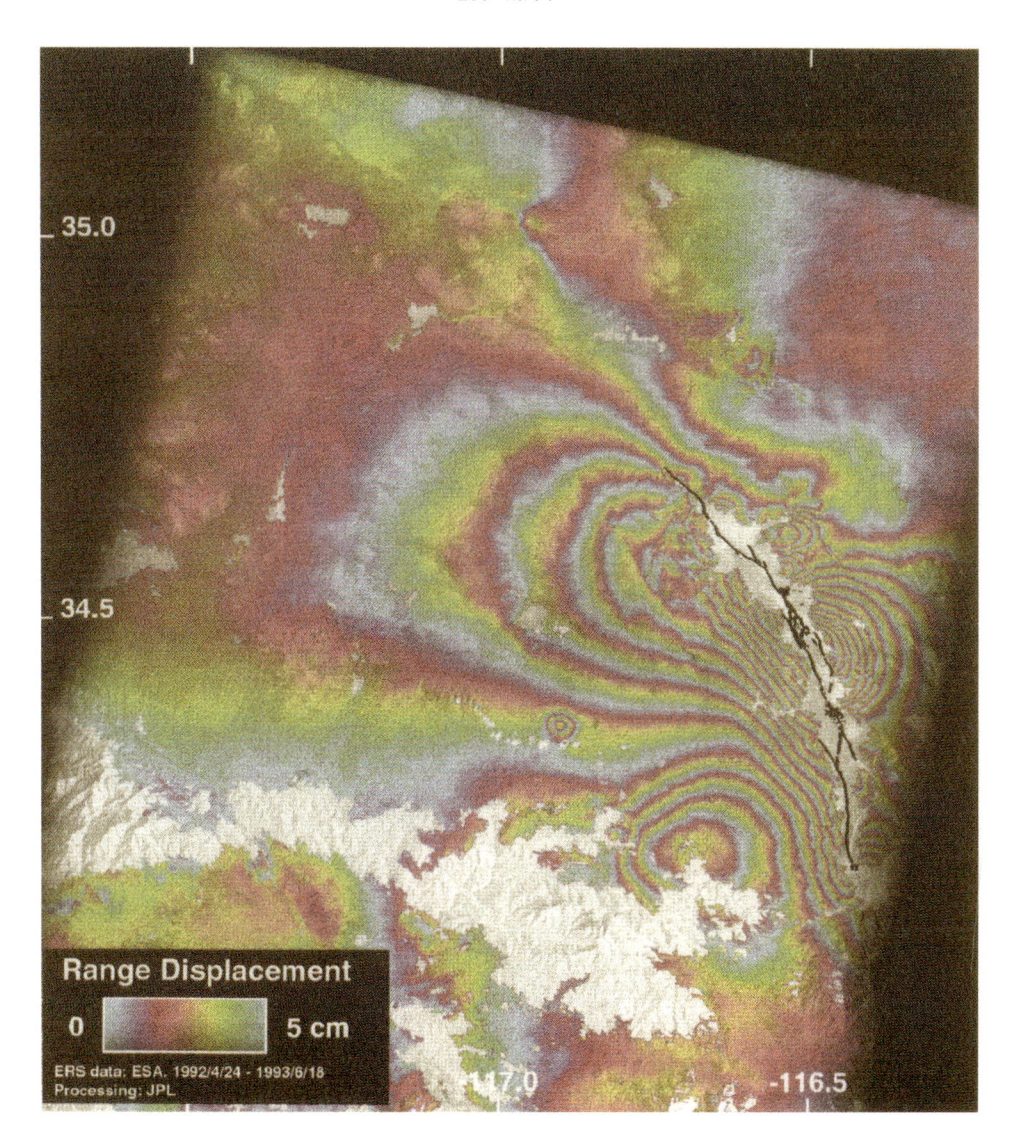

カラー図2　1992年のLanders地震のコサイスミックな変位をあらわすレーダーの干渉写真.（JPLのGilles Peltzerの厚意による）.

横ずれ地震　California州のLanders地震，1992年6月28日，$M_w = 7.3$　Landersの一連の地震は，East Californiaせん断ゾーン（図4.15）の西縁にそった横ずれ断層系でおこった．このせん断ゾーンに属する個々の断層の変位レート（<1 mm/y）はちいさいが（Dokka and Travis, 1990），せん断ゾーン全体としては約8 mm/yとなり，プレートの相対運動のうちこれだけの分を，San Andreas断層系からBasin and Range地方西部に転嫁している（Savage, Lisowski, and Prescott, 1990）．

　一連の地震の始まりは，1992年4月23日，右横ずれの$M = 6.1$のJoshua Tree地震である．この地震の後に，震央から北へむかって約20 kmにわたって余震がおこった（Sieh *et al.*,

1993；Hauksson *et al.*, 1993）．Landers 地震の本震はこの 2 ヶ月後におこった．ラプチャーは北西にむかって一方向に 60 km ひろがり，すくなくとも 5 つの弓なりに雁行配列した断層をこわした．このラプチャーは，一連の $M > 5$ の余震によって南東方向に Joshua Tree 地震の余震域の近くまでのびた．この主要な余震系列にくわえて，断層外でもたくさんの余震がおこった．もっともおおきかったのは $M = 6.2$ の Big Bear 地震で，Landers 地震の本震の 3 時間後に走向が北東をむく左横ずれ断層でおこり，その余震は北西走向の長さ 20 km の線状のクラスターをなして，Big Bear 地震の本震のラプチャーの 30 - 40 km 北までひろがった．Joshua Tree 地震でも Landers 地震でも，本震の数時間前に活発な前震活動が震源の近くに集中しておこった．

　Landers の一連の地震でつくりだされた地表の変位場が，合成開口レーダーの干渉写真からえられており，カラー図 2 にしめされている．図 4.16a には，Landers 地震の本震の走向すべりの分布を測地，強震動，遠地実体波のデータのインバージョンからきめた結果（Wald and Heaton, 1994）をしめす．変位は，震源近くのちいさな極大から，基本的には北にゆくほどおおきくなり，Homestead Valley 断層と Camp Rock / Emerson 断層がオーバーラップするところで 6 m の最大値となる．3 つの主要な断層をへだてる伸張性のジョグですべりの乗り移りがおこったが，これはあきらかに応力伝達や直接的なリンキングによって生じた．Johnson Valley 断層と Homestead Valley 断層がオーバーラップする 6×3 km の領域では，どちらの断層においても，地表でのすべりはそれぞれの断層端にむかって徐々に減少した．また，1 - 2 m のすべりが，両者の断層を連結している交差断層に生じた．Kickapoo（あるいは Landers）断層と名づけられたこの断層は，地震の前には認識されていなかった．(Sowers *et al.*, 1994)．

　図 4.16c にすべりの時間的な推移をえがいた Wald and Heaton（1994）の運動学的モデルをしめす．すべりは震源のちいさなパッチからはじまり，最初は平均速度 3.6 km / s で北西に伝播した．地表近くのすべりはおくれているが，これは地表付近のラプチャー速度がおそいためだろう．その後，ラプチャーは減速し，Johnson Valley 断層と Homestead Valley 断層にはさまれたジョグのところで，すべりはほとんど消滅しかけたが（6 - 8 s），その後 Homestead Valley 断層にのりうつった（10 - 15 s）．ふたつ目のジョグでラプチャーはふたたび減速したが，そこをとおりすぎるとまた加速した．Emerson 断層と Camp Rock 断層は応力場に対してすべりやすい向きではなかったが（Hauksson, et al., 1993），20 - 30 MPa の動的応力がこれらの断層上でのラプチャーを駆動した（Bouchon, Campillo, and Cotton, 1998）．各地点でのすべりの継続時間は，おおきくすべったところで約 3 s，その他のところでは約 2 s（図 4.16b）であった．最初のころのラプチャーは，Heaton（1990）が提案したようなセルフ・ヒーリングするパッチのようなふるまいがみられるが，すべりが断層の深さ全体にひろがっている中央部では，よりクラック的なふるまいであり，すべりのパッチの幅は断層の深さの約半分であった．Olsen, Madariaga, and Archuleta（1997）は，

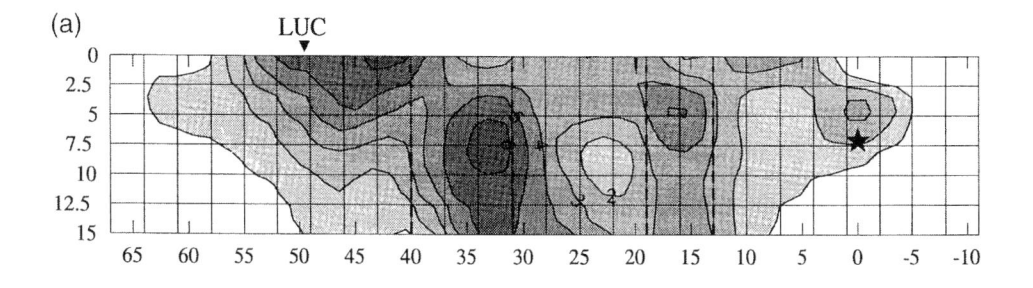

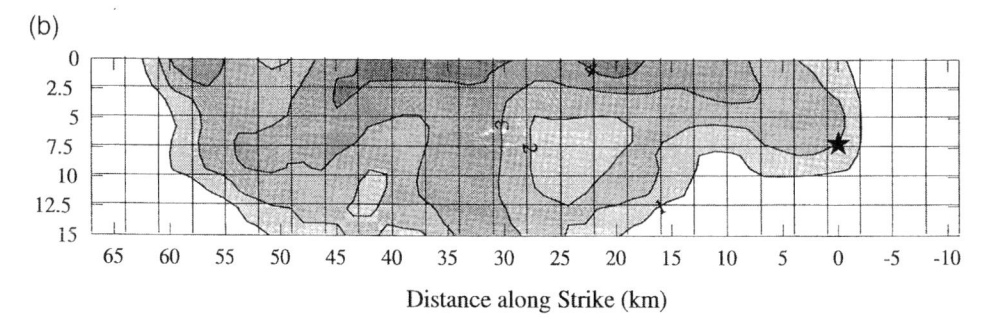

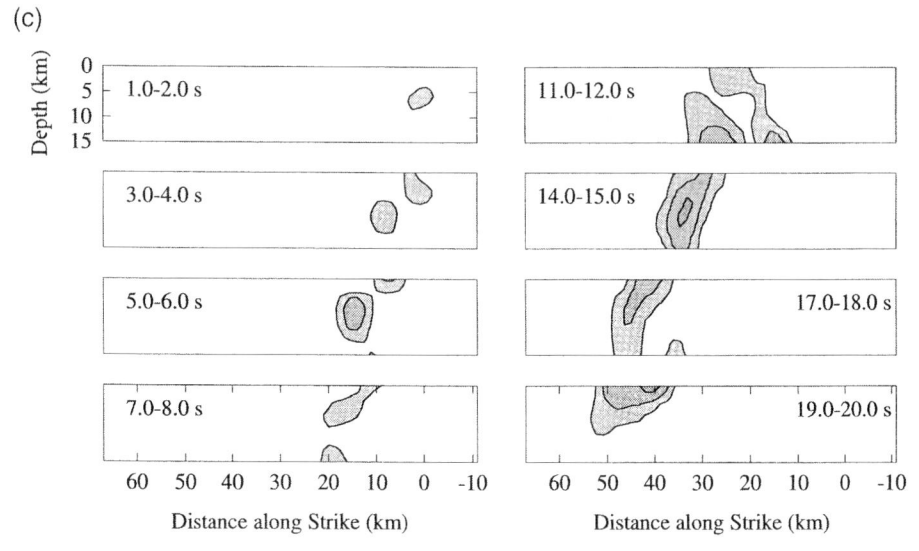

図 4.16 1992 年の Landers 地震のラプチャー・モデル．(a) すべり量の等高線図（単位はメートル）．LUC は Lucerne Valley 強震動観測点．★印は震源．（北は左）．(b) すべりの継続時間の等高線図（単位は秒）．(c) 図にかきいれた各時刻での 1 秒間のスナップショットでしめしたラプチャーの進展．すべり速度の等高線の間隔は 1 m / s である．(Wald and Heaton, 1994 から引用した)．

Wald and Heaton のモデルにもとづいて Landers 地震の動力学的モデルをつくった．この動力学モデルでは上述の「Heaton パルス」的なふるまいが再現されているが，Heaton（1990）がこのふるまいを説明するために提案したセルフ・ヒーリング・メカニズムはとりいれられておらず，Olsen, Madariaga, and Archuleta の運動学的モデルでのパルス的なふるまいは，

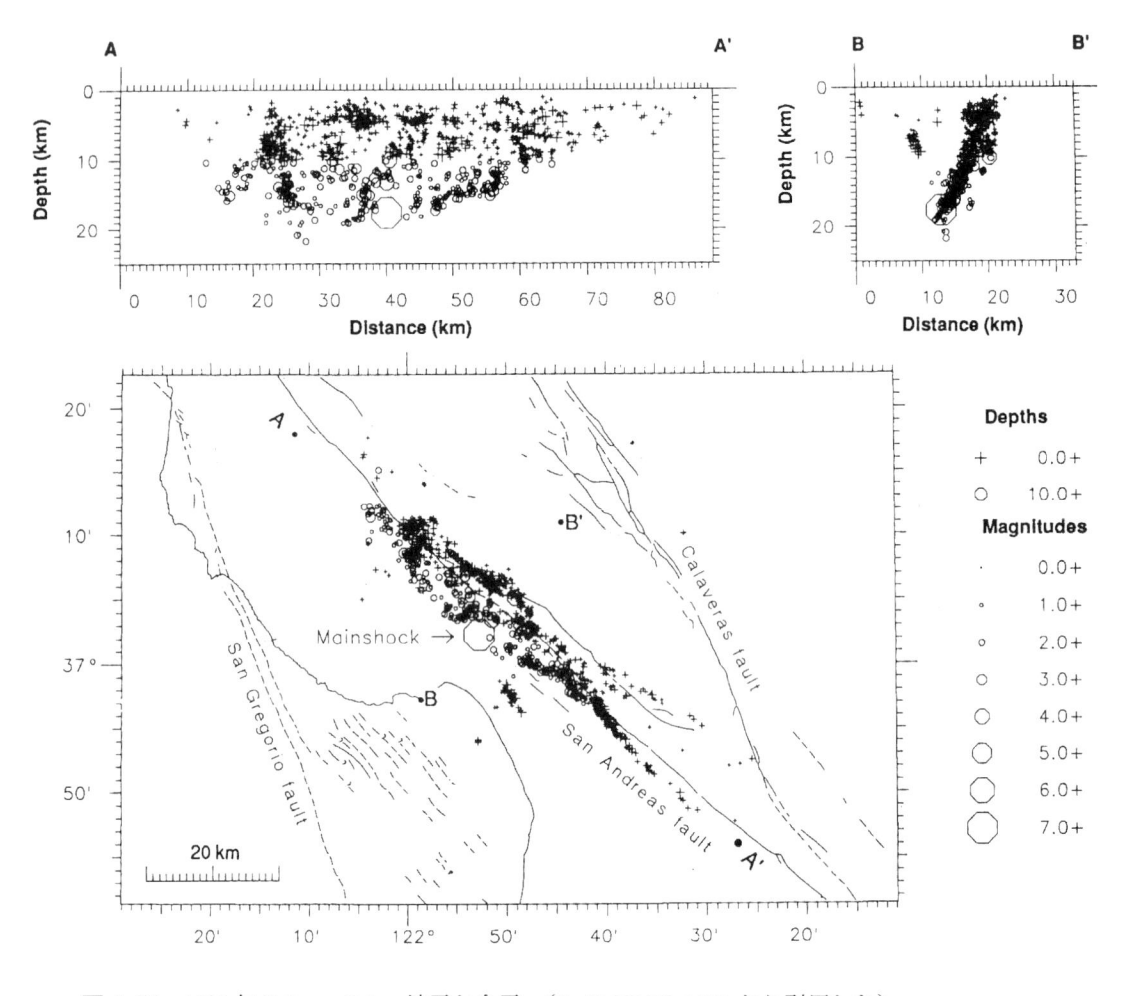

図 4.17 1989 年の Loma Prieta 地震と余震．(Staff, USGS, 1990 から引用した)．

断層にかかっていた地震前の応力の分布によってつくりだされたのだと解釈できる．また，この地震や最近の他の地震の運動学的クラック・モデルの解析も，セルフ・ヒーリングをかんがえなくてもライズ・タイムがみじかくなりうることをしめしている（Miyatake, 1992 ; Day, Yu, and Wald, 1998）．

　Olsen, Madariaga, and Archuleta（1997）は，ストレス・ドロップが，おなじラプチャーの内部でもおおきな違いをしめすことをみいだした．Bouchon（1997）も運動学的モデルからストレス・ドロップ量をみつもり，Morgan Hill 地震と Loma Prieta 地震のラプチャーのなかに，ストレス・ドロップが 100 MPa をこえる領域があるのをみいだした．このことは，断層には相当つよい強度をもち全応力を解放する可能性のある領域が存在することをしめしている．この地震については，他にも断層面外での余震をトリガーする仕組みや，地震後に生じる現象などがよくしらべられている．これらについては，節 4.5 と節 5.2.3 で議論する．

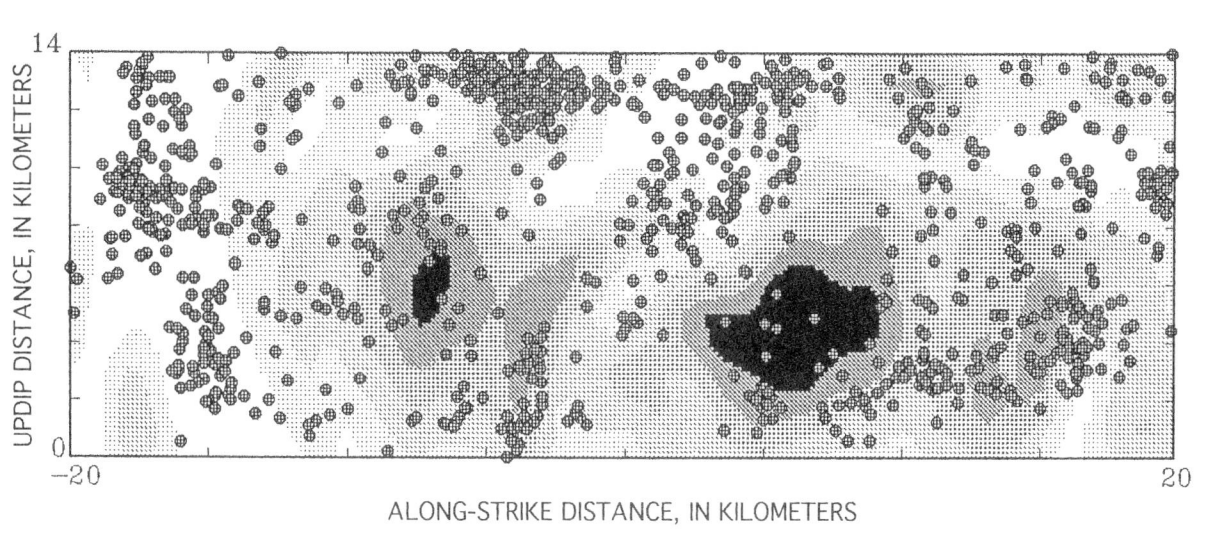

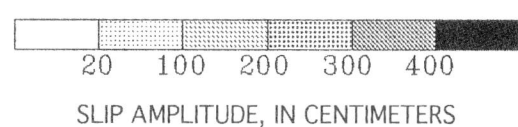

図 4.18 1989 年の Loma Prieta 地震のラプチャー・モデル．すべり分布と余震の位置がしめされている．（Beroza, 1991 から引用した）．

ななめすべり地震 California 州の Loma Prieta 地震，1989 年 10 月 18 日，$M_w = 7.0$
この地震は，San Francisco 湾の南の Santa Cruz 山地南部で San Andreas 断層が圧縮性のベンドになっているところで発生した（図 4.17）．震源は，San Andreas 断層にしてはひじょうにふかくて深さ 18 km のところにあり，ここから上向きにラプチャーが伝播した．水平方向には北西－南東の双方向に合計 40 km にわたってひろがった．右横ずれと逆断層の成分をもつななめすべりが，南西に 70°傾斜する断層面の深さ 5-18 km の領域でおこった．本震の 16 ヶ月前に下盤側で $M > 5$ の衝上断層地震がふたつおこり，これはめずらしいことであったが，本震直前の前震はなかった．

強震動記録のインバージョンからもとめたすべり量の分布（Beroza, 1991）を図 4.18 にしめす．震源ではほとんどすべりがなく，北西と南東のふたつのパッチに主たるすべりが集中している．Beroza のインバージョンでは，北西のパッチは傾斜すべりが，南東のパッチは走向すべりが卓越しているが，Wald, Helmberger and Heaton（1991）の遠地データをふくめたインバージョンでは，どちらのパッチにも傾斜すべりがおなじ程度に寄与したという結果がえられた．測地データのインバージョン（Arnadottir and Segal, 1994）もほぼおなじようなすべり分布をしめすが，最大すべり量は地震データのインバージョンからもとめた値よりおおきく，走向すべりの成分が 5 m，傾斜すべりの成分が 8 m となっている．

余震（図4.18）は，すべり量のおおきいところではおこらない傾向があり，すべりがちいさかったところか，すべり量の勾配ががおおきいところに集中した．

これらの結果から，San Andreas 断層のこの部分は，垂直にたった横ずれ断層ではなく，傾斜した断層であり，そこでななめにすべるということが判明したのである．この部分での圧縮性ベンドの収束は，地下の傾斜すべりでおこり，Santa Cruz 山地の隆起をひきおこす．このあたりのテクトニクスは複雑で，南東からは Sargent 断層が San Andreas 断層にせまり，北東には，San Andreas 断層にむかってさしこむように一連の衝上断層がならんでいる（Seeber and Armbruster, 1990）．余震もまた複雑だが，もしかするとこれはテクトニクスとすべり分布の複雑さが反映されているのかもしれない．ラプチャー・ゾーンの中央部の余震は，メカニズム解のタイプがさまざまで右横ずれ，左横ずれ，正断層から逆断層までであり，近接した余震どうしでも，このような多様性がしばしばみられた（Oppenheimer, 1990）．

Loma Prieta 地震は予期されていた．Lindh（1983）が最初に予報をだし，その後 Sykes and Nishenko（1984）や Scholz（1985）が，同時期に出版された論文のなかでいくらかちがった予測をだした．Loma Prieta 地震は，1906 年の San Francisco 地震のラプチャー・ゾーンのもっとも南の部分をふたたび破壊した．Sykes and Nishenko と Scholz の予報の根拠のひとつは，1906 年の地震のすべりが，この部分で他よりちいさかったことを示唆する観察であり，もうひとつは，ひずみがこの断層セグメントで再蓄積し，1906 年にすべった分をとりもどしていることを示唆する最近の測地学的な測定である．これらの予報はどれも地震のおこる時期を特定していないし，ラプチャーの長さやマグニチュードも正確に提示していないが，おおよそのサイズと場所についてはただしかった．これらの Loma Prieta 地震の予報についての詳細なレヴューと評価，それに関する論争については Harris（1998a）を参照のこと．

衝上断層　California 州の Northridge 地震，1994 年 1 月 17 日，$M_W = 6.7$　Northridge 地震は，Transverse Ranges 西部において 1971 年の San Fernando 地震〔$M_W = 6.7$〕からはじまった地震活動の異常な高まりのなかでもっともあたらしい地震である．この地震活動は，San Andreas 断層の「ビッグ・ベンド」領域のプレートの収束をまかなうもので，その結果，Transverse Ranges が短縮・隆起している．Northridge 地震は Los Angeles の北，San Fernando Valley の地下の地震前には認識されていなかった南西に傾斜する衝上断層でおこった（図4.19）．ラプチャー・ゾーンは，その北東に傾斜する共役断層で発生した San Fernando 地震（Whitcomb et al., 1973a）のラプチャー・ゾーンに隣接している（図4.20）．Northridge 地震は深さ 19 km のところからはじまり，サブイベントが連続する形で，傾斜にそって上方へ伝播し，深さ 5 km のところでとまった（Wald, Heaton, and Hudnut, 1996）．ラプチャーは地表にはあらわれなかったし，深部で傾斜がちいさくなっている様

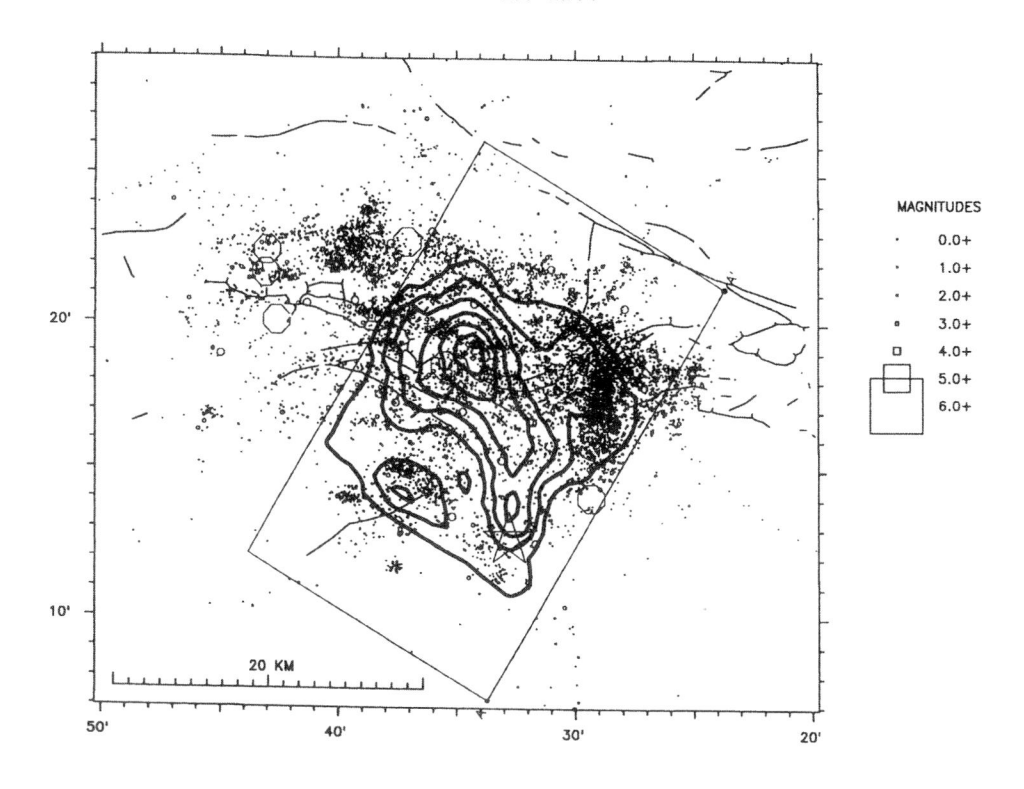

図 4.19 Northridge 地震の余震分布（平面図）．太線は波形と測地データのインバージョンによってきめたすべり分布（等高線の間隔は 0.4 m）．（Wald, Heaton, and Hudnut, 1996 から引用した）．

子はなかった．この地震にさきだって，ふだんはみられない群発地震が2回おこった．そのうちのひとつは，震源の南西約 20 km で本震の1週間前にはじまった，もうひとつは北東 15 km で本震の1日前にはじまった(Haukusson, Jones, and Hutton, 1995)．しかしながら，これらの群発地震と本震のラプチャー・ゾーンとのあいだには，これといった関係はみられなかった．震源域でおこる本当の意味での前震はなかった．

図 4.19 にしめしたすべり分布（等高線の間隔は 0.4 m）は，GPS と地震のデータを組あわせたインバージョンによってもとめられた（Wald, Heaton, and Hudnut, 1996）．平均すべりと最大すべりはそれぞれ 1 m と 3 m であった．彼らのモデルからえられた平均ラプチャー速度は 3.0 km/s，粒子速度は典型値で約 1m/s，ライズ・タイムは場所ごとにかわり，0.6-1.4 s であった．ストレス・ドロップは，7.4 MPa（Wald, Heaton, and Hudnut, 1996）から 27 MPa（Thio and Kanamori, 1996）までの範囲にみつもられている．

余震域の主要な部分でおこった余震の震源メカニズムは本震と類似していた．上盤内でもたくさんの余震がおこり（図 4.20），横ずれ，逆断層，正断層，およびこれらの中間的なものをふくめて，あらゆる震源メカニズムがみられた（Haukusson *et al.*, 1995）．上盤内でこのような複雑な変形がひろがっておこるのは，傾斜すべり地震，特に衝上地震ではよ

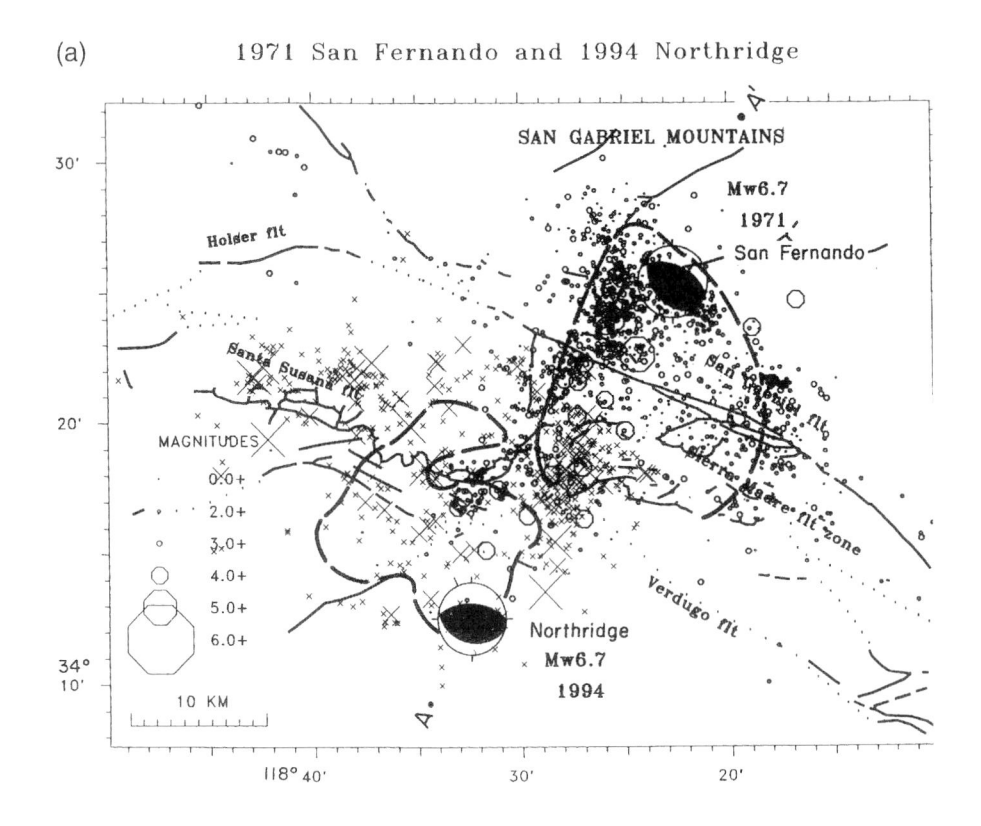

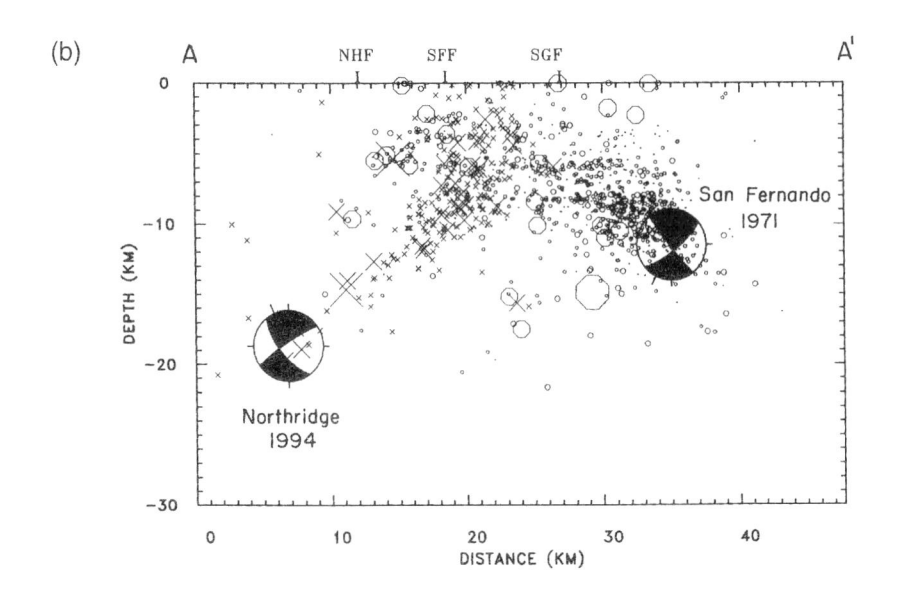

図4.20 1971年のSan Fernando地震の余震(白丸)と1994年のNorthridge地震の余震(クロス). (a) 平面図. (b) 断面図. (Hauksson *et al.*, 1995から引用した).

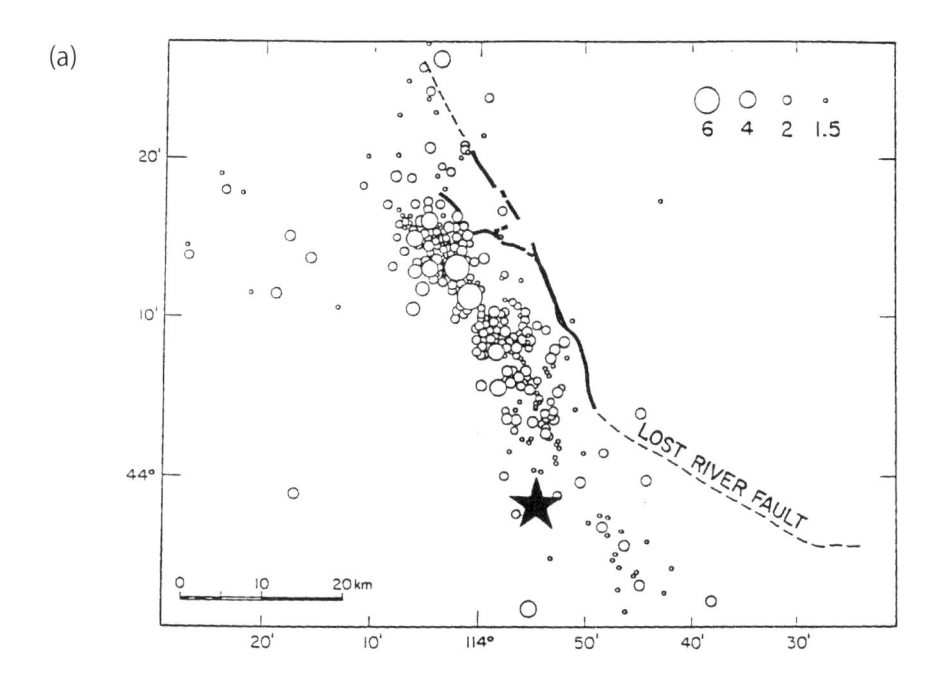

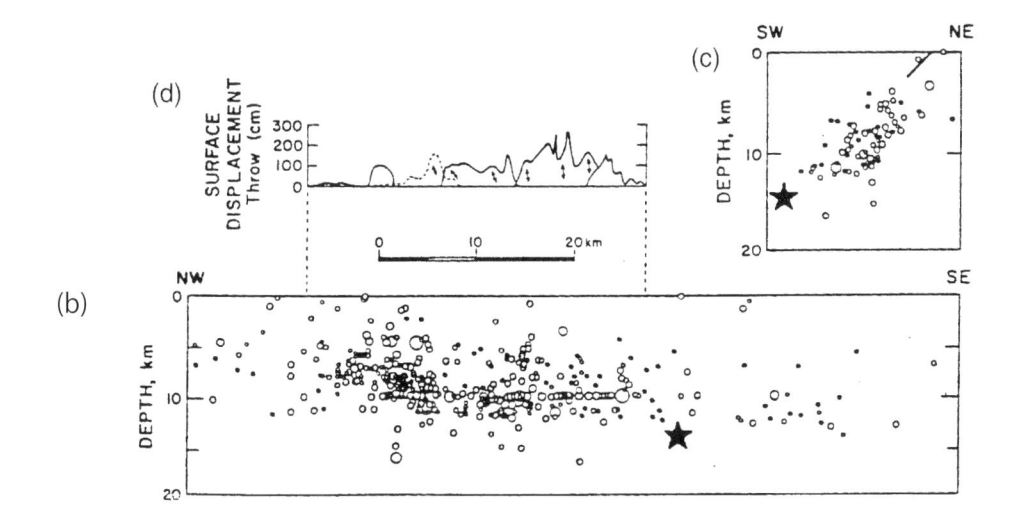

図 4.21 Idaho 州で 1983 年に発生した Borah Peak 地震の余震と断層． (a) 平面図，(b) 断層と平行な断面図，(c) 断層に直交する断面図，(d) 地表面でのすべり（よりくわしくは図 3.39a 参照）．（データは Richins *et al.*, 1987 と Crone and Machette, 1984 による．図は John Nabelek による）．

くあることであり，San Fernando 地震でも観察されている（図 4.20）．

正断層地震　Idaho 州の Borah Peak 地震，1983 年 10 月 28 日，$M_s = 7.3$　この地震によって，Great Basin に典型的な構造をもつ Lost River Range のふもとで，活正断層が約

36 km ラプチャーした（図 3.39a，図 4.21，図 6.11a も参照）．この地震は，まさに本章の始めに引用した G. K. Gilbert が記述した地震とおなじタイプのものである．この地震の前から存在していた断層崖の形態による年代測定によれば，おなじ断層セグメントの前回のラプチャーは約 6,000 - 8,000 年前におこったようだ（Hanks and Schwartz, 1987）．

　Borah Peak 地震のときには，ラプチャー・ゾーンの南西の角の部分からラプチャーがはじまり，上方かつ北向きに一方向へ伝播した．この後すぐにラプチャー・ゾーン全域で余震がはじまったが，特におおきなものに注目すると，活動は南から北へうつっていった（Richins et al., 1987）．余震は主断層面だけでなく副次断層でも多発したことが，震源位置と震源メカニズムによってわかる．余震の深さ分布は図 4.21 に，地表面の断層は図 3.39a にしめされている．節 3.4.1 で指摘したように，この地震のモーメント解放は深さ 16 km までおよんでいる．この深さでも二三の余震が発生したとはいえ，総じて約 12 km のところで余震にするどいカット・オフがある．

　この地震のラプチャー・プロセスは，構造的な不規則さの影響をつよくうけた．ラプチャーは，Lost River 断層の複雑に破砕された 55°のけわしいベンドからはじまり，北側へ一方向にひろがり（Susong, Janecke, and Bruhn, 1990），その北端近くで Willow Creek Hills と交差した．この Willow Creek Hills は，下降した断層谷をふたつに分断するような横断的構造をもつ．ここで地表の断層運動は主断層のトレースから多枝に分枝し，副次的なスプレーとなってひろがった（Crone et al., 1987）．Lost River 断層が Willow Creek Hills を横ぎるところでは，地表面ラプチャーはまったくみられなかったが，4.7 km さきでふたたび地表にあらわれ，北側へのびているのがみつかった（図 3.39a）．測地学的データのインバージョンは，Willow Creek Hill のところですべりがするどく減少し，そこより北側ではあさいところだけがすべったことをしめしている（Ward and Barrientos, 1986）．貧弱であるとはいえ測地学的データは，この地震のすべりの分布がかなり不規則であること，最大すべりは震源域の近辺でおこったことをしめしている．

　このような傾斜すべり断層は，横ずれ断層より断層トレースが複雑である．これは，トレースの凸凹がすべりベクトルに垂直なので運動学的不整合をおこさないからであるが，不規則さはそれでもラプチャーに対する動的な抵抗としてはたらく（節 3.5）．もっとも，1983 年の地震のときには，左横ずれの成分があったために，断層トレースの不規則さは純粋なステップとしてははたらかず，運動学的なバリアーの役割をはたしたのかもしれない．

　伸張性領域のテクトニクスのもっとも一般的な地質学的解釈は，Great Basin に典型的にみられるように，正断層がリストリックになってゆき，最後にディタッチメントができるというものである．しかしながら，Borah Peak 地震の測地学的データと地震学的データの解析によれば，この地震ではリストリックな運動はまったく存在しなかったようである（Ward and Barrientos, 1986）．この例でみられたように，正断層がスキツォスフェアのなか

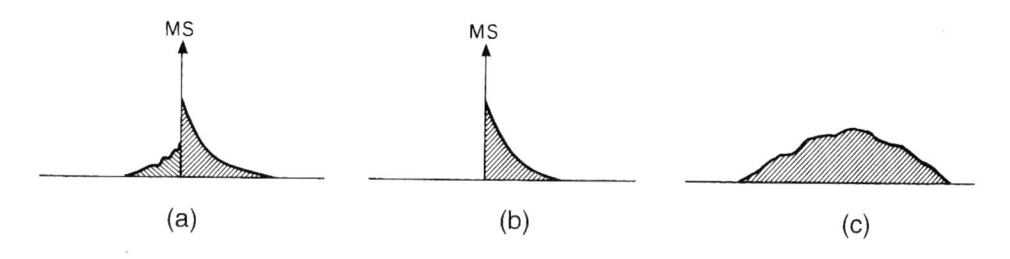

図 4.22 地震のさまざまなタイプの発生系列をしめす模式図．(a) 前震と余震をともなう本震（MS）．(b) 本震と余震発生系列．(c) 群発地震．

で地震をおこす部分は平面的であるというのが，典型的な観察結果である（節 6.3.3）．

4.4.2 地震の発生系列

地震はめったに孤立した地震としておこらず，なんらかの特徴的パターンをもつ発生系列の一部としておこる（図 4.22）．前震と余震の系列は，本震とよばれるよりおおきな地震と密接に関係している．対照的に，群発地震とよばれる発生系列には中心となる地震はない．たまには，ふたつまたはそれ以上の本震が，時空間上で密接に関係していることもある．このような地震は，ダブレット〔doublets〕またはマルチプレット〔multiplets〕とよばれてきた．われわれは，これらをまとめて複合地震とかんがえ，次節でくわしく議論する．

地震の発生系列のなかで，余震はもっとも普遍的な現象であり，一定のサイズをこえるほとんどすべてのあさいテクトニックな地震にひきつづいて発生する．余震は，地震の発生系列のなかでもっとも明確な特徴をもつ．特に，余震の時間的な減少は，つぎの式であらわされる Omori 則にしたがう（彼は 1891 年の濃美地震にひきつづいておこった余震を観察して，この法則を発見した）．

$$n(t) = \frac{K}{(c + t)^p} \qquad (4.32)$$

ここで n は，本震からはかった時間 t における余震の発生頻度，K とべき乗数 p は定数，c は 1 にちかい正の数である．ふつう p は，きわめて 1 にちかいことがわかっている．したがって，この減衰則は双曲線にちかい．余震の発生系列のなかの最大地震は，ふつうは本震よりマグニチュードにしてすくなくとも 1 以上ちいさい（Utsu, 1971）．余震発生系列全体の地震モーメントの総和は，本震の地震モーメントのわずか 5％ほどである（Scholz, 1972b）．したがって，余震は 2 次的なプロセスである．Yamanaka and Shimazaki (1990) は，本震後の一定の期間（たとえば 1 ヶ月）におこる余震の数は本震のラプチャー面積に比例し，比例定数はプレート内地震の方がプレート境界地震より約 4 倍おおきいことをみつけ

た．このスケーリングは，本震後の応力の不均一はスケール不変であることを示唆している．プレート内地震のほうが，余震活動度がたかいのはたぶん，プレート内地震のほうがプレート間地震よりだいたいおなじファクターだけストレス・ドロップがおおきいからだろう（図 4.11 を参照）．

　すでに前節で，余震の発生系列の事例をいくつか紹介した．余震は典型的には，本震の直後からそのラプチャー全域とそのまわりの領域をおおうように発生しはじめるが，なかでも，本震のラプチャーによって，たかい応力集中が生じたと期待される場所に集中することがおおい（Mendoza and Hartzell, 1988 を比較参照）．したがって余震は，しばしばラプチャーの周縁部や構造的に複雑なところに集中する．これについてはすでにいくつの事例をあげた．たとえば，図 4.18 にしめした Loma Prieta 地震では，余震は本震時のすべりがすくなかった領域に集中した．余震がラプチャー・ゾーンをとりかこむように発生した劇的なケースが図 4.23 にしめされている．

　Borah Peak 地震のケースでふれたように，余震の空間分布に微妙なマイグレーション〔migration〕が観察されることもあるが〔Whitcomb et al.（1973a）に San Fernando 地震の余震発生系列のマイグレーションについてくわしい記述があるので参照のこと〕，ひとつづきの余震系列のなかではほぼ定常をたもつようである．しかしながら，沈み込みゾーンでの地震では，時間の経過とともに余震域のサイズがかなり拡大したケースが報告されている．Mogi（1969）は，日本の沖合で発生する大地震においてはこの現象がみとめられたが，Aleutian 弧の地震ではこのような現象はみられなかったといっている．Tajima and Kanamori（1985）は，その拡大の様子はまちまちであったけれども，本震にひきつづく数ケ月間に，余震域が 2 倍または 2 倍以上に増加した多数の例を報告した．この観察は，沈み込みゾーンでおこった大地震に対して，そのラプチャーのサイズを余震からただしく推定するにはどうすればよいのかという論争をまきおこした（Kanamori, 1977 を参照のこと）．余震域が拡大する挙動は，節 6.4.3 で議論するように，沈み込みゾーンによくみられる安定性の遷移領域にかぎられているようにおもわれる．

　余震が，本震のラプチャー面からはっきりとはなれたところでおこることもある．すでにのべたように 1992 年 Landers 地震では，このようなケースがいくつかみられた．別の興味ぶかい事例は，1965 年 Rat Island 地震という Aleutian の沈み込みタイプの大地震の余震である．この地震の後には，隣接する海溝の外側の岩盤で，異常にたくさんの正断層型のおおきな地震がおこった（Stauder, 1968）．これはおそらく，本震によって，海溝外側斜面のたわみが減少したことと，海溝に直交する向きの応力が低下したことが原因なのだろう．このような「トリガー」された地震という現象については，節 4.5 で議論する．

　余震が，本震の動的なラプチャーによってつくりだされた応力集中を緩和するプロセスであることは明白だとおもわれる．しかしながら，余震の時間的な遅延と特徴的な減衰則を説明するには，強度の時間依存性を導入する必要がある．節 1.3 でのべたように岩石の

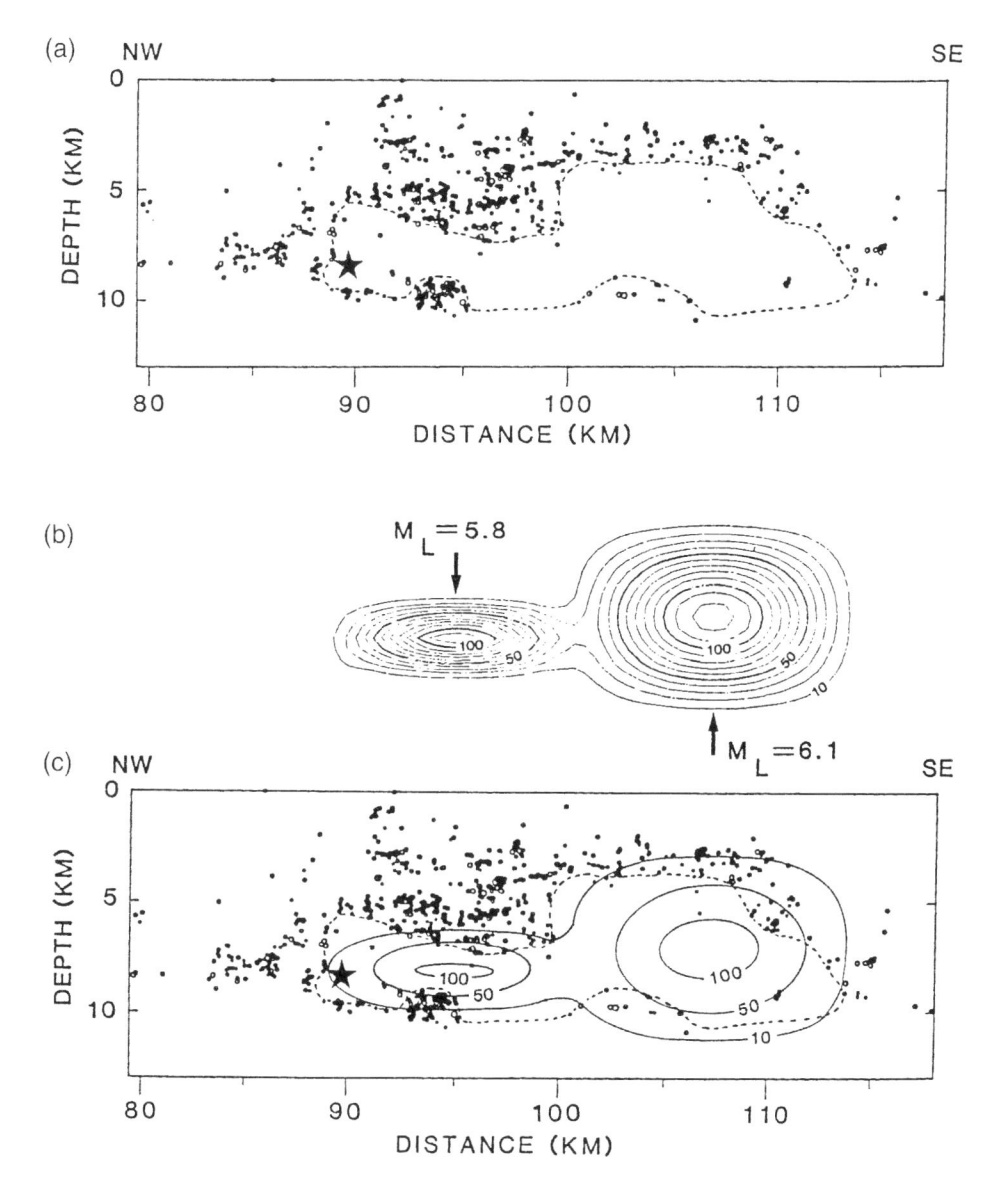

図 4.23 1984年の Morgan Hill 地震（California 州）のすべりと余震．この地震は，Hayward 断層上の横ずれによる．(a) 断層面上の余震の分布．本震の震源は星印でしめす．ラプチャーの境界は Cockerham and Eaton (1984) の推定による．(b) 連鎖しておこったふたつの地震のすべりの分布モデル．すべりの等高線は，それぞれ 10 cm，50 cm，100 cm である．(c) 上のふたつをかさねあわせた結果．（Bakun, King, and Cockerham, 1986 から引用した）．

強度がひずみ速度とともに増加することをおもいだせば，本震時の動的な載荷によって，長期的な強度よりずっとたかい応力にまで載荷された領域がある可能性に気づく．そのような領域は，載荷された応力のレベルできまるある時間だけおくれて，静的な疲労によってこわれるだろう．そのような局所的な領域がたくさんあって，それぞれの領域を載荷する応力のレベルはランダムであると仮定し，しかもおのおのの領域が式1.50の形の静的

な疲労則にしたがうと仮定すれば，全体としてのラプチャー挙動はOmori則にしたがうことをしめすことができる（Scholz, 1968d；Marcellini, 1997）．またOmori則は，RS摩擦則からもみちびくことができる（Dieterich, 1992；Gross and Kisslinger, 1997）．このときも，これを支配する物理は静的な疲労とおなじである．

　前震は，本震に先行する本震よりちいさな地震である．通常は，本震の震源のごく近傍でおこるので，たぶんニュークリエーション・プロセスの一部なのだろう（Das and Scholz, 1981b）．（本震に先行するが，その震源がとおくはなれている地震は，因果関係をみつけられそうにないので，厳密には前震とかんがえるべきではない）．余震とはちがい，前震の発生パターンは変化にとんでいる．多数の地震は前震をともなわないが，前震をともなうときには，その発生系列は，ひとつふたつのケースからちいさな群発のケースまで，まちまちである．前震については，節7.2.3でさらに議論する．

　群発地震は，しばしば徐々にはじまり徐々におわる地震の発生系列である．特にひとつの地震が目だったサイズをもつということはない．Sykes（1970a）は，群発地震に関する広範な調査をおこない，けっして普遍的法則とまではいえないが，群発地震は火山地域と関連していることをみつけた．日本の松代で発生した大規模な群発地震活動は，あきらかに深成起源の間隙流体の上昇がその原因である（Nur, 1974；Kisslinger, 1975）．Colorado州のRangelyとDenverで水の注入によって誘発された群発地震（節2.4）とおなじメカニズムが，自然の場合にもはたらいたようである．このメカニズムにしたがえば，流体の流れによって間隙圧が上昇して地震がおこるので，強度の勾配が異常におおきい領域で地震がおこることになる．したがって，この発生系列のなかの地震はどれであれ，ひじょうにおおきな地震に成長することはない．ひずみの解放が流体の流れによってコントロールされるので，目だっておおきな地震がおこることはないのである．おなじ理由で，地震のサイズ分布をあたえるB値も，群発地震のときには異常におおきな値をとることがしばしば観察されている（Scholz, 1968c；Sykes, 1970a）．

　Mogi（1963）は，地震の発生系列を3つのタイプに分類した．すなわち，本震→余震，前震→本震→余震，群発の3つである．そして彼は，この順に震源域の不均一度がふえていると解釈した．彼は，日本では，卓越する発生系列のタイプが地域ごとにことなることをみつけ，地域ごとの不均一性の違いという観点からこのような現象を解釈した．これはすぐれた考えであるが，あまりにも一般化されすぎていると著者は感じている．New York州のAdirondacksは，先カンブリア時代の基岩が，ひじょうに均一な岩塊として地表面に露出したGrenville時代（900 My）のクラトン〔craton〕の地域である．このAdirondacks中部のBlue Mountain Lakeで，ちいさいマグニチュードの地震から構成されるはげしい群発地震が1972 - 1973年にいくつか集中しておこり，その後おさまった．1975年には，$M = 4.0$の地震がちょうど10 kmはなれたRaquette Lakeで発生した．ポータブル地震計をすばやく設置したにもかかわらず，この地震の余震はまったく観察できなかった：つまり，

この地震は単発の地震であった．1985 年には，$M = 5.1$ の地震が，ちょうど 20 km はなれた Goodnow でおこった．この地震は，通常の余震の発生系列をともなった（Seeber and Armbruster, 1986）．このように，おなじ地質学的構造をもつせまい地域のなかで，時をおかずに発生した地震にちがったタイプの発生系列が観察されたのである．これらの地震はすべて，にかよった衝上断層のメカニズムをもち，系統的にかわる環境の違いは深さだけであった．群発地震の深さは 2 - 3 km，Raquette Lake 地震の深さは 4 km，Goodnow 地震の発生系列は 6 km の深さでおこった．ただし，深さの違いが地震の発生系列の違いに関係するかどうかはわからない．

4.4.3 複合地震：クラスタリングとマイグレーション

地震のラプチャーは，断層の幾何学的不規則さや，ラプチャー抵抗 S（式 4.20）にふくまれるさまざまのパラメーターの不均一さゆえに，かならず複雑である．この複雑さは，ラプチャーの伝播の不規則さと，ラプチャーによって解放されるモーメントの分布の不規則さとしてあらわれるだろう．この不均一度がはなはだしいときには，おのおのの領域で生成される地震波が区別でき，さまざまな**サブイベント**〔subevents〕として認識できるケースも多数ある．地表面における高周波の強震記録はしばしばガウシアン・ノイズのようにみえるが（Hanks and McGuire, 1981），これは，断層すべりのプロセスがランダムな不均一性をもつことを示唆している（Andrews, 1980 を比較参照）．このように複雑であってもラプチャー時間内におこるかぎりは，ひとつの地震とかんがえてよいだろう．一例をあげると，Wyss and Brune（1967）は，1964 年の Alaska 地震が，複数の東から西へ横波速度にちかいラプチャー速度で伝播するサブイベントからなっていることをみつけた．しかしながら，ふたつまたはそれ以上の，しばしば同程度のおおきさの地震が，近接しているがことなるラプチャー面で，時間的に接近しているが重畳しない程度の時間差をもっておこることがある．われわれは，この種の地震を**複合地震**〔compound earthquakes〕とよぶ．複合地震は，弾性破壊力学の予測の範囲を逸脱するラプチャー・プロセスの存在を示唆しているので，たいへん興味ぶかい．

複合地震のもっとも典型的なタイプは，たぶんふたつの地震のラプチャー面が隣どうしにある場合だろう．このタイプの複合地震で，研究がすすんでいるものに，西南日本の南海トラフにそった沈み込みゾーンで発生する（アンダースラスティング）地震がある（図 5.15）．このプレート境界でおこる地震の歴史記録は，684 年にまでさかのぼることができ，1707 年以降は特によくわかっている（Ando, 1975）．津波と被害の記録から，地震の近似的な大きさをきめることができる．このプレート境界にそった地震は，明確なセグメント（A - D，図 5.15），またはセグメントのグループをラプチャーすることがあきらかにされている．最近のふたつの地震の発生系列は複合地震であった．安政地震（1854 年）

では，ひとつの大地震としてセグメントCとDが最初にラプチャーし，32時間後にセグメントBとAを一緒にラプチャーする2番目の地震が発生した．そして，この発生系列は，90年後の1944年の東南海地震でもくりかえされた．このときには，セグメントCがラプチャーされ，これにひきつづいて1946年の南海道地震のときに，BCの境界からラプチャーが発生し，BとAが一緒にラプチャーした．このことは，紀伊半島沖のBとCの境界に複雑な構造があり，そこでラプチャーが抑止されることを示唆している．そうはいっても，それが，かならずしも永続的な特徴であるとはかぎらない．たとえば，1707年の宝永地震のときには，ABCDが一度にラプチャーして，ずっとおおきな地震になった．

このようにしてこわれる隣接するラプチャー面が，おなじ走向をもつ必要はない．Solomon Islandsでは複合地震がよくおこるが，このような地震のペアがNew Britain近くの海溝のするどいコーナーをまたいで発生することがわかっている（Lay and Kanamori, 1980）．タジキスタンで1976年におこったふたつのGazli地震は39日あいておこり，ふたつの断層は隣あっているが方向は共役であった．すべりはどちらもななめすべりだった（Kristy, Burdick, and Simpson, 1980）．またおなじ発生系列に属する地震であっても，おなじメカニズムをもつ必要はない．たとえば，中国で1976年に発生した唐山〔Tangshan〕地震の主要なラプチャーのメカニズムは横ずれであったが，その直後に，いっぽうの端の右ステップした断層で正断層大地震が，もういっぽうの端の左ステップした断層で衝上断層地震が発生した（Nabelek, Chen, and Ye, 1987）．

South Iceland地震ゾーン（図4.24）では，とびとびの断層でおこる複合地震がくりかえし発生した．1896年には，3週間のあいだに5つのつよい地震が発生し，順に東から西へうつっていった．同様な発生系列が1784年にもあった．1896年の最初の地震は，南北走向の右ずれをしめす地表面でのラプチャーをつくりだした（図3.8でしめしたラプチャーと酷似しており，このすぐ西にある）．したがって，それぞれの発生系列は別々の断層面でラプチャーした数個の本震で構成され，それらの断層面どうしはすべて走向に垂直な方向にオフセットしていることはあきらかである．

中央Nevadaでは，1954年に地震活動のいちじるしいクラスタリングがあった（図4.25）．再来時間が数千年単位であるこの地域で，数ヶ月のあいだに4つのおおきな地震がつづけて発生した．一連の地震の最後のふたつの地震が，典型的な複合地震であるDixie Valley Peak - Fairview Peak地震である．Fairview Peak地震は，震源から双方向ににひろがり，谷の東側にある西落ちの正断層（南北走向）をラプチャーした．Dixie Valley地震は4分おくれて，谷の西側にある東落ちの正断層（南北走向）で，Fairview Peak地震の北端からはじまり，ラプチャーは北側へ伝播した．それより前のFallon-Stillwater地震とRainbow Mountain地震のふたつはこれよりかなりちいさく，Dixie Valley断層の西側にある地塁〔horst〕のさらに西で発生した．

アイスランドのケースのように，複合地震は，1方向だけへすすんでゆくことがあり，

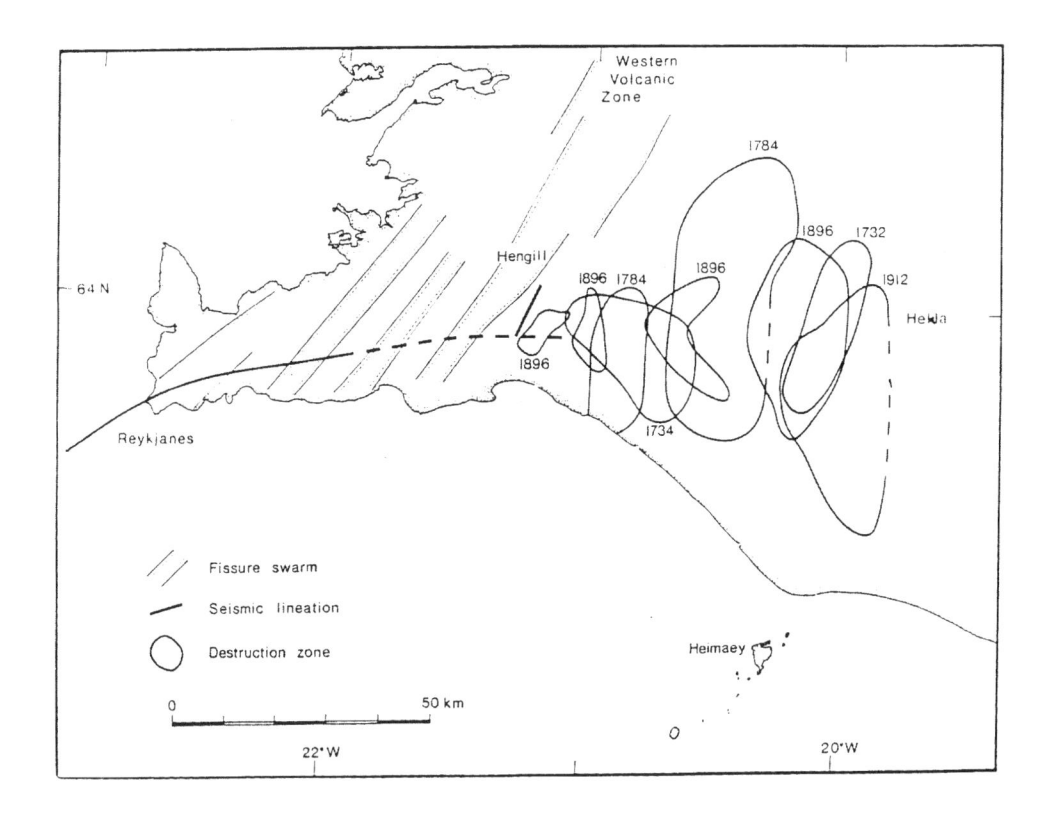

図 4. 24 南アイスランドの地震ゾーン．1700 年以降の大地震によっておおきく破壊された地域がしめされている．1784 年と 1896 年の地震のマイグレーションに注意されたい．図 3.7 をみると，この地域の地震は，南北走向の断層で発生することがわかる．西側のリフトは，Reykjanes 半島からはじまり Hengill までのびている．東側のリフトは Hekla の南で消滅しはじめている．(Einarsson et al., 1981 から引用した)．

　これを地震のマイグレーションとよぶ．もっともよく言及されるマイグレーションの例は，トルコの北 Anatolian 断層をラプチャーした 6 つの大地震の発生系列である．1939 - 1967 年の期間に，地震は東から西へすすんだ（図 4.26）．一見しただけでは，この発生系列全体は，遅延つきのドミノ効果のように，個々の地震がつぎの地震をトリガーしてゆく単一の複合地震とかんがえられそうなものである．しかしながら，1943 年の地震の震央はラプチャー面の西端だったので，以前の地震（Barka and Kandinsky - Cade, 1988）の端から約 300 km はなれていることになり，一連の地震のマイグレーションのメカニズムはそれほど単純ではないといわなければならない．1943 年の地震の震央では，その前の地震によってひきおこされた Coulomb 応力の変化は負であったことが，Stein, Barka, and Dieterich (1997) によってしめされた．彼らははっきりといったわけではないが，彼らの結果は，話はそう単純ではないという結論を支持するものである．

　文献には，多数のとおくはなれた地震によるトリガリングや，地震のマイグレーションの例がひかれている（たとえば Lomnitz, 1996）．しかし，おおくの場合，そこでいわれて

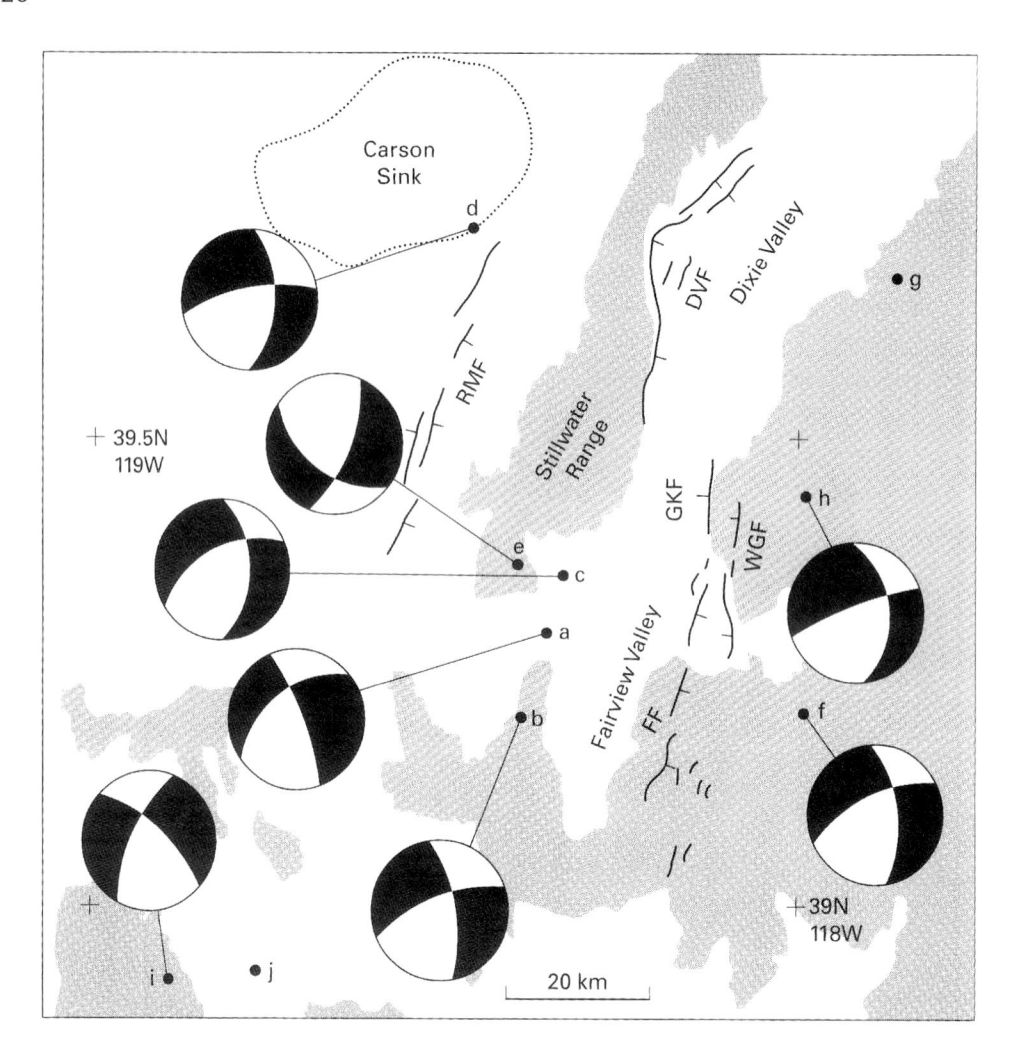

図4.25 1954年の中央Nevadaの地震と断層．7月から9月にかけて地震a, b, c, d, e（M = 6.6, 6.4, 6.8, 5.8, 5.5）がおこった．これら5つの地震は，Rainbow Mountain 断層（RMF）のラプチャーである．Fairview Peak 地震（f, M = 7.1）が12月16日11時7分におこり，Fairview 断層（FF）にそって双方向にラプチャーした．Dixie Valley 地震（g, M = 6.8）は12月16日の11時11分におこり，Dixie Valley 断層（DVF）をラプチャーした．Westgate 断層（WGF）と Gold King 断層（GKF）にも，地表面ラプチャーがあらわれた［地表面の破壊の詳細については Slemmons (1957) を参照のこと］．震源球は下半球投影である．白い領域が引きをあらわす．断層は正断層であり，下降した側に突起がつけられている．（Doser, 1986から引用した）．

いるマイグレーションは，ラプチャー・サイズの何倍もとおくはなれた地震の関連をみているものなので，上で議論した事例のように，力学的に直接むすびついているとはかんがえにくい．このような地震のマイグレーションは，たとえば，間欠的なアセノスフェアの流れといったような，地震とは別のプロセスによってひきおこされているという指摘もある（たとえば，Scholz, 1977）．Kasahara (1981) はこの種の地震のマイグレーションをレ

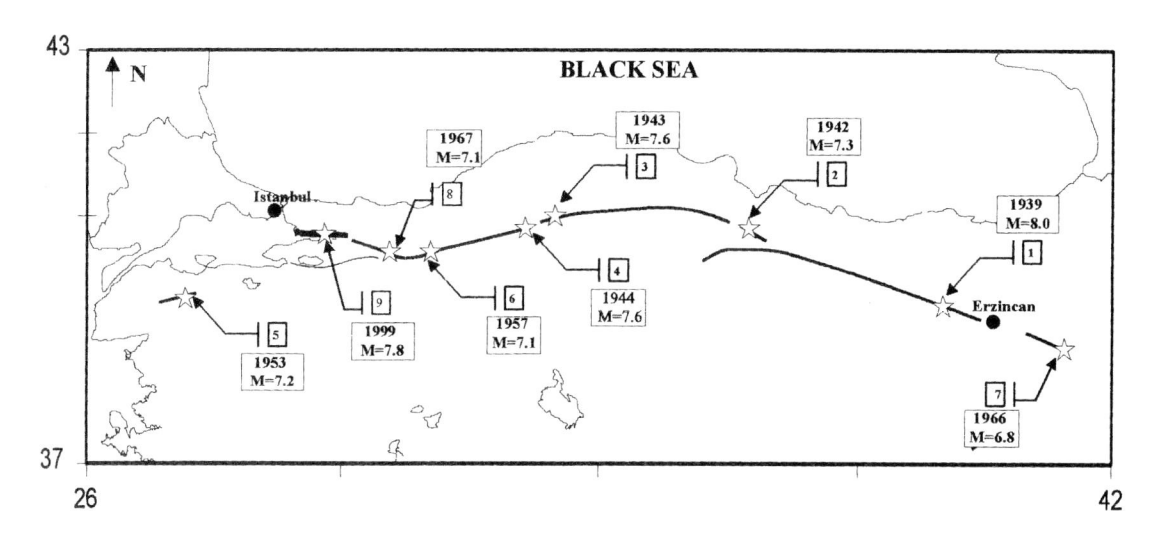

図 4.26 1939 年以降に北 Anatolian 断層で発生した大地震の断層変位．大局的には 1939 年から 1967 年にかけて，東から西へむかって地震が進行したといえるが，1943 年の地震に関しては，ラプチャーの伝播はそれとは逆向きであった．（Ali Osman Oncel の厚意による）．

ヴューして，それらを説明するために提案されたいくつかのメカニズムについて議論した．提案されたメカニズムはすべて，アセノスフェアとリソスフェアの粘性結合を内包している．

4.5 地震の相互作用の力学

前節でみた例は，おおくの地震は独立したイベントとして発生するのではないことを明白にしめしている．むしろ，ながいタイム・スケールでの断層どうしの相互作用（節 3.2.3）のように，地震も応力場を介して相互に作用しあうようにみえる．相互作用によって地震活動がふえることもへることもありうる．コサイスミックに応力が増加した地域では地震活動がたかまり，ストレス・ドロップのシャドウ〔stress drop shadow〕になった地域では静穏化がおこる．このような地震の相互作用は，過去 10 年間にさかんに研究され，学術雑誌ではこの話題をあつかうレヴュー記事や特集号がいくつも出版された（たとえば，Harris, 1998b；Stein, 1999；King and Cocco, 2000）．

4.5.1 Coulomb 応力の増減

地震を単純な Coulomb 摩擦のモデルでかんがえると，すべろうとするポテンシャルは，つぎの式で定義される Coulomb 破壊応力〔Coulomb failure stress〕の変化分，ΔCFS だけ増

減する.

$$\Delta CFS = \Delta \tau_s - \mu(\Delta \sigma_n - \Delta p) \qquad (4.33a)$$

$$\approx \Delta \tau_s - \mu'(\Delta \sigma_n) \qquad (4.33b)$$

ここで $\Delta \sigma_s$ は，すべる可能性のある断層面上でのせん断応力のすべり方向の成分の変化，$\Delta \sigma_n$ と Δp は断層上の直応力と間隙圧の変化（圧縮を正とする），μ は摩擦係数である．したがって，$\Delta CFS > 0$ ならば，すべりのポテンシャルは増加し，$\Delta CFS < 0$ であれば，すべりはおこりにくくなる．

コサイスミックな応力変化がおこるときには，$\Delta \sigma_n$ と Δp は独立ではない．水で飽和した間隙岩盤のなかで直応力がとつぜん変化すると，それにともない間隙水圧もかならず変化する（節 6.5.2 をみよ）．両者をむすびつけるもっとも一般的な式は $\Delta p = B \Delta \sigma_{kk} / 3$ であり，B は Skempton 係数（$0 \leq B \leq 1$），$\Delta \sigma_{kk}$ は応力テンソルの対角成分の和である（Rice and Cleary, 1976）．いくつかの仮定をすると（節 6.5.2），$\Delta \sigma_{kk} / 3 = \Delta \sigma_n$ と簡単な形になる．こうすれば，簡単な形の式 4.33b をつかうことができる．ここで $\mu' = \mu (1 - B)$ は，"みかけの摩擦（係数）"とよばれる．Coulomb 破壊応力に関する文献では，この簡単な形の式がしばしばつかわれるが，この取り扱いでは，Coulomb 破壊をかんがえるときに間隙弾性的な効果をどうとりあつかうべきかがわかっていないという事実は，まったく考慮されずに単に無視されているだけである．一般的には，B にどんな値をもちいればよりかわからないので，μ' を μ に関係づけられないばかりでなく，式 4.33b をつかえば μ' に本来そなわっている時間依存性をもかくしてしまう．さきほどのべた Rice and Cleary の $\Delta p = B \Delta \sigma_{kk} / 3$ という式は，非排水条件下での（応力変化にともなう）間隙水圧の応答を記述したものである．時間がたつと，間隙水圧は拡散して Δp はゼロにもどってしまうので，μ' は μ まで上昇するだろう．この効果が重要になる可能性もあるので，後でふたたび議論する．

地震がつくりだした ΔCFS の計算は，地震の幾何学的情報とすべり量分布の情報，その地域の広域応力の向きと大きさをどう仮定するか，そして μ' の値をいくらに仮定するかに依存する．とりわけ断層の近くでは，広域応力の大きさと地震のストレス・ドロップの比が ΔCFS の算定に重要となるが，実際には，断層の近くの ΔCFS は，すべり分布の不確定さのおおきな影響をうけ，ΔCFS の不確定さはほとんどこの要因に支配されることになる（King and Cocco, 2000）．断層からはなれると，どちらの要因も重要性がさがり，広域応力の向きがより重要になるが，これは通常は，他の情報をつかってかなりせまい範囲に拘束ができる．ほとんどのケースでは，μ' の値をどう仮定しようとたいした影響はない（King and Cocco, 2000）．

カラー図 3 は，1979 年に California 州の Homestead Valley で発生した $M = 5.2$ の地震にこの手法を適用したもので，このような研究の最初の事例のひとつである（Das and

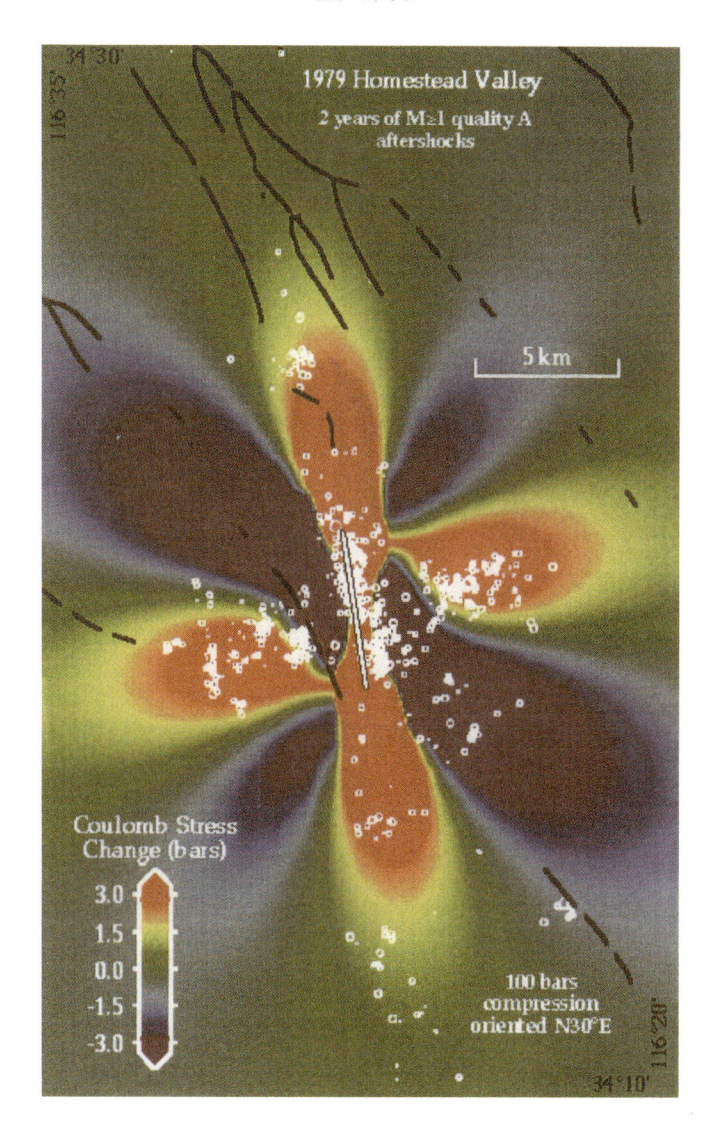

カラー図3　1979年のHomestead Valley地震によってつくりだされたCoulomb応力の変化．白い直線は本震の破壊を，白丸は余震をあらわす．（King and Cocco, 2000から引用した）．

Scholz, 1981a；Stein and Lisowski, 1983）．本震のラプチャー（白線）は，地震と測地のデータからきめられた．ΔCFS の正と負の領域が4つ葉状になっている様子がみてとれる．ほとんどの余震は，本震のラプチャー面上もしくはそのごく近傍でおこっているが，断層面からはずれておこった余震も相当数あり，これらの圧倒的多数が ΔCFS が正の領域でおこった．ΔCFS が負の領域では静穏化がおこり，ストレス・ドロップのシャドウになる効果があらわれている．ΔCFS のわずか1 barほどのちいさな変化が，地震活動の増加と減少の領域をわけている．

カラー図4に，1992年Landers地震の直前に発生した4つの $M>5$ の地震がつくりだ

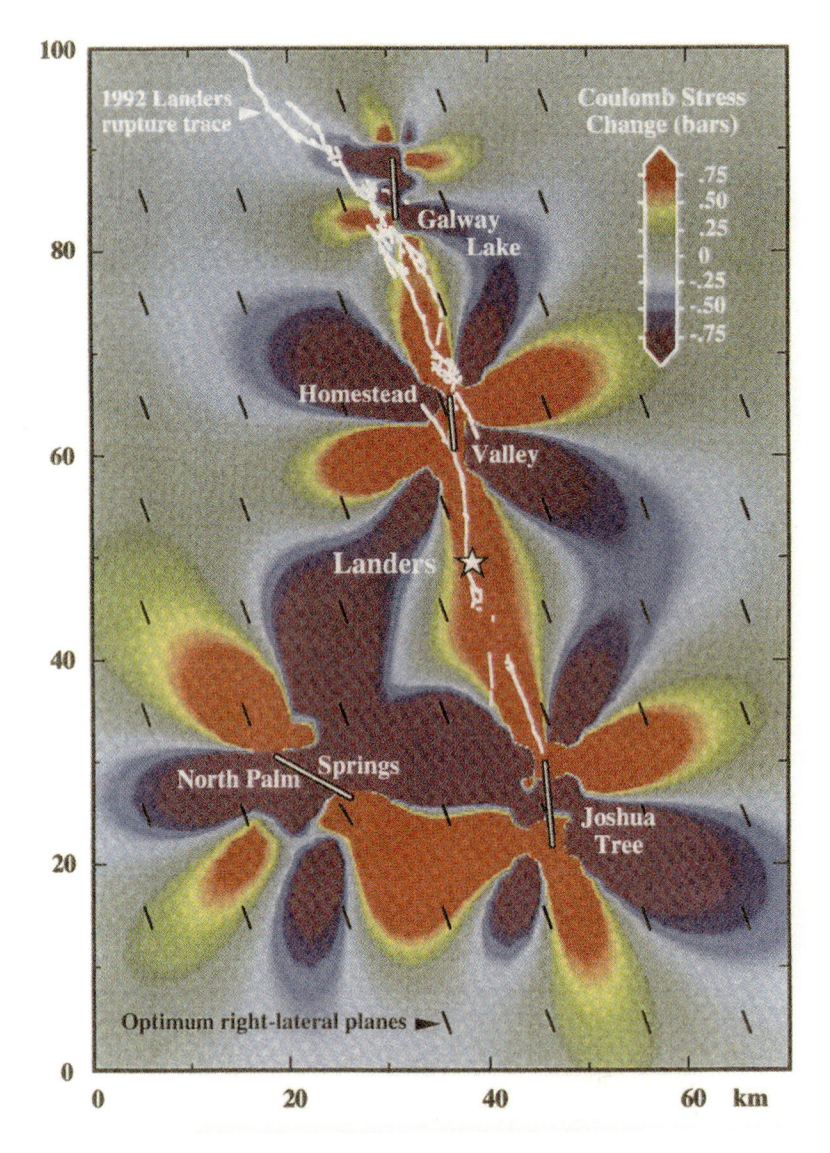

カラー図 4 Galway Lake 地震，Homestead Valley 地震，North Palm Springs 地震，Joshua Tree 地震によってつくりだされた Coulomb 応力の変化．これらの地震は 1992 年の Landers 地震より前の数年間に発生し，Landers 地震のラプチャー・ゾーンのほとんど全域で Coulomb 応力を増加させていた．（King and Cocco, 2000 から引用した）．

した Coulomb 応力の変化がしめされている．これらの地震，すなわち 1975 年の $M = 5.2$ の Galway Lake，1979 年の $M = 5.2$ の Homestead Valley，1986 年の $M = 6.0$ の North Palm Springs，1992 年の $M = 6.1$ の Joshua Tree の 4 つの地震は，Landers 地震の震央になる場所の Coulomb 応力をつぎつぎ，全部で 1 bar ばかり増加させた．さらに，Landers 地震のラプチャー面となる領域でもその 70％の部分で Coulomb 応力を 0.7 - 1.0 bar 増加させた．

　カラー図 5 は Joshua Tree 地震と Landers 地震の効果を合算したものがしめされている．余震である Big Bear 地震は，Landers 地震のラプチャー端の北西にある余震のクラスター

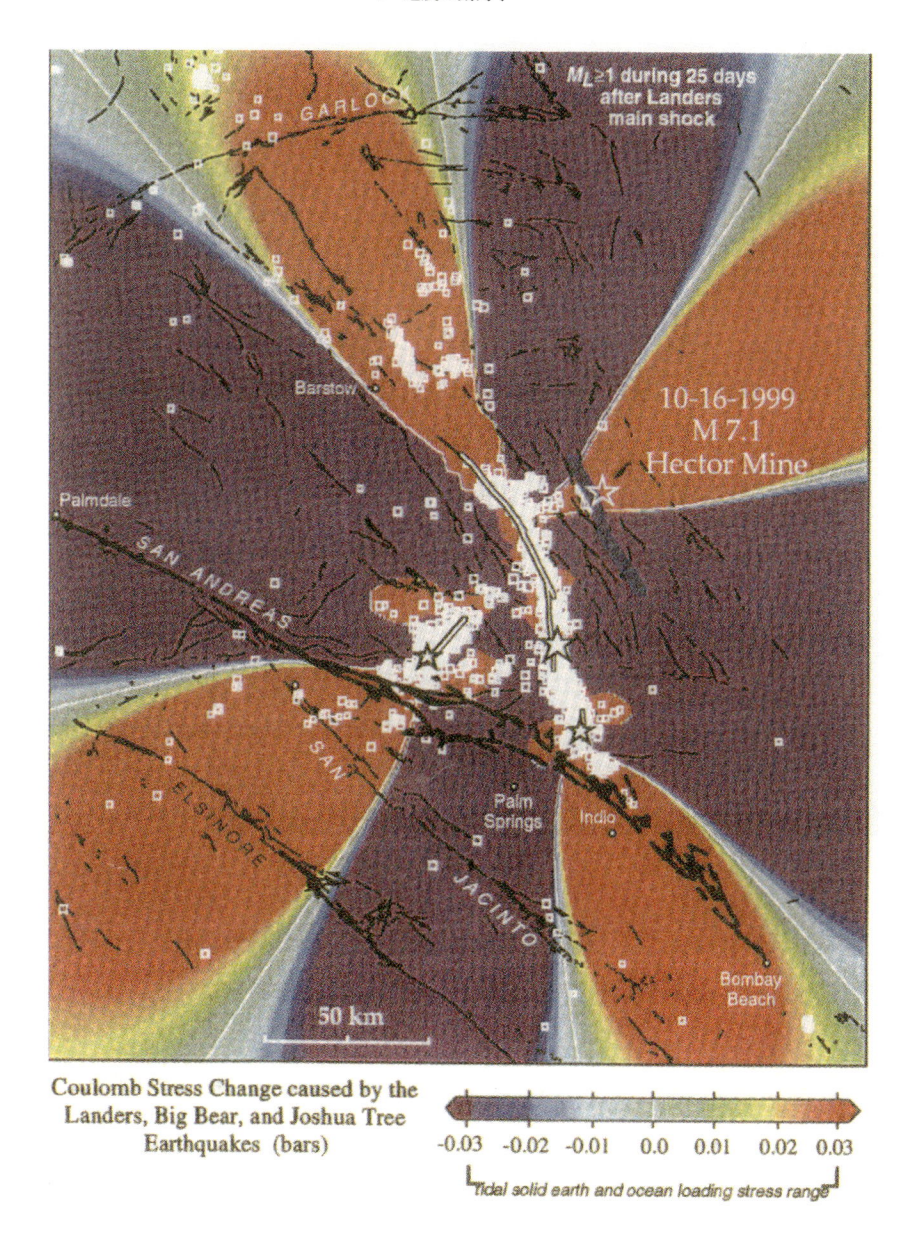

カラー図 5 Landers 地震とその直前の地震によってつくりだされた Coulomb 応力の変化. (King and Cocco, 2000 から引用した).

とおなじく, ΔCFS が正の領域でおきたことがわかる. Seeber and Armbruster (2000) は, この地震の系列での静的応力の変化によって, 断層面外の余震がどう増加したかを統計的にしめした. Landers 地震の直後からおなじ場所ではじまった一連のよりちいさな地震は, 1999 年の Hector Mine 地震で最高潮に達した. この場所では $\Delta\tau$ が負 (左横ずれ) で, $\Delta\sigma_n$ も負 (押さえつけがゆるむ) であった. これらをあわせて, Hector Mine 地震の場所で ΔCFS が正になるには, $\mu \geq 0.8$ でなければならず (Parsons and Dreger, 2000), したがって Hector

Mine 地震が Landers 地震によってトリガーされたのなら，Hector Mine の断層はとてもつよかったということになる．しかしながら，実際には，Landers 地震のポストサイスミックなリラクゼーションによって，Hector Mine の震源領域での ΔCFS がいちじるしく増加したことがしめされているので（Freed and Lin, 2001），Hector Mine の断層の摩擦係数に関してそんな仮定をするまでもなく，Hector Mine 地震が Landers 地震によってトリガーされたかんがえてよさそうだ．Hector Mine 地震は，いったんはじまると ΔCFS が負の領域にまで伝播した．ΔCFS が負の領域で地震の数がすくないということからは，このような ΔCFS のすこしばかりの減少でも，地震のニュークリエーションを抑制するのについては効果的であるようだが，Hector Mine の例をみれば，いったんはじまったラプチャーの伝播をとめる効果はないようである．Hector Mine 地震と Landers はほぼ平行にむかいあい，断層の深さの 2 倍程度はなれているが，この配置は，図 4.24 にしめされた南アイスランドでつづけざまに発生した地震の状況に酷似していることに注意されたい．Fairview Park - Dixie Valley 系列の地震がつづけざまに発生したときの応力伝達については，Hodgkinson, Stein and King（1996）と Gaskey and Wesnousky（1997）がモデルをつくった．1994 年の Northridge 地震（図 4.20）は，San Fernando 地震やそれ以前に発生した地震による応力で載荷され，地震がおおいに発生しやすくなっていたことがわかった（Stein, King and Lin, 1994）．

コサイスミックな応力の変化はクリープしている他の断層のすべりを加速あるいは減速させることもしられている．1968 年の $M = 6.8$ の Borrego Mountain 地震はいくらかはなれたところにある Superstition Hills 断層，Imperial 断層，San Andreas 断層でのエイサイスミックなすべりをトリガーした（Allen et al., 1972）．Landers 地震，Joshua Tree 地震，Big Bear 地震はすべて，その南西にある断層のクリープ・イベントをトリガーした（Bodin et al., 1994）．これらは，カラー図 5 にしめされた ΔCFS が正の領域にはいっている．逆に，Loma Prieta 地震のストレス・ドロップのシャドウとなったことで，Hayward 断層のクリープがとまったが，後にテクトニックな載荷によってストレス・シャドウがきえるとクリープは再開した（Lienkaemper, Galehouse, and Simpson, 1997）．

もっとながい時間スケールでみて，地震による ΔCFS と，San Andreas や北 Anatolian 断層のような活動的プレート境界でのテクトニックな載荷モデルとを組あわせたものをかんがえると，中程度の地震と大地震の大部分は，ΔCFS が正の領域で順々におこってゆくことがわかる（Deng and Sykes, 1997；Nalbant, Hubert, and King, 1998）．同様に，大地震のストレス・ドロップのシャドウの領域では，それがテクトニックな載荷によってうちけされるまで地震の静穏化がつづく（Jaume and Sykes, 1996；Harris and Simpson, 1996, 1998．節 5.3.4 も参照）．

わずか 0.1 bar 程度の静的応力の変化が地震活動をトリガーできるようにみえる（Reasenberg and Simpson, 1992；King, Stein, and Lin, 1994）．これは地震のストレス・ドロ

ップ量に対してとてもちいさな変化である．このようにとてもひくいレベルでのトリガリングがおこるには，トリガーされるイベントがラプチャー・ポイントにひじょうに接近している状態にあるとが要請される．この現象がありふれているということは，臨界点にひじょうにちかい断層セグメントがどこにでもあることを示唆している．貯水池で誘発される地震活動の観察からもおなじ結論がみちびかれる（節 6.5.2）．トリガーに必要な応力に閾値はあるのだろうか？ 今日までの結果は否定的である（Ziv and Rubin, 2000）．

4.5.2 時間遅れのメカニズム

上の例は地震が Coulomb 応力伝達によってしばしばトリガーされることをはっきりとしめしている．しかしながら，単純な Coulomb 摩擦では時間遅れをともなうという観測事実はまったく説明できない．時間遅れの範囲は，20 - 30 s から数十年までにおよぶ．数年から数十年におよぶ時間遅れに関しては，前の地震による Coulomb 応力の載荷にくわえて，テクトニックな載荷がひきつづくのだと単純にかんがえればよいかもしれない．もっと興味ぶかいケースは，テクトニックな載荷を無視できるくらいのみじかい時間遅れである．このような時間遅れのメカニズムは，たぶん通常の余震の時間遅れのメカニズムとかわらないのかもしれないが，そもそもこの問題も，これまでのところおおざっぱな論議しかなされていない．

Coulomb 摩擦のように，破壊基準を単に応力の限界値としてあたえるものは，地震に対してあてはまらないのはあきらかである．そういう破壊基準がただしかったら，過渡的な応力変化が生じると，それがわずかな変化であっても地震がトリガーされうることになるが，そんなことは観察されていない．このまちがった考えにしたがって，たとえば，地震と地球潮汐の相関をみつけようとする試みが大昔からなされてきた．これらの試みは，たえず精度をたかめてきたにもかかわらず，いまだにそのような相関がみつけられたことはない（たとえば，Vidale et al., 1998）．さらに，地震によって発生する地震波による動的な Coulomb 応力の載荷は，後から実際に地震をトリガーした静的な載荷より数倍おおきいことがよくある（Cotton and Coutant, 1997；Belardinelli et al., 1999）にもかかわらず，広範囲の地震活動をトリガーすることはない．これらの観察結果は，地震は過渡的な載荷〔transient loading〕に対しては比較的鈍感であることを示唆している（Scholz, 1998a）．

この結果はそれほど意外ではないはずだ．節 2.3.1 で強調したように，摩擦不安定は応力のピークでおこる不安定ではなく，ニュークリエーション・プロセスでいくらかすべりが生じてからおこるものである．RS 摩擦則（節 2.3.2）がその理由をしめしている．すべり速度の直接効果は，せん断がとつぜん課せられると断層はつよくなり〔強化され〕，この効果は，その後，有限のすべりをすべらないと解消されることはない．すなわちこの弱化に要する時間は，摩擦パラメーターだけでなく，載荷の大きさと継続時間，断層が地

震サイクルのなかのどこに位置するかにも依存する（Gomberg et al., 1998）．彼らは，これを地震サイクルの「時計の進み」に換算して表現した．典型的な計算結果は，せん断応力の静的な増加と等価な時計の進みを過渡的な載荷でつくりだすためには，継続時間が 10 s（地震波のパケット程度）だと〜1000 倍おおきい載荷が，10^4 s つづく場合（地球潮汐程度）でも 10 - 100 倍おおきい載荷が必要であるというものである．この知見は，室内実験でもたしかめられた（Lockner and Beeler, 1999）．こうなる理由は単純で，静的な応力の変化の場合には，そのすべり速度に対する効果も過渡的ではなく，だんだんと蓄積していくからである．だからといって，過渡的な地震波が地震を絶対にトリガーできないというわけではない．Kilb, Gomberg, and Bodin（2000）は，Landers 地震によってトリガーされた地震活動の増加の様子を走向にそってみてゆくと，ディレクティビティの効果（破壊が伝播していく向きに地震波の放射がおおきくなる現象）とそっくりな非対称性を呈したことをしめし，このケースでは過渡的な応力によるトリガリングが重要な役割をはたしたことを示唆している．このときには過渡的な応力変化は静的な変化より 100 倍のオーダーでおおきかった．Gomberg et al.（2001）は，地震波によるトリガリングのもっと決定的な例を報告した．彼らは，Landers 地震と Hector Mine 地震によってトリガーされた地震の空間的分布パターンの違いが，（ディレクティビティの効果を介して）ラプチャーの伝播方向の違いに対応していたことをしめした．このような過渡的な応力によるトリガリングは，かならずしもニアー・フィールドにだけかぎられるわけではない．Nevada 州の Skull Mountain でおこった一連の地震は，そこから 280 km はなれた Landers 地震によってトリガーされたのは明白である（Anderson et al., 1994）．この距離（断層長の 4 倍に相当）では，静的応力の変化は無視しうる．しかし 2 bar ばかりとはいえ地震波による応力変化があった（Gomberg and Bodin, 1994）．この過渡的な応力変化は，その場所がすでに地震サイクルの終わりに直近していたならば，一連の地震をトリガーするのに十分であったかもしれない．地震波がこの場所を通過してからこれら地震がおこるまでに時間遅れがあったが，それでも時計はすすめられ，この過渡的な応力によって地震がトリガーできたのかもしれない（Gomberg, Blanpied, and Beeler, 1997）．

　Landers 地震の表面波が，とおくはなれた多数の場所での微小地震の活動を即座におおきく増加させたことが観察された（Hill et al., 1993）．これらの場所はすべて熱水／マグマ活動が存在するところであった．California 州の Parkfield は微小地震の活動がさかんなところであるが熱水活動地域ではない．Parkfield では，同程度の大きさの過渡的な応力をたびたびうけたにもかかわらず，トリガリングは観察されなかった（Spudich et al., 1995）．したがって上でのべたトリガリングは，マグマと関連する特有のメカニズム，たとえば気泡の解放（Linde et al., 1994）といった Coulomb 応力とはことなるメカニズムがはたらいた可能性がたかい．また，これらのマグマ地域の地震活動には，通常の地震活動にはみられない 1 年周期の変動がみられる．このことは，大気圧に対する異常な高感度にその原因

があるのかもしれない（Gao *et al*., 2000）．

　節 5.2.3 で議論するさまざまな地震後のリラクゼーション効果に起因する応力の変化によって，地震のトリガリングに時間遅れが生じることもあるだろう．なかでも間隙弾性的なリラクゼーション（節 6.5.2 をみよ）は，前節ですこしだけふれたように，必然的に Coulomb 応力伝達に時間依存性をもたらす．

　前節でのべたように，コサイスミックな Coulomb 応力の変化が生じたときには，直応力の急激な変化にともない，間隙圧にも同符号で同程度の大きさの変化が誘起される．このようにして生じた間隙圧は間隙流体の拡散にしたがい，システムのローカルな水理拡散率できまる速度で即座に消滅しはじめる．その結果，断層をおしつけてつよくするような変化でも，ゆるめてよわくするような変化でも，その効果は時間とともに増加するのである．別の言い方をすれば，式 4.33b のパラメーター μ' は，どちらの場合でも時間とともにおおきくなる．こうして押しつけがつよめられた場合には，トリガー地震の発生確率は時間とともに減少し，押しつけがゆるめられた場合にはその逆になる．どちらの場合も，RS 摩擦則から期待される時間遅れに，さらなる時間遅れがくわわることになる．

　図 4.27 にしめされた Landers 地震の断層面外でおこった余震の時間的推移はこのような効果によって説明できる（Seeber and Armbruster, 1998）．図 4.27a は，全部の地震をひっくるめた時間的減衰は，最初の方（＜ 200 日）では Omori 則よりはやく，後の方では Omori 則よりおそいことをしめしている．純粋な RS 摩擦の効果だけならば Omori 則にしたがって減衰するはずである（Dieterich, 1992; Gomberg *et al*., 2000）．最初の方のはやい減衰をみせている部分の地震には，ΔCFS が主として $\Delta \tau$ に起因するものが卓越し，後の方のゆっくりと減衰している部分の地震には，主として $\Delta \sigma_n$ に起因するものが卓越する（図 4.27b）．ΔCFS が正のものだけをかんがえているので，後者の地震はすべて押し付けがゆるんでおこった．さきにのべたように，押し付けがゆるんだ場合には，トリガリングの確率が時間とともに増加するため，減衰レートは Omori 則よりおそくなる．$\Delta \tau$ がおもな要因となっておこった地震の方だけをかんがえても，押しつけがつよまった地震のほうが，押し付けがゆるんだ地震（図 4.27b）よりも減衰レートがはやい．これは，押しつけがつよまったケースについては，トリガリングの確率が時間とともに減少するからである．

　このメカニズムが特によくわかる例を図 4.28 にしめす．1987 年 11 月 23 日に発生した $M_s = 6.2$ の地震は，右横ずれの Superstition Hills 断層に隣合する北東走向の交差断層に左横ずれの運動をうみだした．これから 12 時間おくれて，この断層と Superstition Hills 断層との接合点で，$M_s = 6.6$ の地震がはじまり，Superstition Hills 断層上を南東に伝播した (Hudnut, Seeber, and Pacheco, 1989)．このケースでは，応力の相互作用は，ほとんど純粋な押し付け効果であり，直応力は約 30 bar 減少した．これにくらべるとせん断応力の変化は無視しうるほどちいさかった．したがってこのケースでは，直応力が RS 摩擦におよぼす効果 (Linker and Dieterich, 1992) もすこしは関係するかもしれないが，時間遅れのおもな

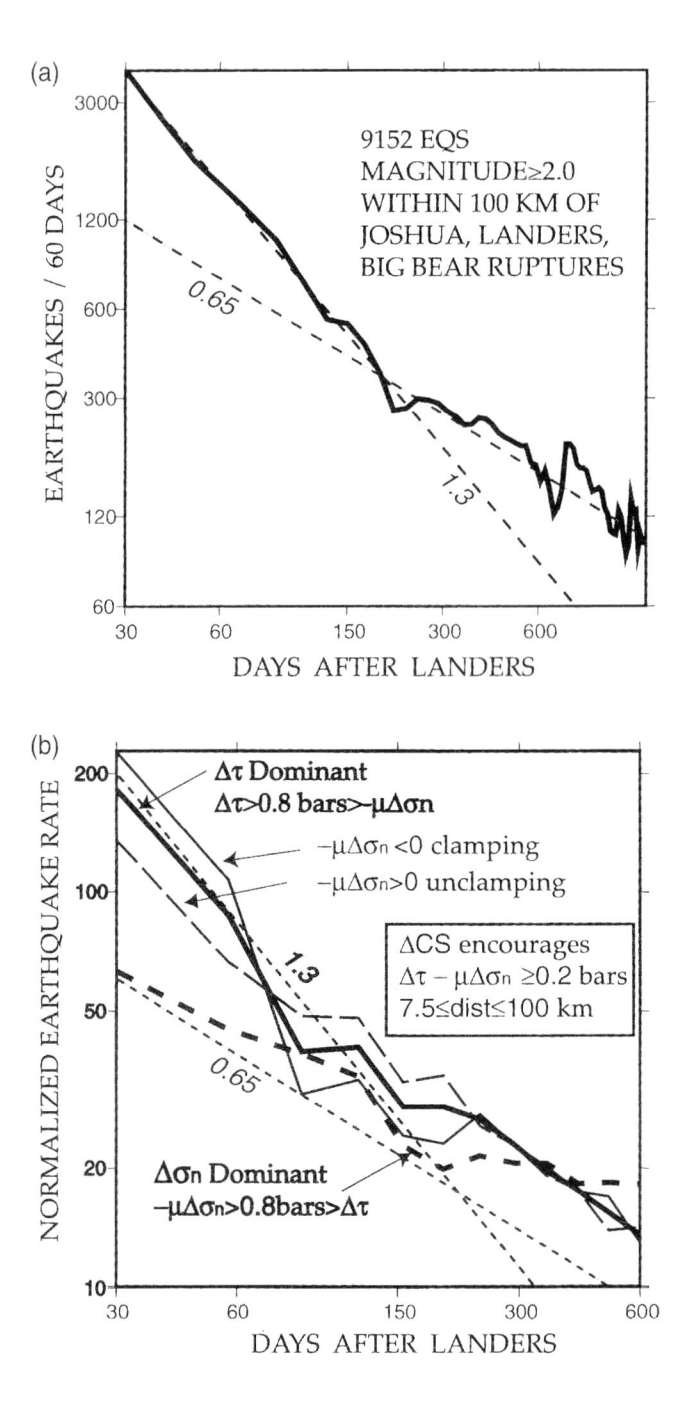

図4.27 Landers地震の断層面外で発生した余震の時間的推移．(a) 地震の頻度の時間的減衰．(b) 主としてせん断応力の変化に起因しておこった余震と，主として直応力の変化に起因しておこった余震にわけてにあらわした時間的減衰．せん断応力の変化によって発生した余震については，さらに押し付けがつよまったものとよわまったものにわけた．(Seeber and Armbruster, 1998にもとづく)．

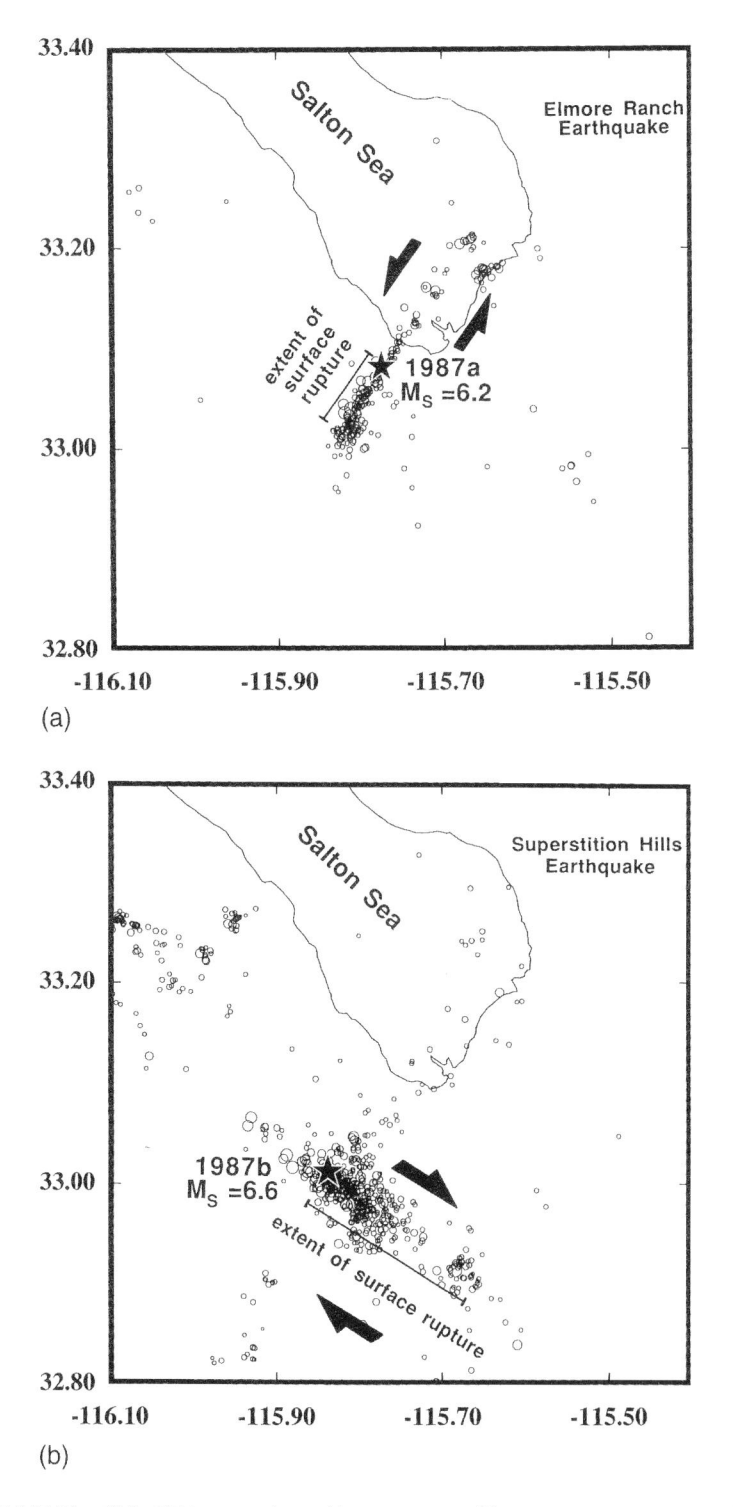

図 4.28 複合地震の発生系列. 1987 年 11 月に California 州の Superstition Hills の近辺でおこった複合地震をしめす. (a) 左横ずれの Elmore Ranch 断層で最初にラプチャーした $M_s = 6.2$ の地震. (b) 12 時間おくれて発生した右横ずれの Superstition Hills 断層のラプチャーによる $M_s = 6.6$ の地震. この地震はふたつの断層の交点付近から開始した. ★印はそれぞれの本震の震央をあらわす. (Hudnut, Seeber, and Pacheco, 1989 から引用した).

要因はあきらかに間隙弾性効果である．1927年の丹後地震はこのケースによくにている．ここでは，はっきりとした時間遅れはなかったが，ほぼ直交してぶつかっているふたつの共役横ずれ断層が一度の地震でラプチャーした（Kasahara, 1981）．

マグマの関連するケースをのぞけば，とおくの地震をトリガーするメカニズムは，通常の余震をトリガーするメカニズムとまったくちがわないだろう．もしRS摩擦だけが可能なメカニズムだったら，トリガーされる地震はOmori則にしたがうはずである（Gomberg et al., 2000）．しかし，図4.27にみられるように，時間遅れのメカニズムには，間隙弾性的な効果のようなRS摩擦以外のものがあり，そのせいでOmori則からのずれが生じる．断層面内でおこる余震では，Omori則からの顕著なずれは観測されないのがふつうである．このケースでは，$\Delta\sigma_n$が$\Delta\tau$にくらべて無視できるので，遅れ時間におよぼす間隙弾性的な効果も，RS摩擦の効果にくらべて無視できるからであろう．

断層面内と断層面外の余震には重要な違いがひとつある．モーメント解放量に関して，断層面内の余震は本震とくらべて2次のオーダーの現象であるが，断層面外でトリガーされる地震の大きさについては，トリガーした方の地震とおなじかそれよりおおきいということもありうる．なぜなら，断層面外の余震は，応力が全体的に緩和した本震のラプチャー領域やその近くのすべり残りのパッチでおこるのではなく，新鮮な未破壊の断層セグメントでおこるからである．

⑤ 地震サイクル

　われわれは3章と4章で，断層を孤立したシステムとしてとりあつかい，その静力学と動力学を議論した．この章では，断層がテクトニック・エンジンのなかにおかれて，載荷システムとカップルしたときの挙動を考察する．さまざまな観測結果とモデルをくみあわせて，この載荷システムの性質をみきわめ，地震サイクルの性質を探求する．

5.1 歴史的展望

　G. K. Gilbert は，断層のすべりが地震の繰り返しによって増加してゆくことを理解していた．彼の論文は，まさにどのようにしてそのような繰り返しがおこるのかについて，彼がふかくかんがえたことをしめしている．1909 年の論文のなかで，彼は，地震の再来時間のリズムと交替〔alternation〕についてかいた．彼は交替という用語を，おおきな地震ゾーンのなかのいろいろな位置でかわりばんこに地震が発生するという意味につかっており，今日われわれがいうところのサイスミック・ギャップの概念をさきどりしていた．

　しかしながら，載荷サイクルを完全な形で概念化した栄誉は，ふつうは H. F. Reid（1910）に帰せられる．彼は，1906 年の San Francisco 地震のメカニズムを要約して，**弾性反撥理論**〔elastic rebound theory〕を提示し，地震は，San Andreas 断層にそったラプチャーによる弾性ひずみの急激なリラクゼーション〔relaxation〕の結果であると説明した．彼の理論によると，地震の原因となるひずみは，ふだんは摩擦によってかみあっている断層のどちらか片側の定常的な運動によって，ながい時間をかけて蓄積される．

　Reid が理論をつくるにあたっては，いくつかの決定的な情報がえられていた．San Francisco 地震は，平均して約 4.5 m の右ずれのすべりをともない，断層を 450 km にわたってラプチャーした．そのうち 360 km ほどが陸上にあり，地割れが容易に観察でき，多数の場所でオフセットが測定された．San Andreas 断層は，当時すでに California 全域をよこぎる重要な地形であることがしられていた．地震の約 20 年前に三角測量のネットワークが完成しており，地震の直後には再測量がおこなわれた．そのふたつの測量の結果を比較することにより，歴史上はじめて，地震がつくりだした変位場があきらかにされた．断層の南西側の点は，もう一方の側に対して相対的に北西にうごいたことがあきらかになり，さらに，変位を断層面まで外挿すると，地表面の割れ目のところで測定されたオフセット

と一致した．変位は，断層からはなれるにしたがって急激に減少し，10 km か 20 km のところではとてもちいさな値になった．

地震以前に実施された 1860 年代と 1880 年代の測量の違いをしらべると，地震の発生以前に，断層から南西の沖合いへとおくはなれた Farallon 燈台が，内陸の観測点に対して北西にうごいていたことわかった．この観察結果は，遠点での定常的な運動によって断層が載荷されているとする，Reid の仮定の根拠となり，地震の載荷サイクル全体を説明するモデルである弾性反発理論を定式化することを可能にした．（図 5.1）．

Reid は，脚注に，太平洋の海底はひろがりつづけているにちがいなく，隣接する大陸に対して北西にうごきつづけている［下線部は原文の用語］という，今からおもうと先見の明のある Bailey Willis のアイデアを引用したけれども，そのときには，定常的にひずみが蓄積する原因はわかっていなかった．プレート・テクトニクスの理論はこのアイデアを正当とみとめ，今日では，すくなくとも第一義的には，San Andreas 断層のようなプレート境界の挙動は，この文脈で理解されている．

Reid の概念は，線形弾性システムの考えである．それにもとづいて彼は，ひずみの蓄積のパターンは，地震によって解放されたひずみのパターンとまったく逆になることを提唱した．したがって，ひとつの地震サイクルが地震によっておわると，ひずみはもとにもどり，断層ブロックのあいだにはオフセットが生じることになる（図 5.1）．しかし Reid のこの考えでは，ひずみの蓄積が断層近くのせまい範囲に集中する理由を説明することが困難であった．あとでみるように，今日では，実際の載荷挙動はたいへん複雑であり，ひずみを定常的に蓄積してゆく純粋な弾性システムとしては説明できないことがしられている．

彼の理論の帰結として，Reid は地震予知の方法を提案した．地震が発生したあと即座に，断層をよこぎる測量をはじめたら，つぎの地震がいつ発生するかわかるというものである：なぜなら地震は，まえの地震によるひずみの解放量とおなじだけのひずみが再蓄積したときに発生するからである．不幸なことに，Reid による組織的な測量プログラムの提案は，California 州では 60 年後までとりあげられなかった．したがってわれわれは，現在にいたっても，インターサイスミックな期間のひずみのビルド・アップや，長期間にわたるひずみの蓄積パターンに関して，断片的な知識しかもちあわせていない．Reid の研究とほぼ同時代に，日本では測地学的な監視プログラムがはじめられ，現在までつづけられている．これは，この問題に関するもっとも完全かつ信頼のおけるデータ・セットであるが，沈み込みゾーンの載荷のケースであって，そこでの挙動は，San Andreas 断層のようなトランスフォーム断層の境界で期待される挙動とはちがうし，もっと複雑であることがわかっている．

Reid の概念では，大地震の再来は周期的であり，近代的な言葉でいうなら，すくなくともタイム・プレディクタブル〔time predictable〕である．しかし，この概念は否定され

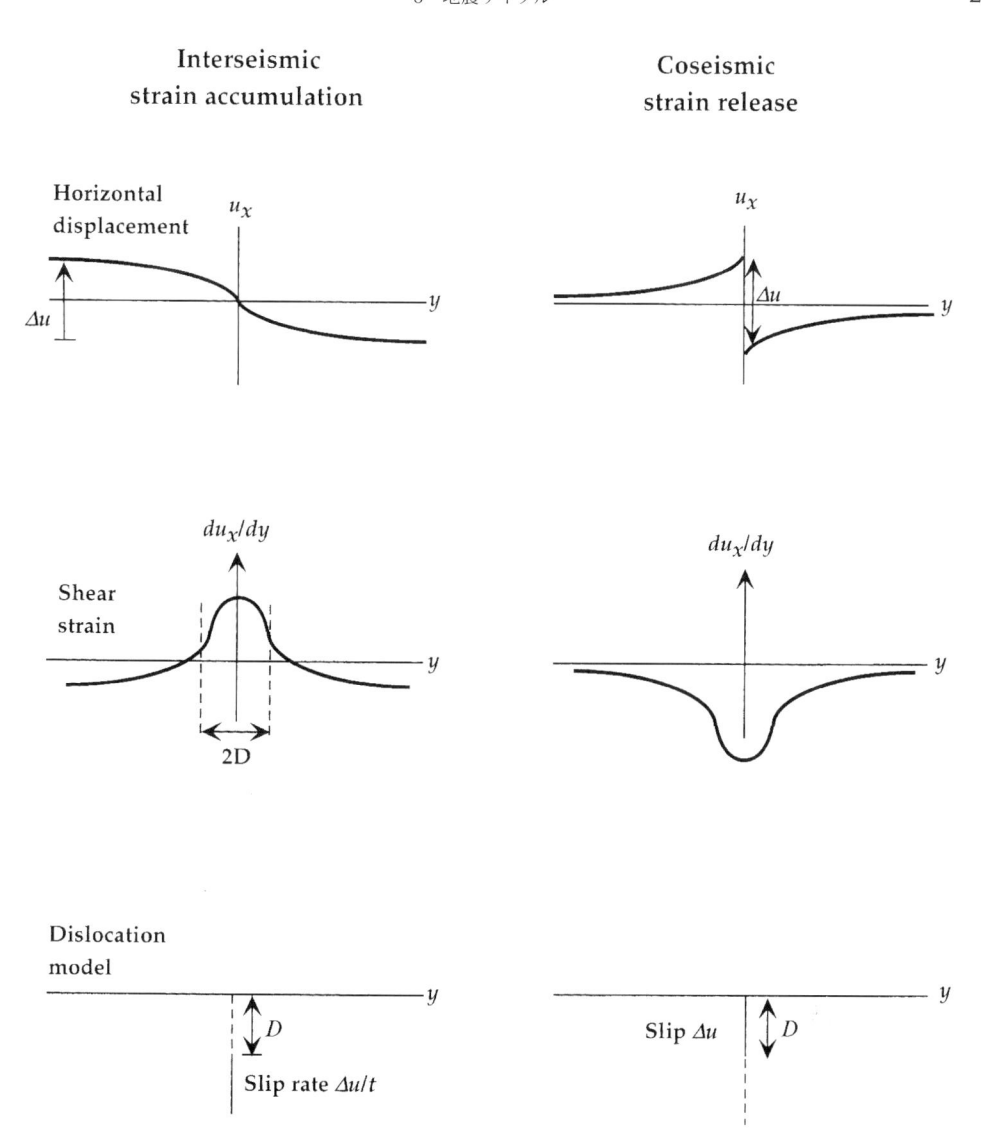

図 5.1 単純な弾性反撥理論モデルの模式図. 左側は, インターサイスミックな期間に蓄積される変位とひずみ場のモデル. 断層は深さ D まで固着し, 深部では一定の速度ですべっていると仮定している. 右側は, コサイスミックに開放されるすべりとひずみのモデル. このとき断層は, 深さ D までのところがすべると仮定されている.

たわけではないけれども, そうだといえるほど十分な証拠もない. そして, これがただしいかどうかは, 地震発生のメカニズムを理解したり, 地震発生の危険度を解析したりするうえで重要な意義をもつ. この章では, 地震サイクルとしてしられている, この載荷とリラクゼーションのサイクルに関する現在の理解を検討する. そのためには, スキツォスフェア, プラストスフェア, アセノスフェアが, 全体としてカップルされたシステムをしらべなければならない.

5.2 地殻変動のサイクル

　地殻変動をかんがえるとき，載荷サイクルはしばしば，**プレサイスミック**〔preseismic；地震以前〕，**コサイスミック**〔coseismic；地震にともなう〕，**ポストサイスミック**〔postseismic；地震以後〕，**インターサイスミック**〔地震と地震のあいだ〕の4つのフェーズにわけられる．この4つの部分からなる構造は，多数の場所でおこなわれた測地学的な観測結果をもとにくみたてられている：今のところ，一ケ所で完全な載荷サイクルが観察された例はない．
　横ずれ地震の典型的なコサイスミックな変形場を図5.2に，沈み込みゾーンの衝上断層地震によるコサイスミックな変形場を図5.3にわけてしめす．Reidが理解したように，コサイスミックな変形は，断層が動的にラプチャーしたときにひずみが解放されることにより生じる．この変形場は，Chinnery (1961)とSavage and Hastie (1966)を嚆矢とする弾性食い違いモデルによってよく説明され，Reidの結論はただしいことがたしかめられた．変形場のデータをモデル化することにより，断層運動の深さ，角度，広がり，すべり，ひいてはモーメントを決定することが可能になった．さらに，データの質と量が十分であれば，断層面上のすべりの分布も決定できる．観察結果によく一致するように計算された食い違いモデルによって予測された変位場の例を，図5.2と図5.3にしめす．このような手法にもとづいて，測地学的データを解析して，コサイスミックな断層パラメーターを決定することは，今では標準的な仕事になった．
　対照的に，プレサイスミック・フェーズの変形の特徴とメカニズムはたいへんとらえにくい．断片的な観察ではあるが，大地震の直前にインターサイスミックな変形にくらべて異常な地殻の変形が観察されることがあり，プレサイスミック・フェーズの存在を示唆している．このフェーズは地震の先行現象の議論に属するので，節7.2でとりあげる．
　この節では，主として，ポストサイスミック・フェーズとインターサイスミック・フェーズについて議論する．これらのフェーズは，ひずみの蓄積プロセスの支配的要素である．まず測地学的な観察結果を紹介し，それを説明するためにもちいられたさまざまなモデルを議論する．

5.2.1　ひずみの蓄積過程の測地学的観察

　測地学的な観測によって，進行中のテクトニック・プロセスによるひずみの蓄積が，おおくの地域であきらかにされている．しかしながら，載荷サイクル全体の再構成をこころみることができるほど，データが十分に蓄積された地域は，California州のSan Andreas断層をふくむトランスフォーム型のプレート境界と，南海トラフと相模トラフの下にプレートがしずみこむ日本の南岸ぞいのふたつだけである．このふたつの地域で観察された載荷

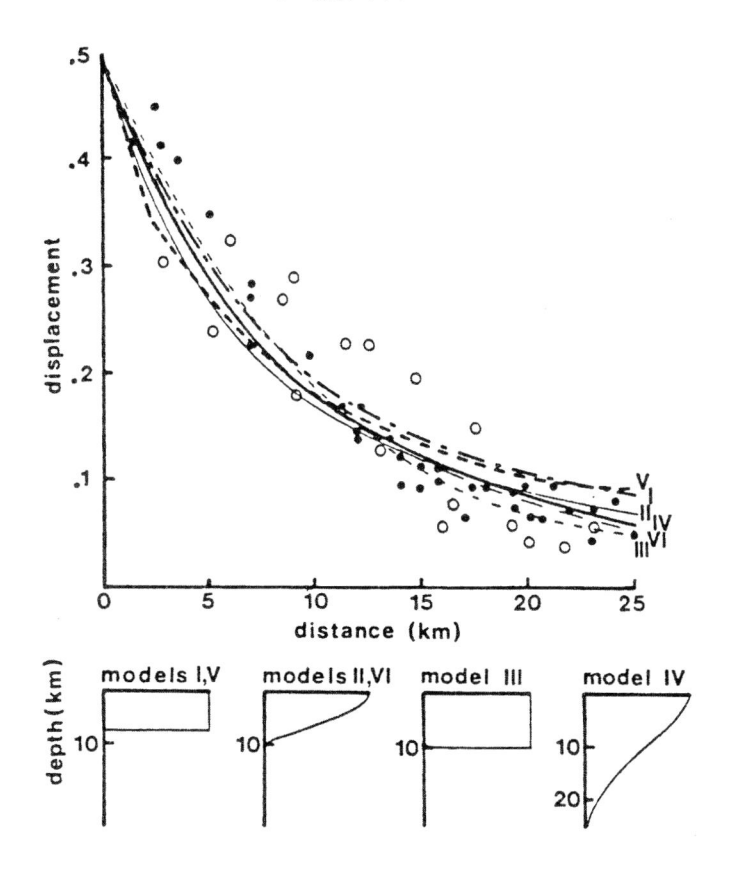

図 5.2 おおきな横ずれ地震によるコサイスミックな変形場．断層に平行方向の変位が，断層からの距離の関数としてプロットされている．1927 年の丹後地震のケースがしめされている．図中の曲線は，下にしめした 4 つの食い違いモデルと対応している．それぞれ，深さ方向のすべりの分布に対する仮定がことなる．どの曲線も，おなじようによくデータにあてはまるので，深部のすべり分布の細部はきめることができない．黒丸は断層の南西側，白丸は北東側をあらわす．（Mavko, 1981 から引用した）．

サイクルは，テクトニックな環境の違いに起因する顕著な差異もみられるが，総体的には，いくつかの類似した特徴がみとめられる．

California 州のトランスフォーム型のプレート境界 1880 年代に California 州で完成され，そのあとときおり再測量されている三角測量のネットワークや，1970 年頃に完成し，定期的に測量がくりかえされているジオディメータ〔geodimeter；光波測距儀〕ネットワークから，ひずみの蓄積に関する測地学的なデータをえることができる．これらの手法は最近 10 年に GPS 測定にとってかわられ，臨時観測的に設置したものでも恒常的なものでも，高頻度でかつリアルタイムにちかい測定が可能になった．

カラー図 6 に，GPS できめられた北米プレートを不動としたときの南 California 州の

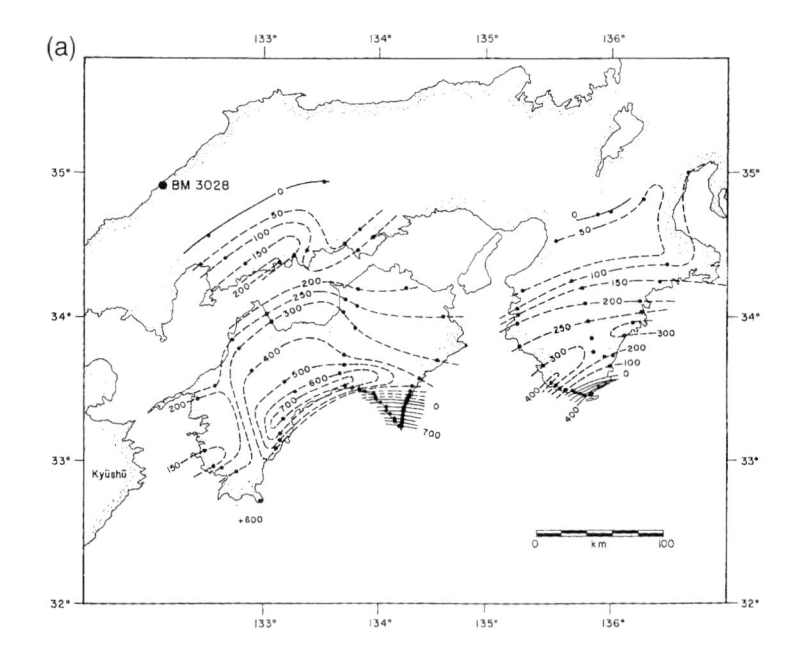

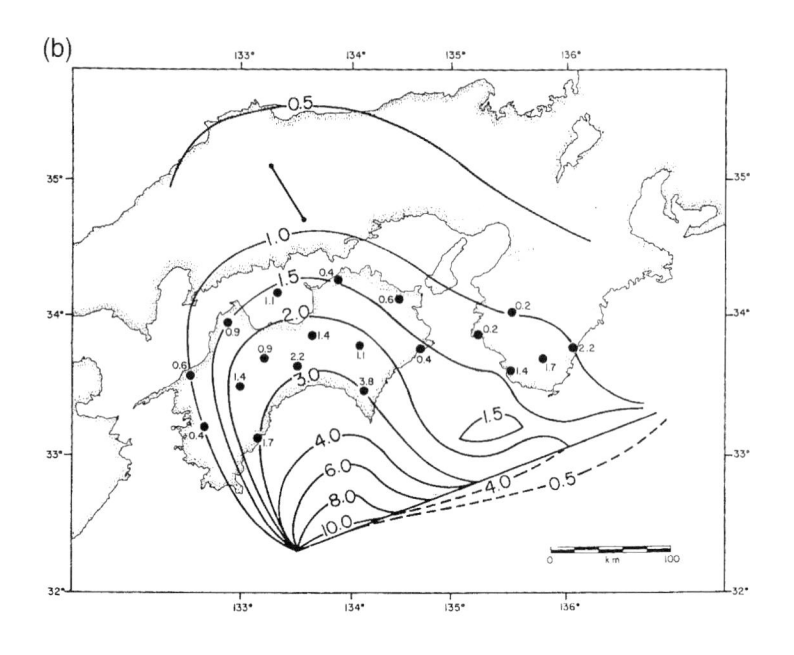

図 5.3 おおきな衝上断層地震によって生じた変形場.1946 年の南海道地震のケースをしめす.(a) は水準測量によって観測された垂直な動きをしめす.実線でえがかれた等高線は平均海水面からはかった隆起,破線の等高線は沈降を(ミリメーターで)あらわす.(b) は三角測量によって測定された南海トラフの方向へむかう水平な動き(ドットで表示,単位はメートル).等高線は,食い違いモデルから予測された水平な動きをしめす.ここでは,陸側に 35°傾斜し,南海トラフ(直線で表示)の内側の岩盤が上にうごくような衝上断層運動がおこると仮定した.(Fitch and Scholz, 1971 から引用した).

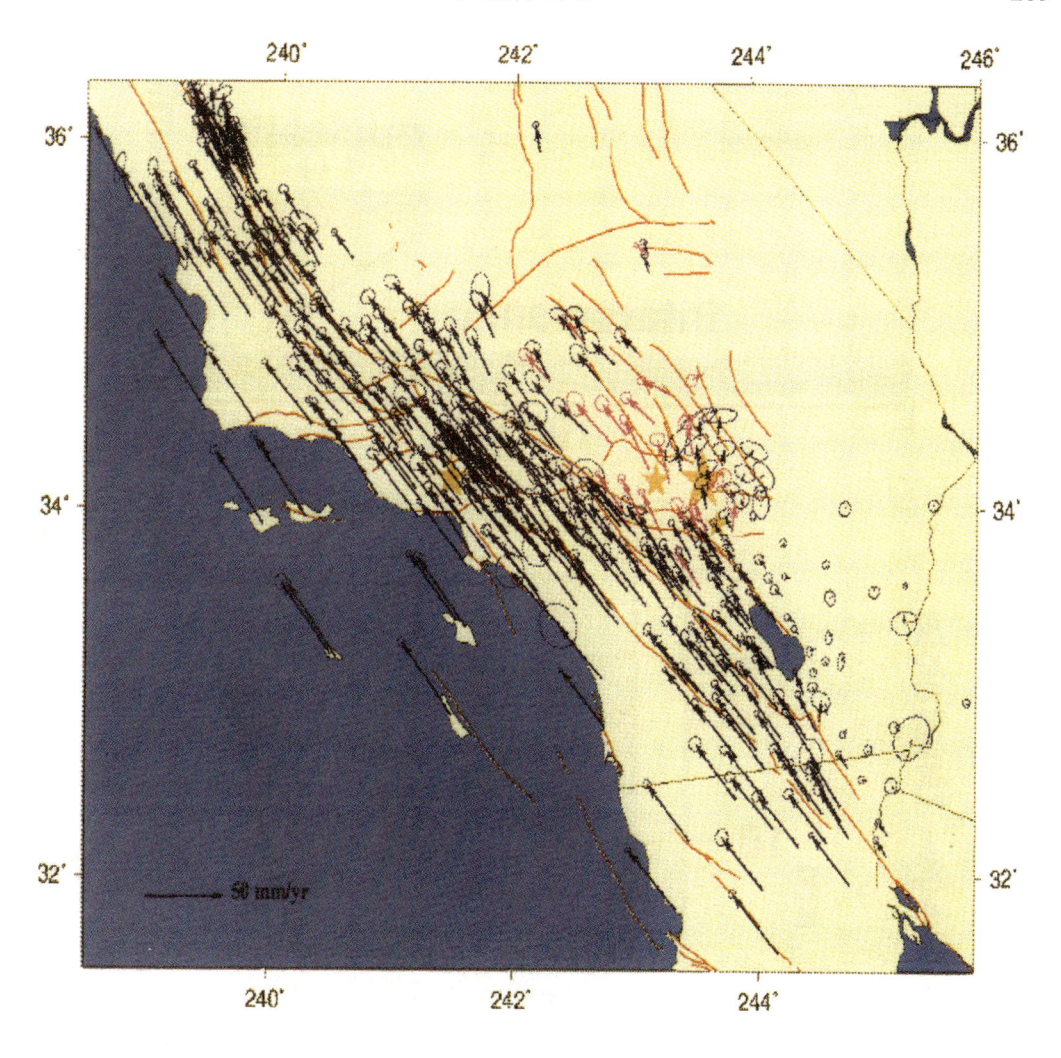

カラー図6 北米プレートに対する水平方向の変形速度．誤差楕円は95％信頼区間に対応する．マゼンタの矢印は Landers 地震と Northridge 地震（おおきな黄色の星印）によって速度がかわった可能性のある観測点をあらわす．（Stein *et al.*, 1997）

速度場をしめした．マゼンタ色の矢印でしめしたところには Landers，Northridge，Hector Mine の地震による擾乱をうけているが，それ以外の速度は，インターサイスミックな期間にひずみが定常的に蓄積する様子をえがきだしている．活動的に変形しているプレートの縁辺の幅は数百キロメートルであり，単一の横ずれ断層で，ひずみが解放される場（図5.2）よりずっとひろい．これはプレート境界の変形が，幅ひろく分布する断層系でまかなわれているためである．図5.4は San Anderas 断層の「ビッグ・ベンド」の南側の変形のプロファイルをしめす．ここでの変形はほぼ平行な一連の横ずれ断層でまかなわれている．図にしめした各断層の変位速度はモデル（Bourne, England, and Parsons, 1998）からきめられたものであるが，地質学的にきめられた速度とよく一致している．ビッグ・ベンドの地域のひずみは，San Fernando 地震と Northridge 地震に代表される Transverse Range の

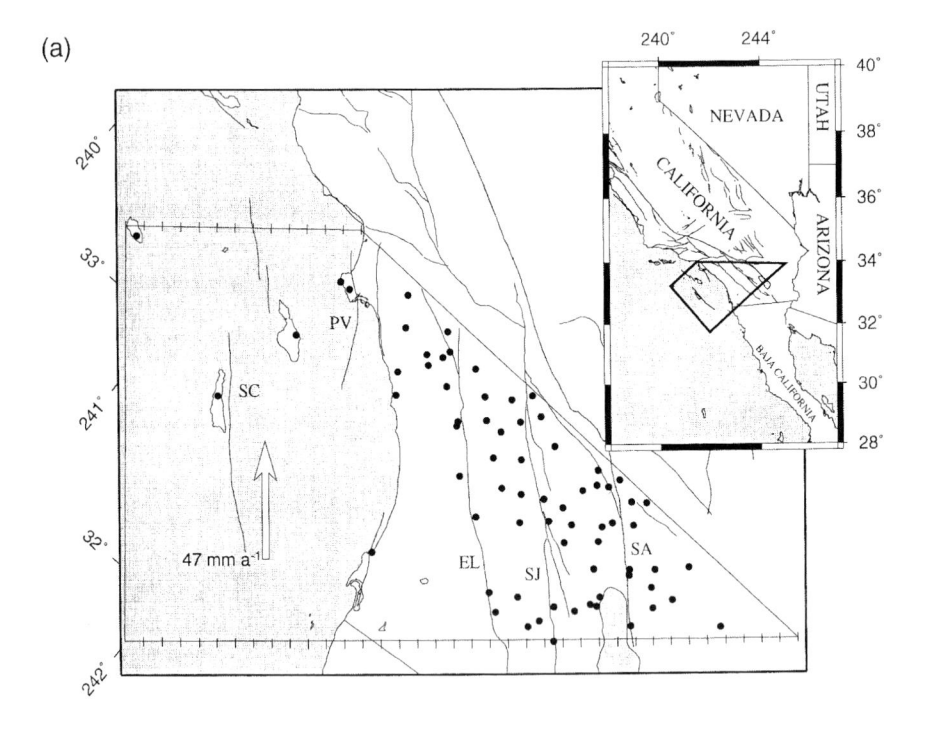

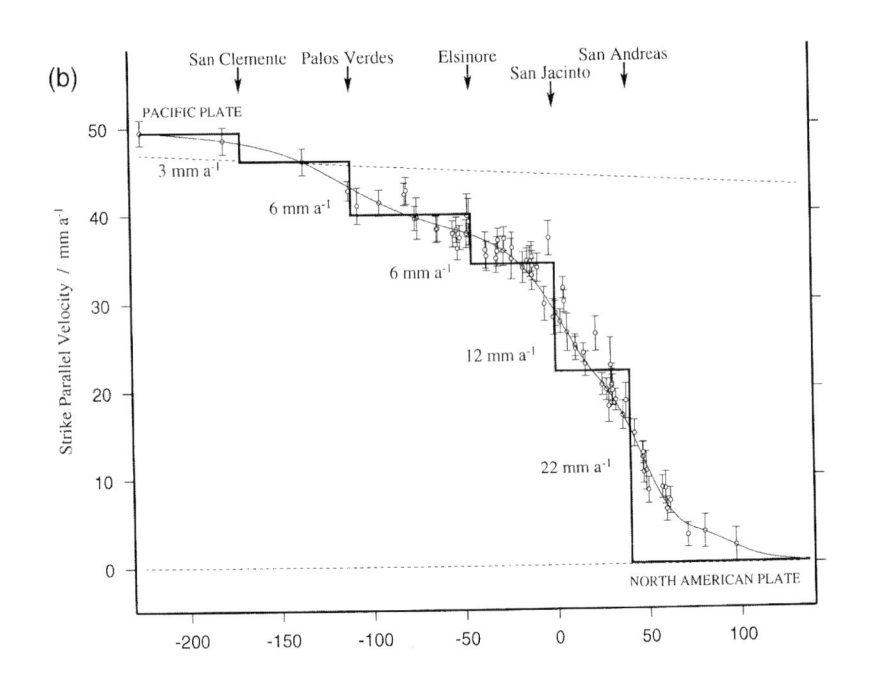

図 5.4 GPS データからきめた走向方向のすべり速度のプロファイル．プロファイルは，California 州南部をよこぎるようにえがかれている．(a) GPS 観測点の位置（黒丸）．(b) 速度のプロファイル．階段状のプロファイルは，プラストスフェアがつよいというモデル（図 5.8 をみよ）にデータをあてはめてきめた．この結果は，地質学的にきめられた各断層のすべり速度と一致している．(Bourne *et al.*, 1998 から引用した)．

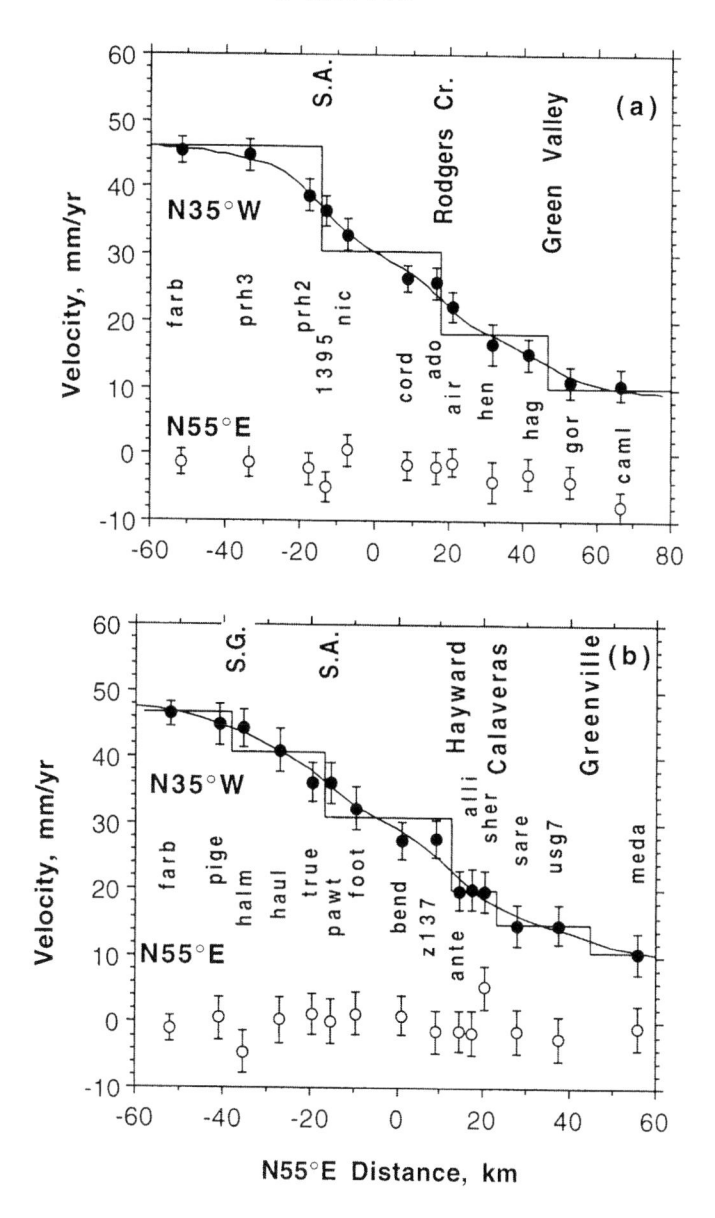

図 5.5 California 州の北部におけるすべり速度のプロファイル．(a) San Francisco 湾の北側のプロファイル．(b) 南側で San Francisco 湾をよこぎるプロファイル．データのあてはめをおこなった曲線は，地質学的にはかった各断層のすべり速度をつかって深部すべりモデルからえられたもの．これと図 5.4 をくらべると，これらのデータから，どちらのモデルがよいかきめられないことがわかる（Savage, Svarc, and Prescott, 1999 から引用した）．

短縮と隆起，San Andreas 断層の横ずれ運動，ひとまとめにして Eastern California せん断ゾーンとよばれ Landers 地震と Heaton Mine 地震に代表される Mojave ブロックをよこぎる一連のほぼ平行な横ずれ断層のすべりの 3 つに分割されている．Eastern California せん断ゾーンは Sierra Nevada 山脈の東側にそって北へつづいて Nevada 州にはいり中央 Nevada

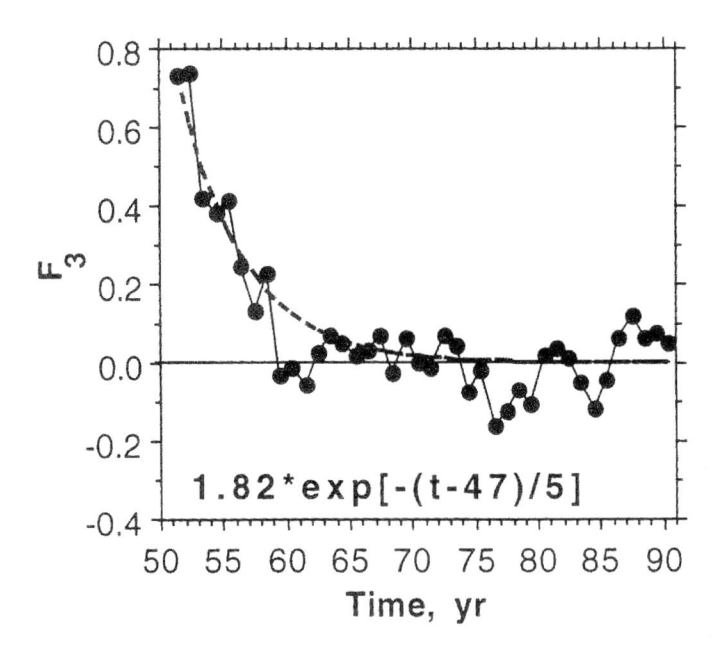

図 5.6 観潮儀のデータによる南海道地震の地域での鉛直方向の運動の時間的パターン．約 5 年間ポストサイスミックな過渡的変動のあと，線形なインターサイスミックな期間がひきつづく．（Savage, 1995 から引用した）．

地震ゾーンとなる（Savage et al., 1995 ; Gan et al., 2000）．カラー図 6 の最北部の地域では，変形はほぼ完全に San Andreas 断層でまかなわれ，そのためひずみの蓄積する場はずっとせまくなっている．15 年間の質のよいデータでみると，この地域のひずみは時間に対して線形に蓄積しているようにみえる（Savege and Lisowski, 1995）．

北側の San Francisco 湾地域でも状況はかなりにかよっていて（図 5.5），多数のほぼ平行な横ずれ断層をふくむひろい領域で変形が生じている．この緯度では，さらに Nevada 州の中央および西部での右ずれせん断と伸張のくみあわせによって生じる 11 - 13 mm / y のプレート境界の変形がつけくわわる（Bennett, Davis, and Wernicke, 1999）．

南海トラフの沈み込みゾーン　1946 年に南海道地震（図 5.3）がおこったこの地域は，測地学的データが 1896 年からあり，沈み込みゾーンのなかももっとも長期にわたってモニターされている．潮位記録からきめられた南海道地震の後の隆起速度は図 5.6 のようであり，地震後の過渡的な変動が約 5 年間つづいたあとは，時間に対して線形にひずみが蓄積するインターサイスミックなパターンをしめす（Savage and Thatcher, 1992; Savage, 1995）．インターサイスミックな期間の鉛直方向の運動の速度分布が図 5.7 にしめされている．海岸の岬部のすぐうしろに帯状になった隆起速度のピークがあり，そこから内陸側へむかって徐々に減少する．このパターンは，図 5.3 にしめした鉛直方向の運動パターン

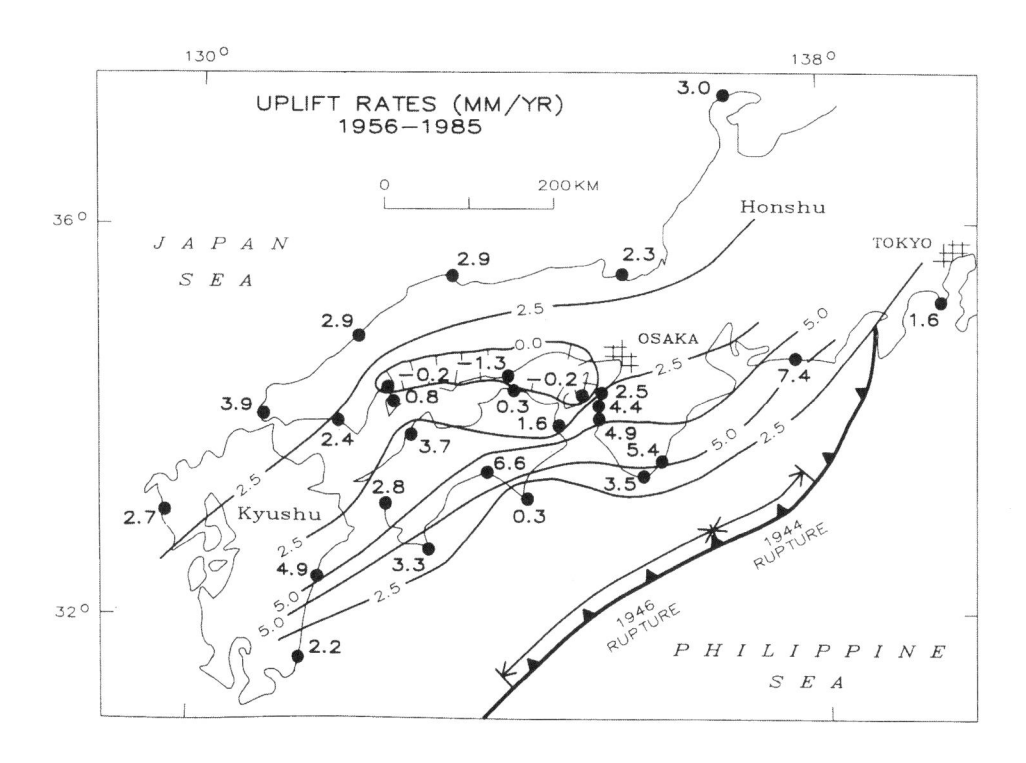

図 5.7 南海道地震の地域でのインターサイスミックな期間における鉛直方向の運動の速度．図 5.3 とくらべると，インターサイスミックなパターンはコサイスミックなパターンのほぼ逆であることがわかる．（Savage, 1995 から引用）

の鏡像になっている．違いをみつけようとすれば，岬部はコサイスミックに隆起したのに，インターサイスミックな期間にも隆起しており，今いったことと矛盾しているようにみえる．しかし，図 5.7 には 2.4 mm / y の全地球的な海水面の上昇を仮定した補正がはいっており，これには議論の余地があるかもしれないので，インターサイスミックな期間における鉛直運動の速度の絶対値は，この範囲内で不確かである．

　これらの観察結果を単純に解釈するなら，プレート境界面が固着していることでインターサイスミックな期間のひずみが蓄積し，これがコサイスミックなすべりで解放されるという，弾性反撥モデルでいいだろう．大筋はこれで説明できるのだが，謎めいた問題がのこっている．1946 年の地震の前と後では，インターサイスミックな期間の鉛直方向の運動速度のパターンが細部でちがっている．このことは，ひずみが蓄積するパターンに，図 5.6 の時系列にはあらわれていないゆっくりとした時間的変化があるか，地震サイクルごとにプレート境界面の固着の具合がかわるかのどちらかを意味している（Savage and Thatcher, 1992; Savage, 1995）．後者が原因で複雑になる可能性は簡単にはしりぞけられないかもしれない．南海道の境界面は複雑で，紀伊半島と四国東部の室戸岬のあいだには海山がしずみこんでおり，これは，1946 年の地震に重大な影響をあたえたかもしれないし

（Kodaira et al., 2000），インターサイスミックな期間のひずみの蓄積にも影響するかもしれない．もうひとつの難問は，海岸の岬部にある隆起段丘にみられるちいさな階段状の地形に記録された永久隆起である（Fitch and Scholz, 1971）．この隆起は，一回一回の地震サイクルごとにつみかさなるようにみえ，コサイスミックな隆起の10%程度の量であるが，単純な弾性反撥モデルでは説明できない．

5.2.2 ひずみの蓄積のモデル

ひずみの蓄積に関して，スキツォスフェアとプラストスフェアのカップリングの状態，および両者の相対強度という点で根本的にことなる3つの基本的なモデルが提案されている（図5.8）．粘弾性カップリングモデル（図5.8a）では，断層はスキツォスフェアをきるが，プラストスフェアに貫入することはなく，プラストスフェアは1枚の粘性層としてとりあつかわれる（Nur and Mavko, 1974; Savage and Prescott, 1978; Thatcher, 1983）．このモデルでは，インターサイスミックな期間の速度プロファイルは，プラストスフェアがプレート運動を駆動するのか，プレート運動に抗するのかには依存しない．スキツォスフェアでのコサイスミックなすべりは，プラストスフェア内に応力を誘起し，その後，この応力は粘弾性的に緩和する．対照的に，プラストスフェアの強度がつよいとするモデル（Lachenbruch and Sass, 1992のモデルⅡ; Bourne et al., 1998）では，断層はよわくてプラストスフェアがつよいと仮定するので，インターサイスミックな期間における地表の変形のプロファイルは，その下部にあってシステムを駆動しているプラストスフェアの変形のプロファイルに適合したものになる．3番目の深部せん断ゾーン・モデル（図5.8c）では，断層はスキツォスフェアとプラストスフェアをつらぬいてひろがっており，スキツォスフェア部分ではサイスモジェニック〔seismogenic; 地震をひきおこすことができる〕であり，下部地殻ではプラストスフェアのバルクな部分よりも強度がひくい延性せん断ゾーンだと仮定される．この「深部すべり」モデルは節3.4.2のくわしくのべたように，マイロナイト帯は断層が深部へつづいて延性的にふるまうものであるという地質学的解釈にもとづいている．このモデルでは，インターサイスミックな期間には，深部せん断ゾーンがスキツォスフェアを載荷し，つぎにはコサイスミックなすべりによって深部がふたたび載荷される．

粘弾性カップリング・モデルでは，プラストスフェアのリラクゼーション時間 t（$=\eta/\mu$，ここでηとμはプラストスフェアの粘性率と剛性率）が再来時間Tよりもずっとみじかければ，プラストスフェアでの応力が外側にむかって拡散するに応じて，地表の速度場は地震サイクルの間に次第にひろがったものになる（Thatcher, 1983; Li and Rice, 1987）．$t > T/2$のときには，この時間依存性の広がりは無視できるようになり，地表の速度プロファイルは深部すべりモデルとおなじになる．Bourne, England, and Parsons（1998）は，プラストス

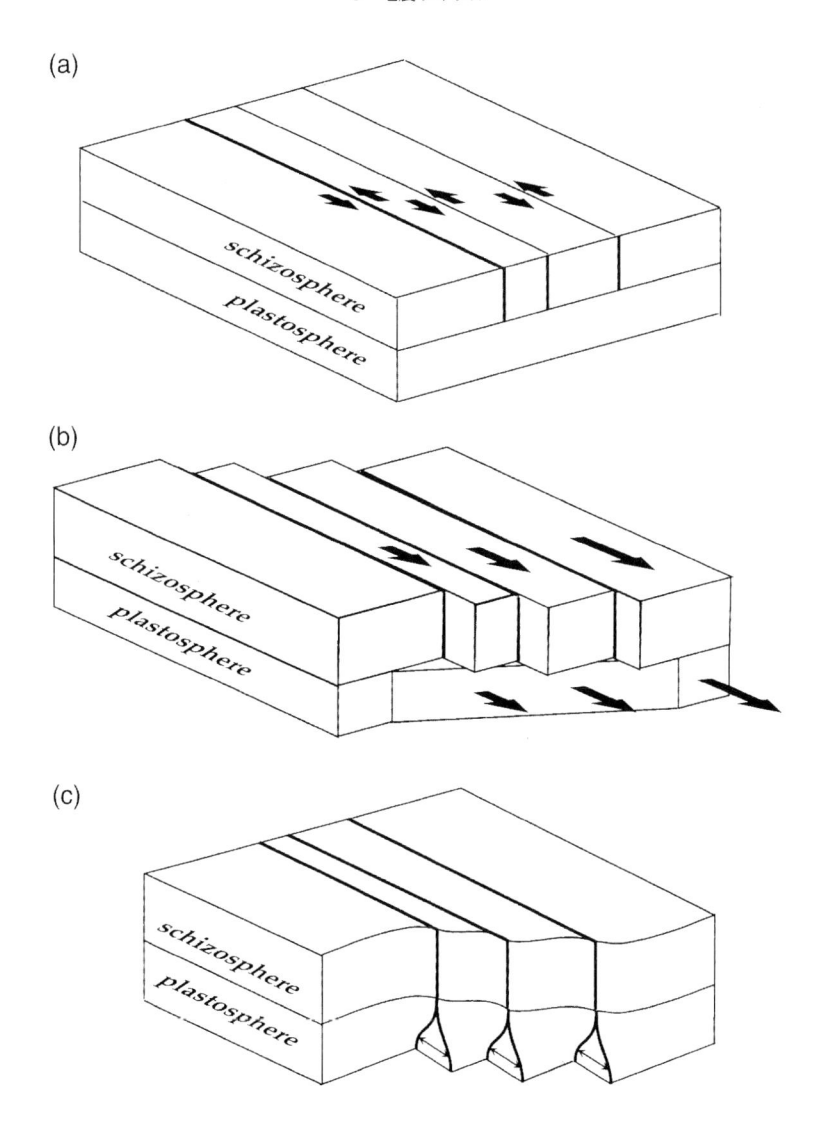

図5.8 地震サイクルの3つのモデル．(a) 粘弾性カップリング・モデル．強度のたかいスキツォスフェアの下に，強度のひくい粘性プラストスフェアがある．コサイスミックな断層のすべりでプラストスフェアのなかに応力が誘起されるが，これは粘性的に拡散する．(b) プラストスフェアの強度がたかいとするモデル．強度のたかいプラストスフェアのなかのせん断が，強度のひくいスキツォスフェアのなかにある断層上のすべりを駆動する．断層の速度は，プラストスフェアのせん断に対して断層がどこに位置するかによってきまる．(c) 深部すべりモデル．プラストスフェアのなかの延性せん断ゾーンで生じるインターサイスミックなすべりが断層を載荷するから，断層のすべり速度は，延性せん断ゾーンのせん断速度できまる．図5.4と図5.5にしめした，たがいに平行な断層系に対するデータからは，これら3つのモデルのうちどれがよいかをきめることはできない．

フェアがつよいとするモデルによって図5.4のデータが説明でき，そこから予測される断層のすべり速度が地質学的にきめられたものとよく一致することから，このモデルがよいと結論をくだした．しかしながら，ニュー・ジーランドのMarlborough断層に対する関連研究で，Bourne et al.（1998）は深部すべりモデルでも同等にうまく説明できることをみいだした．この結論はSavage et al.（1999）をみれば，より明確に納得できる．彼らはこれを図5.5で説明した．図中のくねった曲線は，深部すべりモデルによるものであり，断層のすべり速度はプラストスフェアがつよいとするモデルによる．どちらのモデルから断層のすべり速度を予測してもとてもにかよった結果がえられるため，地質学的データからどのモデルがよいかをきめることはできない．以上のように，単一の横ずれ断層でも，たがいに平行ないくつかの横ずれ断層があつまっている場合でも，速度プロファイルによって，3つのモデルの差異をみいだすことはできない．

　同様に，鉛直傾斜の横ずれ断層について，ポストサイスミックな期間における変形の測地データから，深部すべりモデルと粘弾性カップリング・モデルとの違いを一意的にみわけることはできない．もっとも，このようなデータにみられるリラクゼーション時間はみじかい（図5.6にみられるように，普通は2, 3年から数10年である）ので，プラストスフェアがつよいとするモデルは排除される．

　Gilbert, Scholz, and Beavan（1994）は，San Andreas断層系での局所的な走向がさまざまであることを利用して，これらのモデルの違いをみわけることができた．プラストフェアがつよいとするモデルでも粘弾性結合モデルでも，インターサイスミックな期間の最大せん断の方向は北米プレートと太平洋プレートの相対すべりベクトルに平行になると期待される．いっぽう，深部すべりモデルでは，断層ちかくでの最大せん断の方向は，その場所での断層の走向に平行であると予測される．データ（図5.9）は，深部すべりモデルに調和的で，最大せん断の方向はその場所での断層の走向とよく一致している．この観察と節3.4.2で紹介した多数の独立な観察や議論にかんがみて，私は今ある3つの基本モデルのなかで，深部すべりモデルだけが現実的な選択肢だと信じている．

　Tse and Rice（1986）がしらべた深部すべりモデルの場合には，上でしらべたモデルよりもずっとゆたかな細部をもつ描像がえられ，まえに議論したおおくの特徴がみられた．彼らは，式2.26のRS摩擦構成則にしたがう断層で載荷サイクルがくりかえすときのすべりの分布をしらべた．構成則パラメーターの値は実験室でのデータを採用した．彼らが仮定した摩擦の速度依存パラメーター $a - b$ の値は，図2.21にしめしたものににていて，彼らの仮定した温度勾配では，深さ11 kmで安定すべりへ遷移する（節2.3.3と節3.4.1をみよ）．

　カラー図7に，彼らのモデリングによる結果の例をしめす．断層は遠方でのプレート速度 v_{pl} = 35 mm/y で駆動されており，1サイクルの時間は92.9 yである．図のケースでは，限界すべり距離は40 mmで30％の動的オーバーシュートを仮定している．インターサイ

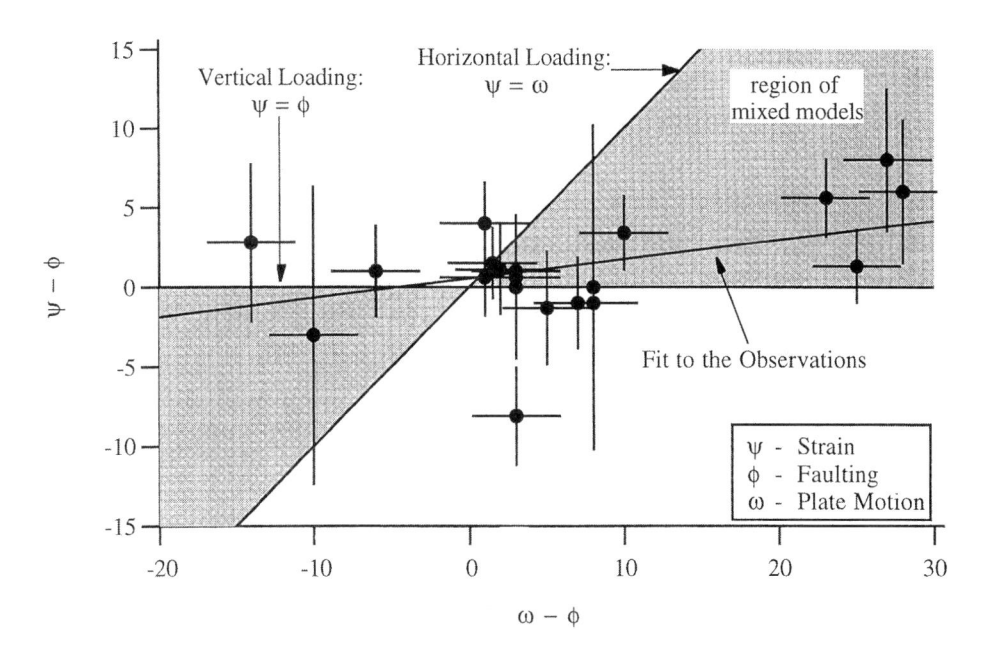

図 5.9 図 5.8 にしめした 3 つのモデルの検証. San Andreas 断層の局所的な走向 ϕ は, プレート運動の向き ω からおおきくかわっているので, 3 つのモデルのどれがよくあうかのテストをすることができる. 粘弾性カップリング・モデルとリソスフェアの強度がたかいとするモデルでは, どちらも断層ちかくでのせん断ひずみ速度の向き ψ は ω にひとしくなるはずであり, 深部すべりモデルでは ϕ にひとしくなるはずである. データは, ひずみの蓄積が深部すべりに支配されていることをしめしている. (Gilbert *et al.*, 1994 から引用した).

スミックな期間(青)には, 安定すべりに遷移する深さよりふかいところですべりがおこり, 11 km 以浅の速度弱化の領域ではすべりがとめられているが, 時がたつにつれすべりは次第にこの領域にはいりこんでくる. 不安定のおこる 300 日前に, 中央部でニュークリエーションがはじまり, ちいさなすべりのパッチ(オレンジ)ができる. コサイスミックなすべり(赤)の間に, この領域を載荷していた応力は低下し, かわりにその下の安定すべり領域の応力がたかくなる. このためコサイスミックなすべりは, 速度強化の領域を深さ 13 - 15 km のあたりまで貫入する. このあと 9 年間におよぶ急速なポストサイスミックなすべり(緑)が深さ 10 - 20 km の部分でおこり, それから深部の定常すべりに復帰してサイクルはくりかえされる. Stuart (1988) は沈み込みゾーンにこのモデルを適用し, 南海道の隆起のデータを地震サイクル全体にわたって説明することに成功した. モデルの細部は摩擦則で仮定されるパラメーターの値に依存する. 特に限界すべり距離 D_c は, ニュークリエーション・ゾーンのサイズとそこでのすべり量をきめるので(式 2.34 をみよ), その効果は重要である. Stuart は, $D_c > 190$ mm では, 断層はすべての深さで定常的に v_{pl} ですべり, 80 mm $< D_c <$ 160 mm では, 図中で固着領域と指示されているゾーンで間欠的なすべりがおこり, $D_c <$ 80 mm では, 断層のすべりの挙動はスティック−スリップとなる

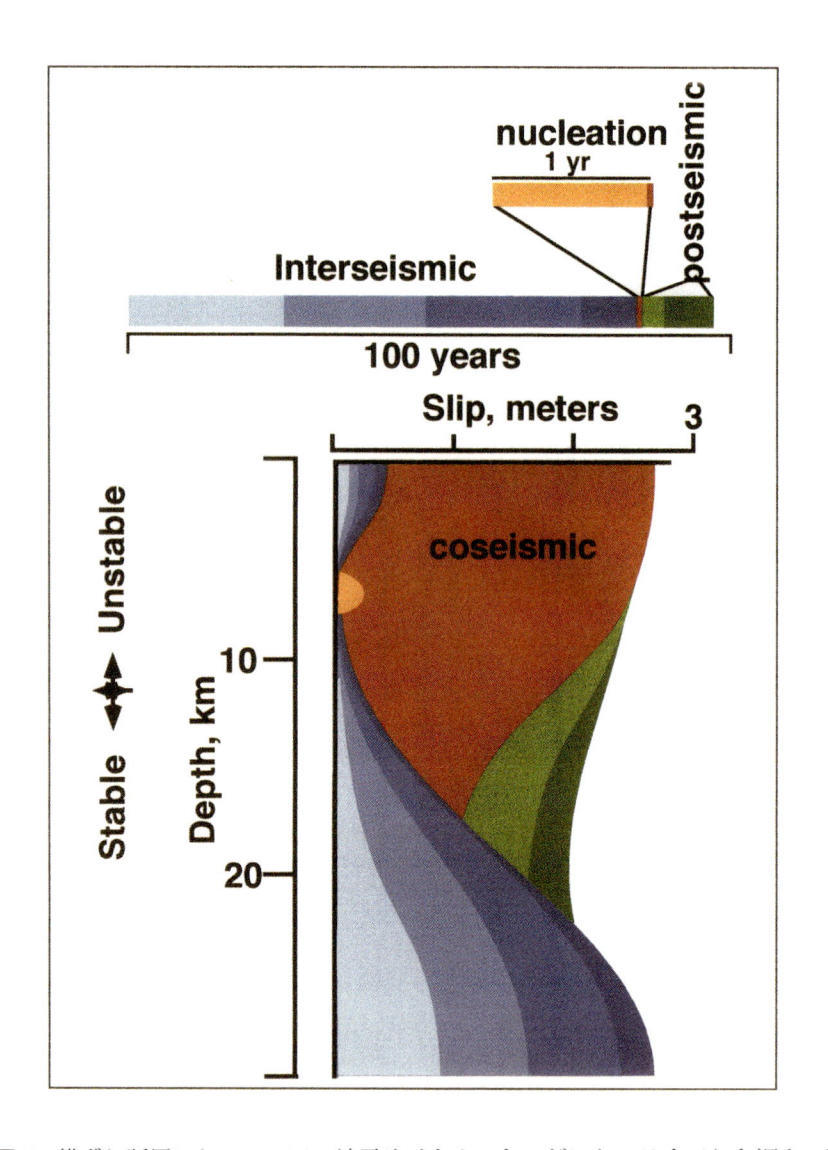

カラー図7 横ずれ断層において1回の地震サイクルのあいだにおこるすべりを深さの関数としてしめした．深さ11 kmで不安定すべりから安定すべりに遷移する摩擦モデルをつかって計算した．(Tse and Rice, 1997 にもとづく)．

ことをみつけた．地表にちかいところの $a-b$ の負値をちいさく（速度弱化を弱く）すれば，ニュークリエーションは地表にまでおよび，浅部のアフタースリップ量は増加する．一般に上部の領域での D_c がちいさく，$a-b$ がよりおおきな負であるほど，より不安定にふるまい，プレサイスミックなすべりも浅部のポストサイスミックなすべりも，コサイスミックなすべりにくらべてよりちいさくなる．

これらの結果は，地震サイクルで観察され，われわれが注目してきた特徴のおおくが，実験室の摩擦の測定で観察されるのとまったくおなじ摩擦挙動を仮定した断層モデルで予測できることをしめす．地球物理的に真実味のあるふるまいを予測するように選択された

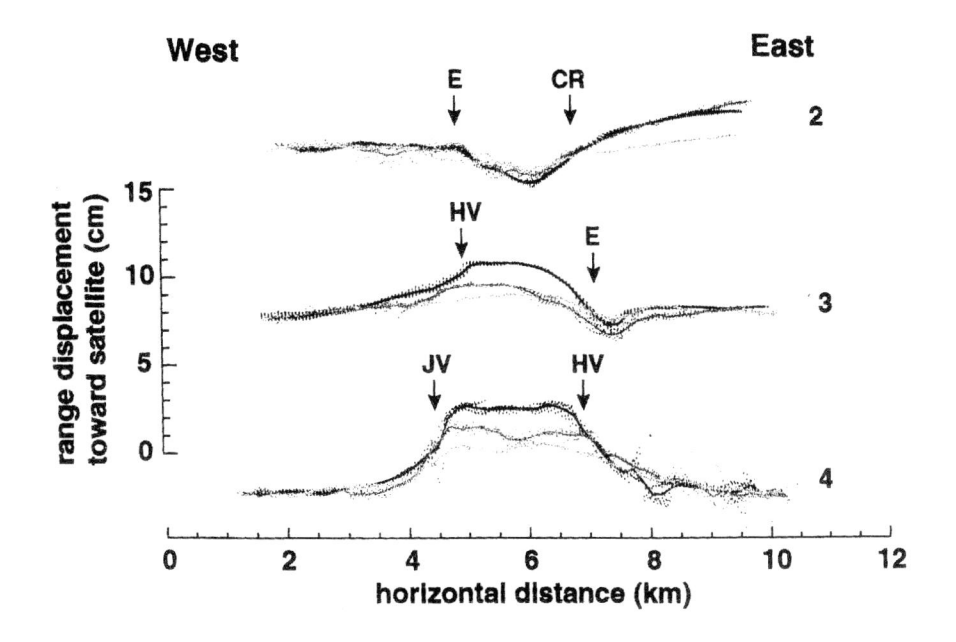

図5.10 Landers地震のラプチャー（図4.15を参照）をよこぎる測線上のポストサイスミックなプロファイル．データはInSAR距離変位．この変化は，間隙弾性的なリラクゼーションによって生じたと解釈される．1992年9月7日から1995年9月24日までの変位がもっともくろい線で，1992年9月27日から1996年1月23日までの変位が中間の濃さの線で，1993年1月10日から1995年5月25日までの変位がもっともあわい線でしめされている．これらのデータは，鉛直方向の運動をあらわしていると解釈される．Emerson断層（E）とCamp Rock断層（R）にはさまれる圧縮性ジョグでは沈降をしめし（プロファイル2），Homestead Valley断層（HV）とEmerson断層にはさまれる領域およびJohnson Valley断層（JV）とHomestead Valleyにはさまれる伸張性ジョグでは隆起をしめす（プロファイル3とプロファイル4）．(Peltzer et al., 1998から引用した)．

D_cの値は，接触理論から独立に計算されるD_cの値と調和的であり（Scholz, 1988a），モデルでつかわれた$a-b$の値は実験できめられたものである．とはいってもこのモデルは，すくなくともひとつの重要な点で単純化されすぎている．すなわち，節3.4.3でのべたように，サイスモジェニック・ゾーンの底からさらに数キロメートルの深さより以深では，せん断ゾーンは摩擦ではなく塑性的に流動しそうだ．そうだとしても，このような細部の違いが，カラー図7にしめされたふるまいの全体的な様子をおおきくかえてしまうことはないだろう．高温でのクリープのひずみ速度は応力に対してべき乗の依存性をもち，RS摩擦則の対数的依存性とはちがってくるので，深部でのポストサイスミックなすべりの形に違いがでそうだが，ありそうなのはこれくらいである．残念ながら，地表で変形の時間的な減衰曲線がどうみえるかは，べき乗であろうが対数であろうが，現実的なみじかい観

測期間ではかなりにかよってみえるだろうから，両者は簡単にみわけられないかもしれない．

5.2.3 ポストサイスミックな現象

　最近では，ポストサイスミックなリラクゼーションにはさまざまなメカニズムが存在するという証拠が，特にGPSとInSARのデータからつみあがってきている．アフタースリップは，浅部でも，地震のラプチャーより深部でも重要なリラクゼーションのメカニズムのようである．また間隙弾性がもたらす効果についても，さまざまなリラクゼーションのパターンが観察されている．場合によっては，下部地殻と上部マントルのバルクな粘性リラクゼーションが重要かもしれない．これらの多様なメカニズムは，減衰時間の違いによって特徴づけられると期待される．

　Landers地震のポストサイスミックな変形に対するさまざまな解釈をみれば，それに関与するリラクゼーションのメカニズムを抽出しようとするときにどんな落とし穴があるかがよくわかる．Savage and Svarc（1997）は，GPSの結果をサイスモジェニック・ゾーンの基底より約30 kmの深さにまでおよぶ深部のアフタースリップでもって解釈した．このモデルは，GPSによる断層に平行な成分の変位とはよく一致したが，ニアー・フィールドでの断層に直角な方向の収縮を予測できなかったし，InSARのデータにみられた重要な特徴も予測できなかった．断層ゾーンにおけるポストサイスミックな収縮はInSARのデータからもあきらかになり（Massonnet, Thatcher, and Vadon, 1996），彼らはこれを間隙弾性的なリラクゼーションだと解釈した．しかもこれは，断層のステップオーバーの部分に集中することが観察されている（Peltzer et al., 1996）．深部のアフタースリップと間隙弾性的なリラクゼーションをくみあわせたモデルが，データ・セット全体にずっとよくあうという結果がしめされた（Peltzer et al., 1998）．いっぽう，Deng et al.（1998）は，下部地殻によわい層〔weak channel〕を仮定して，そこがバルクとして粘性リラクゼーションするというモデルをつかってデータとのよい一致をえた．さらにPollitz, Peltzer, and Burgmann（2000）は，粘弾性的な下部地殻の下のよわい上部マントルがリラクゼーションするというモデルのほうが，長波長の変形によりよく一致すると主張した．Landers地震のポストサイスミックなリラクゼーションの時定数はたった約1/2年だったから，これらふたつのモデルのよわい層の粘性は〜10^{18} Pa s でなくてはならない．これは異常によわい強度である．先に論じたアセノスフェアの粘弾性カップリングから推測されたポストサイスミックな変形の時定数は数10年であるから（Thatcher, 1983; Thatcher et al., 1980），これをかんがえるとアセノスフェアの強度はすくなくともこれより1桁ひくいことになってしまう．いままで観察されたポストサイスミックな変形のリラクゼーションの時定数でもっともながい例は，1906年San Francisco地震のときで〜35年である（Kenner and Segall, 2000）．ポスト

サイスミックなリラクゼーションを特徴づける時定数はたくさんあるようにみうけられるが，それぞれがちがうメカニズムによって生じるのかもしれない．

このように，Landers 地震でえられたかつてないほどの良質の測地データをもってしても，測地データだけからポストサイスミックな応答をもたらすリラクゼーションのメカニズムをまぎれなく抽出することはできなかった．まえのパラグラフでのべたすべてのメカニズムがなんらかの役割をはたしたようであるが，どれが支配的であったかは未解決の問題である．もし，Pollitz et al. (2000) が論じたように，マントルのリラクゼーションが支配的だったのなら，これはかなりめずらしいことだといわざるをえない．ほかのよくしらべられた地震，たとえば Loma Prieta 地震 (Pollitz et al., 1998) や Nankaido 地震 (Savage, 1995) では，このメカニズムがはたらいたというあきらかな証拠はみつからなかった．いっぽう，節 3.2.4 で概説したように延性領域中に深部断層ゾーンがあるという証拠があるので，深部のアフタースリップは重要なポストサイスミックな現象だとかんがえられる．

このような問題があるにもかかわらず，明確に同定できるメカニズムもある．Massonnet et al. (1996) と Peltzer et al. (1996) によって観測された間隙弾性的な回復を図 5.10 にしめす．それぞれのプロファイルは，断層のステップオーバーを横ぎる線上でのポストサイスミックな（おもに鉛直）運動をあらわす．プロファイル 2 は Camp Rock 断層と Emerson 断層のあいだの圧縮性ジョグ（図 4.15 をみよ）のもの，プロファイル 3 は Emerson 断層と Homestead Valley 断層のあいだの伸張性ジョグのもの，プロファイル 4 は Homestead Valley 断層と Johnson Valley 断層のあいだの伸張性ジョグのものである．どちらのケースでも，ポストサイスミックな鉛直の運動はコサイスミックな運動とは逆のセンスであり，圧縮性ジョグでは沈降，伸縮性ジョグでは隆起であった．この回復はどのケースでもほぼ，ジョグの幅の全域でおこった．この効果は，断層ゾーン物質の Poisson 比が非排水と排水の条件で違うことに起因する (Peltzer et al., 1996)．断層ゾーンの物質がジョグの内部で圧縮もしくは伸張をうけると，コサイスミックな鉛直方向の動きは非排水 Poisson 比に比例するが，そのあとで排水 Poisson 比に比例した値まで逆もどりする．非排水 Poisson 比はいつも排水 Poisson 比よりおおきいから，ポストサイスミックな運動はコサイスミックな運動に対して逆向きのセンスをもつ．

Landers の断層ゾーンは，周囲の岩盤より S 波速度が 35 - 45 % ひくい，鉛直な板状の物体であることがわかっており，地表では幅が 250 m 程度で，深さ 8 km では幅が約 100 - 150 m 程度までせまくなっている (Li et al., 2000)．この低速度の部分は地下のカタクレサイト・ゾーンだとかんがえられる．このゾーンの内部で Landers 地震のあと 2 - 4 年間に速度が 1 - 1.5 % 増加したことが観測された (Li et al., 1998)．これも間隙弾性的な回復のあらわれである可能性がたかく，だとすればそれは，主要なジョグだけでなく断層ゾーン全体にそっておこったにちがいない．これらの結果は，数百メートルにおよぶ幅のカタクレサイト・ゾーンの全体がコサイスミックに膨張したことを示唆する．中部地殻の深度で

は，断層のせん断の大部分は幅数十センチメートルほどのせまいゾーンでおこるとかんがえられてきたが（Sibson, 1986b; Chester et al., 1993），地表での観察によれば，上述の低速度ゾーン（カタクレサイト・ゾーン）の幅全体にわたってせん断変形が分布している可能性を示唆している（Johnson, Fleming, and Gruikshank, 1994）．Landers 地震の観測でわかった予想外にひろい領域でのダイレイタンシーは，地震のときにクラック先端がひきおこす応力集中場がとおりすぎたことによってプロセス・ゾーンが再活性化されたか，あるいはちいさいながらもひろい範囲におよぶせん断に対する粉体媒質の応答を反映しているのかもしれない．

　間隙弾性的な回復が，コサイスミックにラプチャーされた断層のカタクラスティックなコアだけにかぎって生じるとかんがえる必要はない．節 4.5.2 では，コサイスミックな応力変化域のなかにある，はなれた断層に対する間隙弾性的な効果を議論した．一般に地殻はすべてのスケールでクラックがはいっており，こういったクラックも間隙弾性的なふるまいをしめすから，広域的な間隙弾性効果も期待される．これのもっとも適切な例をあげるとしたら，コサイスミックな応答をする日本の温泉があげられる．南海道地震のラプチャー・ゾーンから約 150 km はなれた愛媛県の松山近郊の道後温泉（図 5.3）は何世紀も営業されつづけてきた自噴泉であり，地震，とりわけ南海トラフでおきる地震に影響されつづけるながい歴史をもつ．1946 年の南海道地震のときには，4 つの温泉の水位は 12 m さがり，図 5.11 にしめすように，以前のレベルまで 70 - 80 日かかって指数関数的に回復した（Toyoda and Noma, 1952）．ひじょうににかよった挙動が，1854 年，1707 年，1605 年の南海道地震のときにも観察された．

　地震の影響をうけた温泉は，それぞれ北西と北東の走向をもつふたつの断層が交差したところに位置している．北西の走向をもつ断層上にあるちかくの温泉には地震の影響はなかった（R. Grapes，未刊の仕事，1988）．南海道地震による応力の解放は，松山の近郊では北西方向の 1 軸引っ張りをつくりだした．その結果，走向が北東をむくクラックのなかの間隙圧を減少させたが，北西をむくクラックの間隙圧には変化がなかった．これが温泉ごとの応答の違いを説明する．式 6.11 から，道後温泉における水位の低下は，0.18 MPa のストレス・ドロップに相当することがわかる．これは，測地学的なデータとそこそこ一致している．80 日間の回復時間は，温泉に水を供給するそこでの自然の給水システムの水理拡散率を反映している．

　Muir-Wood and King（1993）はこのタイプの事例をたくさんレヴューした．特によくわかっているのは 1959 年の Montana 州 Hebgen Lake の地震である．地震の後，すぐに川の水量が広域的におおきくふえはじめ，数ヶ月間つづいた．この地震は正断層型だったから，広域応力の変化は圧縮となり，道後温泉の例とは逆センスとなった．しかしほかのケースでは，このようなポストサイスミックな水文学的な効果が，地震の揺れによって地表近くの堆積物の水理拡散率がふえたことによってももたらされた可能性がある（Rojstaczer and

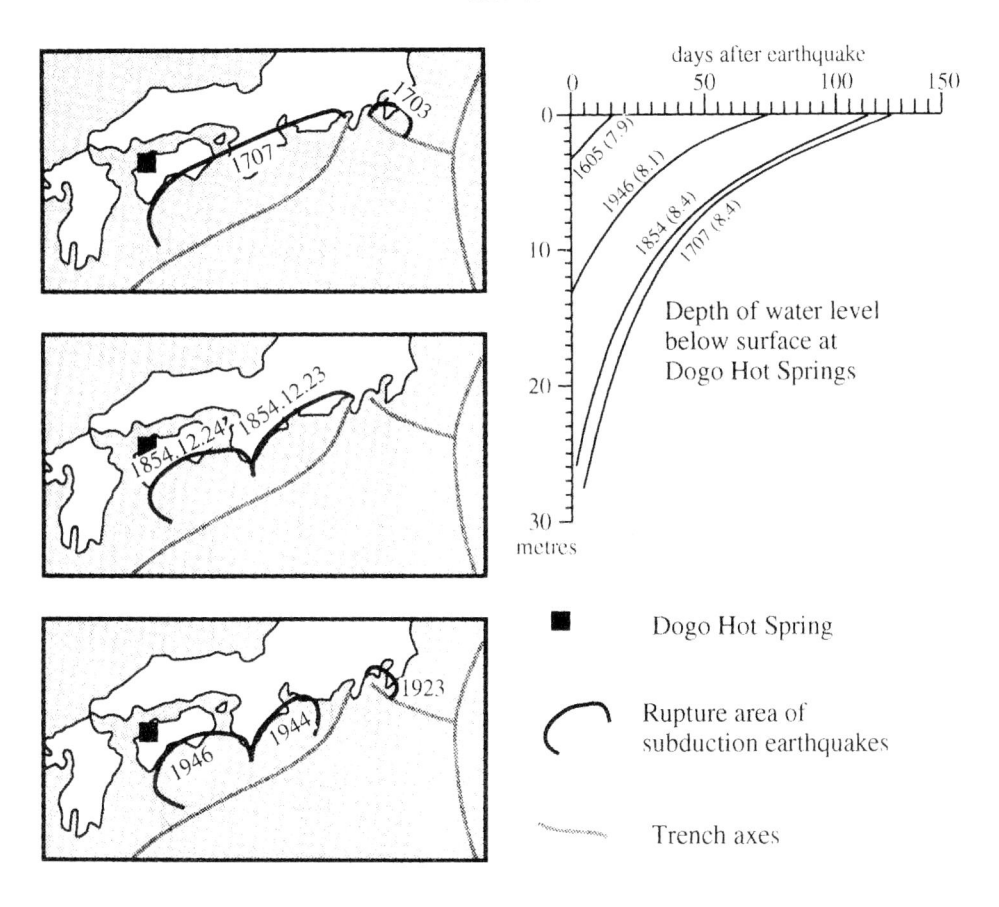

図 5.11 南海道トラフの地震のラプチャーと道後温泉の関係．右のグラフは，過去4回の地震で観察されたコサイスミックな水位の低下とその後の回復．（Muir-Wood and King, 1993 から引用した）．

Wolf, 1992; Rojstaczer, Wolf, and Michel, 1995）．

　主ラプチャー面から地表にかけて，浅部でアフタースリップがおこることもおおく，しばしば地表での観測にひっかかっている．このふるまいは，断層のうえにあつい堆積物があって，コサイスミックなすべりが地表に到達できないところか，あるいは地表近くの層ですべりが抑制されたところで顕著である．節 3.4.1 で議論したように，未固化の堆積物はおおきな速度強化をひきおこす傾向があるので，ラプチャーが地表までひろがるのをさまたげる傾向があり，その結果みずからはつよく載荷されることになる．Marone, Scholz, and Bilham（1991）は，浅部アフタースリップをコサイスミックにすべった速度弱化層のうえにのっている速度強化層の応答とかんがえて，それによって生じる変形を解析した．速度強化層の底部でのせん断応力のジャンプは次式であたえられる．

$$\Delta\tau = (\mathfrak{a}-\mathfrak{b})\,\sigma_n \ln\left(\frac{V_{cs}}{V_0}\right) \tag{5.1}$$

ここで，V_{cs}はコサイスミックなすべり速度，V_0はプレサイスミックなすべり速度である．

摩擦が速度強化のとき，スティフネスkのばねにつながれたスライダー・ブロックのアフタースリップu_pの解析解は，つぎの式であたえられる．

$$u_p = \frac{(a-b)\sigma_n}{k} \ln\left[\left(\frac{kV_{cs}}{(a-b)\sigma_n}\right)t + 1\right] + V_0 t \tag{5.2}$$

この式に代表的なパラメーター値をいれた結果と，いくつかの地震で生じた浅部のアフタースリップを比較した結果を図5.12にしめした．浅部のアフタースリップはふつうコサイスミックにうごいた断層にかぎられるが，ちかくの副次断層でもおこってよい．この例をあげれば，Northridge地震（Donnellan and Lyzenka, 1998）とLoma Prieta地震（Segall, Burgmann, and Matthews, 2000）がある．Marone, Scholz, and Bilhamのモデルは，まさしくカラー図7のモデルをひっくりかえして単純化しただけのものであるから，式5.2は深部のアフタースリップのモデルとしてもつかえるだろう．

5.3 地震のサイクル

テクトニックな載荷とリラクゼーション・プロセスに関する議論では，これらのプロセスはくりかえす性質をもつことを強調した．しかし，これが周期的であるかどうかについては議論しなかった．この問いは，実用的な観点からひじょうに重要である．不安定とそれにひきつづくラプチャーの成長が，初期条件にどのくらい敏感であるかという問いとも関係する．とりあえず最初は，この問いに対する答えは観察によってしらべるしかないので，この節では観察によってえられたおもな知見をのべる．

5.3.1 地震の再来

ここでつかう地震の再来〔earthquake recurrence〕という用語は，ある特定の断層のセグメントでつぎのラプチャーがおこるまでの時間をさし，したがって，載荷サイクルの周期をあらわす．ときにこの用語は，たくさん活断層が存在するであろう，ある特定の地域の地震と地震のあいだの平均時間をさすためにつかわれることもある．後者は地震災害危険度の解析には有用な統計的概念であるが，われわれの当面の興味とはことなる概念である．一般に地震の再来時間はながく，百年またはそれ以上であるから，地震の再来を研究するためにつかえるデータはきわめてかぎられている．記録がとれる地震計ができてからわずか1世紀ばかりしかたっていないし，活動的なテクトニクスの地域の多くでは，信頼できる史料がえられる期間は，地震計よりさらに百年ほどさかのぼれるだけである．僻地では，歴史史料がまったく存在しないところもおおい．その結果，世界中のおおくの地域では，

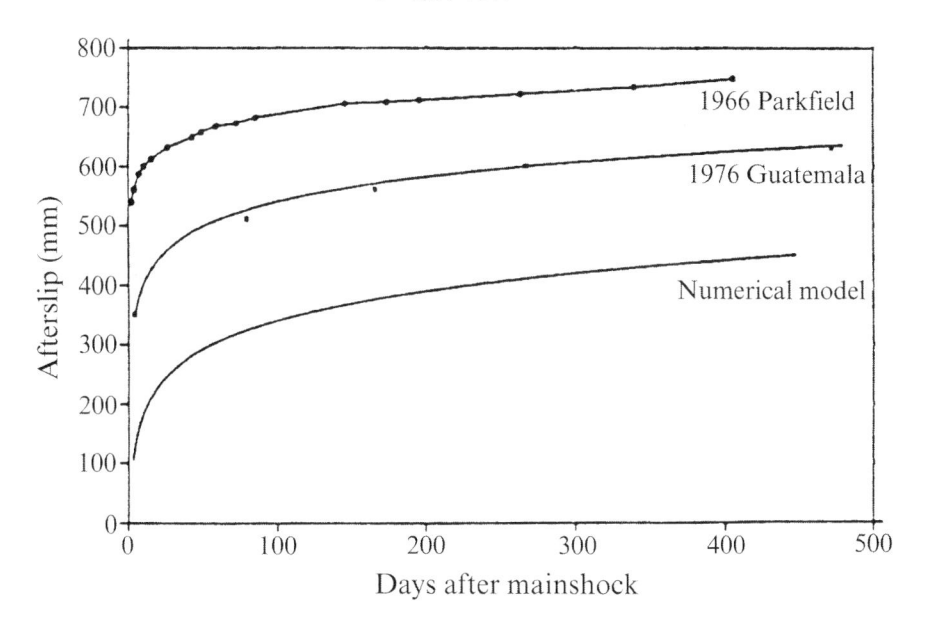

図 5.12 Parkfield 地震とグアテマラ地震の地表でのアフタースリップとこれらに対する数値モデル. (Marone *et al.*, 1991 から引用した).

地震サイクルの完全な1サイクルでさえいまだに記録されていない. そのほかの地域でも, ただひとつのサイクルが記録されているだけであり, 地震の周期性については, まったく情報をえることができない. したがって現在できるのは, たった二三の事例研究だけである.

南海道地震 この地域は, むかし日本の都であった京都にちかく, きわめて長期間にわたって, 歴史がよく記録されている. 1707年, 1854年, 1946年の地震については, 水平方向の広がりと海岸の隆起量がしられており, 表5.1にしめされている (1854年と1946年の地震については, 海岸ぞいの隆起の分布がわかっているが, 1707年については, 室戸岬の1ケ所だけでしかわからないので, ここでは室戸岬を中心に議論する). これらのデータは, Shimazaki and Nakata (1980) によって, さまざまな地震の再来モデルを検証するためにつかわれた. 彼らがつかったモデルは図5.13にしめされている. 図5.13aは, Reid の概念を単純に解釈したモデルである. 応力が限界値に達するたびに地震がおこり, いつもおなじ量のストレス・ドロップをともなう. このモデルでは完全な周期性がえられる. 2番目のモデル (b) では, それぞれの地震は限界応力値に達するとおこるが, ストレス・ドロップ (すべり) は1回ごとにちがうと仮定している. これはタイム・プレディクタブル・モデル〔time predictable model〕とよばれる. 前回の地震のすべりの知識をもとに, つぎの地震の (サイズではなく) 発生時刻が予測できるからである. 反対に, 3番

表5.1 南海道地震の特性

	1707年	1854年	1946年	今回のサイクルに対する前回のサイクルとの比
ラプチャー長さ, km	500	300	300	500 / 300 = 1.66
室戸岬における隆起, m	1.8	1.2	1.15	1.8 / 1.2 = 1.5
再来間隔, y		147	92	147 / 92 = 1.6

目のモデル（c）では，地震はさまざまな応力状態からスタートするが，地震がおこると応力はいつもおなじ基底値まで降下する．このモデルはスリップ・プレディクタブル・モデル〔slip predictable model〕とよばれる．というのは，つぎの地震のすべりの大きさは，前回の地震からの経過時間によって予測できるが，いつ発生するかは予測できないからである．

　Shimazaki and Nakata は，最近の 3 つの地震によって生じた室戸岬における隆起と，それらの地震の発生時間間隔を比較してモデルを検証した（図 5.14a）．観察結果は，タイム・プレディクタブル・モデルとひじょうによく一致した．このことは，表 5.1 の右列の値がほぼおなじであることからもわかる．額面どおりにとれば，1707 年の地震のときにはあとのふたつの地震よりおおきな隆起が生じており，"Reid" の周期モデルとも，あとでのべるほかの再来モデルとも矛盾する．

　Ando（1975）は，これとおなじプレート境界でおこった地震の歴史を，1,200 年以上もさかのぼってまとめた．搖れの体感の報告と海岸の津波からえた結果が図 5.15 にしめされている．Ando は，プレート境界は，4 つのセグメントに分割することができ，独立にこわれることもあるし，つれだってこわれておおきな地震になることもあるとの結論をくだした．1946 年と 1854 年の地震はおなじサイズであったとおもわれることに留意し，表 5.1 の右列の上ふたつの値もほぼおなじであることから，1707 年のすべりは，その断層の長さに比例しておおきかったのだとかんがえれば，すべりと断層の長さの比が一定であるというスケーリング則をつかって，Ando のまとめた歴史図に記載されたすべて地震のすべりを推定することができる．AB セグメントに対す結果が図 5.14b にしめされている．タイム・プレディクタブル・モデルは 1605 年までさかのぼってよくあうが，それより以前のデータとはまったくあわないことがわかる．ほかのモデルともあっていない．これは，われわれが採用したすべりの推定法が不十分なことの帰結ではないようにおもわれる．1605 年よりまえの地震の再来時間は，その後の再来時間の約 2 倍である．もっともらしい説明は，ふるい歴史記録では地震がみおとされているというものである．この約 600 年間の日本は戦乱下にあり，中央政府による権力の掌握がなされていなかったので，この時期の記録は断片的である可能性がたかい．

　1605 年よりあとの南海道地震は，タイム・プレディクタブル・モデルと一致している．

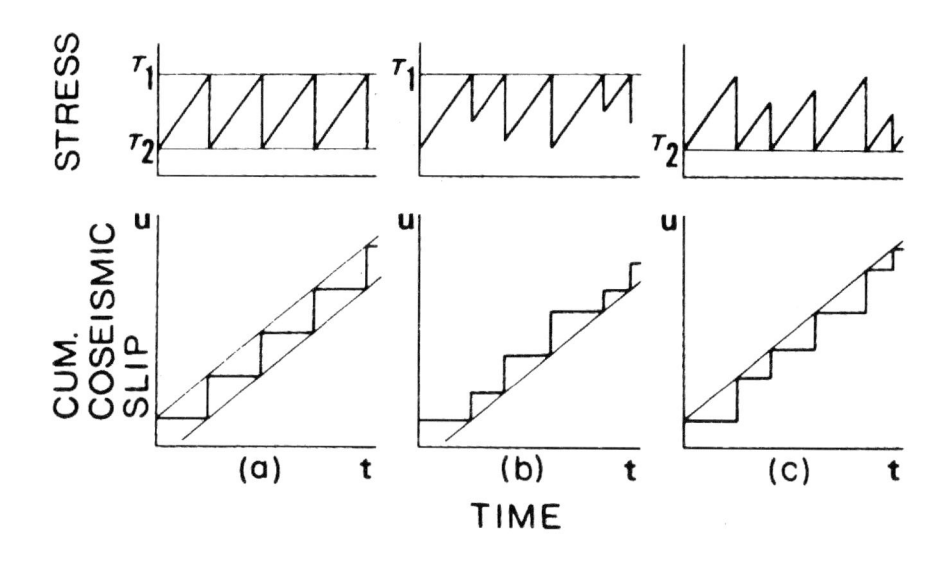

図 5.13 地震の再来の簡単なモデル．(a) Reid の概念にもとづく完全な周期性をもつモデル．(b) タイム・プレディクタブル・モデル．(c) スリップ・プレディクタブル・モデル．タイム・プレディクタブル・モデルは，南海道地震の観察に触発されてつくられた．(Shimazaki and Nakata, 1980 から引用した)．

ふるい時代のデータは不完全であり，モデルの検証にはつかえない．しかしながらこの例は，密接に関連したふたつの事実をあきらかにしている．すなわち，ひとつづきの断層上で，つぎつぎおきる大地震は，かならずしもおなじすべり量になるとはかぎらないし，長さがおなじになるともかぎらない．

California 州の Parkfield 地震　California 州中央部の San Andreas 断層に属する長さ 20 - 30 km のみじかいセグメントは，そこにある街にちなんで Parkfield 断層（セグメント）と名づけられている．このセグメントは，それより北側の連続的にすべってクリープしている部分と，それより南側の 1857 年のおおきな地震のラプチャー・ゾーン（長さ 350 km，平均すべり 3.5 m）の北端とのあいだにはさまれている（図 5.22 をみよ）．地震でラプチャーする Parkfield 断層セグメントの長さはみじかく，そのすべりもちいさいので再来時間はみじかい．このセグメントは過去 130 年間に 6 回ラプチャーしたことがしられている（図 5.16）．そのうち，1966 年，1934 年，1922 年の 3 つの地震では，機器をつかったよい記録がえられている．1902 年の地震についても機器による記録はえられてはいるが，この地震とそれより以前の地震については，揺れの体感の報告と地表面の破壊から，位置とサイズが推定されている．

一見して，一連の地震には，再来時間が 22 年の周期性があるようにみえる．しかしながら，1934 年の地震は予定より 10 年はやくおこり，深刻な不一致がある．Bakun and

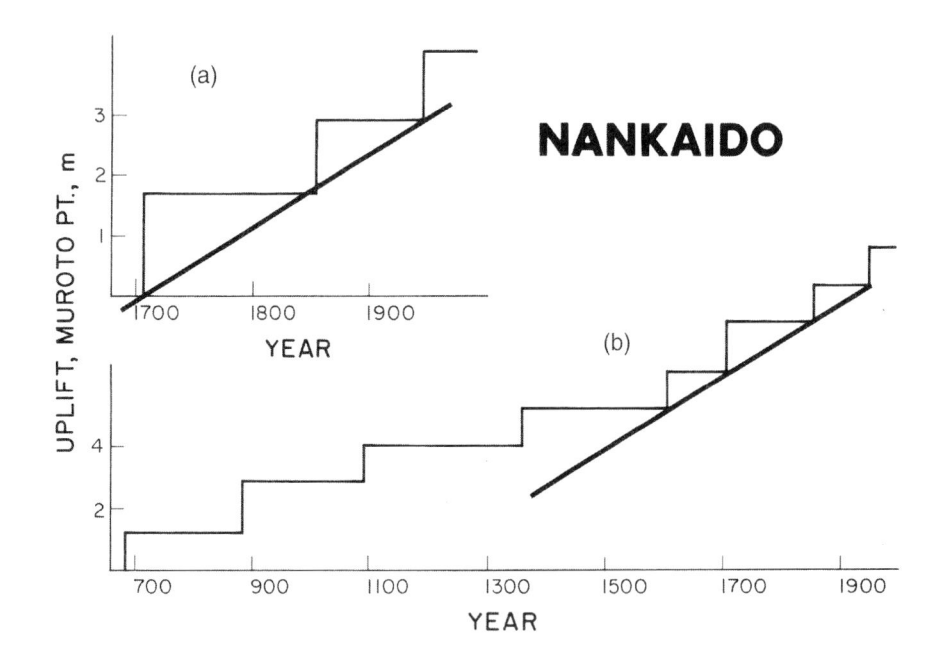

図 5.14 南海道地震に応答する室戸岬での隆起の歴史．タイム・プレディクタブル・モデルと比較されている．(a) 測定データがある1707年からあとの記録．(b) 時間をさらにさかのぼって外挿したもの．ここでは，隆起量をきめるために，Andoのもとめた地震の歴史（図 5.15）と適当なスケーリング則をつかった．太線はタイム・プレディクタブル・モデルによる解釈である．

McEvilly（1984）は，最後の3つの地震の地震計記録を再調査し，3つの地震はほとんど同一であり，(25% 以内で) おなじモーメントをもつことをみつけた．1934年と1966年の地震はあきらかにおなじ場所でおこり，地表面はおなじようにこわされ，そのうえ17分前に $M_L = 5.1$ の前震がおこった点でもおなじである．1922年以前の地震については，サイズも位置も正確にはきめられていない．

Parkfield は安定性の遷移領域内にあり，現時点では不規則な形状の固着したパッチが安定すべり領域へつきでている（図 5.17）．安定すべりの領域では，北側になるほどすべり速度が増加する．これが状況を複雑にしている．なぜなら，再来モデルは，サイスミックであるか，エイサイスミックであるかをとわずすべてのモーメントやエネルギーの蓄積と解放の状況をあつかうものなのに，Parkfield 地震では，コサイスミックなすべりはそのセグメントのモーメント解放量の約半分だけにしか寄与しないからである（Harris and Segall, 1987）．もし，コサイスミックなすべりとエイサイスミックなすべりとの割合が変化するなら，それは地震の再来時間をかえるだろう．両者の配分はそれほど正確にはきめられていない．Segall and Harris（1987）は，1966年以降の豊富な測地学的データをつかってしらべたけれども，ひずみエネルギーが再蓄積される時間はおよそ 14 - 25 年と，お

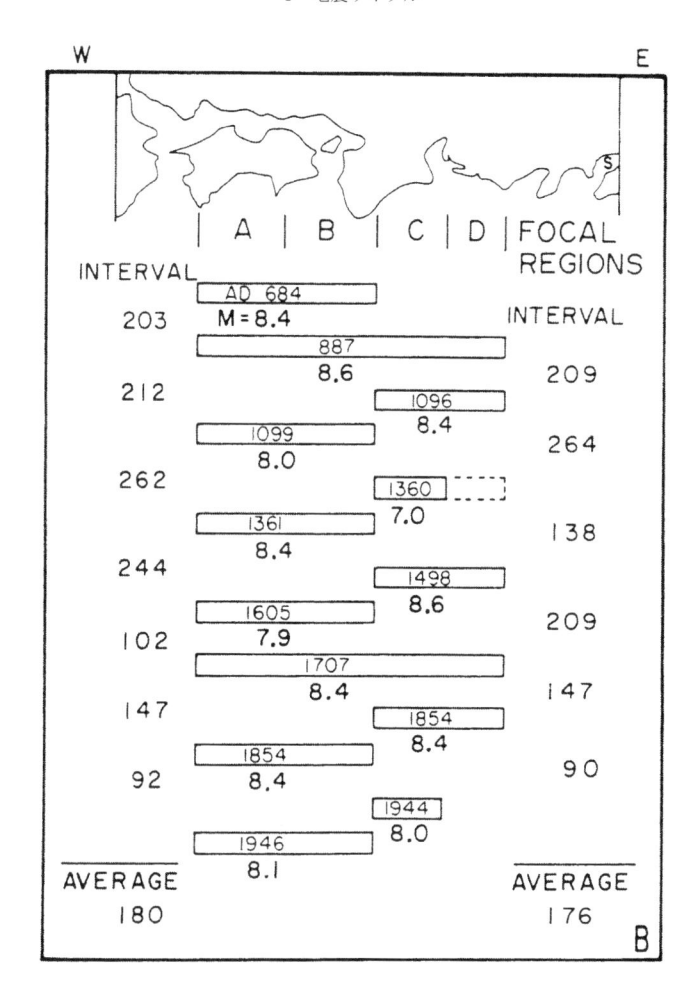

図 5.15 南海トラフにそう地震の歴史．南海トラフにそう領域は，4つのラプチャー・ゾーン（A, B, C, D）に分割される．図中のボックスはラプチャーの長さをあらわし，地震の発生年，地震と地震のあいだの時間間隔もしめされている．［Yonekura (1975) から引用．この図は，Ando (1975) やほかの文献を参照して作成された］．

おまかな推定ができただけである．

図 5.16 の時系列によれば，1934 年の地震は 1944 年におこるべきであった．これがはやくおこりすぎた理由についてはおおくの憶測がある（Bakun and McEvilly, 1984; Bakun and Lindh, 1985）．この問題にもかかわらず，Parkfield の予知実験（最近のレヴューは Roeloffs and Langbein（1994）をみよ）は，周期性があるという仮定にもとづいて計画された．Parkfield の予知実験については，節 7.3.5 でさらに議論する．

この例は別の問題をもうかびあがらせた．蓄積されたひずみ解放されるにあたって，エイサイスミックなすべりがどれほど寄与するかに関する問題である．これは，クリープが観察されない"固着した"断層のセグメントのときのゼロから，San Andreas 断層のクリ

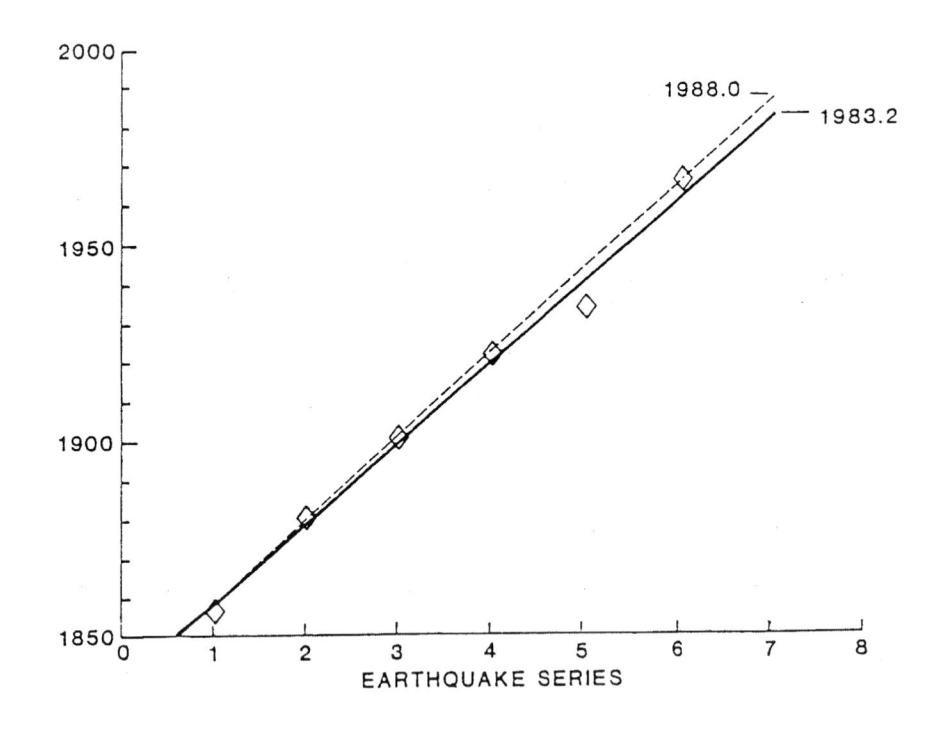

図 5.16 Parkfield 地震の歴史．破線は，1934 年の地震を除外して，直線に近似させたもの．実線は 1934 年の地震もふくめたもの．（Bakun and McEvilly, 1984 から引用した）．

ープしているセグメントでのほとんど 100% までのどこかの割合になるのだが，その値はわかっていない．これは，地震の再来時間を推定するうえであきらかに問題である．たとえば，San Andreas 断層系のべつの部分に，クリープがしられている Imperial 断層がある．ここでくりかえされた数回の地震サイクルは，地震モーメントの解放量が不足し，測地や地質学的な推定から期待される値の 1/2 から 1/3 であることをしめしている（Anderson and Bodin, 1987）．

Parkfield のすぐ北の San Andreas 断層がクリープしている部分で，同一の特性をもつちいさな地震が，断層のおなじパッチで数ヶ月から数年の間隔でくりかえしおこることが観察されている（Nadeau, Foxall, and McEvilly, 1995; Nadeau and Johnson, 1998）．これらの「くり返し地震」〔repeating earthquakes〕はあきらかに，概して安定にすべっている断層上にあるちいさな不安定なパッチのラプチャーである．その再来時間がみじかいことは，周辺のすべっている領域による載荷が急速であることを反映している．

全すべり量に対するサイスミックなすべりの比は，サイスミック・カップリング係数といわれる．このパラメーターは，ほとんどの大陸地殻の断層では典型的にほぼ 1 にちかい値であるが，沈み込みゾーンではしばしば 1 より有意にちいさく，しかも場所によって値がことなる．たとえば Sykes and Quittmeyer（1981）は，沈み込みゾーンにおける地震の

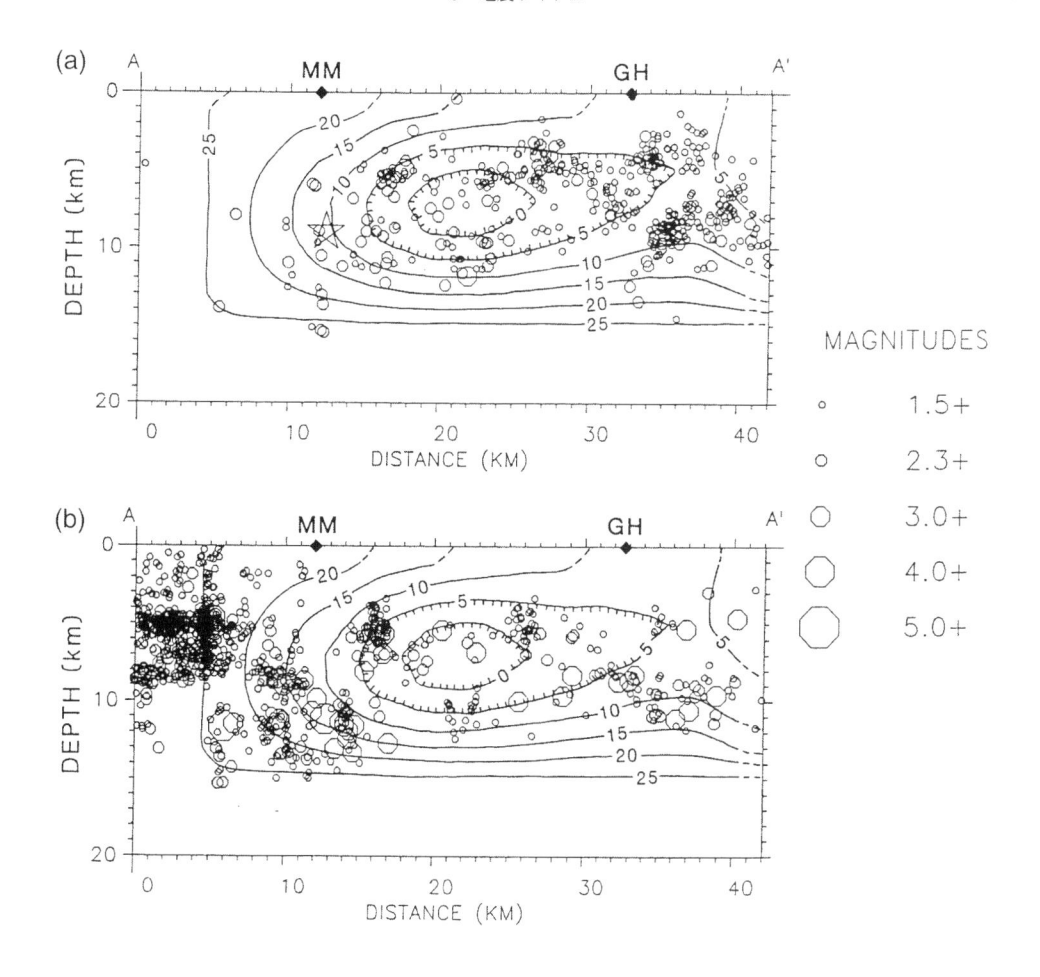

図 5.17 Parkfield 断層の断面図．インターサイスミックな期間のすべりの分布がしめされている．(a) 1966 年の地震の余震（本震は星印で表示）との比較．(b) 1969 年から 1985 年のあいだの地震活動との比較．ハッチは固着した領域をあらわす；MM は Middle Mountain；GH は Gold Hill で，幅 2 km のジョグのすぐ北側にある．等高線上の数字の単位は mm / y である．(Harris and Segall, 1987 から引用した)．

再来はタイム・プレディクタブル・モデルと斉合するが，そういえるのは，サイスミック・カップリング係数が 0.3 - 0.9 の範囲にあると仮定したときだけであることをみいだした．この話題は節 6.2 と節 6.4 でさらに議論される．

California 州中央部のエイサイスミックなすべりからえられた証拠 ここには，「クリープしている」とよばれる安定にすべる断層のセグメントが存在する．この領域とクリープのメカニズムについては，節 6.4.1 と節 6.4.3 で詳細に論じる．この地域でのクリープは，しばしば，エピソディックなクリープとしてしられる自励振動モードでおこる．この現象を研究することは，すべりはある限界摩擦応力で開始するようなものか否かという問

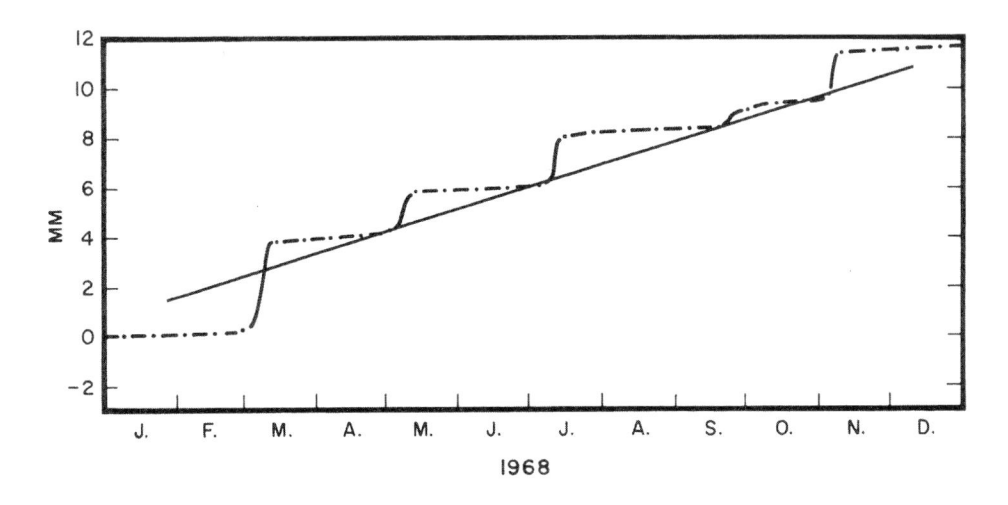

図 5.18 California 州 Hollister の南の San Andreas 断層における 1968 年のクリープ記録．(データは R. D. Nason の厚意による)．

題にからむので，当面の主題と関係する．

図 5.18 にこの地域でのクリープ記録の一例をしめす．クリープの記録は，周期的またはタイム・プレディクタブル・モデルと一致するようにみえる挙動をしめしている．タイム・プレディクタブル・モデルは，1966 年の Parkfield 地震のアフタースリップ後期の間欠的なクリープの予測につかわれて成功した（Scholz, Wyss, and Smith, 1969）．しかしながら，クリープの記録はいつも図 5.18 のように規則的とはかぎらない．この測定は断層をよぎるみじかい測線でおこなわれるので，しばしば，降雨等の局所的な擾乱に敏感な地表面近傍の挙動を反映する可能性がある．

クリープがはじめて発見された Cienega ワイナリー（CW）では，たいへん重要な観察がなされた．ここでは，すくなくとも 1948 年以降には，11 mm/y の一定レートで断層がクリープしつづけていた．1961 年にワイナリーのちかくで中規模の地震がおこり，地表面にオフセットが生じた．この時期のクリープ記録を図 5.19 にしめす．地震のあとクリープがとまり，すべりがもとのレートにもどる様子からわかるように，応力がもとのレベルにもどるのに十分なひずみが再蓄積されるまで，クリープは再開しなかった．これは，断層のこの部分では限界摩擦レベルですべりがおこることを明確にしめしている．また，プレサイスミックなクリープの加速にも注意されたい．節 7.3.1 で論じるように，このパターンはニュークリエーション・モデルから予測される．

5.3.2 地震の再来時間に関する地質学的観察

機器記録と歴史記録から収集できる情報がかぎられているので，地質学的な記録は，過

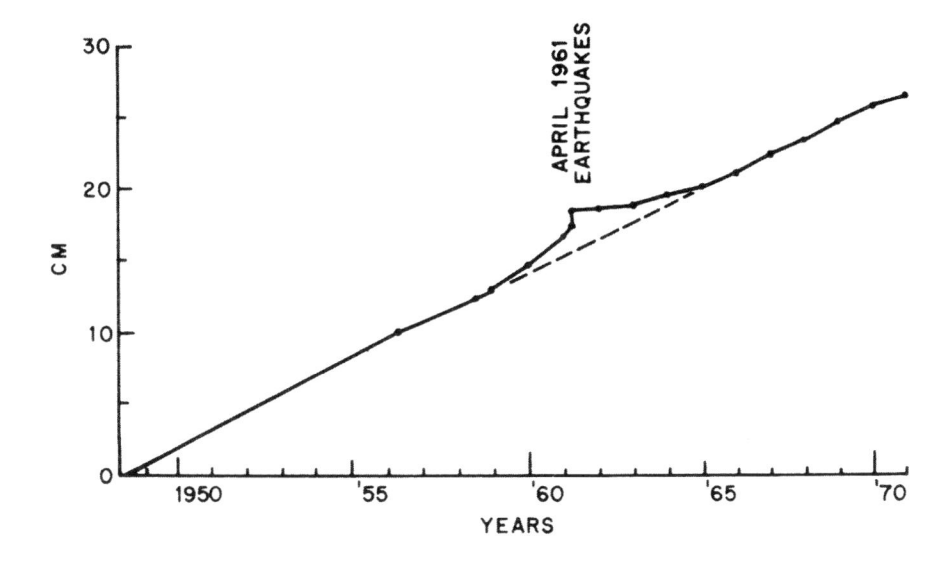

図 5.19　Cienega ワイナリーにおける 1948 年から 1972 年にかけてのクリープの記録．1961 年の地震の影響がみてとれる．この現象および地震とクリープのカップリングに関するほかの効果についてのより完全な議論は，Burford (1988) を参照のこと．（データは R. D. Nason の厚意による）．

去の地震の再来に関するもっともゆたかな情報源である．活断層の地質学的研究によって，完新世のあいだの平均すべりレートや，有史以前に地震が発生したおおよその年代とすべり量をしることができる．このデータから，地震の平均再来間隔がきめられる．

San Andreas 断層　地質学的手法による研究の一例として，Sieh and Jahns (1984) が California 州中央部の Wallace Creek でおこなった研究があげられる．寿命のみじかい小川である Wallace Creek は，Temblor Range から南西にながれでて，San Andreas 断層をよこぎる．小川はそこでくりかえしオフセットを生じた．この場所の写真が図 5.20 にしめされている．現在の河床（オフセット 120 m），ふるいとりのこされた河床（オフセット 380 m），白いバーでしめされたさらにふるい河床（オフセット 475 m）をみることができる．また，最近の地震によって，よりちいさなオフセットが生じた 5 つ小峡谷（A − E）もみわけられる．

Sieh and Jahns によって再構成された Wallace Creek の地史が，図 5.21 にしめされている．もっともふるい記録は，(a) 断層にそったちいさな崖を徐々にうめた扇状地である．(b) 現在それとわかるオフセットができたのは，Wallace Creek が侵食をはじめ，よりあたらしい扇状地が断層から下流の小峡谷で発達しはじめた 13,250 年前以降である．(c) Wallace Creek はオフセットしはじめ，最初の河床は約 10,000 年前におきざりにされた．(d) その後，さらに 250 m オフセットしたあと，ふたつ目の河床が 3,700 年前におきざりにさ

図 5.20 Wallace Creek における San Andreas 断層の空中写真．南西方向から眺望した．さまざまなオフセットの様子がみられる．（写真撮影は R. E. Wallace, アメリカ合州国地質調査所の厚意による）．

れた，このとき現在の河床 (e) の形成がはじまり，いまでは 130 m オフセットしている．
　これをもとに彼らは長期的なすべりレートを 32 ± 3 mm / y と推定したが，まえにふれたようにこの値は，その北側で測地学的にきめられたレートと一致している．ここが最後にラプチャーしたのは，1857 年の地震のときであり，そのときには 9.5 m すべった．年代は決定できなかったが，小峡谷のオフセットから，おなじようなすべりをもつ 4 つの古地震が識別できた．すべり量を長期的すべりレートで徐して，これらの地震の再来間隔が 240 - 450 年と推定された．
　Sieh (1984) は，Pallet Creek において同様な研究をおこなった．ここは，1857 年の地震でラプチャーした部分から南へ 175 km はなれている．彼はそこで 11 個の古地震をみとめた．個々のすべりは，1857 年の地震のときのすべり，2 m とほぼおなじである．平均

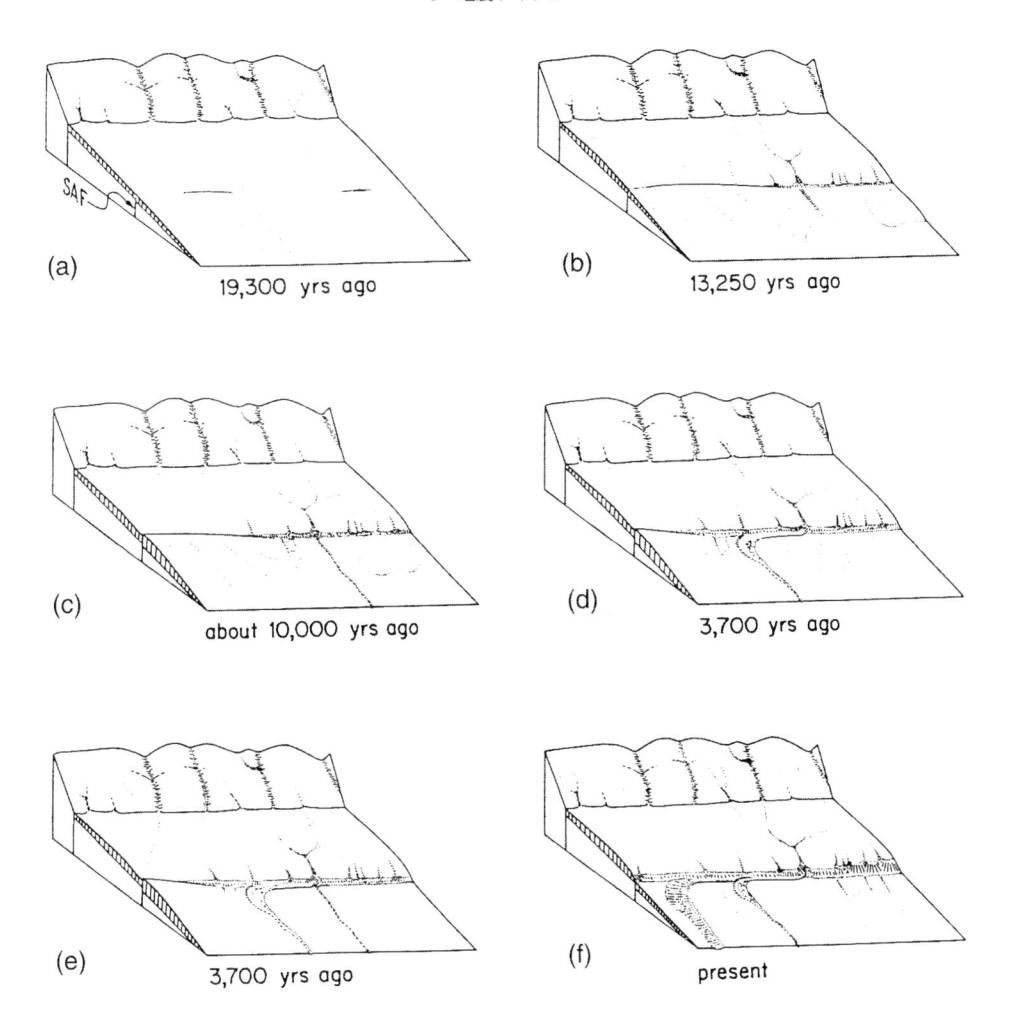

図 5.21 Wallace Creek の地質学的歴史（Sieh and Jahns, 1984 にもとづく）．くわしくは本文参照のこと．

再来間隔は 145 - 200 年，ただし，おおよそ 50 - 250 年のばらつきがある．Wallace Creek と比較して，Pallet Creek では地震がより頻繁におこるが，個々のすべりはよりちいさい．Pallet Creek の長期的すべりレートは，わずか 9 mm / y であることがわかった．この値は，Wallace Creek でのすべりレートとも，Pallet Creek の南側のほかの測点でのすべりレートとも，測地学的データ（King and Savage, 1984）とも一致しない．この違いは，Pallet Creek では，発掘調査をおこなった以外の断層にもすべりが分散しておこっていたとかんがえることで説明される．

図 5.22 にしめすように，ここやほかの場所での多数の昔のオフセットを，おおよそ関連づけて，有史以前の古地震と個々に関係づけて解釈することができる．1857 年の地震のひとつ前の地震のときも，Wallace Creek と Pallet Creek の両方がすべったようだ．この図や，これらのふたつの場所であつめられたほかのデータからは，ある特定の地震による

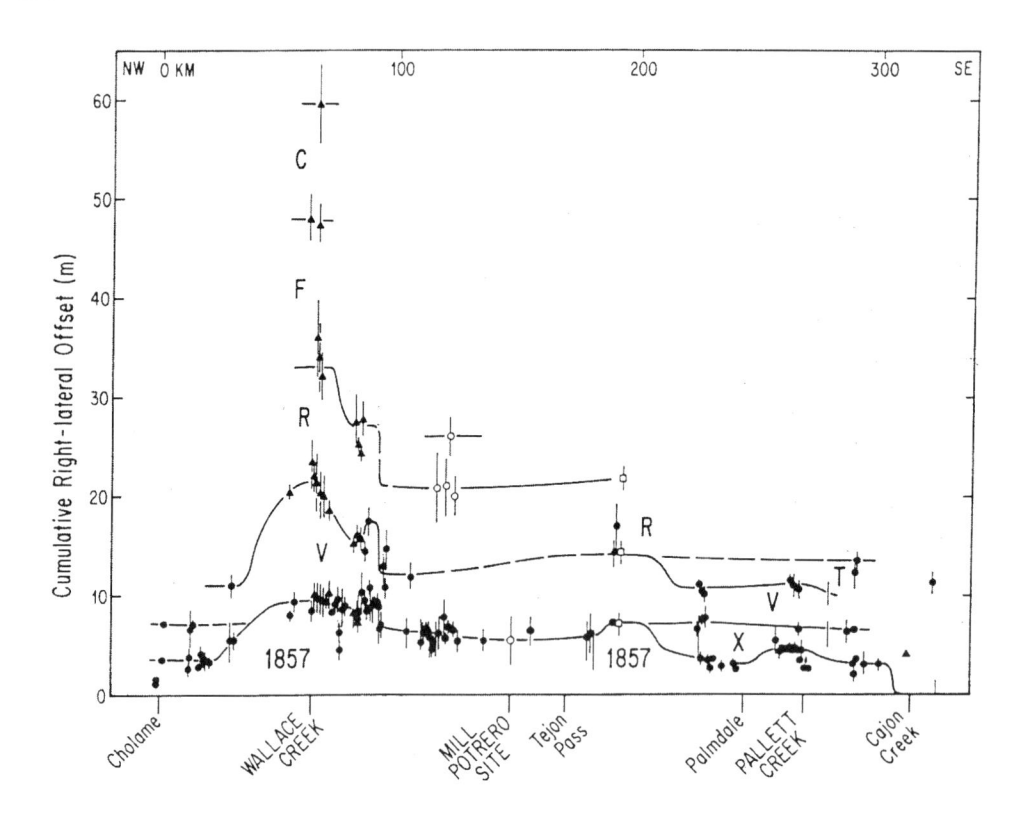

図 5.22 California 州でおこった 1857 年の Ft. Tejon 地震のすべり分布と，おなじ場所でおこった二三の有史以前の地震によるすべりの分布．（Sieh and Jahns, 1984 から引用した）．

すべりは，場所ごとに固有であるようにおもわれる．この観察結果には，あとで特別な意義が付与されることになる．

Wasatch 断層 この断層は〔アメリカ合州国西部の〕Great Basin 地質構造地帯のいちばん東側にあり，もっともおおきな正断層のひとつである．この断層はプレート内断層であり，Utah 州の Salt Lake City のちょうど東にある Wasatch Mountains と接している（図 5.23）．断層の全長は 370 km におよび，たくさんの明瞭なセグメントから構成されている．古地震のデータをえるために，さまざまな場所で断層ゾーンをよこぎるトレンチが掘削された．その結果が，Swan, Schwartz, and Cluff（1980）と Schwarts and Coppersmith（1984）によって報告されている．

完新世における断層の垂直方向のすべりレートは，中央のセグメントでは約 1.3 mm/y であることがわかり，両端ではひじょうにちいさな値に減少している．この結果は，図 3.9 の例にみられるように，断層には端があることから期待できる．個々の地震のすべりは 2 m くらいにあつまり，平均再来間隔は 2,000 年である．ことなった場所におこる地震のあいだには時間的な相関はない．これを根拠に Schwartz and Coopersmith は，断層は，独立

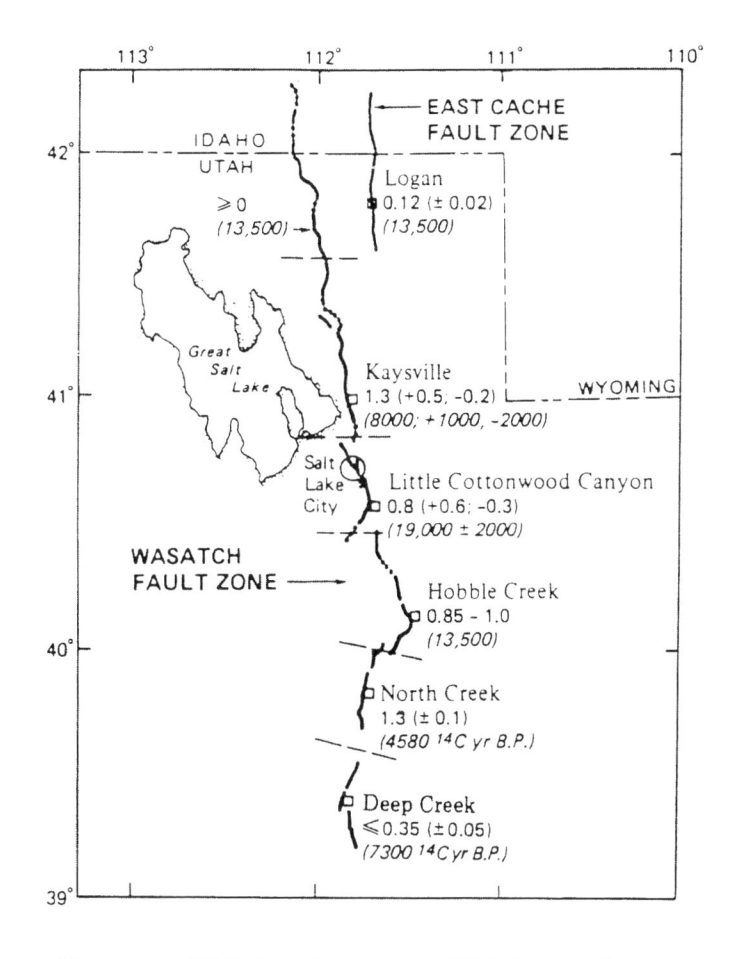

図 5.23 Utah 州の Wasatch 断層ゾーンと East Cache 断層ゾーンの地図．おのおののセグメントごとのすべりレート（mm / y）と，地震ですべった年代が（現在から何年前かがイタリックで）しめされている．（Schwartz, Hanson, and Swan, 1983 から引用した）．

してラプチャーするセグメントにわかれているという考えを提唱した（図 5.23）．断層が，それぞれが独立してラプチャーするセグメントから構成され，セグメントごとに固有のすべりをもつようなふるまいを，彼らは"キャラクタリスティック地震モデル"〔characteristic earthquake model〕" と名づけた．これが断層の普遍的な挙動であるかどうかは議論の余地があり，次節で議論する．

沈み込みゾーン 沈み込みゾーンの場合は直接しらべることは困難であるが，前節でふれたように，コサイスミックな動きは，しばしば，永久的隆起をつくりだし，海成段丘にちいさな段々ができる（図 5.24）．1923 年の関東地震では隆起した汀線がつくりだされた．おなじ地域にある隆起段丘が Matsuda et al.（1978）によって研究され，房総半島では，1923 年の地震よりふるい時代にできたいくつかの海成段丘が卓越することがわかっ

図 5.24 ニュー・ジーランドの Wellington の東南東にある Turakirae 岬の隆起した海岸段丘．海岸沿いのひくい位置に隆起してできた段々が 5 つみとめられる．いちばん最近のものは 1855 年の Murchison 地震によって隆起した．とおくに，最後の間氷期にできた段丘面もみえる．Turakirae 岬は，Wairarapa 断層と Cook 海峡の交差点にあたる．Wairarapa 断層はだいたい右ずれ断層であるが鉛直成分もあり，これが段丘にきざまれている．Rimutaka 山脈の隆起は，Wairarapa 断層運動の鉛直成分が原因である．1855 年の地震は，London へやってきた目撃者からきいた証言にもとづいて，Lyell (1868) によって記載された．Turakirae 近くの Muka-muka で約 2.5 m の隆起が生じ，Wairarapa 断層はすくなくとも 90 km 内陸部までラプチャーした．この断層のオフセットの様相をしらべて，1855 年の地震のときには，すくなくとも 128 km にわたって約 12 m の右ずれのオフセットが生じたことがわかった（Grapes and Wellman, 1988）．鉛直の運動は北側でちいさく，Turakirae 岬のちかくで最大になった．（写真撮影はニュー・ジーランド地質調査所の Lloyd Homer による）．

た．彼らは，1923 年のつぎにふるい段丘を，1703 年の元禄地震によるものであると同定した．1703 年の地震による隆起の分布は 1923 年のそれとまったくちがっていて，元禄地震は関東地震よりずっとおおきく，相模トラフにそって南東へとおくまでひろがったことをしめしている．それ以前にできたいくつかの沼面とよばれる海成段丘の標高の分布パターンも地震ごとにことなり，どの地震も，その地域の全体的な変形を代表している（または"キャラクタリスティック"）とはいえない．房総半島の海成段丘の隆起量とその年代は，北琉球諸島の喜界島の場合といっしょに，図 5.25 にしめされている．もし個々の隆起（7

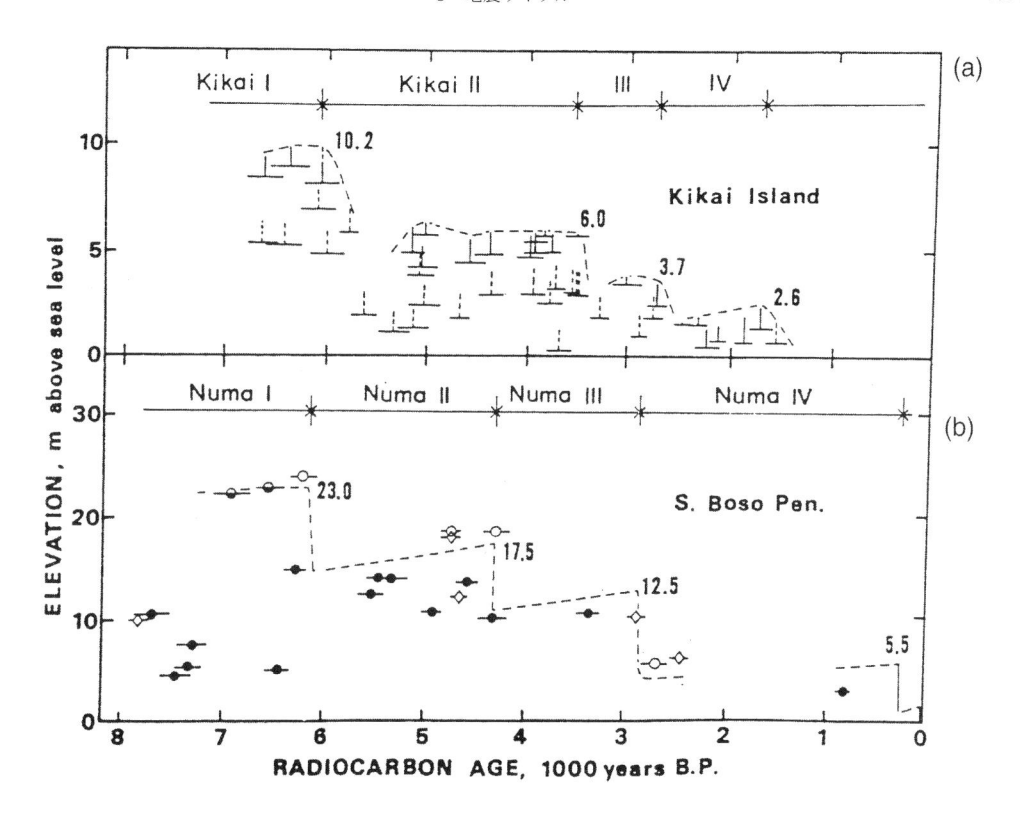

図 5.25 日本のふたつの海成段丘群の年代と隆起量.(a) 北琉球諸島の喜界島.(b) 房総半島.(Shimazaki and Nakata, 1980 から引用した).

- 8 m) が単一の地震によってつくられるとするなら,その再来間隔は 1,000 - 2,000 年である.関東地震のひずみが再蓄積する時間は〜200 年と推定されており(Scholz and Kato, 1978),歴史記録によれば,元禄タイプの地震の再来時間は約 800 年であるから(Matsuda et al., 1978),このプレート境界では,海成段丘の数から示唆されるよりも頻繁に地震がおこったようだ.ひとつの可能性は,コサイスミックな隆起が氷河の消長による海水面の変動にさまたげられてしまい,そのいくつかだけが保存されたというものである.もうひとつの可能性は,たとえば関東地震の水準測量のデータ(Scholz and Kato, 1978)にしめされたように,すべりが覆瓦状のいくつかの断層にわかれておきるために,段丘がよく発達する場合としない場合があるということである.

　北琉球諸島の喜界島と小宝島の隆起段丘はもっと謎めいている(Nakata, Takahashi, and Koba, 1978 ; Ota et al., 1978).この地域では,歴史的に,プレート境界でおこる大地震はないとされている(たとえば,McCann et al., 1979).琉球弧は,すくなくとも南の部分は伸張性であるから,サイスミックにはカップルされていないとかんがえられているが(Ruff and Kanamori, 1983),これは海成段丘の存在と矛盾する見解である(Taylor et al., 1987 と節 6.4 参照のこと).

もっともよくしらべられた海成段丘のひとつに Middleton 島の段丘があげられる．ここは，1964 年の Alaska 地震の震源域の沖合いにある（Plafker and Rubin, 1978）．この島では，6 つの海成段丘がみとめられ，その年代がきめられている．もし段丘と地震が一対一に対応するなら，再来時間は 500 - 1,350 年となる．しかしながら，Middleton 島は，1964 年の地震によってできた覆瓦状断層〔imbricate fault〕の場所であるので，ここは房総半島のケースとおなじで，履瓦状断層を生じた地震だけが，隆起段丘として記録されるのかもしれない．

　地震の繰り返しに関する経験的モデル　Sieh（1981）と Schwartz and Coopersmith（1984）は，彼らの研究をもとに，断層上で何回もくりかえすすべりのパターンを記述するモデルをいくつか提案した．これらのモデルは図 5.26 にしめされている．**バリアブル・スリップ・モデル**〔variable slip model〕では，あるあたえられた場所でのすべり量とラプチャーの長さは，地震ごとにかわりうるが，長期的な累積すべり量は，断層にそって均一（ときによってはかわるかもしれない）である．**ユニフォーム・スリップ・モデル**〔uniform slip model〕では，あとのふたつの条件はそのままであるが，あたえられた点におけるすべり量は，どの地震でもおなじとする．3 番目の**キャラクタリスティック地震モデル**〔characteristic earthquake model〕では，すべり分布と長さがいつもおなじの固有な〔または特徴的な〕地震が毎回断層をラプチャーする．このモデルでは，ある地震において，すべりが断層の場所ごとにことなることが観察されれば，長期的なすべりレートもそれに応じてかわらなければならない．図 5.26 の (b) と (c) は，1857 年の Ft. Tejon 地震のすべりのパターンを念頭においてえがかれた．したがって，図 5.22 と比較することが可能である．

　San Andreas 断層と Wasatch 断層の研究によると，個々の地震のすべりはどちらの断層でもだいたいは場所に固有であった．そういうわけで Sieh と Schwartz and Coppersmith は，3 つのモデルのうちあとのふたつをおもに議論した．Sieh はユニフォーム・スリップ・モデルを支持している．なぜなら，San Andreas 断層のようにながながとつづく断層で，キャラクタリスティック地震モデルが要請するように場所ごとにすべりレートがかわれば，走向にそった方向にひじょうにおおきな変形が生じなければならないが，これが実際に観察されたことはないからである．彼はまた，Wallace Creek より Pallet Creek における再来時間がみじかいことは，Pallet Creek でラプチャーした地震のいくつかは，Wallace Creek まで達しなかったことをしめすともかいている．Schwartz and Coopersmith の考えは反対である．彼らは，Pallet Creek ですべりレートがちいさいことは，キャラクタリスティック地震モデルが予測するようなすべりレートの空間的変動と一致すると主張した．

　おなじ断層で地震がおこっても，ラプチャーの長さがちがった観察例が二三ある．南海道地震の 1707 年が，1854 年の地震や 1946 年の地震とちがったということは以前に議論したし，Imperial Valley の 1979 年や 1940 年の事例，Borah Peak の 1983 年と 6,000 年前の

(a) Variable Slip Model

Observations
- Variable displacement per event at a point
- Constant slip rate along length
- Variable earthquake size

(b) Uniform Slip Model

- Constant displacement per event at a point
- Constant slip rate along length
- Constant size large earthquakes; more frequent moderate earthquake

(c) Characteristic Earthquake Model

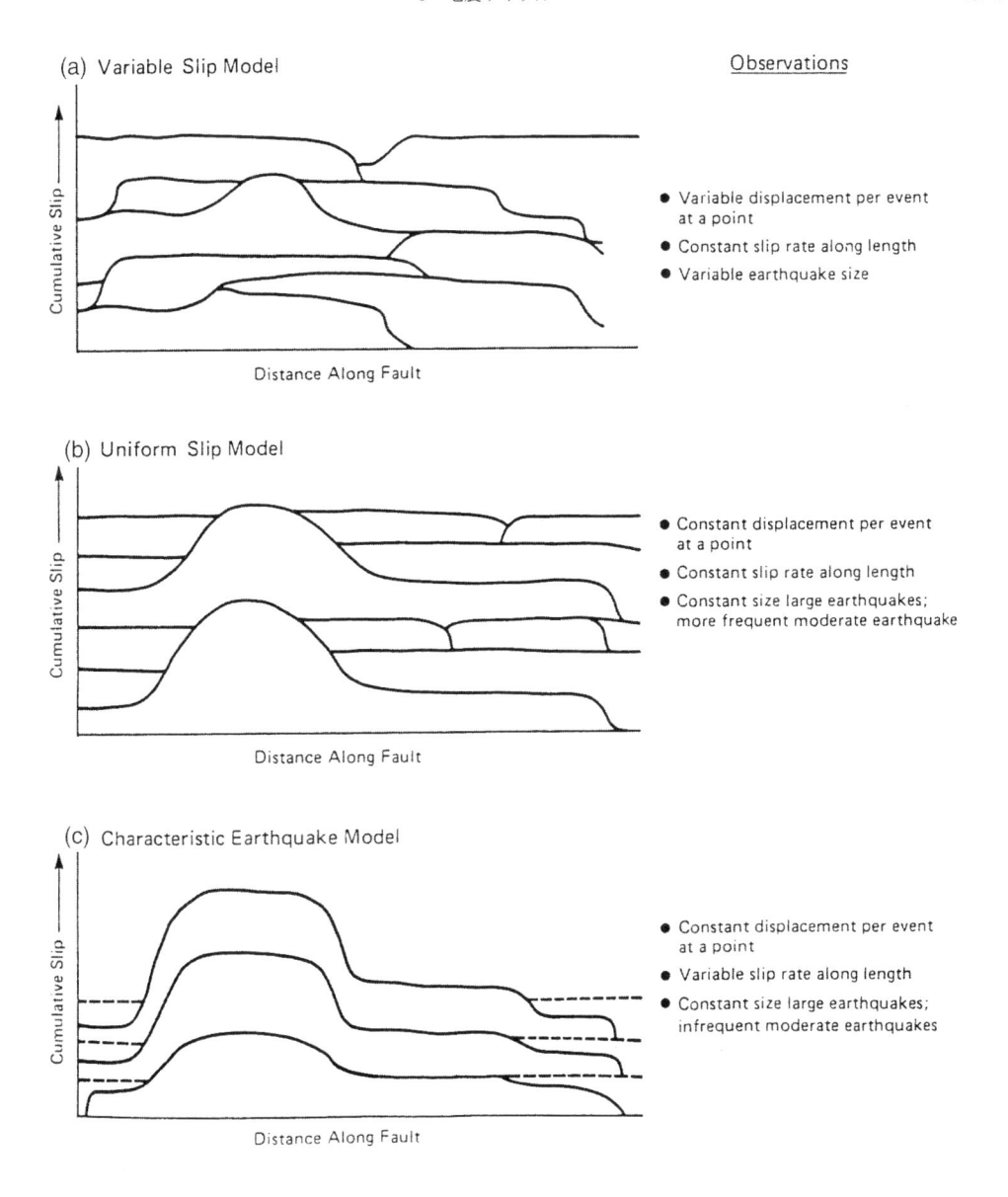

- Constant displacement per event at a point
- Variable slip rate along length
- Constant size large earthquakes; infrequent moderate earthquakes

図 5.26　地震の再来に関する3つの仮説モデルをあらわす模式図．これらは，図 5.22 でしめされた 1857 年の Fort Tejon の地震のすべり分布を念頭においてえがかれた．(Schwartz and Coopersmith, 1984 から引用した)．

事例もそうである（節 4.4.1）．1979 年の Imperial Valley 地震は，その前の 1940 年の地震でラプチャーした部分の北側半分だけをラプチャーさせたが，共通してラプチャーした部分のすべり量はほぼおなじであったので，ユニフォーム・スリップ・モデルと合致する (King and Thatcher, 1998)．

いっぽう南海道地震のケースは，ある場所でのすべりが，地震ごとにおおきくかわることを明示しているようであり，バリアブル・スリップ・モデルと合致している．このよう

なタイプの事例をもうひとつあげれば，コロンビア－エクアドルの沖合いでおこった一連の地震がある（Kanamori and McNally, 1982）．そこでは，1906年の地震のときに，沈み込みゾーンの境界面が長さ500 kmにわたってラプチャーし，つぎにこの部分が3つにわかれて1942年，1958年，1979年の地震でラプチャーした．これら3つの地震のモーメントの総和は，1906年の地震の1/5以下であった．これは，3つの地震で生じたそれぞれのすべりは，まさに南海道で観察されたように，おなじ場所で，1906年の地震のときのすべりよ，ずっとちいさかったことをしめしている（表5.1参照）．

　以上の議論をまとめると，キャラクタリスティック地震モデルやユニフォーム・スリップ・モデルのようなモデルは，両極端のケースをあらわし，もしかして，ある状況ではほかのモデルよりよいというのにすぎないのかもしれない．どちらも，あらゆるケース，あらゆるときに適用できるわけではない．Wasatch断層のように有限の長さの断層で，すべりレートが走向にそっておおきくかわり，不連続によってつよくセグメント化している場合には，キャラクタリスティック地震モデルがたぶんほかのモデルよりよくあてはまる．ただこれも無制限にというわけではない．無制限だと，セグメント境界にひずみが無限に蓄積することになる．いっぽう，San Andreas断層のようなプレート境界では，おそらく均一なすべりレートがつよく要請されるだろう．San Andreas断層は，全体としてとても連続的であり，たぶんこれが原因で，バリアブル・スリップ・モデルかユニフォーム・スリップ・モデルのほうがよくあてはまるというような結果になるだろう．節3.2.2に指摘したように，断層の幾何学的なセグメント化は累積すべり量に依存するようである．このことから，動的なラプチャーのセグメント化の程度にも差が生じるのだろう．

　ここで論じのこした問題は，地震の再来を支配する物理法則である．これは全体と関係する重要な問題であるので，節5.4でこの主題にもどり，もっと理論的な議論をおこなう．

5.3.3　不十分なデータをもちいた地震の繰り返しの推定

　Parkfieldのように，ながい歴史記録や，前回の地震以降のひずみの蓄積をしめす測地学的記録があれば，タイム・プレディクタブル・モデルや帰納的推論によって，つぎの地震のおおよその発生時期を，ある程度の信頼性をもって予測ができる．しかしながら，このようなケースはめったにない．たいていは，前回の1サイクル分またはその一部の地震の歴史がしられているだけだし，ひずみの蓄積も，たとえば，プレート運動の速度から推定しなければならないというような状況である．このときには，将来に大地震がおこりそうな場所について定性的に予測できるだけで，時期については，ほとんどもしくはまったく特定できない．それでも，このような推定がとても有用なこともある．

　プレートの運動は地質学的な時間スケールにおいて定常であり，しかもプレート境界にそって連続であるというのがプレート・テクトニクスの教えである．そしてさらに，プレ

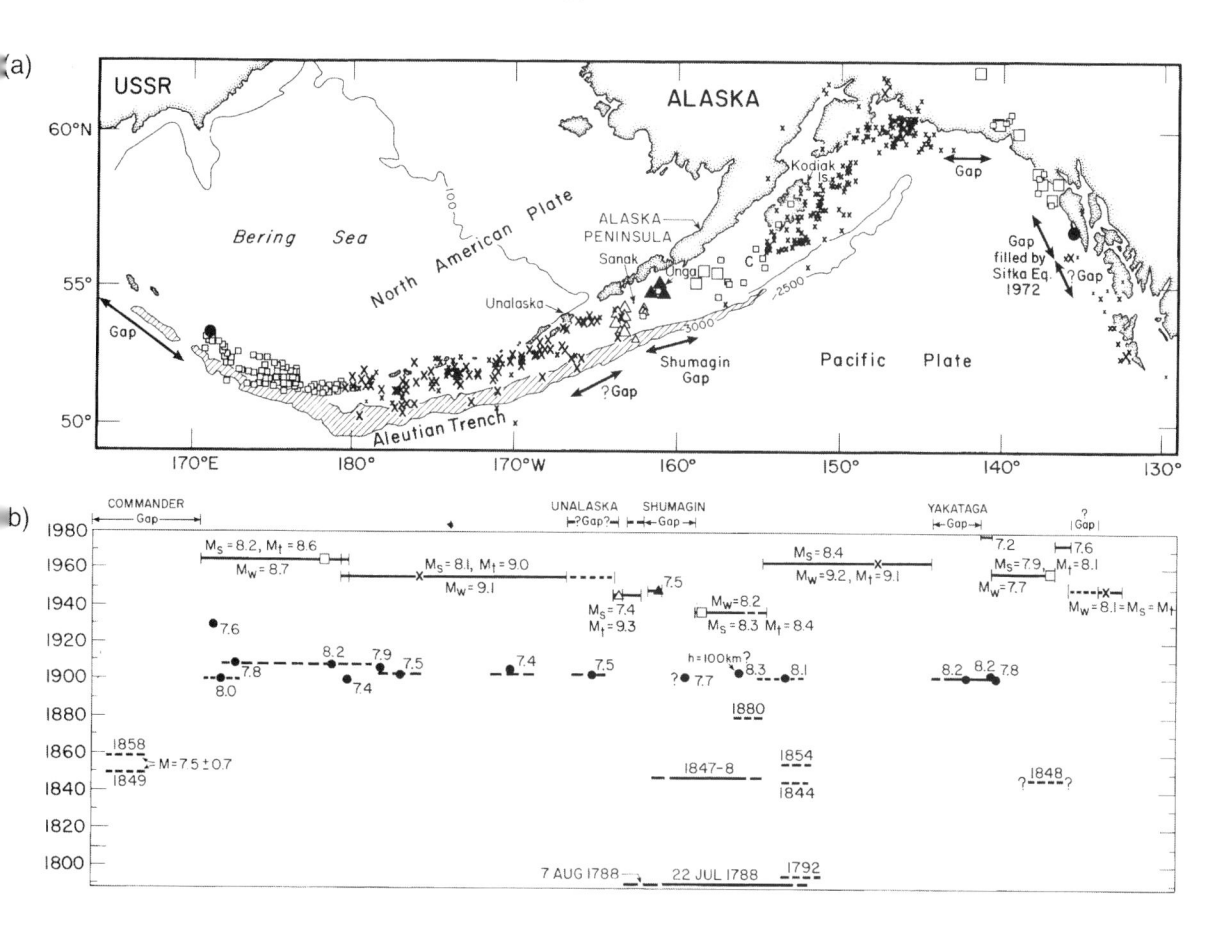

図 5.27 Aleutian 弧での地震の歴史．上の地図には，最近おこった大地震の余震が本震ごとにシンボルをかえてしめされている．このようにして定義されたラプチャー・ゾーンは，たがいにかさなりあわずにいることに注意されたい．下の図は地震の時空間ダイアグラム．歴史記録がゆるすかぎり過去にさかのぼって，ラプチャーの長さと発生年代がしめされている．(Sykes *et al.*, 1981 から引用した)．

ート運動の大部分が地震として解放されると仮定するなら，もっとも長期間ラプチャーしていないプレート境界のセグメントが，ちかい将来，もっともラプチャーしそうなところだということになる．このような場所は，**サイスミック・ギャップ**〔地震の空白域〕とよばれる．一例として，Sykes (1971) によってはじめて体系的にしらべられた Aleutian 弧についてかんがえよう．図 5.27 には，余震分布からきめられた前回の大地震のラプチャー・ゾーン，これらの大地震と機器観測がおこなわれる以前の地震の歴史がまとめられている (Sykes *et al.*, 1981)．時間の経過にしたがって，ラプチャー・ゾーンがプレート境界全体をうめてゆく傾向があり，ラプチャー・ゾーンはわずかにかさなりあうか，あるいはまったくかさなりあわない．つぎつぎとうまってゆくという観察結果は，上でのべた仮定を肯定しているようだ．そして，かさなりあわないという観察結果は，さきにおこった地

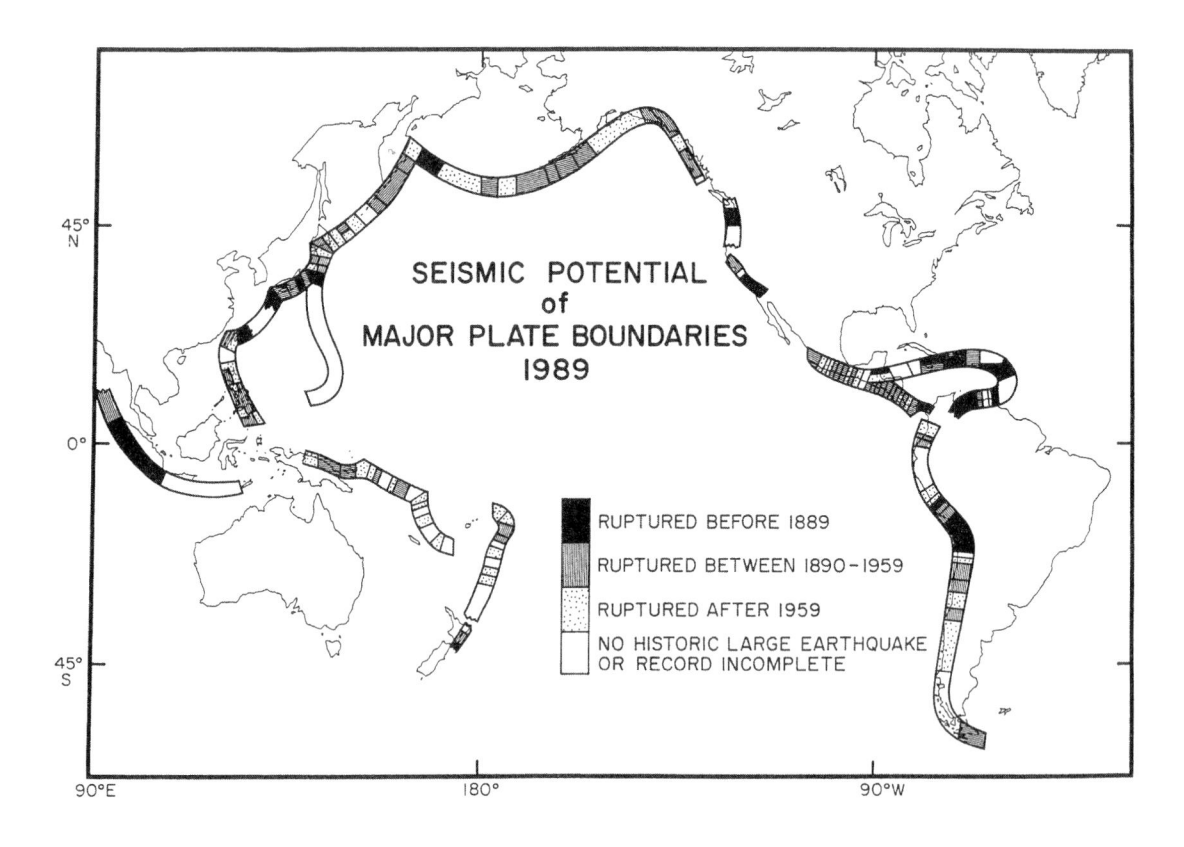

図 5.28 環太平洋ベルト領域のサイスミック・ギャップと地震ポテンシャル．（データは S. Nishenko の厚意による）．

震によって応力が解放された領域はラプチャーを停止させる効果があることをしめしている．

　サイスミック・ギャップは簡単にみつけることができ，図中にかきこまれている．もとの図が Sykes（1971）によって発表されて以来，ここにしめされたギャップのうちいくつかは大地震によってうめられた（Sitka ギャップと Yakata ギャップの一部）．1971 年の研究がおこなわれたときには，島弧がすべりベクトルとほとんど平行になり，すくなくとも部分的に横ずれの性質をもつ Aleutian 諸島のもっとも西の部分について，歴史時代に大地震によってラプチャーされた証拠がなかった．したがって，そこはエイサイスミックにすべっているかもしれないので，大地震を発生させるポテンシャルをもつかどうかをきめるのはそのときには不可能であった．その後，そこは 19 世紀に数個の大地震がおこった場所であることがわかり，状況があきらかになった．この例からわかるように，あるあたえられた断層のセグメントがサイスミック・ギャップであるとみなすには，過去に大地震が発生したのをしめす証拠か，断層がクリープしていないことをしめす証拠のどちらかが必要である．

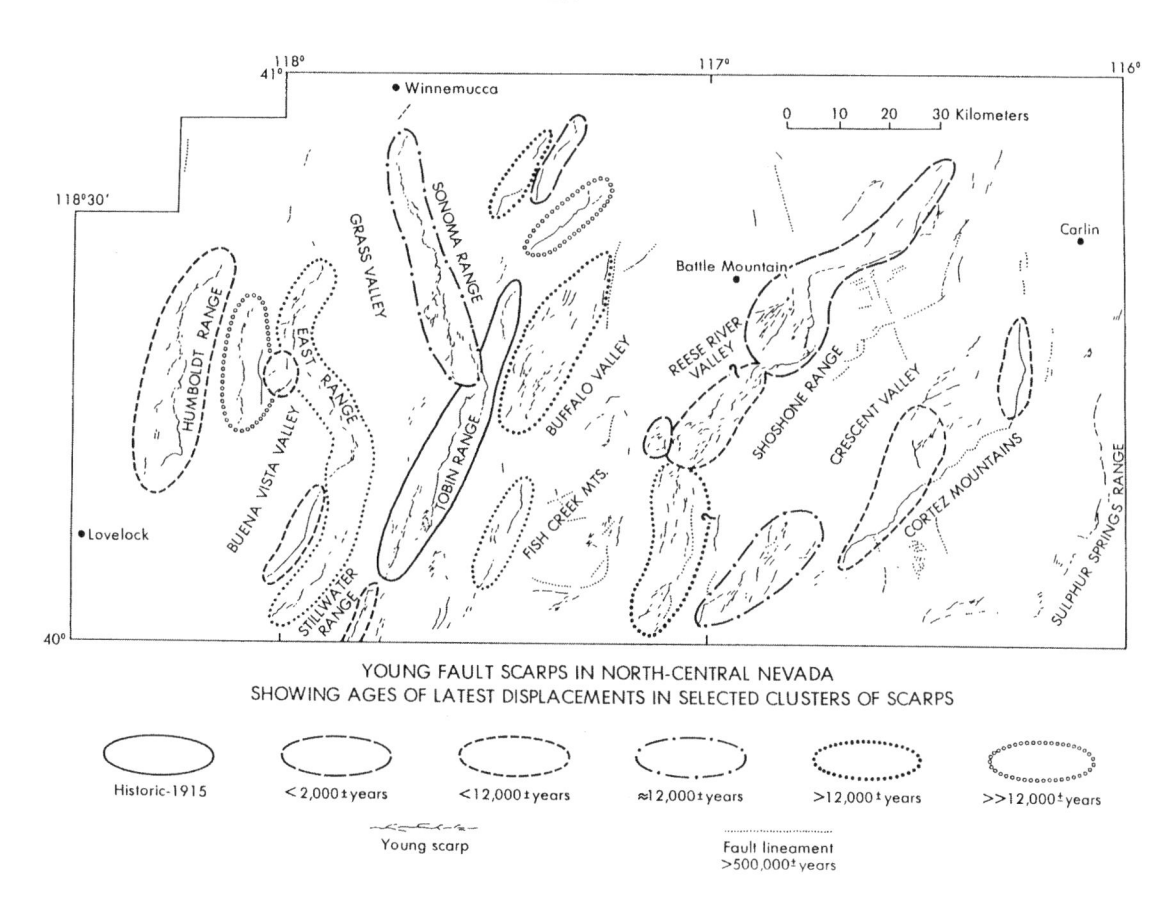

図 5.29 北-中央 Nevada 州北部から中央部にあるわかい年代の断層崖. それぞれの断層崖群のなかで, もっともあたらしい変位が生じた年代がしめされている. (Wallace, 1981 から引用した).

1989 年の時点における環太平洋ベルト地帯の主要なプレート境界のサイスミック・ギャップをしめす地図が, 図 5.28 にしめされている. この地図では, さまざまなシンボルが, プレート境界の各セクションごとの"地震のポテンシャル"の違いをあらわすためにつかわれている. この"地震のポテンシャル"という言葉は, それをうめると期待される地震の切迫性によってサイスミック・ギャップを分類するためにつかわれている. 一般に, サイスミック・カップリングをしているとわかっているプレート境界セグメントのなかでは, もっとも長期間ラプチャーされていないものが, もっともたかい地震ポテンシャルをもつ. エイサイスミックなすべりがおこっている証拠のあるところは, 地震ポテンシャルのひくい地域である. ここでいう地震ポテンシャルという言葉の意味を, スリップ・プレディクタブル・モデルによる地震サイズの予測と混同しないようにしなければならない. サイスミック・ギャップの考え方では, 将来の地震のサイズは, それがうめるサイスミック・ギャップのサイズによってきまる. 以前の地震のすべり量, すべり面の大きさ, 発生時期, さらに長期的すべりレートまたは載荷レートに関する情報がおおければおおいほど,

サイスミック・ギャップの考えにもとづいた長期予測はより確実なものになる．たとえば，Sykes and Nishenko（1984）は，この方法を拡張し，データを追加して，San Andreas 断層の主要な地震のサイズ，再来時間の期待値，発生確率を推定した．

このアプローチをプレート内地震に対して適用できるかどうかはよくわからない．なぜなら，このアプローチの本質的仮定である，時空間におけるさまざまなレートの定常性が，プレート内地震については成立しないかもしれないからである．たとえば，Wallace（1981, 1987）は，Great Basin のある地域の断層群は，数千年にわたって活動したあと，その活動がほかの地域に転じたことをしめした（図5.29）．彼は，中央 Nevada における今世紀の地震活動は異常にたかく，長期的な変形レートの代表値とはみなせないといっている．たとえば，Savage and Lisowski（1984）が議論したようなプレート内の領域のなかでみつけられたサイスミック・ギャップは，プレート境界でのサイスミック・ギャップほど明確に定義できないし，つぎの地震がさしせまっているかもはっきりしない．Ambrayseys（1970）は，トルコの地震活動についておなじ観察結果をえた．トルコでの地震活動は，あるひとつのブロックの境界に数世紀にわたって集中したあと，数世紀におよぶ静穏期をはさんで，別のブロック境界にうつったのである．

5.3.4 載荷サイクルと地震活動の変化

この節では，1サイクル全体の応力を解放する支配的な地震に議論を集中した．しかし，支配的な地震の発生にむかって載荷される領域のなかには多数のちいさな断層があり，これらも地震を発生させるだろう．これらの断層でおこる2次的な地震活動は，載荷サイクルの影響をうけて，活発になったり，不活発になったりすることが期待できるかもしれない．Kamchatka - Kurile 領域の地震にこのパターンがみられることを，Fedotov（1965）がはじめて気づいた．この地域の平均再来間隔は約140年であり，ラプチャー・ゾーンとそのごく近傍の領域は，余震活動が減衰したあと，地震サイクルの始めの40 - 60%に相当する期間は，きわだった静穏期となる．そのあと地震活動はだんだんたかまり，サイクルの後半でほぼ定常的な**バックグランド・レベル**にもどる．Mogi（1979）は，日本やほかの地域の地震について，このサイクルをみつけだした．彼は，特にサイクルの終わり近くに，地震活動がラプチャー・ゾーンの周縁部に集中して，その中央部にははっきりとした静穏域がみとめられ，彼がドーナツ・パターンとよぶところのパターンができた多数の事例を指摘した．たとえば，南西日本の南海トラフに面する部分のプレート内地震は，プレート境界の支配的なアンダースラスティング地震に先行する50年間に増加するようにみえる（Shimazaki, 1976 ; Seno, 1979）．この地震活動は，特に南海道地震のラプチャー・ゾーンの走向方向の縁のうしろに外側をとりまく背弧側のベルトに集中した（Mogi, 1981）．Mogi は，この地震活動の増加は，載荷サイクルがすすむにつれ，その地域の広域応力が全体的に増

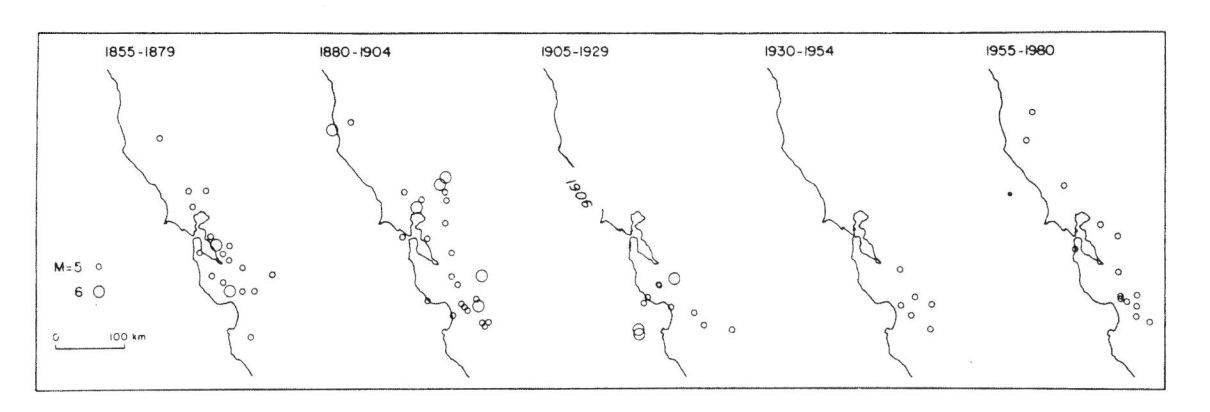

図 5.30 San Francisco 湾地域の地震の歴史．1855 年から 1980 年まで，25 年ごとに図示した．(Ellsworth et al., 1981 から引用した)．

加したことを反映しているのだと提案した．この観点にたつと，ドーナツ・パターンは，ラプチャーの周縁部のまわりにできる応力集中に起因すると解釈される．おおくの沈み込みゾーンでは，弧内のプレート内地震活動がはっきりと増加するわけではないので，ドーナツ・パターンは，この場合は適切な名前ではないかもしれないが，主たるラプチャーにさきだつ最後の数十年間に，その末端部近くで地震活動が増加するという形であらわれる (Perez and Scholz, 1997)．

載荷サイクルと関係する地震活動の変化は，しずみこむ側のプレートでもおこるだろう．さきにあげた Rat Island 地震のケースのように（節 4.4.2），隣接する海溝でのアンダースラスト大地震のすぐあとに，アウター・ライズ〔outer rise；外弧海膨〕で正断層地震が発生することがある．いっぽう，同じ場所で圧縮の（衝上断層）地震が，載荷サイクルの後期に観察されることもある．このことは，そこでの応力状態が劇的に変化することを示唆する (Christensen and Ruff, 1983)．といっても，弧のひとつのセグメントが載荷サイクル全体をつうじて観察されたことはないから，このようないちじるしい応力状態の変化が直接検証されたわけではない．メキシコの沈み込みゾーンの研究において，プレート境界面をラプチャーする地震の数年前に，しずみこんだプレートのダウンディップ側の部分で，しばしばおおきな正断層地震がおこったことが報告された (McNally and Gonzalez-Ruis, 1986 ; Dmowska et al., 1988)．Dmowska et al. は，この現象をつきのようなモデルで説明した．しずみこんだプレートは負の浮力によって下方にひっぱられ，載荷サイクルがすすむにしたがい，スラブ内でダウンディップ方向の引っ張り応力が増加する．この応力はその後，おおきな衝上断層地震のときに境界面がすべって解放され，アウター・ライズの部分に正反対の効果をおよぼす．

1906 年の San Francisco 地震の地域でみられた載荷サイクルに関係する地震活動の変化の例が図 5.30 に示されている．この地域は，1906 年の地震にさきだつ 50 年間に地震活

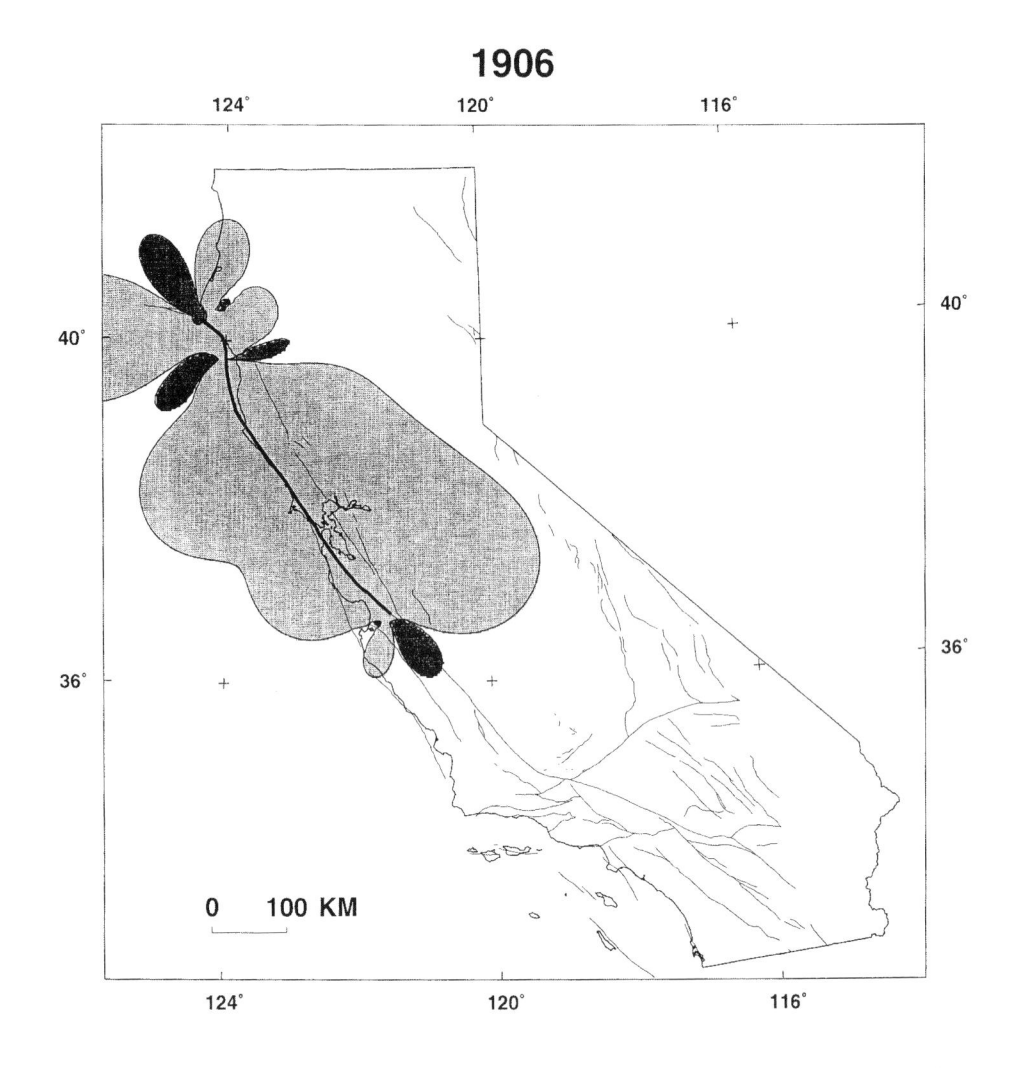

図 5.31 1906 年 San Francisco 地震によってひきおこされた Coulomb 応力の変化. ラプチャー（太線）と類似の走向をもつ横ずれ断層上での Coulomb 応力の変化が計算された. うすくグレーにぬられた領域は ΔCFS が 0.01 MPa 以上減少したところ, こくグレーにぬられた領域は ΔCFS が 0.01 MPa 以上増加したところである.（Harris and Simpson, 1998 から引用した）.

動がたかいレベルにあり，特に San Francisco 湾の東側の Hayward 断層ではいくつかの大地震もおこった（Tocher, 1959）．図 5.30 にみられるように，1906 年以降には，50 年におよぶほとんど完全な静穏期が全域を支配した．1957 年の San Francisco 半島でおこった地震から，あたらしい活動期がはじまった．これは，East Bay 断層の地震活動が復活したこと，とりわけ，Hayward 断層と Calaveras 断層でおこった，1979 年の Coyota Lake 地震（$M = 5.7$）と 1984 年の Morgan Hill 地震（$M = 6.1$），また Livermore 断層でおこった地震（$M = 5.9$）などであきらかになった．しかし，San Andreas 断層は静穏なままである．Sykes and Jaumé（1990）と Jaumé and Sykes（1996）は，1989 年の Loma Prieta 地震でもってあたら

しいサイクルがはじまったのに先行して地震活動が増加したが，これらは中規模の地震にかぎられていたことをしめした．このようなふるまいの簡単な説明は，本震のストレス・シャドウにはいる領域では，余震のあとには広域的な静穏化がおこるというものである．1906年の地震についてHarris and Simpson (1998) が計算したストレス・シャドウを図5.31にしめす．ストレス・シャドウ（うすいグレー）は広域的にひろがっているが，応力が増加した領域はずっとせまい範囲にかぎられている．このシャドウはテクトニックな載荷によって徐々に消滅してゆき，地震活動が再開するのだろう．

5.3.5 地震の周期性に関する問題

前節では，地震の再来が完全な周期性からあきらかに逸脱する特別なケースをいくつか指摘し，その原因となる二三のメカニズムについて議論した．非周期性をみちびきだす可能性のある物理的な理由に関するよりくわしい解析は，つぎの節でおこなう．ここでは，この問題と関連したふたつの大規模なデータ・セットについて議論し，いったんこの問題についてのまとめをおこなう．ひとつは地質学的データであり，もうひとつはおもに歴史的データである．

図5.32に，Pallet CreekとWallace Creekでおこった地震の年代とすべり量をしめした．1857年の地震ではふたついっしょにすべった (Sieh, Stuiver, and Brillinger, 1989)．このデータ・セットはめずらしく放射性炭素年代の誤差がひじょうにすくないので，地震の周期性について議論できる．Pallett Creekでの過去10個の地震の平均再来時間は約132年であるが，平均からのずれがおおきく，非周期的な系列になっている．二三個の地震がみじかい間隔でクラスター的におこったあとはずっとながいしずかな期間になるというパターンを4回くりかえした．Wallace Creekでは1回の地震でのすべりはPallet Creekの地震よりおおきいのだが，このWallace Creekでのひとつひとつのイベントと，Pallett Creekのクラスターのひとつひとつが時間的に対応しているのは興味ぶかい．Pallett Creekの各クラスター内の2番目または3番目の地震はWallace Creekをもラプチャーしたようだ．したがってPallett Creekをラプチャーする地震には，すくなくともふたつのことなるサイズのものがある．

Nishenko and Buland (1987) は，プレート境界のおなじ地域ですくなくとも3回以上ラプチャーした地震のデータをあつめた．彼らは，個々の再来時間Tを，その地域での平均再来時間T_{ave}で正規化し，そのヒストグラムをしめした（図5.33a）．もし，地震が完全に周期的であるなら，ヒストグラムはT_{ave}でスパイク状のピークをもつはずだが，みてのとおり実際にはそうなっていない．しかし，平均再来時間はよくきまり，標準偏差はその平均の関数である．したがって，地震のふるまいは準周期的であるといえる．Nishenko and Bulandは，このデータが対数正規分布によくあてはまることをしめした（図5.33b）．

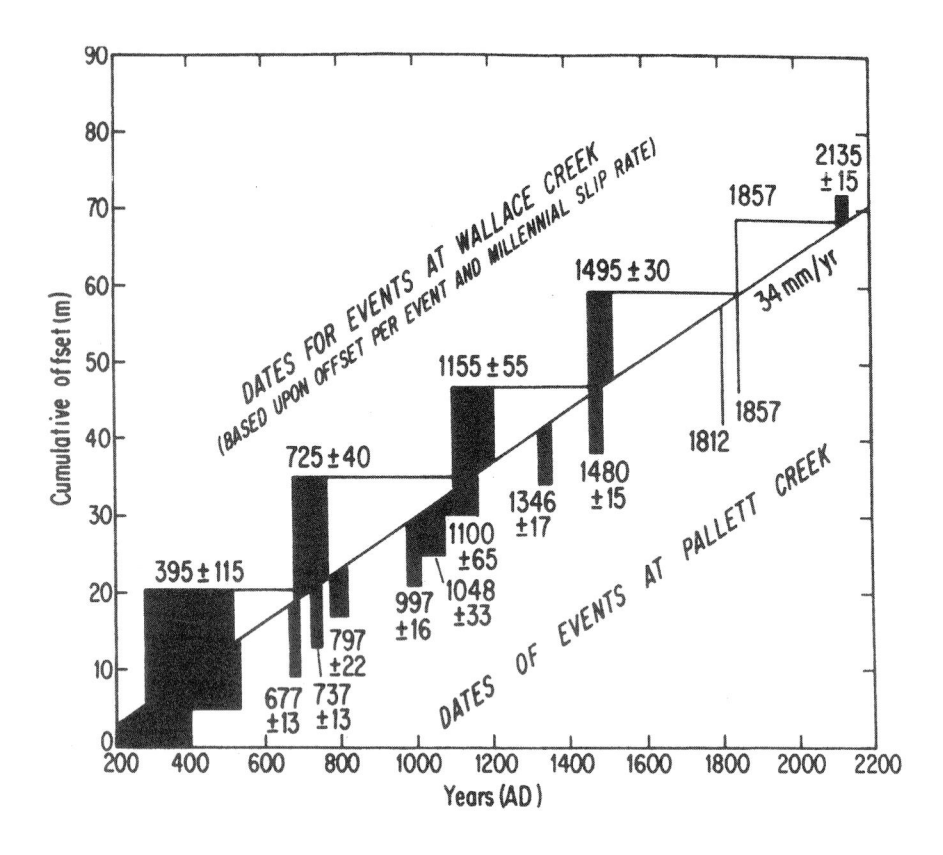

図 5.32　古地震学的測定からえられた Wallace Creek と Pallet Creek での過去 2000 年間のおおきな地震のおおよその年代とオフセット量．（K. Sieh が作成した）．

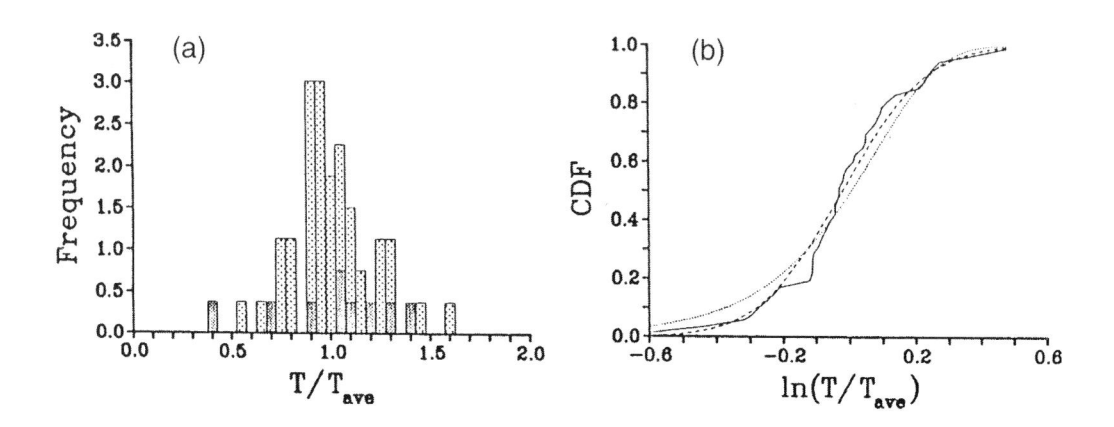

図 5.33　歴史記録からきめた再来時間．プレート境界のあるひとつのセグメントで，地震がすくなくとも 3 回以上くりかえした歴史をもつものをえらんだ．(a) 再来時間 T は，そのセグメントでの平均再来時間 T_{ave} によって正規化されている．(b) さまざまな確率密度関数をもちいてデータを近似したもの：破線は対数正規分布，点線は Weibull 分布である．（Nishenko and Buland, 1987 から引用した）．

前節で議論した Parkfield 近くの繰り返し地震の再来時間も対数正規分布にあてはまる (Nadeau *et al.*, 1995).

歴史にしるされた地震の発生年代には誤差がないので，図 5.33 にしめされた周期性の欠如を，データのばらつきに帰することはできない．地震の再来が周期的でないにしても，再来確率関数はよくきめることができる．節 7.4.3 では，この結果が地震災害危険度の解析にどのようにつかわれるかをしめす．ここでは，周期性の欠如をみちびきだす可能性のある物理的な理由に関する議論にもどろう．

5.4 地震の再来モデル

地震の再来の問題をしらべるためには，システム全体の動力学をもっとくわしくしらべる必要がある．そのために，システムの単純なモデルとして図 5.34 のいちばん上にしめしたばね－スライダー・モデルをかんがえよう．ここでは，一定速度 V_{PL} でうごくベルト・コンベヤーのうえに，ばねにつながれたすべり面をもつスライダー・ブロックがのせられている．ブロックとベルトのあいだのすべり速度は，つぎのようにあたえられる．

$$\dot{s} = \dot{\xi} - V_{\mathrm{PL}} \tag{5.3}$$

ここで ξ は，ばねがのびていないときの位置からはかった変位量をあらわす．摩擦力はすべり速度 $\dot{s}$ の関数であるとし，2 章で議論したように，低速度ではすべり速度弱化を，高速度ではすべり速度強化をひきおこすとしよう．摩擦力 $\phi(\dot{s})$ は，図 5.34 のなかに模式的にしめされている．ばねが速度 V_{PL} でのび，摩擦力がある限界値に達するとすべりがはじまり，すでに議論したように，最初のうちは抵抗力がさがり，k が十分にちいさいときには不安定にいたる．ブロックの運動方程式は，つぎのようにあたえられる．

$$m\ddot{\xi} + \phi(\dot{\xi} - V_{\mathrm{PL}}) + k\xi = 0 \tag{5.4}$$

この式は，式 2.35 の変数をかえて，より陽的な形になるよう表現しなおした式である．

このシステムは，非線形動力学における古典的な例であり，Rayleigh（1877）によってはじめて，弦楽器の弦をこする弓の作用を解析するために導入された．この方程式は，この分野の標準的教科書（たとえば，Stoker, 1950）のなかで，例題としてしばしばとりあげられ，解がしめされている．図 5.35 に，このシステムのフェーズ・ポートレートがしめされている．そこには，太線の曲線でえがかれた周期アトラクターがあり，そのなかに不安定不動点がある．したがって，出発の状態がアトラクターの内外をとわずフェーズ面のどこにあろうとも，細線でしめしたように，アトラクターの上に収斂する．いったんアトラクターにのれば，時計方向にまわるだろう．点 1 から点 2 へかけては，V_{PL} でうごく載荷の段階である．点 2 はすべりがはじまる限界摩擦である．点 2 から点 1 へもどるルー

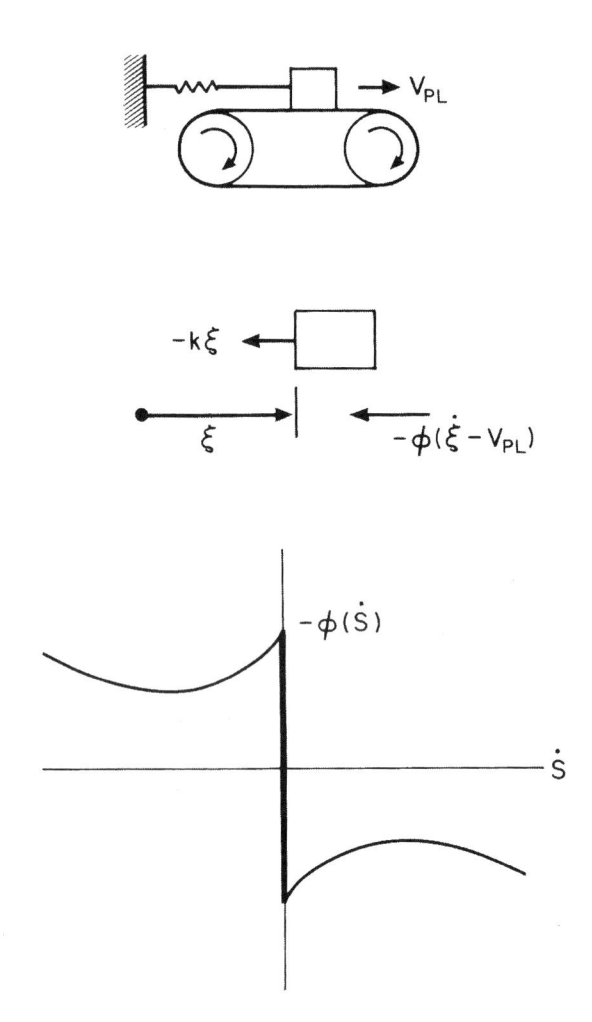

図 5.34 ばね−スライダー・ブロックで構成された単純な地震再来モデル．（上）システムの概念図．ベルト・コンベヤーのうえにのせられたブロックがばねにつながれている．（中）システムに作用する力．（下）不安定性をひきおこす摩擦力関数 $\phi(\dot{s})$ の模式図．

プは，$\phi(\dot{s})$ の形状とばねのスティフネス k だけできまり，点 1 までもどるとふたたびロックされる．点 2 の状態から点 1 の状態へのストレス・ドロップは一定である．これはリミット・サイクルの代表例であり，このサイクルは完全に周期的である．状態変数をひとつだけふくむ式 2.26 のような形であらわされた摩擦則をつかったこのシステムの解析は，Rice and Tse (1986) によっておこなわれた．

　前節でレビューした観察結果は，この単純なモデルを支持していないようにみえる．しかしながら，これはそれほどおどろくに値しない．このモデル・システムは 1 自由度のシステムであり，適用できそうなのは，摩擦と載荷レートが断層面全体にわたって均一かつ，断層が剛体ブロックとしてふるまう場合だけだが，自然の断層はそんなものではない．

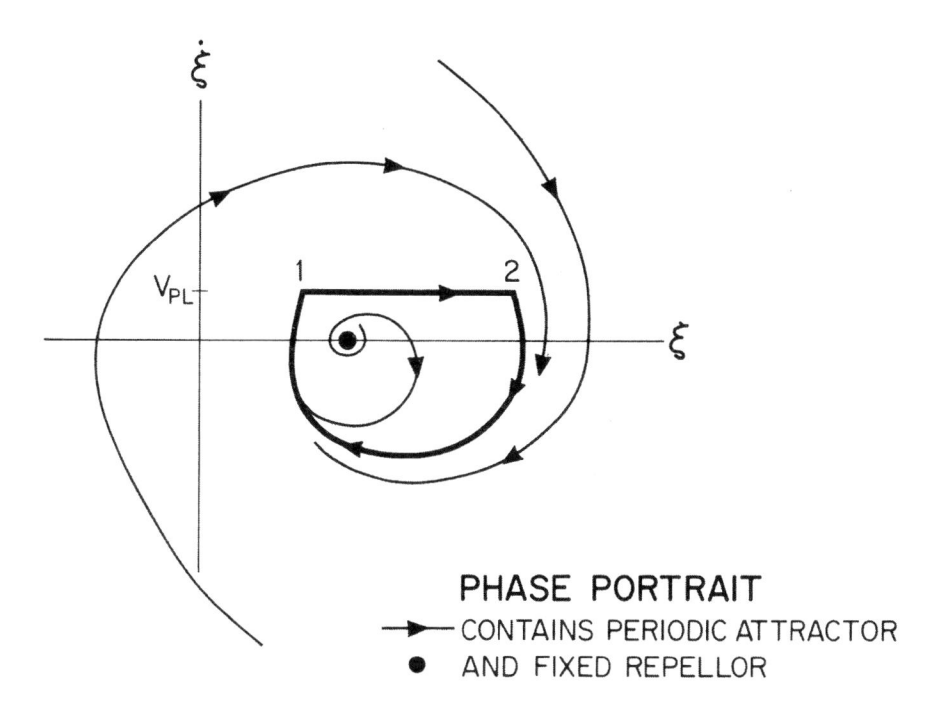

図 5.35 動的なシステムのフェーズ・ポートレート．太線の軌道は周期的アトラクター，黒点は不安定不動点である．

　われわれはすでに，断層の摩擦がひじょうにばらついているとかんがえるべきたくさんの理由をあげた．その場合には，準静的な載荷によって限界応力に達するのはどこかひとつの点だけである．断層の残りの部分は，節 4.2.3 で論じたように動的なトリガリングによってラプチャーされるのである．ひとつの地震のラプチャーのなかでも，結果として生じるストレス・ドロップはおおきくばらつくので，断層にかかる応力はとても不均質になり，強度パラメーター S（式 4.20）はランダムな変数だとかんがえられる．こうしてみると，断層はすべてのスケールにおいて不均質な要素で構成され，これらが，長短さまざまなレンジにわたって作用する弾性力によって結合しているとかんがえるべきである．

　図 5.34 の系のもっとも単純な拡張として，ブロックをふたつにしてばねでつなぎ，個々のブロックにことなる摩擦強度をもたせるというシステムにするだけでも，ずっと複雑なふるまいがつくりだされる（Huang and Turcotte, 1990）．さらに，ばねとブロックが 1 次元的にたくさん数珠繋ぎになった物理モデルは，イベントの大きさの Gutenberg - Richter 分布が再現されるなど，ずっと複雑なふるまいをつくりだす（Burridge and Knopoff, 1967）．

　このタイプのモデルを拡張した，空間的な広がりをもつ散逸系の動力学モデルが，Bak, Tang, and Wiesenfeld（1988）によってつくられたが，彼らのモデルは，地震の特徴のいくつかをうまく予測する．彼らのモデルは，空間的にはべき乗法則の大きさ分布にしたがうようなクラスターをもち，時間的には $1/f$ ノイズによって特徴づけられるような自己組

織化された臨界状態〔self-organized criticality；SOC〕に進化するという性質をもっている．この状態を単純に視覚化した例をあげると砂山がある．最大安息角で積みあがるときがSOCの状態であり，砂なだれのサイズ分布はべき乗則になり，時間的には$1/f$ノイズとなる．この動力学モデルは，Gutenberg - Richter則がその一例であるような，フラクタル的な，すなわちべき乗則の大きさ分布を，あらかじめ仮定として内包しないでうみだした最初のモデルである．このように集団としての明確な特性が，多数の単純な要素どうしの相互作用から生起するというふるまいは，**複雑系**〔complexity〕とよばれている．

　Bak, Tang, and Wiesenfeld（1988）のモデルから派生した，あるいは発想をえた複雑系のモデルは，地震物理にさかんに応用されてきた．この種のモデルには，セルラー・オートマトン（Bak and Tang, 1989; Brown, Scholz, and Rundle, 1991），1次元や2次元のばね－スライダー・ブロック・モデルで，完全に動力学を組みこんだもの（Carlson and Langer 1989a, b; Shaw, 1995, 1997），連続体モデル（BenZion and Rice, 1995），平均場モデル（Sornette and Sornette, 1989；Sornette and Virieux, 1992）などがある．図5.36にShaw (1995) のばね－スライダー・ブロック・モデルによるシミュレーションの結果をしめす．ここでは，さまざまな大きさの多数のイベントがおこるが，その再来は厳密に周期的というわけではないこと，サイクルごとにイベントの大きさがかわることもみてとれる．離散的なばねスライダー・ブロック・モデルはGutenberg - Richterの大きさ分布をうみだす．またおおきな（システム・サイズの）イベントとちいさなイベントの分布は分離し（Carlson and Langer 1989a, b; Brown *et al*., 1991; Shaw 1995, 1997），おおきなイベントの再来間隔は対数正規分布にしたがう（Brown *et al*., 1991）．おおきなイベントのサイクルのあいだには地震活動の変化がみられる．これらの特徴はすべて自然の地震活動ににかよっている．このモデルはスキツォスフェア全体が自己組織限界状態にあることを示唆しており，このことが節6.5.4で指摘するように，スキツォスフェア全体がどこでもラプチャー寸前にあることの理由かもしれない．

　図5.34にしめされたような単純なシステムで表現されようと，もっと複雑なシステムで表現されようと，地震サイクルはエネルギー・バランスを満足させなければならない．したがって，たとえ非周期的でも，観察結果がしめすように，平均再来時間によって特徴づけられるはずである．空間的に一様でないにしても，断層の強度も明瞭に定義できる量にちがいないので，平均値からの偏差が，はっきりと平均値の関数になっていることは理にかなっている．なぜなら，平均再来時間は，載荷応力の速度をはかるものさしだからである．この概念は，Gilbert（1909）によってうまく表現されている．彼はいう：

> エネルギーが，徐々にポテンシャルにつけくわわるような，自然または人工的なリズムの類が存在する．この結果，内的応力やひずみが，あるきめられた抵抗量をこえるまでたくわえられると，そのときカタストロフィックなエネルギーの放

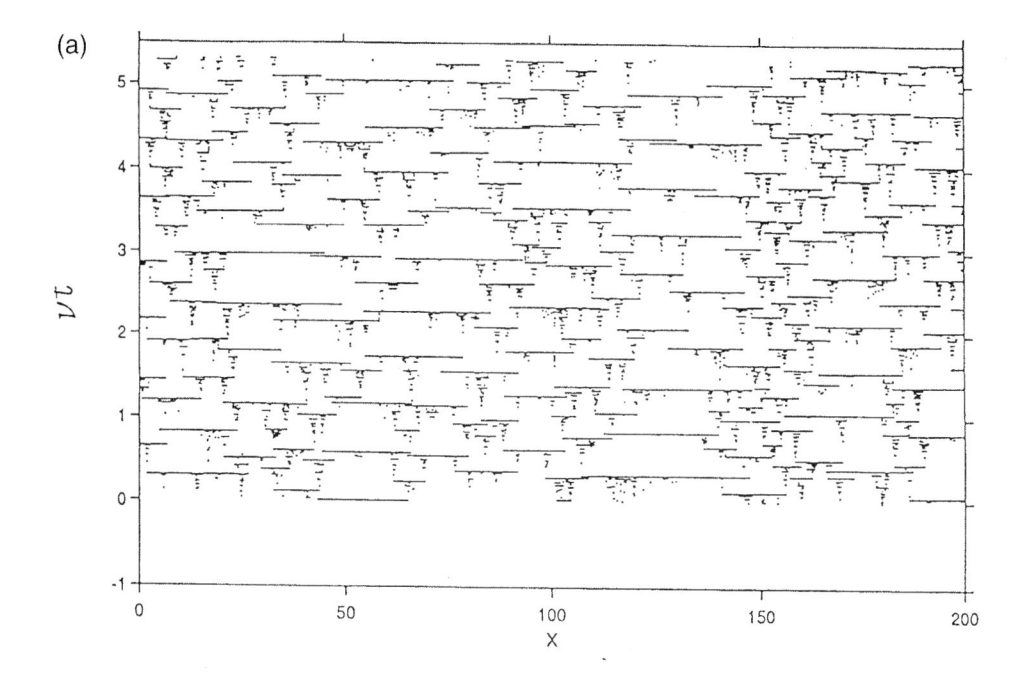

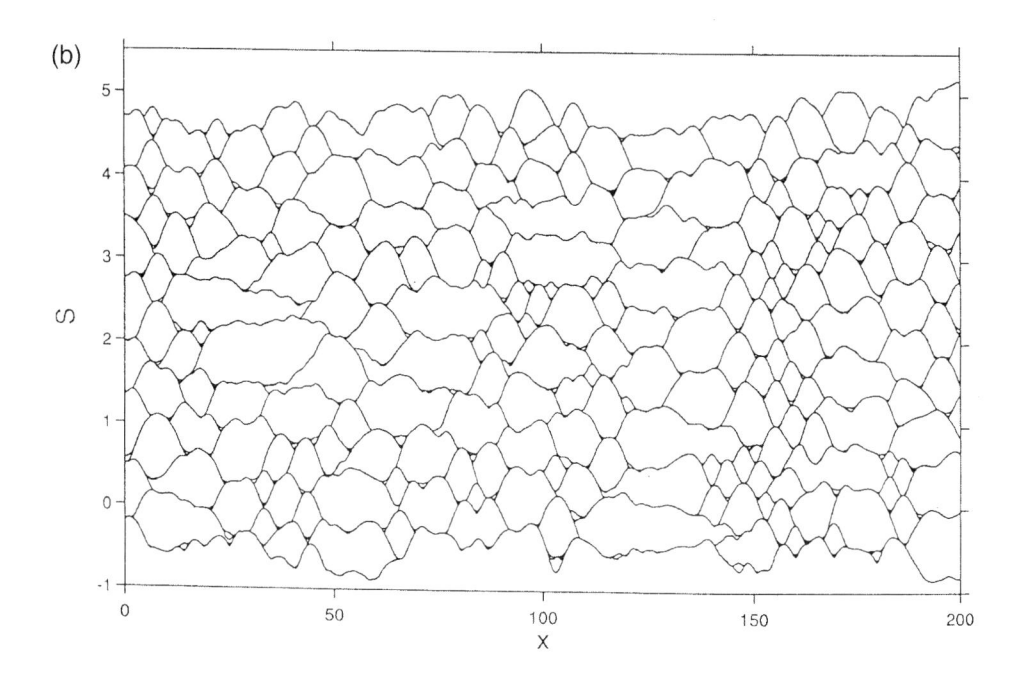

図 5.36 ばね−スライダー・ブロックで構成された断層モデルでおこるイベントのすべりの履歴．(a)ラプチャー・イベントを断層にそった長さで表示している．図 5.27 と比較せよ．(b)ラプチャー・イベントによって生じた累積すべり（Shaw, 1995 から引用した）．

出がおこる．エネルギーの供給は連続かつ一様であるので，エネルギーの放出は規則的な間隔でおこる… 地震がおこる領域の応力が，均質な岩石に影響をあたえ，おなじ断層面上のすべりによっていつも解放されるとしたら，地震のサイクルは規則的であろう．しかし，構造は複雑であり，破壊は多数の点で交替々々におこるので，リズムの気配は表面的にはきえさってしまう．

このような状況のせいで，長期的地震予知を正確におこなうことはできないが，節7.4で論ずるような地震災害危険度解析におこるたしかな基盤がえられる．しかしながら，その問題にすすむまえに，ことなったテクトニクスの環境下で地震のはたす役割を論ずる必要があり，これが次章の主題である．

6 地震テクトニクス

　この章では，さまざまなテクトニクスの環境のもとで地震のはたす役割を議論する．特に，サイスミックな断層とエイサイスミックな断層がはたす役割の相対的な大きさに注意する．大陸地殻の断層ゾーンに対して考察してきた断層運動の安定性が，海洋の断層や沈み込みゾーンなどについてはどうなっているのかをしらべる．さらに，人工的に誘発された地震活動から，なにをまなぶことができるかについてもレヴューする．

6.1　イントロダクション

　ここまでの議論では，地震や断層の力学を支配する一般的原理がのべられ，それらがはたらいているのがわかるさまざまな実例をみてきた．のこされた課題は，このような現象をテクトニックなプロセス全体のなかに位置づけることである．テクトニクスの活動のなかで，地震がなんらかの役割を演ずることは，Lyell の時代から認識されてきたが，地震によってつくりだされるトータルな変形はどれほどの量か，さらに，テクトニクスの状況の違いに応じて，地震のはたす役割はどうかわるかについては，依然として未解決である．さらにある地域のテクトニクスを推定するためにしばしば地震活動がつかわれるので，地震学によってあきらかにできる部分とできない部分がなにとなにのかを考究するのは当然のことである．テクトニクスを構成する要素として地震を研究することは，地震テクトニクス〔seismotectonics；サイスモテクトニクス〕とよばれる分野となったが，これがこの章の主題である．

　地震活動は，たとえそれが活動的なテクトニクスの原因でないにしても，その表れのひとつであることが，ずっと以前からしられている．図 6.1 にしめした地震活動の世界地図は，活発に変形がすすむ地域の大部分をうかびあがらせている．ここでは主要なプレート境界が簡単にたどれるだけでなく，Alpine - Himalayan 帯やアメリカ合州国西部の Great Basin のような，広域変形ゾーンと関連するおおきくひろがった地震活動帯もみとめられる．このように，地震活動が存在するかどうかをしれば各地域のテクトニクスの活動度をおしはかることができる．海底地域など，他の方法ではしることのできない地域については特に有用である．たとえば，Ewing and Heezen（1956）が地球全域にわたる中央海嶺システムの存在を予言できたのは，北大西洋をよこぎる数枚の海底地形プロファイルととも

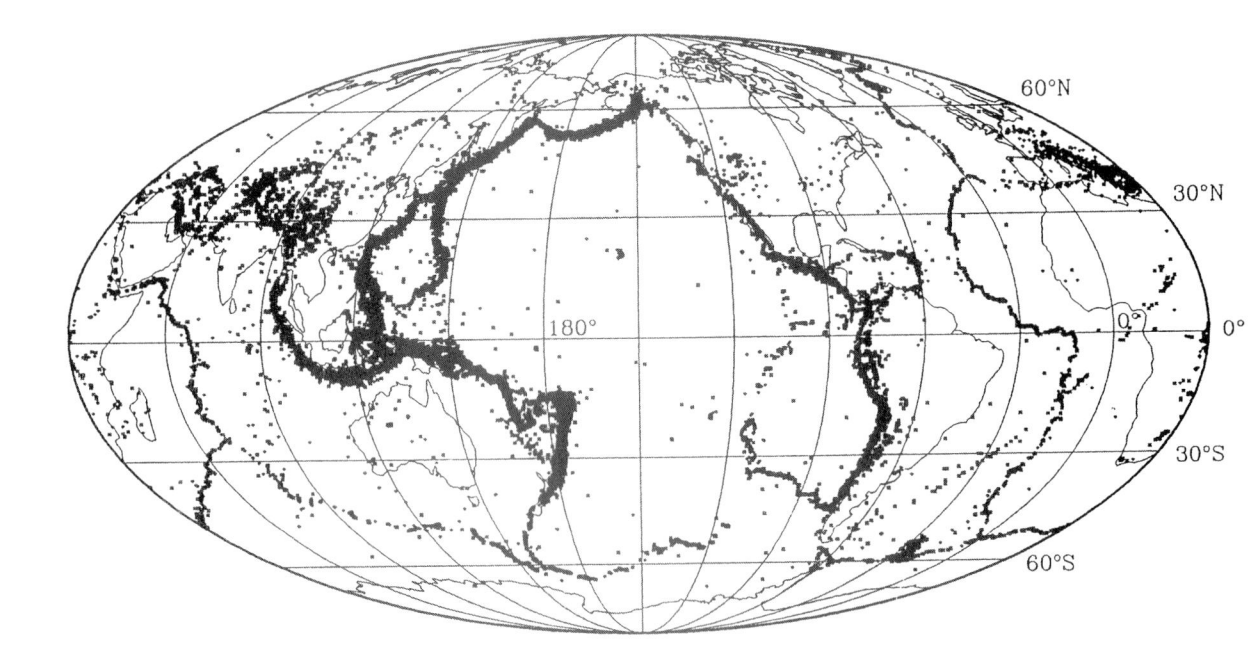

図 6.1 浅発地震活動の世界地図．1963 - 1988 年に，70 km より浅部でおこった $M > 5$ の地震をプロットした．（アメリカ合州国の地質調査所，National Earthquake Information Center の厚意による）．

に，地震活動のたかい連続的な帯をみとめたからである．地域的な地震のネットワークや，もっと局所的なネットワークからえられたデータをもとにして，ずっとちいさなスケールで地震活動の地図をつくれば，その地域のテクトニクスをよりくわしくしることができる．

しかしながら，テクトニックな変形をあらわす指標としての地震というより，地震がテクトニックな変形にどれくらい寄与するのかをきめるときには，このような地震活動の地図は誤解をまねきやすいだろう．さまざまなシンボルをつかって，さまざまなマグニチュードの地震を区別したとしても，どんなサイズの地震がおこったかをしめす地図としてはそれほど適切なものにならないだろう．この問題点は，図 6.2 にしめした円グラフによくあらわれている．このグラフでは，1904 年から 1986 年までの世界中の地震モーメント解放量の分布がしめされている．主要なプレート境界だけをくらべても，地震モーメント解放量はひじょうにかたよった分布をしていることがわかる．モーメント全体の約 1 / 4 は，あるひとつの地震，すなわち 1960 年のチリ大地震によって解放された，この地震はペルー－チリ海溝の沈み込みゾーンの境界面を約 800 km にわたってラプチャーさせた．このことは，式 4.31 で記述されるような地震のサイズ分布をかんがえればおどろくべきことではない．このべき乗法則にしたがう分布は収束性であるはずだから（つまり，合計すればある有限なモーメントになる），モーメントの大部分は少数の最大級の地震によってになわれなければならないということになる．おなじことが，どの地域の地震のサイズ分布

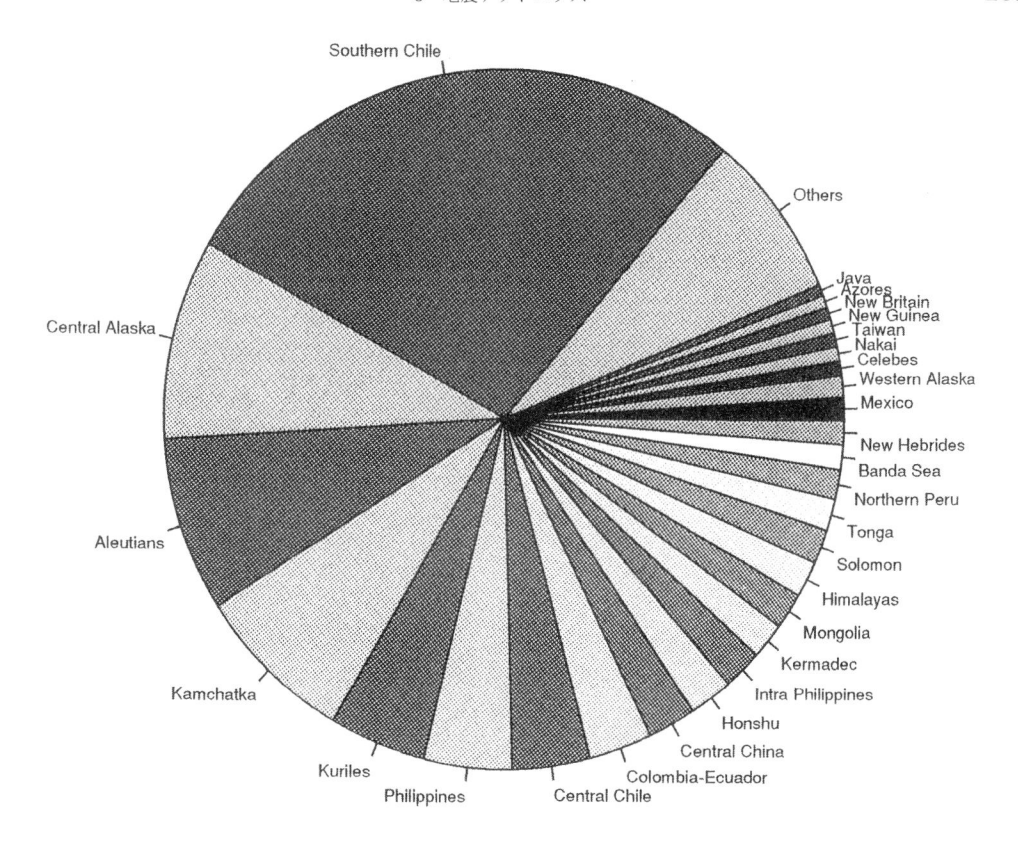

図 6.2 1904 - 1986 年に地球上で解放された地震モーメントの分布をしめす円グラフ. (J. Pacheco の厚意による).

にもあてはまる. すなわちどの地域をとっても, 地震モーメントの大部分は, 少数の最大級の地震によって解放されるのである.

図 6.2 をさらにくわしくみると, 地震モーメントの約 85% が沈み込みゾーンで解放され, これもふくめて, 地震モーメントの 95% 以上が, プレート境界でおこるあさい地震によって解放され, 残りがプレート内地震や, やや深発地震によって解放されることがわかる. 火山性の地震によって解放されるモーメントはとるにたらない量である. 地域的な地震テクトニクスをしらべるときには, その地域の地震モーメント解放量が地震カタログのなかの少数の最大級の地震によって完全に支配されるということに, いつも注意しなければならない. また地震の大きさをあらわすのにマグニチュードが一般的に使用されることも, これらの違いをしばしば把握しにくくしている. マグニチュードはモーメントの対数的なものさしであることと, モーメント・マグニチュードをつかわないかぎり, 通常のマグニチュードがモーメント解放量にもっとも寄与のおおきい地震に対して飽和してしまうのがその理由である.

もちろん, 地震の震源メカニズム解も, 個々の地域のテクトニクスを推定するのにたい

へん効果的であろう．節4.1にのべたように，地震がダブル・カップル放射パターンをもつことは1920年代からしられていたが，震源メカニズムの解析が威力を発揮するのは，1960年代の初期に全世界を網羅する世界標準の地震ネットワークができあがり，十分質のよいデータがえられるようになってからである．この時代に出版されたふたつの論文が，このタイプの解析法の基礎を確立するのにおおきく貢献した．ひとつはSykes (1967) の論文であり，そこでは震源メカニズムをつかってWilson (1965) が提案したトランスフォーム断層の仮説が証明された．もうひとつはIsacks, Oliver, and Sykes (1968) の論文であり，そこでは，プレート・テクトニクスの運動学を確立するために震源メカニズムがつかわれ，しずみこむスラブの力学が推論された．この論文は，次節でとりあげる地震テクトニクスの定性的な解析法の主要なテクニックを具体化したものであった．

6.2 地震テクトニクスの解析法

6.2.1 定性的解析

断層面にそう急激なすべりによっておこる地震は，4象限型の地震波の放射パターンをつくりだす．このパターンは，さまざまな地震学的手法によってきめられ，震源メカニズム解〔focal mechanism solution；または断層面解〕とよばれる（図6.3）．4つのローブ〔四つ葉のクローバーの葉の部分〕は，断層面と向きがおなじ面と補助面〔auxiliary plane〕とよばれる面のふたつの面によって分割される．すべりベクトルは補助面の法線方向をむく．これから地震モーメント・テンソルの主軸の方位がえられる（式4.25）．すなわち，モーメント・テンソルの主軸は，引き〔dilational〕と押し〔compressional〕のローブを2等分し，それぞれP軸とT軸とよばれる．これらは，ストレス・ドロップ・テンソルの主軸でもあるので，P軸とT軸はそれぞれ，圧縮，引っ張りの方向をしめす．P軸，T軸という名前はこれに由来する．

テクトニクスを解析するために震源メカニズムを解釈するときには，2種類の不確かさに注意しなければならない．断層面と補助面は震源メカニズム自体からは区別できないので，そこでの地質を参照して妥当な断層面をきめなければならない．たいていはこれで十分であるが，別の可能性があることに留意しておかねばならない．たとえば，南アイスランドの地震ゾーンでおこった横ずれ地震のケースでは（図3.7，図3.8，図4.24），南北走向をもつラプチャーが地表に露出していることをしらなければ，断層メカニズム解の補助面の方をえらんでしまい，これが，Reykjanes半島までのびている海嶺拡大軸とHelkaで消滅する東のリフトとを連結する東西のトランスフォーム断層での左横ずれをしめすものだとの結論をくだしてしまったかもしれない．じつは，そんなトランスフォーム断層は存在しないのである．

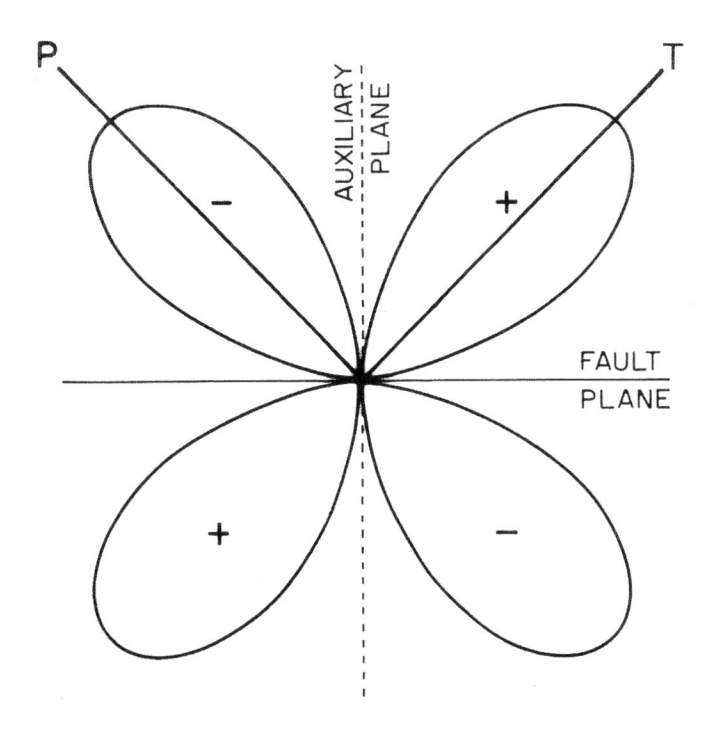

図 6.3 ダブル・カップル型の震源メカニズム解における幾何学的関係．P 波の初動の押しと引きが，＋と－でしめされている．この例では，断層のすべりは右横ずれである．

　もうひとつの不確かさは，P 軸と T 軸を，最大と最小圧縮主応力の方向と関係づけようとこころみるときに生じる．ストレス・ドロップ・テンソルがストレス・テンソルとおなじときにはただしいが，そのようなケースはほとんどなさそうだ．なぜなら，ストレス・ドロップ・テンソルは，せん断成分だけをもつからである．P 軸と T 軸は，断層面に対する角度が 45°なので，ただしい Coulomb 破壊面の方向ではない．しかも，断層面は既存の弱面であるので，不確かさはこれ以上におおきい．仮定する摩擦の値によって，σ_1 や σ_3 が断層面に対してなす角度には，おおきな不確定性がともなうのである．この問題は，節 3.1.1 で議論した，活断層の方位から主応力の方向を推定するときに遭遇する問題に酷似している．

　多数の地震の断層メカニズム解のデータ（Gephart and Forsyth, 1984; Michael, 1987）や多数の断層のデータ（Angellier, 1984）をつかって，σ_1 と σ_3 の方向をもとめるために，さまざまなインバージョン手法が開発されてきた．このような解析の結果は，用心ぶかく解釈する必要がある．（たとえば，Ritz and Taboada, 1993）．これらの方法は，応力の方位が解析されている領域内では一定であるという仮定に準拠している．この仮定はこれだけをとりだして検証することができないので，結果がどれだけ信頼できるかは，その内的な斉合性と，使用したデータにどんなタイプの断層メカニズム解の地震がどれだけあったかをみる

しかない．応力の方向が空間的に変化している領域では，データをどうくぎって問題をといたかに依存する結果がえられることになるだろう．

またこの方法は，すべての断層が均等にサンプリングされるように地震がおこることを要請する．たとえば，σ_1 が N‐S 方向で，ここからの両側に摩擦角の 30°をむいたふたつの横ずれ断層群が活動するケースをかんがえてみよう．これらの断層の走向は N30°E と N30°W であるから，断層メカニズム解の P 軸分布はそれぞれ N15°W と N15°E に極大をもつことになるだろう．もし，どちらの向きの断層の集合もおなじ程度に活発だったとしたら，インバージョンはこのふたつの極大を平均して解をだすだろう．しかしかりに，サンプリングした期間にたとえば，N30°E をむいた断層の集合が共役な方の集合よりも活発だったとしたら，解は σ_1 が北から西にそれているというものになり，極端なケース（共役な方の集合で地震がまったくおこらなかったケース）では，σ_1 の方向が N15°W という答えをだしてしまうだろう．この問題が解の信頼性をどのくらいそこなっているのかも評価することがむずかしい．

震源メカニズム解のデータからこのような力学的解釈をおこなうことがかならずしも適切でないことは，矛盾がおこっているようにみえる事例があることからもわかる．そのような例のひとつは，節 4.4.4 で議論したような事例で，ななめ収束のすべりが，近接したほぼ平行な衝上断層と横ずれ断層のすべりに分割されてまかなわれているという場合である．衝上断層と横ずれ断層の震源メカニズム解から推測される応力の方向はあいいれない．海嶺とトランスフォーム断層が交差するところでもにかよった状況が生じる．これらの事例は，力学的にはつじつまがあわないが，運動学的にはつじつまがあっている．最初のケースでは，すべりベクトルのベクトル和はプレート運動になるし，2 番目のケースでは，ふたつのすべりベクトルの水平成分はおなじである．個々のケースについて，力学的な解釈と運動学的な解釈のどちらが適切であるかよくかんがえて賢明にきめなくてはならない．このような解析の嚆矢となった Isacks, Oliver, and Sykes（1968）の論文では，どちらの解析法も説明されている．彼らは，あさいプレート境界地震を，プレートの局所的な相対運動の方向をきめるものとして運動学的に解釈した．対照的に，Wadati‐Benioff ゾーンでおこるやや深発地震の震源メカニズムは動力学的に解釈した．震源メカニズム解は，しずみこんでゆくスラブのなかで，ダウンディップ方向の圧縮力〔compression〕または伸張力〔extension〕が生じていることを示唆するというわけである．適用の文脈をかんがえれば，どちらの解析法が適切であるかふつうはまちがうことはないが，ふたつの解釈の違いをいつも心にとめておく必要がある．

6.2.2　定量的解析

ここまでは，幾何学的な情報だけを考慮してきたが，地震モーメントの大きさも解析に

とりこむなら，地震の断層運動が，どれほどテクトニックな変形に寄与するかを定量的に推定することができる．もっとも単純なケースをかんがえよう．ある時間 T のあいだに，面積が A の単一の断層上で，モーメントが既知の地震が N 回おこったとしよう．そうすると，断層の平均すべり速度のうち地震の寄与分は，つぎのようにあらわされる（Brune, 1968）．

$$\dot{u} = \frac{1}{\mu AT} \sum_{k=1}^{N} M_0^{(k)} \qquad (6.1)$$

いっぽう，多数の断層が活動しているある体積 V をかんがえると，この体積のなかのひずみ速度は，Kostrov（1974）の公式をつかって，地震モーメントをテンソル的に加算してつぎのように計算できる．

$$\varepsilon_{ij} = \frac{1}{2\mu VT} \sum_{k=1}^{N} M_{0ij}^{(k)} \qquad (6.2)$$

ここで $\dot{\varepsilon}_{ij}$ は，通常の方法で定義されるテンソルの（非回転）ひずみ成分である．

$$\dot{\varepsilon}_{ij} = \frac{1}{2}\left(\frac{\partial u_i}{\partial x_j} + \frac{\partial u_j}{\partial x_i}\right)$$

ある体積のなかにあるすべての断層の幾何学的モーメント M_{gij} を加算すると，Kostrov の式をつぎのように適用して，ぜい性ひずみの総量をえることができる（Scholz and Cowie, 1990）．

$$\varepsilon_{ij} = \frac{1}{2V} \sum_{k=1}^{N} M_{gij}^{(k)} \qquad (6.3)$$

地震も断層もその大きさ分布はべき乗則で，指数の値はこれが収束関数になるようなものであるから，ある集団に対するモーメントの総和は，そのなかの少数の最大級の地震や断層によって支配される（Brune, 1968; Scholz and Cowie, 1990）．したがって，集団のなかのちいさい側の地震のぜい性ひずみへの寄与はとるにたらないので，適切な指数をもった大きさ分布を積分してみつもればよい．断層運動からぜい性ひずみをみつもるには，個々の断層の長さか変位のどちらかをきめるだけでよい．両者のあいだにはスケーリング則（節 3.2.2）がなりたつので，これをその地域にあわせて較正しておけば，一方から他方がもとめられるだろう．

　地震モーメントの総和からもとめた変形速度を，長期の地質学的変形速度と意味のある比較をするには，地震のデータがそろっている期間 T が，その地域の最大イベントの再来時間よりながくなくてはいけない．そうでなければ，この手法は変形速度を過小評価す

ると予想される.

　Brune（1968）は，Imperial 断層や他の断層のサイスミックなすべり速度を，測地学的データにもとづく見積もりと比較するために，式 6.1 をつかった．Davies and Brune（1971）も，この式をつかって，主要なプレート境界におけるすべり速度と，海洋底拡大のデータから予測したすべり速度を比較した．約 50 年間のデータをつかってそれぞれのすべり速度を決定したが，両者は，その決定誤差の範囲内（おおよそ 2 - 3 倍以内）で一致した．断層ラプチャーの深さは，ほとんどの地域で独立にみつもられていないので，調節できるパラメーターとしてこの深さをつかうことができよう．しかし，たとえば，海洋のトランスフォーム断層のようなケースでは，断層の活動する深さを理にかなうように仮定しても，地震モーメント解放速度は，海洋底拡大速度から推定されたそれより，かなりちいさいことがみいだされた（この問題は節 6.3.3 で再度解析される）．

　これ以降に，このタイプの研究で全世界を網羅的にしらべたものは出版されていないが，いまでは，プレート境界のある部分は，プレート・テクトニクス〔プレート間相対運動モデル〕による推定値と比較して，地震モーメントの解放速度が不足することがみとめられている．この状況は永続的であるようであり，この不足の状態を，以下に定義するサイスミック・カップリング〔地震結合〕係数 χ によって定量化することができる．

$$\chi = \frac{\dot{M}_0^s}{\dot{M}_0^g} \tag{6.4}$$

ここで $\dot{M}_0^s$ は地震モーメント解放速度である．$\dot{M}_0^g$ は地質学的に測定された断層すべり速度から計算されたモーメントの解放速度であるが，プレート境界については，プレートの運動からすべり速度を計算する．χ は，断層の不安定性の度合い，ひいては断層のレオロジー的な物性をしるための重要なものさしである．これについては，後の節でもっとくわしく議論する.

　Wesnousky, Scholz, and Shimazaki（1982）は式 6.2 をつかい，400 年間の地震データから日本のプレート内の変形速度を計算した．400 年という期間は，そこでの各断層のラプチャーの再来間隔よりみじかいが，その地域全体としてのモーメント解放速度のそこそこ安定な値をきめるには十分なことをしめすことができた．彼らはまた，地質学的に測定された活断層のすべり速度から，式 6.3 をつかって第四紀後半の変形速度を計算した．これは，相当ながい期間をカバーするサイスミックとエイサイスミックの両方の断層運動による変形速度の見積もりであり，不確かさの範囲内（約 2 倍以内）でふたつの見積もりは一致している．日本のプレートのなかにクリープ性の断層がまったく発見されていないことを考慮すれば，この一致は理にかなっており，この方法の重要な検証のひとつになっている．この方法によると，本州の東北部と中央部は東西方向に圧縮され，約 5 mm / a（mm / y）の永久変形が生じている．本州の南西部も東西に圧縮をうけているが，その速度は本州の西

端で約 0.5 mm / a まで減少している．これは，日本海溝にそう東西方向の収束約 97 mm / a に対する応答であり，永久変形分は収束速度の約 5% に相当する．

断層のすべりのデータ，地震モーメント解放速度，測地データを一緒につかって，水平速度場がきめられるインバージョン法が開発された（Haines and Holt, 1993）．この手法はリソスフェアをひとつの連続体としてあつかっている．それゆえこれは，リソスフェア内の速度が断層によって局所化していることを無視した粗視化近似である．（最近の例は Holtz et al.（2000）を参照）．

モーメントの合計からえられた見積もりを，海洋底拡大などのデータからえられたすべり速度と比較すれば，サイスミック・カップリングの度合いを定量的に評価できる．Peterson and Seno（1984）は，この方法によって，沈み込みゾーンごとにサイスミック・カップリング係数がちがうことをみつけた．Jackson and McKenzie（1988）の研究によれば，イランの北東部の北 Anatolian 断層ゾーンと Aegean 海の沈み込みゾーンは，ほとんど完全にサイスミック・カップリングしているが，イラン南部の Zagros, Caucasus, Hellenic 海溝では，変形のわずか 10% だけが地震として生じる．このように地域ごとにサイスミック・カップリングの状態がちがう力学的な要因は，節 6.4 で議論される．ここではまず，ことなったテクトニクスの環境のもとで，地震活動がはたすさまざまな役割についてのべる．

6.3 比較地震テクトニクス

テクトニック・プロセスにおける地震活動の役割が，テクトニクスの環境ごとにおおきくことなるのは自明である．3 - 5 章でおこなった議論において，われわれは主として大陸地殻の横ずれ断層の例をつかった．ここでは，それ以外のテクトニクスの環境に焦点をあわせる．とはいっても，完全を期することはもとめない．そのためにはこの主題だけをあつかう専門書が必要であろう．

6.3.1 沈み込みゾーンの地震活動

ここまでの議論はほとんど大陸地殻の断層ゾーンに関するものだったが，さきにのべたように，地球上の地震モーメントの大部分は沈み込みゾーンで解放される．沈み込みゾーンは，その構造も地震の挙動も大陸地殻の断層とはおおきくことなる．沈み込みゾーンでの地震モーメントの解放は，しずみこんでゆくプレートと上盤側プレートの摩擦境界面でおこる．この境界面は，断層の定義－最初はぜい性破壊によって形成され，その後，持続するせん断によって性質がかわった境界面－にてらすと，厳密には断層とはいえない．沈み込みゾーンの場合は，図 6.4 の模式図がしめすように，しずみこむプレートの側は堆積物でおおわれた海底であり，たえずシステムに導入されつづけている．あきらかにこの堆

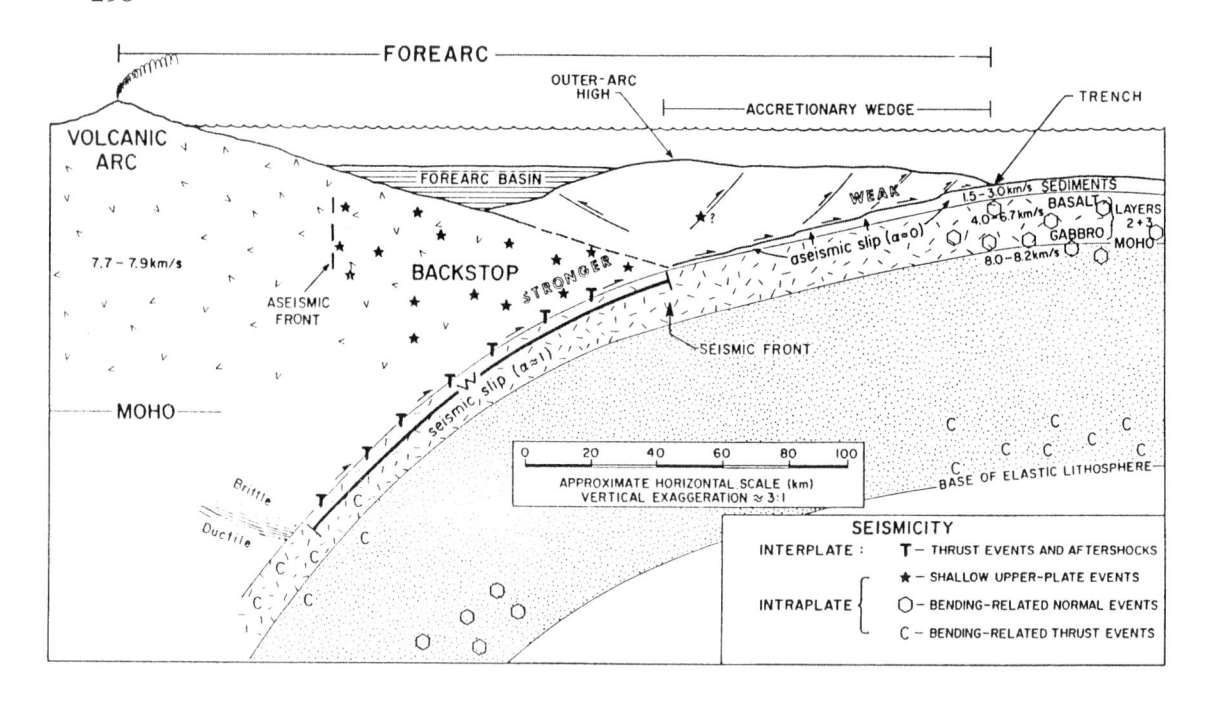

図 6.4 沈み込みゾーン断面の模式図．多数の特徴が説明されている．（Byrne, Davis, and Sykes, 1988 から引用した）．

　積層の運命，すなわちそのうちのどのくらいがしずみこみ，どの程度の固化や変成作用をうけるかが，境界面の摩擦挙動におおきな影響をおよぼすだろう．さらに，しずみこんだスラブが近くに存在するため，プレートを駆動する主要な力は沈み込みゾーンに近接して存在している（Forsyth and Uyeda, 1975）．したがって，システムは遠方からの力でもって駆動されているとは仮定できず，境界面の応力が標準的な"Anderson 的"状態にあるとも仮定できない．地殻内部の断層ゾーンでおこる地震とはことなり，沈み込みゾーンの地震のふるまいが多様性にとんでいるのは，これらのファクターがいろいろちがっていることが重要な原因であろう．

　さて，とりあえずはこのような多様性を無視し，図 6.4 にもどって，沈み込みゾーンの典型的な地震活動について議論しよう．沈み込みゾーンにおける主たるモーメント解放は，傾斜角がわずか 10°ほどの低角なプレート境界面のすべりによっておきる巨大な衝上断層型地震〔underthrusting earthquake〕による．このような地震のラプチャーは，海溝の表面までは伝播せず，くさび形付加体〔accretionary wedge；または付加体プリズム〕（大部分はしずみこんでゆく海底からはぎとられて，さまざまな幅と高さをもつ，くさび形の堆積物である）のなかで停止する（Byrne, Davis, and Sykes, 1988）．このタイプの地震によるラプチャーのダウンディップ側の下限は深さ 30 - 60 km にあり，その代表値は 40 km である（Tichelaar and Ruff, 1993）．したがってこの深さは，大陸地殻の断層ゾーンに対して定

義したのとおなじ意味で，スキツォスフェアの底となっている．この深さは大陸地殻の断層ゾーンの底より相当ふかく，境界面の傾斜はしばしばひじょうにゆるやかなので，沈み込みゾーンでおこる地震のラプチャーのダウンディップ方向の幅はひじょうにおおきく，しばしば 200 km にも達するだろう．このことは，沈み込み境界面の全長がながいこととあいまって，なぜ地球上のモーメント解放の大部分が沈み込みゾーンに集中するかを説明する．個々の地震の走向方向の長さもながくなるので，ラプチャー面積もモーメントもとびぬけておおきいものになる．

　上盤プレートのなかでも下盤プレートのなかでも，小規模な地震活動がみられる．上盤プレート内の地震活動は，火山弧のすこし手前にある**エイサイスミック・フロント**〔aseismic front；ここを境に，地震活動にするどいカットオフがみられる（Yoshii, 1979）.〕と定義されるような場所から，やはりエイサイスミックなくさび形付加体の始まりまでのあいだの領域に限定されている（Engdahl, 1977；Chen, Frohlich, and Latham, 1982；Byrne et al., 1988）．上盤プレートで発生する地震は，典型的に，弧に対して直交する圧縮をしめしている．しかしこれは，後で議論するように，弧ごとにかなり差異がある．下盤プレートは，アウター・ライズの最大曲げ軸にちかいところで曲げによって発生する正断層地震によって特徴づけられる．典型的には，このタイプの地震活動は海溝外側斜面やそのかなり後ろまでの部分でおこる．弧側へ活動がひろがっているケースもあるようだ．

　もっとふかいところでは，下盤プレートでおこる地震は，約 650 km の深さまでのびる Wadati-Benioff ゾーンに合流する．これらのやや深発地震と深発地震は，下降してゆくスラブのなかの応力状態を反映している．それらの地震の震源メカニズムはダブル・カップルをしめし，通常の地震テクトニクスの範疇であつかえるかもしれないが，その深さでは圧力がきわめてたかいので，ここでの主題である摩擦の不安定によって発生するのではなく，節 6.3.5 にその概略をのべるように，他のメカニズムによるようだ．

　3 章でおこなった大陸地殻の断層ゾーンのレオロジー・モデリングでは多数の研究を参照した．いっぽう，沈み込みゾーンの力学を理解するためにつかえる研究はそれほどおおくはない．大陸地殻の断層ゾーンについては，昔の断層が地表にあがってきたのを観察することによって，おおくの事柄が学習できたが，それに対応するような，かつての沈み込みのせん断ゾーンが削はく作用によって観察できるようになったとおもわれるケースについてかかれたものはほとんどない．著者は，日本の中央構造線（MTL）のようなものは，沈み込みゾーンの化石である可能性がたかい構造とかんがえている（図 6.5）．もっともここでは，おなじ名前でよばれる水平横ずれ活断層がはしるこの中央構造線のもっとも西側 300 km〔四国〕のことではなく，1,000 km にわたって日本の南部をはしる，領家変成帯と三波川変成帯がふかくまで接触している部分をさす．領家帯は T/P 比（温度／圧力比）がたかい変成帯で，MTL にちかづくにしたがって変成度がます．ヒマラヤの中央主衝上断層のように，領家帯は S-タイプの（たぶんそこで再溶融した）花崗岩をふんだんにふ

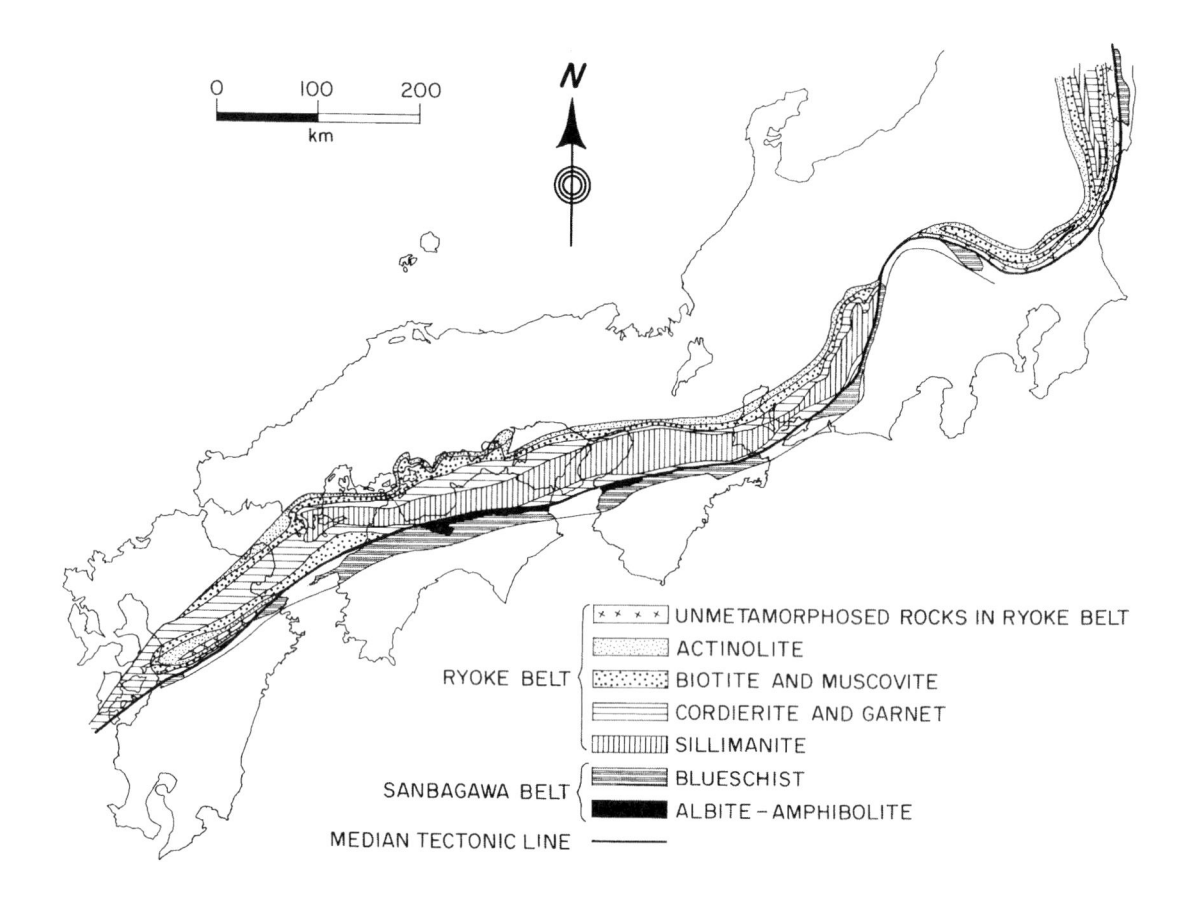

図 6.5 日本の中央構造線とそれに関連する変成帯.（Scholz, 1980 から引用した）.

くみ，MTL に接するところでは硅線石〔シリマナイト〕変成度に達している．対照的に，三波川帯は T/P 比がひくく，青色片石〔blueschist〕の変成相系列からできている．これもまた，MTL にちかづくにしたがい変成度があがる．

　Toriumi（1982）によって，関東山地におけるこれらの岩石の構造が研究されている．彼は，これらの岩石が MTL にちかづくにしたがって，ひずみと温度が劇的に増加するようなせん断ゾーンを構成していることをみつけた．MTL では，岩石は完全にマイロナイト化されている（図 6.6）．それゆえ，領家変成帯と三波川変成帯の接触部はせん断ゾーンであり，岩石は**そこではげしく**せん断されてきたことがわかる．接触部には顕著な温度のコントラストがあるが，これは沈み込みのあいだのせん断発熱が上下非対称であることで説明できる．すなわち，上盤プレートは，数千キロメートルにおよぶ沈み込みによるせん断発熱をうけてきたが，下盤プレートは沈み込みシステムに参入したばかりである（Scholz, 1980）．この第一級の変成帯ペアに対してここでのべた解釈は，Dewey and Bird（1970）の解釈とおおきくことなる．彼らは，MTL の状況を California 州における中生代の変成作用

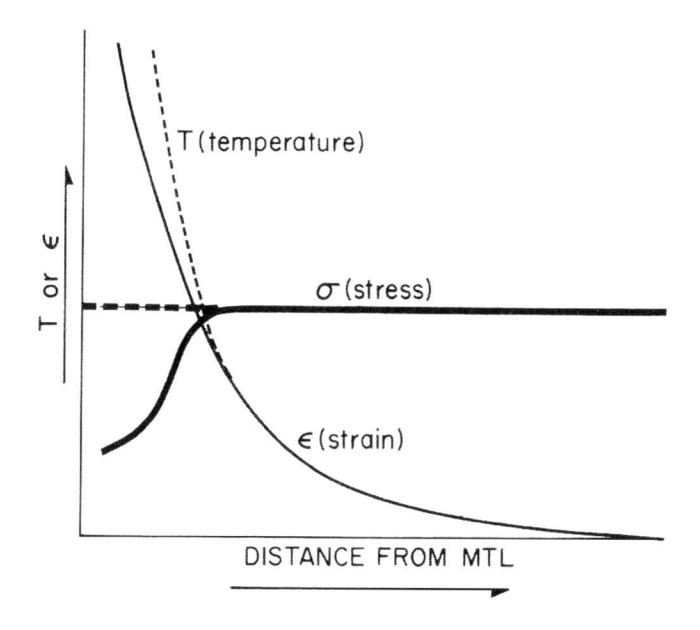

図 6.6 三波川帯を横ぎってひかれた線上の温度，ひずみ，応力（粒子サイズの古応力指標から推定）．中央構造線からの距離の関数として図示した．関東山脈の断面をしめす（Toriumi, 1982 の結果にもとづく）．

とおなじであると誤認した．California 州では，Sierra Nevada 山脈周辺の小規模な接触変成域が，Franciscan テレーンの青色片岩から弧のほうへむかって数百キロメートルにわたり露出している．あまり研究はすすんでいないが，MTL と同様な構造が北海道（日高帯－神居古潭帯）とニュー・ジーランドの南島にもある．後者はやはり中央構造線とよばれている（Landis and Coombs, 1967）．

これらの観察から，すべてというわけではないがおおくのケースで，せん断境界面はしずみこんで固化した堆積層のなかにあり，この堆積層の力学的状態と熱的状態が沈み込みゾーンでの地震のふるまいをきめると著者はかんがえるにいたった．くさび型付加体がエイサイスミックであるのは，あさい側の安定性の遷移によって容易に説明できるだろう．なぜならそこには，すべり速度強化をしめす未固結のよわい堆積物が存在するからである．これは，節 3.4.1 で説明した大陸地殻の断層の浅部側の安定性の遷移とおなじことである（Byrne et al., 1988; Marone and Scholz, 1988）．この遷移は約 100 ℃でおこり，スメクタイトからイライト－緑泥岩へ相変化する温度に対応している（Oleskevich, Hyndman, and Wang, 1999）．この遷移がおこる深さは 2 - 10 km で，付加体プリズムがふくむ堆積物の量によってかわる．くさび型付加体の構造そのものが，そこは間隙圧がひじょうにたかいゾーンで，しかも底部の摩擦がよわいということをしめす証拠ともかんがえられる（Davis, Dahlen, and Suppe, 1983）．すくなくとも，サイスミック・カップリングしていない弧においては，沈み込みの境界面上のすべての深さでたかい間隙圧が生じているだろう．たとえば，Von

Herzen et al. (2001) が熱流量の測定からもとめた Kermadec 沈み込みゾーンの境界面での平均せん断応力は，下限値かもしれないがわずか 40 MPa ほどであった．沈み込み境界面の平均被り圧〔mean lithostatic load〕は 700 MPa 程度になるので，こんなにひくいせん断応力は，間隙圧がほとんど被り圧にちかいということを暗に意味している．Oleskevich et al. (1999) は，ふかい側の安定性の遷移が 350 - 450℃でおこることをみいだした．しずみこんだスラブの冷却効果のために沈み込みゾーンの温度勾配はちいさいので，遷移のおこる典型的な深さは 40 km となる．

　上記のコメントは，沈み込みゾーンの一般的な特徴を包括しているだろうが，すでにのべたように，沈み込みゾーンごとにおおきな差異がある．なかでも Uyeda (1982) はこのような差異をくわしく論じた．彼は，図 6.7 にしめすような両極端のタイプとして，"チリ型" と "マリアナ型" の沈み込みゾーンを記述した．いちじるしい圧縮性をしめす "チリ型" にははっきりとしたアウター・ライズがあり，弧ではカルク - アルカリ性の火山活動がさかんで，Wadati - Benioff ゾーンの傾斜があさい．しかもわれわれにとってもっとも重要なことは，チリ型の境界面では巨大地震が発生することである．対照的に，"マリアナ型" は伸張性をしめし，背弧拡大が存在し，アウター・ライズはほとんど，またはまったくみられず，弧では安山岩はほとんど産出せず，しかも巨大地震は発生しない．

　80 年間の地震の記録にもとづけば，最大地震のサイズから推定しようと (Ruff and Kanamori, 1980)，モーメントの総和から推定しようと (Peterson and Seno, 1984；Pacheco, Sykes, and Scholz, 1993)，サイスミック・カップリング係数 χ は沈み込みゾーンごとにおおきくちがっているようにみえる．すなわち χ は，マリアナ型弧のケースの実質的にゼロからチリ型弧のケースのほぼ 1 まで全範囲にわたって分布する．この点で，沈み込みゾーンは，大陸地殻の巨大な断層とはいちじるしくちがうようにみえる．大陸地殻では，二三の重要な例外をのぞけば，断層クリープ（エイサイスミックなすべり）はまれな現象のようであり，したがって，ほとんど完全なサイスミック・カップリングが達成されている．沈み込みゾーンごとにサイスミック・カップリングがかわりうる原因については，エイサイスミックなすべりに関するもっと徹底した議論をおえてから議論する（節 6.4.2）．

　一般に，沈み込みゾーンでおきる地震は，大陸地殻のせん断ゾーンでおこる地震よりずっとおおきいが，ラプチャーの特徴には共通点がおおい．沈み込みゾーンでおこる地震は巨大で，ラプチャーの継続時間もながいので，ラプチャー・ゾーンの内部の全体的な様子は，とおくはなれた観測点で記録された長周期の地震波から評価できる．図 6.8 に多数の例が図示されている．大陸地殻でおこったグアテマラ地震と唐山地震も比較のためにかきくわえられている．Kikuchi and Fukao (1987) は，これらの地震をさらに詳細に解析した．彼らは，モーメントがおおきく解放された領域をさらに細分し，ラプチャー全域にわたる平均ストレス・ドロップより 1 桁おおきなストレス・ドロップをもつ局所的な領域が存在することをしめした．したがって，大陸地殻の断層ゾーンのところでくわしく議論したラプチャー・

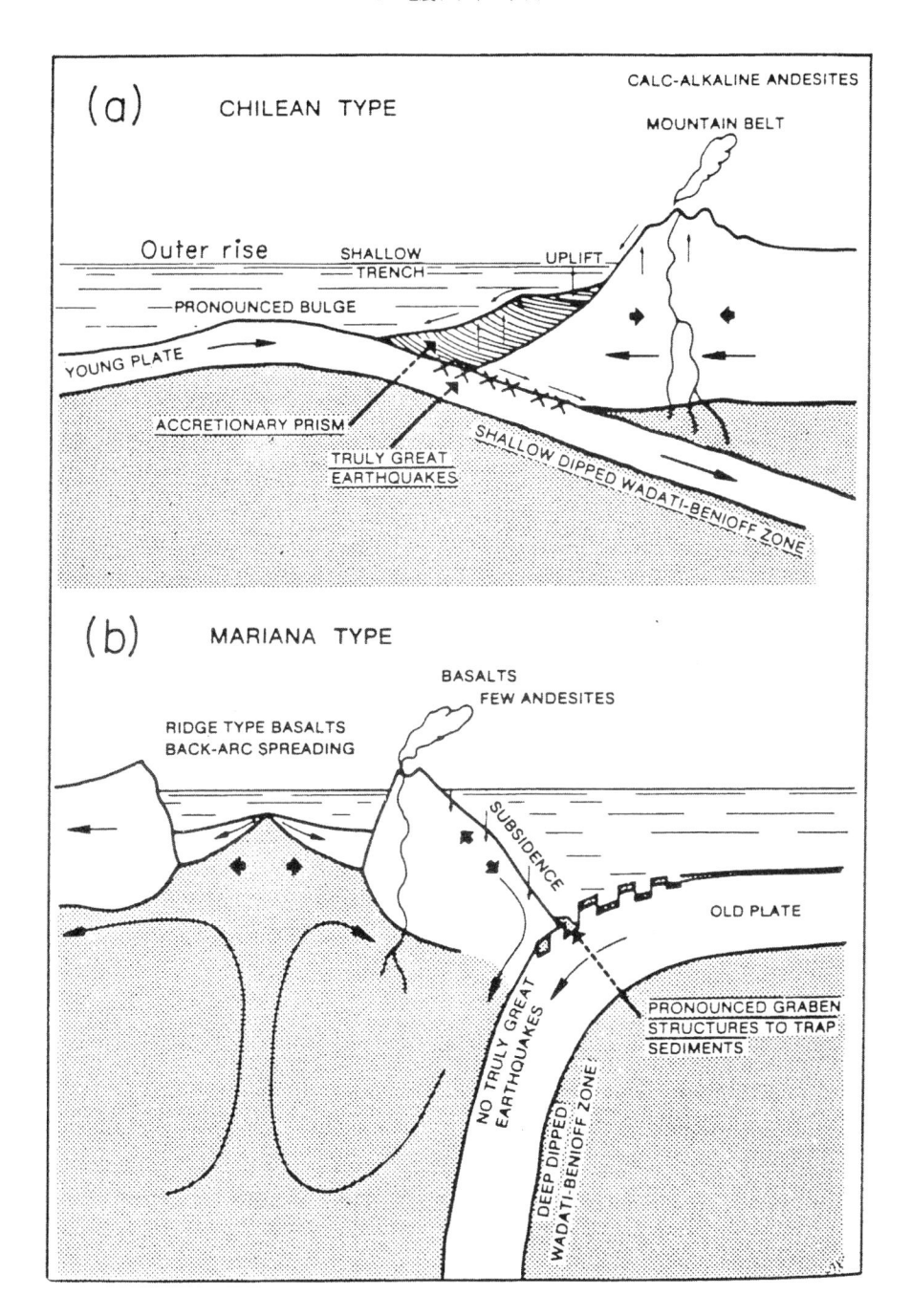

図 6.7 沈み込みゾーンのふたつのエンド・ナンバーをしめす模式図．(a) チリ型．たかい圧縮性をしめす．(b) マリアナ型．伸張性をしめす．(Uyeda, 1982 の結果にもとづく)．

プロセスの不均一性は，沈み込みゾーンで発生する地震にもみられる特徴であることがわかる．モーメント解放がたかい領域は，(等高線の引き方にある程度は左右されるとはいえ) ラプチャー・ゾーンのほんの数パーセントであることに注意されたい．また，モーメント

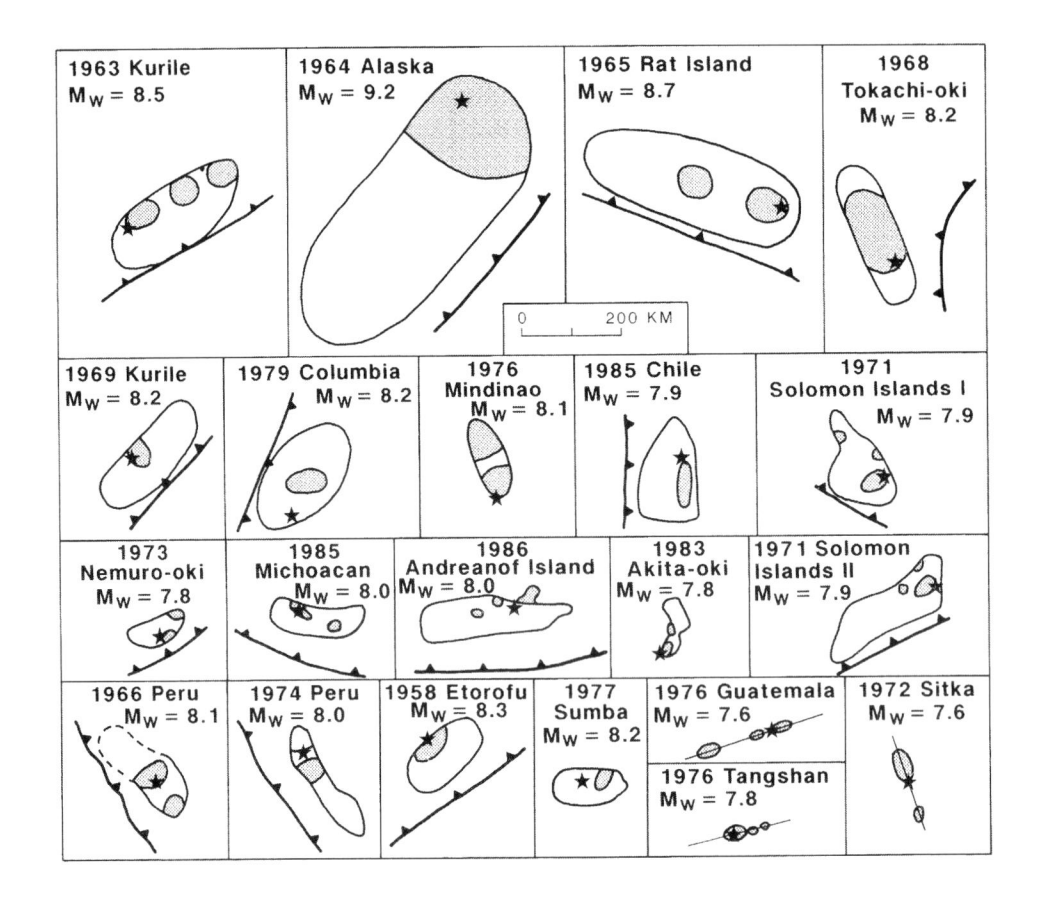

図 6.8 大地震のラプチャー・ゾーンとモーメント解放が集中したゾーン．線でかこったのがラプチャー・ゾーン，スターは震央をあらわす．モーメント解放が集中したゾーンには影がつけられている．ここにしめしたほとんどの地震は沈み込みゾーンで発生したものであり，海溝は黒三角がつけられた曲線であらわされている．どの図もおなじ縮尺でえがかれ，上が北である．(Thatcher, 1990 から引用した).

解放がたかい領域は，海溝からとおくはなれた側，すなわち，ラプチャーのふかい側の末端にあり，震央はそのなかか，そのゾーンの近くにある傾向がある．これらは普遍的な特徴ではないけれども，すでに論じたように，大陸地殻の断層に共通する特徴のいくつかと一致している．断層の底部近くでラプチャーがはじまる傾向と，そこでストレス・ドロップがおおきくなる傾向である．どちらも，深さとともに応力と強度が増加することに起因する．もうひとつは，おおきなストレス・ドロップが，動的なトリガリングをひきおこしやすい傾向も同程度である．ほぼ一方向にラプチャーが伝播することも共通している．たぶんこのことは，大陸地殻の地震と同様に，構造的に不規則なところでラプチャーが開始したり停止したりする傾向を反映しているのであろう．このような構造的に不規則なところは，弧に直交する海底地形の形状から識別できる (Mogi, 1969; Kelleher et al., 1974).

ごく少数の例外をのぞいて，沈み込みゾーンにそったほとんどの観測点では，地震観測

がはじまってから，たかだか 1 回だけの大地震しか観察する機会がなかった．したがって，モーメントがおおきく解放された領域が，たまたま 1 回限りのものか，永続的なものかがわからない（節 5.3.2 参照）．けれども Lay, Kanamori, and Ruff（1982）は，沈み込みゾーンでおこる地震のラプチャーの特徴が地域ごとにかわることに注意をうながしている．特に，サイスミック・カップリングがひくい弧では，地震のラプチャー・ゾーンはちいさく，解放されるモーメントのおおきな領域がラプチャー・ゾーンのなかの孤立したちいさなパッチとして存在する傾向がある．対照的に，サイスミック・カップリングがたかい弧では，巨大なラプチャー・ゾーンをもつ地震がおこり，モーメント解放がおおきい領域もひじょうにひろい．これらの主張だけなら自明ともいえるが，彼らはつづけて，モーメント解放のたかい領域は"アスペリティ"の存在を反映していると主張した．彼らはアスペリティを，沈み込み境界面に存在する永続的な力学的な特性だと解釈している．彼らの見解によると，サイスミック・カップリングは境界面にしめるアスペリティの割合によってきまることになるが，アスペリティをうみだす力学的な原因は，説明されないままのこされている．この問題は節 6.4.2 でとりあげる．

6.3.2　海洋性地震

われわれはここまで主として大陸地殻をラプチャーする地震について議論してきた．このときには，節 3.4.1 で展開したレオロジー・モデルを規範とし，石英にとむ組成の岩石の挙動に準拠した．しかし沈み込みゾーンであっても，上盤も下盤も海洋リソスフェアであるという意味で完全に海洋性であるものもある．海洋リソスフェアは，かんらん岩にとむ岩石のレオロジーにしたがうはずであり，その流動則によれば，海洋リソスフェアの強度は相当たかい温度まで保持されるだろう．

海洋性プレート境界は，主として拡大する海嶺かトランスフォーム断層である．海嶺の地震活動は活発であるが，拡大プロセスに付随して第二義的におこるプロセスである．海嶺頂部の地震活動は，主としてマグニチュードのちいさい群発地震にかぎられており，きっとマグマの貫入にともなうのであろう（たとえば，Sykes, 1970a）．頂部にちかい斜面では，陥没した中軸谷のアイソスタシーによる隆起に駆動された正断層型地震が発生する．これらの地震のマグニチュードが $M_s = 6.5$ をこえることはめったにない．Cowie et $al.$（1993）は中央海嶺の斜面にある正断層のぜい性ひずみ量をもとめ，拡大運動に対する寄与は，拡大速度のおそい海嶺について 20% 以下，拡大速度のはやい海嶺では 5% 以下であり（図 6.9），拡大運動の大半はダイクの貫入などの火成〔magmatic〕活動に起因することをみつけた．地震モーメント解放速度をみると，低速で拡大する海嶺のサイスミック・カップリングはたかく（$\chi \approx 1$），高速で拡大する海嶺のカップリングはひくい（$\chi \approx 0$）ことがわかった．彼らは，海嶺ちかくでのリソスフェアの熱的構造が拡大速度に依存するこ

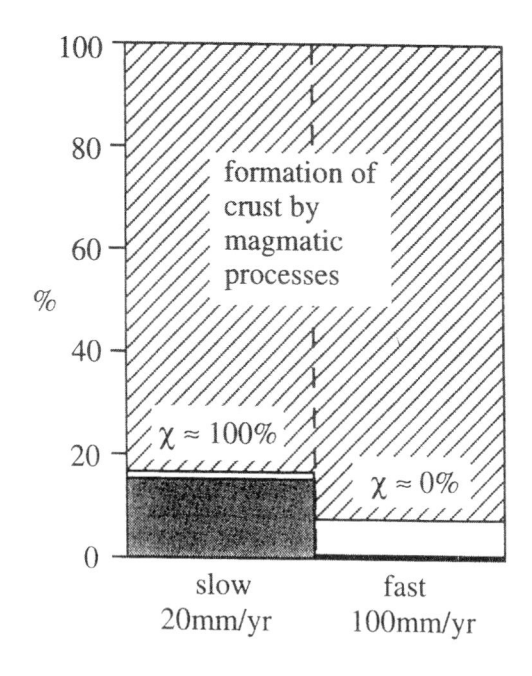

図 6.9 中央海嶺での伸張の内訳. マグマの付加 (斜線), エイサイスミックな断層運動 (白), サイスミックな断層運動 (影) のしめる割合を, 拡大速度のおそい海嶺と拡大速度のはやい海嶺についてしめした. (Cowie et al., 1993 から引用した).

とが原因で, このような違いがもたらされるとかんがえた.

　Davis and Brune (1971) がいったように, 海洋トランスフォーム断層も, 全体としてみれば, そのすべり速度とくらべて地震モーメント解放速度が不足しているようにみえる. ゆっくりと拡大する大西洋中央海嶺のながいトランスフォーム断層には, そうでないものもある. Brune (1968) は, 南大西洋の Romanche FZ〔FZ ; Fracture zone, 破砕帯〕では, サイスミックな断層運動が深さ 6 km までおこっていると仮定すると, 地震モーメント解放速度は海洋底拡大速度と一致することをみつけた. Kanamori and Stewart (1976) は, 断層の深さを 10 km と仮定して, 北大西洋の Gibbs FZ は完全にサイスミック・カップリングされていることをしめした. 断層運動の深さがもっと正確にきめられた Romanche FZ では約 20 km, Chain FZ では 13 km だった (Abercrombie and Ekström, 2001). 彼らは, サイスミックなすべり速度もきめなおして, それがテクトニクスからきめたすべり速度のおよそ半分であることをみつけた. Bergman and Solomon (1988) によれば, 北大西洋のトランスフォーム断層でおこる地震のモーメント中心の深さは, 7 - 10 km の範囲にあるので, 断層運動の最大深さはその 2 倍以上にはならないだろう.

　Burr and Solomon (1978) は, 多数の海洋トランスフォーム断層に対して, サイスミック・カップリングが完全であると仮定し, それに斉合する断層の深さを計算した. その結果, 大西洋のゆっくりとうごくながいトランスフォーム断層について 5 - 15 km という

深さを，太平洋のはやくうごくみじかいトランスフォーム断層については 1 - 2 km という深さをえた．彼らは，最大級の地震はゆっくりとうごくながいトランスフォーム断層の中点〔midpoint〕近くでおこる傾向があることもみつけた．Kawasaki *et al.*（1985）は，太平洋のはやくうごくみじかいトランスフォーム断層をしらべ，χ の値がちいさいことをみつけた．彼らのデータにはかなりのばらつきがあるが，χ は拡大速度と負の相関があり，$\sqrt{t_{mp}}$ と正の相関があることがしめされた．ここで t_{mp} は，トランスフォーム断層の中点での海洋底の年齢である．これらの観察結果はすべて，このケースのトランスフォーム断層では，サイスミック・カップリングまたはサイスモジェニック・ゾーンの厚さは，温度によってコントロールされていることをつよく示唆している．

　Bergman and Solomon（1988）は，簡単なプレート冷却モデルをつかって，北大西洋トランスフォーム断層におけるサイスミックな断層運動の深さが，600 - 900℃以下の温度に制限されることをみつけた．最近になって，この数字は < 600℃に改定された（Abercrombie and Ekström, 2001）．これらの温度はそれほど正確におさえられているわけではない．地震によるモーメント解放が深さとともにおおきくなるとかんがえれば，断層がラプチャーする最大深さ，すなわち温度はもっとひくくなるだろう．いっぽう，せん断発熱を考慮すれば，制限温度はもっとたかくなるだろう（Chen, 1988）．また，水の循環のような熱伝導以外の熱の損失が重要な役割をはたすなら，温度はやはりもっとひくく制限されるだろう．このような不確かさはあるにしろ，観察結果は地震活動が図 3.27 に図示したようなタイプのかんらん岩にとむ海洋性リソスフェア強度モデルにおけるぜい性－塑性遷移によって制限されるという考えに斉合する．

　Bergman and Solomon によれば，Gibbs トランスフォーム断層（t_{mp} = 22 My）では，断層がサイスミックにラプチャーできる限界深さは 10 - 20 km であり，おなじく北大西洋の北緯 15°20′ のトランスフォーム断層では 8 - 10 km である．この深さは，上にのべた Gibbs と Romache トランスフォーム断層のサイスミック・カップリングが完全であるという観察結果と斉合している．いっぽう，Kawasaki *et al.* と Burr and Solomon によって議論された拡大速度がはやいケースは，t_{mp} < 2 - 4 My であるので，冷却モデルから地震活動が生じる平均厚さを予測すれば，ひじょうにちいさな値になるであろう．たとえその厚さの範囲で完全なサイスミック・カップリングが達成されているとしても，Kawasaki *et al.* が仮定したように，スキツォスフェアの厚さを 10 km として計算すると χ はひじょうにひくいという結果になる．彼らがみつけた $\sqrt{t_{mp}}$ に対する χ の依存性は，等温線によって地震が発生する厚さがコントロールされるとかんがえれば説明できるだろう．ハイドロフォンを展開しておこなった調査によって，拡大速度のはやい海嶺のみじかいトランスフォーム断層と，ゆっくり拡大する海嶺の比較的ながいトランスフォーム断層とでは，微小地震の起こり方がおおきくちがっていることがあきらかになった．前者ではとぎれなくつづくたかいレベルの微小地震活動がみられるが，後者では微小地震活動がまったくみられない（Fox,

Matsumoto, and Lau, 2001; Smith *et al*., 2001). この微小地震活動のスタイルの違いはそれぞれ，クリープしている断層（サイスミック・カップリングしていない断層）と固着している断層（サイスミック・カップリングしている断層）に特徴的なものである（節 6.4.1 をみよ）．ゆっくり拡大しているところでのデータは，エイサイスミックにすべっているプラストフェアの上に，完全にサイスミック・カップリングしているスキツオスフェアがのっかっていて，両者の境界はだいたい 600 - 800℃の等温線できまるというモデルで解釈できる．トランスフォーム断層は "スロー地震" がよくおこる場所である．スロー地震については節 6.3.5 でとりあげる．

しかしながら，単純なプレート冷却モデルは，海嶺の頂上部の近くには適用できない．というのは，このモデルにしたがえば，海嶺でのリソスフェアの厚さがゼロになってしまうからである．海底地震計をもちいた研究によってきめられた微小地震の深さは，モデルが予測するようには，海嶺の頂上部にちかづくにしたがってあさくなる傾向が観察されず，海嶺の頂上部でも海底下 8 - 10 km の深さで微小地震が発生している（Trehu and Solomon, 1983 ; Toomey *et al*., 1985 ; Cessaro and Hussong, 1986）．

海盆のなかでもプレート内地震がおこるが，これはプレートを駆動する力と関係している可能性があるので，数おくの研究の対象となってきた（Sykes and Sbar, 1973 を比較参照）．海洋性プレート内地震の活動はリソスフェアの年齢とともに減少してゆく．そして，ふるくなるほどスラスト断層が支配的になる傾向がある（Stein and Pelayo, 1991）．海洋性プレート内地震は，大陸地殻の地震よりずっとふかいところまでおよんで発生し，最大深さは，図 6.10 にしめしたように，上でのべたおなじプレート冷却モデルの 600℃の等温線にしたがいながら，海洋底の年齢とともに増加する（Chen and Molnar, 1983 ; Wiens and Stein, 1983 ; Bergman, 1986）．この結果は，トランスフォーム断層の地震の解釈と斉合する．

摩擦の不安定性の場が，この単純なタイプのモデルから計算された "ぜい性－延性遷移" と対応するのを証明するには，超塩基性岩についての摩擦のデータが不足しているけれども，これらの結果は第一義的には，この方法によってただしい帰結がえられることをしめしている．これは，節 3.4.1 の花崗岩モデルのケースで説明した理由とたぶんおなじ理由によるのだろう．

海洋性プレート内地震の数と，その累積モーメント解放量はリソスフェアの年齢とともに減少する．この事実は，期待される "海嶺がプッシュする" 応力と矛盾する．この応力は，海嶺の地形に起因する重力ポテンシャルによってつくりだされるから，年齢とともに増加するべきである（Wiens and Stein, 1983）．Bergman (1986) は，海洋性プレート内地震の大部分は，熱弾性応力に応答して，わかい海洋底（< 35 my）のなかで発生すると主張している．ふるい海洋底では，リソスフェアの強度がそれを駆動する力よりおおきいので，プレート内地震はほとんど存在しない．リソスフェアが異常によわいか，あるいは応力集中がある場所では，ふるい海洋底でも例外的に地震がおこる．たとえば，インド洋の

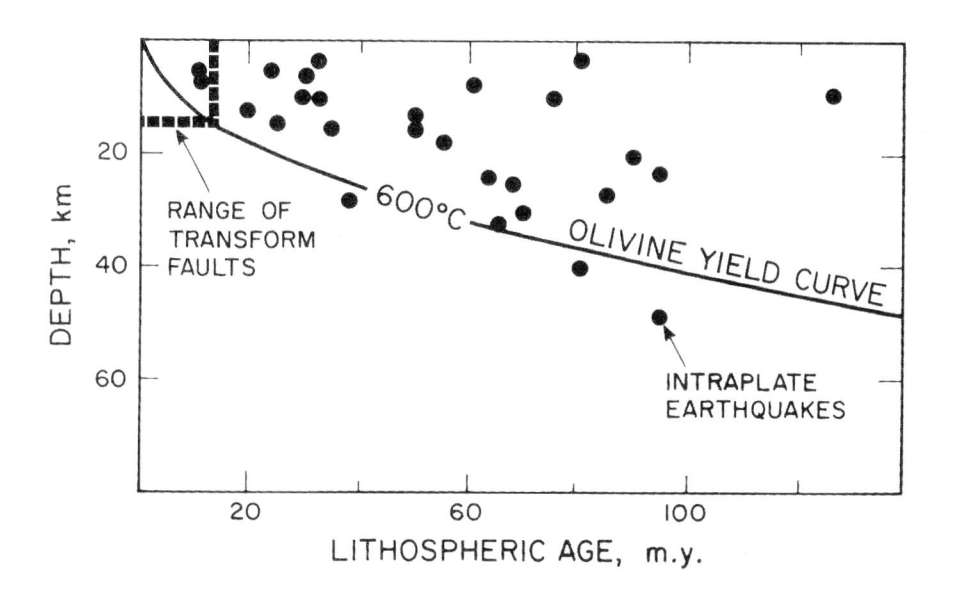

図6.10 海洋プレート内地震の深さとリソスフェアの年齢の関係．単純なプレート冷却モデルからもとめた600℃の等温線を，かんらん岩にとむ岩石のレオロジーの降伏曲線に対する近似としている．この曲線が地震のおこる深さを制限しているようにみえる．（地震のデータは，Wiens and Stein, 1983 による）．

Ninetyeast 海嶺と Chagos - Lacadive 海嶺近くの地震活動が集中するいくつかの場所がこれに相当し，そこではあたらしいプレート境界ができつつあるようだ（Sykes, 1970b；Wiens et al., 1986）．さらに，ホット・スポットがあるハワイも例外である．このような一般的な事柄以外には，海洋性プレート内地震がどのようなメカニズムでおこるのかについてはわかっていない．これまでに記録されたなかでも最大の1998年の $M = 8.1$ の南極プレートの地震についても事情はおなじである（Henry, Das, and Woodhouse, 2000）．

6.3.3 大陸の伸張地域

海洋底拡大はおおむねエイサイスミックであるが，大陸地殻の伸張はかなり活発な地震活動をともない，大地震も発生する．大陸の伸張性地域はひじょうに多様で，地溝〔rifts；リフトまたは裂け目〕から，アメリカ合州国の西部の Great Basin のように広大な伸張性地域，さらに，ニュー・ジーランドの Taupo 火山帯のように背弧拡大がはじまろうとしているゾーンにまでおよぶ．このような地域のテクトニクスに関する研究が論文集として出版されている（Coward, Dewey, and Hancock（1987））．

このような地域では，スキツォスフェア全体をこわしてしまうような正断層の大地震がおきる．これらは典型的に傾斜が 30 - 60° の断層上で，深さ 6 - 15 km のところから開始

する（Jackson, 1987）．反射法による Great Basin のプロファイルは，そこでの正断層が，スキツォスフェアの底よりふかいところではリストリックになっていることをしめしている（Smith and Bruhn, 1984）．つまり，大地震は，この深さより浅部の急傾斜の平面的なところでだけラプチャーし（Doser, 1988），ゆるやかな傾斜の伸張性のデタッチメント断層では地震活動の証拠はない．Jackson によって論じられた重要な問題は，このような急傾斜の断層だけではひじょうにおおきな伸張をおこすことが不可能であるのに，低角の正断層に地震活動がみられないという点である．Buck（1988）はこの問題を解決するために，活動的な正断層では，すべりがすすむにしたがいアイソスタシー的調整や曲げによって，傾斜がゆるやかになるという仮説をたてた．断層の傾斜があまりにもゆるやかになりすぎると，そこで断層はうちすてられ，あたらしい急傾斜の正断層があらたにできるというのである．このモデルにしたがえば，伸張性テレーンのなかのデタッチメントは活動的でなくてもよいことになり，地震学的な観察結果とよく一致するし，節 3.1 であげたような力学的な問題も回避できる．

　東アフリカの大地溝帯のような輪郭のはっきりしたリフトは，地溝谷〔rift valley〕をくぎるおおきな正断層崖の存在によって証明されるように，あきらかに巨大な活断層をともなう．エチオピアやケニアのアフリカ大地溝帯の北の部分では，リフトにさきだってひろい熱ドームが形成された．したがって，地溝谷自体が地下の熱的プロセスに対する地表での応答であるとかんがえることもできる（たとえば，Baker and Wohlenberg, 1971）．しかしながらアフリカの中央部や南部のリフトは構造的にコントロールされたものである．すなわちリフトは，ふるい Pan - African のグリーンストーン帯にそったよわいゾーンをたどりながら，プレカンブリア時代のクラトン・ブロックをさけている（Vail, 1967 ; Versfelt and Rosendahl, 1989）．さらに南では，その先端で活正断層をつくりながらリフトは南へ伸長中であり，ドーム形成が先行することはなかった（Scholz, Koczynski, and Hutchins, 1976）．

　East African のリフトは，かぎられた観測期間では測定できないくらいゆっくりと開口するので，このプロセスにおける地震の役割は定量的に評価できない．しかし，これをくぎるおおきな断層が地震活動をともなうことは，ケニアの Subakia 谷でおこった 1928 年の $M = 7.1$ の地震（Richter, 1958 の記述がある）によって立証された．この地震は地表に約 30 km におよぶ断層をつくりだした．その最大すべりは約 3.5 m で，Eastern（Gregory）リフトの Laikipia 断崖にそっている．

　東アフリカ・リフトでは，共役な正断層の片方が他方を初期の段階で切断し，活動できない状態においやったために非対称な地溝となっている（Scholz and Contreras, 1998）．ななめすべり断層の鉛直方向の運動は，たわみ力と摩擦力によって制限されるが，これらの力の大きさはリソスフェアの有効弾性厚さの関数である．したがって，リフトはこれに応じたスケール長さでその走向方向にセグメント化されている（Scholz and Contreras, 1998）．

セグメントの長さ，そこでの断層のななめすべりの水平成分〔heave〕，地溝の幅は，すべてリフト系にそって北へゆくほどちいさくなっている．そしてこれらは，北へゆくほど拡大速度がおおきく，有効弾性厚さが減少することと対応している（Ebinger and Hayward, 1996; Hayward and Ebinger, 1996）．

対照的に，アメリカ合州国西部の Great Basin（Basin and Range）地方は，山脈のフロントとほぼ平行に活動的な正断層が存在する 400 km におよぶ広大な地域である．しかしながら，すでに言及したように（節 5.3.3，図 5.29），地震活動は，あちこちのちいさな領域のあいだを移動しているようにみえる．したがって，地質学的な変形は，ごく最近の地震活動の範囲よりひろい領域に分布している．Basin and Range の山脈をくぎる断層は相当ながら数百キロメートルにおよび，山脈の隆起量から判断すると断層の鉛直落差〔throw〕は数キロメートルにおよぶ．図 6.11a に写真をしめしたが，これは 1983 年の Borah Peak 地震（節 4.4.1）のときにできた断層崖の一部分である．その背後に，Idaho 州の最高峰の標高 3890 m の Borah Peak がみえる．

Basin and Range 地方は，テクトニクス的にはエンサイアリック〔ensialic；大陸地殻〕性の環境でおこった背弧拡大であり，現在は成熟期にあるといわれている（Scholz, Barazangi, and Sbar, 1971）．ニュー・ジーランドの北島の Taupo ゾーン（中央火山帯）もおなじタイプであるが，ずっと最近に活動しはじめたとかんがえられている（Karig, 1970）．現在の Taupo ゾーンの温度は Basin and Range よりずっとたかく，火山活動も活発であり，伸張性テクトニクスのスタイルもまったくちがっている．多数の正断層が存在するものの，その長さはみじかくせいぜい数十キロメートルであり，地形に対してほとんど影響をあたえていない．それにもかかわらず，正断層による大地震がおこるのだ．図 6.11b にしめした写真は，1987 年の Edgecumbe 地震（$M_s = 6.6$）でできた主要な地表面のラプチャーである．この写真にみられる単斜的な曲げのなかに生じた裂け目が，この地震における地表面のラプチャーの典型である．写真の右側にみることができるように，断層は高さ約 1 m のふるい単斜的なゆるやかな曲がり〔warp〕に痕跡をのこしているのだけなので，地震より前にはこれが断層であると認識できなかった．図 6.11a の写真と比較すると，ふたつ地域のテクトニクスの違いは劇的である．しかし，このような差異にもかかわらず，Taupo ゾーンは完全にサイスミック・カップルされているようである．最近 120 年のあいだに，Edgecumbe 地震とおなじサイズの地震が 6 つ発生した．これらは，7 mm / y の伸張速度に相当し，ここでの上部地殻は，10 - 15 km の深さまで完全にぜい性であることをしめしている（Grapes, Sissons, and Wellman, 1987）．

6.3.4　プレート内地震

地球上で解放される地震モーメントの約 95％ はプレート境界地震によるが，プレート

図 6.11 正断層地震によってつくりだされた断層崖．(a) 1983 年に Idaho 州でおこった Borah Peak 地震による断層崖．背景に Borah Peak がみえる．(写真撮影は R. E. Wallace による；アメリカ合州国地質調査所の厚意による)．(b) 1987 年にニュー・ジーランドでおこった Edgecumbe 地震による断層崖．背景に Mt. Edgecumbe がみえる．これは，地震によってつくりだされた単斜の頂上にある裂け目である．地震の前から存在した単斜のくぼ地を裂け目の右側にみることができる．(写真撮影は Quentin Christie による；ニュー・ジーランドの D. S. I. R., NZ Soil Bureau の厚意による)．

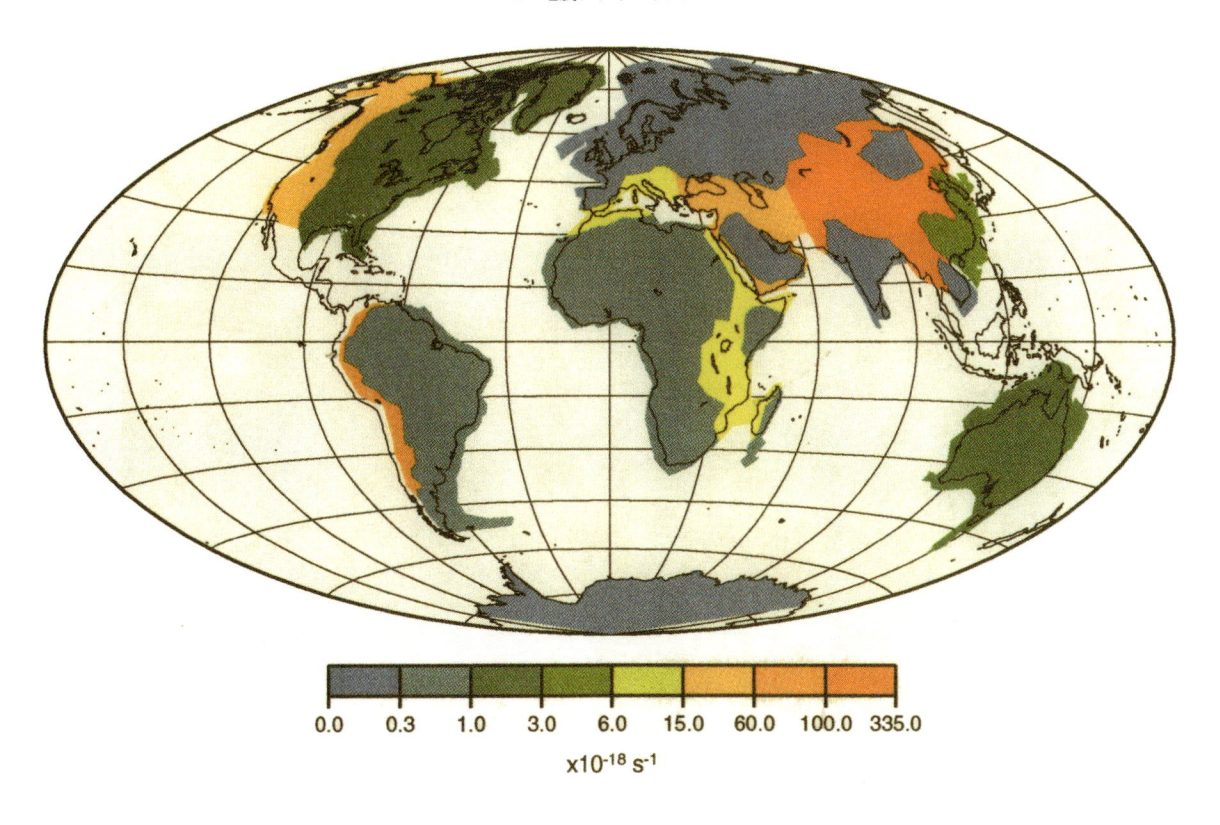

カラー図8 プレート内のぜい性ひずみ速度の分布図．(Triep and Sykes, 1997 にもとづく)．

　境界からはとおくなれたプレート内の領域でもたくさんの地震が発生する．このようなプレート内地震があるため，プレート境界の近傍のみならず，プレート内部の広大な地域まで地震災害を想定しなければならない．プレート内地震によるひずみ分布の世界地図（Triep and Sykes, 1997）がカラー図8にしめされているが，その分布はかなりかたよっていることがわかる．ひずみは，特にわかい大陸地殻のなかで帯状に集中する傾向がある（Johnston, 1996a, b）．プレート内地震のテクトニクスに対する役割は，それを発生させる力の起源はなにかという観点からも，どのような類の構造がその力を局所化するかという観点からもよくわかっていない．

　プレート境界地震とプレート内地震を区別するひとつの方法は，表6.1にしめしたように，断層のすべり速度と地震の再来時間をしらべることである．プレート内地震はタイプⅡとタイプⅢのふたつに分類される．タイプⅡの地震は，プレート境界にちかくてテクトニクス的にプレート境界に関係するひろいゾーン，あるいはぼんやりとしたプレート境界でおこる．北米西部のBasin and Range地方でおこる地震がその代表例である．ここは，ひじょうにひろい意味で太平洋ー北米プレートの境界の一部であるとかんがえることができる（Atwater, 1970）．もうひとつの代表例は，日本の内陸地震である．ここは，テクトニクス的に圧縮をうけている太平洋-ユーラシア・プレート境界の縁辺域である．対照的

表 6.1 テクトニックな地震の分類

タイプ	すべり速度, mm/y	再来時間, y
Ⅰ．プレート境界地震	$v > 10$	～100
Ⅱ．プレート境界と関係するプレート内地震	$0.1 \leq v \leq 10$	$10^2 - 10^4$
Ⅲ．プレート境界からはなれたところでおこるプレート内地震	$v < 0.1$	$> 10^4$

に，タイプⅢの地震はプレートの中心部でおこりプレート境界とは無関係にみえる．もちろんタイプⅡとタイプⅢは，地震のタイプもすべり速度もはっきりとわかれるわけではないので，この分類はいくぶん人為的である．

このような分類をおこなう重要な理由のひとつは，このように定義されたプレート境界地震とプレート内地震では，図 4.11 にしめしたように，震源パラメーターの値がはっきりとちがうからである．この図にしめされたプレート内地震は，すべてタイプⅡに属する大地震であり，系統的にプレート境界地震より 3 倍ほどストレス・ドロップがおおきい．

ストレス・ドロップにこのような系統的な違いがもたらされる可能性のひとつは，時間に依存するヒーリング〔強度回復〕のために，ストレス・ドロップが再来時間に比例しておおきくなっているという単純ものである．図 6.12 は同程度の大きさの横ずれ地震について，ストレス・ドロップと再来時間の関係をしめしたものである．さらに San Andreas 断層上の繰り返し地震〔repeating earthquakes〕の研究によれば，おなじところでのストレス・ドロップが，再来時間とともに図 6.12 と同様の増加をしめすことがあきらかにされている（Vidale *et al.*, 1994; Nadeau and McEvilly, 1999）．RS 摩擦則から，ストレス・ドロップが再来時間とともにつぎの式のように増加することが予想される (Beeler, Hickman, and Wong, 2001)．

$$\Delta\tau_s = \bar{\sigma}_n(1 + \zeta)(\mathfrak{b} - \mathfrak{a})\ln T \tag{6.5}$$

ここでζはオーバーシュート率である．この式は，形は観察されるのとおなじであるが，観察を説明するには，室温での実験で測定した $\mathfrak{b}-\mathfrak{a}$ の大きさが約 1 桁ちいさすぎる．しかしながら，熱水条件下では，たとえば圧力溶解のような効果によって（Renard, Gratier, and Jamtveit, 2000），断層はもっと急速に回復するのかもしれない．しかし，現在のところこれをたしかめられる実験のデータはほとんどない．

タイプⅡのプレート内地震のテクトニクスにおける役割は，Basin and Range や日本の内陸地震の事例で説明したように，プレート境界の変形場に関連するものだとして容易に理解できる．いっぽう，タイプⅢのプレート内地震をおこす応力の起源についてはひ

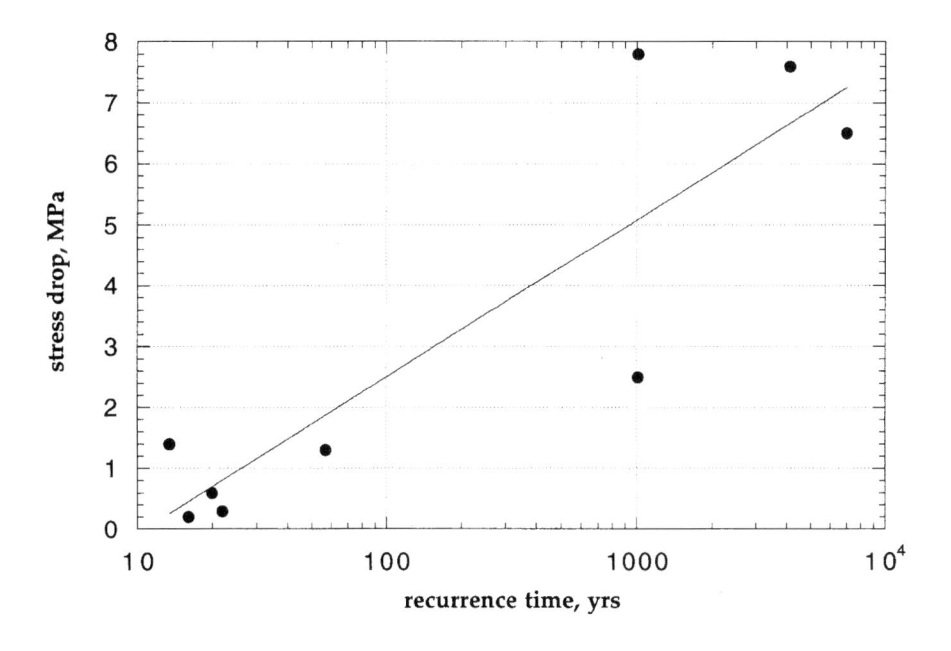

図 6.12 横ずれ型の地震のストレス・ドロップと再来時間の関係．同程度の大きさの地震を対象としている．Beeler et al., 2001 にもとづく）．

とすじなわではゆかない．プレート・テクトニクスの駆動力は，プレート全体にわたって連続的な応力場をうみだすはずであるから，タイプⅢのプレート内地震はプレートの駆動を反映するという提案がある（Sykes and Sbar, 1973）．集中的に発生する場所があるのは，かつて変形した場所が再活性化されるとか（Sykes, 1978），安定地塊の辺縁にそう場合のように，深部の構造に起因する応力集中というようなことで説明できるのかもしれない（Wesnousky and Scholz, 1980; Gough, Fordjor, and Bell, 1983）．これらの地震をおこす原因がなんであるにしろ，震源メカニズム解がしめす応力の向きがひろい領域全体でそろっていて，原位置での応力測定などから推定される応力の方向と一致することがおおい．したがって広域的なスケールでの応力の方向の分布地図をつくることができ，ここから"等応力区域〔stress provinces〕"の輪郭がはっきりとうかびあがるかもしれない（Zoback and Zoback, 1980; Zoback, 1992）．たとえば，New York 州および，New England とカナダの New York 州に隣接した地域で発生する地震の震源メカニズム解は，他の点でははおおきくばらつくが，P 軸がいつも NE - SW をむくという点では一致している．

プレートの中央部では，どれが地震を発生させる断層かを明言することはむずかしい．このことは，地震災害危険度の解析に際して深刻な問題となっている（節 7.5）．たとえば，アメリカ合州国の東部では，ただふたつの活断層が特定されているにすぎない．ひとつは，地形をもとにして活断層であることが最近わかった Oklahoma 州の Meers 断層であり（Crone and Luza, 1986），もうひとつは，Missouri 州の New Madrid の 1811 - 1812 年の地震

をおこした Mississippi エンベイメントの断層である．この断層は，表層の構造，微小地震の震源位置，液状化が生じた位置などから確認された（Nuttli, 1973）．

プレート中央部に活断層があるという証拠がみとめられないのは，おそらくテクトニックな変形速度が侵食速度よりおそく，活動の痕跡がぬぐいさられてしまうからであろう．たとえば，オーストラリアの楯状地の 1968 年の Meckering 地震と 1988 年の Tennant Creek 地震は，地表にラプチャーがあらわれ，既存の断層上でおこったようにみえる．しかし，それを活断層と認定できたかもしれない断層崖は存在しなかった（Gordon and Lewis, 1980；Bowman et al., 1988）．Quebec 州北部でおこった Ungava 地震でもかなりおおきな断層崖ができた（Adams et al., 1991）．しかし，1896 年の South Carolina 州の Charleston 地震についていわれてきたことだが，地表にその痕跡がないようなデタッチメントでおこるプレート内地震もありそうだ（Seeber and Armbruster, 1981）．このようなむずかしい問題はあるが，プレート内地震は，おおむね，広域的なテクトニックな載荷，あるいは退氷や堆積による載荷といった局所的効果によって既存の断層がふたたびうごくことでおこるとかんがえられている（Talwani and Rajendran, 1991）．

大陸部で多数のプレート内地震がひろい範囲にわたって発生することは，大陸部のリソスフェアの大部分がきっと限界条件にちかい応力状態にあることを意味するとかんがえてよいだろう．貯水湖に注水すると，おおくの場合に地震活動が誘発されることからも，おなじ結論がみちびかれる（節 6.5.4）．

6.3.5　深発地震のメカニズム

地球の地殻の底部よりかなりふかいところ発生する地震があることを最初に発見したのは Wadati（1928）である．今日では，主として沈み込みゾーンで，マントルのなかにもぐりこむリソスフェアのスラブのなかの Wadati - Benioff ゾーンで，このような深発地震が発生することがわかっている．深発地震の性質については Frohlich（1989；2006）のレヴューを参照されたい．深発地震の発生頻度は，450 km までは深さとともにほぼ指数的に減少し，それよりふかくなるとだんだんふえて約 600 km 付近にちいさなピークがあらわれた後，650 km から 680 km のあいだでとつぜん消滅する（図 6.13）．地震波の放射特性は，浅発地震とおなじような震源メカニズムをしめす．すなわち，ダブル・カップル型の放射パターンが支配的であり，計算されたストレス・ドロップもあさい地震とそれほどかわらない．

深発地震のメカニズムは，ながいあいだ推測の域をでなかった．なぜなら，このような深さでは圧力がたかく，ぜい性の破壊プロセスや摩擦プロセスが機能しないからである．ひとつの候補となるメカニズムは，結晶の同質異像体への相転移が急速に進行するのが原因であるという考えで，Bridgman（1945）によって最初に提案された．この見解を支持す

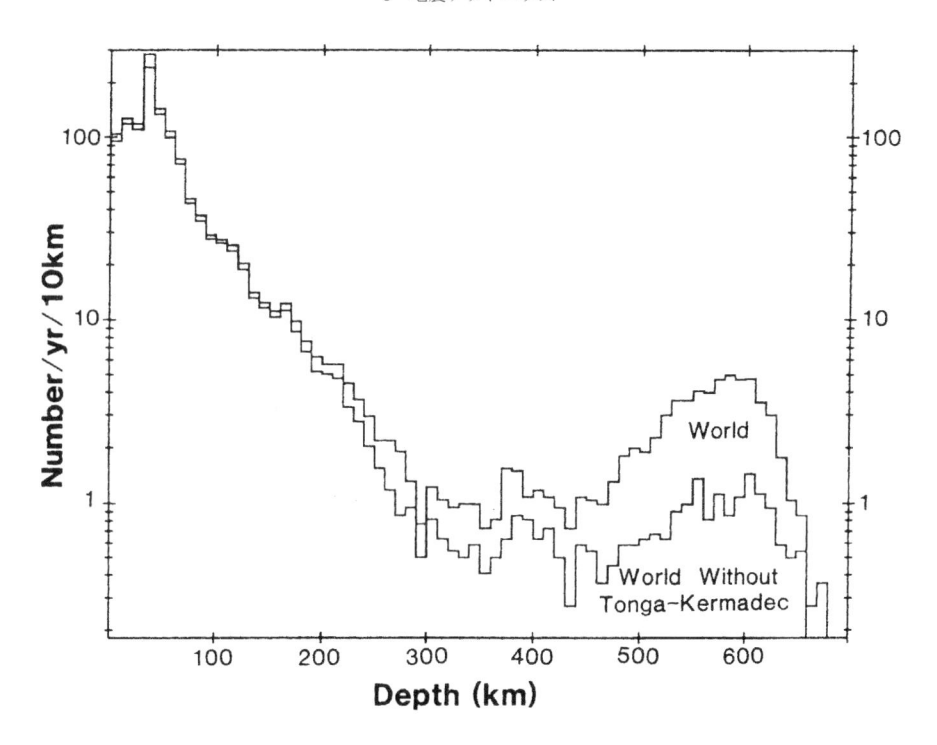

図 6.13　深発地震とやや深発地震の深さ分布．(Frohlich, 1989 より引用した)．

る観察事実は，モーメント解放速度が沈み込み速度に比例していることである（McGarr, 1977）．しかしこのメカニズムから，どのようにしてダブル・カップルの放射がおこりうるかが長年の疑問であった．

　Kirby（1987）によって提案されたひとつの答は，偏差応力下である固体相から他の固体相への相転移が選択的におこり，このような場におけるインプロージョン〔implosion；縮裂〕のまわりに生じる応力集中によって，相転移が最大せん断応力面上をシート状になって選択的にはしり，せん断応力を解放させるというものである．このような選択的相転移をおこしうる道筋が，Green and Burnley（1989）によって実験的にしめされた．彼らは，ジャーマネイトをもちいて，オリビン—スピネルの相転移を模したアナログ実験をおこなった．後に珪酸塩についても，マントルでの圧力下で相転移がおこることがたしかめられた (Green et al., 1990)．彼らは，偏差応力によって相転移が促進されること，条件によっては可聴音をともなうストレス・ドロップがとつぜん発生し，σ_1 に対して鋭角をなす共役断層面上に相転移が生じることをみつけた．さらに，試料を顕微鏡で観察すると，スピネルが σ_1 の方向に直交するうすいレンズを形づくっているのがみられた．レンズ状スピネルは，通常のぜい性破壊実験のときとおなじく，共役せん断断層の方位に雁行アレーをなしていた．そして，相転移がこれらのアレーを貫通してはしるとき，試料の破壊がおこった．彼らは，相遷移にともなう体積の収縮によってモード（−I）のアンタイクラック〔anticrack〕

が形成されて，破壊が発生するのだとかんがえた．アンタイクラックは，変位と応力の符号が逆であることをのぞけば，（ちょうど，スティロライト〔stylolite〕の形成を説明するための Fletcher and Pollard (1981) のモデルのように）モードＩのクラックとおなじである．通常のぜい性破壊の場合にまずモードＩのクラックが発生し，つぎにそれらが連結して断層ができるのとおなじように，（向きはちがうが），まず σ_1 に直交するアンタイクラックが発生し，雁行アレーが形成され，最後に合体して断層を形成するのである．

これとは別のメカニズムとして，Meade and Jeanloz (1989, 1991) は，Raleigh and Paterson (1965) にならって，既存のしずみこんだ断層にそって生じる蛇紋岩の急激な脱水を提案した．このメカニズムはふかくなるにつれてついには種がなくなってしまうであろうこと，およびオリビン−スピネル相転移によって断層ができるメカニズムは 350 km 以深にならないとはじまらないことから，前者はやや深発地震のメカニズムであり，後者は 350 km からはじまる深発地震群のメカニズムである（図 6.13）という提案がなされている（Green and Houston, 1995）．

深発地震のメカニズムと，やや深発地震や浅発地震のメカニズムの違いをみつけようとしてかなりの努力がはらわれてきた．すこしばかりの違いはあるようだが（Vidale and Houston, 1993），ラプチャーの力学やスケーリング則に特徴的な違いはない（Houston, Benz, and Vidale, 1998; Campus and Das, 2000）．深発地震はめったに余震をともなわないということがよく指摘されるが，深発地震であっても，あさい地震の余震とまったくおなじ性質をもつ余震系列をともなうものもみつかっている（Wiens and McGuire, 2000）．

6.3.6　スロー地震と津波地震

地震のなかには，ゆっくりとした先行的なすべりではじまり，このすべりが地震全体のモーメント解放量の有意な割合をしめる可能性をもつ地震がある．ゆっくりとした先行すべりがはじめて発見されたのは 1960 年のチリ地震で（Kanamori and Cipar, 1974; Cifuentes and Silver, 1989），先行すべりのモーメントは本地震に匹敵する量であった．このようなゆっくりとした先行イベントのほとんどは海洋のトランスフォーム断層でおこるようである（Okal and Stewart, 1982; Ihmel and Jordan, 1994）．しかしながら，1994 年の Romanche トランスフォーム地震（McGuire, Ihmle and Jordan, 1996）の場合のように，ゆっくりとした先行すべりと解釈された部分が，解析で仮定するモデルパラメータの不確かさによって生じたにすぎないと指摘されたこともある（Abercrombie and Ekström, 2001）．

数時間にも達する継続時間をもち，地震波をまったく放射しない完全なスロー地震もある（Sacks et al., 1978）．California 州の Calaveras 断層のクリープしている部分の北の端で，ひとつづきのスロー地震がおこったことがひずみ計で観測された（Linde et al., 1996）．数日間つづいた一連の活動をマグニチュードに換算すると 4.8 になる．このときのすべりは

断層の最浅部 4 km にかぎられていた．

　Reinen（2000）は，このかわったふるまいが蛇紋岩の存在による可能性を示唆した．蛇紋岩は，低速では安定すべり，高速では不安定すべりとなるような摩擦特性をもっている．蛇紋岩は，海洋トランスフォーム断層にそってどこにでも存在するようであり（Auzende et al., 1989），次節でみるように，San Andreas 断層のクリープしている部分にも存在するかもしれない．

　津波は，沈み込みゾーンの地震によってつくりだされた海底のおおきな変位，主として鉛直方向の変位によってつくりだされる．津波をおこす地震は，ふつうはプレート境界のスラスト地震だが，海溝のアウター・ライズでおこった正断層型の三陸地震（1933年）のように，プレート内地震でも津波を発生させることがある．また，地震がひきおこした水中の地すべりが原因で発生することもあるかもしれない（たとえば，Heinrich et al., 2000）．津波地震〔tsunami or tsunamigenic earthquake〕は，予想よりずっとおおきな津波をつくりだす地震をさす．たとえば 1946 年の Aleutian 地震は，その表面波マグニチュードは $M_s = 7.4$ にすぎなかったが，$M = 9.3$ の地震に期待されるようなおおきな津波を生じた（Johnson and Satake, 1997）．

　Johnson and Satake は，この 1946 年の地震は $M_w = 8.2$ で，主要なすべりは海溝軸にちかいあさい部分でおこったことをみつけた．M_s と M_w がおおきくくいちがっているのは，放射された地震波に高周波成分がとぼしかったことを意味するから，この地震はスロー地震であったということになる．発生する津波と地震の大きさがくいちがうときには，ふたつの効果をかんがえなければならない．ひとつは，地震の大きさが過小評価されていて，M_w よりさらにおおきかった可能性であり，もうひとつは海底の隆起がゆっくりで，津波の発生効率をたかめた可能性である．また，津波の大きさをきめるのは海底の変位であり，これは断層のあさいところでのすべり量に依存するので，すべったところがあさいかどうかも重要である．

　より最近では，格段によい記録のあるいくつもの事例が研究され，これらの津波地震の特徴，すなわち，ゆっくり浅部ですべったことが明確になっている（Fukao, 1979; Pelayo and Wiens, 1992; Satake and Tanioka, 1999）．Polet and Kanamori（2000）は，津波地震が海溝部の堆積物のとぼしい地域でおこる傾向があると指摘した．そのような場所では，ラプチャーがひろがるのをとめる効果をもつ未圧密の堆積物の厚さがうすいので，深部ではじまったラプチャーはより表層近くまで伝播してくることができる．彼らと Palayo and Wiens は，津波地震は付加体プリズム基底のデコルマンにそって存在する脱水・固化した堆積物のなかでおこり，ゆっくりしているのはこの堆積物の性質によると示唆した．

6.4 サイスミックな断層とエイサイスミックな断層のテクトニクスに対する寄与

われわれは主として，動的な断層ラプチャーとその結果として生じる地震を論じてきた．しかしながら，安定な摩擦すべりによって地震波を放射せずにすべる断層もあきらかに存在する．そしてこのようなエイサイスミックな断層については，テクトニクスに対する寄与を研究しようにも地震活動からは測定できない．主としてこのようにふるまう断層として，ゆるやかに固化した堆積層のなかの断層や，たとえばデコルマンのようなさまざまなタイプの延性断層がある．この問題をかんがえるにあたってはまず，われわれがおこなったスキツォスフェアとプラストスフェアの定義は岩石のふるまいに準拠したものであり，ユニバーサルな（局所的な岩種には左右されない）等温線とは対応しないことをおもいだしていただきたい．さらに，すべりがエイサイスミックではなくサイスミックになる条件は，摩擦すべりの安定性の遷移に依存し，それは岩種につよく左右されるはずだが，しらべられたのはごくわずかの岩種についてだけである．エイサイスミックな断層すべりによる変形も褶曲など，他の様式のエイサイスミックな変形も地震テクトニクスから直接には解明されない．もちろん，褶曲には断層がつきものであり，California 州の 1983 年の Coalinga 地震 (Stein and King, 1984) や，1987 年の Whittier Narrows 地震では地震が褶曲をつくりだした (Hauksson *et al.*, 1988)．Yeats (1986) はこのような褶曲に関係する断層についてレヴューした．

ここでは，おおきな変位をひきおこすことが可能な，結晶質岩盤を切断して一部を地表に姿をあらわす，地殻をつらぬく断層により重点をおく．すでにさまざまなところで注意したように，条件によってはこれらの断層もエイサイスミックにすべることがわかっている．この節では，エイサイスミックにすべることがしられている事例をすこしくわしく紹介し，その原因となるメカニズムを論じるとともに，エイサイスミックなすべりの定量的な評価をこころみる．

6.4.1 エイサイスミックなすべり

安定なエイサイスミックな断層すべりは，California 州中央部の San Andreas 断層ではじめて発見された．そこでは，断層の上につくられたワイナリーの壁が徐々にくいちがうことがみつかり (Steinbrugge *et al.*, 1960；Tocher, 1960)，このときから現象論的な意味あいでクリープとよばれてきた．便利なのでこのききなれた用語が無造作につかわれるが，この現象を固体材料に共通する性質である粘弾性変形をさす用語であるクリープと混同してはいけない．この発見の後，断層クリープが，その南北の San Andreas 断層や北側で分岐

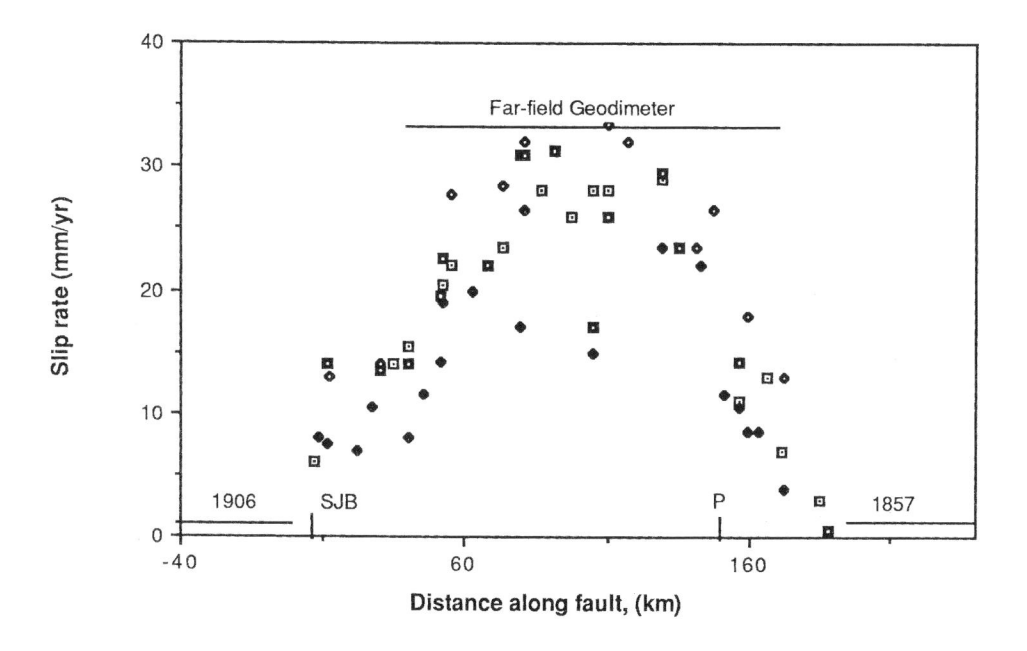

図 6.14 California 州中央部の San Andreas 断層のクリープしているセグメントのすべり速度．断層のトレースにそった距離に対してプロットした．データの種類（ ）内は測定スパンと出典：黒四角，アライメント・アレー（100 m），Burford and Harsh (1980)；黒ダイヤ，クリープメーター（10 m），Schulz et al. (1982 9；白四角，短距離レンジ・トランシット測量（1 km）．白ダイヤ，長距離レンジ・トランシット測量（10 km），Lisowski and Prescott (1981)；ファー・フィールド・トランシット測量［50-km スパンの推定値］，Savage and Burford (1973)．変形量は測定スパンがながくなるとおおきくなる傾向があるが，それでも 100-m アライメント・アレーの測定結果の範囲内にだいたいおさまっている．P は Parkfield，SJB は San Juan Bautista をあらわす．1906 年と 1857 年の地震のラプチャー端もしめされている．

している Hayward - Calaveras 断層までたどれることがわかった．図 6.14 に，San Andreas 断層のいわゆるクリーピング領域でのエサイスミックすべりの分布をしめす．

クリープの発見現場である Cienega ワイナリーのすべり速度は，すくなくとも建物が建設された 1948 年以降は定常であり，11 mm / y である．さらに他の場所でも約 25 年間にわたってすべり速度が測定されたが，そこでもその期間は定常であった．図 5.18 にしめしたように，ほとんどの観測点ですべりは間欠的であった．近くでおこった地震などによって一時的な擾乱は生じるが（図 5.19），時間が経過するとすべり速度は定常値に復帰する．すべり速度は，クリープしているセグメントの中央部で最大であり，両端にむかってなめらかにゼロにまで減少している（図 6.14）．これは，すべっているセグメントの長さとおなじ程度の深さまで，すべりがおよんでいることをしめしている．この解釈は，両端をピン止めされたクラックがリソスフェア全体におよんでいるというモデルをつかった Tse, Dmowska, and Rice (1985) の結果と一致している．

San Andreas 断層の安定にすべっている部分の北限は San Juan Bautista である．ここは

1906年の地震のラプチャーの最南端である．いっぽう，南限は1857年の地震の北端にあたる．Hayward断層とCalaveras断層の安定すべりの速度は，北側にむかって徐々に減少し，San Francisco湾より北ではクリープが観察されたことはない．クリープしている断層の微小地震活動は異常にたかいレベルにあるが，断層面外の地震活動はないにひとしい．したがって地震活動は，ひじょうにはっきりと断層の輪郭をえがきだす．これはクリープしない断層とことなる点である．ふつうの断層では微小地震活動はもっとちらばっており，微小地震活動だけで活断層を識別するのはむずかしい．しかしながら，クリープしている断層の地震活動は活発ではあってもちいさな地震にかぎられており，地震活動がすべりにはたす寄与は微々たるものである．地震のモーメントの総和をとってみると，地震によるものは全モーメント解放量のうちの約2％にすぎないことがわかる（Amelung and King, 1997）．ただし，クリープしているセグメントの両端は例外であって，そこは遷移ゾーンである．Parkfield断層の遷移ゾーンについてはすでにのべた（節5.3.1）．Calaveras断層とHayward断層の北部では，最近，大地震が発生した（1979年のCoyote Lake地震と1984年のMorgan Hill地震）．さらに，Hayward断層は，19世紀に，ふたつの大地震によってラプチャーしたことがしられている．特に1868年の地震がよくしられている．Heyward断層の南部ではクリープしているのは深さ5 kmまでの部分だけであるから（Savage and Lisowski, 1993），このようにおおきな地震が発生できるのである．しかし，Hayward断層の北部はサイスモジェニックな深さまでフル・スピードでクリープしているから，おおきな地震をおこすことはできないとおもわれる（Burgmann et al., 2000）．

　断層がテクトニクスの駆動速度で定常的かつエイサイスミックにすべっているのがじかに観察できるこの領域のふるまいは，大陸地殻の断層としては特異なものである．California州の他の部分も網羅的に調査されたが，定常的かつエイサイスミックにすべっている明確な証拠があるのは，ただ一ケ所Saltonトラフだけであった．そこでは，定常エイサイスミックすべり速度はひずみ蓄積速度より約1桁ちいさかった（Louie et al., 1985）．この地域は堆積層が異常にあつく，クリープはその部分にかぎられるのかもしれない．日本やニュー・ジーランドでもクリープしている断層をさがしたが発見されなかった（T. Matsuda，私信，1985；K. Berryman，私信，1988）．したがって，断層クリープはまれな現象のようだ．いっぽう，岩塩のようなよわい延性材料の上で，エイサイスミックなすべりがおこるデコルマンは，たとえば，南イランのZagros Mountains（Ambrayseys, 1975；Jackson and McKenzie, 1988）や，パキスタンのSalt Range（Seeber, Armbruster, and Quittmeyer, 1981；Jaumé and Lillie, 1988）のような地域のテクトニクスを支配するようだ．

　節2.3.3と節3.4.1では，不安定すべりは，あさい側の安定性の遷移点を上限とし，ふかい側の安定性の遷移点を下限として，そのあいだの深さの範囲でおこるという状況についてのべた．これが標準的な場合だとかんがえてよいだろう．クリープしている部分では，どの深さでも安定であるから，ふたつの遷移ゾーンはなくなってしまい，すべりの不安定

領域がきえてしまう．このような状況をもたらすメカニズムとして，ふたつのことがかんがえられる．断層面が，本質的に速度強化の摩擦特性をもつ物質でできていて安定にすべるという可能性と，間隙圧がひじょうにたかいために，断層がすべての深さで安定性の遷移の安定側にある可能性である．

どちらの可能性も地質学的な観点から示唆されたものである．Allen（1968）は，断層ゾーンで蛇紋石が最初にみつけられたのは Parkfield であり，クリープしているゾーン全域にわたってひろく存在することを指摘した．Reinen（2000）がいったように，蛇紋石の摩擦の性質は，ゆっくりとした載荷速度のもとでは安定すべりをひきおこす．いっぽう，Irwin and Barnes（1975）は，クリープしている部分では断層の片側が Franciscan 層群の岩石でできており，その上に Great Valley 岩相がおおいかぶさっていることに注目した．Great Valley 岩相がないところでは，断層は固着している．彼らは，変成作用で生じた流体が Franciscan 層群からしみだしてきて，これが Great Valley 岩相の不透水性の岩石によってふたをされるために，異常にたかい間隙圧を生じるのだと示唆した．この解釈では，過剰間隙圧が有効直応力をさげるため，断層のその部分で不安定な領域がせばまり，もしかしたら不安定領域が消滅してしまうのかもしれない．

これらのふたつの説明では，断層の強さについてことなる結果が期待される．もし蛇紋岩のせいでおこる安定すべりだとすれば，蛇紋岩の摩擦係数は高温では 0.4 - 0.5 の範囲にあるので（Moore et al., 1997），断層は比較的つよいと期待される．もしたかい間隙圧が原因だとすれば，クリープしている部分の断層は相当よわいということになりそうだ．

この地域では間欠的なすべりがよくみられるが，これは安定性の境界にとてもちかい条件でおこることが実験でも理論でもみいだされている（節 2.3.3）．クリープしているゾーンのなかには中規模の地震をくりかえしてすべるちいさな領域がある．これはそこが局所的な不安定なパッチになっていることを意味する（Wesson and Ellsworth, 1973）．こういう場所は，他より直応力のたかい局所的な不規則構造のなかにあるのだろう．もしかしたら，断層がすべりベクトルに対してより圧縮方向に傾斜しているのかもしれない（Bilham and Williams, 1985）．Parkfield の近くの繰り返し地震の再来時間は，その地域のクリープ速度から期待される通りなので，地震のおこるパッチは，完全にサイスミック・カップリングした不安定なパッチのようだ（Nadeau and McEvilly, 1999）．ということは，この地域の断層パッチは，$\chi = 1$ で不安定領域にあるか，$\chi = 0$ で安定領域であるかのどちらかであることになる．しかし，クリープしているセグメントの末端部の遷移的な領域となっている Parkfield のような地域では，定常的な速度でクリープしている部分が，Parkfield の本震の一部としてラプチャーするというようなことがおこる（図 5.17 を参照）．したがってこの地域は，安定なパッチと条件付で安定なパッチが混在しているにちがいない．

6.4.2　沈み込みゾーンのサイスミック・カップリング

大陸地殻の断層では，エイサイスミックなすべりはまれな現象であるようだ．したがって，活動的なデコルマンや延性断層が卓越する地域をのぞけば，地震モーメントを合計して変形を推定することに特に問題はない．海洋リソスフェアのなかの断層のサイスミック・カップリングについても，かんらん岩のレオロジーの標準的な解析から期待される通りであるようだ．しかしながら，沈み込みゾーンで不完全なサイスミック・カップリングがふつうにみられることについては，もっとつっこんだ議論が必要である．

沈み込みゾーンごとに，そこで発生する大地震の大きさがはっきりと系統的にちがうことを最初に指摘したのはKanamori（1971）である．Ruff and Kanamori (1980)は世界中の沈み込みゾーンをしらべて，そこでおこる最大のモーメントの地震ともっともよく相関するのは，スラブの年齢t_s（負の相関）と沈み込みの収束速度v_c（正の相関）であることをみいだした．後に，モーメントの総和からχを計算するという方法を使って，より精細な研究がなされた（Peterson and Seno, 1984 ; Jarrard, 1986a, b; Pacheco et al., 1993）．

これらの研究ではRuff and Kanamoriの結果は追認されなかった．Peterson and Seno（1984）とPacheco et al.（1993）は，個々のプレートに注目すると，χはt_sとv_cのどちらに対しても負の相関があることをみいだしたが，Ruff and Kanamoriの解析のように，すべての沈み込みゾーンをひとまとめにすると相関ははっきりしなかった．Peterson and Senoは，上盤プレートの絶対速度v_{up}とのあいだに相関をみつけた．上盤プレートが後退しているとχがひくく，前進しているとχがたかくなる．Jarrardは上盤プレートのひずみを定性的に等級分けして，これとカップリングのあいだに正の相関があることみいだした．サイスミック・カップリングは圧縮性のところでたかく，伸張性のところでひくい．このことはKanamori (1986)も指摘している．したがって，すでに図6.7でしめしたように，沈み込みゾーンのサイスミック・カップリングは，それを載荷している力がおおきくちがうことを反映しているようにおもわれる．

Scholz and Campos (1995)はこの問題を定量的に評価した．図6.15に沈み込みゾーンの運動に関係する速度と力がしめされている．速度は，上部マントル（ホット・スポット）を基準フレームにとり，上盤もスラブも海溝にむかう向きを正とした．収束速度は$v_c = v_s + v_{up}$である．沈み込み境界面の直応力が，式2.32であたえられる摩擦の安定性の遷移条件以下までさげられると，その境界面のサイスミック・カップリングはうしなわれてしまう．境界面の直応力の基準状態からの差ΔF_Nは，スラブがマントルのなかを速度v_{up}で横へ並進するときの流体力学的〔粘性〕抵抗によって生じる海錨力〔sea anchor force〕F_{SA}と，スラブの負の浮力〔negativ bouyancy〕のうちつりあわないでのこった部分であるスラブ吸い込み力〔slab suction force〕F_{SU}に依存する．

$$\Delta F_N = F_{SA}\sin\psi + F_{SU}\cos\psi \tag{6.6}$$

Carlson, Hilde, and Ueda（1983）によれば，スラブ吸い込み力はつぎのようになる．

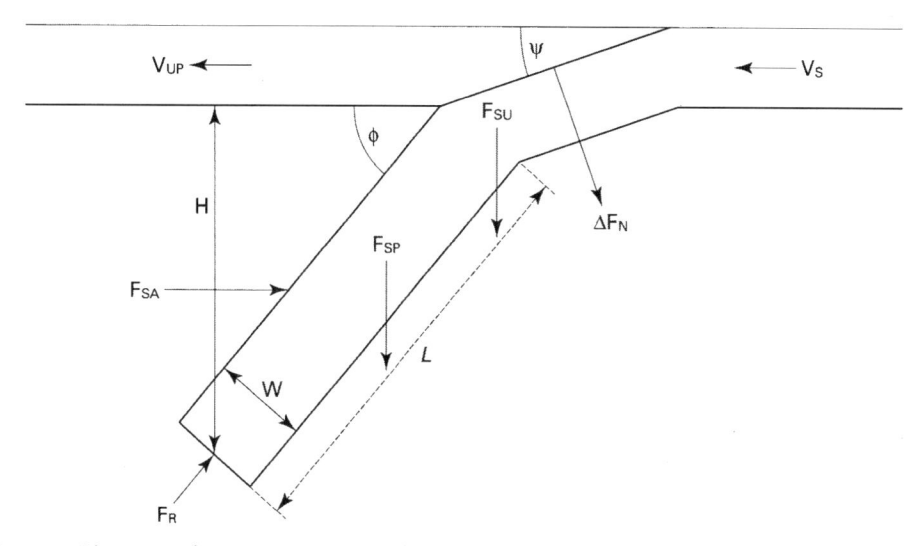

図6.15 沈み込みゾーンにかかるさまざまな力（Scholz and Campos, 1995 から引用した）

$$F_{SU} = \beta F_{SP} = \beta A L \sqrt{t_s} \tag{6.7}$$

ここで，A はスラブとマントルの密度の差，L はスラブの長さ，t_s はスラブの年齢，β は1よりちいさい係数である．さらに海錨力は，つぎの式であたえられる．

$$F_{SA} = -6\pi\mu \frac{R_h v_{up}}{\lambda} \tag{6.8}$$

ここで，μ はスラブの深さの範囲のマントルの平均粘性，R_h はスラブ面が粘性液体のなかを並進するときの実効半径，λ はスラブを楕円面でおきかえたときの海溝軸方向の主軸の長さである．

さらに，背弧拡大がおこる条件はつぎの式であたえられる．

$$F_{UP} = F_{SA} = T \tag{6.9}$$

ここで T は，海洋リソスフェアの引っ張り強度を積分したものである．ここから以下の3つの形態が期待される．（1）v_p が正（海溝へむかう方向）で，サイスミック・カップリングされた圧縮弧，（2）v_{up} が負でサイスミック・カップリングされていない伸張弧，（3）サイスミック・カップリングされていなくて背弧拡大をともなう極度に伸張的な弧である．

サイスミック・カップリングに関するこれらの予測，すなわち，カップリングは t_s とともに減少し，後退している上盤プレートのときにも減少し，この逆もなりたつのは，これまでのべてきた観測結果と一致する．一般的な沈み込みゾーンでの力のつりあいをかんがえると，$v_c \propto \sqrt{t_s}$ となるので（Carlson *et al.*, 1983），サイスミック・カップリングに対するこのふたつのパラメーターの相関はたがいに独立ではない．

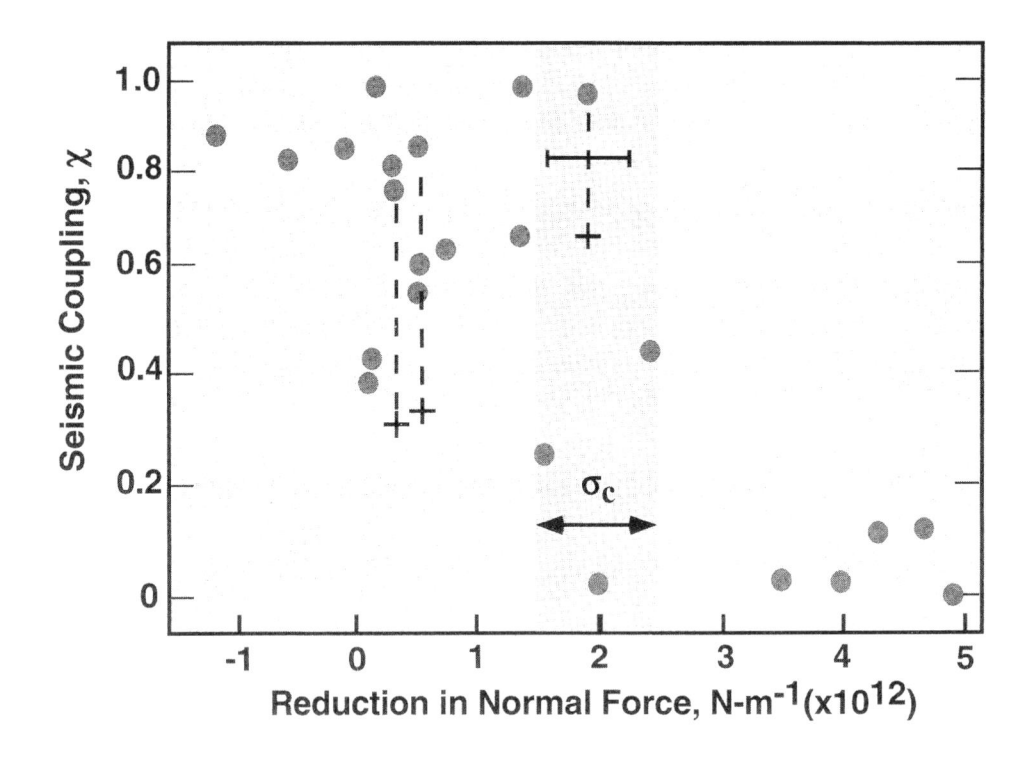

図 6.16 世界中の沈み込みゾーンに対するサイスミック・カップリング係数の観測値と直荷重の減少量（計算値）の関係．影がつけられた領域は，Izu - Bonin - Mariana 弧に対して独立に計算した安定－不安定の遷移が生じる法線力の減少量の限界値をあらわす（Scholz and Campos, 1995 にもとづく）．

Scholz and Campos (1995) は式 6.6 - 6.9 を Izu - Bonin Mariana 弧に適用した．この弧は，おなじプレートのペアの境界であり，そこには 3 つのカップリング形態がすべてそろっている．さらに，この弧にそって太平洋プレートの年齢と沈み込み速度がほぼ一定であるという利点をいかして，変数を分離することができた．最後に v_{up} と L のふたつの変数だけがのこり，これらは別の手段ですでに値がもとめられていた．えられた結果はカップリングのふるまいをただしく予測し，デカップリングの状態へ遷移するときや，背弧拡大が開始するときの ΔF_N と T の限界値をきめることができた．

このモデルを世界中の沈み込みゾーンに適用した結果が図 6.16 にしめされている．影をつけた領域は，安定性の遷移がおこるとおもわれる範囲を Izu - Bonin - Mariana 弧だけの解析から独立にきめたものである．このモデルで世界中の沈み込みゾーンの 8 割がたのふるまいがただしく予測できる．予測からはずれる弧の大部分では，モデルでは考慮されていないような道筋でそこにはたらく力に影響をおよぼすその場に特有で複雑な事情がある．たとえば Honshu 弧の最南部は不安定三重会合点に隣接しているし，Ryukyu 弧は Marianas 弧からうける力に影響されている．一般化できる興味ぶかい性質をひとつあげれ

ば，西へ傾斜している弧は，おなじプレートの東へ傾斜している弧よりも伸張的である傾向があることである．こうなるのは，大部分のプレートはどういうわけかその下のマントルに対して平均して西へうごいているからである（Doglioni, 1990; Doglioni, Merlini, and Cantarella, 1999）．

ちいさなスケールの要因がサイスミック・カップリングを局所的にかえることがあるので，これらの結果を特定の場所に適用するときには注意をはらわなければならない．たとえば，おおきな海山がしずみこんでいれば，そこで境界面に対する直応力がたかくなり，通常はサイスミック・カップルされていない弧がそこだけカップルされるかもしれない (Scholz and Small, 1997)．この現象のすぐれた例が Abercrombie et al. (2001) にしめされている．

サイスミック・カップリングに関して，最後に一言いっておかなければならないことがある．ある地域，たとえば沈み込みゾーンのような領域のサイスミック・カップリング係数は 0.5 であるというとき，これは，その地域全体ですべり量の半分がサイスミックにおこり，のこりの半分のすべりがエイサイスミックにおこるということを意味しているのではない．不安定領域にあるパッチは $\chi = 1$，安定領域にあるパッチは $\chi = 0$ であり，条件付不安定のところは $0 < \chi < 1$ の値をとることができる．だからただしい解釈は，その地域全体のすべり面積のうち，半分よりいくらかすくない部分が不安定状態にあるということになる．

6.5　人工的に誘発された地震活動

Carder (1945) が，Arizona 州と Nevada 州の境にある Mead 湖で貯水によって地震活動が増加することに気づいて以来，人間のある種の活動，特にダム湖に水をみたすことにより，地震をトリガーできることがしられてきた．この現象が興味ぶかいのは，これらのケースではどのような擾乱があたえられたのかが既知なので，地震のメカニズムの，自然地震ではとらえられないある種の側面について研究できる点である．すでにこの本では，Colorado 州の Rangely の実験に関連して，誘発地震についてすこしばかり論じた（節 2.4）．ここでは，この現象の研究によってわかったあらたな事柄を簡単に紹介する．この主題に対して完全なレヴューをこころみるつもりはないので，よりくわしくは，Gupta and Rastogi (1976)；Simpson (1986)；O'Reilly and Rastogi (1986) を参照されたい．

6.5.1　人工的に誘発された地震活動の例

貯水によって地震活動が誘発されたことが確認され，因果関係が明確な事例のほとんどは，貯水にさきだって地震観測がはじめられ，最初の貯水のときに地震活動の増加がみら

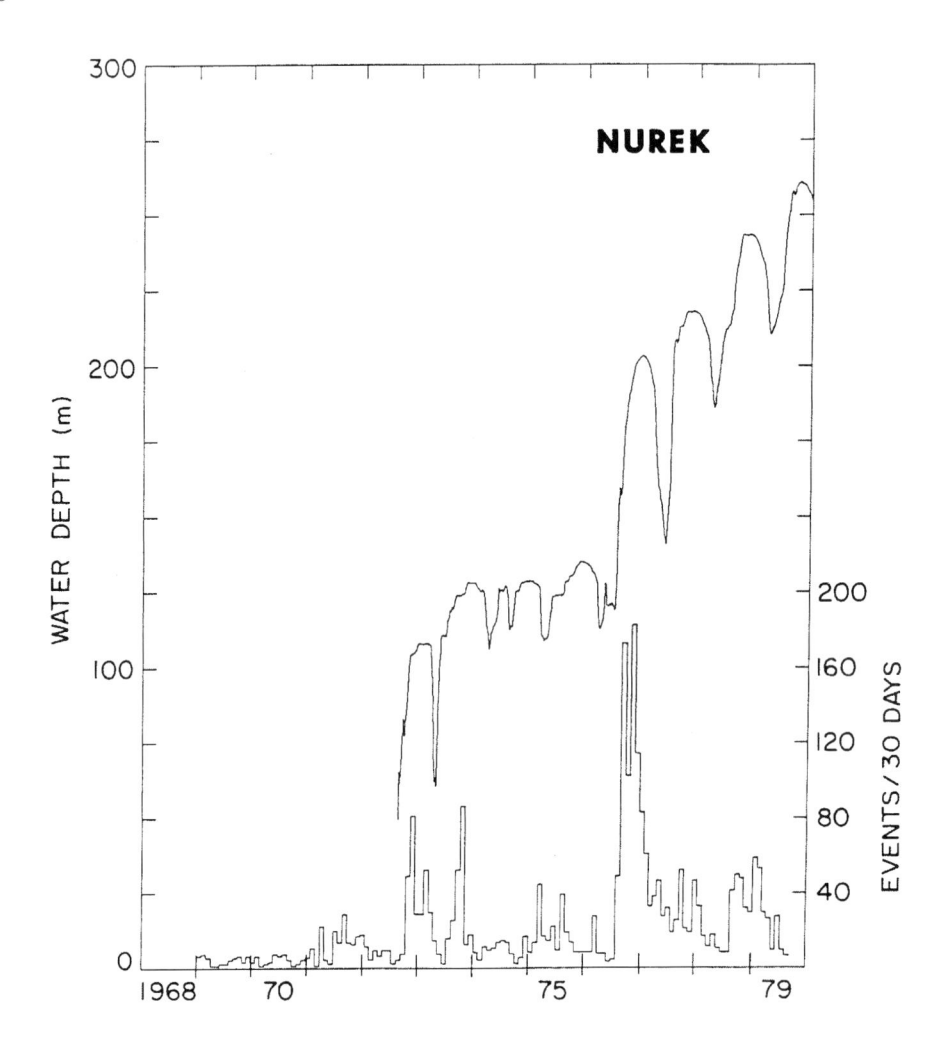

図 6.17 ソ連のタジク共和国の Nurek 貯水湖における誘発地震活動．この事例ではすばやい応答がみられた．(Simpson, Leith, and Scholz, 1988 から引用した)．

れたケースである．事前の地震観測がされていなくても，貯水がはじまると有感地震が発生しはじめ，それだけで両者のあいだには明確な相関があることがわかる場合もおおい．今では誘発地震に関して多数の例がしられており，地殻の応答という観点からふたつのおおきなカテゴリーに分類できる（Simpson, Leith, and Scholz, 1988）．おおくのケースでは，応答はすばやく，貯水とほとんど同時に地震活動が増加する．その他のケースでは，貯水をおえて安定した水位に維持されてから数年間遅延して主たる地震活動がおこる．このようにふたつのカテゴリーの応答があるので，この現象をひきおこす可能性があるさまざまなメカニズムを評価することができる．

　応答がすばやいタイプの好例は，図 6.17 にしめしたタジク共和国の Nurek 貯水湖のケースである（Simpson and Negmatullaev, 1981）．ここでは，貯水にさきだって地震観測がは

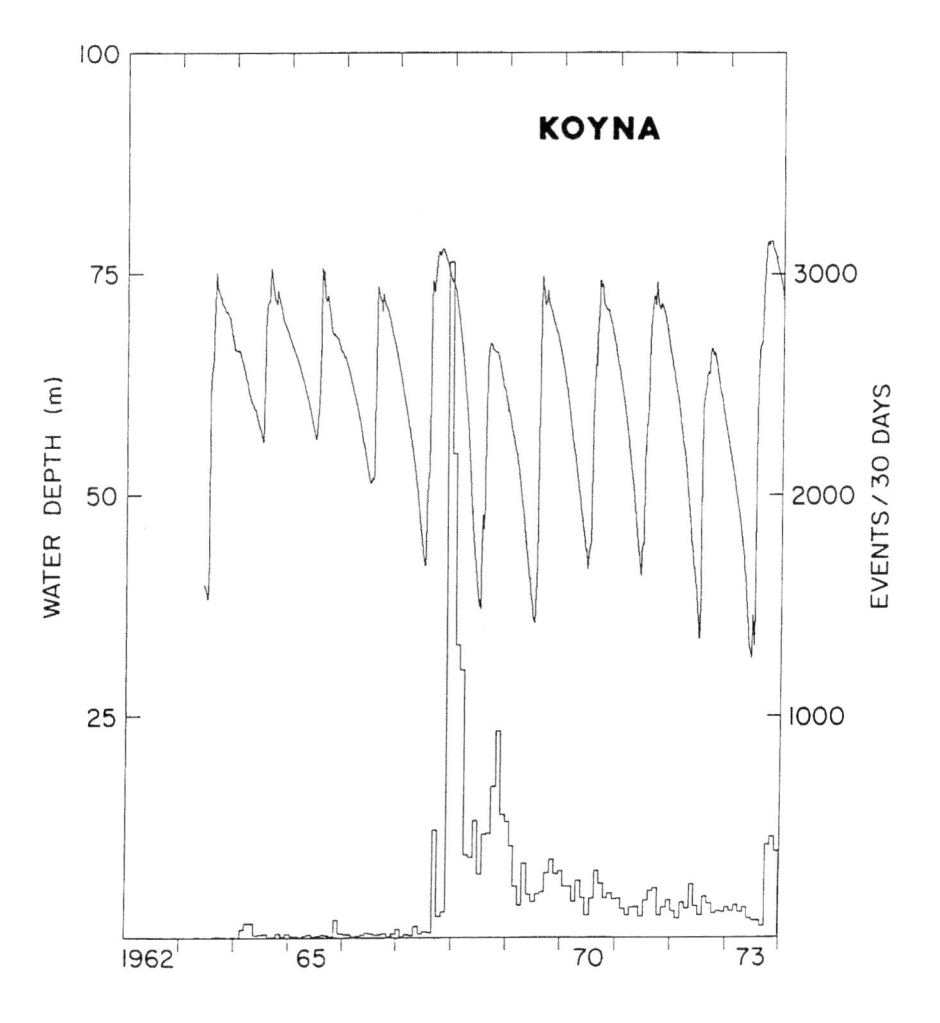

図 6.18 インドの Koyna 貯水湖の貯水にともなう誘発地震活動. (Simpson *et al.*, 1988 から引用した).

じめられ，最初の貯水が水位 100 m まで達したとたんにいちじるしい群発地震が観察された．やがてこの地震活動は消滅してゆき，翌年，水位を 120 m に上昇させるとふたたび増加した．その後，地震活動はふたたびひくいレベルにさがり，水位を 200 m まで増加させるつぎの段階まで，ゆるやかに変動しつづけた．200 m まで貯水したときには，最大級の群発地震が発生した．このようなすばやい応答が観察された事例として，たとえば，Monticello（South Carolina 州），Manic-3（Quebec 州），Kariba（ジンバブエ），Kremasta（ギリシャ），Talbingo（オーストラリア）があげられる．

図 6.18 には，応答が遅延したインド西部の Deccan Traps の Koyna ダムのケースがしめされている．1962 年にはじめられたダムへの貯水のすぐ直後にちいさな地震が検出されたとはいえ 1967 年の終りに $M = 5.5$ と $M = 6.2$ の地震がおこるまで，おおきな地震はなかった．このうちおおきいほうの地震は，かなりの損害をあたえて人命をうばった．この

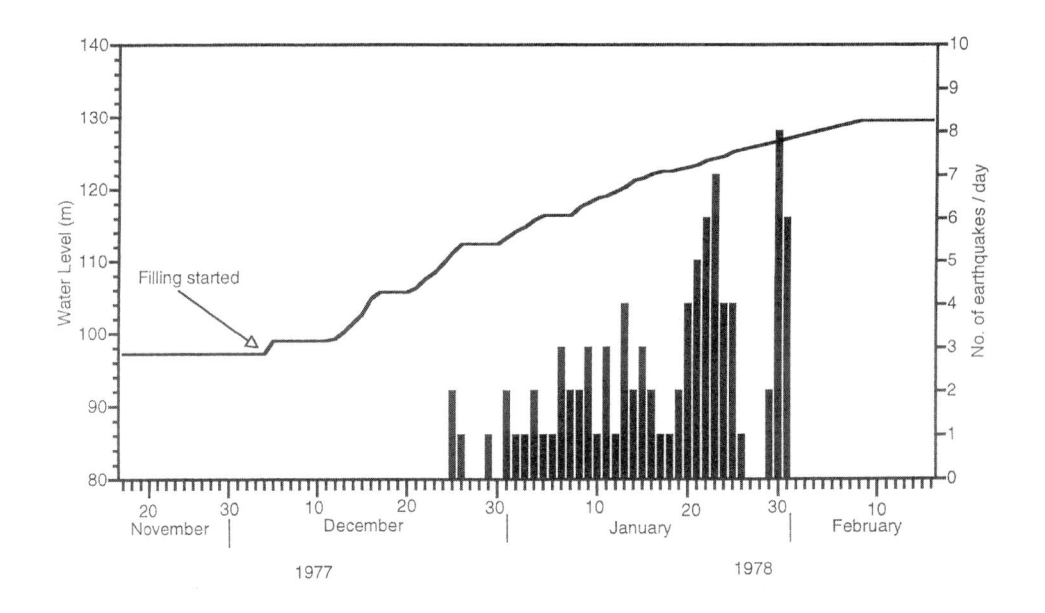

図 6.19 Monticello 貯水湖の誘発地震活動．(Chen and Talwani, 2001 から引用した)．

　地震はダムより 10 km 下流で発生した横ずれ地震であり，その深さはふつうの地震（〜5 km）とかわらなかった．この地震は，水位が最高に達した直後に発生した．他に，遅延した応答がみられた例をあげれば，California 州の Oroville で貯水後 7 年経過してからおこった $M = 5.7$ の地震がある．このときには，水位がもっともひくかった期間の直後におこった．エジプトの Aswan では，1981 年の終わりに $M = 5.3$ の地震がおこったが，これは 1975 年に最後の貯水をはじめてから数年後におこった．

　すばやい応答がみられるケースでは，貯水湖の直下またはごく近傍のあさいところで，小地震が群発する傾向がある．応答が遅延するケースでは，地震の規模はよりおおきくよりふかくなる傾向があり，しばしば貯水湖の最深部からいくぶんはなれて（〜10 km）発生する．

　他の地震によってトリガーされる地震のときと同様に（節 4.5），貯水が地震をトリガーするのに必要な載荷応力の下限値はわかっていない．図 6.17 と図 6.18 のケースのように，貯水によって誘発された地震活動で有名かつ劇的なもののおおくは，水位変化にして 100 m かそれをこえる貯水によっているが，それよりずっと小規模の貯水によって地震が誘発されたケースもある．図 6.19 に Monticello ダムの例をしめすが，このときには水位の上昇は 20 m 以下であったにもかかわらず，貯水がはじまると活発な地震活動が観測された．

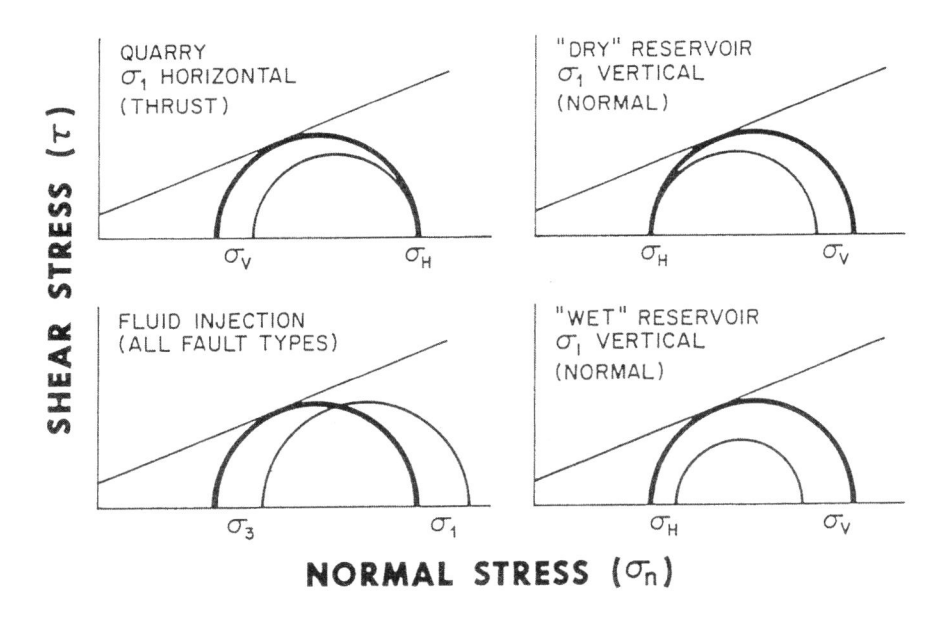

図 6.20 載荷や除荷が直下の岩盤の破壊におよぼす直接効果．貯水湖の水位上昇による載荷や石切場の切り出しによる除荷の効果を Coulomb の破壊基準と Mohr の応力円の関係をつかって説明した模式図．細線の円が載荷前，太線の円が載荷後をあらわす．（Simpson, 1986 から引用した）．

6.5.2 貯水によって地震活動が誘発されるメカニズム

直接的効果 誘発地震の基本的なメカニズムは，貯水湖がつくりだす荷重載荷と水深分に相当する間隙圧の静的な増加を考慮することによって理解できる（Snows, 1972）．すなわち，水深が 100 m の貯水湖は，その直下の鉛直応力と間隙圧を即座に 1 MPa 増加させるだろう．図 6.20 に 4 つのメカニズムがしめされている．ここでは，Coulomb の破壊包絡線に対する Mohr の応力円の関係をつかって貯水の効果が図示されている．"WET" と "DRY" と表示されているケースは，貯水湖から直下の岩盤に水が浸透し，拡散によってそこで間隙圧が増加するかどうかをしめす．

荷重載荷の効果が，Mohr の応力円の半径を増加させるか減少させるかは，テクトニックな環境に依存する．そして間隙圧の増加は，Mohr の応力円を原点のほうへ移動させる効果をもつだろう．したがって間隙圧の増加はいつも，地震活動を促進するようにはたらく．いっぽう，載荷の効果は，正断層の領域に対しては地震をトリガーし，衝上断層に対しては地震の発生を抑圧し，横ずれ断層に対しては影響をおよぼさない．Pomeroy, Simpson, and Sbar（1976）が記述したケースのように，石切場の操業によって鉛直荷重が減少するときには，衝上断層の状況にある地震をトリガーすることができる．いっぽう，

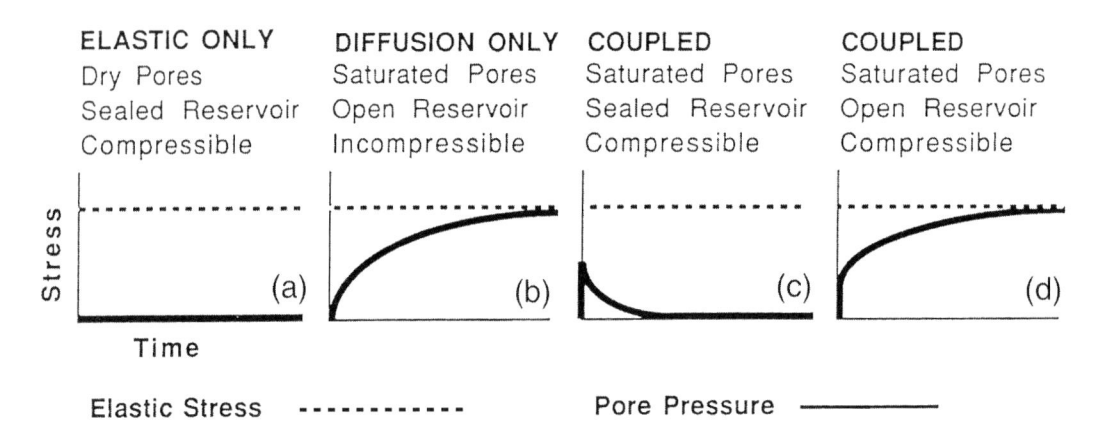

```
    ELASTIC ONLY      DIFFUSION ONLY      COUPLED           COUPLED
    Dry Pores         Saturated Pores     Saturated Pores   Saturated Pores
    Sealed Reservoir  Open Reservoir      Sealed Reservoir  Open Reservoir
    Compressible      Incompressible      Compressible      Compressible
```

図 6.21 貯水によって誘発された地震活動に関係するさまざまな効果をしめす模式図. (Simpson, Leith, and Scholz, 1988 から引用した).

衝上断層テレーンにある貯水湖に注水すると, 応力の破壊基準からとおざけることになり, 静穏期が到来する. これはパキスタンの Tarbella ダムで観察された (Jacob et al., 1979).

カップルされた間隙弾性効果　上の解析では, 貯水をおえたすこし後の平衡に達した状態を考慮した. 載荷の効果は弾性応答であるので, もちろん瞬時に作用する. いっぽう, 間隙圧の変化は, 圧力が深部に拡散するのに要する時間だけ遅延し, 周囲が不飽和の地層にかこまれている貯水湖のケースでは, 水頭を上昇させるような流れが生じるまで遅延すると予想される. しかしながら, 載荷によって間隙空間を弾性的に圧縮することにより, 即座に間隙圧が上昇することもかんがえられる [Rice and Cleary, 1976 参照; 貯水湖でおこる地震への応用に関しては, Bell and Nur (1978) と Roeloffs (1988b) 参照]. われわれはこれをカップルされた間隙弾性効果とよぶ.

間隙弾性体が瞬時に載荷されたときのように, 流体の流れが無視できるときには, その構成式をつぎのようにかくことができる (Rice and Clearly, 1976).

$$\Delta p_\mathrm{p} = -(2GB/3)[(1+v_\mathrm{u})/(1-2v_\mathrm{u})]\Delta\varepsilon_\mathrm{v} \tag{6.10}$$

ここで Δp_p は, 体積ひずみの増分 $\Delta\varepsilon_\mathrm{v}$ によって生じる間隙圧の変化をあらわす. さらに, B は Skempton の係数 (Skempton, 1954), G はせん断弾性定数 [剛性率], v_u は非排水状態での Poisson 比である. B は応力場に対する間隙の幾何的配置に依存し, 0 と 1 のあいだの値をとる. たとえば, 間隙の形状がクラック状で, 圧縮方向に垂直なら $B=1$ だし, 平行なら $B=0$ である. Δp_p を直応力の変化 $\Delta\sigma_\mathrm{n}$ に対する応答としてあらわすこともできる.

$$\Delta p_\mathrm{p} = (B/3)[(1+v_\mathrm{u})/(1-2v_\mathrm{u})]\Delta\sigma_\mathrm{n} \tag{6.11}$$

したがって，たとえば $v_u = 1/3$ とすると，$\Delta p_p / \Delta \sigma_n = 2/3B$ となる．

コサイスミックな応力変化によって誘起された間隙弾性効果については，節4.5.2と節5.2.3で多数の例をしめした．コサイスミックな載荷は急速であるので，間隙岩盤のなかの水はこの瞬間にはながれない状態〔非排水条件〕にあるとかんがえられ，間隙圧は式6.10もしくは式6.11であたえられる応答をしめす．時間の経過とともに間隙岩盤のなかの水は流動し，間隙圧は徐々にあらたな平衡状態〔排水条件〕に緩和してゆく．このようなケースでは，断層ゾーンのカタクレサイトもそれをとりまくバルクな岩盤も間隙媒質としてふるまうのだが，これらふたつの媒質の間隙の構造や拡散距離はおおきくことなり，これに応じてSkempton係数とリラクゼーション時間もちがうので，それぞれちがった効果がもたらされる．

ふたつのタイプの誘発地震活動に対する解釈　図6.21に，貯水にともなうさまざまな効果がまとめられている．ここでは，貯水湖の下部のある深さにおける応力と間隙圧の変化がしめされている．貯水は瞬間的に完了することとし，それが時間の原点にとられている．弾性効果とカップルされた間隙弾性効果はその瞬間からはたらく．"DIFFUSION ONLY"とのタイトルがつけられた図は，貯水湖からの水の拡散をあらわす．"COUPLED"とのタイトルがつけられた図にしめされるカップルされた間隙弾性効果のリラクゼーション時間については，よりみじかい拡散時間が仮定されている．というのは，このケースでは，B がたかい領域からまわりの B がひくい領域への拡散が，貯水湖からの拡散経路よりもみじかい経路でおこると仮定されているからである．

すばやい応答のケースは，第一義的に，弾性的にカップルされた効果によって生じるにちがいない．いっぽう遅延した応答のケースは，水の拡散または流れに支配される効果によって生じる．これらのメカニズムで，ふたつのタイプの地震活動の一般的な特徴がある程度説明できる．しかしながらTalwani (1997) が指摘したように，純粋なエンド・メンバーのケースが観察されることはないが，図6.19にしめされたMontucellodダム湖のケースではふたつの効果を分離できる．このケースでは，貯水湖より1-4km下で衝上断層型の地震が誘発された．直接〔載荷〕効果はこれらの断層の強度を増加させたのだから，Chen and Talwani (2001) がしめしたように，地震をトリガーできたのは震源深さへの水の拡散にかぎられるようだ．彼らの計算によれば，トリガーとなったのはわずか0.1 MPaの応力変化であるが，この値は節4.5で議論したトリガリング応力の値と一致している．

Talwani and Acree (1985) は，貯水湖から地震活動の発生場所までの距離の2乗が，貯水後の地震活動の遅延時間に関係することをしめし，この関係をもちいて水の拡散率を推定した．Simpson *et al.* (1988) はさらに議論をふかめ，ふたつのタイプを区別して拡散率をもとめたが，どちらもよくにた値，10^4-10^5 cm^2/s をえるにいたった．この値は，地震の先行現象からきめれた値（Scholz, Sykes, and Aggarwal, 1973）と類似の値であったが，

バルクな岩石の透水係数から期待される値よりあきらかにおおきかった．このことは，岩盤の透水係数が，おおきなスケールの破壊にコントロールされることを暗示している．

6.5.3　鉱山の操業によって誘発された地震活動

　鉱山の採鉱作業が原因で地震活動がしばしば誘発され，重大な鉱山災害のひとつとなっている．鉱山で発生する地震活動は，バンプ〔bump〕すなわちちいさな山はね〔rockburst〕から，トレマー〔tremor〕とよばれるかなりおおきな地震にまでおよんでいる．このような地震活動には，抗壁のスポーリングや鉱柱の崩壊などによるものもあるが，鉱山地震の多くは自然地震と物理的に区別することができない（McGarr, 1984）．このような鉱山地震の震源メカニズムはダブル・カップルであり，ストレス・ドロップや地震波の放射スペクトルも通常の自然地震とおなじである．

　図6.22に，南アフリカの金鉱山でおこった地震の一例をしめす．この鉱山では深さ3 km まで採掘がすすんでいる．地震活動は，作業切羽のごく近傍とすぐ前方に集中している．この鉱山の最大主応力は鉛直方向である．地震は，切羽のまわりの応力集中域でおこる正断層運動を反映している．摸式断面図にしめされたように，採鉱によってできた切羽の背後の空洞は閉塞してゆくが，地震モーメントの解放速度は，空洞の閉塞速度に比例していることがみつけられ，ある時間間隔に対してつぎのような関係がある（McGarr, 1976, 1984）．

$$\sum M_0 = \mu \Delta V_s \tag{6.12}$$

ここで ΔV_s は，空洞の閉塞体積である．

　この鉱山では絶対応力の値がわかっており，山はねのストレス・ドロップはその数パーセントであった（Spottiswoode and McGarr, 1975；Spottiswoode, 1984）．これをもとに地震波効率（式4.8）を計算すると，それは1％以下であった．鉱山の山はねは自然地震と区別がつかないほどにかよっているので，この結果を自然地震に敷衍してはいけない理由はない．この知見は，ストレス・ドロップが絶対応力にひとしいとの仮定に対する反対意見（節3.4.3）をつよく支持する．

6.5.4　応力ゲージとしての人工的に誘発された地震活動

　誘発地震のもっとも興味をひく特徴のひとつは，地震活動がどこでも誘発されることである．それはけっして貯水湖を（ダムをつくらなくてもいつかは自然に地震がおこるような）活断層の上につくったようなケースだけにかぎられるわけではない．さきに言及したケースがそうであるように，自然の地震活動が発生している場所からとおくはなれたとこ

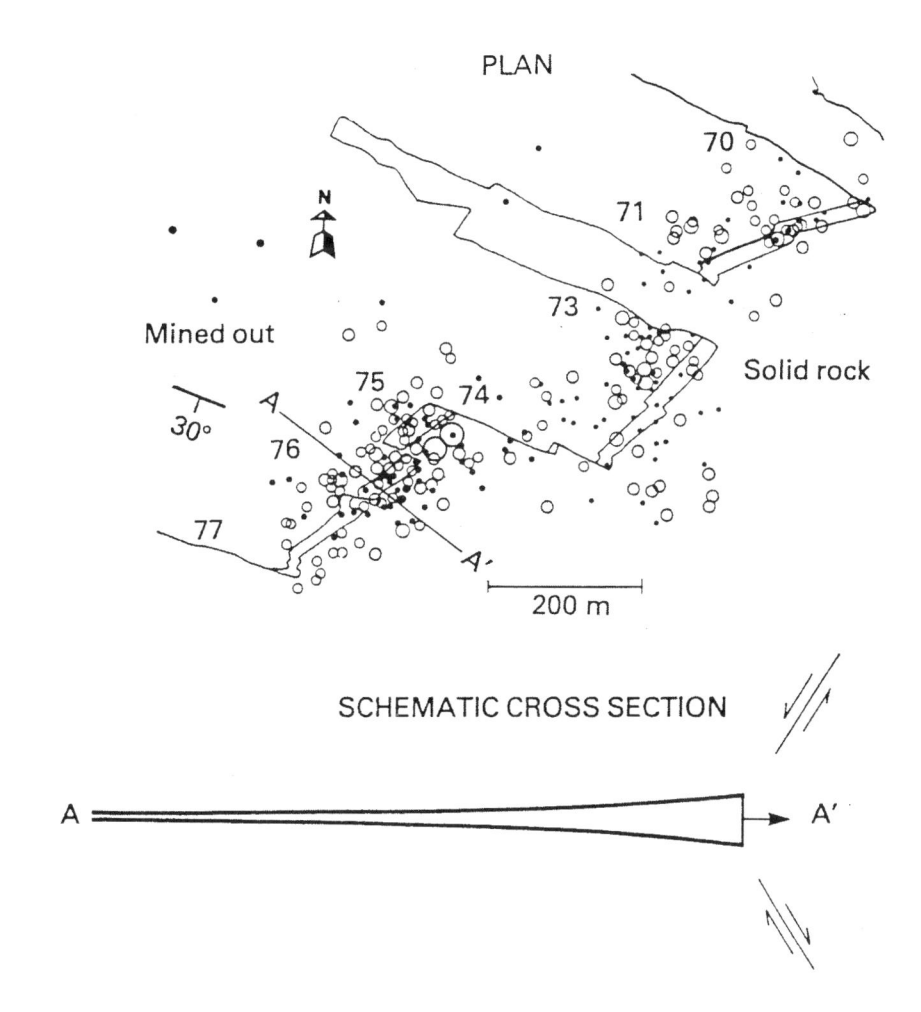

図 6.22 金鉱山でおこった地震活動をしめす平面図と模式的断面図. 南アフリカの Witwatersrand の East Rand Proprietary 鉱山の深さ 3 km にある切羽をしめす. 1972 年のある 100 日間におこったトレマーが白丸で, この時期の始めと終りにおける切羽の位置がしめされている. 地層と採鉱ずみの空洞は坑道に対して南南西へ 30°傾斜している. 概略断面図にしめしたように, 高さが 1 - 2 m の採鉱ずみの空洞で閉塞がみられる. 地震のメカニズムは作業切羽の前方にしめされている.（McGarr, 1984 から引用した）.

ろでもおこっており，カナダの Quebec 州, インド, オーストラリアのように, プレートの中央部でおこるケースもある. 解析によると, 条件によっては, 貯水によって応力状態が破壊の条件にちかづくことになるが, その効果はせん断応力に換算して, わずか 1 MPa 程度の増加でしかない. ここからみちびかれる明白な結論は, 活動的なテクトニックな変形がおこっていない領域でさえ, 地球のリソスフェアの大部分は, 限界点近くまで応力がたかまっているにちがいないことである. この観点からすると, 地震活動を誘発しなかった多数の貯水湖の事例研究も興味ぶかい課題である.

ここからまなぶことのできる教訓は，リソスフェアの大部分は破壊強度近くまで応力がたまっているという点であり，このことは，節 5.4 で指摘した考え，スキツォスフェアが自己組織化された臨界状態にあるという考えに斉合している．スキツォスフェアは，地震によるストレス・ドロップによってのみ応力を解放できるが，その量は典型的に 3 - 10 MPa の範囲にある．したがって，貯水によってもたらされる変化はこの量とくらべてそこそこの量である．自然のプレート内地震は，その速度は場所ごとにかなりちがうけれども，すべての領域でひずみが蓄積されていることをしめしている（カラー図 8）．破壊まで 1 MPa 以内に接近したちいさな領域が多数存在し，近くの貯水湖をみたせば地震が誘発される可能性があることはおどろくべきことではない．これは単に，ひじょうにゆっくりした自然の載荷サイクルが課せられている地殻に，ひじょうに急速な人工的載荷サイクルが付加されるというだけのことである．

⑦ 地震予知と地震災害危険度の解析

　地震研究の社会に対するもっとも重要な貢献は，えられた知識を地震災害の軽減につかうことである．これには，将来，地震の揺れにさらされる危険度を（確率論的な意味で）予測できるような各種の地図を作成することから，ある特定の地震に対する実際の予知まで，さまざまな形がありうるだろう．ここでは，まだ発達途上にあるこれらの分野の現時点での状況をまとめる．

7.1　イントロダクション

　　かつて，神が天気をつかさどる時代があった...　まったくおなじように地震も神秘のなかに封印され，占星術師や神官の謎めいたお告げによって，その発生が予言された時代があった．いまや天気だけでなく，地震もオカルトの影から脱して知識の光にてらされている．この文明の時代の地球人は地震学者の顧客であり，さしせまった揺れを科学的に予測可能な時代が到来したのかどうかしりたがるだろう．G. K. Gilbert（1909）．

7.1.1　歴史的概観

　いつの時代でも地震予知は，戦争や疫病，飢饉や洪水の予知とおなじく，占い師やその他の自称，預言者の職分であった．地震に関する科学的研究の勃興とともに，予知に対する懐疑ももちあがったが，だからといって地震予知を不真面目なゴールだとかんがえるようなことはなかった．たとえば Lyell は，地震予知の問題におおきな注意をはらった．彼は，おおくの交流のない社会に，地震の前には異常な現象が先行するという，瓜ふたつの伝説がどの時代でもみつかることにいたく感動している．伝説的な先行現象には，へんな天候（特に，異常な降雨に関するもの），地面の隆起や沈降，動物の異常な行動などがある．Lyell は，このような通俗的な神話が普遍的に存在する背後にはなんらかの真実があるにちがいないとかんがえた．

　いまや科学者の多くは，そのような伝説のほとんどは眉唾物であり，伝説の起源は物理学的な原因から発したものではなく，とつぜんふりかかった災害に遭遇した人々の群衆心

理的な反応であると信じかけている．しかしながら，20世紀初頭に，地球全域にわたって科学的測定器があちこちに配置されはじめてから，先行現象のあたらしいリストが蓄積され，この主題はふたたび科学の領域にもどりつつある．

とはいっても，この主題はまだまだ決着がつくにいたっていない．意欲的なプロの科学者がえらぶ専門分野としての地震予知の人気は，他の分野とくらべてずっと変動がはげしい．地震予知は，科学的な意味で論争の的になるのみならず，かならず大衆の注目をあびるテーマであり，科学者のあいだでもしばしば対照的な反応をよびおこす．すなわち，狂信的すぎるか，盲目的な懐疑かに二分されるのである．だから，まじめな科学者なら，この問題をかんがえるにあたってはバランスをとることをこころがけ，感情的な反応をさける必要がある．科学的なデータはまだまだおおきくばらつき，しかもあいまいなので，特に冷静な評価が必要である．

7.1.2 さまざまなタイプの地震予知

議論をはじめるにあたって，まず地震予知とはなにを意味するかに注意する必要がある．地震予知は，一般的には，さしせまる地震の場所，大きさ，時刻を正確に予測することを意味する．この定義では，"正確"という言葉がキー・ワードである．予測は十分に具体的であるべきであり，かりに予知された地震が発生したとしたら，それが予報がいうところの地震であることに疑問の余地のないものでなければならない．

さまざまなタイプの地震予知が表7.1にしめされている．予知のタイプはその時間スケールで分類してあるが，この区分は，予知の具体的な内容からみても妥当である．第1に，予知のタイプによってその手法が立脚している科学的基盤がちがっている．それゆえアプローチの仕方もちがい，その難易度もちがう．第2に予知のタイプによってとりうる被害軽減策がことなり，社会的な影響もことなる（Wallace, Davis, and McNally, 1984）．時間の予知精度は，それぞれのタイプが想定している予知の時間スケールより十分ちいさくなければならない．予知されている地震の大きさと場所については，どのタイム・スケールの予知であってもよく特定されているべきである（すなわち，どの地震のことをいっているのかが，わからなければならない）．

リアル・タイム警報は地震がはじまり，そのちかくのセンサーでつよい揺れが検出された直後に発せられる．この情報は即座に解析センターに伝達され，あらかじめきめられた手順にのっとって，すぐにつよい揺れがくるという警報が隣接地域に発せられる．この方法は，地震を検出して通信する速度を地震波よりずっと高速にできることを利用して，揺れの数秒から数十秒前に警報をだす．California州南部では，このようなシステムを開発中である．（Kanamori, Hauksson, and Heaton 1997）．リアル・タイム警報については，科学的な問題よりむしろ技術的な問題が主題となるので，本書では議論しない．

表7.1 さまざまなタイプの地震予知の性質

期間	警告の時間	科学的基礎	難易度	被害軽減のためできることの例
リアル・タイム警報	0-20秒	電磁波速度≫地震波速度	良	避難するように警告．精油所のバルブをとじる．原子炉を緊急停止．ガスをとめる．予想される揺れの地図をつくる．
短期予知	数時間から数週間	非地震性すべりの加速．前震がおこる場合も	不明	緊急対応策を発動する．人々に安全な場所にとどまるよう警告する．
中期予知	1カ月から10年	地震活動，歪み，化学流体圧変化	よく監視されている地域ではまあまあ	構造物とライフラインを強化する．緊急時対応の改善．測器をふやす．
長期予知	10-30年	長期的な活動率．断層すべり速度	すべり速度のはやいところでは良	危険度と損害の見積もりをおこなう．損失を最小化するために重要施設をあらたな立地する．

　長期的予知は，ある特定の断層セグメントにおける地震の再来時間をきめ，前回の発生時刻をもとに，つぎの地震のおおよその発生時期を予測することに帰着する．地震の再来時間のきめかたについては5章で詳細に論じた．地震サイクルの繰り返しという，地震のプロセスのもっとも根本的な特徴にその基礎をおいているので，この問題の設定は適切であり，かなりの進歩がみられた．この問題を地域的なスケールで展開すると，その地域におけるすべての断層の再来周期を考慮して地震の発生時期が特定されるので，地震災害危険度の解析が可能になる．このゴールに達するための方法論的な手順を節7.4.3で概説した．

　対照的に，中期的予知と短期的予知は，載荷サイクルがある段階に達したこと，ひょっとするとより切迫した段階に突入したかもしれないことをしめす2次的なプロセスである．さまざまなタイプの先行現象をまさしくそれだと同定することに依拠している．いままでに観察されたことのある先行現象をみてみると，表7.1にしめしたような社会的な要請とは独立に，それが中期的な先行現象と短期的な先行現象のふたつのカテゴリーにわかれるようにおもわれる．どちらのカテゴリーに属する現象なのかあまりはっきりしてないケースもあるが，そのようなものは，先行現象といっても，単に，地震の発生より前にその近傍で観察された単なる異常信号にすぎない．その信号がほんとうに異常であるかどうかという疑問はさておいても，このような現象だけでは地震の前触れであるということは

できない．先行現象には，もう後戻りできずに地震まですすんでゆくしかないブレークダウンと直接関連するプロセスがはじまったことをしめすものあれば，地震の発生が単なるその一部分にすぎない広範なテクトニック・プロセスにおいて，載荷サイクルが総体的に前進した状態にあることを反映するだけのものもある．Ishibashi（1988）は，これらのふたつのケースをそれぞれ物理的先行現象〔physical precursors〕，テクトニック先行現象〔tectonic precursors〕と名づけた．たとえば，ドーナツ型地震活動のパターン（節 5.3.4）はテクトニック先行現象であり，節 4.4.2 でのべた定義にしたがうような前震は物理的先行現象である．前者は地震発生の条件がととのっていることを，後者は地震そのものである不安定プロセスが進行中であることをつげている．さらには，地震の発生と無関係で単なる偶然の一致にすぎない"先行現象"も存在するかもしれない．

このような状況をかんがえれば，どのようなタイプの物理プロセスが先行するか，それによってどのような観測可能な現象が期待されるかを理解しておくことの必要性をあらためて強調しておかねばならない．いかに概念的なものであろうと，先行現象のモデルを念頭においておけば，さまざまな先行現象の意味をよりよく評価できる．というわけで，ここでは先行現象のモデルに焦点をしぼる．観察された先行現象の記述は，その概略と説明に役だついくつかの事例に限定する．先行現象に関する網羅的な議論は，他の文献を参照していただきたい（Rikitake, 1976, 1982 ; Mogi, 1985）．

長期的地震予知は，直接的な科学的研究になじみやすいので，過去 20 年間に着実に進歩してきた．Californai 州におけるもっとも成功した長期予測は，1989 年の Loma Prieta 地震であり，本書では節 4.4.1 で論じたし，Harris（1998a）でも論じられている．しかしながら，中期的予知と短期的予知についてはそれほどの進歩はなかった．昔は測定機器の展開が十分でなかったため，先行現象の観察は偶然に支配され，観察された現象が先行現象であったと同定されたのは**地震がおこってから**であった．先行現象の観察は，一般的に断片的であったがために多様な解釈が可能であった．先行現象を説明するためにつくられたモデルについてもおなじことがいえ，あるときは是認され，あるときは否定された．なにかを決定的に結論づけるにはデータが十分でなく，また新規の先行現象はなかなかみつからない．いっぽう，ふるい先行現象にはくりかえしあらたな疑いがかけられた．先行現象の存在を支持する証拠はたくさんあるが，万人にうけいれられうる唯一の先行現象はあるのかととわれると，これはむずかしい．

根本的な問題は，最初に長期的予知をおこなって場所をせばめなければ，先行現象に関して適切な科学的調査をおこなうことができないことである．このような手順にのっとった地震予知の実験が，長期的予知にもとづいて地震が期待される地域ではじめられるようになったのは，ごく最近のことである．日本の静岡近くの東海沖の地震の空白域と California 州の Parkfield で予知の実験がすすめられている．どちらにも集中的な観測網がはられているが，期待される地震はまだおこっていない．発生がおくれている理由につい

ては，節 7.3.5 で議論する．

7.1.3 地震予知は可能か？

近年，地震予知は本質的に不可能であるという主張が数おおく発表されている．不可能論者たちは，特に短期予知に矛先をむけている（Main, 1997; Geller, 1997; Geller et al., 1997）．彼らの議論は，地震活動の様子からみてシステムは自己組織化した臨界状態（SOC；節 5.4 参照）にあるという考えにもとづいて，地震はたいへんランダムでカオス的な起こり方をするので，みじかい時間スケールでは予測不能だというものでる．これに対する反論として Sykes, Shaw, and Scholz (1999) は，この見解はカオスや複雑性というものの本質を誤解したものであると指摘した．カオスや複雑性は，予測の完全な不可能性，すなわち完全なランダム性を意味しているわけではなく，ちょうど天気予報のように，タイム・スケールがそこそこながくなるとついには予測可能性がうしなわれてしまうということを意味する．

ここでも，大地震と小地震を区別（図 4.9）してかんがえることが必要である．地震予知は，実用的な理由からも科学的な理由からも，大地震だけを対象とするものである．SOC の正典ともいうべき砂山モデル（図 7.1）をかんがえてみよう．Geller et al. の主張の要点は，おおきな雪崩がいつなんどきでも砂山のあちこちの方位でおこりうるから，予測は不可能であるということである．これはシステム全体についていっているのであって，全世界，あるいは世界のどこかひろい地域のどこかでつぎにおこる，たとえば $M = 7.5$ の地震の時間と場所は予測できないというのにひとしい．このことはただしくはあるが，地震予知は特定の場所にだけ着目するものであるから有用な議論ではない．われわれがほんとうにしりたいのは，われわれが着目するある特定の方位で，つぎのおおきな雪崩がいつおきるのかということである．図 7.1b がしめすように，その方位で最後のおおきな雪崩がおこると，その後はかなり長期間にわたっておこらないと確信できる．

この最後のくだりは，弾性反撥説または地震空白域説をいいかえたものであるが，この説にも最近，Kagan and Jackson（1991）から異議がとなえられている．彼らは，余震をとりのぞいてしまえば，他の地震のおこり方はすべて，準周期的というよりむしろクラスタリングで特徴づけられると主張した．彼らは，$M_w = 6.5$ を大地震の下限であると仮定して，これよりおおきい地震のカタログを全世界のデータについてしらべた．しかしながら，全世界のカタログに記載される地震の多くは沈み込みゾーンのものであり，ここでの大地震の下限は典型的に $M_w = 7.5$ であるから，彼らのしらべた地震の多くは小地震であったということになる．図 7.1c に図示されたように，小地震はおなじ領域で他の小地震がおこることをさまたげない．彼らがカタログからみつけたのは，この小地震の特徴だったのである．

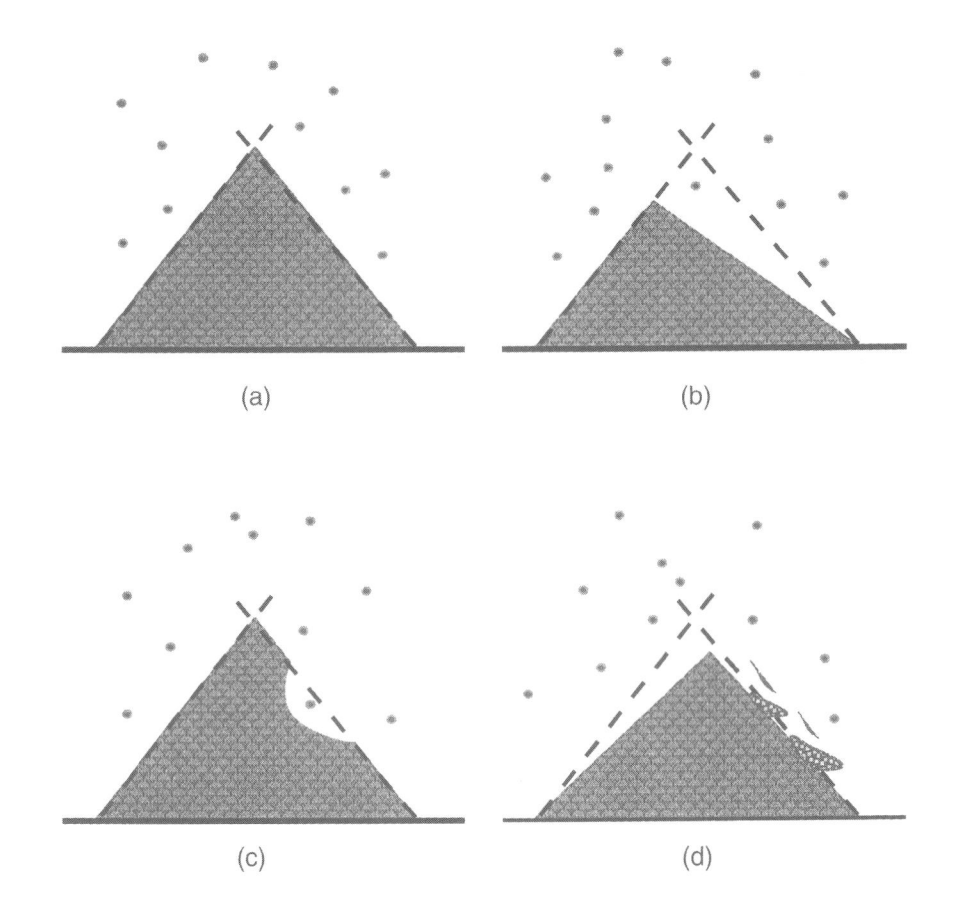

図 7.1 砂山の雪崩モデル．砂粒（ちいさな点）がつぎつぎにと砂山にふりそそいでいる．(a) 砂山のすべての側面が安息角に達した状態．さらに砂をくわえるとさまざまな大きさの不安定，すなわち雪崩がおこる．(b) あるちいさな範囲の方位でおおきな雪崩がおこると，そのゾーンはSOCから脱し，十分に砂粒がくわわって安息角にもどるまで，そこでは大地震がおこらなくなる．他の方位では大地震が発生できる状態のままである．(c) ちいさな雪崩のときには，おおきな雪崩とはことなり，その下側の斜面全部をまきこまない．このときには，その方位の上側でも下側でも，依然としてちいさな雪崩が発生できる．(d) ある方位が不安定の状態にちかづくと，おおきな雪崩に先行して中規模の雪崩がおこる．

図7.1dのように，ある特定の方位が最大安息角にちかづくにつれて，そこでのつぎのおおきな雪崩にさきだって，ちいさな雪崩の活動がふえることがあるかもしれない．地震サイクルの最後のほうの段階で，このタイプの地震活動の変化が観察された事例については節5.3.4で議論した．したがって，地震予知のタイプによってその難易度にはおおきな差があるが（表7.1），そのどれについても本質的に不可能であるというのは間違いである．

7.2 先行現象

この節では，さまざまな先行現象を簡単にレヴューする．観察された現象が物理的先行現象であるか，テクトニックな先行現象であるかは，特定されていないのがふつうである．なぜなら，モデルに準拠した解釈をしてみてはじめて，その区別ができるからである．ここで記述される先行現象のいくつかが本物でない可能性も排除できないのだが，とにかくここでは，多数の研究者によってくりかえし報告されている先行現象か，あるいはデータが特に信頼できそうな先行現象に限定して論じてみよう．IASPEI のなかに先行現象であると主張されている現象を調査する小委員会が設立されたが，真の先行現象であると判断されたものは，ほんのわずかであった（Wyss, 1997）．

7.2.1 計器がなかった時代の観察

計器がつかわれだしてからまだ日があさく，しかも観測計器の配置はまばらなので，先行現象に関する歴史的な叙述は無視できない．しかし，そのような記事は逸話的であり，複数の情報源から確認されたときでも，先行現象の原因をさぐろうとする物理科学者にとっては不可思議に感じることがおおい．しかしそれでも，観察事実がテクトニックな現象であることを明示しており，真剣な研究に値するケースもある．

あきらかにテクトニック・プロセスだとかんがえられる衝撃的な事例は，地震に地殻の隆起が先行した日本での4つの事例で，これらは Imamura（1937）によってはじめて詳細に論じられた．

1. 1793 年の鯵ケ沢〔あじがさわ〕地震．地震の 4 時間前に 1 m 隆起した．
2. 1802 年の佐渡地震．このときも，地震の 4 時間前に 1 m 隆起した．
3. 1872 年の浜田地震．地震の 15 - 20 分前に 2 m 隆起した．
4. 1927 年の丹後地震．地震の 2 時間半前に 1.5 m 隆起した．

これらはすべて日本海沿岸のケースであり，潮がとつぜんひいたことによって陸の隆起が観察された．日本海の沿岸では，日々の潮汐の変動はめったに 30 cm をこえないので，これらの変化は正常な潮汐と比較してたいへんおおきい．Imamura より後の研究によれば，これらのケースでは，大地震が発生した断層が，海岸を横ぎっているか（浜田，丹後），海岸から数キロメートル以内にある（佐渡，鯵ケ沢）．横ずれ断層の丹後地震をのぞけば，すべて逆断層の地震である．

手紙や日記のような古文書をもとに調査をするときには，ふるければふるいほど裏付けをとるのが困難になる．たとえば鯵ケ沢のケースでは，その地方の領主の日記は，先行的隆起に言及していないので，Usami（1987）はこのケースはうたがわしいとしている．

佐渡のケースには，出典のことなる多数の裏付けがあり，まったく問題はない．私にと

って，佐渡への訪問はたいへん興味ぶかかったので，佐渡地震のケースをくわしく紹介することにしよう．この地震は，佐渡ヶ島の南西端の小木半島の沖合で，1802年12月9日午後2時頃におこった（図7.6参照）．当日の午前10時につよい地震があり，小木の町の家では漆喰がはがれおちた．このとき，港では潮が300 mひき，港の一部は干あがったままになった．4時間後に本震がおこり，町中のほとんどの家を倒壊させ，潮がさらに500 mひくような隆起をひきおこした．Imamura (1937) は，本震前の隆起を1 m，本震のときに1 m，合計2 mの隆起があったと推定した．

小木半島では，海成段丘の7段の隆起に刻印されているように，このタイプの地震がくりかえしおこった（Ota, Matsuda, and Naganuma, 1976）．彼らは，沖合の逆断層地震によって海成段丘が隆起したことをしめした．地震のメカニズムは，日本海でおこったごく最近の地震，たとえば1964年の新潟地震とにている．1802年の段丘は，海岸沿いに25 kmにわたって観察できる．この段丘の傾斜と地震のマグニチュード（$M = 6.6$，被害の報告から推定）から，海岸から数キロメートル以内のところで地震が発生したとの結論がくだされた．

このケースでは，地震に先行する隆起は，朝の前震にともなうコサイスミックな隆起だと反論できるかもしれない．そうすると，先行現象はただの前震にすぎないということになり，それ自体は注目に値しない．しかしながら，前震による被害は本震のときよりずっとすくないので，ふたつの地震が同程度の隆起をもたらしたとは信じがたい．したがって，前震は先行的隆起に付随するもので，先行的隆起自体はほぼエイサイスミックであったとかんがえるほうが自然であろう．

浜田地震と丹後地震のケースでは，つよい前震はなかったので，解釈に疑問をはさむ余地はない．浜田地震のときには，2 - 3日前からちいさな前震があった．本震の15 - 20分前から潮がひきはじめ，それ以前には水深2 mの海で陸とわけられていた小島が陸つづきになった．本震の直前に潮はもどった．このケースでは，コサイスミックな隆起と沈降の両方が海岸ぞいに観察された．あきらかに断層は，海岸線と接するように交差している．丹後地震のケースでは，海岸を横ぎる左横ずれの郷村断層のちょうど南側で先行的な隆起が局所的に観察された．このことは，コサイスミックにすべった断層の先行的動きがその原因である可能性を示唆している．

これらのケースは，地震にさきだつ数時間前に，かなりの量のプレサイスミックなすべりが発生した可能性を示唆しているがゆえに興味ぶかい．Kanamori (1973) はこれらのケースをレヴューして，もしかしたら，日本海沿岸での地震がもつこのような特徴は特別なものかもしれないと示唆した．しかし，これらの観察は，それに最適の条件がそろったこと，すなわち，潮の干満がちいさく，大地震が人口密度がたかい海岸ぞいで発生したという幸運にめぐまれたからだとする考えもおなじくらい自然であろう．残念なことに，日本海でのごく最近の地震は，後で論じるように海岸からはなれておこっているので，ふるい

観察結果を近代的な方法でチェックする機会がない．

このようなあきらかにテクトニックなタイプの先行現象の歴史的な観察と対照すれば，もっと"不思議"におもわれる事例をいくつか紹介しておくことは興味ぶかい．これもやはり佐渡地震と関係している．当時，小木を訪問していた旅人の日記をMusha（1943）が採録している．この日記によれば，地震の当日の早朝はへんてこな天気であったので，船頭は小木港から船をだすべきかどうかをきめかねたのである．山頂はまだはれていたが，山の中腹までひくい霧がたちこめたのである．船頭はそれまでこのような天気をみたことがなく，航海の安全を判断できかねたからである．もっとおどろくべきことは，数日たって，おなじ旅人が当地の金山をおとずれ，地震の犠牲者についてたずねたときのことかもしれない．犠牲者はなかったのだ．そのわけは，地震の3日前に地下の温度が上昇し，切羽に霧がかかったことによる．日本の民間伝承によれば，これはさしせまった地震をしめしている．だから，採鉱作業は中止され，地震のときには，地下には誰もいなかったのである．日本の言い伝えでは，小木にたちこめたひくい霧も，鉱山でのあたたかい空気も，ともに**地気**（言葉の意味は，大地からでてくる空気）が原因である．

このような伝説的な地震の先行効果，地震霧，地震発光，動物の異常挙動などに関する魅惑的な記事に興味があるなら，Tributsch（1983）の本を参照されたい．地震と関連する現象のなかで，特に記録がよくのこっているものに地震発光がある．これらはたぶん，ほとんどはコサイスミックな現象であろうが，先行現象として報告される例もときどきある．最近の解説については，St-Laurent (2000) を参照のこと．この現象を説明できそうなメカニズムが提案されている．（たとえば，Lockner and Byerlee, 1985）．

7.2.2 中期的先行現象

数週間から数年にわたって地震に先行してつづく異常な現象は，中期的先行現象とよばれる．空間的には，つぎの地震のラプチャー・ゾーン全域か，それよりいくぶんおおきな領域にひろがっているだろう．ここでは，いくつか例をえらんで簡単にレヴューする．

地震活動のパターン　もっともひんぱんに報告される先行現象は，地震活動のパターンに関連している．これは，地震と関係するプロセスのなかで地震活動だけが世界的な規模で日々観察され，先行現象の証拠をさがすことのできる最大のデータ・セットとなっていることを反映しているのであろう．最近，この話題をとりあつかった特集号がでている（Wyss, Shimazaki, and Ito, 1999）．

節5.3.4でのべたように，地震のサイクルは特徴的な地震活動のパターンをともなうことが，Fedotov（1965）によってはじめて指摘され，後にMogi（1977, 1985）がこれを増補した．Mogi（1985）がしめした例から，いくらかの追加と削除をふくむ修正をくわえ

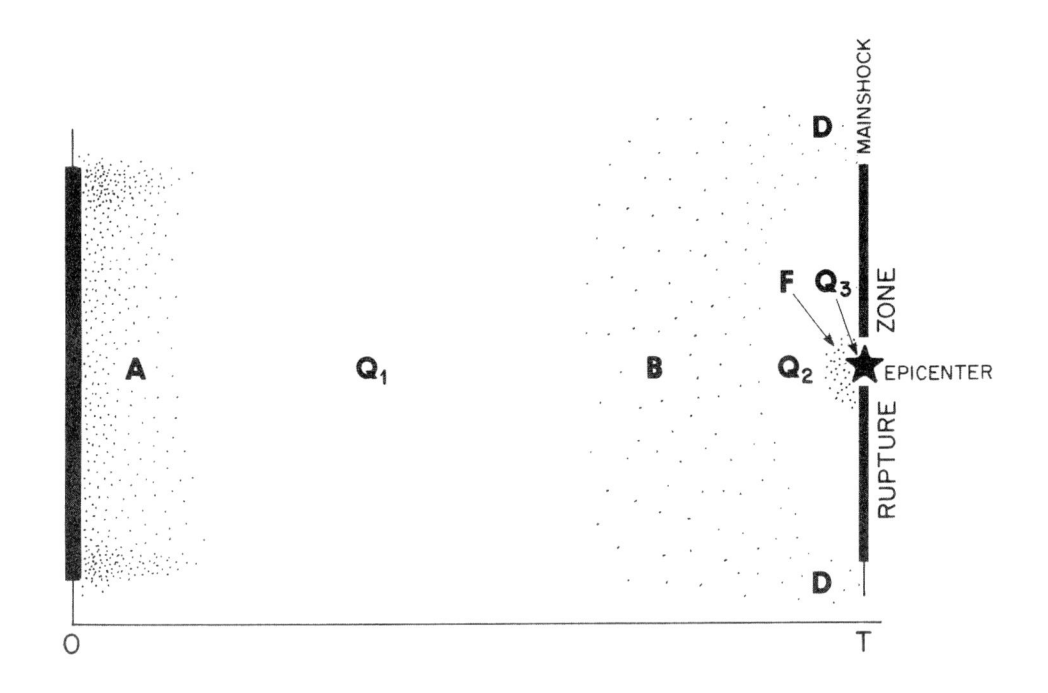

図 7.2 地震サイクルの時空間的な模式図．地震サイクルのなかで識別できる可能性のあるさまざまな地震活動のパターンが模式的にしめされている．（Scholz, 1988c から引用した）．

たものを図 7.2 にしめす．この図は，さまざまな種類の地震活動のパターンをまとめたものであることを強調しておく必要がある．つまり，ここにしめされた特徴のすべてをもった地震サイクルが観察されるということは，ないとはいわないがまれである．

"主ラプチャー"は余震系列 A をともなう．そしてこの余震系列 A はラプチャーの端部に集中し，時間に対して双曲線的に減衰する．余震が終焉した後には，ポストサイスミックな静穏期 Q_1 が到来する．Q_1 は，地震の再来期間 T の大部分，いうなれば 50 - 70% をしめ，一般に，ラプチャーをとりかこむような領域全体にひろがっている．これにひきつづいて，"バックグラウンド"の地震活動がひろい領域にわたって増加する期間 B が到来する（Mogi, 1981, はこれを"活動期"とし，前震の一種とかんがえているが，ここではこの用語をさける）．この後，しばしば，中期的静穏期 Q_2 がみられることがあり，典型的には，ラプチャーをかこむ領域全体にひろがって数年間つづく．地震活動のたかまった周辺部まで Q_2 がひろがらないときには，ドーナツ・パターン D が出現する．

つづいておこる主ラプチャーの直前に前震 F が発生することがあり，典型的には，数週間から数日にわたり，震源領域のごく近くに集中する．最終的なラプチャーのごく直前に，前震活動に明瞭な一時的休止状態がしばしば観察されることがあり，短期的静穏期 Q_3 と定義されている．F と Q_3 は短期的先行現象であり，パターン B，D，と Q_2 は中期的先行現象である．すでにのべた San Francisco 湾地区の地震活動（節 5.3.4，図 5.30 参照）が，

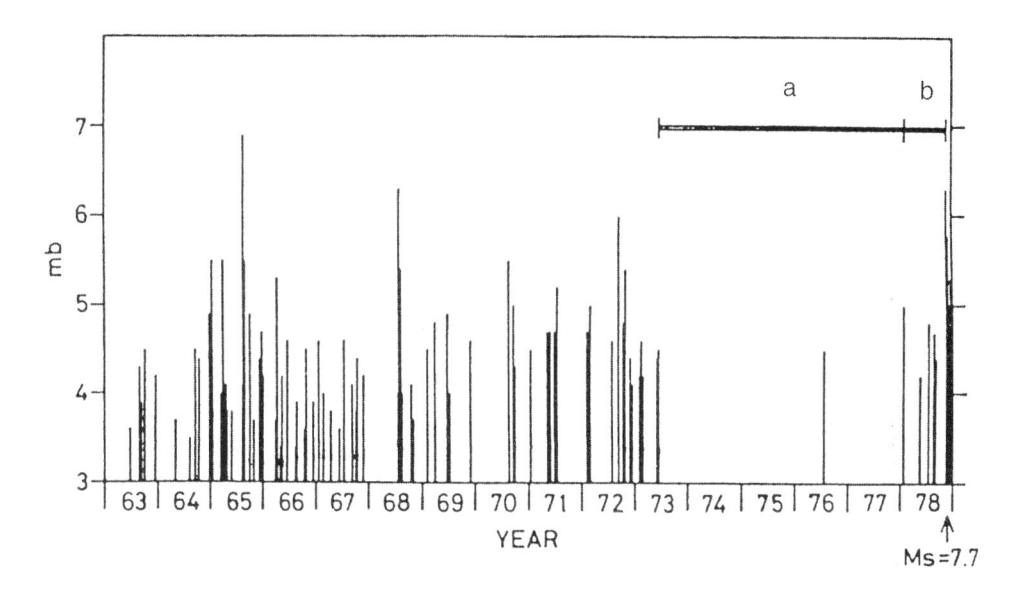

図 7.3 メキシコの Oaxaca の地震活動. 静穏期（a で指示）が発達した後，1978 年の地震の直前になって定常的な活動 (b で指示) にもどった．（Ohtake, Matumoto, and Latham, 1981 から引用した）．

Q_1, B, D とつづくパターンの一例である．その節でのべた解釈によれば，これらはすべてテクトニックな先行現象である．しかしながら，静穏期 Q_2 は物理的な先行現象かもしれないから，もうすこし議論をすすめる.

このタイプの静穏期は何度も報告されている．ここでは，1978 年にメキシコでおこった Oaxaca 地震のケースを論じよう．なぜなら，このケースはよくしらべられ，予知ができる根拠とされているからである（Ohtake, Matumoto, and Latham, 1977, 1981）．静穏期の時間的経過が図 7.3 に，その空間的な発展の様子が図 7.4 にしめされている．1973 年の中頃，長さが 720 km，面積が約 7×10^4 km^2 にわたる領域で，静穏期がとつぜんはじまった．この領域は，その後 1978 年におこった $M = 7.8$ の本震の余震域よりかなりおおきい．したがって，この静穏期は最終的なラプチャー面に限定されない広域での現象である．この静穏期は本震の 10 ケ月前におわり，地震活動が再開した．Ohtake, Matumoto, and Latham は，本震にさきだつ再活動期の存在を，メキシコの太平洋岸でおこる地震の特徴であると指摘した．（さらに Mogi（1985）は，日本でも同様な挙動がみられる二三のケースをのべた）．最後の前震は，本震の 1.8 日前からクラスターとしておこりはじめ，最後の 12 時間に短期的静穏期が到来した（McNally, 1981）．

図 7.3 から，$M < 4.5$ の地震が 1967 年から急になくなっていることがわかる．これは，広域地震アレーのいくつかがその年に閉鎖され，地震の検出能力がひろい領域にわたって低下したことによる（Habermann, 1981, 1988）．このように地震カタログの完全さがそこなわれると，記録のなかに地震活動のいつわりの変化がもちこまれるだろう．しかし

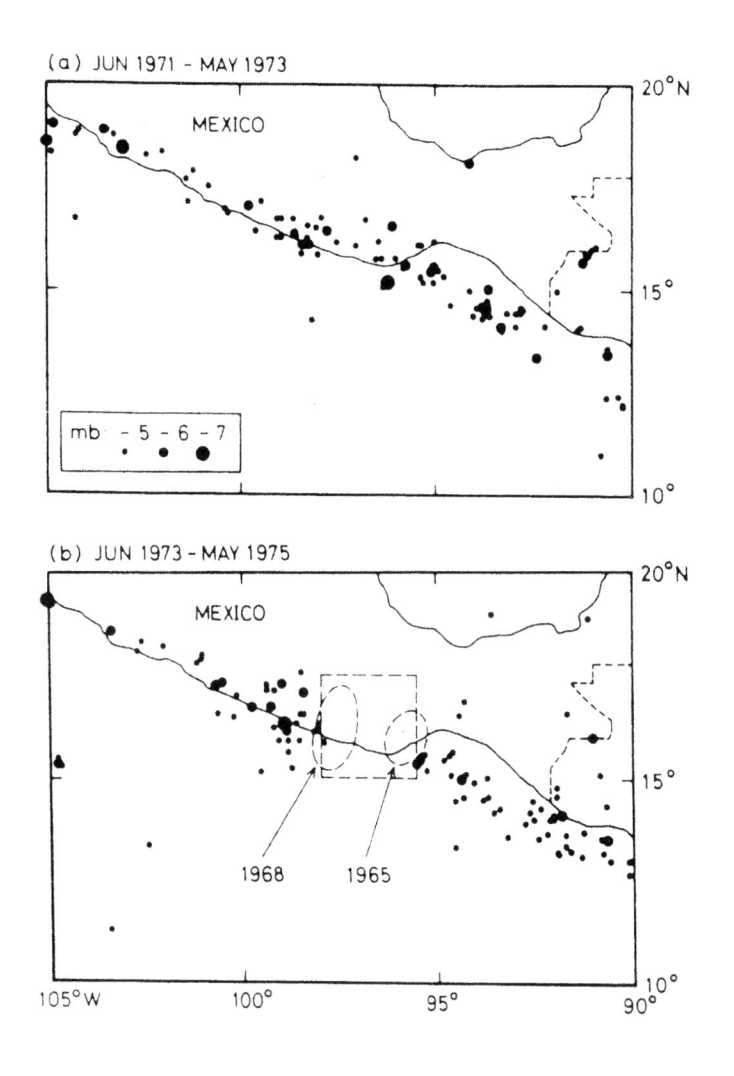

図 7.4 Oaxaca における静穏期の空間的な発達．（Ohtake, Matumoto, and Latham, 1981 から引用した）．

Habermann は，Oaxaca のケースではこの効果を補正しても Ohtake, Matumoto, and Latham の指摘したパターンはかわらないとの結論をくだした．図 7.3 にしめされたよりちいさな地震を無視するだけで，このことは簡単に確認できる．一般に，不均一な地震活動のカタログの取り扱いには，十分な注意が必要である（たとえば，Perez and Scholz, 1984）．他のおおくのケースにおいても，静穏期の存在を立証するには厳密な統計的検定が必要であり，この主題はしばしば論争のまとになる．この主題を論じた論文集として，Stuart and Aki（1988）が編集した本がある．Wyss *et al.*（1995）と Wyss, Shimazaki, and Urabe（1996）も参照のこと．

　静穏期の継続期間や，さまざまタイプの中期的先行現象の継続期間を，きたるべき地震のサイズと関係づけようとする試みが数おおくなされてきた．多数のケースについて中期

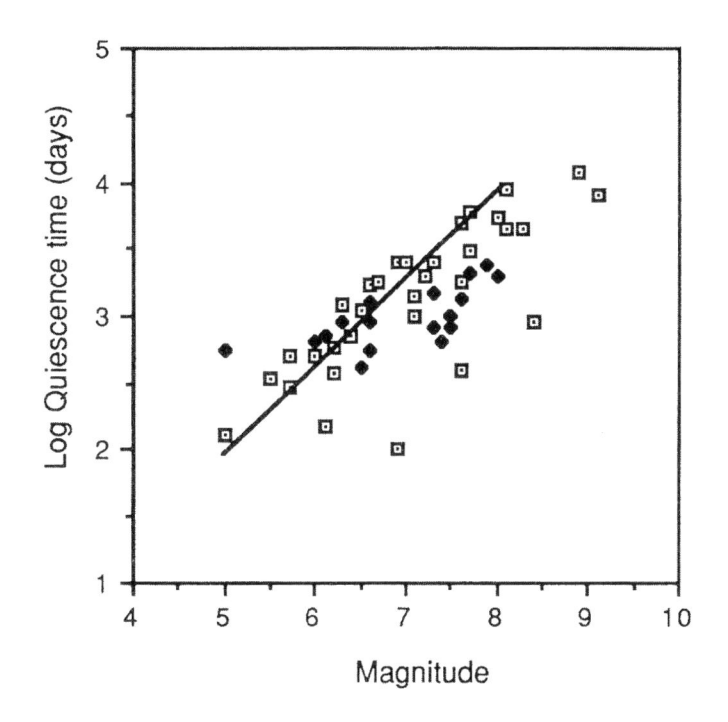

図 7.5 中期的静穏期の継続時間と地震のマグニチュードの関係．白四角は，Kanamori (1981) のデータに Mogi (1985) が追加したもの．白四角は Wyss and Habermann (1988) のデータによる．直線は，図 7.30 にしめされた他の先行現象からえられた経験式をしめす．

的静穏期の継続期間をしらべ，地震のマグニチュードに対してプロットしたものを図 7.5 にしめす．あきらかに，継続期間がながくなると，マグニチュードがおおきくなる傾向があるようにみえるが，おおきなばらつきがあるのではっきりとした結論をくだすことができない．データのなかにひかれた直線は，他のタイプの先行現象からもとめた経験的な関係をしめす（図 7.30）．

このほか，中期的な地震活動のパターンとして，地震の数年前に震源域のなかや周辺で群発地震が発生する傾向がみとめられている（Evison, 1977）．特によくしらべられた例として，1983 年に California 州でおこった Coalinga 地震がある（Eaton, Cockerham, and Lester, 1983）．

地殻変動 地震にさきだって，地殻に異常な変形が生じるケースがしばしば報告されている．その多くはただひとつの傾斜計や伸縮計で記録されているだけなので，それが観測施設固有の局所的な効果に帰するのか，広範囲なスケールの現象を反映しているのかを判定するのはむずかしい．しかしながら，以下にのべるふたつの例は，ひろい地域をカバーする通常の測量業務の結果えられたものである．

本州の日本海沖でおこった逆断層によるふたつの地震は，特筆すべきケースである．ひ

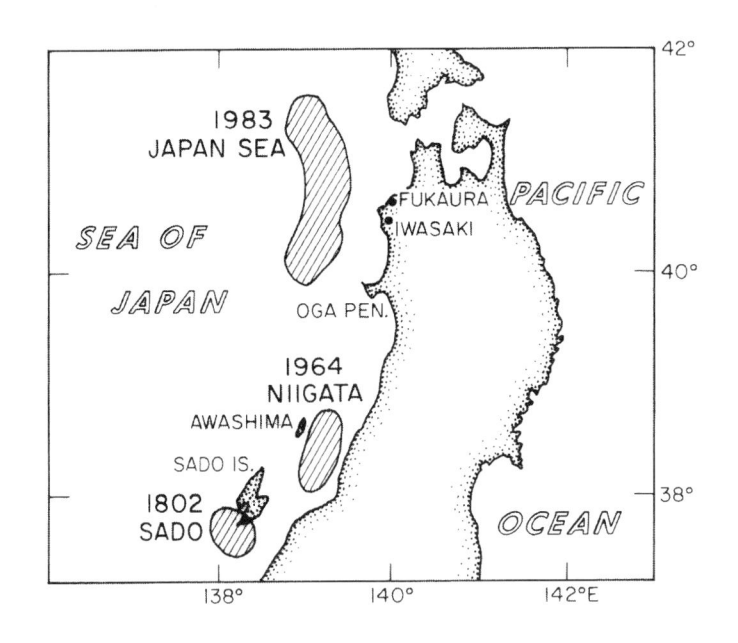

図 7.6 日本海で発生した地震の位置.

とつは 1964 年の新潟地震 ($M = 7.5$) であり, もうひとつは 1983 年の日本海地震 ($M = 7.7$) である. 図 7.6 に地震の位置がしめされている.

新潟地震は, ちょうど海岸線にそってはしる西側傾斜の逆断層をラプチャーさせ, 沖合の粟島を隆起させた. 地震の前にくりかえし実施されていた本州の沿岸にそう水準測量の結果を図 7.7 にしめす. 定常的なレートの隆起と沈降が 1955 年まで観察された. しかし, 1955 年と 1959 年のあいだに, 地震とむきあった部分の海岸全体にわたって数センチメートルの急激な隆起がおこった. 1959 年から 1964 年のコサイスミックな変動までこの地殻活動は安定化していた. したがってこれらのデータは, 地震のラプチャー・ゾーンをとりかこむ広範な領域が, 地震の約 5 年位前に急激に隆起したことをしめしている.

しかしながら Mogi (1985) は, これらのデータの問題点を指摘した. 彼は, 1955 年の測量の結果は地形との相関をしめしており, 地形と関係する測量誤差がこのときの測量をみだしたのだろうとかいている. この指摘にもとづいて 1955 年の測量を無視すると, 1955 - 1959 年におこったとされる異常隆起の証拠はなくなってしまう. あれこれかんがえあわせても, 異常隆起の存在を証明するのは困難である. ここであげたケースは, 先行現象を不純なノイズから確実に識別する際の問題を提起している. このような問題が生じる理由は, S/N 比〔信号とノイズの比〕がしばしばひくいからである. 同様な問題が, 水準測量の結果をもとに報告された California 州南部の異常隆起のケースでももちあがり, はげしい論争がくりひろげられた (たとえば, Castle et al., 1984).

1983 年の日本海地震にさきだつ異常な地殻変動は, 新潟地震のケースとひじょうによくにた動きであった. Mogi (1985) はこのケースについても議論している. このケース

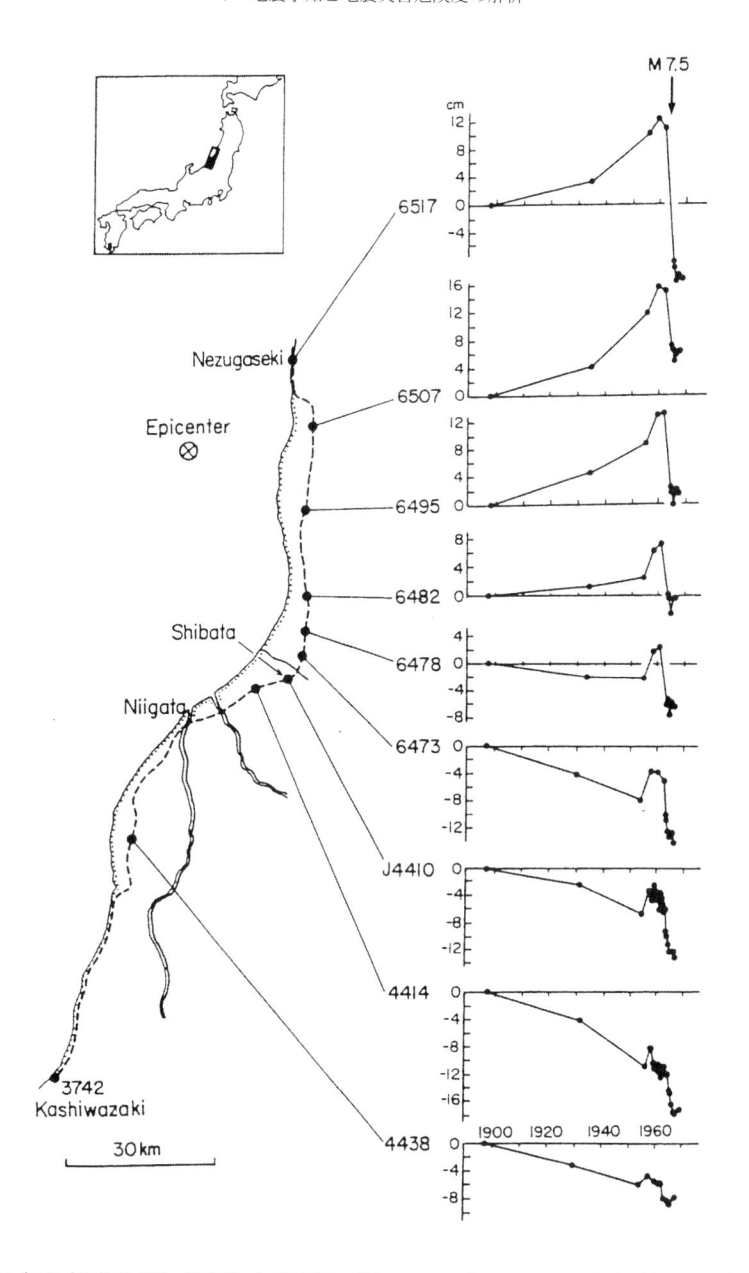

図 7.7 1964 年の新潟地震に先行した隆起のパターン．（Mogi, 1985 から引用した）．

については，観測に対する疑義はもちあがっていない．男鹿半島と岩崎岬の周りの水準測量は，1970 年代の後半から，隆起が急激に加速したことをしめしている．周囲の検潮儀の記録から，隆起は 1978 年にはじまり，地震まで定常的にふえつづけ，約 5 センチメートルに達したことがわかる（図 7.8）．男鹿半島の傾斜計も 1978 年に異常がはじまったことをしめしており，おなじ場所に設置された体積ひずみ計にも，1981 年から 1984 年にかけて異常な挙動が間欠的にみられた（Linde et al., 1988）．1978 - 1983 年の期間は，震源領域での静穏期にあたる（図 7.8 では，Mogi の用語法にしたがって"地震の空白域"とよ

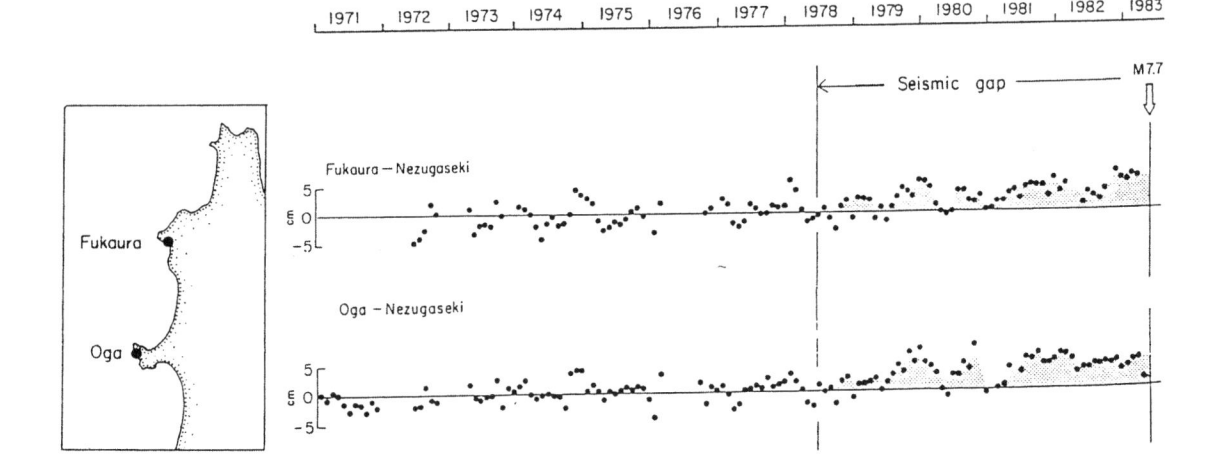

図 7.8 男鹿と深浦の検潮儀の記録．鼠ケ関〔ねずがせき；図 7.7 参照〕との差をしめした．1983 年の日本海地震に先行してゆっくりとした隆起がおこったことをしめしている．"地震の空白域" という用語は，地震活動の静穏期をさす．(Mogi, 1985 から引用した)．

ばれている)．これらの観察結果は，新潟地震のケースと同様に，地震にさきだつ約 5 年間に数センチメートルの隆起が広範に生じたことをしめしている．1983 年の地震は東側傾斜の逆断層によるので，ふたつのケースでは断層と隆起した領域の位置関係がちがっている．したがって，メカニズムがちがうという解釈もゆるされる（節 7.3.4)．

地震波の伝播　ラプチャーが切迫している領域の岩盤物性の変化を検出する方法のひとつに，その領域を透過して伝播する地震波をしらべる方法がある．地震に先行して地震波の伝播に異常な変化がおこることをはじめて報告したのは Semenov (1969) である．彼は，ソ連の Tadjikistan の Garm 附近でおこった多数の地震について，縦波と横波の速度比 V_p/V_s が地震にさきだって低下する例をみつけた．同様の結果が，New York 州の Blue Mountain Lake の地震でも報告された（図 7.9；Aggarwal et al., 1973)．ラプチャーをとりかこむ領域のなかで V_p/V_s が 10 - 15％ 減少し，地震の直前に正常値にもどったことが観察された．この観察は，地震の先行現象に対するダイレイタンシー—拡散モデルをつくる際の鍵となった（節 7.3.2)．この理論が発表されるや，地震波速度に先行的変化をみつけたと報告する論文が続々と出版された．しかしその後の研究では，その多くが否定的な結果を報告している（McEvilly and Johnson, 1974；Mogi, 1985)．そのうえ，初期の観察結果のいくつかは批判にさらされ，このテクニックとその基礎となるダイレイタンシー理論に対する人気が凋落した．

　V_p/V_s の観察がしめすように，ラプチャーが準備されるゾーンのなかで，地震波の速度が低下するとすれば，それをしらべるために実体波をつかうことは得策ではない．なぜな

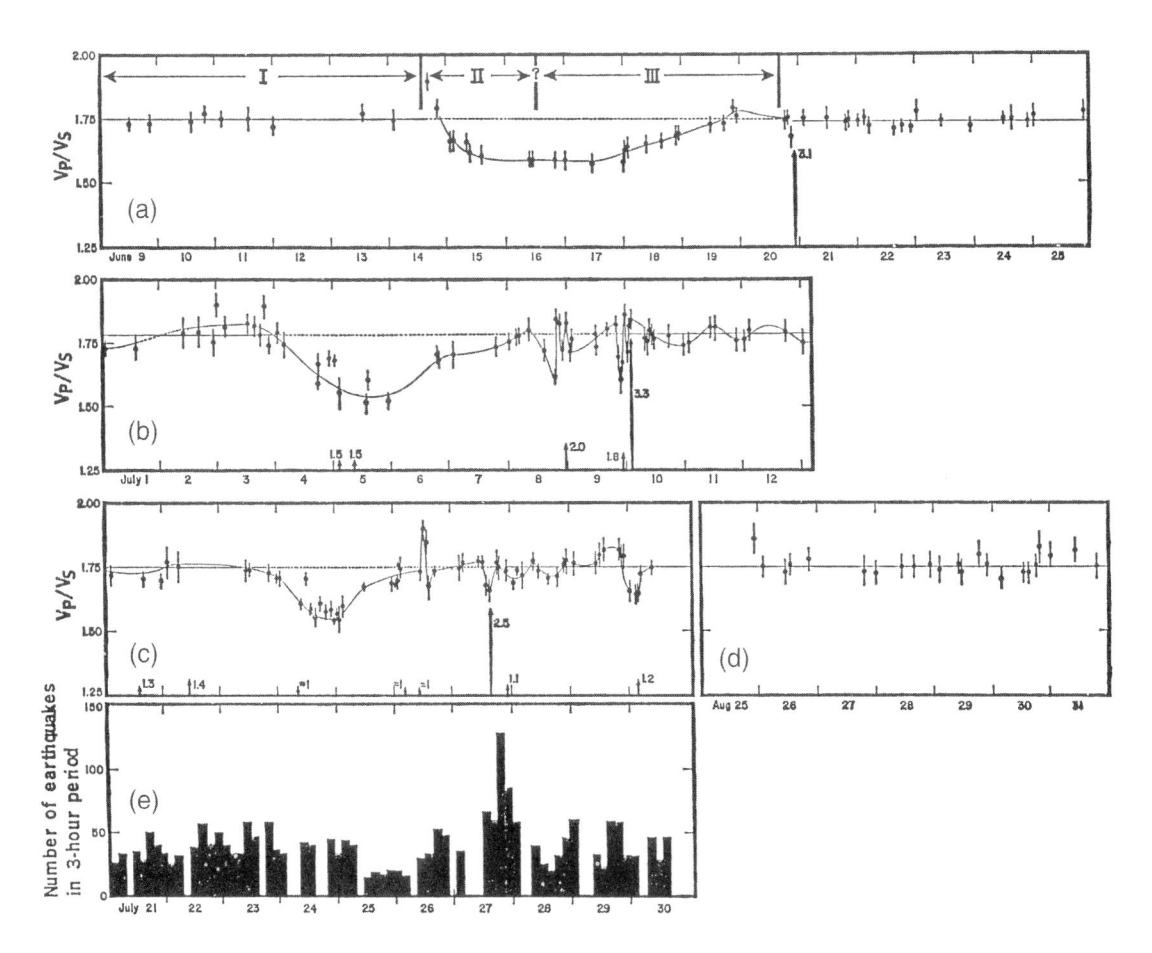

図 7.9 New York 州の Blue Mountain Lake でおこなわれた V_p/V_s の観察結果．(a), (b), (c) は，3 つの小地震に先行した V_p/V_s の異常をしめす．(e) は，(c) とおなじ時間スケールでえがかれかすかな静穏期の存在をしめしている．(d) は普段の V_p/V_s のばらつきをしめす．(Aggarwal et al., 1973 から引用した).

ら，実体波は屈折によって，そのような領域を迂回してしまう可能性があるからである．もっとよい結果がえられる可能性を秘めた方法は，横波のコーダをしらべることである．コーダは散乱した波のトレーンで，体積的な領域の情報をもたらす（Aki, 1985；最近のレヴューは Sato, 1988 を参照）．コーダの観察結果は，大地震に先行して，ときには地震の直後にも分散と減衰が増加することをしめしている（図 7.10）．これらの変化は，あきらかに，地震のラプチャー・ゾーンをふくむかなりの大きさの体積のなかで生じている．

Crampin（1987）は，地震波の異方性が地殻のひろい範囲にわたって存在することをしめす多数の研究をレヴューした．この異方性は横波の複屈折〔birefringence〕をひきおこすタイプのもので，応力場に応じて配向したクラックの存在にその原因があると彼は主張した．彼はまた，地震の前に異方性が変化したケースを報告し，それがクラックの成長または開口〔ダイレイタンシー〕に起因すると解釈した．

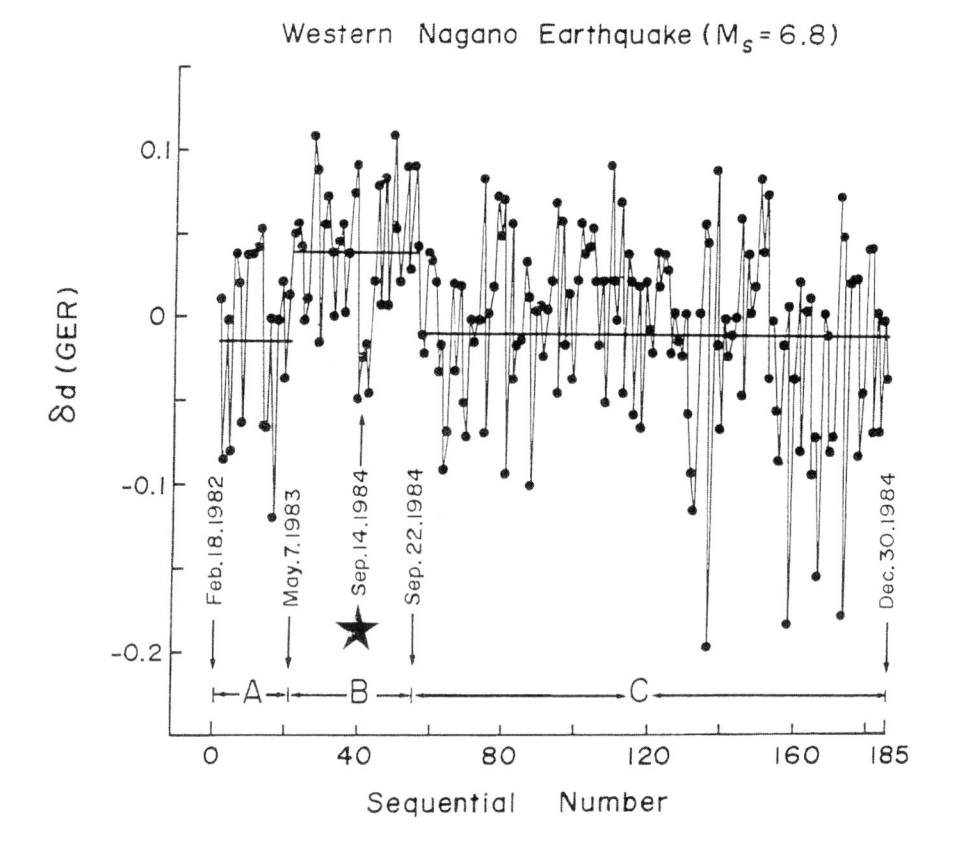

図 7.10 長野県西部地震の直前と直後の期間のコーダ Q の異常．プロットされているパラメーターは，地震前後の線形回帰分析からえられたコーダ継続時間の対数残差である．水平にひかれた線は，それぞれの期間ごとの平均値をしめす．（Sato, 1988 から引用した）．

水文学的な先行現象と地球化学的な先行現象　地表面や地下で，水や石油やガスの圧力，流量，色彩，味，臭い，化学組成が，地震にさきだって変化したことが報告されている．これらは，時間的な観点からいえば，ここで定義した短期的または中期的な先行現象のカテゴリーにはいる．これらの現象の多くは，地震から数 10 km 以内のところで観察されているが，ときには地震のラプチャー・サイズが 10 km をこえていなくても，数 100 km 以遠で観察されたという報告がなされている．

　水位の変化が観察された純粋な水文学的先行現象は，Roeloffs（1988a）によってレヴューされている．彼女はさまざまなタイプのモデルを考慮したが，それらはすべて，プレサイスミックなひずみ変化に応答するカップルされた間隙弾性効果（節 6.5.2）に起因するという仮定に準拠している．彼女は，プレサイスミックなひずみの変化は，（計算によって推定される）コサイスミックな体積ひずみの変化よりおおきくはないだろうという仮説を採用した．図 7.11 は，観察された先行的な水位の変化を，震央距離に対してプロット

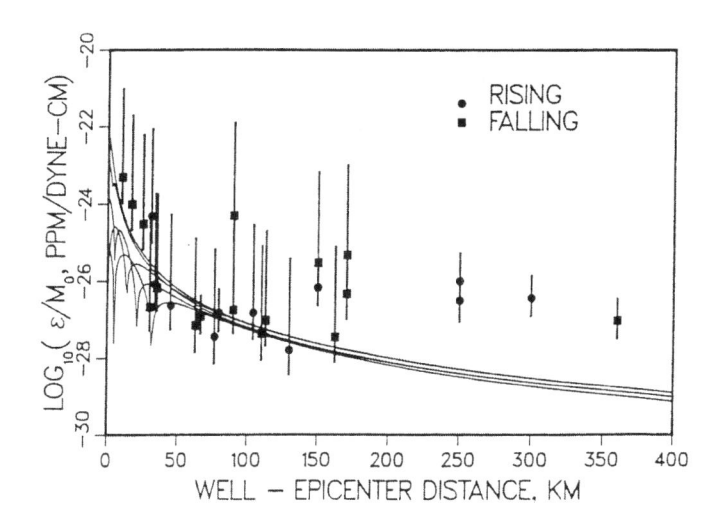

図 7.11 水理的な先行現象の大きさと震央からの距離の関係．図中の曲線は，カップルされた間隙弾性効果から予測されるコサイスミックなひずみ変化をしめす．（Roeloffs, 1988a から引用した）．

した結果をしめしている．図のなかにえがかれた曲線は，準経験的にきめた井戸の応答関数をもちいて計算したコサイスミックなひずみ変化による効果である．150 km 以内の異常は仮説をみたすが，震央がそれよりとおくなると計算と一致しない．これらのケースの大部分は，井戸の水理学的特性がまったくきめられていないか，不完全にしかきめられていないので解釈はむずかしい．しかしながら，ちかくの Parkfield にあるよく特性のしらべられた 4 本の観測井のうち 2 本に，1985 年の $M = 6.1$ の Kettleman Hills 地震のケースでは，地震の数日前に有意な水位変化が観察された（Roeloffs and Quilty, 1997）．

はじめて報告された地球化学的先行現象は，1966 年の Tashkent 地震（$M = 5.5$）のごく近傍の井戸で観察されたラドンの含有量の変化である（Ulomov and Mavashev, 1971）．地震のすくなくとも 1 年前から，井戸水のラドンの含有量が 3 倍にふえた．この観察が契機となって多数の研究がおこなわれた．Wakita（1988）は，日本でおこなわれた多数の観察結果をレヴューしている．図 7.12 に，1978 年の伊豆―大島近海地震（$M = 7.0$）の近傍の多数の観測点におけるラドンの含有量，温度，水位，ひずみの変化がしめされている．これはとりわけ明確に測定されたケースである．この地震の近くでおきた伊豆半島東方沖地震（$M = 6.7$, 1980）に先行して，水温に同様な変化が観察された事例が，Mogi（1985）によってくわしくのべられている．また，1995 年の神戸地震前，5 ヶ月間の井戸水のサンプルにふくまれる塩化物イオンと硫酸イオンの濃度に地震に先行する変化が観察されたことが報告されている（Tsunogai and Wakita, 1995; Wakita, 1996）．Wakita は，これらの先行現象の時間的特徴は，二三ヶ月継続するものと地震の直前のみじかいスパイクのふたつの

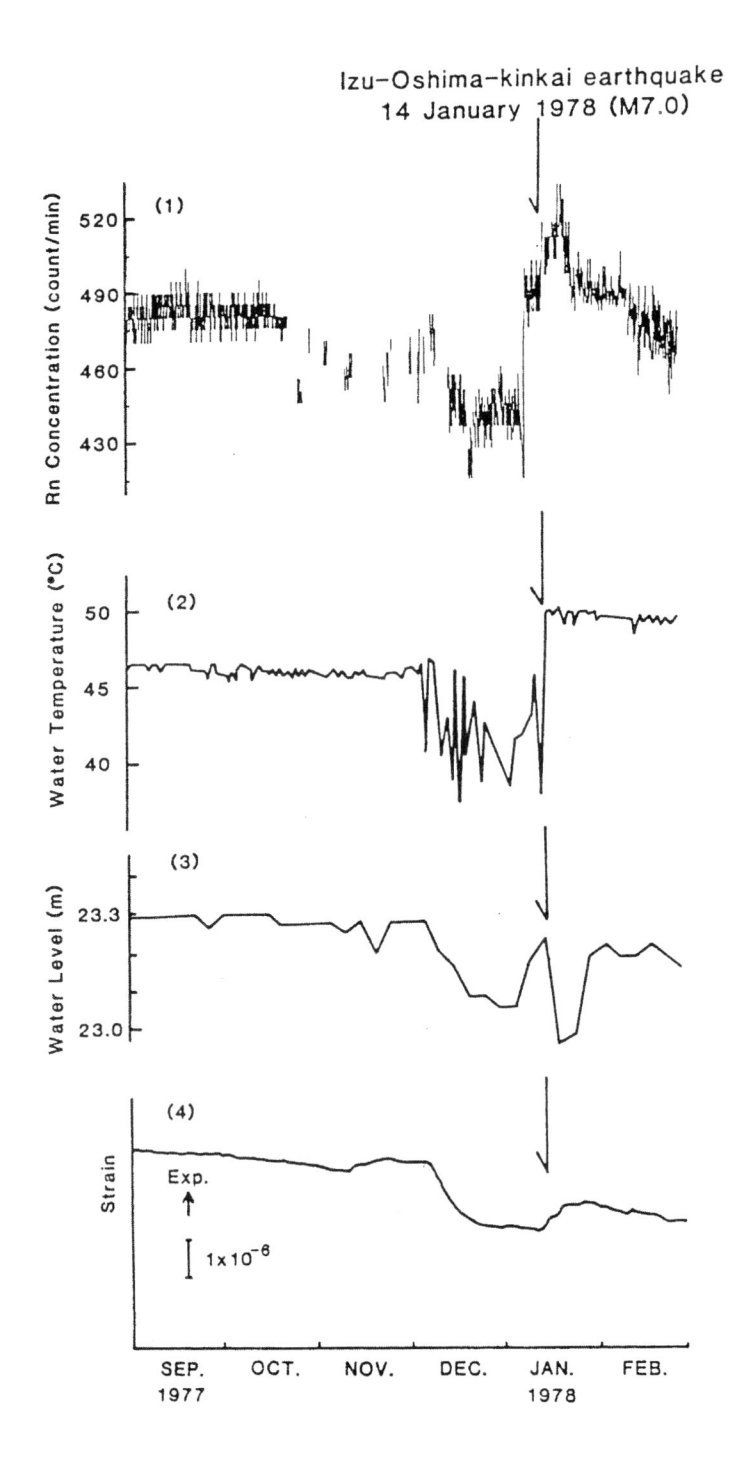

図 7.12　1978年の伊豆大島近海地震の中期－短期的先行現象をしめす4つの記録．これらの記録は伊豆半島のさまざまな観測点でえられたものである．（Wakita, 1988 から引用した）．

カテゴリーにわけられるとのべた．

Thomas（1988）は，地球化学的先行現象をレヴューし，それらの原因として提案された多数のメカニズムを議論している．彼は，観察結果と斉合することが可能なメカニズムはふたつだけであるとの結論をみちびいた．すなわち，クラッキングによって活性化された表面が増加すること，もしくは貯留層のシールが破壊されるか，ひずみによって流体圧がかわるかして，いくつかのソースから供給されている流体の混合比が変化するかのどちらかのメカニズムである．

電磁気的な先行現象 地震にさきだって，比抵抗や，二三のケースでは磁場が変化したことが，ソ連，中国，日本，アメリカ合州国でおこった多数の地震で報告されている．Mogi（1985）は，これらに対して簡単なレヴューをおこなった．なかでも典型的なものは比抵抗の減少であり，地震に数ケ月先行しておこることがおおい．比抵抗の減少についてもっとも信頼できるのは，1976年の中国のTangshan〔唐山〕地震（$M = 7.8$）のケースである．このときの異常は明確であり，多数の場所で観察された．

Loma Prieta地震の12ヶ月前から，極超長波（ULF）帯における電磁放射が増加するのが観測され，地震の3時間前には爆発的にふえた（Fraser-Smith *et al.*, 1990）．1988年の$M = 6.9$のアルメニアのSpitak地震の前にもそっくりなふるまいが観察された(Molcbanov *et al.*, 1992)．しかしNorthridge地震の前にはそのような異常は記録されなかった（Fraser-Smith *et al.*, 1994）．

7.2.3 短期的先行現象

前節でのべた先行現象の多くは，地震の発生時まで継続する．他に，地震直前になって加速したり正常値へもどったり，あるときには正負が逆転したりして，異常な挙動の特徴がかわるケースがある．このような差異は，その最後の段階で，物理的プロセスが変化する可能性をしめしている．この段階だけに出現する先行現象は，はっきりと短期的先行現象とよぶことができるだろう．ここでは，比較的信頼できる二三の例をしめそう．

地震活動 前震はもっとも明白な先行現象である．たとえば，1975年の中国のHaicheng〔海城〕地震（$M = 7.5$; Raleigh *et al.*, 1977）のように，前震の観察によって地震予知が成功したケースがある．歴史文書には，前震をきたるべき本震の警報とかんがえ，被害をさけるために家を放棄した民衆の話を多数みつけることができる．この話はさておき，前震は，地震の不安定と即座にむすびつくような変形の加速フェーズの存在をしめすもっとも強力な証拠である．

前震活動に対する広範な調査が，Jones and Molnar（1979）によっておこなわれた．世

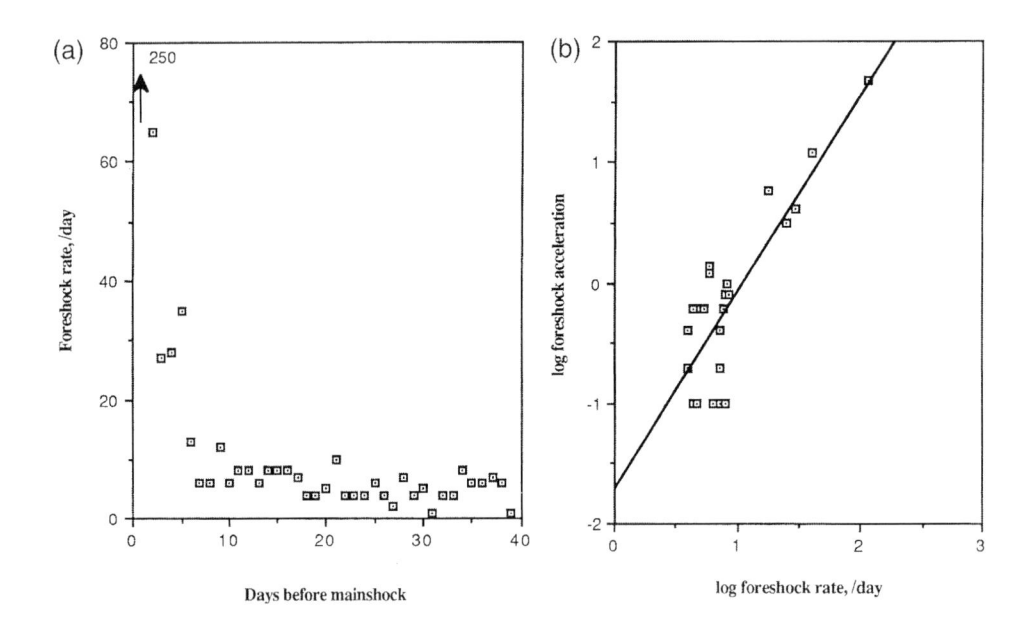

図 7.13 前震系列の時間的特徴．(a) 多数の地震系列からあつめた前震の頻度と本震までの時間の関係．(データは Jones and Molnar, 1979 による)．(b) (a) のデータに対してその時間微分をプロットしたもの．直線は式 7.2 にあてはめた結果．

界にひろがる地震観測網の検出能力が十分になった1950年以降に発生した $M \geqq 7$ の地震の 60 - 70% が前震をともなうことがみつけられた（そこでは，前震を，本震から100 km以内でおこり，バックグランドよりたかいレートでおこる地震と定義している）．前震活動は個々のケースごとにおおきくちがい，単独のこともあれば群発することもある．しかしながら，全体的にかんがえると，図 7.13a にしめすように，時間的な特徴がはっきりとみとめられる．前震は，典型的に本震の 5 - 10 日前に明瞭になり，本震まで加速度的に増加する．この加速度の様子と本震のサイズに関係はなさそうである．Jones and Molnar はまた，（前震のほうがちいさいということをのぞいて）最大の前震のサイズと本震のマグニチュードは無関係であることもみつけた．しかし，彼らのデータの取り扱いでは，複合地震（節 4.4.3）を分離しておらず，われわれのように前震を厳密に定義することもしていない（節 4.4.2）．このような区別をすると，なんらかの関係を発見できるかもしれない．

彼らは，前震の時系列がつぎのような経験式で近似できることをみつけた．

$$n = at^{-\overline{\omega}} \qquad (7.1)$$

ここで，t は本震の発生までの時間，n は前震の発生頻度，a と $\overline{\omega}$ は定数である．Papazachos (1975) と Kagan and Knopoff (1978) によって，べき指数 $\overline{\omega}$ は1にちかいことがみつけられている．Jones and Molnar は，アスペリティ群が静的な疲労によって破壊するというモデルをもちいて，この関係を説明した．静的な疲労法則の式 1.53 をもちい，

破壊したアスペリティの応力が破壊をまぬがれたアスペリティにうつることを仮定して，図 7.13 にしめされたデータとのよい一致がえられた.

　Voight（1989）は，一定応力と一定温度のもとで，破壊の最終段階にある材料の挙動は，つぎのような経験式であらわされることをしめした.

$$\dot{\Omega}^{-a}\ddot{\Omega} - A = 0 \qquad (7.2)$$

ここで Ω は，たとえばひずみのような測定可能な量を，ドットは時間微分をあらわし，α と A は定数である．彼は，この関係が，3 次クリープや地すべりに先行する変形をよく記述し，損傷力学〔damage mechanics〕(Rabotnov, 1969) でつかわれる一般的な構成則と関係づけられることをしめした．Voight によってしらべられたケースでは，α は 2 にちかい値であった．式 7.1 の n を式 7.2 のレート項 $\dot{\Omega}$ とみなせば，$\bar{\omega} = 1$ のときには，式 7.1 が，$\alpha = 2$ とした式 7.2 とおなじになる．図 7.13b に，図 7.13a のデータをもちいてもとめた前震活動の加速率が，前震の発生レートに対してプロットされている．図のなかにひかれた線は，データを式 7.2 にあてはめたもので，$\alpha = 1.63$, $A = 0.182$ である．

　さらに Jones and Molnar は，本震の 4-8 時間前に前震活動の低下がおこった証拠もみつけた．これは式 7.1 では説明できない．個々のケースでみると，図 7.2 において Q_3 でしめしたような短期的静穏期がしばしば出現し，特に，前震が群発するときに明白であった．なかでも，1975 年の Haicheng 地震は顕著なケースである．伊豆半島の地震に関してこのような静穏期が出現した 3 つの事例が Mogi (1985) によってあつめられ，図 7.14 にしめされている．これらの本震のマグニチュードは，伊豆大島近海地震は $M = 7.0$，河津地震は $M = 5.4$，北川地震は $M = 3.6$ とさまざまある．どのケースにおいても，先行的群発地震は，本震よりマグニチュードにして約 2 だけちいさい．しかし，群発地震期と静穏期の時間的な長さは本震のサイズと無関係であった．伊豆大島近海地震に先行した群発地震は，本震の震源の位置にぴったりと限定されていた（Tsumura et al., 1978）．これは伊豆で本震の前におこる群発地震の特徴である（Mogi, 1985）．伊豆大島近海地震での前震－本震－余震の時空間パターンが図 7.15 にしめされている．

　前震系列のこまかいスケールでの成長の様子やスケーリングの詳細と，さまざまなニュークリエーション・モデルとの比較は，節 7.3.4 でおこなう．

　前震を地震予知にどのように役だてるという観点からみると，それが前震であるか単なるふつうの地震であるかを識別できるような特徴をもたないところに困難がある．余震や他の地震と比較して，前震の時系列は b 値（または B 値，式 4.31）がちいさいことで特徴づけられることがいわれてきた（Suyehiro, Asada, and Ohtake, 1964）．AE を観察した岩石の破壊実験では，応力を上昇させたとき，またクリープ試験のときには，載荷時間が進行したときに，主破壊に先行して B 値が減少することがあきらかにされている（Scholz, 1968c; Mogi, 1981）．このことは，主破壊がちかづくと破壊の平均的なサイズがふえるこ

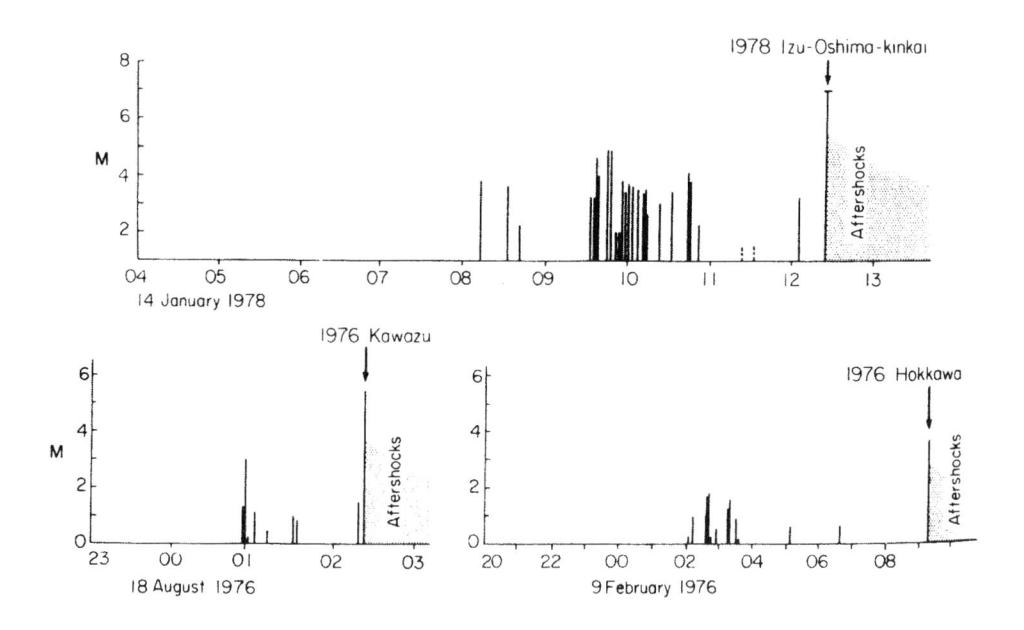

図7.14 伊豆半島の3つの地震に先行した短期的静穏期をともなう前震群．（Mogi, 1985から引用した）．

とをしめしている．しかしながら，個々の地震を，それが前震であるかどうか診断できるような特徴はいまだに発見されていない．

地殻変動 前節では，通常の測量によって検出された中期的先行現象の事例をのべた．地殻変動の短期的先行現象は，もっと連続的な測定，たとえば，傾斜計，ひずみ計，検潮儀などでも記録されている．地震と時をおなじくして実施していた水準測量によってみつけられた注目すべきケースが，Mogi (1982, 1985) によって詳細にのべられている．この測量は本州南岸の御前崎近くで実施されていた．そしてこの場所は，まさしく1944年12月7日におこった東南海地震（$M = 8.1$）の北東のエッジに隣接している．地震にさきだつ2日間にたまたまおこなわれた再測の最中に，標高の測定にきわだって異常な誤差が生じ，地震の直前の数分間には測器の水平をとることができなくなった．Mogiによって再構成された傾斜の変化が図7.16にしめされている．

この先行的変形を，前にのべた日本海沿岸の地震（節7.2.1）の先行的な変形と比較すると，おなじセンスであるが量はずっとちいさい．むしろ，土佐清水の検潮儀で記録された南海道地震（図7.29）の先行的な隆起のほうににている．御前崎と土佐清水とは，それぞれの地震のラプチャー・ゾーンとの位置関係がよくにている．すなわち，どちらも震源と反対側のラプチャー端にちかい（Kanamori, 1973を参照）．この観察結果は，先行現象のメカニズムに関するすべての議論と密接に関係している．もしこの現象がニュークリ

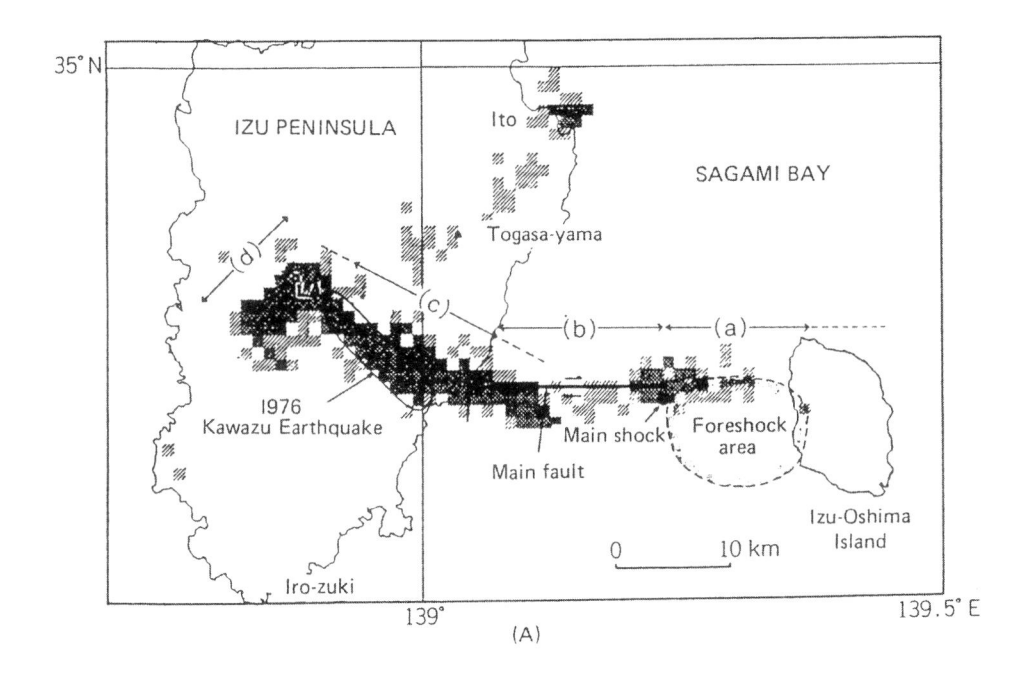

図7.15 1978年の伊豆大島近海地震に対する前震－本震－余震のパターン．本震は，群発した前震(a)の西側のエッジからおこった（図7.14）．すぐに余震が本震のラプチャー・ゾーン(b)で発生し，断層の2次的な伸長（c）がそれにひきつづいた．右ずれの共役断層部分（d）の地震活動は，本震から15時間経過するまではじまらなかった．（Tsumura *et al.*, 1978の結果にもとづく）．

エーションと関係しているなら，ニュークリエーションは震源域直近だけに限定されないことをあらわしている．このトピックについては節7.3.4で再考する．

7.3 先行現象のメカニズム

先行現象を適切に評価し確信をもって予知につかうためには，それらをひきおこす物理的なプロセスの理解が不可欠である．ブレークダウンの不安定の前にはかならず，いくばくかの変形の加速フェーズが先行するというのが，岩石の破壊や摩擦すべりの性質である．われわれは，それをみちびきだす物理を理解するために，実験室で破壊と摩擦すべりのプロセスを研究し，モデルの助けをかりて実際におこりそうな地球物理学的現象を予測する．岩石の構成則の知識に準拠するこのようなモデルを，物理モデルと名づけることができよう．これは，断層すべりの挙動をあらかじめ観測データにあてはめるように規定してしまう運動学モデルは区別される．運動学モデルは予測能力をもたないので，将来の挙動の予知には役だたないであろう．

この節では，先行現象の物理モデルに重点をおく．物理モデルはふたつのおおきなカテ

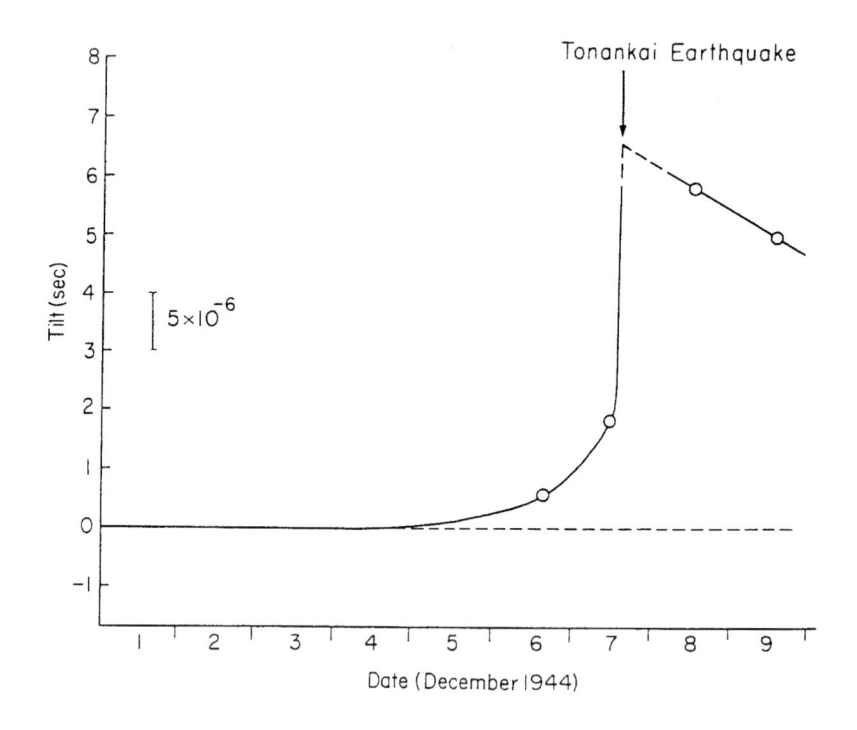

図 7.16　1944年の南海トラフの東南海地震に先行した傾斜の短期的変化の概要．地震の直前に実施された水準測量によって観察された．（Mogi, 1985から引用した）．

ゴリーにわけられる．ひとつは，断層の構成則に基礎をおいて断層のすべり挙動を予測するもので，断層をとりまく岩盤の物性は変化しないことが仮定される．もうひとつは，バルク岩石の構成則に基礎をおく．これは，断層をとりまく体積のなかでおきる物性の変化を予測する．前者のタイプの代表的なものは，ニュークリエーション・モデル〔nucleation model〕とリソスフェア載荷モデル〔lithospheric loading model〕であり，後者のタイプにダイレイタンシー・モデルがある．

7.3.1　ニュークリエーション・モデル

　節4.2.2では，断層のラプチャーが，つぎのふたつの方法で記述できることをしめした．ひとつはクラック・モデルをつかう方法であり，このモデルでは，クラック・エッジで散逸するエネルギーがもっとも重要である．もうひとつは摩擦－スライダー・モデルをつかう方法である．このモデルでは，クラック・エッジの効果は表だっては考慮されていない．節4.2.1で議論したように，エネルギー・バランスをかんがえると，ふたつの方法を完全に結合することはできない．しかしわれわれはすでに，ふたつのアプローチが類似した結果をみちびく多数の応用例をしめした．両者はしばしば相補的である．なぜなら，クラック・モデルはクラックの伝播が陽的に記述でき，摩擦すべりモデルは断層の物性の観点か

ら応力の変化が陽的に計算できるからである．

　クラック・モデルも摩擦すべりモデルも，すべりのパッチが断層上のある限界半径までひろがらないと，不安定が生じないことを予測している．そして限界半径は，断層の強度，応力状態，周辺岩盤の弾性定数の関数である．クラック・モデルによる値は式4.13で，摩擦すべりモデルによる値は式2.34で，ハイブリッド・クラック・モデルによる値は式4.15であたえられている．これらの結果が暗黙に示唆していることは，パッチが限界半径まで成長するときには，安定なすべりで成長しなければならないということである．実験室での先行的安定すべりの観察例が，図2.24と図2.25にしめされている．安定にすべっているパッチが，不安定点まで成長するプロセスをニュークリエーションとよぶ．したがって，このプロセスは，地震の先行現象をつくりだす原因となる可能性を秘めたメカニズムである．

　ニュークリエーションは，クラック・モデルをつかっても，摩擦すべりモデルをつかってもモデル化できる．クラック・ニュークリエーション・モデルは，Das and Scholz（1981b）によって提唱・研究された．彼らは，ゆっくりとした載荷の条件下では，ストレス・コロージョン・タイプのプロセスによって，クラックはまずサブクリティカルに伝播しはじめることを仮定し，これを記述するために式1.50と応力拡大係数の式（式1.25）と組みあわせた．クラックがのびるとKが増加し，クラック先端の伸長速度はKに対して指数関数的に増加するから，クラックのサブクリティカルな伝播は不安定にいたる．この結果，クラックの先端は加速して未制限の速度に達するのだが，このような状態は不安定の定義でもある．彼らのモデルのひとつをつかってえられた結果の一例が，図7.17にしめされている．ここでは，クラックの成長が時間の関数であらわされている．ストレス・ドロップの値を仮定すれば，式4.24をつかって，クラック面上のすべりが計算できる．

　摩擦の構成則（式2.26）に準拠するニュークリエーション・モデルは，Dieterich（1986，1992）によって記述されている．このケースでは，問題を1次元でとりあつかうため，すべっているパッチの半径が一定に固定されている．無制限のすべり速度に達することによって定義される不安定にいたるすべりの時間的変化が計算されている．図7.18に，その最終段階の例がしめされている．（ストレス・ドロップがおなじなら，すべりはクラック長さに比例することをおもだしてもらえば），読者は，図7.17との共通点に気づくはずだ．どちらも，不安定に達するすぐ直前に断層すべりがひじょうにおおきく加速すること，すなわち，ニュークリエーションに起因する先行現象が検出できる可能性は，地震の直前のひじょうにみじかい期間にかぎられることをしめしている．ニュークリエーションの時間のスケールはみじかいので，これは短期的な先行現象をひきおこすことができるメカニズムであって，中期的な先行現象のメカニズムではない．

　Dieterichのモデルでは，ニュークリエーションがはじまるためには，定常状態をこえる応力のジャンプが要求される．この条件は不自然である．カラー図7でしめした例のよう

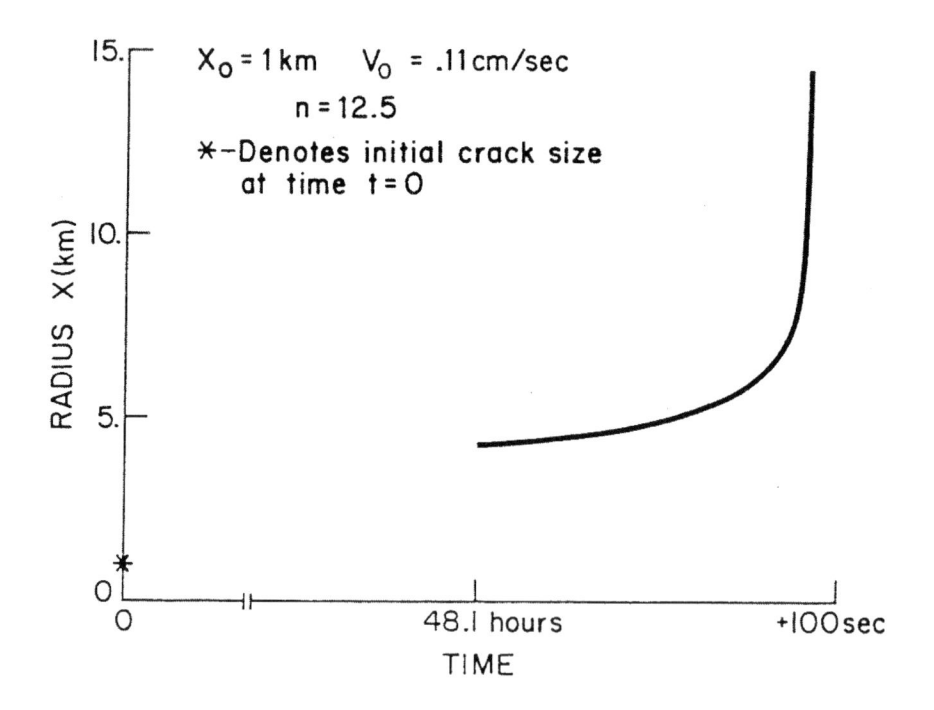

図 7.17 クラック・ニュークリエーション・モデルをもちいて計算されたクラック半径の時間変化．この挙動はストレス・コロージョン・メカニズムからみちびかれる．ここでは，クラックの発生から 48 時間成長した後のわずか 100 秒だけがしめされていることに注意されたい．（Das and Scholz, 1981b から引用した）．

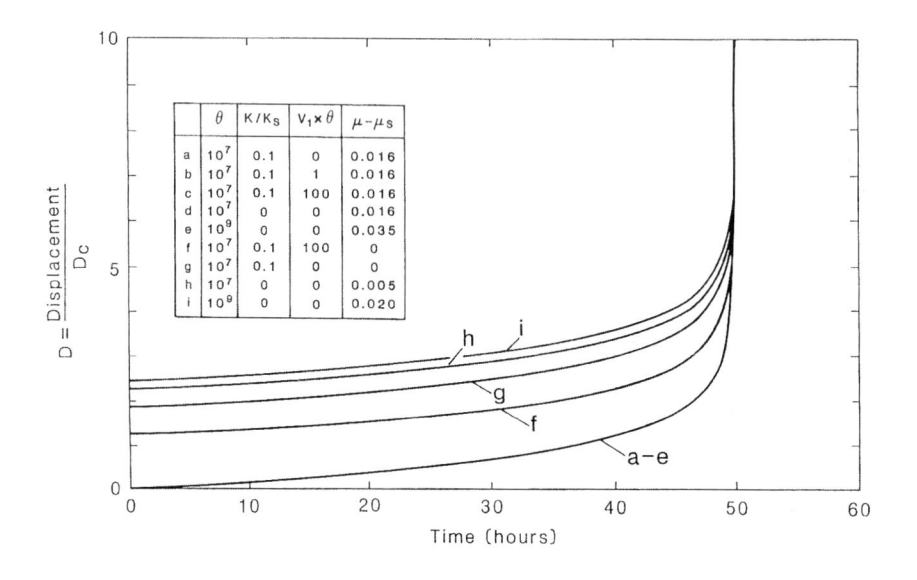

図 7.18 摩擦スライダーのニュークリエーション・モデルから計算されたすべりの時間変化．（Dieterich, 1986 から引用した）．すべりは D_c に対して正規化されている．

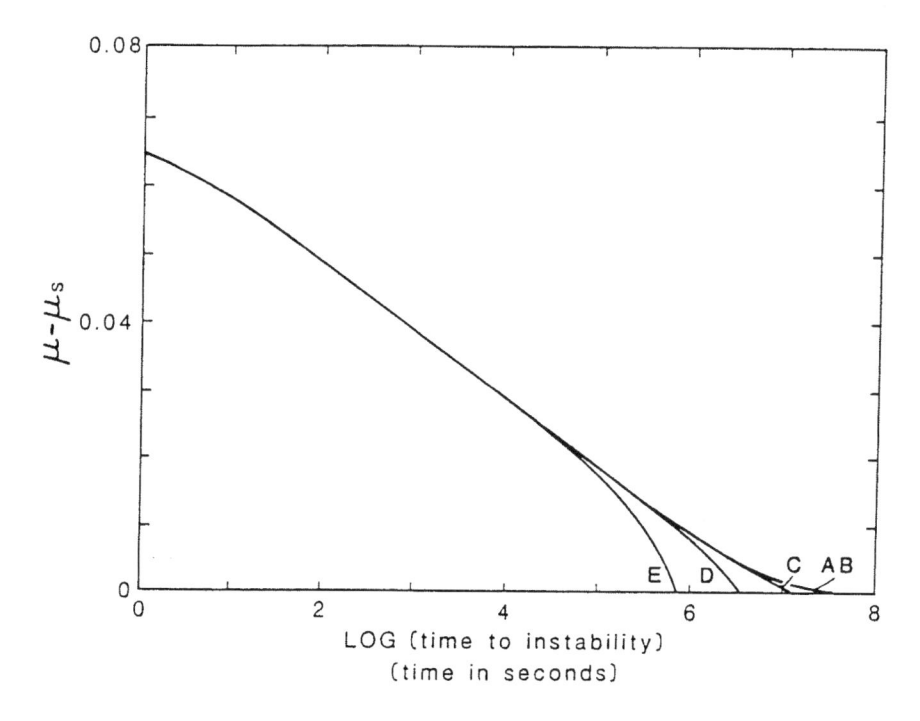

図 7.19 応力（摩擦）のジャンプと不安定現象が生じるまでの時間の関係．Dieterich のニュークリエーション・モデルをつかい，パラメーターをさまざまに変化させて計算した．(Dieterich, 1986 から引用した)．

に，2次元モデルではこの条件は不必要である．しかしながら，図 7.19 にしめされているように，ニュークリエーションにいたる時間が応力ジャンプの関数であり，静的な疲労則（式 1.53）とおなじ形をしていることは興味ぶかい．Das and Scholz のモデルも，そのモデルでの等価的パラメーターであるストレス・ドロップに対して同様なタイプの依存性をしめしている．個々のモデルが準拠する物理はまったくちがっているようにみえるが，結果はそっくりである．しかしながら，節 2.2.2 でのべたように，摩擦の時間依存性とサブクリティカルなクラックの成長の根本的な原因はたぶんおなじなので，このような一致がみられることは，じつはそれほどおどろくにはあたらない．

ニュークリエーションは不安定をひきおこすために不可欠なプロセスであるので，もしそれが地球物理的な手段によって検出できるなら，短期的な地震予知は信頼できる可能性となるかもしれない．それゆえ，もっとも重要な問いは，ニュークリエーション・ゾーンはどのくらいの大きさに成長するか，そこでおきるすべりはどのくらいであるかということである．Dieterich のモデルは，ニュークリエーションのすべり量も限界パッチ半径も，限界すべり距離 D_c に線形に比例することをしめしている．したがって，ニュークリエーションのモーメントは D_c の 3 乗に比例する．いくつかの D_c の値に対するさまざまなパラメーターの値が表 7.2 にしめされている．

この摩擦法則をつかった断層の挙動のシミュレーションによると，D_c が約 100 mm をこ

表7.2 ニュークリエーションのパラメーター

D_c〔限界すべり距離〕mm	すべり mm	パッチ・サイズ km	モーメント N-m
50	250	5.3	5.5×10^{17}
5	25	0.53	5.5×10^{14}
0.5	2.5	0.053	5.5×10^{11}

えると断層のふるまいが安定になることがしめされた（Tse and Rice, 1986；Stuart, 1988）. ここから，ニュークリエーション・パラメーターの上限値がきまる．断層のトポグラフィーに準拠した接触理論（節2.4）をもちいた計算によると D_c は深さとともに減少し，サイスモジェニックな深さでは，1 - 10 mm の範囲と予想される（Scholz, 1988a）．大地震のほとんどはサイスモジェニック・ゾーンの底近くでニュークリエイトするので，D_c は 1 mm のほうにちかいということになる．表7.2によると，ニュークリエーションの信号は，地表面での測定によって検出することはできそうにない．

もちろん，ここでおこなったすべての議論はいちじるしく単純化されたものである．たとえば，断層は均一な摩擦物性をもつことが仮定されているが，そんなはずはない．もし断層が均一な D_c の値をもつなら，その D_c に対応するニュークリエーション・モーメントよりちいさな地震が発生することはありえない．地震のサイズにそのようなちいさい側のカットオフは観察されないから，D_c は空間的に変化しているはずである（この点に関する論争は，節4.3.2参照）．もし D_c が変数であるなら，ニュークリエーションのサイズも変数となり，ニュークリエーションの検出やそれにもとづく予知の信頼性はひくくなる．

7.3.2　ダイレイタンシー・モデル

ダイレイタンシー・モデルは，もうひとつのタイプのモデルの典型であり，断層ゾーンのなかであれ外であれ，バルク岩石の構成則にその基礎をおく．ダイレイタンシー・モデルはふたつの種類に分類できる．ひとつは，ダイレイタンシーが断層ゾーンをとりまく岩盤のなかでおこると仮定したボリューム・ダイレイタンシー・モデルであり，もうひとつは，ダイレイタンシーが断層ゾーンのなかでだけおこると仮定した断層ゾーン・ダイレイタンシー・モデルである．

これらのモデルなかで格段に有名なのは，ダイレイタンシー−拡散モデルである．これは，Nur（1972）によって提唱されたボリューム・ダイレイタンシー・モデルで，Whitcomb, Garmony, and Anderson（1973b）と Scholz, Sykes, and Aggarwal（1973）によって拡張された．このモデルでは，将来のラプチャー・ゾーンをとりまく体積が載荷されることによって，ダイレイタンシーがおこることを仮定している．この体積のなかで，まさし

く実験室の破壊実験で観察されるように（節 1.2.1），ダイレイタンシーが加速度的に発達するとかんがえよう．応力（または時間．すなわちクリープ試験のときには，一定応力下で載荷されるから時間の経過とともに，破壊がちかづく）が増加すると，ダイレイタンシー・レートが増加し（段階Ⅰ），間隙流体の拡散〔ここでは周辺岩盤から拡散によって流体がながれこむこと〕においつかず，ついには間隙圧を維持できなくなるほど，ダイレイタンシー・レートがたかくなる（段階Ⅱ）．この結果，ダイレイタンシー硬化〔dilatancy hardening〕がおこる．すなわち，間隙圧がさがって断層のみかけ強度が一時的に増加して地震の発生をおくらせるようにはたらき，ダイレイタンシーのさらなる発達も抑止する．極端なケースでは，このプロセスでクラックは不飽和になるかもしれない．つぎの段階（段階Ⅲ）では，流体の拡散によって間隙圧が回復し，ラプチャー（段階Ⅳ）がひきつづく．地震の後には，システムの水理拡散率によってきまる時定数でダイレイタンシーが回復する（段階Ⅴ）．

　このような一連の事象は，実験室で観察される現象をその根拠にしているが，その地震への応用は，ラプチャーをとりかこむ体積の物性の変化を示唆するような先行現象がいくつかの地震で生じたことが契機となっている．先行現象のなかでもっとも顕著なものは，図 7.9 にしめしたような速度異常である．もしそのような地震波速度の変化があれば，岩盤のなかの間隙空間の変化が，それを説明できる唯一のもっともらしいメカニズムである．そして，これはダイレイタンシーを介してだけしかおこりそうにない．さらに議論をすすめるためには，すこし寄り道して，岩盤の物性におよぼすクラックの効果について簡単に論ずる必要がある．

　縦波速度は岩盤の体積弾性率〔bulk modulus〕K をはかるものさしであり，横波速度はせん断弾性定数〔または剛性率；rigidity〕G をはかるものさしである．ところで，$K_{rock} \approx 3K_{water} \gg K_{air}$ であり，$G_{rock} \gg G_{water} \approx G_{air}$ であるので，岩盤に飽和しているクラックが導入されれば，V_S は減少するが V_P にはほとんど影響がない．いっぽう，クラックが乾燥しているときには，V_S と V_P のどちらも減少するだろう．地震波速度に対するクラックの効果が，図 7.20 にまとめられている．ここでは，クラック密度と飽和度（％）の関数として，岩石本来の地震波速度が V_S に対してしめされている（V_P も V_S もクラックが存在しないときの岩石の地震波速度で正規化されている）．もしクラックが飽和していれば，クラック密度の増加にしたがって V_P/V_S は増加し，乾燥しているときには，V_P/V_S は減少することに注意されたい．図のなかにしめされた経路は，図 7.9 にしめされたタイプの速度異常に対応している．この種の速度異常が観察された実験室での結果が，図 7.21 にしめされている．

　速度異常からダイレイタンシーの経路をきめれば，図 7.22 にしめすように，他のタイプの先行現象がこのモデルから予測される．このモデルは，先行現象の継続期間とダイレイタンシーが生じた体積とのスケーリング関係も予測する．なぜなら，この継続時間は水

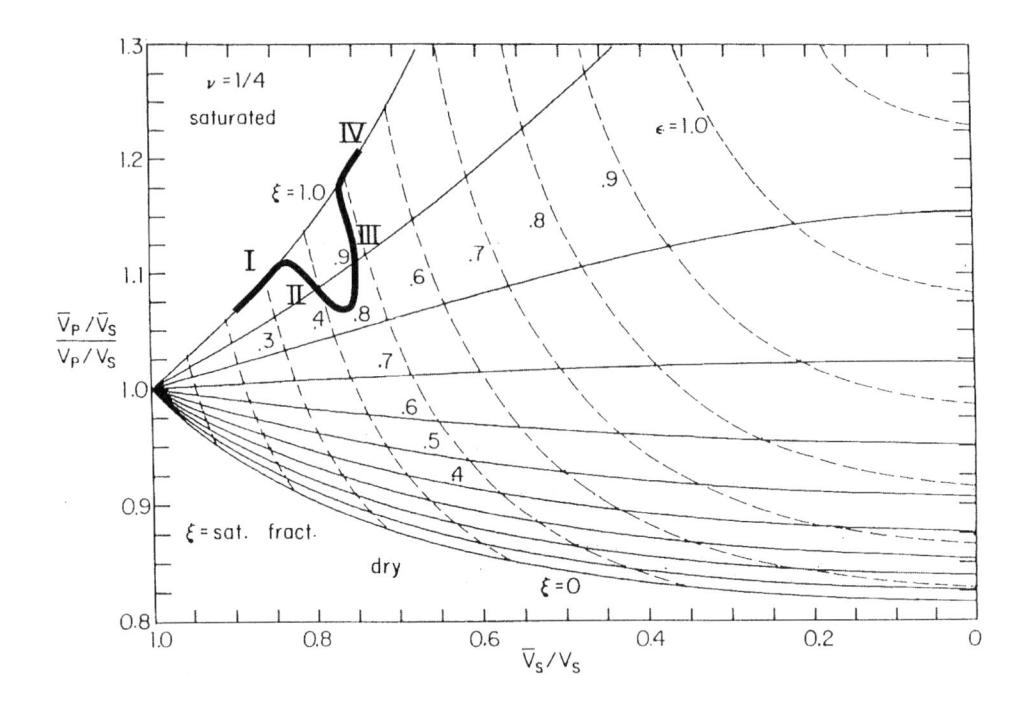

図 7.20 クラックをふくむ固体の地震波速度. 岩石の本来の地震波速度で正規化されている. ε はクラック密度, ξ は飽和度である. 太線の曲線は, 図 7.9 にしめされたようなタイプの速度異常をつくりだす経路をしめす. ダイレイタンシー-拡散モデルの 4 つの段階は, 図 7.22 と一致させてあり, ローマン数字によってしめされている. (O'Connell and Budiansky, 1974 の結果にもとづく).

理拡散率に依存するからである. もし, ダイレイタンシーが生じた体積と地震のサイズが比例するなら, 節 7.3.4 で論じるような先行現象の継続時間-マグニチュードの関係がみちびきだされるであろう.

　もうひとつのボリューム・ダイレイタンシー・モデルは, ドライ・ダイレイタンシーまたは IND モデルである (IND はクラックの不安定雪崩を意味するロシヤ語の頭字語をならべたもの). これは, Mjachkin et al. (1975) によって提唱された. ここでは, 段階 II と段階 III が, ダイレイタンシーの局所化と応力の低下によって説明され, ダイレイタンシー-拡散モデルで仮定された間隙圧との相互作用は仮定されていない.

　ダイレイタンシー・モデルに対する反論のひとつは, 実験室では, 破壊強度の 1/2 以下の応力のもとではダイレイタンシーが観察されないことである. この値は, 約 100 MPa 以下の直応力のもとでの摩擦強度よりずっとおおきい (Hadley, 1973). しかしながら, 節 1.3.2 と節 2.4 で議論したように, 地質学的スケールでは, 破壊強度は実験室での値よりずっとちいさくなるはずである. いっぽう, 摩擦強度はほとんどおなじはずである. したがって, ダイレイタンシーは, 摩擦強度より相対的にひくい応力でおこることが期待され

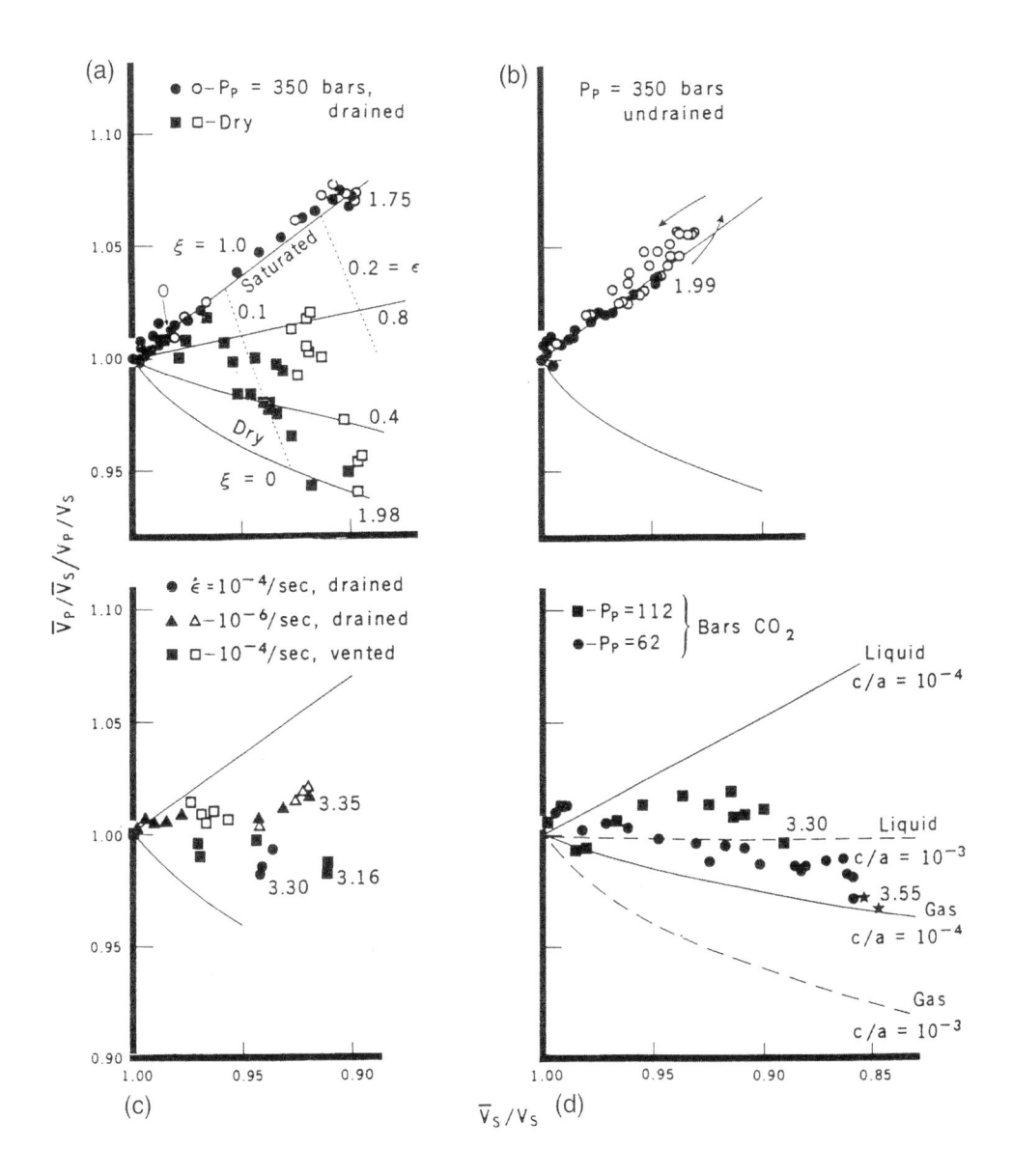

図 7.21 実験室で観察された地震波速度異常．図 7.20 とおなじ体裁でプロットした．(a) 排水条件のもとで，一定ひずみ速度で 3 軸圧縮された Westerly 花崗岩．初期条件が乾燥のケースと飽和のケースをしめす．このとき，飽和＋排水条件のときは，ダイレイタンシーの期間中に不飽和が生じたという証拠はない．(b) 非排水である点をのぞいて (a) とおなじ条件である．このときには，ダイレイタンシー硬化は観察されたが，不飽和にはいたらなかった．(c) San Marcos 斑れい岩の結果をしめす．この岩石の水理拡散率は Westerly 花崗岩よりずっとちいさい．どの条件のもとでも，不飽和に特徴的な速度異常が観察された．(d) CO_2 を間隙流体として使用したときの Westerly 花崗岩のケースをしめす．このときには，ダイレイタンシーによって CO_2 の液体－ガス相転移がおこり，速度異常が観察される．(Scholz, 1978 から引用した)．

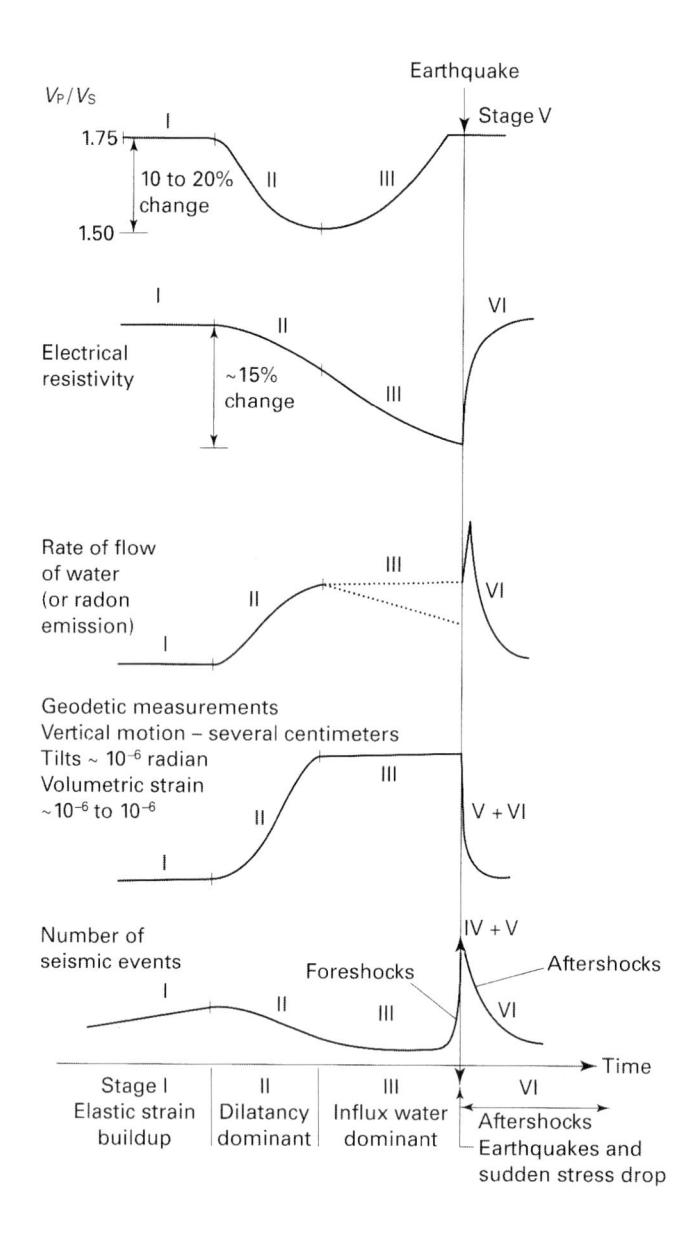

図7.22 ダイレイタンシー−拡散モデルによって予測されるさまざまな現象.（Scholz, Sykes, and Aggarwal, 1973 から引用した）.

るであろう.

　断層ゾーン・ダイレイタンシー・モデルに関しては，Rice（1983）と Rudnicki（1988）のレヴューがある．断層ゾーン・ダイレイタンシー・モデルでは，ニュークリエーションの期間にすべりが生じると，断層ゾーンのなかでダイレイタンシーがおこることが仮定されている．この原因となるメカニズムは，すべりが生じると断層の壁がひきはなされることによって生じるジョイント・ダイレイタンシーか，断層ゾーンのなかの，たとえば，ガウジや角礫のような粉体材料がせん断されて生じるダイレイタンシーのどちらかであろ

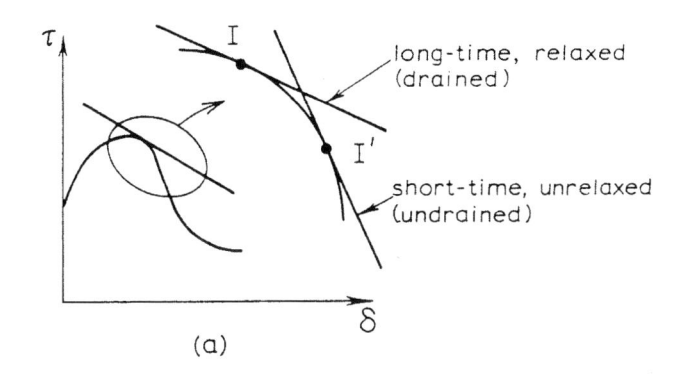

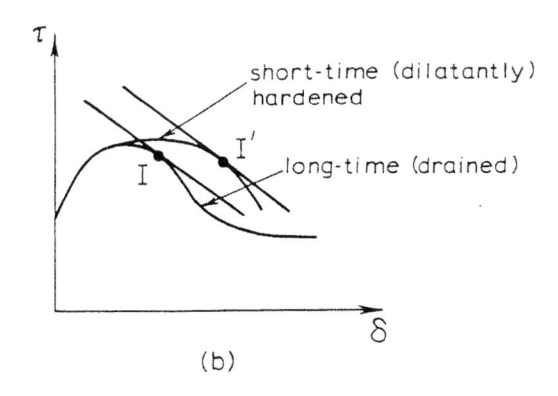

図 7.23 断層ゾーン・ダイレイタンシー・モデルから期待されるふたつの効果の模式図．すべり（δ）に対するせん断応力（τ）の関係をしめす．（a）排水状態から非排水状態への変化による岩盤の〔見かけの〕スティフネスの増加．(b)断層のダイレイタンシー硬化．どちらのケースも，不安定の発生は I から I' へ遅延する．(Rudnicki, 1988 から引用した)．

う．断層ゾーン・ダイレイタンシーの効果は，図7.23にしめされているように，すべり弱化モデルの文脈にあてはめられよう．ダイレイタンシーはすべりに比例することが仮定されているので，応力-変位曲線の降伏後の部分ですべりが加速すると，ダイレイタンシーも加速する．このときふたつの効果が生じる．ダイレイタンシーは断層ゾーンのなかの間隙圧を減少させるので，材料定数の排水状態から非排水状態への変化に応じて，断層ゾーンの材料のスティフネスが増加する（図7.23a）．また，ダイレイタンシー硬化によって摩擦に対する抵抗〔強度〕も増加する（図7.23b）．これらのふたつの効果は一時的に断層を安定化させ，ニュークリエーション・プロセスを抑止するだろう．ボリューム・ダイレイタンシー・モデルのときとおなじように，断層ゾーンの水理拡散率によってコントロールされる時間だけおくれて不安定が生じる．

Rice and Rudnicki（1979）は，ダイレイタンシーが球形インクルージョンのなかでおこるケースと，偏平な楕円形インクルージョンのなかでおこるケースのふたつを検討した．構成則のパラメーターの値をいろいろかえてためしたところ，半径が1 kmの球形インク

ルージョンのケースでは，先行現象の期間として 15 - 240 日におよぶすべりの加速フェーズがみちびかれた．いっぽう，偏平な楕円形インクルージョンのケースでは，この時間は約 1 / 10 に短縮された．前者はボリューム・ダイレイタンシー・モデル的であり，後者は断層ゾーン・ダイレイタンシー・モデル的である．したがって，断層ゾーン・ダイレイタンシーのケースでは，ニュークリエーション・モデルに類似した継続時間と変化をしめす短期的な先行現象がつくりだされる．

7.3.3 リソスフェア載荷モデル

上にのべたモデルでは，均一な載荷条件のもとで，構成則をかえたときの効果をしらべた．他に，このような性質をもった断層をふくむリソスフェアの載荷まで考えにふくめて，先行現象の発現をより完全にとりあつかったモデルがある．そのようなモデルは，深さに依存する強度の効果や，粘弾性的にふるまうアセノスフェアとのカップリングの効果をふくむことができる．これらのモデルでは，断層のふるまいを記述するために，単純なすべり弱化タイプの構成則がしばしばつかわれきた．すべり弱化タイプの構成式は，応力－変位関数（図 7.24）において応力が下降する部分をもっているので，不安定をつくりだすことはできるが，RS 摩擦則とはちがって，断層がふたたびヒーリングするメカニズムを内包しない．しかし，運動が均一に加速してゆくような条件のもとでは，もっと精密な構成則をつかったときの結果とも斉合するし（Gu, 1984），概念的にも計算的にもより単純でつかいやすい．このモデルのもっとも重要なポイントを図 7.24f にしめす．課せられたすべり δ_L に対するブロックの運動の増分 δ_B の比が，不安定点がちかづくにしたがって増加する．このことは，断層のすべりが加速する先行的段階が存在することを意味している．

すべり弱化をともなう断層の 2 次元モデルは，Stuart（1979），Stuart and Mavko（1979），Li and Rice（1983a, b）によって研究された．Li and Rice のモデルは，図 5.8a にしめされたタイプのモデルであり，リソスフェアはアセノスフェアとカップルされている．断層の強度は，深さとともに増加し，7 - 10 km で最大になり，さらにふかいところでは減少することが仮定されている．計算の結果，〔横ずれ断層のときには〕ラプチャーが，モードⅢのクラックとして深部から浅部へ徐々に伝播することがみつけられた．このとき，断層浅部での深さ方向に平均した応力の値は徐々に上昇し，その効果で，地表面で観察される先行的な変形の大きさと継続時間を，1 次元モデルから期待されるよりおおきくなる．地表面近くのひずみ速度が，長期的ひずみ速度の 2 倍になったところを基点としてはかった先行現象の継続時間は，テクトニックな変位速度がはやくなれば減少し，ラプチャーの長さがながくなれば増加する（なぜなら，これが地震の再来時間をスケールするから）．パラメーターの選択によって，数ケ月から 5 年におよぶ先行現象の継続時間が予測される．したがって，このモデルは，中期的先行現象を説明できる可能性があるメカニズムである．

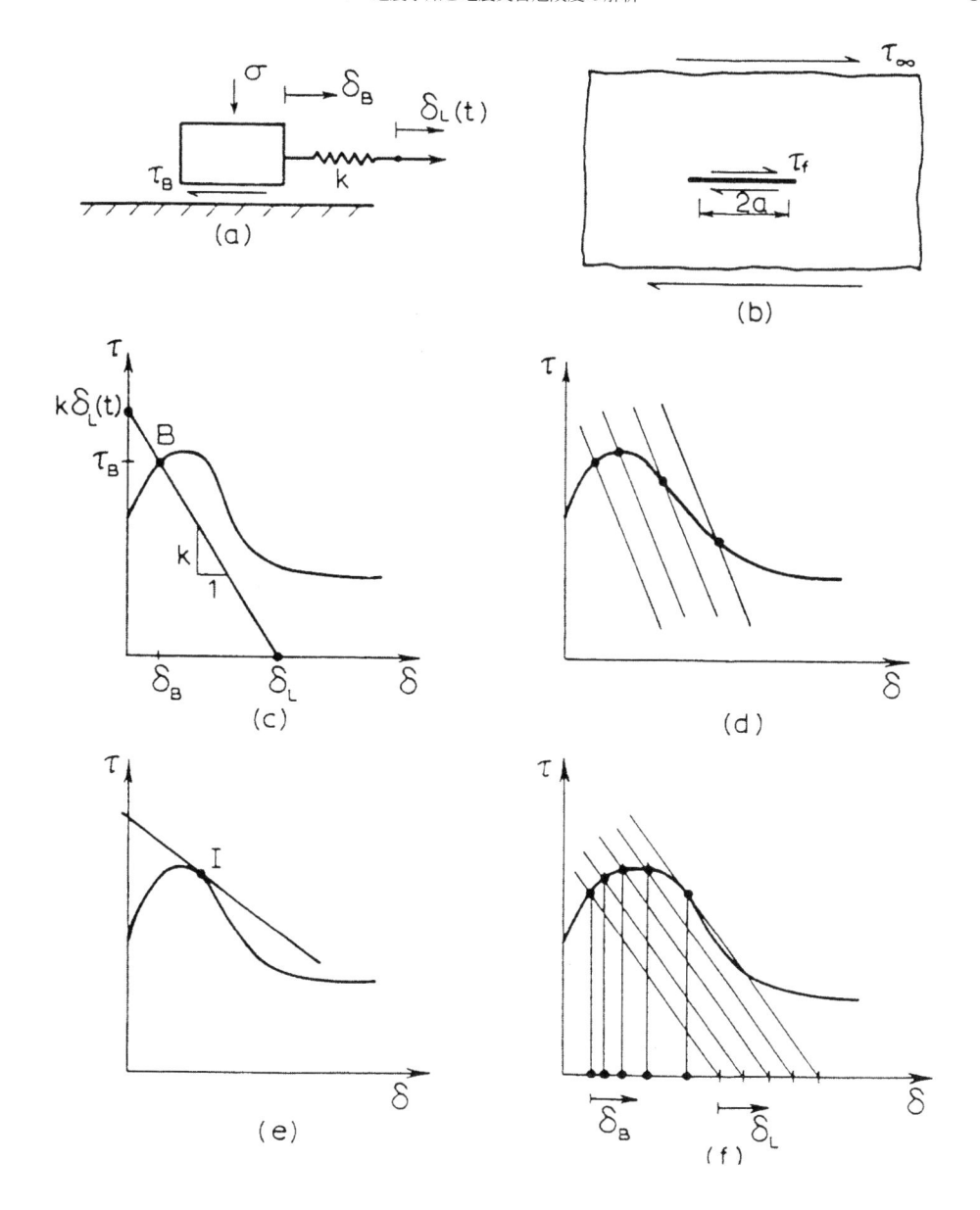

図 7.24 すべり弱化モデルの模式的表現：(a) と (b) はモデルの幾何学的な構成．(c) 図解法による解析．点Bで構成則とまじわるスティフネス・ライン〔載荷システムの応答，すなわちすべりの増分に対する応力の下降をあらわす〕が，課せられたすべり速度 δ_L〔載荷点において定義〕で移動する．(d) 運動がいつも安定なケース；(e) 不安定点Iに達したときの様子．(f) δ_L が一定レートで増加するにしたがい，ブロックのすべり δ_B が加速する理由を説明する模式図．(Rudnicki, 1988 から引用した)．

さらに，RS 摩擦則をつかったモデルを採用すれば，カラー図7にしめしたように中期的，ならびに短期的に出現する先行的なふるまいを表現できることがわかった．Stuart (1988) は，南海道地震の発生系列のモデルにおいて，短期的に生じる先行的ふるまいを説明した．

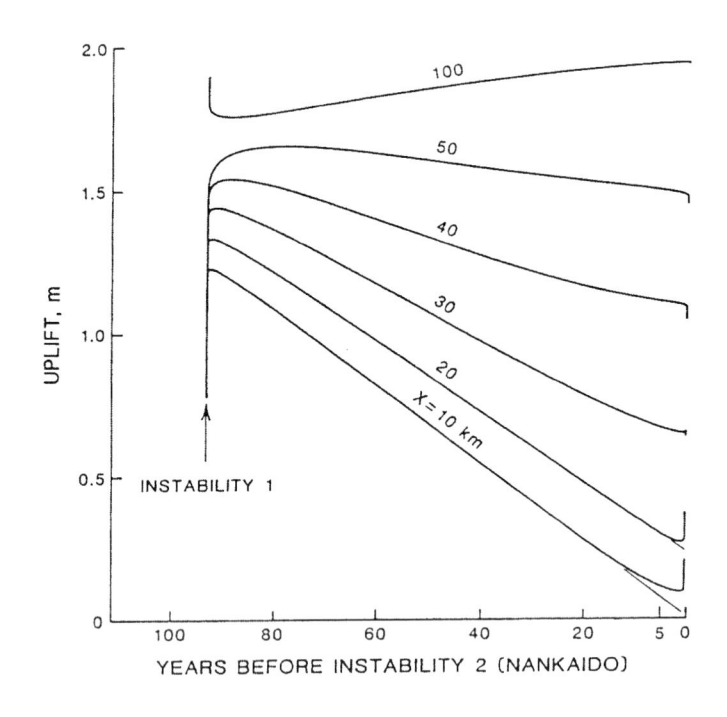

図7.25 衝上断層の境界近くのさまざまな場所で地震サイクルのあいだに予測される地殻変動．RS摩擦則をつかったリソスフェア載荷モデルによる．地表面に露出した断層を基点とした距離 X に対してプロットされている．不安定〔図中で INSTABILITY 1 と表示〕は前回の地震をあらわす．（Stuart, 1988 から引用した）．

　彼のモデルにもとづいて，衝上断層の露出部を起点とした距離に対する地殻の隆起が計算され，図7.25と図7.26にプロットされている．あさい部分にまですべりが貫入してくるので，地震にさきだつ 5 - 10 年間の地殻の隆起は非線形になる．この効果は，断層の近傍以外ではほとんど識別できない程度であり，南海道地震ではまったく観察例がない．地震の数日前におこるニュークリエーションのときには，地表面の隆起はもっといちじるしく加速する．断層の露出部から 30 km あるいはそれ以上はなれた陸上の点では，彼がえらんだ $a-b$ と D_c の値に対して，短期的に生じる隆起は数 10 ミリメーターのオーダーかそれ以下である．ニュークリエーションは局所的だから，先行現象の形と符号は，ニュークリエーション・ゾーンと観測点の相対的な位置関係につよく依存する．

　さまざまなタイプのモデルを別々に議論してきたけれども，いくつかのタイプのふるまいが協調しておこってはいけないという理由はない．たとえば，Li and Rice（1983b）は，彼らのすべり弱化モデルによって予測された地震の前の急激な応力の増加は，地表面近くの岩盤のダイレイタンシーを誘発して，これにともなう速度異常や他の異常を生じさせるとの所見をのべた．断層ゾーン・ダイレイタンシーや間隙圧による安定化も，ニュークリエーションに付随しておこりうるだろうし，それゆえ，もともとそのような効果を考慮し

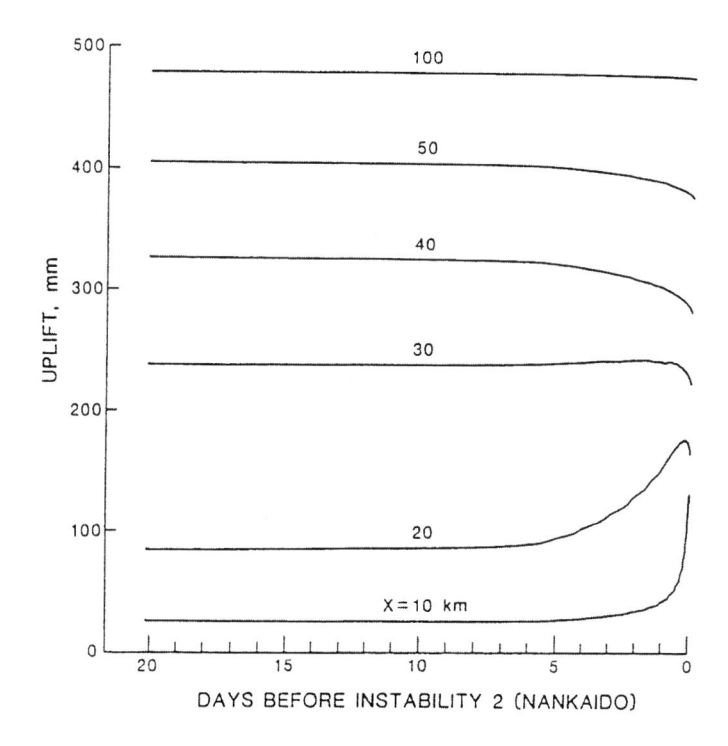

図 7. 26 Stuart のモデルによって予測される短期的先行現象の詳細．(Stuart, 1988 から引用した)．

ていないニュークリエーション・モデルが予測するふるまいとはちがったものになるのかもしれない．

7.3.4 臨界点理論

臨界点理論の下敷きになっているのは，中規模の地震どうしの応力を介した相互作用によって，べき乗則で特徴づけられるひろい範囲の相互作用がだんだんとできあがってゆくという考えである（Bufe and Varries, 1993; Sornette and Sammis. 1995; Saleur, Sammis, and Sornette, 1996; Zöller, Hainzl, and Kurths, 2001）．このタイプの理論は，大地震にさきだってモーメント解放速度と相関距離がともにべき乗で増加することを予測する．臨界点では，大地震がいつおこってもいいほど応力が十分に均質化している．この理論をカリフォルニアの地震活動と比較した結果がいくつか報告されているが，結果は有望なものだった．（Bowman et al., 1998; Jaume and Sykes, 1999; Zöller, Hainzl, and Kurths, 2001）．この種のパターンの一例が図 5. 30 にしめされている．相関しあう領域の半径はきたるべき地震の大きさに関係するので（Zöller, Hainzl, and Kurths, 2001），この手法は，時刻と大きさの両方を中期的に予知できる可能性を提供する．経験的なパターン認識による手法（Keilis-Borok and Kossobokov, 1990) には，この理論の結果とにかよったところがある．

7.3.5　モデルと観察結果の比較

　すべにのべた多数のモデルはすべて，載荷サイクルの終り近くになって，断層の固着しているパッチに応力が集中するにしたがい，地表面近くのひずみの蓄積が非線形にならなければならないこと，および，最終的におこる不安定のニュークリエーションが，地震の1-10日前にその効果をさらにおおきく加速させなければならないことを予測している．ボリューム・ダイレイタンシー，あるいは断層ゾーン・ダイレイタンシーが，これらの段階に付随するかどうかはわからない．このように，中期的先行現象と短期的先行現象は，地震サイクルのことなった段階として予測される．しかしながら，ここでしらべたすべてのケースにおいて，えらんだパラメーターの範囲では，先行的なひずみ変化はコサイスミックなひずみ変化に比較してちいさいものであった．したがって，地表面での測定で検出するのは容易ではないだろう．

　このことを念頭において，観察された先行的な効果が，理論的な予測のどれとどう対応するかを再検討してみよう．こうするには，いくつかの問題に直面する．まず第1に，すでに議論したように，先行現象の観察の多くが，それ自体，論争のまとになっている．あるケースでは，個々の測定にも疑問がなげかけられてきた．また，たとえば地震波速度異常のように，その種の異常の存在それ自体が（正当に，またあるときは不当に）うたがわれているケースもある．なぜなら，先行現象の不在が報告されつづけており，個々のケースに批判があるからである．このことは，先行現象の観察は往々にして，白黒が決着できるような試験がデザイン可能な通常の仮説検定の手法を適用できるような性質のものではないということを意味する．さらに，観察結果も総じて断片的であるので，たとえ観察自体が絶対に信頼できるものであったとしても，理論の可否のテストにはならないだろう．つまるところ，ダイレイタンシー理論をのぞけば，モデルは地殻に先行的な変形が生じるとだけしかいっていない．他のタイプの先行現象は，推論によって，予測される変形のパターンと関係づけられているだけである．

　それにもかかわらず，理論とてらしあわせて先行現象を再吟味することは役にたつ．そうすることによって，理論と先行現象をおおまかに関係づけることが期待できる．定量的な議論は，コサイスミックな変化と先行現象のオーダーをくらべる程度しかできない．さらに，モデルはあまりにも単純すぎるので，モデルと符合しない観察結果を，先行現象でないとして除外できないことも認識しておく必要がある．

　短期的先行現象　さまざまな特徴からみて前震は，まずニュークリエーションの表れであるとみなしてよいだろう．前震は典型的に本震の約10日前にはじまり，急速に頻度を

ましてゆく．そしてその発生位置は，震源のごく近傍にかぎられる（図 7.15）．単一のニュークリエーションがおこるケースだけをかんがえれば（すなわち，複合地震を除外すれば），前震は，本震と比較して，一般にモーメントが数桁ちいさい（図 7.14）．

前震の空間的発生パターン，時間的な発達の様子，本震とのサイズ比は，ニュークリエーション・モデルで予測されたすべりが増進する期間とよく斉合する．このモデルは，安定すべりだけを予測し，前震の発生そのものを明示的に予測するわけではないが，Das and Scholz（1981b）と Ohnaka（1992）が指摘したように，現実のケースでは不均一が存在するので，ニュークリエーションには局所的な不安定がかならず付随するようにおもわれる．この解釈にしたがえば，前震はニュークリエーション・プロセスの本質的な要素ではなく，ニュークリエーションの症状だということになる．それゆえ，個々のケースごとに前震活動はおおきくばらつく．それらの総体的な挙動を解析するときにだけ，式 7.1 にしめすようなパターンを識別でき，ニュークリエーションによる予測との類似性を認識できる．

もし前震がニュークリエーションの現れであるなら，前震領域の大きさは時間とともに増加することが期待される．これをはじめてしめしたのは Ohnaka（1993）で，図 7.15 の前震系列についてであった．図 7.27 には Landers 地震の前震領域が時間とともにひろがっていく様子がしめされている（Abercrombie, Agnew, and Wyatt, 1995）．この図では前震領域の拡大速度が時間とともに増加しているが，これもモデルから期待されることである．最後の数時間には前震の領域がせばまり本震の震源に集中していくという傾向もあり（Dodge, Beroza, and Ellsworth, 1996），図 7.27 の最後の 2 時間にこれがみられる．

Dodge *et al.* はもっと多数の事例をしらべ，前震領域の大きさがおおきいほど本震もおおきくなることをみつけた（図 7.28）．この図の黒点は，地震波形記録にみられるゆっくりとした先行フェーズ（Ellsworth and Beroza, 1995）という別の方法できめたニュークリエーションの大きさである．これらの前震領域がニュークリエーション・フェーズに対応しているとして，そのストレス・ドロップを典型的な地震のそれと同程度だと仮定すれば，この図のデータから，ニュークリエーションのモーメントは本震のモーメントの 1 ％以下になる．このような大きさだと，高感度のひずみ計が近くにないかぎり，測地的な方法でニュークリエーションを検出することはできないだろう（Abercrombie, Agnew, and Wyatt, 1995）．

このような実用上の困難はさておき，図 7.28 にしめされたスケーリングは，ニュークリエーション・ゾーンの大きさから本震のマグニチュードが予測できる可能性を意味している．標準的な RS 摩擦モデルでは，一定の D_c（よってニュークリエーションの大きさも一定になる）を仮定するので，この種のスケーリングは予測されないことに注意されたい．しかしながら RS 摩擦則は研磨した面どうしの実験研究からえられたもので，このような表面は，はっきりこうだと定義できる粗さをもっている．いっぽう，自然の断層はフラク

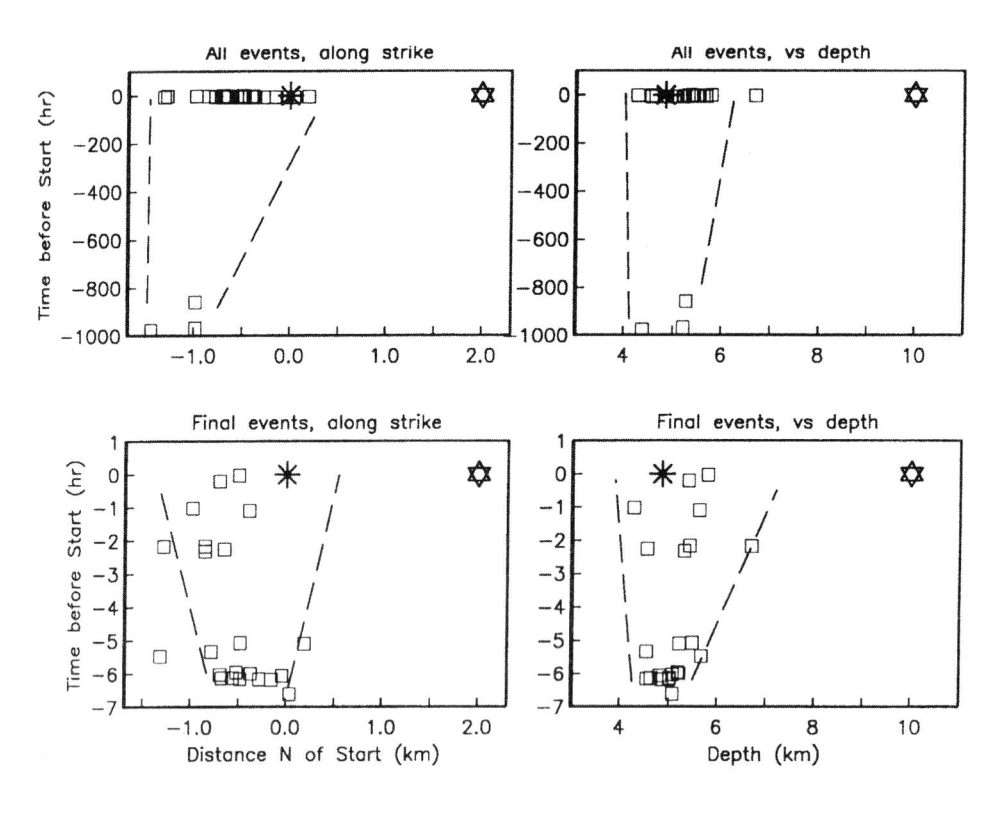

図 7.27 Landers 地震の前震系列の時間的成長．前震は四角でプロットされている．本震のラプチャーはアスタリスクでしめしたふたつのちいさなサブイベントではじまった．主要なエネルギー解放は星印の部分からはじまった．(Abercrombie, Agnew, and Wyatt, 1995 から引用した)．破線は Ohnaka (1992) のモデルによる．

タルであるから，表面粗さはスケールに依存する．D_c は表面粗さがふえればおおきくなるとかんがえられているので，フラクタルという自然の断層の特性をあつかうには，もっと高度な摩擦のモデルをつくらなくてはならない．

　前震活動の発生系列に短期的な静穏期が観察されることは（図 7.14），ニュークリエーションの期間に，（ダイレイタンシー硬化をともなう）断層ゾーン・ダイレイタンシーがおこっていることを意味しているのかもしれない（Scholz, 1988c）．そのようなケースでは，静穏期は，ニュークリエーション・ゾーンのなかでおこる地震だけにかぎられるはずである．また，静穏期の期間と本震の大きさが無関係であるという事実は，流体の最短拡散経路に，本震の大きさに対応した増加がないことを意味している．これは，Rice and Rudnicki (1979) の偏平な楕円インクルージョン・モデルと斉合する．ダイレイタンシー・ゾーンが断層ゾーンのなかに薄板状に存在するなら，その厚さは，最終的な地震の大きさと関係しないだろうから，そして静穏期の継続時間にも地震の大きさとの関係は期待されない．

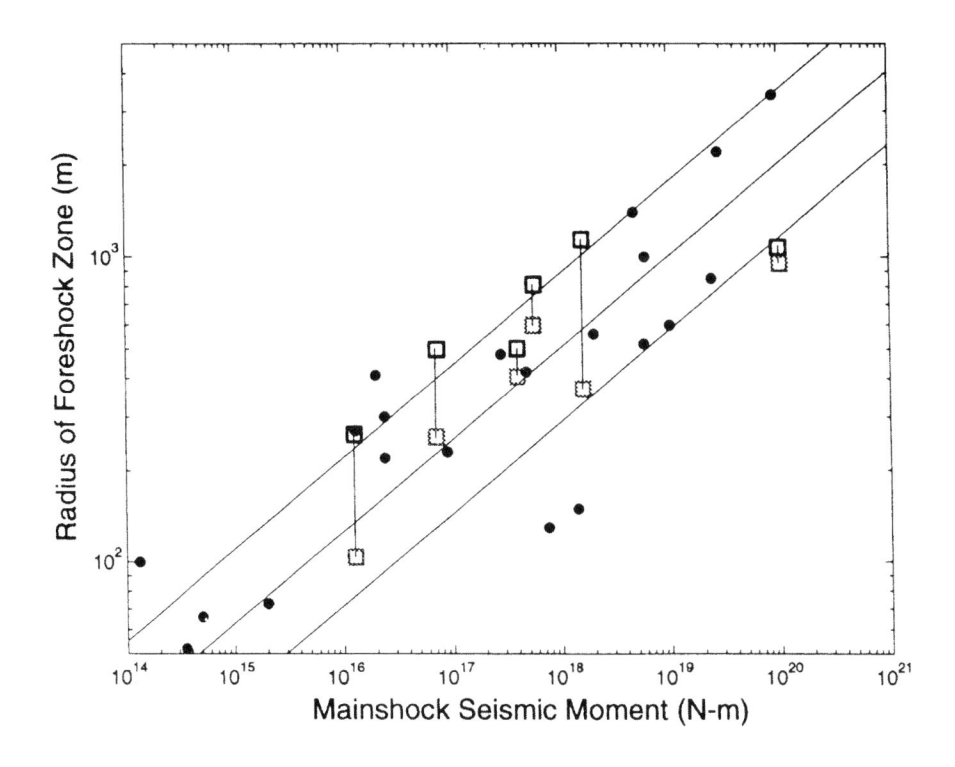

図 7.28 本震のモーメントに対する前震領域の半径のスケーリング則．エラー・バーのついた白四角は前震の位置からきめられた．黒点は地震波形記録にみられるゆっくりとした先行的フェーズからきめられた．（Dodge *et al.*, 1996 から引用した）．

　地殻変動の先行現象は，ニュークリエーション理論とより直接的に比較ができるだろう．日本海沿岸の地震に先行した隆起の歴史的事例（節 7.2.1 参照）については，コサイスミックな動きにくらべてあまりにもおおきすぎて，どのモデルとも斉合しない．均一摩擦モデルでは，許容されるかぎりパラメーターの値をかえても，ニュークリエーションの期間にこんなにおおきな動きはつくりだせない．しかしながら，サイスミック・カップリング（節 6.4.2）のところで議論したように，摩擦パラメーターは断層面上の場所ごとにかわる可能性があり，安定な領域のなかに不安定な領域が散在しているという状況もありうる．摩擦のパラメーターの不均一と，安定性の条件の不均一が組みあわされれば，均一な条件でかんがえられるよりずっとおおきなプレサイスミックな運動がうまれるのかもしれない．このような説明は可能だとしても，日本海沿岸における隆起はおおきすぎて観察自体をうたがいたくなるのは事実である．しかしながら，これまでに提案されたモデルが，自然のラプチャー現象のすべてを説明できるようなものではないというのも事実である．このような例として，1960 年のチリ大地震のときには，あきらかにコサイスミックなモーメント解放に匹敵するくらいの大きさのエイサイスミックなすべりが直前に先行したことをあげておく（Kanamori and Cipar, 1974 ; Cifuentes and Silver, 1989）．

いっぽう，図7.16でしめした東南海地震の先行的地殻変動は，その形も大きさの規模もニュークリエーション・モデルと斉合する．Stuart（1988）は，彼のモデルによる予測と，1946年の南海道地震の前に検潮儀によって測定された隆起（図7.29）とを比較した．時間的変化の形と大きさはほとんどおなじであるが，符号が逆になった．Stuartは，幾何学的パラメーターや摩擦パラメーターの値を修正すれば，この違いを修正できうると指摘した（符号がひっくりかえりやすいことは，図7.26からあきらかである）．すでにのべたように，もっと深刻な反証は，土佐清水の検潮儀の記録が震源に対して反対側のラプチャー面のエッジのところでの記録であるという点である．ここはたぶん，ニュークリエーションがおこった可能性がもっともたかい領域から数100 kmはなれている．Stuartの2次元モデルは，この要素を考慮していない．図7.16の先行現象にも同様な困難が存在する．

中期的先行現象　1983年の日本海地震の先行的地殻変動（図7.8）は，図7.25にしめしたモデルの結果とそのまま比較できる．図7.8のふたつの検潮儀の記録は，断層の露出点から約70 kmと約90 kmはなれたところのものである．観察された異常現象の形は図7.25の予測とにており，信号はたいへんちいさい長期的変動レートからゆっくりと出現している．しかし，予測と観測は正負が逆転している．いっぽうMogi（1985）は，この先行現象を説明するために深部で（1 mの）安定すべりを導入した運動学モデルをつかった．このモデルはStuartの物理モデルとは一致しないが，すでにのべたように，Stuartのつかったパラメーターの値は，絶対にこれでなくてはならないというわけではない．これらの異常現象はたぶん本物の中期的先行現象だろうが，モデルのフレキシビリティをかんがえれば，現象からメカニズムを確定することはできない．Linde *et al.*（1988）は，おなじ日本海地震のときに観察されたひずみの異常を，Mogiが採用した説明と類似した，断層の降下傾斜の延長線上での間欠的ななすべりによって説明した．

ここで，図7.7にしめした新潟地震の隆起のデータに目をうつしてみよう．このデータは，1983年の日本海地震のケースを説明するために提案されたどちらのモデルとも一致しない．第1に，隆起は地震の5年前に，徐々にではなくとつぜんに発生した．第2に，隆起は断層の下盤側のブロックでおこっている．ふかい所のすべりによるメカニズムでは，このような隆起は生じない．もともと新潟地震の隆起のデータは，ボリューム・ダイレイタンシーの証拠と解釈された（Scholz *et al.*, 1973）．なぜなら，ダイレイタンシー・モデルは，ななめすべり断層の両側で隆起が生じることを予測するからである．

地震波伝播に関係するさまざまなタイプの先行現象，V_P/V_S，コーダQ，横波の異方性〔複屈折〕はすべて体積的な効果であり，ボリューム・ダイレイタンシーの診断に役だつ．電気抵抗の異常もダイレイタンシーの診断法であり，精密な重力測定と併用できるなら地殻の隆起もダイレイタンシーの診断につかうことが可能である．〔松代の群発地震のダイレイタンシーは，隆起と重力測定を組あわせて確立された．Nur（1974）とKisslinger（1975）

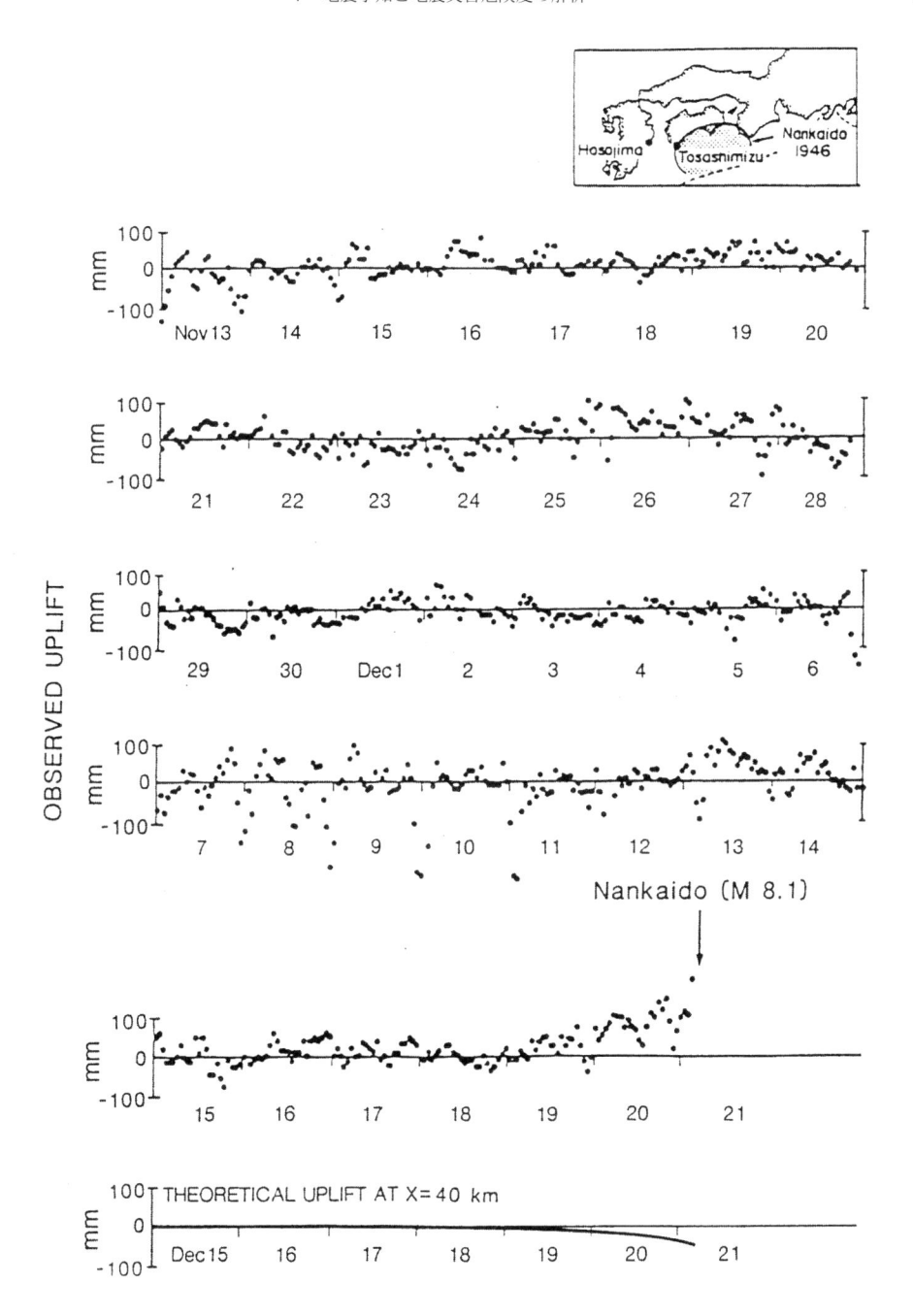

図 7.29 1946 年の南海道地震に先行した短期的な地殻の隆起の異常．土佐清水にある検潮儀によって観察された．Stuart による予測がいちばん下にしめされている．震央は矢印の近傍にある．検潮儀はラプチャーの反対側の端に位置する．(Stuart, 1988 から引用した)．

をみよ]．その他に，図 7.22 にしめしたように，Scholz Sykes, and Aggarwal(1973)によって，ダイレイタンシー－拡散モデルと斉合する現象が認定されている．これらのデータから，先行現象の継続時間とマグニチュードの関係（図 7.30）がきめられる．Scholz Sykes, and

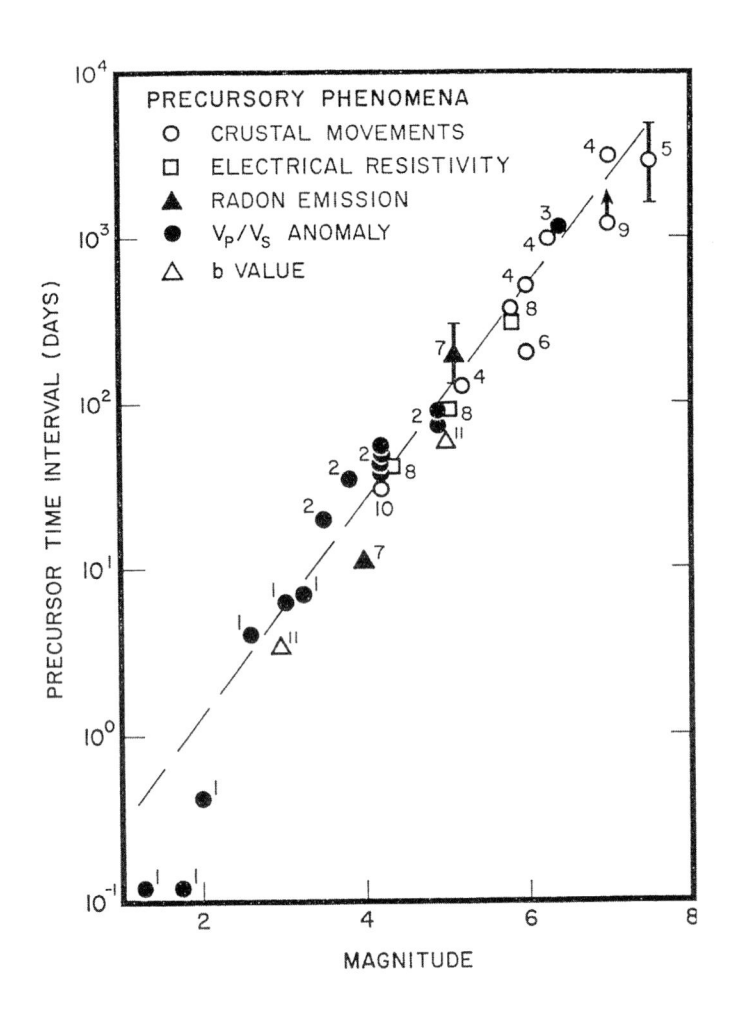

図 7.30　先行現象の継続期間とマグニチュードの経験則．データのなかにひかれた直線は，拡散をコントロールする水理拡散率を $10^4\,\mathrm{cm^2/s}$ と仮定したときの先行現象の継続時間と斉合している．(Scholz, Sykes, and Aggarwal, 1973 から引用した)．

Aggawal は，この関係を，継続時間が流体の拡散によってコントロールされる証拠だと解釈した．この継続時間の関係をつかって地殻の水理拡散率の値がもとめられ，その値は約 $10^4\,\mathrm{cm^2/s}$ であった．貯水によって誘発される地震活動の研究によっても，おなじような値の水理拡散率がえられている（節 6.5.2）．

しかしながら，おおくの研究において，先行的な地震波速度異常の証拠はみつけられなかった．たとえば，San Andreas 断層のクリープ地域でおこった一連の $4.5<M<5.1$ の地震（McEvilly and Johnson, 1974），California 州南部の $M=5.2$ の地震（Kanamori and Fuis, 1976），伊豆大島近海地震（Mogi, 1985 によるレヴュー）などがこのケースに相当する．これらはすべて横ずれ断層による地震のケースであるのに対して，初期に速度異常が報告された事例は衝上断層地震のケースである．ダイレイタンシーをつくりだすクラックは最

小主応力に直交する向きに生成・伸長するから，横ずれ断層のときは，σ_1 に対して直角にちかい角度の経路を伝播する地震波だけに，なんらかの効果が生じることが期待される．いっぽう，衝上断層のときには，地表面にむかうようなすべての波線に対して，なんらかの効果がみられるだろう．これが，地震波速度異常がみつかるかどうかをわける原因のひとつなのかもしれない．

　地殻のなかでダイレイタンシーがおこっていることをしめす証拠は他にもある．たとえば Crampin（1987）が報告した横波の複屈折はこれに相当する．彼は，配向しさらに流体で飽和したクラック・アレーの存在が横波の複屈折をひきおこすと主張している．しかし，ダイレイタンシーが地震の前に一時的に変化することについて，納得できる説明はなされていない．ダイレイタンシーの存在をしめす地質学的証拠も存在する．Ramsay（1983）は，配向したクラックがいつも岩石のなかで観察されることをしめし，クラックのなかのセメンテーション〔cementation〕は，クラックが数回にわたる開口とシーリングのサイクルをうけたことをものがたっていることをあきらかにした．彼は，このクラック−シール〔crack-seal〕・メカニズムを，変形の重要なプロセスとかんがえている．このプロセスが作用するためには，岩石はサイクル載荷を経験しなければならない．このような条件がみたされる唯一のケースは，クラックが，地震サイクルの変動する応力場のなかにおかれるときだろう．そのようなケースでは，Ramsay タイプのマイクロクラックは，ダイレイタンシーと応力の解放，それにひきつづくセメンテーションのサイクルが何回もくりかえされたことを証明する化石であろう．Sibson（1987）も，熱水鉱床のなかでみつかったヴァイン−断層の関係を説明するため，同様なダイレイタンシーのサイクルを提案した．

　Scholz（1988c）は，中期的な地震活動の静穏期を説明するために提案されたさまざまなメカニズムをレヴューした．彼は，静穏期は，応力の一時的なリラクゼーションか，ダイレイタンシー硬化のどちらかによるものであるとの結論をみちびいた．いっぽう，Wyss, Klein, and Johnson（1981）と Cao and Aki（1984）は，静穏期がすべり弱化に起因するリラクゼーションによる可能性を提案している．しかしながら，すべり弱化，またはRS 摩擦則 をもちいたリソスフェア載荷モデルでは，地震サイクルの最後の数年間には，リラクゼーションではなく，地表面近くで載荷が加速することがしめされている．もうひとつの可能性はダイレイタンシー硬化である．Oaxaca（図7.2 - 7.3）のケースでは，震源をとりまく体積全体にわたって静穏期がひろがった．もしこれがダイレイタンシーのせいなら，ボリューム・ダイレイタンシーがおこったはずである．静穏期は，ダイレイタンシー硬化に対して，地震波速度や電気抵抗の異常よりずっと敏感な指標である．なぜなら，静穏期はダイレイタンシー硬化の開始とともに出現するだろうが，地震波速度や電気抵抗に異常が生じるためには，クラックが部分的に不飽和になるまでダイレイタンシー硬化がすすまなければならないからである．いっぽう，もし静穏期が断層ゾーンだけにかぎられるなら，それは断層ゾーン・ダイレイタンシー硬化に起因するのであろう．これら

のふたつケースを区別するためには，さらなる研究が必要であろう．

　水文学的，地球化学的先行現象も，やはりダイレイタンシーに起因する可能性がある．しかし，その解釈はさらに困難である．Thomas（1988）が指摘したように，地球化学的先行現象は局所的な水理環境につよく依存する．単独点の測定のときは，特に注意しなければならない．地球の地殻は，モデルで理想化されるような均一な弾性連続体ではなく，さまざまなサイズにくだかれたブロックからなっている．ブロックの境界は破壊面であり，ブロック自体の構成則とはことなる構成則に支配され，連続体モデルから予期されない局所的な傾斜やひずみをつくりだすであろう（Bilham and Beavan, 1978）．このようなことをかんがえると，先行現象の単独点での測定値はおおきくばらつく可能性があり，単純なモデルで解釈するのはむずかしいとおもわれる．ある場所で異常が検出されなくても，他の場所ではおおきく増幅される可能性もある．

　現在の状況をまとめれば，いくつかのタイプの現象が，中期的，短期的に先行する場合があることが観察されているが，その普遍的なメカニズムは判然としないというところだろう．将来の地震予知の研究では，たとえば前にしめしたモデルから期待されるような特定の仮説を検証するための実験をデザインすることにもっと注意がはらわれるべきだろう．たとえば，先行的な変化が体積全体にわたっておこるのか，断層ゾーンだけに限定されるのかを検証する実験をデザインすることは可能である．もしダイレイタンシーがおこるなら，それは地震後に回復しなければならないので（Scholz, 1974），大地震が発生してから数週間から数カ月の実験によって検証できる．

7.3.6 地震予知の実験

　大地震がさしせまっているという予測にもとづいて，ふたつの地域が地震予知の実験のための場所にえらばれている．Carifornia 州の Parkfield と日本の東海沖地区であるが，どちらにおいても，先行的現象の検出をねがって，さまざまなタイプの観測機器の大規模なネットワークが設置されてきた（Roeloffs and Langbein, 1994；Mogi, 1995）．

　Parkfield は San Andreas 断層の一部分で，約 20 年間隔で一連の $M = 6$ の地震がくりかえされた場所であり（図 5.16），もっとも最近の地震は 1966 年におこった．ここでの予知の実験は，Bakun and Lindh（1985）によってはじめられた．彼らは，つぎの地震は 1988.0 ± 5.2 年におこると予測した．実験は現在も継続中であるが，予測された地震はまだおこっておらず，彼らの予測はあきらかに外れであった．ひとつの可能な理由は，隣接した Coalinga と Kettleman Hills でおこった衝上型地震が Parkfield での時計の針をひきもどしてしまったというものである（Miller, 1996）．しかしながら，Savage（1993）は，そもそも Bakun and Lindh の予測自体が誤謬であったと論じている．Bakun and Lindh は，1934 年の地震は本来の時期をまたずしてトリガーされてしまったものだと憶測して，これを無視し

た．Savage は，もしこの地震をふくめてかんがえるか，あるいは他のありそうなシナリオを（個別にでも，まとめてでも）考慮すると，確率密度関数の標準偏差はおおきくふえる．すなわち，予測の不確かさはずっとおおきく，つぎの地震がおこると期待される時間の幅はずっとひろがってしまうということをしめしている．

東海沖空白域は南海道沈み込みゾーンの駿河湾の部分（図 5.15 の区間 D）を指す．この地域で大地震がおこるべき時期をすぎているという予測（Ishibashi, 1981）のおもな根拠は，区間 D は 1944 年の東南海地震ではラプチャーしなかったので，1854 年の安政 I の地震以降ラプチャーしていないという観察である．Parkfiled とおなじくまだこの地震はおこっていない．最近の GPS 計測（Sagiya, 1999）では，フィリピン海プレートとユーラシア・プレートのあいだに生じる収束のかなりの部分が，伊豆半島の永久変形（図 3.2）によって吸収されていることがしめされている．このことでひずみの蓄積速度は Ishibashi の見積もりよりちいさくなるが，それでも約 4 m 分のすべりが蓄積していることになり，これはおおきな地震をおこすのに十分である．

7.4 地震災害危険度の解析

地震予知のもっとも単純なゴールは，地震災害危険度〔seismic hazard〕を評価することである．これは長期的予知と関係しており，ある地域に対してこの長期的予知が完全におこなわれれば，それをもとにして，地震災害危険度を確率論的な用語をもちいて表現・評価することができる．

7.4.1 従来の方法

地震災害危険度をあらわす地図は長年にわたって作成されてきた．そのもっとも単純な形態は，ある地域の歴史上の地震や，観測機器をもちいて記録された過去の地震活動を，震度の分布や弾性エネルギー解放量の等高線としてえがくことであろう．このような地図は，将来の地震活動は過去とおなじであるという仮定のうえになりたっている．もし，地図作成の基礎となるデータ・セットが完全で，その地域でもっともゆっくりとうごく断層による地震の再来時間よりながい時間がカバーされていれば，できあがった地図は長期的な地震災害危険度を正確に表現するだろう．実際には，このような条件はめったにみたされない．一般に，災害をひきおこすような地震の記録は最近の 1 世紀か 2 世紀分しかなく，たいていのプレート境界やそれに関係する副次断層までふくんだ完全な地震サイクルとくらべてみじかすぎる．中国，日本，イタリアのように，例外的にながい期間にわたって歴史記録があるところでさえ，数千年から数万年の再来周期をもつ地震に対しては不十分である．

このようにしてつくられた地図は，現時点の危険度という意味では，あやまった印象をあたえるであろう．このような地図においては，静穏な領域は地震災害危険度のひくいところをということになるが，実際には地震の空白域で，災害をこうむる可能性がたかまっている場所ということもありうる．いっぽう，災害をひきおこすような地震に最近みまわれた地域は危険度がたかい地域とみなされるが，近未来だけをかんがえると，あたらしい地震サイクルの初期の段階にいままさにはいったばかりであるから，災害をこうむる可能性はむしろひくいだろう．つまるところ，この種の地図にはふたつの問題がある．ひとつは，地理的，時間的なカバーが不完全であること．もうひとつは，どの時点での危険度なのかが特定されていないことである．

　データのガバレージの不完全さがまねく欠点をおぎなうために，地震のサイズ分布がしばしばつかわれてきた．地震のサイズと頻度の関係はその地域の小地震の記録からきめられ，これを外挿して，災害をもたらす可能性があるマグニチュードがよりおおきな地震の再来時間を計算する．この方法は，重要な構造物があり，しかも破壊的な地震に関する記録が存在しない場所でしばしばつかわれてきた．しかしながら，節4.3.2で指摘したように，災害をもたらす可能性のある大地震は，小地震とは別のフラクタル集合に属するため，このような外挿による予測はできない．ある特定の断層セグメントをラプチャーする大地震は，おなじ断層のセグメントでおこる小地震のサイズ分布から外挿して予測されたものより，マグニチュードにして1桁から2桁おおきいだろう．このような外挿によって正確な結果がえられるのは，たくさんの活断層が存在する広大な領域を対象にしたときだけであろう．

　このような困難は，近年になって克服されはじめた．歴史記録の不完全さは，断層の発掘による古地震の年代決定の助けをかりてきめられる断層のすべりレートを参考にして是正できるだろう．地震のサイズ分布に関する真の性質がわかってきたので，歴史以前のデータがなくても，経験的にえられたスケーリング則をもちいて，地震の再来時間を計算することができる（節4.3.2）．このような発展によって，**長期的な地震災害危険度**を計算するための基礎ができあがった．このタイプの解析では，時間とは独立な地震災害危険度の地理的分布が推定される．さらに，個々の断層セグメントごとに，前回の大地震の発生時刻をもちい，地震サイクルも適切に考慮して，**現時点での**地震災害危険度の解析をおこなうことができる．この解析ではある特定の時，すなわち現時点における危険度が推定される．

7.4.2　長期的な地震災害危険度の解析

　日本に対する長期的な地震災害危険度をあらわす地図を作成したときのステップをレヴューしながら，その解析手法を説明しよう．日本は，この方法がはじめて体系的に採

用された場所である．詳細については，Wesnousky, Scholz, and Shimazaki（1982, 1983）と Wesnousky *et al.*（1984）を参照されたい．

　日本の地震災害は，おおきくわけて，ふたつのタイプの地震によってもたらされる．ユーラシア・プレート－フィリピン海プレートの境界をなす相模トラフと南海トラフ，さらにユーラシア・プレートと太平洋プレートの境界である日本海溝では，沈み込みゾーンの境界面で巨大なプレート境界地震がおこる．これらの地震は，典型的に $M \geqq 8$ であり，再来時間 T は〜60-200年である．もうひとつのタイプは，日本海の海岸や沿岸で頻発するプレート内地震である．プレート内地震はいくつかの例外をのぞけば $M \leqq 7.5$ であり，その再来時間は数千年から数万年であるけれども，プレート内地震をひきおこす断層はたくさん存在するから危険度はたかいうえ，人がすんでいるところでおこるから，たいへん深刻な災害をもたらすことがおおい．

　日本で災害をもたらした地震のカタログは，最近400年間については完全である．この年月は，日本近辺のプレート境界でおこる地震の平均的な再来時間をみつもるには十分ながいが，プレート内でおこる地震活動を特徴づけるには不十分である．とはいえ，プレート内の断層の位置はくわしくしらべられて，第四紀の後半での平均すべりレートが推定されている（活断層研究会，1992）．地質学的データによって，断層長さとすべりレートの値がえられるので，断層ごとの第四紀の後半をカバーする平均モーメント解放レートを計算できる．もし，断層のクリープが無視でき，しかもサイスミック・カップリングが完全であれば，このデータは10万年分の地震の歴史カタログとほぼ等価である．

　この主張を検証するために，地質学のデータと400年の地震記録から，モーメント解放レートがそれぞれ独立にきめられた．両者に対してひずみレートは，式6.2と6.3をつかって計算した．この比較は，本州全域と各地方ごとにおこなわれ，2倍以内の一致をみた（測定の不確さであるとかんがえられている）．このことは，日本でエイサイスミックな断層すべりがまったく観察されないことに一致しており，これをもとに，断層は完全にカップルしていると仮定できる．

　つぎのステップは，断層のモーメント解放レートを個々の地震にふりわける適切な方法をきめることである．このために，出発点となる仮定として，つぎのふたつをえらんだ．ひとつは，ひとつの断層でおこる最小の地震から最大の地震までのサイズ分布は式4.31にしたがう（b値モデル）とする仮定であり，もうひとつは，断層はひとつの大地震によって破壊され，その断層でおこるそれよりちいさい地震は，最大の地震よりマグニチュードで1.5桁さがったとこからはじまる式4.31にしたがうとする仮定である（M_0^{max}モデル）．日本のプレート内大地震は，一般に，調査された既存の断層の全長にわたってラプチャーすることがおおい（Matsuda, 1977）から，どちらのモデルにおいても，最大モーメントをもつ地震の大きさは，日本のプレート内の大地震に対する M_0 と L の経験式（$\log M_0 = 23.5 + 1.94 \log L$）をつかって推定できる．このようにして，地質学的なデータから，400年間

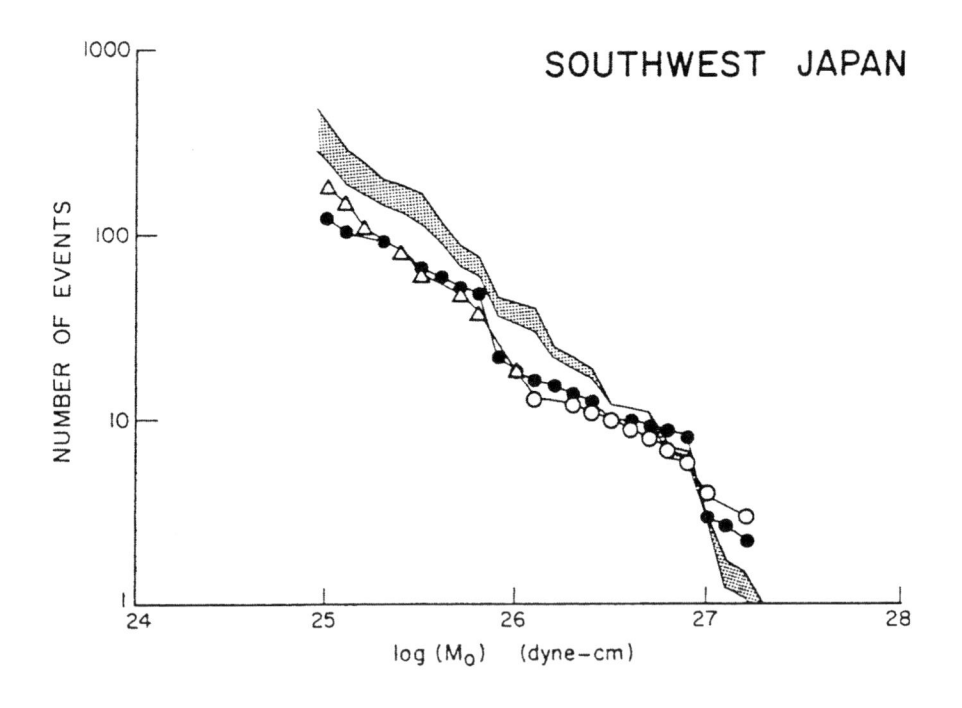

図 7.31 最近 400 年間の西南日本の地震活動．白丸は観察による結果；黒丸は M_0^{max} モデルをもちいて活断層のデータから予測されたもの；点刻部分は b 値モデルから予測されたものをあらわす．（Wesnousky, Scholz, and Shimazaki, 1983 から引用した）．

　に期待される地震の頻度をサイズごとに計算すれば，それが地震の歴史カタログと一致するかどうかを決定できる．図 7.31 にしめしたように，観察データと M_0^{max} モデルとの一致はよいが，b 値モデルではよい結果がえられていない．

　このことは，ほとんどすべてのモーメントが M_0^{max} の地震によって解放されることをしめしている．したがって M_0^{max} を，地質学的にきめられた断層のモーメント解放レートで除することによって，個々の断層ごとの T_{ave} を推定できる．M_0 と震度分布の関係をあたえる経験式をもちいれば，日本のすべての地点に対して，あらゆる震度でゆれる頻度があらゆる地震を考慮したうえで計算できる．このようにしてできあがった地図が図 7.32 にしめされている．プレート境界地震による揺れをきめるためには，そのサイズと再来時間を歴史記録からきめるが，地震の大きさと各地の揺れに対するスケーリング則については内陸地震に対するものとはことなる関係をつかう．もし，断層がおのおの独立にふるまい，地震活動が Poisson 過程で記述できると仮定すると，ことなった時間間隔に対する揺れの発生確率をしめす地図をつくることができる．

　このような地図をいったんつくっておけば，あたらしいデータをもちいた改訂は簡単であるし，たとえば断層の活動に関してことなった仮説をつかったときの効果をしらべるための修正も簡単である．California 州に対しても，同様な地図がつくられている（Wesnousky,

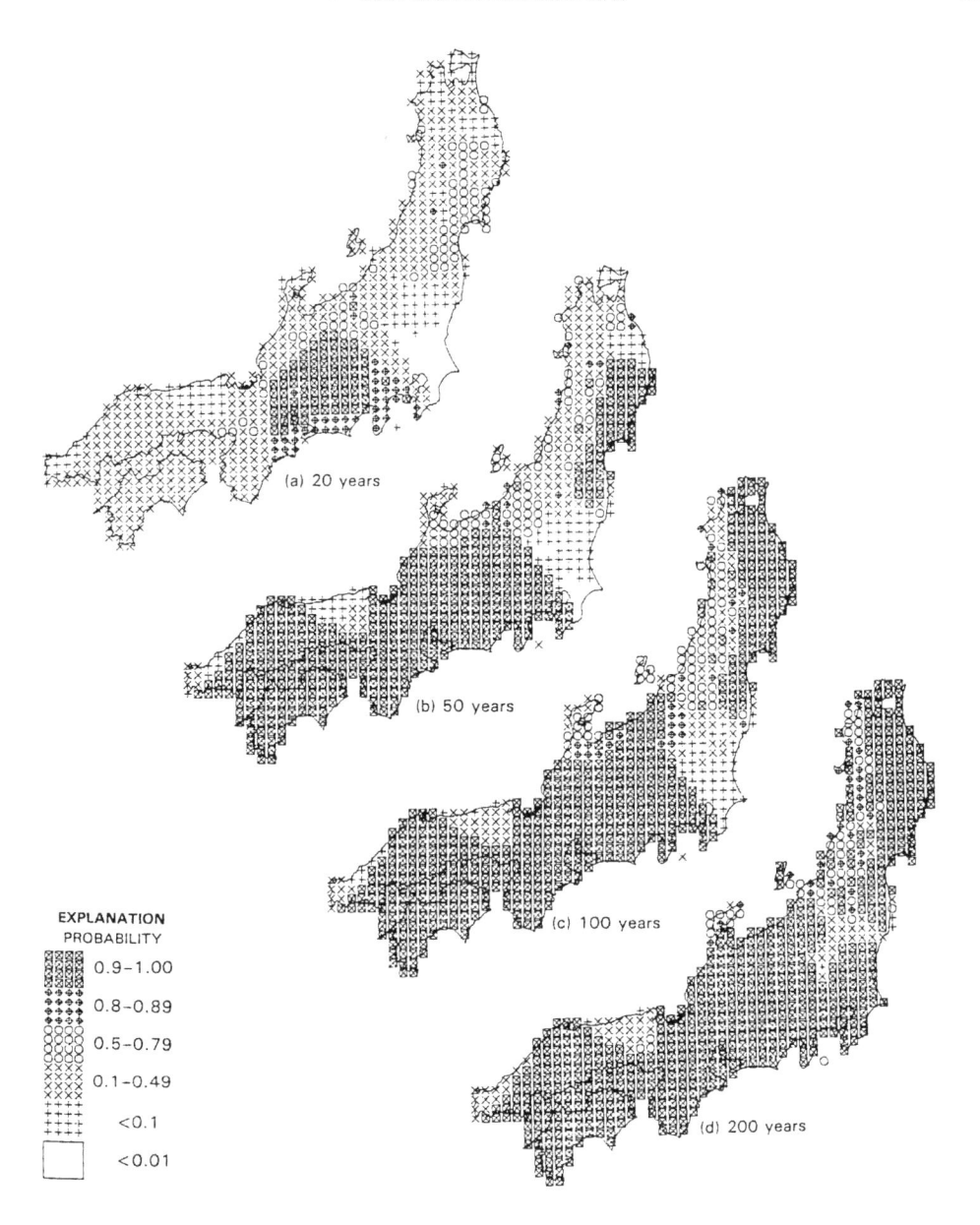

図 7.32 日本の長期的な地震災害危険度．今後おこるであろう地震をすべて考慮したうえでの，つぎの 20 年，50 年，100 年，200 年に JMA〔気象庁〕震度階≧5 の揺れをこうむる確率をあらわす．（Wesnousky *et al.*, 1984 から引用した）．

1986)．San Andreas 断層のように，断層全体がラプチャーすることのない長大な断層では，断層をラプチャー・セグメントに分割したモデルをつかわなければならない．そのようなセグメンテーション・モデルをつくるときには，歴史的なデータや古地震のデータにおおいにたよることになる．

7.4.3 現時点での地震災害危険度の解析

長期的な地震災害危険度の解析によって，ある任意の期間 ΔT のあいだに地震の揺れに遭遇する平均的な確率がえられる．もしおのおのの断層のセグメントごとに，最後におこったラプチャーの日付を追加情報としてつかうことができたら，ラプチャーの周期性を算入したその時々の地震災害危険度を評価できる．このようにして現時点の地震災害危険度をきめられれば，将来の地震による損害を軽減するためにたいへん役だつことはあきらかである．

このタイプの解析をおこなうためには，まず地震の再来時間に対する確率密度関数 $f(T)$ を仮定する必要がある．ある時間間隔 $(T, T + \Delta T)$ のなかのある時間 t で，地震が発生する確率は，つぎのようにかける．

$$P(T \leq t \leq T + \Delta T) = \int_T^{T+\Delta T} f(t) dt \tag{7.3}$$

前の地震の日付がわかっているなら，そのときから時間 T まで地震が発生しなかったとして，つぎの時間間隔 $(T, T + \Delta T)$ における条件つき地震発生確率をきめることができる．

$$P(T \leq t \leq T + \Delta T \mid t > T) = \frac{\int_T^{T+\Delta T} f(t) dt}{\int_T^{\infty} f(t) dt} \tag{7.4}$$

ガウシアン〔Gaussian〕，ワイブル〔Weibull〕，ログノーマル〔lognormal〕などの確率密度関数が，さまざまな研究者によって仮定されている（Hagiwara, 1974 ; Lindh, 1983 ; Wesnousky et al., 1984 ; Sykes and Nishenko, 1984 ; Nishenko, 1985 ; Nishenko and Buland, 1987）．Nishenko and Buland の結果は節 5.3.5 でのべた．

この作業は San Anderas 断層系についておこなわれた（Working Group on California Earthquake Probabilities, 1988）．Nishenko and Buland にしたがって，彼らはつぎのようなログノーマルの確率密度関数を仮定した．

$$f(T) = \frac{1}{T\sigma\sqrt{2\pi}} \exp\left(\frac{-[\ln(T) - (\ln \overline{T} + \overline{\omega})]^2}{2\sigma^2}\right) \tag{7.5}$$

ここで σ は，$\ln(T/\overline{T})$ の標準偏差である．T と観察された平均再来時間 T_{ave} は，式 $\ln(T) = \ln(T_{\text{ave}}) + \overline{\omega}$ によって関係づけられる．$\overline{T}$ はタイム・プレディクタブル・モデルから計算された再来時間である（節 5.3.1 を参照）．$\overline{\omega}$ の値として，Nishenko and Buland が世界中の例を調査してもとめた値，-0.0099 をつかった．標準偏差 σ は，つぎのようにもとめらる．

$$\sigma = \sqrt{\sigma_{\text{m}}^2 + \sigma_D^2} \tag{7.6}$$

Nishenko and Buland によってきめられた $\sigma_D = 0.21$ は，そのプロセスの完全な周期性からの偏差を反映する固有の標準偏差である．$\ln(T)$ の標準偏差 σ_m は，入力データの質と量に依存し，セグメントごとにことなる．式 7.5 による再来時間の期待値は，つぎのようになる．

$$T_{\exp} = \overline{T} e^{\overline{\omega} + \sigma^2/2} \tag{7.7}$$

σ_m が例外的におおきなところをのぞいて，$T_{\mathrm{ave}} \approx T \approx T_{\exp}$ となることに注意されたい．

　この研究の結果が図 7.33 にしめされている．この解析を実行するために，まず，断層を個々の大地震ですべることが期待されるセグメントに分割した．つぎに，セグメントごとに前回の地震の時刻をきめて $T_{\exp}$ と σ_m を計算した．セグメントごとにつかえるデータのタイプや質がちがうので，これらのパラメーターを推定するために，セグメントごとに固有の解析が必要であった．

　もちろん図 7.33 の結果は，それをみちびきだしたデータと同程度の質をもつ．あたらしいデータがあつまるたびに，これらの結果は更新され，よりよいものになる．これらの結果は，California 州の地震災害危険度をすべて解析したものではない．California 州では損害をひきおこす可能性のある副次断層がたくさん存在するが，これらは解析にはふくまれない．十分なデータがえられれば，このような副次断層をふくめた解析も原理的には可能である．

　カラー図 9 には，Shedlock *et al.*（2000）がつくった全世界の地震に対する災害危険度の地図がしめされている．この地図には，50 年以内に 10％の確率でこの値をこえる揺れが生じるとおもわれるピーク加速度値が m / s^2 の単位でしめされている．これはおもに地震記録と歴史地震にもとづいたもので，地質学的なデータのあるところではそれも加味されている．カラー図 8 との類似性に注意されたい．このふたつの地図は，地震活動をことなる尺度であらわしたものである．

　RS 摩擦則をつかって，前回の地震による Coulomb 応力の伝達（節 4.5）によって周辺領域で地震がトリガーされる確率の過渡的な増加を計算し，その影響を組いれることもできる．この方法は，1995 年の $M = 6.9$ の神戸地震（Toda *et al.*, 1998）と 1999 年の $M = 7.4$ の Izmit 地震（Parsons *et al.*, 2000）のケースに適用された．

7.5　将来の展望と問題

　現時点での地震災害危険度の解析〔ISHA；Instantaneous Seismic Hazard Analysis；ISHA〕の方法論は十分に確立したといえるので，これらを，California 州の副次断層や他のテクトニックな領域に拡張できない理由はなにもない．データ・セットがよくなるにしたがって σ_m が減少し，推定されるタイム・ウインドウをせばめることができる．

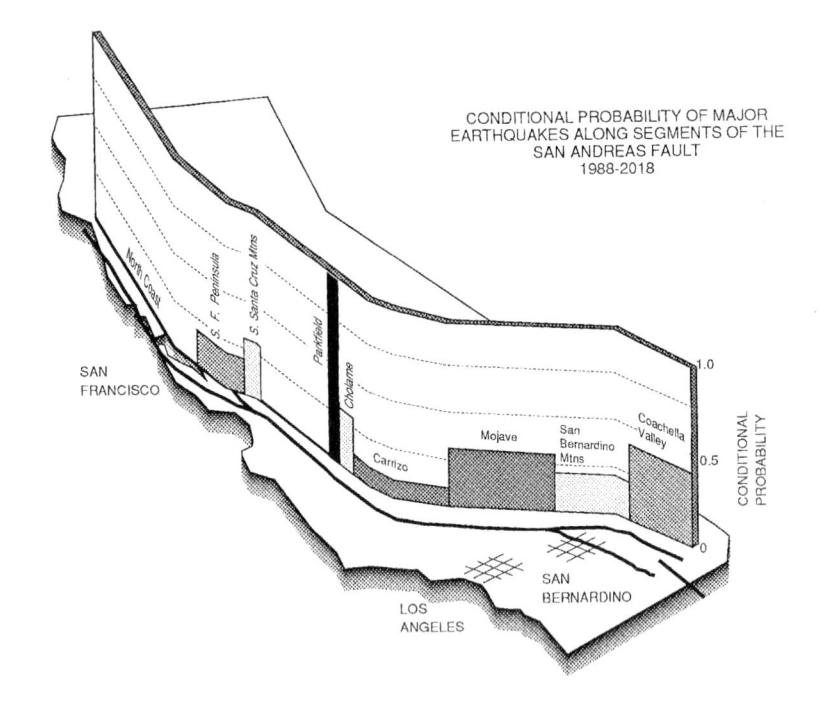

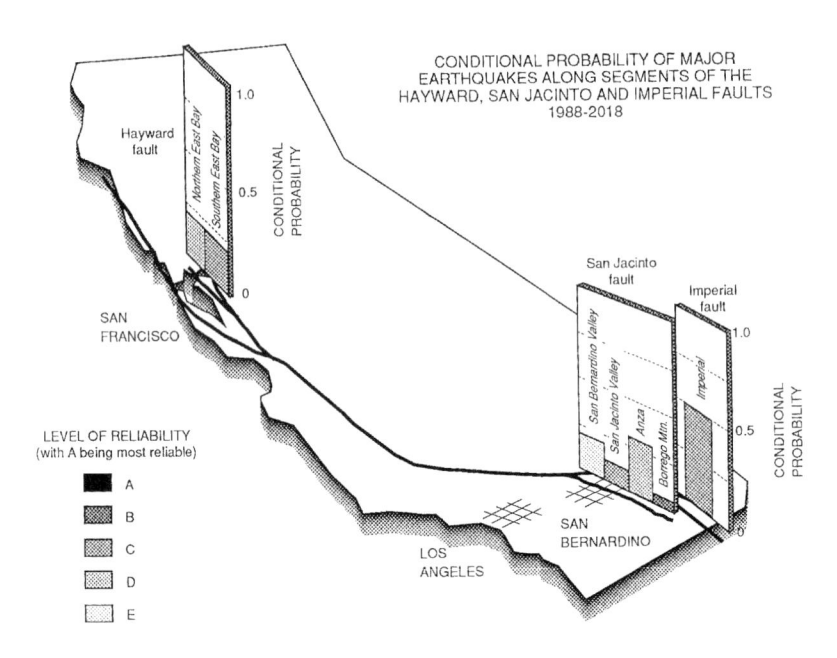

図 7.33　現時点での地震災害危険度解析の結果をしめすイラストレーション．San Andreas 断層のさまざまなまセグメントや，California 州の主要な断層がラプチャーする条件つき確率がしめされている．（Working Group on California Earthquake Probabilities, 1988 から引用した）．

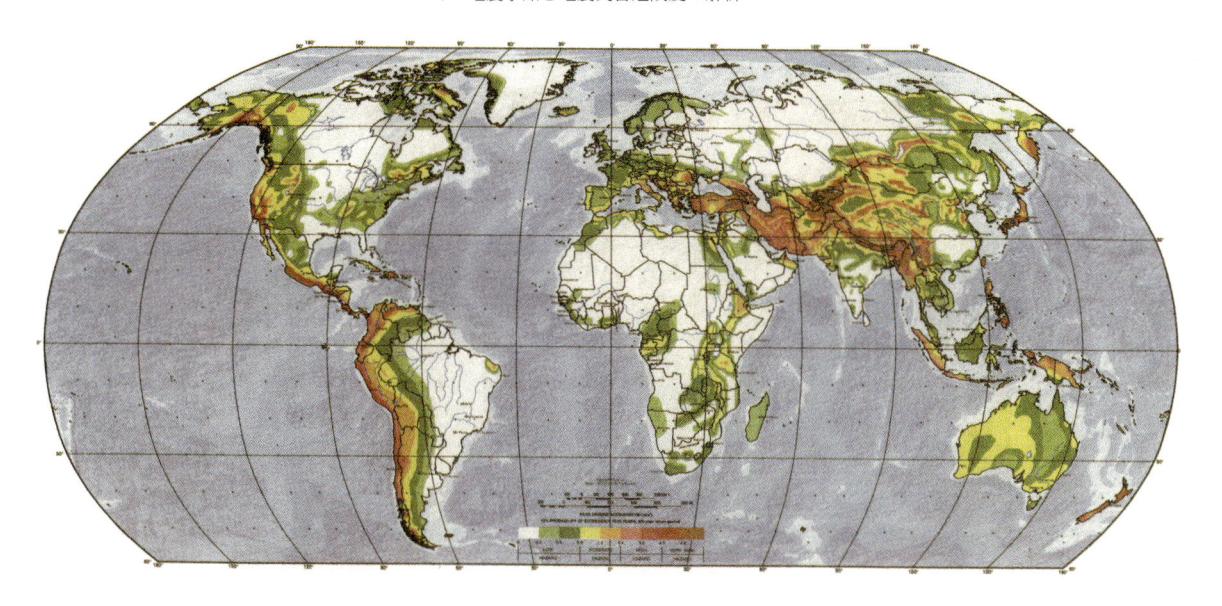

カラー図9 地震災害危険度の分布．カラー・バーは左から，危険度がひくい，中くらい，たかい，ひじょうにたかいの4段階におおきくわけられている．（Shedlock *et al.*, 2000 から引用した）．

　固有の標準偏差 σ_D は，地震の再来の本質的な非周期性を反映するので，精度のよい長期的な予知に対する根本的な障害となる可能性がある．いまのところ，なにが固有の標準偏差に寄与するのかはあきらかでない．節 5.4 に紹介したような非線形動力学システムをもっと研究する必要がある．個々のサイクルのスタート時の初期条件に関してより詳細な情報をしることができれば，Nishenko and Buland がもとめた σ_D の値を改訂することが期待できそうだ．どのようなタイプの情報が必要なのかは，不均一性を十分に考慮し，適切な摩擦の構成則と動的なクラック伝播モデリングをとりいれた動的なシステムのモデリングの研究ができるまではわからない．

　断層のセグメントの分割法についてもこの点が問題である．断層がどのようなセグメントから構成されるのかがよくわかっていないのが解析のもうひとつの弱点になっている．節 5.3.2 で説明したように，現在のところ断層の分割モデルはおおざっぱな経験的な目安であり，図 7.33 にしめしたような ISHA 解析につかう分割モデルも啓発的シナリオにすぎない．地震のラプチャーを停止させるような諸要素に対して理論からも観察からももっと研究が必要である．現時点では，定性的なアイデアしかないのである．

　ISHA はプレート内地震に対しては精度がおちる．地震の再来時間の標準偏差は，再来時間でスケールされるので，プレート内でゆっくりうごく断層に対しては，確率の数字がちいさくなって，予測のウインドウがひきのばされるのである．プレート内地震に対して，プレート境界地震とおなじくらいの品質をもったデータが用意されたとしても，再来時間に比例してタイム・スケールが単純にひきのばされてしまうのでこの点は改善されな

い．だからといって，解析が無意味であるといっているわけではない．たとえば，Borah Peak 地震のケースについていえば，あきらかに Lost River 断層は，Idaho 州では比較的はやくうごいている断層のひとつであるので，1983 年の地震の前に，前回のラプチャーが約 6000 年前におこったことがしられていれば，そこは地震の危険度がたかまっているところだと認識されたにちがいない．そうだとしても，図 7.33 にしめした San Andreas 断層系のケースにくらべれば確率はかなりひくかったはずだ．T の固有の標準偏差をちいさくできないかぎり改善策はない．アメリカ合州国の東部（節 6.3.4）のようなプレート中央部では，活断層が容易に同定できないので長期予測の精度はさらにわるくなる．プレート中央部で活断層を発見するには，あたらしい方法をうちたてる必要があり，テクトニクスの活動が活発な地域にくらべてよりおおきな労力を要する．アメリカ合州国では，東部におおきな都市が集中していることをかんがえれば，このような努力をはらう価値はある．

　地震災害危険度の解析をおおきく改善できるもうひとつの分野として，地表面における強振動を予測するためのモデルを改良することがあげられる．たとえば，図 7.33 にしめしたような具体的な断層のセグメント・モデルがあれば，ラプチャーのおおよその発生時期のみならず，個々のセグメントをこわす地震の震源メカニズムやモーメントも予測される．予想される地震ごとに地表面の強振動を予測することは，妥当なゴールである．高周波成分はラプチャーの伝播方向やその不均一性にも左右される．しかし，不均一性について前もってしることは期待できないので，それをランダム・プロセスとかんがえて統計的にとりあつかわなければならないだろう（たとえば，Hanks and McGuire, 1981）．いっぽう，ラプチャーの伝播方向は推測できる場合もあるかもしれない（Parkfield のケースでは，最近のふたつの地震はともに北から南へラプチャーした）．

　地盤や建物の応答に関する理解がすすんだため，地表面の強振動モデルをもちいて被害の度合いを予測できる．地表面の強振動モデルには，たとえば，個々の場所の土質や基岩の条件をしめす区画地質図から推定される地盤の応答に関する情報も加味できる．すなわち予想される地震に対して，対策が必要な構造物の応答が評価できる．このように，社会に対する地震災害を軽減するようなすべての活動に対して，ISHA のプロセスはその基礎となるのである．

　長期的地震予知とは対照的に，中期的，短期的地震予知の未来はまったくわからない．長期的予知の進歩によって，中期的，短期的地震予知のために意味のある実験を計画することがはじめて可能になった．Bakun and Lindh（1985）によって記述された Parkfield での予知実験や，東海沖の地震の空白域での実験（Mogi, 1985 を参照）が最近の例である．理論と観察からみて，直前の先行現象を検出するためには，近未来にラプチャーする地震の空白域をみつけ，近距離での観察をおこなうことが必要だとかんがえられる．もし短期的予知の成否が完全にニュークリエーションを検出することにかかっているのだとすれば，地震の空白域のなかでニュークリエーション・ゾーンが観測できる可能性のある場所を特

定してそこに計器を設置するといった，はるかにきびしい要求をみたす必要がある．このことはParkfieldでは可能である．なぜなら，最近のふたつの地震では，地震の空白域の北端に位置するちいさな領域から破壊が開始したことがわかっているからである．東海沖では，ニュークリエーションがどこでおこるかを推定する手がかりはなく，計器を地震の空白域全域にわたって一様に設置しなければならない．この分野での進歩は，上の実験やそれに類似した実験においてなんらかの進展がみられることにかかっている．セレンディピティ〔serendipity；予期せぬものをうまくみつけだす才能〕にたよる時代はおわった．

文 献

Abercrombie, R. E. 1995. Earthquake source scaling relationships from −1 to 5 M_L using seismograms recorded at 2.5-km depth. *J. Geophys. Res. - Solid Earth* **100**: 24015-24036.

Abercrombie, R. E., Agnew, D. C., and Wyatt, F. K. 1995. Testing a model of earthquake nucleation. *Bull. Seismol. Soc. Am.* **85**: 1873-1878.

Abercrombie, R. E., Antolik, M., Felzer, K., and Ekström, G. 2001. The 1994 Java tsunami earthquake: slip over a subduction seamount. *J. Geophys. Res.* **106**: 6595-6608.

Abercrombie, R. E., and Ekström, G. 2001. Earthquake slip on oceanic transform faults. *Nature* **410**:74-76.

Abers, G. A. 1991. Possible seismogenic shallow-dipping normal faults in the Woodlark-D´Entrecasteaux Extensional Province, Papua-New-Guinea. *Geology* **19**: 1205-1208.

Achenbach, J. D. 1972. Dynamic effects in brittle fracture. In *Mechanics Today.* ed. R. Nemat-Nasser, New York: Pergamon, pp.1-57.

Ackermann, R. V., and Schlische, R. W. 1997. Anticlustering of small normal faults around larger faults. *Geology* **25**: 1127-1130.

Adams, F. D. 1938. *The Growth and Development of the Geological Sciences.* Baltimore: Williams' Wilkins.

Adams, J., Wetmiller, R. J., Hasegawa, H. S., and Drysdale, J. 1991. The first surface faulting from a historical intraplate earthquake in North America. *Nature* **352**: 617-619.

Aggarwal, Y. P., Sykes, L. R., Simpson, D. W., and Richards, P. G. 1973. Spatial and temporal variations of ts/tp and in P wave residuals at Blue Mountain Lake, New York: Application to earthquake prediction. *J. Geophys. Res.* **80**: 718-732.

Aki, K. 1967. Scaling law of seismic spectrum. *J. Geophys. Res.* **72**: 1217-1231.

Aki, K. 1979. Characterization of barriers on an earthquake fault. *J. Geophys. Res.* **84**: 6140-6148.

Aki, K. 1981. A probabilistic synthesis of precursory phenomena. In *Earthquake Prediction, an International Review. M. Ewing Ser. 4,* eds. D. Simpson and P. Richards. Washington, DC: American Geophysical Union, pp.566-574.

Aki, K. 1984. Asperities, barriers and characteristics of earthquakes. *J. Geophys. Res.* **89**: 5867-5872.

Aki, K. 1985. Theory of earthquake prediction with special reference to monitoring of the quality factor of lithosphere by coda method. *Earthquake Pred. Res.* **3**: 219-230.

Aki, K. 1987. Magnitude frequency relation for small earthquakes: A clue for the origin of fmax of large earthquakes. *J. Geophys. Res.* **92**: 1349-1355.

Aki, K., and Richards, P. 1980. *Quantitative Seismology: Theory and Methods.* San Francisco: W. H. Freeman.

Allegre, C. J., Le Mouel, J. L, and Provost, A. 1982. Scaling rules in rock fracture and possible implications for earthquake prediction. *Nature* **297**: 47-49.

Allen, C. R. 1968. The tectonic environment of seismically active and inactive areas along the San Andreas fault system. In *Proc. Conf. on Geological Problems of the San Andreas Fault System*, ed. R. Kovach, Stanford Univ. Publ. Geol. Sci., pp.70-82.

Allen, C. R., Wyss, M., Brune, J., Grantz, A., and Wallace, R. 1972. Displacements on the Imperial, Superstition Hills, and San Andreas faults triggered by the Borrego Mountain earthquake: The Borrego Mountain Earthquake of April 9, 1968. *U. S. Geol. Surv. Prof. Paper* 787: 87-104.

Ambrayseys, N. H. 1970. Some characteristic features of the Anatolian fault zone. *Tectonophysics* **9**: 143-165.

Ambrayseys, N. H. 1975. Studies of historical seismicity and tectonics. In *Geodynamics Today, A Review of the Earth's Dynamic Processes,* London: The Royal Society, pp.7-16.

Amelung, F., and King, G. C. P. 1997. Earthquake scaling laws for creeping and non-creeping faults. *Geophys. Res. Lett.* **24**: 507-510.

Anders, M. H., and Wiltschko, D. V. 1994. Micro fracturing, Paleostress and the Growth of Faults. *J. Struct. Geol.* **16**: 795-815.

Anderson, E. M. 1905. The dynamics of faulting. *Trans. Edinburgh Geol. Soc.* **8**: 387-340.

Anderson, E. M. 1936. The dynamics of the formation of cone-sheets, ring-dykes, and cauldron-subsidences. *Proc. Roy. Soc. Edinburgh 56*: 128-125.

Anderson, E. M. 1951. *The Dynamics of Faulting, second edition revised.* Edinburgh: Oliver and Boyd.

Anderson, J. G., and Bodin, P. 1987. Earthquake recurrence models and historical seismicity in the Mexicali-Imperial Valley. *Bull. Seismol. Soc. Am.* **77**: 562-578.

Anderson, J. G., Brune, J. N., Louie, J. N., Zeng, Y., Savage, M., Yu, G., Chen, Q., and dePolo, D. 1994. Seismicity in the western Great Basin apparently triggered by the Landers, California earthquake, 28 June, 1992. *Bull. Seismol. Soc. Am.* **84**: 863-891.

Anderson, J. L., Osborne, R., and Palmer, D. 1983. Cataclastic rocks of the San Gabriel fault zone and expression of deformation at deeper crustal levels in the San Andreas fault zone. *Tectonophysics* **98**: 209-251.

Anderson, R. N., Langseth, M. G., and Sclater, J. G. 1977. The mechanisms of heat transfer through the floor of the Indian Ocean *J. Geophys. Res.* **82**: 3391-3409.

Ando, M. 1975. Source mechanisms and tectonic significance of historical earthquakes along the Nankai trough. *Tectonophysics* **27**: 119-140.

Andrews, D. 1976a. Rupture propagation with finite stress in antiplane strain. *J. Geophys. Res.* **81**: 3575-3582.

Andrews, D. 1976b. Rupture velocity of plane strain shear cracks. *J. Geophys. Res.* **81**: 5679-5687.

Andrews, D. 1980. A stochastic fault model, static case. *J. Geophys. Res.* **85**: 3867-3887.

Andrews, D. 1985. Dynamic plane strain shear rupture with a slip-weakening friction law calculated by a boundary integral method. *Bull. Seismol. Soc. Am.* **75**: 1-21.

Angellier, J. 1984. Tectonic analysis of fault slip data sets. *J. Geophys. Res.* **89**: 5835-5848.

Archard, J. R 1953. Contact and rubbing of flat surfaces. *J. App. Phy.* **24**: 981-988.

Archard, J. F. 1957. Elastic deformation and the laws of friction. *Proc.. Roy. Soc. London* **Ser. A** 243: 190-205.

Arnadottir, T., and Segall, P. 1994. The 1989 Loma-Prieta earthquake imaged from inversion of geodetic data. *J. Geophys. Res. - Solid Earth* **99**: 21835-21855.

Atkinson, B. K. 1984. Subcritical crack growth in geological materials. *J. Geophys. Res.* **89**: 4077-4114.

Atkinson, B. K. 1987. Introduction to fracture mechanics and its geophysical applications. In *Fracture Mechanics of Rock,* ed. B. K. Atkinson. London: Academic Press, pp.1-26.

Atwater, T. 1970. Implications of plate tectonics for the Cenozoic tectonic evolution of western North America. *Geol. Soc. Am. Bull.* **81**: 3513-3536.

Auzende, J. M., Bideau, D., Bonatti, E., Cannat, M., Honnorez, J., Lagabrielle, Y., Malavieille, J., Mamaloukasfrangoulis, V., and Mevel, C. 1989. Direct observation of a section through slow-spreading oceanic-crust. *Nature* **337**: 726-729.

Aydin, A., and Nur, A. 1982. Evolution of pull-apart basins and their scale independence. *Tectonics* **1**: 91-105.

Bai, T., Pollard, D. D., and Gao, H. 2000. Explanation far fracture spacing in layered materials. *Nature* **403**: 753-756.

Bak, J., Korstgard, J. and Sorensen, K. 1975. Major shear zone within Nagssugtoqidian of West Greenland, *Tectonophysics* **27**: 191-209.

Bak, P., Tang, C., and Wiesenfeld, K. 1988. Self-organized criticality. *Phys. Rev.* **A 38**: 364-374.

Bak, P., and Tang, C. 1989. Earthquakes as a self-organized critical phenomenon. *J. Geophys. Res.* **94**: 15635-15637.

Baker, B. H., and Wohlenberg, J. 1971. Structure and evolution of the Kenya rift valley. *Nature* **229**: 538.

Bakun, W. H., and McEvilly, T. V. 1984. Recurrence models and Parkfield, California, earthquakes. *J. Geophys. Res.* **89**: 3051-3058.

Bakun, W. H., and Lindh, A. 1985. The Parkfield, California, earthquake prediction experiment. *Science* **229**: 619-624.

Bakun, W. H., King, G. C. P., and Cockerham, R. S. 1986. Seismic slip, aseismic slip, and the mechanics of repeating earthquakes on the Calaveras fault, California. In *Earthquake Source Mechanics. AGU Geophys. Mono. 37*, eds. S. Das, C. Scholz, and J. Boatwright. Washington, DC: American Geophysical Union, pp.195-207.

Barenblatt, G. I. 1962. The mathematical theory of equilibrium cracks in brittle fracture. *Adv. Appl. Mech.* **7**: 55-80.

Barka, A., and Kadinsky-Cade, K. 1988. Strike-slip fault geometry in Turkey and its influence on earthquake activity. *Tectonics* **7**: 663-684.

Barnett, D. E., Bowman, J. R., Pavlis, T. L, Rubenstone, J. R., Snee, L. W, and Onstott, T. C. 1994. Metamorphism and near-trench plutonism during initial accretion of the cretaceous Alaskan fore-arc. *J. Geophys. Res. - Solid Earth* **99**: 24007-24024.

Baumberger, T., Berthoud, P., and Caroli, C. 1999. Physical analysis of the state- and rate-dependent friction law. II. Dynamic friction. *Phys. Rev.* **B 60**: 3928-3939.

Beeler, N. M., Hickman, S. H., and Wong, T. -f. 2001. Earthquake stress drop and laboratory-inferred interseismic strength recovery. *J. Geophys. Res.* **106**: 30701-30713.

Belardinelli, M. E., Cocco, M., Coutant, O., and Cotton, F. 1999. Redistribution of dynamic stress during coseismic ruptures: Evidence for fault interaction and earthquake triggering. *J. Geophys. Res. - Solid Earth* **104**: 14925-14945.

Belardinelli, M. E., Bonafede, M., and Gudmundsson, A. 2000. Secondary earthquake fractures generated by a strike-slip fault in the South Iceland Seismic Zone. *J. Geophys. Res.* **105**: 13613-13630.

Bell, M. L, and Nur, A. 1978. Strength changes due to reservoir induced pore pressure and stresses and application to Lake Oroville. *J. Geophys. Res.* **83**: 4469-4483.

Bell, T. H., and Etheridge, M. A. 1973. Microstructures of mylonites and their descriptive terminology. *Lithos* **6**: 337-348.

Bennett, R. A., Davis, J. L., and Wernicke, B. P. 1999. Present-day pattern of Cordilleran deformation in the western United States. *Geology* **27**: 371-374.

Benzion, Y., and Rice, J. R. 1995. Slip patterns and earthquake populations along different classes of faults in elastic solids. *J. Geophys. Res. - Solid Earth* **100**: 12959-12983.

Bergman, E. A. 1986. Intraplate earthquakes and the state of stress in oceanic lithosphere. *Tectonophysics* **132**: 1-35.

Bergman, E. A., and Solomon, S. 1988. Transform fault earthquakes in the North Atlantic: Source mechanism and depth of faulting. *J. Geophys. Res.* **93**: 9027-9057.

Beroza, G. C. 1991. Near-source modeling of the Loma-Prieta earthquake-evidence for heterogeneous slip and implications for earthquake hazard. *Bull. Seismol. Soc. Am.* **81**: 1603-1621.

Berthe, D., Choukroune, P., and Jegouzo, P. 1979. Orthogneiss, mylonite and non-coaxial deformation of granites: The example of the South Armorican shear zone. *J. Struct. Geol.* **1**: 31-42.

Biegel, R. L., Wang, W, Scholz, C. H., Boitnott, G. N., and Yoshioka, N. 1992. Micromechanics of rock friction. 1. Effects of surface-roughness on initial friction and slip hardening in westerly granite. *J. Geophys. Res. - Solid Earth* **97**: 8951-8964.

Bilham, R. G., and Beavan, J. 1979. Strains and Tilt on crustal blocks. *Tectonophysics* **52**: 121-138.

Bilham, R. G., and Williams, P. 1985. Sawtooth segmentation and deformation processes on the southern San Andreas fault, California. *Geophys. Res. Lett.* **12**: 557-560.

Bjarnason, I. T., Cowie, P., Anders, M. H., Seeber, L., and Scholz, C. H. 1993. The 1912 Iceland earthquake rupture-growth and development of a nascent transform system. *Bull. Seismol. Soc. Am.* **83**: 416-435.

Blanpied, M. L., Lockner, D. A., and Byerlee, J. D. 1995. Frictional slip of granite at hydrothermal conditions. *J. Geophys. Res. - Solid Earth* **100**: 13045-13064.

Blanpied, M. L., Marone, C. J., Lockner, D. A., Byerlee, J. D., and King, D. P. 1998. Quantitative measure of the variation in fault rheology due to fluid-rock interactions. *J. Geophys. Res.* **103**: 9691-9712.

Boatwright, J. 1980. A spectral theory for circular seismic sources: Simple estimates of source dimension, dynamic stress-drop and radiated seismic energy. *Bull Seismol. Soc. Am.* **70**: 1-27.

Bodin, P., Bilham, R., Behr, J., Gomberg, J., and Hudnut, K. W. 1994. Slip triggered on southern California faults by the 1992 Joshua-Tree, Landers, and Big-Bear earthquakes. *Bull. Seismol. Soc. Am.* **84**: 806-816.

Bodin, P., and Brune, J. N. 1996. On the scaling of slip with rupture length for shallow strike-slip earthquakes: Quasi-static models and dynamic rupture propagation. *Bull. Seismol. Soc. Am.* **86**: 1292-1299.

Boitnott, G. N., Biegel, R. L., Scholz, C. H., Yoshioka, N., and Wang, W. 1992. Micromechanics of rock friction 2. Quantitative modeling of initial friction with contact theory. *J. Geophys. Res. - Solid Earth* **97**: 8965-8978.

Boland, J. N., and Tullis, T. E. 1986. Deformation behavior of wet and dry clinopyroxenite in the brittle to ductile transition region. In *Mineral and Rock Deformation: Laboratory Studies*. AGU Geophys. Mono 36. eds. B. E. Hobbs and H. C. Heard. Washington, DC: American Geophysical Union, pp.35-50.

Bolt, B. A. 1978. *Earthquakes: A Primer*. San Francisco: Freeman.

Bouchon, M. 1997. The state of stress on some faults of the San Andreas system as inferred from near-field strong motion data. *J. Geophys. Res.* **102**: 11731-11744.

Bouchon, M., Campillo, M., and Cotton, F. 1998. Stress field associated with the rupture of the 1992 Landers, California, earthquake and its implications concerning the fault strength at the onset of the earthquake. *J. Geophys. Res.* **103**: 21091-21097.

Bourne, S. J., Arnadottir, T., Beavan, J., Darby, D. J., England, P. C., Parsons, B., Walcott, R. I., and Wood, P. R. 1998. Crustal deformation of the Marlborough fault zone in the South Island of New Zealand: Geodetic constraints over the interval 1982-1994. *J. Geophys. Res. - Solid Earth* **103**: 30147-30165.

Bourne, S. J., England, P. C., and Parsons, B. 1998. The motion of crustal blocks driven by flow of the lower lithosphere and implications for slip rates of continental strike-slip faults. *Nature* **391**: 655-659.

Bowden, F. P., and Tabor, D. 1950. *The Friction and Lubrication of Solids: Part 1.* Oxford: Clarendon Press.

Bowden, F. P., and Tabor, D. 1964. *The Friction and Lubrication of Solids: Part II.* Oxford: Clarendon Press.

Bowman, D. D., Ouillon, G., Sammis, C. G., Sornette, A., and Sornette, D. 1998. An observational test of the critical earthquake concept. *J. Geophys. Res. - Solid Earth* **103**: 24359-24372.

Bowman, J., Jones, T., Gibson, G., Corke, A., Thompson, R., and Comacho, A. 1988. Tennant Creek earthquakes of 22 January 1988: Reactivation of a fault zone in the Proterozoic Australian shield. *Eos Trans. AGU* **69**: 400.

Brace, W. F. 1960. An extension of the Griffith theory of fracture to rocks. *J. Geophys. Res.* **65**: 3477-3480.

Brace, W. F. 1961. Dependence of the fracture strength of rocks on grain size. *Penn. State Univ. Min. Ind. Bull.* **76**: 99-103.

Brace, W. F. 1980. Permeability of crystalline and argillaceous rocks. *Int. J. Rock Mech. Min. Sci.* **17**: 241-251.

Brace, W. F. 1984. Permeability of crystalline rocks-new in situ measurements *J. Geophys. Res.* **89**: 4327-4330.

Brace, W. F., and Walsh, J. B. 1962. Some direct measurements of the surface energy of quartz and orthoclase. *Am. Miner.* **47**: 1111-1122.

Brace, W. F., and Bombalakis, E. G. 1963. Anote on brittle crack growth in compression. *J. Geophys. Res.* **68**: 3709-3713.

Brace, W. F., and Byerlee, J. D. 1966. Stick slip as a mechanism for earthquakes. *Science* **153**: 990-992.

Brace, W. F., Paulding, B. W., and Scholz, C. H. 1966. Dilatancy in the fracture of crystalline rocks. *J. Geophys. Res.* **71**: 3939-3953.

Brace, W. F., and Martin, R. J. 1968. A test of the law of effective stress for crystalline rocks of low porosity. *Int. J. Rock Mech. Min. Sci.* **5**: 415-426.

Brace, W. F., and Byerlee, J. D. 1970. California earthquakes - why only shallow focus? *Science* **168**: 1573-1575.

Brace, W. F., and Kohlstedt, D. 1980. Limits on lithospheric stress imposed by laboratory experiments. *J. Geophys. Res.* **85**: 6248-6252.

Brady, B. T. 1969. A statistical theory of brittle fracture of rock materials. *Int. J. Rock Mech. Min. Sci.* **6**: 21-42.

Braunmiller, J., and Nabelek, J. 1996. Geometry of continental normal faults: Seismological constraints. *J. Geophys. Res. - Solid Earth* **101**: 3045-3052.

Bridgman, P. W. 1945. Polymorphic transitions and geological phenomena. *Am. J. Sci.* **243A**: 90-97.

Brown, S. R., and Scholz, C. H. 1985a. Closure of random elastic surfaces in contact. *J. Geophys. Res.* **90**: 5531-5545.

Brown, S. R., and Scholz, C. H. 1985b. Broad bandwidth study of the topography of natural rock surfaces. *J. Geophys. Res.* **90**: 12575-12582.

Brown, S. R., and Scholz, C. H. 1986. Closure of rockjoints. *J. Geophys. Res.* **91**: 4939-4948.

Brown, S. R., Scholz, C. H., and Rundle, J. B. 1991. A simplified spring-block model of earthquakes. *Geophys. Res. Lett.* **18**, 215-218.

Brudy, M., Zoback, M. D., Fuchs, K, Rummel, F., and Baumgartner, J. 1997. Estimation of the complete stress tensor to 8 km depth in the KTB scientific drill holes: Implications for crustal strength. *J. Geophys. Res. - Solid Earth* **102**: 18453-18475.

Brun, J. P., and Cobbold, P. R. 1980. Strain heating and thermal softening in continental shear zones: A review. *J. Struct. Geol.* **2**: 149-158.

Brune, J. 1968. Seismic moment, seismicity, and rate of slip along major fault zones. *J. Geophys. Res.* **73**: 777-784.

Brune, J. 1970. Tectonic stress and the spectra of seismic shear waves from earthquakes. *J. Geophys. Res.* **75**: 4997-5009.

Brune, J., Henyey, T., and Roy, R. 1969. Heat flow, stress, and rate of slip along the San Andreas fault, California. *J. Geophys. Res.* **74**: 3821-3827.

Buck, W. R. 1988. Flexural rotation of normal faults. *Tectonics* **7**: 959-973.

Bufe, C. G., and Varnes, D.J. 1993. Predictive modeling of the seismic cycle of the greater San Francisco Bay region. *J. Geophys. Res. - Solid Earth* **98**: 9871-9883.

Burford, R. 1988. Retardations in fault creep rates before local moderate earthquakes along the San Andreas fault system, central California. *Pure Appl. Geophys.* **126**: 499-529.

Burford, R., and Harsh, P. W. 1980. Slip on the San Andreas fault in central California from alinement array surveys. *Bull Seismol. Soc. Am.* **70**: 1233-1261.

Bürgmann, R., Pollard, D. D., and Martel, S. J. 1994. Slip distributions on faults-effects of stress gradients, inelastic deformation, heterogeneous host-rock stiffness, and fault interaction. *J. Struct. Geol.* **16**: 1675-1690.

Bürgmann, R., Schmidt, D., Nadeau, R. M., d'Alessio, M., Fielding, E., Manaker, D., McEvilly, T. V., and Murray, M. H. 2000. Earthquake potential along the northern Hayward fault, California. *Science* **289**: 1178-1182.

Burr, N., and Solomon, S. 1978. The relationship of source parameters of oceanic transform earthquakes to plate velocity and transform length. *J. Geophys. Res.* **83**: 1193-1205.

Burridge, R. 1973. Admissible speeds for plane strain self-similar shear cracks with friction but lacking cohesion. *Geophys. J. Roy. Astron. Soc.* **35**: 439-455.

Burridge, R., and Knopoff, L. 1967. Model and theoretical seismicity. *Bull. Seismol. Soc. Am.* **57**: 341-362.

Byerlee, J. D. 1967a. Frictional characteristics of granite under high confining pressure. *J. Geophys. Res.* **72**: 3639-3648.

Byerlee, J. D. 1967b. Theory of friction based on brittle fracture. *J. Appl. Phys.* **38**: 2928-2934.

Byerlee, J. D. 1970. The mechanics of stick-slip. *Tectonophysics* **9**: 475-486.

Byerlee, J. D. 1978. Friction of rocks. *Pure Appl. Geophys.* **116**: 615-626.

Byerlee, J. D., and Brace, W. F. 1968. Stick-slip, stable sliding, and earthquakes - effect of rock type, pressure, strain rate, and stiffness. *J. Geophys. Res.* **73**: 6031-6037.

Byerlee, J. D., and Savage, J. C. 1992. Coulomb plasticity within the fault zone. *Geophys. Res. Lett.* **19**: 2341-2344.

Byrne, D. E., Davis, D. M., and Sykes, L. R. 1988. Loci and maximum size of thrust earthquakes and the mechanics of the shallow region of subduction zones. *Tectonics* **7**: 833-857.

Cailleux, A. 1958. Etude quantitative de failles. Revue de Geomorphologie *Dynamique IX*: 129-145.

Caine, J. S., Evans, J. P., and Forster, C. B. 1996. Fault zone architecture and permeability structure. *Geology* **24**: 1025-1028.

Campus, P., and Das, S. 2000. Comparison of the rupture and radiation characteristics of intermediate and deep earthquakes. *J. Geophys. Res. - Solid Earth* **105**: 6177-6189.

Cao, T., and Aki, K. 1984. Seismicity simulation with a mass-spring model and a displacement hardening-softening friction law. *Pure Appl. Geophys.* **122**: 10-23.

Carder, D. S. 1945. Seismic investigations in the Boulder Dam area, 1940-1945, and the influence of reservoir loading on earthquake activity. *Bull. Seismol. Soc. Am.* **35**: 175-192.

Cardwell, R. K, Chinn, D. S., Moore, G. E, and Turcotte, D. L. 1978. Frictional heating on a fault zone with finite thickness. *Geophys. J. Roy. Astron. Soc.* **52**: 525-530.

Carlson, J. M., and Langer, J. S. 1989a. Properties of earthquakes generated by fault dynamics. *Phys. Rev. Lett.* **62**: 2632-2635.

Carlson, J. M., and Langer, J. S. 1989b. Mechanical model of an earthquake fault. *Phys. Rev.* **A 40**: 6470-6484.

Carlson, R. L., Hilde, T. W. C., and Uyeda, S. 1983. The driving mechanism of plate tectonics-relation to age of the lithosphere at trenches. *Geophys. Res. Lett.* **10**: 297-300.

Carter, N. L., and Kirby, S. 1978. Transient creep and semi-brittle behavior of crystalline rocks. *Pure Appl. Geophys.* **116**: 807-839.

Caskey, S. J., and Wesnousky, S. G. 1997. Static stress changes and earthquake triggering during the 1954 Fairview peak and Dixie valley earthquakes, central Nevada. *Bull. Seismol. Soc. Am.* **87**: 521-527.

Castle, R., Elliot, M., Church, J., and Wood, S. 1984. *The Evolution of the Southern California Uplift, 1955 through 1976.* In U. S. Geol. Surv. Prof. Paper 1342.

Cessaro, R. K., and Hussong, D. M. 1986. Transform seismicity at the intersection of the oceanographer fracture zone and the Mid-Atlantic ridge. *J. Geophys. Res.* **91**: 4839-4853.

Challen, J. M., and Oxley, P. L. B. 1979. An explanation of the different regimes of friction and wear using asperity deformation models. *Wear* **53**: 229-243.

Chen, A., Frohlich, C., and Latham, G. 1982. Seismicity of the forearc marginal wedge (accretionary prism). *J. Geophys. Res.* **87**: 3679-3690.

Chen, L., and Talwani, P. 2001. Mechanism of initial seismicity following impoundment of the Monticello Reservoir, South Carolina. *Bull. Seismol. Soc. Am.* **91**: 1582-1594.

Chen, W. P., and Molnar, P. 1983. Focal depths of intracontinental and intraplate earthquakes and their implications for the thermal and mechanical properties of the lithosphere. *J. Geophys. Res.* **88**: 4183-4215.

Chen, Y. 1988. Thermal model of oceanic transform faults. *J. Geophys. Res.* **93**: 8839-8851.

Chester, F. M. 1995. A rheologic model for wet crust applied to strike-slip faults. *J. Geophys. Res. - Solid Earth* **100**: 13033-13044.

Chester, F. M., Friedman, M., and Logan, J. M. 1985. Foliated cataclasites. *Tectonophysics* **111**: 134-146.

Chester, F. M., and Logan, J. M. 1986. Implications for mechanical properties of brittle faults from observations of the Punchbowl fault zone, California. *Pure Appl. Geophys.* **124**: 79-106.

Chester, F. M., and Higgs, N. G. 1992. Multimechanism friction constitutive model for ultrafme quartz gouge at hypocentral conditions. *J. Geophys. Res. - Solid Earth* **97**: 1859-1870.

Chester, F. M., Biegel, R. L, and Evans, J. P. 1993. Internal structure and weakening mechanisms of the San-Andreas fault. *J. Geophys. Res. - Solid Earth* **98**: 771 -786.

Chinnery, M. A. 1961. Deformation of the ground around surface faults. *Bull. Seismol. Soc. Am.* **51**: 355-372.

Chinnery, M. A. 1964. The strength of the earth's crust under horizontal shear stress. *J. Geophys. Res.* **69**: 2085-2089.

Christensen, D. H., and Ruff, L. 1983. Outer rise earthquakes and seismic coupling. *Geophys. Res. Lett.* **10**: 697-700.

Christie, J. M. 1960. Mylonitic rocks of the Moine thrust zone in the Assynt district, northwest Scotland. *Trans. Geol. Soc. Edinburgh* **18**: 79-93.

Cifuentes, I. L., and Silver, P. G. 1989. Low-frequency source characteristics of the great 1960 Chilean earthquake. *J. Geophys. Res.* **94**: 643-663.

Cladouhos, T. T., and Marrett, R. 1996. Are fault growth and linkage models consistent with power-law distributions of fault lengths? *J. Struct. Geol.* **18**: 281-293.

Cochard, A., and Madariaga, R. 1996. Complexity of seismicity due to highly rate-dependent friction. *J. Geophys. Res.* **101** : 25321-25336.

Cockerham, R. S., and Eaton, J. P. 1984. The April 24, 1984 Morgan Hill earthquake and its aftershocks. In *The 1984 Morgan Hill, California, Earthquake*, eds. J. Bennett and R. Sherburne. Sacramento, California: Calif. Div. of Mines: Calif. Div. Mines and Geol. Spec. Publ. 68, pp.209-213.

Contreras, J., Anders, M. H., and Scholz, C. H. 2000. Growth of a normal fault system: observations from the Lake Malawi basin of the east African rift. *J. Struct. Geol.* **22**: 159-168.

Cook, R. F. 1986. Crack propagation thresholds: A measure of surface energy. *J. Mater. Res.* **1**: 852-860.

Cotton, F., and Coutant, O. 1997. Dynamic stress variations due to shear faults in a plane-layered medium. *Geophys. J. Int.* **128**: 676-688.

Cottrell, A. H. 1953. *Dislocations and Plastic Flow in Crystals*. Oxford: Clarendon Press.

Coward, M. P., Dewey, J. F., and Hancock, P. L. 1987. *Continental Extensional Tectonics*. London: Blackwell.

Cowie, P. A., and Scholz, C. H. 1992a. Physical explanation for the displacement length relationship of faults using a post-yield fracture mechanics model. *J. Struct. Geol.* **14**: 1133-1148.

Cowie, P. A., and Scholz, C. H. 1992b. Growth of faults by accumulation of seismic slip. *J. Geophys. Res.* **97**: 11085-11095.

Cowie, P. A., and Scholz, C. H. 1992c. Displacement-length scaling relationship for faults: data synthesis and discussion. *J. Struct. Geol.* **14**: 1149-1156.

Cowie, P. A., Scholz, C. H., Edwards, M., and Malinverno, A. 1993. Fault strain and seismic coupling on midocean ridges. *J. Geophys. Res. - Solid Earth* **98**: 17911-17920.

Cowie, P. A., Knipe, R. J., and Main, I. G. 1996. Special issue: Scaling laws for fault and fracture populations - Analyses and applications - Introduction. *J. Struct. Geol.* **18**: 135-383.

Cox, S. J. D., and Scholz, C. H. 1988a. Rupture initiation in shear fracture of rocks: An experimental study. *J. Geophys. Res.* **93**: 3307-3320.

Cox, S. J. D., and Scholz, C. H. 1988b. On the formation and growth of faults: An experimental study. *J. Struct. Geol.* **10**: 413-430.

Crampin, S. 1987. Geological and industrial applications of extensive-dilatancy anisotropy. *Nature* **328**: 491-496.

Crider, J. G., and Pollard, D. D. 1998. Fault linkage: Three-dimensional mechanical interaction between echelon normal faults. *J. Geophys. Res. - Solid Earth* **103**: 24373-24391.

Crone, A., and Machette, M. 1984. Surface faulting accompanying the Borah Peak earthquake, central Idaho. *Geology* **12**: 664-667.

Crone, A. J., and Luza, K. V. 1986. Holocene deformation associated with the Meers fault, southwestern Oklahoma. In *The Slick Hills of Southwestern Oklahoma-Fragments of an Aulachogen?* ed. R. N. Donovan. Norman, Oklahoma: Univ. of Oklahoma, pp.68-74.

Crone, A. J., Machette, M., Bonilla, M., Lienkaemper, J., Pierce, K., Scott, W., and Bucknam, R. 1987. Surface faulting accompanying the Borah Peak earthquake and segmentation of the Lost River fault central Idaho. *Bull. Seismol. Soc. Am.* **77**: 739-770.

Crowell, J. C. 1974. Origin of late Cenozoic basins in southern California. In *Tectonics and Sedimentation,* ed. W. Dickinson. Soc. Econ. Pal. Miner. Spec. Publ. 22, Tulsa, Oklahoma: pp.190-204.

Cruden, D. M. 1970. A theory of brittle creep in rock under uniaxial compression. *J. Geophys. Res.* **75**: 3431-3442.

Das, S. 1981. Three-dimensional rupture propagation and implications for the earthquake source mechanism. Geophys. *J. Roy. Astron. Soc.* **67**: 375-393.

Das, S. 1982. Appropriate boundary conditions for modeling very long earthquakes and physical consequences. *Bull. Seismol. Soc. Am.* **72**: 1911-1926.

Das, S., and Aki, K. 1977. Fault planes with barriers: A versatile earthquake model. *J. Geophys. Res.* **82**: 5658-5670.

Das, S., and Scholz, C. 1981a. Off-fault aftershock clusters caused by shear stress increase? *Bull. Seismol. Soc. Am.* **71**: 1669-1675.

Das, S., and Scholz, C. 1981b. Theory of time-dependent rupture in the earth. *J. Geophys. Res.* **86**: 6039-6051.

Das, S., and Kostrov, B. 1983. Breaking of a single asperity: Rupture process and seismic radiation. *J. Geophys. Res.* **88**: 4277-4288.

Das, S., and Scholz, C. H. 1983.Whylarge earthquakes do not nucleate at shallow depths. *Nature* **305**: 621-623.

Davies, G., and Brune, J. N. 1971. Global plate motion rates from seismicity data. *Nature* **229**: 101-107.

Davis, D., Dahlen, F. A., and Suppe, J. 1983. Mechanics of fold-and-thrust belts and accretionary wedges. *J. Geophys. Res.* **88**: 1153-1172.

Davison, F., and Scholz, C. 1985. Frequency-moment distribution of earthquakes in the Aleutian Arc: A test of the characteristic earthquake model. *Bull. Seismol. Soc. Am.* **75**: 1349-1362.

Dawers, N. H., Anders, M. H., and Scholz, C. H. 1993. Growth of normal faults-displacement-length scaling. *Geology* **21**: 1107-1110.

Dawers, N. H., and Anders, M. H. 1995. Displacement-length scaling and fault linkage. *J. Struct. Geol.* **17**: 607-611.

Day, S. M. 1982. Three-dimensional simulation of spontaneous rupture: The effect of nonuniform prestress. *Bull. Seismol. Soc. Am.* **72**: 1881-1902.

Day, S. M., Yu, G., and Wald, D. J. 1998. Dynamic stress changes during earthquake rupture. *Bull. Seismol. Soc. Am.* **88**: 512-522.

DeMets, C., Gordon, R. G., Argus, D. F., and Stein, S. 1990. Current plate motions. *Geophys. J. Int.* **101**: 425-478.

Deng, J. S., and Sykes, L. R. 1997. Evolution of the stress field in southern California and triggering of moderate-size earthquakes: A 200-year perspective. *J. Geophys. Res. - Solid Earth* **102**: 9859-9886.

Deng, J. S., Gurnis, M., Kanamori, H. Hauksson, E., 1998. Viscoelastic flow in the lower crust after the 1992 Landers California earthquake. *Science* **282**: 1689-1692.

Dewey, J. F., and Bird, J. M. 1970. Mountain belts and the new global tectonics. *J. Geophys. Res.* **75**: 2625-2647.

Dieterich, J. H. 1972. Time-dependent friction in rocks. *J. Geophys. Res.* **77**: 3690-3697.

Dieterich, J. H. 1979a. Modelling of rock friction: 1. Experimental results and constitutive equations. *J. Geophys. Res.* **84**: 2161-2168.

Dieterich, J. H. 1979b. Modelling of rock friction: 2. Simulation of preseismic slip. *J. Geophys. Res.* **84**: 2169-2175.

Dieterich, J. H. 1981. Constitutive properties of faults with simulated gouge. In *Mechanical Behavior of Crustal Rocks.* AGU Geophys. Mono., Washington, DC: American Geophysical Union, pp.103-120.

Dieterich, J. H. 1986. A model for the nucleation of earthquake slip. In *Earthquake Source Mechanics.* AGU Geophys. Mono., eds. S. Das, J. Boatwright, and C. Scholz. Washington, DC: American Geophysical Union, pp.37-49.

Dieterich, J. H. 1992. Earthquake nucleation on faults with rate-dependent and state-dependent strength. *Tectonophysics* **211**: 115-134.

Dieterich, J. H., and Conrad, G. 1984. Effect of humidity on time- and velocity-dependent friction in rocks. *J. Geophys. Res.* **89**: 4196-4202.

Dieterich, J. H., and Kilgore, B. D. 1994. Direct observations of frictional contacts: new insights for state-dependent properties. In *Faulting, Friction, and Earthquake Mechanics, Part II*, eds. C. J. Marone and M. L. Blanpied. Basel: Birkhauser, pp.283-302.

Dmowska, R., Rice, J. R., Lovison, L. C., andJosell, D. 1988. Stress transfer and seismic phenomena in coupled subduction zones during the earthquake cycle. *J. Geophys. Res.* **93**: 7869-7885.

Dodge, D. A., Beroza, G. C., and Ellsworth, W. L. 1996. Detailed observations of California foreshock sequences: Implications for the earthquake initiation process. *J. Geophys. Res. - Solid Earth* **101**: 22371-22392.

Doglioni, C. 1990. The global tectonic pattern. *J. Geodynamics* **12**: 21-38.

Doglioni, C., Merlini, S., and Cantarella, G. 1999. Foredeep geometries at the front of the Apennines in the Ionian Sea (central Mediterranean). *Earth Planet. Sci. Lett.* **168**: 243-254.

Dokka, R. K., and Travis, C. J. 1990. Role of the eastern California shear zone in accommodating Pacific-North-American plate motion. *Geophys. Res. Lett.* **17**: 1323-1326.

Donath, F. A. 1961. Experimental study of shear failure in anisotropic rocks. *Bull. Geol. Soc. Am.* **72**: 985-990.

Donnellan, A., and Lyzenka, G. A. 1998. GPS observations of fault afterslip and upper crustal deformation following the Northridge earthquake. *J. Geophys. Res.* **103**: 21285-21297.

Doser, D., and Kanamori, H. 1986. Depth of seismicity in the ImperialValley region (1977-83) and its relationship to heat flow, crustal structure and the October 15, 1979 earthquake. *J. Geophys. Res.* **91**: 675-688.

Doser, D. I. 1988. Source parameters of earthquakes in the Nevada seismic zone, 1915-43. *J. Geophys. Res.* **93**: 15001-15015.

Doser, I. 1986. Earthquake processes in the Rainbow Mountain-Fairview Peak-Dixie Valley, Nevada, region 1954-1959. *J. Geophys. Res.* **91**: 12572-12586.

Dugdale, D. S.J. 1960. Yielding of steel sheets containing slits. *J. Mech. Phys. Solids* **8**: 100-115.

Dunning, J. D., Petrovski, D., Schuyler, J., and Owens, A. 1984. The effects of aqueous chemical environments on crack growth in quartz. *J. Geophys. Res.* **89**: 4115-4124.

Durney, D. W., and Ramsay, J. G. 1973. Incremental strains measured by syntectonic crystal growths. In *Gravity and Tectonics,* eds. K. A. de Jong and R. Scholten. NewYork: John Wiley, pp.67-96.

Eaton, J. P., O'Neill, M. E. and Murdock, J. N. 1970. Aftershocks of the 1966 Parkfield-Cholame, California earthquake. A detailed study. *Bull. Seismol. Soc. Am.* **60**: 1151-1197.

Eaton, J., Cockerham, R., and Lester, F. 1983. Study of the May 2, 1983 Coalinga earthquake and its aftershocks, based on the U.S.G.S. seismic network in northern California. In *The 1983 Coalinga, California, Earthquakes. Spec. Pub.*, eds. J. Bennet and R. Sherbume. Sacramentos: California Department of Conservation, Division of Mines, pp.9-23.

Ebinger, C. J., and Hayward, N. J. 1996. Soft plates and hot spots: views from afar. *J. Geophys. Res.* **101**: 21859-21976.

Edmond, J. M., and Paterson, M. S. 1972.Volume changes during the deformation of rocks at high pressure. *Int. J. Rock Mech. Min. Sci.* **9**: 161-182.

Einarsson, P., Bjornsson, S., Foulger, G., Stefansson, R., and Skaftadottir, T. 1981. Seismicity pattern in the south Iceland seismic zone. In *Earthquake Prediction, an International Review. M. Ewing Ser. 4,* eds. D. Simpson and P. Richards. Washington, DC: American Geophysical Union, pp.141-152.

Einarsson, P., and Eiriksson, J. 1982. Earthquake fractures in the districts Land and Rangarvellin in the South Iceland seismic zone. *Jokull* **32**: 113-120.

Ekström, G., and Romanowicz, B. 1990. The 23 May 1989 Macquarie Ridge earthquake: a very broad band analysis. *Geophys. Res. Lett.* **17**: 993-996.

Ekström, G., Stein, R. S., Eaton, J. P., and Eberhart-Phillips, D. 1992. Seismicity and geometry of a 110-km-long blind thrust-fault 1. The 1985 Kettleman Hills, California, Earthquake. *J. Geophys. Res. - Solid Earth* **97**: 4843-4864.

Elliott, D. 1976. The energy balance and deformation mechanisms of thrust sheets. *Phil. Trans. Roy. Soc. London* **Ser. A 283**: 289-312.

Ellsworth, W. L, Lindh, A. G., Prescott, W. H., and Herd, D. G. 1981. The 1906 San Francisco earthquake and the seismic cycle. In *Earthquake Prediction, an International Review. M. Ewing Ser. 4.,* eds. D. Simpson and P. Richards. Washington, DC: American Geophysical Union, pp.126-140.

Ellsworth, W. L., and Beroza, G. C. 1995. Seismic evidence for an earthquake nucleation phase. *Science* **268**: 851-855.

Engdahl, E. R. 1977. Seismicity and plate subduction in the central Aleutians. In *Island Arcs and Deep Sea Trenches and Back-arc Basins. M. Ewing Ser. 1,* eds. I. M. Talwani and W. Pittman.

Washington, DC: American Geophysical Union, pp.259-272.

Engelder, J. T. 1974a. Cataclasis and the generation of fault gouge. *Bull. Geol. Soc. Am.* **85**: 1515-1522.

Engelder, T., and Scholz, C. H. 1976. The role of asperity indentation and ploughing in rock friction-II. Influence of relative hardness and normal load. *Int. J. Rock Mech. Min. Sci.* **13**: 155-163.

England, P. C., and McKenzie, D. P. 1982. A thin viscous sheet model for continental deformation. *Geophys. J. Roy. Astron. Soc.* **70**: 295-321.

Erismann, T, Heuberger, H., and Preuss, E. 1977. Der Bimstein von Kofels (Tirol), ein Bergsturz-"Friction" *Tschermaks Mineral. Petrogr. Mitt.* **24**: 67-119.

Escartin, J., Hirth, G., and Evans, B. 1997. Nondilatant brittle deformation ofserpentinites: implications for Mohr-Coulomb theory and the strength of faults. *J. Geophys. Res.* **102**: 2897-2913.

Eshelby, J. 1957. The determination of the elastic field of an ellipsoidal inclusion and related problems. *Proc. Roy. Soc. London* **Ser. A 241**: 376-396.

Etchecopar, A., Granier, T., and Larroque, J. -M. 1986. Origine des fentes en echelon: Propagation des failles. *R. Acad. Sci. Paris* **302**: 479-484.

Etheridge, M. A., Wall, V.J., Cox, S. F., and Vernon, R. H. 1984. High fluid pressures during regional metamorphism: Implications for mass transport and deformation mechanisms. *J. Geophys. Res.* **89**: 4344-4358.

Evans, A. G. 1990. Perspective on the development of high-toughness ceramics. *J. Amer. Ceramics Soc.* **73**: 187-206.

Evans, A. G., Heuer, A. H., and Porter, D. L 1977. *The Fracture Toughness of Ceramics.* Canada: Waterloo, pp.529-556.

Evison, F. 1977. Fluctuations of seismicity before major earthquakes. *Nature* **266**: 710-712.

Ewing, M., and Heezen, B. 1956. Some problems of Antarctic submarine geology in Antarctica. In *The International Geophysical Year. AGU Geophys. Mono. 1*, ed. A. Crary. Washington, DC: American Geophysical Union, pp.75.

Faulkner, D. R., and Rutter, E. H. 2001. Can the maintenance of overpressured fluids in large strike-slip fault zones explain their apparent weakness? *Geology* **29**: 503-506.

Fedotov, S. A. 1965. Regularities in the distribution of strong earthquakes in Kamchatka, the Kuriles, and northeasternJapan. *Akad. Nauk USSR Trudy Inst. Fiz. Zeml.* **36**: 66-95.

Feng, R., and McEvilly, T. V. 1983. Interpretation of seismic reflection pro filing data for the structure of the San Andreas fault zone. *Bull. Seismol. Soc. Am.* **73**: 1701-1720.

Fitch, T. J., and Scholz, C. H. 1971. Mechanism of underthrusting in southwest Japan: A model of convergent plate interactions. *J. Geophys. Res.* **76**: 7260-7292.

Fleitout, L, and Froidevaux, J. C. J. 1980. Thermal and mechanical evolution of shear zones. *J. Struct. Geol.* **2**: 159-164.

Fletcher, R., and Pollard, D. D. 1981. An anticrack mechanism for stylolites. *Geology* **9**: 419-424.

Fleuty, M. J. 1975. Slickensides and slickenlines. *Geol. Mag.* **112**: 319-322.

Floyd, J. S., Mutter, J. C., Goodliffe, A. M., and Taylor, B. 2001. Evidence for fault weakness and fluid flow within an active low-angle normal fault. *Nature* **411**: 779-783.

Forsyth, D., and Uyeda, S. 1975. On the relative importance of driving forces of plate motion. *Geophys. J. Roy. Astron. Soc.* **43**: 163-200.

Fox, C. G., Matsumoto, H., and Lau, T. -K. A. 2001. Monitoring Pacific Ocean seismicity from autonomous hydrophone array. *J. Geophys. Res.*, **106**: 4183-4206.

Frank, F. C. 1965. On dilatancyin relation to seismic sources. *Rev. Geophys. Space Phys.* **3**: 485-503.

Frankel, A. 1991. High-frequency spectral falloff of earthquakes, fractal dimension of complex rupture, b value, and the scaling of strength of faults. *J. Geophys. Res.* **96**: 6291-6302.

Fraser-Smith, A. C., Bernardi, A., McGill, P. R., Ladd, M. E., Helliwell, R. A., and Villard, O. G. 1990. Low-frequency magnetic-field measurements near the epicenter of the Ms 7.1 Loma-Prieta earthquake. *Geophys. Res. Lett.* **17**: 1465-1468.

Fraser-Smith, A. C., McGill, P. R., Helliwell, R. A., and Villard, O. G. 1994. Ultra-low frequency magnetic-field measurements in southern California during the Northridge earthquake of 17 January 1994. *Geophys. Res. Lett.* **21**: 2195-2198.

Freed, A. M., and Lin, J. 2001. Delayed triggering of the 1999 Hector Mine earthquake by Viscoelastic stress transfer. *Nature* **411**: 180-183.

Freiman, S. W. 1984. Effects of chemical environments on slow crack growth in glasses and ceramics. *J. Geophys. Res.* **89**: 4072-4076.

Freund, L. B. 1990. *Dynamic Fracture Mechanics*. New York: Cambridge Univ. Press.

Friedman, M., Handin, J., and Alani, G. 1972. Fracture-surface energy of rocks. *Int. J. Rock Mech. Min. Sci.* **9**: 757-766.

Frohlich, C. 1989. The nature of deep-focus earthquakes. *Ann. Rev. Earth Planet. Phys.* **17**: 227-254.

Fukao, Y. 1979. Tsunami earthquakes and subduction processes near deep-sea trenches. *J. Geophys. Res.* **84**: 2303-2314.

Fyfe, W. S., Price, N. J., and Thompson, A. B. 1978. *Fluids in the Earth's Crust*. Amsterdam: Elsevier.

Can, W., Svarc, L., Savage, J. C., and Prescott, W. H. 2000. Strain accumulation across the eastern California shear zone at latitude 36° 30' N. *J. Geophys. Res.* **105**: 16229-16236.

Gao, S. S., Silver, P. G., Linde, A. T., and Sacks, I. S. 2000. Annual modulation of triggered seismicity following the 1992 Landers earthquake in California. *Nature* **406**: 500-504.

Geller, R. J. 1997. Earthquake prediction: a critical review. *Geophys. J. Int.* **131**: 425-450.

Geller, R. J. Jackson, D. D., Kagan, Y. Y., and Mulargia, F. 1997. Geoscience-Earthquakes cannot be predicted. *Science* **275**: 1616-1617.

Gephardt, J. W., and Forsyth, D. W. 1984. An improved method for determining the regional stress tensor using earthquake focal mechanism data. *J. Geophys. Res.* **89**: 9305-9320.

Gilbert, G. K. 1884. A theory of the earthquakes of the Great Basin, with a practical application. *Am. J. Sci.* **XXVII**: 49-54.

Gilbert, G. K. 1909. Earthquake forecasts. *Science* **XXIX**: 121-138.

Gilbert, L, Scholz, C. H., and Beavan, J. 1994. Strain localization along the SanAndreas fault: consequences for loading mechanisms. *J. Geophys. Res.* **99**: 975-984.

Gomberg, J., and Bodin, P. 1994. Triggering of the Ms = 5.4 Little Skull Mountain, Nevada, earthquake with dynamic strains. *Bull. Seismol. Soc. Am.* **84**: 844-853.

Gomberg, J., Blanpied, M. L., and Beeler, N. M. 1997. Transient triggering of near and distant earthquakes. *Bull. Seismol. Soc. Am.* **87**: 294-309.

Gomberg, J., Beeler, N. M., Blanpied, M. L., and Bodin, P. 1998. Earthquake triggering by transient and static deformations. *J. Geophys. Res. - Solid Earth* **103**: 24411-24426.

Gomberg, J., Beeler, N., and Blanpied, M. 2000. On rate-state and Coulomb failure models. *J.

Geophys. Res. - Solid Earth **105**: 7857-7871.

Gomberg, J., Reasenberg, P. A., Bodin, P., and Harris, R. A. 2001. Earthquake triggering by seismic waves following the Landers and Hector Mine earthquakes. *Nature* **411**: 462-466.

Goodier, J. N. 1968. Mathematical theory of equilibrium cracks. In *Fracture Vol. II*, ed. H. Liebowitz, New York, New York: Academic, pp.1-66.

Goodier, J. N. and Field, F. A. 1963. Plastic energy dissipation in crack propagation. In *Fracture of Solids,* eds. D. C. Drucker and J. J. Gilman. New York, New York: Wiley, pp.103-118.

Gordon, F., and Lewis, J. 1980. The Meckering and Caligiri earthquakes of October 1968 and March, 1970. *Geol. Surv. Western Australia Bull.* 126.

Gough, D. I., Fordjor, C. K., and Bell, J. S. 1983. A stress province boundary and tractions on the North American plate. *Nature* **305**: 619-621.

Granier, T. 1985. Origin, damping and pattern of development of faults in granite. *Tectonics* **4**: 721-737.

Grapes, R. H. 1995. Uplift and exhumation of Alpine Schist, Southern Alps, New Zealand: Thermobarometric constraints. *N. Z. J. Geol. Geophys.* **38**: 525-533.

Grapes, R. H., Sissons, B. A., and Wellman, H. W. 1987. Widening of the Taupo volcanic zone, New Zealand and the Edgecumbe earthquake of March, 1987. *Geology* **15**: 1123-1125.

Grapes, R. H., and Wellman, H. 1988. *The Wairara fault.* Victoria University of Wellington, Geology Board Studies 4, Wellington, New Zeland.

Green, H. W, and Burnley, P. C. 1989. A new self-organizing mechanism for deep-focus earthquakes. *Nature* **341**: 733-737.

Green, H. W., Young, T. E., Walker, D., and Scholz, C. H. 1990. Anticrack-associated faulting at very high-pressure in natural olivine. *Nature* **348**: 720-722.

Green, H. W, and Houston, H. 1995. The mechanics of deep earthquakes. *Ann. Rev. Earth Planet. Sci.* **23**: 169-213.

Greenwood, J. A., and Williamson. 1966. Contact of nominally flat surfaces. *J. Proc. Roy. Soc. London* **295**: 300-319.

Gretener, P. E. 1977. On the character of thrust sheets with particular reference to the basal tongues. *Bull. Can. Pet. Geol.* **25**: 110-122.

Griffith, A. A. 1920. The phenomena of rupture and flow in solids. *Trans. Roy. Soc. Phil.* **Ser. A 221**: 163-198.

Griffith, A. A. 1924. The theory of rupture. In *Proc. Ist. Int. Congr. Appl. Mech.*, eds. C. B. Biezeno and J. M. Burgers. Delft: Tech. Boekhandel en Drukkerij J. Walter Jr., pp.54-63.

Griggs, D. T., and Blacic, J. D. 1965. Quartz-anomalous weakness of synthetic crystals. *Science* **147**: 292-295.

Grocott, J. 1981. Fracture geometry of pseudotachylyte generation zones: A study of shear fractures formed during seismic events. *J. Struct. Geol.* **3**: 169-178.

Gross, S. J., and Kisslinger, C. 1994. Test of models of aftershock rate decay. *Bull. Seismol. Soc. Am.* **84**: 1571-1579.

Gu, J. C. 1984. Frictional resistance to accelerating slip. *Pure Appl. Geophys.* **122**: 662-679.

Gupta, A., and Scholz, C. H. 1998. Utility of elastic models in predicting fault displacement fields. *J. Geophys. Res.* **103**: 823-834.

Gupta, A., and Scholz, C. H. 2000. Brittle strain regime transition in the Afar depression: implications for fault growth and sea floor spreading. *Geology* **28**: 1087-1090.

Gupta, H. K., and Rastogi, B. K. 1976. Dams and Earthquakes. Amsterdam: Elsevier. bermann,

R. E. 1981. Precursory seismicity patterns: Stalking the mature seismic gap. In *Earthquake Prediction, an International Review. M. Ewing Ser. 4*, eds. D. Simpson and P. G. Richards. Washington, DC: American Geophysical Union, pp. 29-42.

Habermann, R. E. 1981. Precursory seismicity patterns: Stalking the mature seismic gap, In *Earthqauke Prediction, an International Review. E. Ewing Ser. 4*. eds. D. Simpson and P. G. Richards, Washington, DC: American Geographical Union, pp.29-42.

Habermann, R. E. 1988. Precursory seismic quiescence: Past, present, and future. *Pure Appl. Geophys*. **126**: 277-318.

Hadley, K. 1973. Laboratory investigation of dilatancy and motion of fault surfaces at low confining pressures. In *Proc. Conf. on the Tectonic Problems of the San Andreas Fault System. Publ. Geol. Sci. vol. XIII,* eds. R. Kovach and A. Nur. Stanford, California: Stanford Univ., pp.427-435.

Hadley, K. J. 1975. Azimuthal variation of dilatancy. *J. Geophys. Res.* **80**: 4845-4850.

Hafner, W. 1951. Stress distributions and faulting. *Bull. Geol. Soc. Am.* **62**: 373-398.

Hagiwara, Y. 1974. Probability of earthquake occurrence as obtained from a Weibull distribution analysis of crustal strain. *Tectonophysics* **23**: 313-318.

Haines, A. J., and Holt, W. E. 1993. A procedure for obtaining the complete horizontal motions within zones of distributed deformation from the inversion of strain-rate data. *J. Geophys. Res. - Solid Earth* **98**: 12057-12082.

Hanks, T. C. 1977. Earthquake stress drops, ambient tectonic stresses and stresses that drive plate motions. *Pure Appl. Geophys.* **115**: 441-458.

Hanks, T. C. 1979. b values and w-r seismic source models: Implications for tectonic stress variations along active crustal fault zones and the estimation of high frequency strong ground motion. *J. Geophys. Res.* **84**: 2235-2242.

Hanks, T. C. 1982. fmax. *Bull. Seismol. Soc. Am.* **72**: 1867-1880.

Hanks, T. C., and Johnson, D. A. 1976. Geophysical assessment of peak accelerations. *Bull. Seismol. Soc. Am.* **66**: 959-968.

Hanks, T., and Kanamori, H. 1979. A moment-magnitude scale. *J. Geophys. Res.* **84**: 2348-2352.

Hanks, T. C., and Raleigh, C. B. 1980. Stress in the lithosphere. *J. Geophys. Res.* **85**: 6083-6435.

Hanks, T., and McGuire, R. 1981. The character of high-frequency strong ground motion. *Bull. Seismol. Soc. Am.* **71**: 2071-2095.

Hanks, T., and Schwartz, D. 1987. Morphological dating of the pre-1983 fault scarp on the Lost River fault at Doublesprings Pass road, Custer County, Idaho. *Bull. Seismol. Soc. Am.* **77**: 837-846.

Hanmer, S. 1988. Great Slave Lake shear zone, Canadian shield-reconstructed vertical profile of a crustal-scale fault zone. *Tectonophysics* **149**: 245-264.

Hanmer, S., Williams, M., and Kopf, C. 1995. Modest movements, spectacular fabrics in an intracontinental deep-crustal strike-slip-fault-striding-Athabasca Mylonite Zone, NW Canadian Shield. *J. Struct. Geol.* **17**: 493-507.

Hardebeck, J. L, and Hauksson, E. 1999. Role of fluids in faulting inferred from stress field signatures. *Science* **285**: 236-239.

Harris, R. A. 1998a. Forecasts of the 1989 Loma Prieta, California, earthquake. *Bull. Seismol. Soc. Am.* **88**: 898-916.

Harris, R. A. 1998b. Introduction to special section: Stress triggers, stress shadows, and implications for seismic hazard. *J. Geophys. Res. - Solid Earth* **103**: 24347-24358.

Harris, R. A., and Segall, P. 1987. Detection of a locked zone at depth on the Parkfield, California, segment of the San Andreas fault. *J. Geophys. Res.* **92**: 7945-7962.

Harris, R. A., and Day, S. M. 1993. Dynamics of fault interaction: parallel strike-slip faults. *J. Geophys. Res.* **98**: 4461-72.

Harris, R. A., and Simpson, R. W. 1996. In the shadow of 1857 - The effect of the great Ft. Tejon earthquake on subsequent earthquakes in southern California. *Geophys. Res. Lett.* **23**: 229-232.

Harris, R. A., and Simpson, R. W. 1998. Suppression of large earthquakes by stress shadows: a comparison of Coulomb and rate-and-state failure. *J. Geophys. Res.* **103**: 24439-24451.

Harrison, T. M., Grove, M., Lovera, O. M., and Catlos, E. J. 1998. Amodel for the origin of Himalayan anatexis and inverted metamorphism. *J. Geophys. Res. - Solid Earth* **103**: 27017-27032.

Haskell, N. 1964. Total energy and energy spectral density of elastic wave radiation from propagating faults. *Bull. Seismol. Soc. Am.* **54**: 1811-1842.

Hauksson, E., Jones, L. M., Davis, T. L., Hutton, L. K., Williams, P., Bent, A. L., Brady, A. G., Reasenberg, P. A., Michael, A. J., Yerkers, R. F., Etheredge, E., Porcella, R. L., Johnston, M. J. S., Reagor, G., Stover, C. W., Bufe, C. G., Cranswick, E., and Shakal, A. K. 1988. The 1987 Whittier Narrows earthquake in the Los Angeles metropolitan area, California. *Science* **239**: 1409-1412.

Hauksson, E. 1994. State of stress from focal mechanism before and after the 1992 Landers earthquake sequence. *Bull. Seismol. Soc. Am.* **84**: 917-934.

Hauksson, E., Jones, L. M., Hutton, and K., and Eberhartphillips, D. 1993. The 1992 Landers earthquake sequence-seismological observations. *J. Geophys. Res. - Solid Earth* **98**: 19835-19858.

Hauksson, E., Jones, L. M., and Hutton, K. 1995. The 1994 Northridge earthquake sequence in California-Seismological and tectonic aspects. *J. Geophys. Res. - Solid Earth* **100**: 12335-12355.

Hayward, N. J., and Ebinger, C. J. 1996. Variation in the along-axis segmentation of the Afar rift system. *Tectonics* **15**: 244-257.

Hazzard, J. F., Young, R. P., and Maxwell, S. C. 2000. Micromechanical modeling of cracking and failure in brittle rocks. *J. Geophys. Res.* **105**: 16683-16698.

Heaton, T. H. 1990. Evidence for and implications of self-healing pulses of slip in earthquake rupture. *Phys. Earth Planet. Inter.* **64**: 1-20.

Heinrich, P., Piatanesi, A., Okal, E., and Hebert, H. 2000. Near-field modeling oftheJuly 17, 1998 tsunami in Papua New Guinea. *Geophys. Res. Lett.* **27**: 3037-3040.

Henry, C., Das, S., and Woodhouse, J. H. 2000. The great March 25, 1998, Antarctic Plate earthquake: Moment tensor and rupture history. *J. Geophys. Res. - Solid Earth* **105**: 16097-16118.

Henstock, T. J., Levander, A., and Hole, J. A. 1997. Deformation in the lower crust of the San Andreas fault system in northern California. *Science* **278**: 650-653.

Henstock, T. J., and Levander, A. 2000. Lithospheric evolution in the wake of the Mendocino triple junction: structure of the San Andreas Fault system at 2 Ma. *Geophys. J. Int.* **140**: 233-247.

Heslot, F., Baumberger, T., Perrin, B., Caroli, B., and Caroli, C. 1994. Creep, stick-slip, and dry-friction dynamics-experiments and a heuristic model. *Phys. Rev.* **E 49**: 4973-4988.

Higgs, N. G. 1981. Mechanical properties of ultrafine quartz. chlorite, and bentonite in environments appropriate to upper-crustal earthquakes. Ph. D., Texas A and M Univ.

Hill, D. P. et al. 1993. Seismicity remotely triggered by the magnitude 7.3 Landers, California, earthquake. *Science* **260**: 1617-1623.

Hobbs, B. E., Ord, A., and Teyssier, C. 1986. Earthquakes in the ductile regime? *Pure Appl. Geophys.* **124**: 309-336.

Hodgkinson, K. M., Stein, R. S., and King, G. C. P. 1996. The 1954 rainbow Mountain-Fairview Peak-Dixie Valley earthquakes: A triggered normal faulting sequence. *J. Geophys. Res. - Solid Earth* **101**: 25459-25471.

Holt, W. E., Chamot-Rooke, N., Le Pichon, X., Haines, A. J., Shen-Tu, B., and Ren, J. 2000. Velocity field in Asia inferred from Quaternary fault slip rates and Global Positioning System observations. *J. Geophys. Res. - Solid Earth* **105**: 19185-19209.

Houston, H., Benz, H. M., and Vidale, J. E. 1998. Time functions of deep earthquakes from broadband and short-period stacks. *J. Geophys. Res. - Solid Earth* **103**: 29895-29913.

Hu, M. S., and Evans, A. G. 1989. The cracking and decohesion of thin-films on ductile substrates. *Acta Metall.* **37**: 917-925.

Huang, J., and Turcotte, D. L. 1990. Evidence for chaotic fault interactions in the seismicity of the San-Andreas fault and Nankai trough. *Nature* **348**: 234-236.

Hubbert, M. K., and Rubey, W. W. 1959. Role of fluid pressure in the mechanics of overthrust faulting. *Bull. Geol. Soc. Am.* **70**: 115-166.

Hudnut, K., Seeber, L., and Pacheco, J. F. 1989. Cross-fault triggering in the November 1987 Superstition Hills earthquake sequence, southern California. *J. Geophys. Res. Lett.* **16**: 199-202.

Hull, J. 1988. Thickness-displacement relationships for deformation zones. *J. Struct. Geol.* **10**: 431-435.

Hundley-Goff, E., and Moody, J. 1980. Microscopic characteristics of orthoquartzite from sliding friction experiments, I. Sliding surfaces. *Tectonophysics* **62**: 279-299.

Husseini, M. 1977. Energy balance for motion along a fault. *Geophys. J. Roy. Astron. Soc.* **49**: 699-714.

Hyndman, R. D., and Wang, K. 1993. Thermal constraints on the zone of major thrust earthquake failure: the Cascadia subduction zone. *J. Geophys. Res.* **98**: 2039-2060.

Ida, Y. 1972. Cohesive force across tip of a longitudinal shear crack and Griffith's specific energy balance. *J. Geophys. Res.* **77**: 3796-3805.

Ida, Y. 1973. Stress concentration and unsteady propagation of longitudinal shear cracks. *J. Geophys. Res.* **78**: 3418-3429.

Ihmle, P. F., and Jordan, T. H. 1994. Teleseismic search for slow precursors to large earthquakes. *Science* **266**: 1547-1551.

Imamura, A. 1937. *Theoretical and Applied Seismology.* Tokyo: Maruzen.

Irwin, G. R. 1958. Fracture. In *Handbuch der Physik*, ed. S. Flügge. Berlin: Springer-Verlag, pp.551-590.

Irwin, W. P., and Barnes, I. 1975. Effects of geological structure and metamorphic fluids on seismic behavior of the San Andreas fault system in central and northern California. *Geology* **3**: 713-716.

Isacks, B. L, Oliver, J., and Sykes, L. R. 1968. Seismology and the new global tectonics. *J. Geophys. Res.* **73**: 5855-5899.

Ishibashi, K. 1981. Specification of soon-to-occur seismic faulting in the Tokai District, central Japan, based on seismotectonics. In *Earthquake Prediction: an International Review*, M. Ewing

Ser. 4, eds. D. W. Simpson and P. G. Richards. Washington, DC: American Geophysical Union, pp.297-332.

Ishibashi, K. 1988. Two categories of earthquake precursors, physical and tectonic, and their role in intermediate-term earthquake prediction. *Pure Appl. Geophys.* **126**: 687-700.

Jackson, J. A. 1987. Active normal faulting and crustal extension. In Continental Extensional Tectonics, eds. M. Coward, J. Dewey, and P. Hancock. London: Blackwell, pp.3-18.

Jackson, J., and McKenzie, D. 1988. The relationship between plate motions and seismic moment tensors, and the rates of active deformation in the Mediterranean and Middle East. *Geophys. J. Roy. Astron. Soc.* **93**: 45-73.

Jacob, K. H., Armbruster, J., Seeber, L., Pennington, W., and Farhatulla, S. 1979. Tarbella reservoir, Pakistan: A region of compressive tectonics and reduced seismicity upon initial reservoir filling. *Bull. Seismol. Soc. Am.* **69**: 1175-1192.

Jaeger, J. C., and Cook, N. G. W. 1969. *Fundamentals of Rock Mechanics.* London: Chapman and Hall.

Jaeger, J. C., and Cook, N. G. W. 1976. *Fundamentals of Rock Mechanics, second edition.* London: Chapman and Hall.

Jaoul, O., Tullis, J. A., and Kronenberg, A. K. 1984. The effect of varying water content on the creep behavior of Heavitree quartzite. *J. Geophys. Res.* **89**: 4289-4312.

Jarrard, R. D. 1986a. Relations among subduction parameters. *Rev. Geophys.* **24**: 217-284.

Jarrard, R. D. 1986b. Causes of compression and extension behind trenches. *Tectonophysics* **132**: 89-102.

Jaumé, S. C., and Lillie, R. J. 1988. Mechanics of the Salt Range-Potwar Plateau, Pakistan: A fold and thrust belt underlain by evaporites. *Tectonics* **7**: 57-71.

Jaumé, S. C., and Sykes, L. R. 1996. Evolution of moderate seismicityin the San Francisco Bay region, 1850 to 1993: Seismicity changes related to the occurrence of large and great earthquakes. *J. Geophys. Res. - Solid Earth* **101**: 765-789.

Jaumé, S. C., and Sykes, L. R. 1999. Evolving towards a critical point: A review of accelerating seismic moment/energy release prior to large and great earthquakes. *Pure Appl. Geophys.* **155**: 279-305.

Johnson, A. M., Fleming, R. W., and Cruikshank, K. M. 1994. Shear zones formed along long, straight traces of fault zones during the 28 June Landers, California, earthquake. *Bull. Seismol. Soc. Am.* **84**: 499-510.

Johnson, J. M., and Satake, K. 1997. Estimation of seismic moment and slip distribution of the April 1, 1946, Aleutian tsunami earthquake. *J. Geophys. Res. - Solid Earth* **102**: 11765-11774.

Johnson, T. L., Wu, F. T., and Scholz, C. H. 1973. Source parameters for stick-slip and for earthquakes. *Science* **179**: 278-280.

Johnson, T. L, and Scholz, C. H. 1976. Dynamic properties of stick-slip friction in rock. *J. Geophys. Res.* **81**: 881-888.

Johnston, A. C. 1996a. Seismic moment assessment of earthquakes in stable continental regions 1. Instrumental seismicity. *Geophys. J. Int.* **124**: 381-414.

Johnston, A. C. 1996b. Seismic moment assessment of earthquakes in stable continental regions 2. Historical seismicity. *Geophys. J. Int.* **125**: 639-678.

Jones, L. M., and Molnar, P. 1979. Some characteristics of foreshocks and their possible relationship to earthquake prediction and premonitory slip on faults. *J. Geophys. Res.* **84**: 3596-3608.

Jordan, P. 1988. The rheology of polymineralic rocks - an approach. *Geol. Runds.* **77**: 285-294.

Kagan, Y., and Knopoff, L. 1978. Statistical study of the occurrence of shallow earthquakes. *Geophys. J. Roy. Astron. Soc.* **55**: 67-86.

Kagan, Y. Y, and Jackson, D. D. 1991. Seismic gap hypothesis-10 years after. *J. Geophys. Res. - Solid Earth* **96**: 21419-21431.

Kanamori, H. 1971. Great earthquakes at island arcs and the lithosphere. *Tectonophysics* **12**: 187-198.

Kanamori, H. 1973. Mode of strain release associated with major earthquakes in Japan. *Ann. Rev. Earth Planet. Sci.* **5**: 129-139.

Kanamori, H. 1977. The energy release in great earthquakes. *J. Geophys. Res.* **82**: 2981-2987.

Kanamori, H. 1981. The nature of seismicity patterns before large earthquakes. In *Earthquake Prediction, an International Review. M. Ewing Ser. 4*, eds. D. Simpson and P. Richards. Washington, DC: American Geophysical Union, pp.1-19.

Kanamori, H. 1986. Rupture process of subduction zone earthquakes. *Ann. Rev. Earth Planet. Sci.* **14**: 293-322.

Kanamori, H., and Cipar, J. 1974. Focal process of the great Chilean earthquake May 22,1960. *Phys. Earth Planet. Inter.* **9**: 128-136.

Kanamori, H., and Anderson, D. 1975. Theoretical basis of some empirical relations in seismology. *Bull. Seismol. Soc. Am.* **65**: 1073-1095.

Kanamori, H., and Fuis, G. 1976. Variations of P-wave velocity before and after the Galway Lake earthquake ($M_L = 5.2$) and the Goat Mountain earthquakes ($M_L = 4.7$), 1975, in the Mojave Desert, California. *Bull. Seismol. Soc. Am.* **66**: 2017-2038.

Kanamori, H., and Stewart, G. S. 1976. Mode of strain release along the Gibbs fracture zone, Mid-Atlantic ridge. *Phys. Earth Planet. Inter.* **11**: 312-332.

Kanamori, H., and McNally, K. C. 1982. Variable rupture mode of the subduction zone along the Equador-Colombia coast. *Bull. Seismol. Soc. Am.* **72**: 1241-1253.

Kanamori, H., Hauksson, E., and Heaton, T. 1997. Real-time seismology and earthquake hazard mitigation. *Nature* **390**: 461-464.

Kanamori, H., and Heaton, T. H. 2000. Microscopic and macroscopic physics of earthquakes. In *Geo Complexity and the Physics of Earthquakes,* eds. J. B. Rundle, D. L. Turcotte, W. Klein. Washington, DC: American Geophysical Union, pp.147-163.

Kanninen, M. F., and Popelar, C. H. 1985. *Advanced Fracture Mechanics.* Oxford: Oxford Univ. Press.

Karig, D. E. 1970. Kermadec arc - New Zealand tectonic confluence. *New Zealand J. Geol. Geophys.* **13**: 21-29.

Kasahara, K. 1981. *Earthquake Mechanics.* Cambridge: Cambridge Univ. Press.

Kawamoto, E., and Shimamoto, T. 1998. The strength profile for bimineralic shear zones: an insight from high-temperature shearing experiments on calcite-halite mixtures. *Tectonophysics* **295**: 1-14.

Kawasaki, I., Kawahara, Y., Takata, I., and Kosugi, N. 1985. Mode of seismic moment release at transform faults. *Tectonophysics* **118**: 313-327.

Keilis-Borok, V. I., and Kossobokov, V. G. 1990. Premonitory observations of earthquake flow: algorithm M8. *Phys. Earth Planet. Inter.* **61** : 73-83.

Kelleher, J., Savino, J., Rowlett, H., and McCann, W. 1974. Why and where great thrust earthquakes occur along island arcs. *J. Geophys. Res.* **79**: 4889-4899.

Keller, E. A., Gurrola, L., and Tierney, T. E. 1999. Geomorphic criteria to determine direction of lateral propagation of reverse faulting and folding. *Geology* **27**: 515-518.

Kenner, S. J., and Segall, P. 2000. Postseismic deformation following the 1906 San Francisco earthquake. *J. Geophys. Res.* **105**: 13195-13209.

Kerrich, R. 1986. Fluid infiltration into fault zones: Chemical, isotopic, and mechanical effects. *Pure Appl. Geophys.* **124**: 225-268.

Kerrich, R., Beckinsdale, R. D., and Durham, J. J. 1977. The transition between deformation regimes dominated by intercrystalline diffusion and intracrystalline creep evaluated by oxygen isotope thermometry. *Tectonophysics* **38**: 241-257.

Kessler, D. W. 1933. Wear resistance of natural stone flooring. *U. S. Bureau of Standards, Res. Paper.* RP612: 635-648.

Kikuchi, M., and Fukao, Y. 1987. Inversion of long period P waves from great earthquakes along subduction zones. *Tectonophysics* **144**: 231-248.

Kilb, D., Gomberg, J., and Bodin, P. 2000. Triggering of earthquake aftershocks by dynamic stresses. *Nature* **408**: 570-574.

Kilgore, B. D., Blanpied, M. L. and Dieterich, J. H. 1993. Velocity dependent friction of granite over a wide range of conditions. *Geophys. Res. Lett.* **20**: 903-906.

King, G. C. P. 1986. Speculations on the geometry of the initiation and termination processes of earthquake rupture and its relation to morphology and geological structure. *Pure Appl. Geophys.* **124**: 567-586.

King, G. C. P., and Cocco, M. 2000. Fault interaction by elastic stress changes: new clues from earthquake sequences. *Advances in Geophys.* **44**: 1-38.

King, G. C. P., and Nabelek, J. 1985. Role of faultbends in the initiation and termination of earthquake rupture. *Science* **228**: 984-987.

King, G. C. P., Stein, R. S., and Lin, J. 1994. Static stress changes and the triggering of earthquakes. *Bull. Seismol. Soc. Am.* **84**: 935-953.

King, N. E., and Savage, J. C. 1984. Regional deformation near Palmdale, California. *J. Geophys. Res.* **89**: 2471-2477.

King, N. E., and Thatcher, W. 1998. The coseismic slip distributions of the 1940 and 1979 Imperial Valley, California, earthquakes and their implications. *J. Geophys. Res. - Solid Earth* **103**: 18069-18086.

Kirby, S. 1980. Tectonic stress in the lithosphere: Constraints provided by the experimental deformation of rock. *J. Geophys. Res.* **85**: 6353-6363.

Kirby, S. 1983. Rheology of the lithosphere. *Rev. Geophys. Space Phys.* **21**: 1458-1487.

Kirby, S. 1987. Localized polymorphic phase transformations in high pressure faults and applications to the physical mechanism of deep earthquakes. *J. Geophys. Res.* **92**: 13789-13800.

Kirschner, D. L, and Chester, F. M. 1999. Are fluids important in seismogenic faulting? Geochemical evidence for limited fluid-rock interaction in two strike-slip faults of the San Andreas system. *Eos Trans. AGU:* F727.

Kisslinger, C. 1975. Processes during the Matsushiro swarm as revealed by leveling, gravity, and spring-flow observations. *Geology* **3**: 57-62.

Knipe, R. J., and White, S. H. 1979. Deformation in low grade shear zones in the Old Red Sandstone, S. W. Wales. *J. Struct. Geol.* **1**: 53-59, 61-66.

Knopoff, L. 1958. Energy release in earthquakes. *Geophys. J. Roy. Astron. Soc.* **1**: 44-52.

Kodaira, S., Takahashi, N., Nakanishi, A., Miura, S., and Kaneda, Y. 2000. Subducted seamount imaged in the rupture zone of the 1946 Nankaido earthquake. *Science* **289**: 104-106.

Kostrov, B. 1964. Self-similar problems of propagation of shear cracks. J. Appl. Math. Mech. **28**: 1077-1087.

Kostrov, B. 1966. Unsteady propagation of longitudinal shear cracks. J. Appl. Math. Mech. **30**: 1241-1248.

Kostrov, B. 1974. Seismic moment and energy of earthquakes, and seismic flow of rock. Izvestiya *Acad. Sci. U. S. S. R. Phys. Solid Earth* **1**: 23-40.

Kostrov, B., and Das, S. 1988. *Principles of Earthquake Source Mechanics.* Cambridge: Cambridge Univ. Press.

Koto, B. 1893. On the cause of the Great Earthquake in central Japan. *J. Sci. Coll. Imp. Univ.* **5**: 294-353.

Kranz, R. L. 1979. Crack growth and development during creep of Barre granite. *Int. J. Rock Mech. Min. Sci.* **16**: 23-35.

Kranz, R. L. 1980. The effects of confining pressure and stress difference on static fatigue of granite. *J. Geophys. Res.* **85**: 1854-1866.

Kranz, R. L., and Scholz, C. H. 1977. Critical dilatantvolume of rocks at the onset of tertiary creep. *J. Geophys. Res.* **82**: 4893-4898.

Kranz, R. L., Frankel, A., Engelder, T., and Scholz, C. 1979. The permeability of whole andjointed Barre granite. Int. *J. Rock Mech. Min. Sci.* **16**: 225-234.

Kristy, M., Burdick, L., and Simpson, D. 1980. The focal mechanisms of the Gazli, USSR, earthquakes. *Bull. Seismol. Soc. Am.* **70**: 1737-1750.

Lachenbruch, A., and Sass, J. 1973. Thermo-mechanical aspects of the San Andreas. In *Proc. Conf. on the Tectonic Problems of the San Andreas Fault System*, eds. R. Kovach and A. Nur. Palo Alto, California: Stanford Univ. Press, pp.192-205.

Lachenbruch, A. H., and Sass, J. 1980. Heat flow and energetics of the San Andreas fault zone. *J. Geophys. Res.* **85**: 6185-6222.

Lachenbruch, A. H., and Sass, J. 1992. Heat flow from Cajon Pass, Fault strength, and tectonic implications. *J. Geophys. Res.* **97**: 4995-5015.

Landis, C. A., and Coombs, D. S. 1967. Metamorphic belts and orogenesis in southern New Zealand. *Tectonophysics* **4**: 501-518.

Lapworth, C. 1885. The highland controversy in British geology; its causes, course and consequence. *Nature* **32**: 558-559.

Lawn, B. R., and Wilshaw, T. R. 1975. *Fracture of Brittle Solids.* Cambridge: Cambridge Univ. Press.

Lay, T., and Kanamori, H. 1980. Earthquake doublets in the Solomon Islands. *Phys. Earth Planet. Inter.* **21**: 283-304.

Lay, T., Kanamori, H., and Ruff, L. 1982. The asperity model and the nature of large subduction zone earthquakes. *Earthquake Pred. Res.* **1** : 1-71.

Leloup, P. H., Ricard, Y., Battaglia, J., and Lacassin, R. 1999. Shear heating in continental strike-slip shear zones: model and field examples. *Geophys. J. Int.* **136**: 19-40.

Lensen, G. J. 1981. Tectonic strain and drift. *Tectonophysics* **71**: 173-188.

Li, G. Y., Vidale, J. E., Aki, K., and Xu, F. 2000. Depth-dependent structure of the Landers fault zone from trapped waves generated by aftershocks. *J. Geophys. Res.* **105**: 6237-6254.

Li, V. C. 1987. Mechanics of shear rupture applied to earthquake zones. In *Fracture Mechanics of Rock,* ed. B. Atkinson. London: Academic Press, pp.351-428.

Li, V. C., and Rice, J. R. 1983a. Preseismic rupture progression and great earthquake instabilities at plate boundaries. *J. Geophys. Res.* **88**: 4231-4246.

Li, V. C., and Rice, J. R. 1983b. Precursory surface deformation in great plate boundary earthquake sequences. *Bull. Seismol. Soc. Am.* **73**: 1415-1434.

Li, V. C., and Rice, J. R. 1987. Crustal deformation in great California earthquake cycles. *J. Geophys. Res.* **92**: 11533-11551.

Li, Y. G., Vidale, J. E., Aki, K, Xu, R, and Burdette, T. 1998. Evidence for shallow fault zone strengthening after the 1992 M 7.5 Landers earthquake. *Science* **279**: 217-219.

Lienkaemper, J. J., Galehouse, J. S., and Simpson, R. W. 1997. Creep response of the Hayward fault to stress changes caused by the Loma Prieta earthquake. *Science* **276**: 2014-2016.

Linde, A. T., Suyehiro, K, Miura, S., Sacks, I. S., and Takagi, A. 1988. Episodic aseismic earthquake precursors. *Nature* **334**: 513-515.

Linde, A. T., Sacks, I. S. Johnston, M. J. S., Hill, D. P., and Bilham, R. G. 1994. Increased pressure from rising bubbles as a mechanism for remotely triggered seismicity. *Nature* **371**: 408-410.

Linde, A. T., Gladwin, M. T., Johnston, M. J. S., Gwyther, R. L, and Bilham, R. G. 1996. A slow earthquake sequence on the San Andreas fault. *Nature* **383**: 65-68.

Lindh, A. G. 1983. Preliminary assessment of long-term probabilities for large earthquakes along the San Andreas fault system in California. *U. S. Geol. Surv. Open-file Report* **83-63**: 1-5.

Linker, M. F., and Dieterich, J. H. 1992. Effects of variable normal stress on rock friction-observations and constitutive-equations. *J. Geophys. Res. - Solid Earth* **97**: 4923-4940.

Lisowski, M., and Prescott, W. H. 1981. Short-range distance measurements along the San Andreas fault in central California, 1975 to 1979. *Bull. Seismol. Soc. Am.* **71**: 1607-1624.

Lister, G. S., and Williams, P. F. 1979. Fabric development in shear zones: Theoretical controls and observed phenomena. *J. Struct. Geol.* **1**: 283-297.

Lister, G. S., and Snoke, A. 1984. S-C mylonites. *J. Struct. Geol.* **6**: 617-638.

Lockner, D. A. 1993. Room temperature creep in saturated granite. *J. Geophys. Res.* **98**: 475-87.

Lockner, D. A. 1998. A generalized law for brittle deformation of Westerly granite. *J. Geophys. Res. - Solid Earth* **103**: 5107-5123.

Lockner, D. A., and Byerlee, J. D. 1977. Acoustic emission and fault formation in rocks. In *Proc. 1st Conf. on Acoustic Emission Microseismic Activity in Geological Structures and Materials,* eds. H. R. Hardy and F. W. Leighton. Claustal: Trans-Tech Publ., pp.99-107.

Lockner, D. A., and Byerlee, J. D. 1985. Complex resistivity of fault gouge and its significance for earthquake lights and induced polarization. *Geophys. Res. Lett.* **12**: 211-214.

Lockner, D. A., Byerlee, J. D., Kuksenko, V., Ponomarev, A., and Sidorin, A. 1991. Quasi-static fault growth and shear fracture energy in granite. *Nature* **350**: 39-42.

Lockner, D. A., and Byerlee, J. D. 1993. How geometrical constraints contribute to the weakness of mature faults. *Nature* **363**: 250-252.

Lockner, D. A., and Beeler, N. M. 1999. Premonitory slip and tidal triggering of earthquakes. *J. Geophys. Res. - Solid Earth* **104**: 20133-20151.

Logan, J. M., Friedman, M., Higgs, N., Dengo, C., and Shimamoto, T. 1979. Experimental studies of simulated fault gouge and their application to studies of natural fault zones. In *Proc. Conf. VIII - Analysis of Actual Fault Zones in Bedrock, U. S. Geol. Surv. Open-file Report* **79-1239**: 101-120.

Logan, J. M., and Teufel, L. W. 1986. The effect of normal stress on the real area of contact during frictional sliding in rocks. *Pure Appl. Geophys.* **124**: 471-486.

Lomnitz, C. 1996. Search of a worldwide catalog for earthquakes triggered at intermediate distances. *Bull. Seismol. Soc. Am.* **86**: 293-298.

Louie, J. N., Allen, C. R., Johnson, D., Haase, P., and Cohn, S. 1985. Fault slip in southern California. *Bull. Seismol. Soc. Am.* **75**: 811-834.

Lyell, S. C. 1868. *Principles of Geology*. London: John Murray.

Macelwane, J. 1936. Problems and progress on the geologico-seismological frontier. *Science* **83**: 193-198.

Madariaga, R. 1976. Dynamics of an expanding circular fault. *Bull. Seismol. Soc. Am.* **66**: 636-666.

Maddock, R. H. 1983. Melt origin of fault-generated pseudotachylytes demonstrated by textures. *Geology* **11**: 105-108.

Mai, P. M., and Beroza, G. C. 2000. Source scaling properties from finite-fault-rupture models. *Bull. Seismol. Soc. Am.* **90**: 604-615.

Main, I. G. 1997. Earthquakes - Long odds on prediction. *Nature* **385**: 19-20.

Main, I. G. 2000. A damage mechanics model for power law creep and earthquake aftershock and foreshock sequences. *Geophys. J. Int.* **142**: 151-161.

Mainprice, D. H., and Paterson, M. S. 1984. Experimental studies of the role of water in the plasticity of quartzites. *J. Geophys. Res.* **89**: 4257-4270.

Mandelbrot, B. B. 1983. *The Fractal Geometry of Nature*. San Francisco: W. H. Freeman.

Manga, M. 1998. Advective heat transport by low-temperature discharge in the Oregon Cascades. *Geology* **26**: 799-802.

Manning, C. E., and Ingebritsen, S. E. 1999. Permeability of the continental crust: Implications of geothermal data and metamorphic systems. *Rev. Geophys.* **37**: 127-150.

Marcellini, A. 1997. Physical model of aftershock temporal behaviour. *Tectonophysics* **277**: 137-146.

Marone, C. 1998. Laboratory-derived friction laws and their application to seismic faulting. *Ann. Rev. Earth Planet. Sci.* **26**: 643-696.

Marone, C., and Scholz, C. 1988. The depth of seismic faulting and the upper transition from stable to unstable slip regimes. *Geophys. Res. Lett.* **15**: 621-624.

Marone, C., and Scholz, C. H. 1989. Particle-size distribution and microstructures within simulated fault gouge. *J. Struct. Geol.* **11**: 799-814.

Marone, C., Raleigh, C. B., and Scholz, C. H. 1990. Frictional behavior and constitutive modeling of simulated fault gouge. *J. Geophys. Res.* **95**: 7007-7025.

Marone, C., Scholz, C. H., and Bilham, R. 1991. On the mechanics of earthquake afterslip. *J. Geophys. Res.* **96**: 8441-8452.

Marone, C., and Kilgore, B. 1993. Scaling of the critical slip distance for seismic faulting with shear strain in fault zones. *Nature* **362**: 618-621.

Marrett, R., and Allmendinger, R. W. 1990. Kinematic analysis of fault-slip data. *J. Struct. Geol.* **12**: 973-986.

Marrett, R., and Allmendinger, R. W. 1991. Estimates of strain due to brittle faulting-sampling of fault populations. *J. Struct. Geol.* **13**: 735-738.

Martel, S. J., and Pollard, D. D. 1989. Mechanics of slip and fracture along small faults and simple strike-slip-fault zones in granitic rock. *J. Geophys. Res.* **94**: 9417-9428.

Massonnet, D., Rossi, M., Carmona, C., Adragna, R, Peltzer, G., Feigl, K., and Rabaute, T. 1993. The displacement field of the Landers earthquake mapped by radar interferometry. *Nature* **364**: 138-142.

Matsuda, T. 1977. Estimation of future destructive earthquakes from active faults in Japan. *J. Phys. Earth,* **Suppl. 25**: 795-855.

Matsuda, T., Ota, Y., Ando, M., and Yonekura, N. 1978. Fault mechanism and recurrence time of major earthquakes in the southern Kanto district. *Geol. Soc. Am. Bull.* **89**: 1610-16118.

Mavko, G. M. 1981. Mechanics of motion on major faults. *Ann. Rev. Earth Planet. Sci.* **9**: 81-111.

McCaffrey, R. 1992. Oblique plate convergence, slip vectors, and fore-arc deformation. *J. Geophys. Res.* **97**: 8905-8915.

McCann, W. R., Nishenko, S. P., Sykes, L. R., and Krause, J. 1979. Seismic gaps and plate tectonics: Seismic potential for major boundaries. *Pure Appl. Geophys.* **117**: 1082-1147.

McClintock, F. A., and Walsh, J. B. 1962. Friction of Griffith cracks in rock under pressure. In *Proc. 4th U. S. Natl. Congr. Appl. Mech.*, vol II. New York, New York: North American Society of Mechanical Engineering, pp.1015-1021.

McEvilly, T. V., and Johnson, L. R. 1974. Stability of P and S velocities from central California quarry blasts. *Bull. Seismol. Soc. Am.* **64**: 343-353.

McGarr, A. 1976. Seismic moments and volume changes. *J. Geophys. Res.* **81** : 1487-1494.

McGarr, A. 1977. Seismic moments of earthquakes beneath island arcs, phase changes, and subduction velocities. *J. Geophys. Res.* **82**: 256-264.

McGarr, A. 1984. Some applications of seismic source mechanism studies to assessing underground hazard. In *Proc. 1st Int. Cong. on Rockbursts and Seismicity in Mines*, eds. N. C. Gay and E. H. Wainwright. South African Inst. Min. Metakk. Johannesburg: pp.199-208.

McGarr, A. 1999. On relating apparent stress to the stress causing earthquake fault slip. *J. Geophys. Res. - Solid Earth* **104**: 3003-3011.

McGarr, A., and Gay, N. C. 1978. State of stress in the earth's crust. *Ann. Rev. Earth Planet. Sci.* **6**: 405-436.

McGarr, A., Pollard, D. D., Gay, N. C., and Ortlepp, W. D. 1979. Observations and analysis of structures in exhumed mine-induced faults. In *Proc. Conf. VIII - Analysis of Actual Fault-zones in Bedrock, U. S. Geol. Surv. Open-file Report.* **79-1239**, pp.101-120.

McGarr, A., Zoback, M. D., and Hanks, T. C. 1982. Implications of an elastic analysis of in situ stress measurements near the San Andreas fault. *J. Geophys. Res.* **87**: 7797-7806.

McGuire, J. J., Ihmle, P. R, and Jordan, T. H. 1996. Time-domain observations of a slow precursor to the 1994 Romanche Transform earthquake. *Science* **274**: 82-85.

McKay, A. 1890. On earthquakes of September, 1888, in *The Amuri and Marlborough Districts of the South Island, New Zealand. New Zealand Geol. Surv. Geol. Exploration 1888-1889 Report* **20**: 1-16.

McKenzie, D. P. 1969. The relation between fault plane solutions for earthquakes and the directions of the principal stresses. *Bull. Seismol. Soc. Am.* **59**: 591-601.

McKenzie, D. P., and Brune, J. N. 1972. Melting on fault planes during large earthquakes. *Geophys. J. Roy. Astron. Soc.* **29**: 65-78.

McNally, K. 1981. Plate subduction and prediction of earthquakes along the Middle America trench. In *Earthquake Prediction, an International Review M. Ewing Ser. 4*, eds. D. Simpson and P. G. Richards. Washington, DC: American Geophysical Union, pp.63-71.

McNally, K. C., and Gonzalez-Ruis, J. R. 1986. Predictability of the whole earthquake cycle and source mechanics for large (7.0 < Mw < 8.1) earthquakes along the Middle America trench of fshore Mexico. *Earthquake Notes* **57**: 22.

Meade, C., and Jeanloz, R. 1989. Acoustic emissions and shear instabilities during phasetransformations in Si and Ge at ultrahigh pressures. *Nature* **339**: 616-618.

Meade, C., and Jeanloz, R. 1991. Deep-focus earthquakes and recycling of water into the Earth's mantle. *Science* **252**: 68-72.

Means, W. D. 1984. Shear zones of type I and II and their significance for reconstructing rock history. *Geol. Soc. Am. Prog. Abstr.* **16**: 50.

Meissner, R., and Strelau, J. 1982. Limits of stress in continental crust and their relation to the depth-frequency relation of shallow earthquakes. *Tectonics* **1**: 73-89.

Mendoza, C., and Hartzell, S. H. 1988. Aftershock patterns and main shock faulting. *Bull. Seismol. Soc. Am.* **78**: 1438-1449.

Michael, A. J. 1987. Use of focal mechanisms to determine stress - a control study. *J. Geophys. Res.* **92**: 357-368.

Michael, A. J. 1990. Energy constraints on kinematic models of oblique faulting: Loma Prieta versus Parkfield-Coalinga. *Geophys. Res. Lett.* **17**: 1453-1456.

Miller, D. D. 1998. Distributed shear, rotation, and partitioned strain along the San Andreas fault, central California. *Geology* **26**: 867-870.

Miller, S. A. 1996. Fluid-mediated influence of adjacent thrusting on the seismic cycle at Parkfield. *Nature* **382**: 799-802.

Mindlin, R. D. 1949. Compliance of elastic bodies in contact. *Trans. ASME, Ser. E, J. Appl. Mech.* **16**: 13-34.

Mindlin, R. D., and Deresiewicz, H. 1953. Elastic spheres in contact undervarying oblique forces. *Trans. ASME, Ser. E, J. Appl. Mech.* **20**: 327-353.

Mitra, G. 1984. Brittle to ductile transition due to large strains along the White Rock thrust, Wind River Mountains, Wyoming. *J. Struct. Geol.* **6**: 51-61.

Miyatake, T. 1992. Reconstruction of dynamic rupture of an earthquake with constraints of kinematic parameters. *Geophys. Res. Lett.* **19**: 349-352.

Mjachkin, V. I., Brace, W. F., Sobolev, G. A., and Dieterich, J. H. 1975. 2 Models for earthquake forerunners. *Pure Appl. Geophys.* **113**: 169-181.

Mogi, K. 1962. Study of elastic shocks caused by the fracture of heterogenous materials and their relation to earthquake phenomena. *Bull. Earthquake Res. Inst. Univ. Tokyo* **40**: 125-173.

Mogi, K. 1963. Some discussions on aftershocks, foreshocks and earthquake swarms-the fracture of a semi-infinite body caused by inner stress origin and its relation to the earthquake phenomena (3). *Bull. Earthquake Res. Inst. Univ. Tokyo* **41**: 615-658.

Mogi, K. 1966. Some features of recent seismicity in and near Japan (2). Activity before and after great earthquakes. *Bull. Earthquake Res. Inst. Univ. Tokyo* **47**: 395-417.

Mogi, K. 1969. Relationship between the occurrence of great earthquakes and tectonic structures. *Bull. Earthquake Res. Inst. Univ. Tokyo* **47**: 429-441.

Mogi, K. 1977. Seismic activity and earthquake prediction. In *Proc. on Earthquake Prediction Symp.*, Tokyo: pp.203-214.

Mogi, K. 1979. Two kinds of seismic gaps. *Pure Appl. Geophys.* **117**: 1172-1186.

Mogi, K. 1981. Seismicity in westernJapan and long term earthquake forecasting. In *Earthquake Prediction, an International Review. M. Ewing Ser. 4*, ed. D. P. Simpson and P. G. Richards. Washington, DC: American Geophysical Union, pp.43-51.

Mogi, K. 1982. Temporal variation of the precursory crustal deformationjust prior to the 1944 Tonankai earthquake. *J. Seismol. Soc. Japan* **35**: 145-148.

Mogi, K. 1985. *Earthquake Prediction*. Tokyo: Academic Press.

Mogi, K. 1995. Earthquake prediction research in Japan. *J. Phys. Earth* **43**: 533-561.

Molchanov, O. A., Kopytenko, Y. A., Voronov, P. M., Kopytenko, E. A., Matiashvili, T. G., Fraser-Smith, A. C, and Bernardi, A. 1992. Results of ULF magnetic-field measurements near the epicenters of the Spitak (M_S = 6.9) and Loma-Prieta (M_S = 7.1) earthquakes-comparative analysis. *Geophys. Res. Lett.* **19**: 1495-1498.

Molnar, P. 1992. Brace-Goetze strength profiles, the partitioning of strike-slip and thrust faulting at zones of oblique convergence, and the stress-heat flow paradox of the San Andreas fault. In *Fault Mechanics and Transport Properties of Rocks,* eds. B. Evans and T. -f. Wong. London: Academic Press, pp.435-460.

Molnar, P., Chen, W. -P., and Padovani, E. 1983. Calculated temperatures in overthrust terrains and possible combinations of heat sources responsible for the Tertiary granites in the Greater Himalaya. *J. Geophys. Res.* **88**: 6415-6429.

Molnar, P., and Deng, Q. 1984. Faulting associated with large earthquakes and the average rate of deformation in central and east Asia. *J. Geophys. Res.* **89**: 6203-6214.

Mooney, W. D., and Ginsberg, A. 1986. Seismic measurements of the internal properties of fault zones. *Pure Appl. Geophys.* **124**: 141-158.

Moore, D. E., and Lockner, D. A. 1995. The role of microcracking in shear-fracture propagation in granite. *J. Struct. Geol.* **17**: 95-114.

Moore, D. E., Lockner, D.A., Summers, R., Shengli, M., and Byerlee, J. D. 1996. Strength of chrysotile-serpentinite gouge under hydrothermal conditions: Can it explain a weak San Andreas fault? *Geology* **24**: 1041-1044.

Moore, D. E., Lockner, D. A., Ma, S. L., Summers, R., and Byerlee, J. D. 1997. Strengths of serpentinite gouges at elevated temperatures. *J. Geophys. Res. - Solid Earth* **102**: 14787-14801.

Mori, J., Hudnut, K., Jones, L., Hauksson, E., and Hutton, K. 1992. Rapid scientific response to Landers quake. *Eos Trans. AGU* **73**: 417-418.

Morrow, C. A., Radney, B., and Byerlee, J. D. 1992. Frictional strength and the effective pressure law of montmorillonite and illite clays. In *Fault Mechanics and Transport Properties of Rocks,* eds. B. Evans and T. -f. Wong. Academic Press, pp.69-88.

Morrow, C. A., Moore, D. E., and Lockner, D. A. 2000. The effect of mineral bond strength and adsorbed water on fault gouge frictional strength. *Geophys. Res. Lett.* **27**: 815-818.

Mount, V. S., and Suppe, J. 1987. State of stress near the San-Andreas fault-implications for wrench tectonics. *Geology* **15**: 1143-1146.

Muir-Wood, R., and King, G. C. P. 1993. Hydrological signatures of earthquake strain. *J. Geophys. Res.* **98**: 22035-22068.

Musha, K. 1943. *Zotei Dainihonjisin Shiryo.* Tokyo: Shinsai Yobo Hyogi Kai.

Myers, C., Shaw, B., and Langer, J. 1996. Slip complexity in a crustal plane model of an earthquake fault. *Phys. Rev. Lett.* **77**: 972-975.

Nabelek, J., Chen, W. -P., and Ye, H. 1987. The Tangshan earthquake sequence and its implications for the evolution of the North China basin. *J. Geophys. Res.* **92**: 12615-12628.

Nabelek, P. L, and Liu, M. A. 1999. Leucogranites in the BlackHills of South Dakota: The consequence of shear heating during continental collision. *Geology* **27**: 523-526.

Nadeau, R. M., Foxall, W., and McEvilly, T V. 1995. Clustering and periodic recurrence of microearthquakes on the San-Andreas fault at Parkfield, California. *Science* **267**: 503-507.

Nadeau, R. M., and Johnson, L. R. 1998. Seismological studies at Parkfield VI: Moment release rates and estimates of source parameters for small repeating earthquakes. *Bull. Seismol. Soc.*

Am. **88**: 790-814.

Nadeau, R. M., and McEvilly, T. V. 1999. Fault slip rates at depth from recurrence intervals of repeating microearthquakes. *Science* **285**: 718-721.

Nakamura, K. 1969. Arrangement of parasitic cones as a possible key to a regional stress field. *Bull. Volcanol. Soc. Japan* **14**: 8-20.

Nakamura, K., Jacob, K., and Davies, J. 1977. Volcanoes as possible indicators of tectonic stress indicators-Aleutians and Alaska. *Pure Appl. Geophys.* **115**: 86-112.

Nakamura, K., Shimazaki, K., and Yonekura, N. 1984. Subduction, bending, and eduction. Present and Quaternary tectonics of the northern border of the Philippine Sea plate. *Bull. Soc. Geol. France* **26**: 221-243.

Nakano, H. 1923. Notes on the nature of the forces which give rise to the earthquake motions. Seismol. *Bull. Central Meteorol. Obs., Japan* **1**: 92-120.

Nakata, T., Takahashi, T., and Koba, M. 1978. Holocene emerged coral reefs and sea level changes in the Ryukyu Islands. *Geograph. Rev. Japan* **51**: 87-108.

Nakatani, M. 2001. Physical and conceptual clarification of rate and state variable friction. *J. Geophys. Res.* **106**: 13347-13380.

Nalbant, S. S., Hubert, A., and King, G. C. P. 1998. Stress coupling between earthquakes in northwest Turkey and the north Aegean Sea. *J. Geophys. Res.* **103**: 24469-24486.

Nemat-Nasser, S., and Horii, H. 1982. Compression-induced nonplanar crack extension with application to splitting, exfoliation, and rockburst. *J. Geophys. Res.* **87**: 6805-6821.

Nicolas, A., and Poirier, J. -P. 1976. *Crystalline Plasticity and Solid State Flow in Metamorphic Rocks.* New York: John Wiley.

Nishenko, S. P. 1985. Seismic potential for large and great interplate earthquakes along the Chilean and southern Peruvian margins of South America-a quantitative reappraisal: *J. Geophys. Res.* **90**: 3589-3615.

Nishenko, S. P., and Buland, R. 1987. A generic recurrence interval distribution for earthquake forecasting. *Bull. Seismol. Soc. Am.* **77**: 1382-1399.

Nur, A. 1972. Dilatancy, pore fluids, and premonitory variations in ts/tp travel times. *Bull. Seism. Soc. Am.* **62**: 1217-1222.

Nur, A. 1974. Matsushiro, Japan earthquake swarm: Confirmation of the dilatancy-fluid diffusion model. *Geology* **2**: 217-221.

Nur, A. 1978. Nonuniform friction as a basis for earthquake mechanics. *Pure Appl. Geophys.* **116**: 964-989.

Nur, A., and Byerlee, J. D. 1971. An exact effective stress law for elastic deformation of rock with fluids. *J. Geophys. Res.* **76**: 6414-6419.

Nur, A., and Mavko, G. 1974. Postseismic viscoelastic rebound. *Science* **183**: 204-206.

Nuttli. 1973. The Mississippi Valley earthquakes of 1811-12: Intensities, ground motion and magnitudes. *Bull. Seismol. Soc. Am.* **63**: 227-248.

O'Connell, R., and Budiansky, B. 1974. Seismic velocities in dry and saturated cracked solids. *J. Geophys. Res.* **79**: 5412-5426.

O'Neil, J. R., and Hanks, T. C. 1980. Geochemical evidence for water-rock interaction along the San Andreas and Garlock faults of California. *J. Geophys. Res.* 85: 6286-6292.

O'Reilly, W, and Rastogi, B. K. 1986. Induced seismicity. *Phys. Earth Planet. Inter.* **44**: 73-199.

Obriemoff, J. W. 1930. The splitting strength of mica. *Proc. Roy. Soc. London,* **Ser. A 127**: 290-302.

Ohnaka, M. 1975. Frictional characteristics of typical rocks. *J. Phys. Earth* **23**: 87-102.

Ohnaka, M. 1992. Earthquake source nucleation - a physical model for short-term precursors. *Tectonophysics* **211**: 149-178.

Ohnaka, M. 1993. Critical size of the nucleation zone of earthquake rupture inferred from immediate foreshock activity. *J. Phys. Earth* **41**: 45-56.

Ohnaka, M., Kuwahana, Y., Yamamoto, K., and Hirasawa, T. 1986. Dynamic breakdown processes and the generating mechanism for high frequency elastic radiation during stick-slip instabilities. In *Earthquake Source Mechanics. AGU Geophys. Mono. 37*, eds. S. Das, J. Boatwright, and C. Scholz. Washington, DC: American Geophysical Union, pp.13-24.

Ohtake, M., Matumoto, T., and Latham, G. V. 1977. Seismicity gap near Oaxaca, southern Mexico as a probable precursor to a large earthquake. *Pure Appl. Geophys.* **115**: 375-385.

Ohtake, M., Matumoto, T., and Latham, G. 1981. Evaluation of the forecast of the 1978 Oaxaca, southern Mexico earthquake based on a precursory seismic quiescence. In *Earthquake Prediction: an International Review. M. Ewing Ser. 4,* eds. D. P. Simpson and P. G. Richards. Washington, DC: American Geophysical Union, pp.53-62.

Okal, E. A., and Stewart, L. M. 1982. Slow earthquakes along oceanic fracture-zones-evidence for asthenospheric flow away from hotspots. *Earth Planet. Sci. Lett.* **57**: 75-87.

Okubo, P. 1988. Rupture propagation in a nonuniform stress field following a state variable friction model. *Eos Trans. AGU* **69**: 400-401.

Okubo, P., and Dieterich, J. H. 1984. Effects of physical fault properties on frictional instabilities produced on simulated faults. *J. Geophys. Res.* **89**: 5815-5827.

Okubo, P., and Dieterich, J. H. 1986. State variable fault constitutive relations for dynamic slip. In *Earthquake Source Mechanics. AGU Geophys. Mono.*, eds. S. Das, J. Boatwright, and C. Scholz. Washington, DC: American Geophysical Union, pp.25-36.

Okui, Y. and Horii, H. 1997. Stress and time-dependent failure of brittle rocks under compression: A theoretical prediction. *J. Geophys. Res. - Solid Earth* **102**: 14869-14881.

Oleskevich, D. A., Hyndman, R. D., and Wang, K. 1999. The updip and downdip limits to great subduction earthquakes: Thermal and structural models of Cascadia, south Alaska, SW Japan, and Chile. *J. Geophys. Res. - Solid Earth* **104**: 14965-14991.

Olsen, K. B., Madariaga, R., and Archuleta, R. J. 1997. Three-dimensional dynamic simulation of the 1992 Landers earthquake. *Science* **278**: 834-838.

Oppenheimer, D. H. 1990. Aftershock slip behavior of the 1989 Loma-Prieta, California earthquake. *Geophys. Res. Lett.* **17**: 1199-1202.

Oppenheimer, D. H., Reasenberg, P. A., and Simpson, R. W. 1988. Fault plane solutions for the 1984 Morgan Hill, California, earthquake sequence: Evidence for the state of stress on the Calaveras fault. *J. Geophys. Res.* **93**: 9007-9026.

Orowan, E. 1944. The fatigue of glass under stress, *Nature* **154**: 341-343.

Orowan, E. 1949. Fracture and strength of solids. *Rep. Prog. Phys.* **12**: 48-74.

Ota, Y., Matsuda, T, and Naganuma, K. 1976. Tilted marine terraces of the Ogi Peninsula, Sado Island, related to the Ogi earthquake of 1802. *Zisin* **II 29**: 55-70.

Ota, Y., Machida, H., Hori, N., Kunishi, K., and Omur, A. 1978. Holocene raised coral reefs of Kinkaijima (Ryukyu Is.) - an approach to Holocene sea level study. *Geograph. Rev. Japan.* **51**: 109-130.

Pacheco, J. F., Scholz, C. H., and Sykes, L. R. 1992. Changes in frequency-size relationship from small to large earthquakes. *Nature* **355**: 71-73.

Pacheco, J. F., and Sykes, L. R. 1992. Seismic moment catalog of large shallow earthquakes, 1900 to 1989. *Bull. Seismol. Soc. Am.* **82**: 1306-1349.

Pacheco, J. F., Sykes, L. R., and Scholz, C. H. 1993. Nature of seismic coupling along simple plate boundaries of the subduction type. *J. Geophys. Res.* **98**: 14133-14159.

Page, B. M., Thompson, G. A., and Coleman, R. G. 1998. Late Cenozoic tectonics of the central and southern coast ranges of California. *Geol. Soc. Am. Bull.* **110**: 846-876.

Palayo, A. M., and Wiens, D. A. 1992. Tsunami earthquakes - slow thrust-faulting events in the accretionary wedge. J. Geophys. Res. - Solid Earth 97: 15321-15337.

Papazachos, B. 1975. Foreshocks and earthquake prediction. *Tectonophysics* 28: 213-226.

Parks, G. 1984. Surface and interfacial free energies of quartz. *J. Geophys. Res.* **89**: 3997-4008.

Parsons, T. 1998. Seismic-reflection evidence that the Hayward fault extends into the lower crust of the San Francisco Bay Area, California. *Bull. Seismol. Soc. Am.* **88**: 1212-23.

Parsons, T., and Dreger, D. S. 2000. Static-stress impact of the 1992 Landers earthquake sequence on nucleation and slip at the site of the 1999 M = 7.1 Hector Mine earthquake, southern California. *Geophys. Res. Lett.* **27**: 1949-1952.

Parsons, T., Toda, S., Stein, R. S., Barka, A., and Dieterich, J. H. 2000. Heightened odds of large earthquakes near Istanbul: an interaction-based probability calculation. *Science* **288**: 661-665.

Passchier, C. 1984. The generation of ductile and brittle deformation bands in a low-angle mylonite zone. *J. Struct. Geol.* **6**: 273-281.

Paterson, M. S. 1978. *Experimental Rock Deformation - Brittle Field.* Berlin: Springer-Verlag.

Paterson, M. S. 1987. Problems in the extrapolation of laboratory theological data. *Tectonophysics* **133**: 33-43.

Paterson, M. S. and Weaver, C. W. 1970. Deformation of polycrystalline MgO under pressure. *J. Am. Ceram. Soc.* **53**: 463-471.

Peacock, D. C. P. 1991. Displacements and segment linkage in strike-slip-fault zones. *J. Struct. Geol.* **13**: 1025-1035.

Peacock, D. C. P., and Sanderson, D. J. 1991. Displacements, segment linkage and relay ramps in normal-fault zones. *J. Struct. Geol.* **13**: 721-734.

Peacock, D. C. P., and Sanderson, D. J. 1994. Geometry and development of relay ramps in normal fault systems. *AAPG Bull. Am. Assoc. Petr. Geol.* **78**: 147-165.

Peck, L., Nolen Hoeksema, R. C., Barton, C. C., and Gordon, R. B. 1985. Measurement of the resistance of imperfectly elastic rock to the propagation o ftensile cracks. *J. Geophys. Res.* **90**: 7827-7836.

Pegler, G., and Das, S. 1996. Analysis of the relationship between seismic moment and fault length for large crustal strike-slip earthquakes between 1977-92. *Geophys. Res. Lett.* **23**: 905-908.

Peltzer, G., Rosen, P., Rogez, R, and Hudnut, K. 1996. Postseismic rebound in fault step-overs caused by pore fluid flow. *Science* **273**: 1202-1204.

Peltzer, G., Rosen, P., Rogez, F., and Hudnut, K. 1998. Poroelastic rebound along the Landers 1992 earthquake surface rupture. *J. Geophys. Res. - Solid Earth* **103**: 30131-30145.

Perez, O. J., and Scholz, C. H. 1984. Heterogeneities of the instrumental seismicity catalog (1904-1980) for strong shallow earthquakes. *Bull. Seismol. Soc. Am.* **74**: 669-686.

Perez, O. J., and Scholz, C. H. 1997. Long-term seismic behavior of the focal and adjacent regions of great earthquakes during the time between two successive shocks. *J. Geophys. Res. - Solid Earth* **102**: 8203-8216.

Peterson, E. T., and Seno, T. 1984. Factors affecting seismic moment release rates in subduction zones. *J. Geophys. Res.* **89**: 10233-10248.

Plafker, G., and Rubin, M. 1978. Uplift history and earthquake recurrence as deduced from marine terraces on Middleton Island, Alaska. In *Proc. Conf. VI: Methodology for Identifying Seismic Gaps and Soon-to-Break Gaps,* U.S. Geol. Surv. Open-file Report 78-943, pp.857-868.

Poirier, J. -P. 1985. *Creep of Crystals.* Cambridge: Cambridge Univ. Press.

Polet, J., and Kanamori, H. 2000. Shallow subduction zone earthquakes and their tsunamigenic potential. *Geophys. J. Int.* **142**: 684-702.

Pollard, D. D., Segall, P., and Delaney, P. T. 1982. Formation and interpretation of dilatant echelon cracks. *Geol. Soc. Am. Bull.* **93**: 1291-1303.

Pollard, D. D., and Segall, P. 1987. Theoretical displacements and stresses near fractures in rock: with applications to faults, joints, dikes, and solution surfaces. In *Fracture Mechanics of Rock,* ed. B. K. Atkinson. London: Academic Press, pp.277-348.

Pollitz, F. F., Burgmann, R., and Segall, P. 1998. Joint estimation of afterslip rate and postseismic relaxation following the 1989 Loma Prieta earthquake. *J. Geophys. Res.* **103**: 26975-26992.

Pollitz, F. F., Peltzer, G., and Burgmann, R. 2000. Mobility of continental mantle: evidence from postseismic geodetic observations following the 1992 Landers earthquake. *J. Geophys. Res.* **105**: 8035-8054.

Pomeroy, P. W., Simpson, D. W., and Sbar, M. L. 1976. Earthquakes triggered by surface quarrying-Wappinger Falls, NewYork sequence of June, 1974. *Bull. Seismol. Soc. Am.* **66**: 685-700.

Power, W. L., Tullis, T. E., Brown, S., Boitnott, G. N., and Scholz, C. H. 1987. Roughness of natural fault surfaces. *Geophys. Res. Lett.* **14**: 29-32.

Power, W. L., Tullis, T. E., and Weeks, J. D. 1988. Roughness and wear during brittle faulting. *J. Geophys. Res.* **93**: 15268-15278.

Pratt, H. R., Black, A. D., Brown, W. S., and Brace, W. F. 1972. The effect of specimen size on the strength of unjointed diorite. *Int. J. Rock Mech. Min. Sci.* **9**: 513-529.

Price, N.J. 1966. *Fault and Joint Development in Brittle and Semi-brittle Rock.* Oxford: Pergamon.

Procter, B. A., Whitney, L, and Johnson, J. W. 1967. The strength of fused silica. *Proc. Roy. Soc. London* **Ser. A 297**: 534-547.

Purcaru, G., and Berckhemer, H. 1978. A magnitude scale for very large earthquakes. *Tectonophysics* **49**:189-198.

Rabinowicz, E. 1951. The nature of the static and kinetic coefficients offriction. *J. Appl. Phys.* **22**: 1373-1379.

Rabinowicz, E. 1956. Autocorrelation analysis of the sliding process. *J. Appl. Phys.* **27**: 131-135.

Rabinowicz, E. 1958. The intrinsic variables affecting the stick-slip process. *Proc. Phys. Soc. London* **71**: 668-675.

Rabinowicz, E. 1965. *Friction and Wear of Materials.* New York: John Wiley.

Rabotnov, Y. N. 1969. *Creep Problems in Structural Members.* Amsterdam: North Holland.

Raleigh, C. B., and Patterson, M. S. 1965. Experimental deformation of serpentinite and its tectonic implications. *J. Geophys. Res.* **70**: 3965-3985.

Raleigh, C. B., Healy, J. H., and Bredehoeft, J. 1972. Faulting and crustal stress at Rangely, Colorado. In *Flow and Fracture of Rocks. AGU Geophysical Mono. 16,* eds. H. Heard, I. Borg, N. Carter, and C. Raleigh. Washington, DC: American Geophysical Union, pp. 277-284.

Raleigh, C. B., Healy, J., and Bredehoeft, J. 1976. An experiment in earthquake control at Rangely, Colorado. *Science* **191**: 1230-1237.

Raleigh, C. B., Bennet, G., Craig, H., Hanks, T., Molnar, P., Nur, A., Savage, A., Scholz, C., Turner, R., Wu, F. 1977. Prediction of the Haicheng earthquake. *Eos Trans. AGU* **58**: 236-272.

Ramsay, J. G. 1983. The crack-seal mechanism of rock deformation. *Nature* **284**: 135-139.

Ramsay, J. G., and Graham, R. H. 1970. Strain variation in shearbelts. *Can. J. Earth Sci.* **7**: 786-813.

Rayleigh, J. W. S. 1877, 1878. *The Theory of Sound,* I, II. London; MacMillian and Co.

Reasenberg, P. A., and Simpson, R. W. 1992. Response of regional seismicity to the static stress change produced by the Loma-Prieta earthquake. *Science* **255**: 1687-1690.

Reid, H. F. 1910. The mechanism of the earthquake. In *The California Earthquake of April 18, 1906, Report of the State Earthquake Investigation Commission, Vol. 2.* Washington, DC : Carnegie Institution, pp.1-192.

Reinecke, T. 1998. Prograde high- to ultrahigh-pressure metamorphism and exhumation of oceanic sediments at Lago di Cignana, Zermatt-Saas Zone, western Alps. *Lithos* **42**: 147-189.

Reinen, L. A. 2000. Slip styles in a spring-slider model with a laboratory-derived constitutive law for serpentinite. *Geophys. Res. Lett.* **27**: 2037-2040.

Reinen, L.A., Weeks, J. D., and Tullis, T. E. 1991. The frictional behavior of serpentinite-implications for aseismic creep on shallow crustal faults. *Geophys. Res. Lett.* **18**: 1921-1924.

Reinen, L. A., Weeks, J. D., and Tullis, T. E. 1994. The frictional behavior oflizardite and antigorite serpentinites - experiments, constitutive models, and implications for natural faults. *Pure Appl. Geophys.* **143**: 317-358.

Renard, F., Gratier, J. P., and Jamtveit, B. 2000. Kinetics of crack sealing, intergranular pressure solution, and compaction around active faults. *J. Struct. Geol.* **22**: 1395-1407.

Research Group for Active Faults in Japan. 1980. *Active Faults in Japan, Sheet Maps and Inventories.* Tokyo: Tokyo Univ. Press.

Reynolds, S. J., and Lister, G. S. 1987. Structural aspects of fluid-rock interactions in detachment zones. *Geology* **15**: 362-366.

Rice, J. R. 1968. A path-independent integral and the approximate analysis of strain concentration by notches and cracks. *J. Appl. Mech.* **35**: 379-386.

Rice, J. R. 1980. The mechanics of earthquake rupture. In *Physics of the Earth's Interior.* eds. A. Dziewonski and E. Boschi. Amsterdam: North Holland, pp.555-649.

Rice, J. R. 1983. Constitutive relations for fault slip and earthquake instabilities. *Pure Appl. Geophys.* **121**: 443-475.

Rice, J. R. 1992. Fault stress states, pore pressure distributions, and the weakness of the San Andreas fault. In *Fault Mechanics and Transport Properties of Rocks.* eds. B. Evans and T. -f. Wong. London: Academic Press, pp.475-504.

Rice, J. R., and Cleary, M. P. 1976. Some basic stress diffusion solutions for fluid-saturated elastic porous media with compressible constituents. *Rev. Geophys. Space Phys.* **14**: 227-241.

Rice, J. R., and Rudnicki, J. W. 1979. Earthquake precursory effects due to pore fluid stabilization of a weakened fault zone. *J. Geophys. Res.* **84**: 2177-2193.

Rice, J. R., and Tse, S. T. 1986. Dynamic motion of a single degree of freedom system following a rate and state dependent friction law. *J. Geophys. Res.* **91**: 521-530.

Richards, P. 1976. Dynamic motions near an earthquake fault: A three-dimensional solution. *Bull. Seismol. Soc. Am.* **66**: 1-32.

Richins, W, Pechmann, J., Smith, R., Langer, C., Goter, S., Zollweg, J., and King, J. 1987. The 1983 Borah Peak, Idaho, earthquake and its aftershocks. *Bull. Seismol. Soc. Am.* **77**: 694-723.

Richter, C. F. 1958. *Elementary Seismology.* San Francisco: W. H. Freeman.

Richter, F. M., and McKenzie, D. P. 1978. Simple plate models of mantle convection. *J. Geophys.*

44: 441-471.

Riedel, W. 1929. Zur Mechanik geologischer Brucherscheinungen. *Zent Min. Geol. Pal.* **1929B**: 354-368.

Rikitake, T. 1976. *Earthquake Prediction.* Amsterdam: Elsevier.

Rikitake, T. 1982. *Earthquake Forecasting and Warning.* Tokyo: D. Reidel.

Ritz, J. -F., and Taboada, A. 1993. Revolution stress ellipsoids in brittle tectonics resulting from uncritical use of inverse methods. *Bull. Soc. Geol. France* **164**: 519-531.

Rives, T., Razack, M., Petit, J. P., and Rawnsley, K. D. 1992. Joint spacing-analog and numerical simulations. *J. Struct. Geol.* **14**: 925-937.

Robertson, E. C. 1982. Continuous formation of gouge and breccia during fault displacement. In *Issues in Rock Mechanics, 23rd U. S. Symp. Rock Mech.* eds. R. E. Goodman and F. Heuse. New York, New York: Am. Inst. Min. Eng., pp.397-404.

Robin, P. Y. 1973. Note on effective stress. *J. Geophys. Res.* **78**: 2434-2437.

Robin, P. Y. 1978. Pressure solution-to-grain contacts. *Geochim. Cosmochim. Acta* **42**: 1383-1389.

Roeloffs, E. 1988a. Hydrological precursors to earthquakes. *Pure Appl. Geophys.* **126**: 177-209.

Roeloffs, E. A. 1988b. Fault stability changes induced beneath a reservoir with cyclic variations in water level. *J. Geophys. Res.* **93**: 2107-2124.

Roeloffs, E. and Langbein, J. 1994. The earthquake prediction experiment at Parkfield, California, *Rev. Geophys.* **32**: 315-336.

Roeloffs, E., and Quilty, E. 1997. Case 21: Water level and strain changes preceding and following the August 4, 1985 Kettleman Hills, California, earthquake. *Pure Appl. Geophys.* **149**: 21-60.

Rojstaczer, S. A., and Wolf, S. 1992. Permeability changes associated with large earthquakes: an example from Loma Prieta, California. *Geology* **20**: 211-214.

Rojstaczer, S. A., Wolf, S., and Michel, R. 1995. Permeability enhancement in the shallow crust as a cause of earthquake-induced hydrological changes. *Nature* **373**: 237-239.

Romanowicz, B. 1992. Strike-slip earthquakes on quasi-vertical transcurrent faults: inferences for general scaling relations. *Geophys. Res. Lett.* **19**: 481-484.

Rosakis, A. J., Samudrala, O., and Coker, D. 1999. Cracks faster than the shear wave speed. *Science* **284**: 1337-1340.

Rudnicki, J. W. 1988. Physical models of earthquake instability and precursory processes. *Pure Appl. Geophys.* **126**: 531-554.

Ruff, L., and Kanamori, H. 1980. Seismicity and the subduction process. *Phys. Earth Planet. Inter.* **23**: 240-252.

Ruff, L., and Kanamori, H. 1983. Seismic coupling and uncoupling at subduction zones. *Tectonophysics* **99**: 99-117.

Ruina, A. L. 1983. Slip instability and state variable friction laws. *J. Geophys. Res.* **88**: 10359-10370.

Rutter, E. H. 1986. On the nomenclature of mode of failure transitions in rocks. *Tectonophysics* **122**: 381-387.

Rutter, E. H., Maddock, R. H., Hall, S. H., and White, S. H. 1986. Comparative microstructures of natural and experimentally produced clay-bearing fault gouges. *Pure Appl. Geophys.* **124**: 3-30.

Rydelek, P. A., and Sacks, I. S. 1989. Testing the completeness of earthquake catalogs and the hypothesis of self-similarity. *Nature* **337**: 251-253.

Sacks, I. S., Suyehiro, S., Linde, A. T., and Snoke, J. A. 1978. Slow earthquakes and stress redistribution. *Nature* **275**: 599-602.

Sagiya, T. 1999. Interplate coupling in the Tokai District, Central Japan, deduced from continuous GPS measurements. *Geophys. Res. Lett.* **26**: 2315-2318.

Saleur, H., Sammis, C. G., and Sornette, D. 1996. Discrete scale invariance, complex fractal dimensions, and log-periodic fluctuations in seismicity. *J. Geophys. Res. - Solid Earth* **101**: 17661-17677.

Sammis, C. G. Osborne, R., Anderson, J., Banerdt, M., and White, P. 1986. Self-similar cataclasis in the formation offault gauge. *Pure Appl. Geophys.* **124**: 53-78.

Sanford, A. R. 1959. Analytical and experimental study of simple geologic structures. *Bull. Geol. Soc. Am.* **70**: 19-51.

Satake, K., and Tanioka, Y. 1999. Sources of tsunami and tsunamigenic earthquakes in subduction zones. *Pure Appl. Geophys.* **154**: 467-483.

Sato, H. 1988. Temporal change in scattering and attenuation associated with the earthquake occurrence-a review of recent studies on coda waves. *Pure Appl. Geophys.* **126**: 465-498.

Savage, J. C. 1993. The Parkfield prediction fallacy. *Bull. Seismol. Soc. Am.* **83**: 1-6.

Savage, J. C. 1995. Interseismic uplift at the Nankai subduction zone, southwest Japan, 1951-1990. *J. Geophys. Res. - Solid Earth* **100**: 6339-6350.

Savage, J. C., and Hastie, L. M. 1966. Surface deformation associated with dip-slip faulting. *J. Geophys. Res.* **71**: 4897-4904.

Savage, J. C., and Prescott, W. H. 1978. Asthenosphere readjustment and the earthquake cycle. *J. Geophys. Res.* **83**: 3369-3376.

Savage, J. C., and Lisowski, M. 1984. Deformation in the White Mountain seismic gap, California-Nevada, 1972-1982. *J. Geophys. Res.* **89**: 7671-7688.

Savage, J. C., Lisowski, M., and Prescott, W. H. 1990. An apparent shear zone trending north-northwest across the Mojave-Desert into Owens-Valley, eastern California. *Geophys. Res. Lett.* **17**: 2113-2116.

Savage, J. C., and Thatcher, W. 1992. Interseismic deformation at the Nankai trough, Japan, subduction zone. *J. Geophys. Res.* **97**: 11117-11135.

Savage, J. C., and Lisowski, M. 1993. Inferred depth of creep on the Hayward fault, central California. *J. Geophys. Res. - Solid Earth* **98**: 787-793.

Savage, J. C., and Lisowski, M. 1995. Interseismic deformation along the San-Andreas fault in southern California. *J. Geophys. Res. - Solid Earth* **100**: 12703-12717.

Savage, J. C., Lisowski, M., Svarc, L., and Gross, W. K. 1995. Strain accumulation across the central Nevada seismic zone. *J. Geophys. Res.* **100**: 20257-20269.

Savage, J. C., and Svarc, J. L. 1997. Postseismic deformation associated with the 1992 Mw= 7.3 Landers earthquake, southern California. *J. Geophys. Res. - Solid Earth* **102**: 7565-7578.

Savage, J. C., Svarc, J. L., and Prescott, W. H. 1999. Geodetic estimates of fault slip rates in the San Francisco Bay area. *J. Geophys. Res. - Solid Earth* **104**: 4995-5002.

Sbar, M. L., and Sykes, L. R. 1977. Seismicity and lithospheric stress in New York and adjacent areas. *J. Geophys. Res.* **82**: 5771-5786.

Schlische, R. W., Young, S. S., Ackermann, R. V., and Gupta, A. 1996. Geometryand scaling relations of a population of very small rift-related normal faults. *Geology* **24**: 683-686.

Schmid, S. M., Boland, J. N., and Paterson, M. S. 1977. Superplastic flow in finegrained limestone. *Tectonophysics* **43**: 257-291.

Scholz, C. H. 1968a. Micro fracturing and the inelastic deformation of rock in compression. *J. Geophys. Res.* **73**: 1417-1432.

Scholz, C. H. 1968b. Experimental study of the fracturing process in brittle rock. *J. Geophys. Res.* **73**: 1447-1454.

Scholz, C. H. 1968c. The frequency-magnitude relation of microfracturing in rock and its relation to earthquakes. *Bull. Seismol. Soc. Am.* **58**: 399-415.

Scholz, C. H. 1968d. Micro fractures, aftershocks, and seismicity. *Bull. Seismol. Soc. Am.* **58**: 1117-1130.

Scholz, C. H. 1972a. Static fatigue of quartz. *J. Geophys. Res.* **77**: 2104-2114.

Scholz, C. H. 1972b. Crustal movements in tectonic areas. *Tectonophysics* **14**: 201-217.

Scholz, C. H. 1974. Post-earthquake dilatancy recovery. *Geology* **2**: 551-554.

Scholz, C. H. 1977. A physical interpretation of the Haicheng earthquake prediction. *Nature* **267**: 121-124.

Scholz, C. H. 1978. Velocity anomalies in dilatant rock. *Science* **201**: 441-442.

Scholz, C. H. 1980. Shear heating and the state of stress on faults. *J. Geophys. Res.* **85**: 6174-6184.

Scholz, C. H. 1982. Scaling laws for large earthquakes: Consequences for physical models. *Bull. Seismol. Soc. Am.* **72**: 1-14.

Scholz, C. H. 1985. The Black Mountain asperity: Seismic hazard on the San Francisco peninsula, California. *Geophys. Res. Lett.* **12**: 717-719.

Scholz, C. H. 1987. Wear and gouge formation in brittle faulting. *Geology* **15**: 493-495.

Scholz, C. H. 1988a. The critical slip distance for seismic faulting. *Nature* **336**: 761-763.

Scholz, C. H. 1988b. The brittle-plastic transition and the depth of seismic faulting. *Geol. Runds.* **77**:319-328.

Scholz, C. H. 1988c. Mechanisms of seismic quiescences. *Pure Appl. Geophys.* **126**: 701-718.

Scholz, C. H. 1992. Weakness amidst strength. *Nature* **359**: 677-678.

Scholz, C. H. 1994. Fractal transitions on geological surfaces. In *Fractal in the Earth Sciences.* eds. C. Barton and P. La Pointe. Plenum Press, pp. 131-140.

Scholz, C. H. 1994c. Reply to comments on 'a reappraisal of large earthquake scaling'. *Bull. Seismol. Soc. Am.* **84**: 1677-1678.

Scholz, C. H. 1997a. Earthquake and fault populations and the calculation of brittle strain. *Geowissenshaften* **3-4**: 124-130.

Scholz, C. H. 1997b. Size distributions for large and small earthquakes. *Bull. Seismol. Soc. Am.* **87**: 1074-1077.

Scholz, C. H. 1998a. Earthquakes and friction laws. *Nature* **391**: 37-42.

Scholz, C. H. 1998b. A further note on earthquake size distributions. *Bull. Seismol. Soc. Am.* **88**: 1325-1326.

Scholz, C. H. 2000. Evidence for a strong San Andreas fault. *Geology* **28**: 163-166.

Scholz, C. H., Wyss, M., and Smith, S.W. 1969. Seismic and aseismic slip on the SanAndreas fault. *J. Geophys. Res.* **74**: 2049-2069.

Scholz, C. H., Sykes, L. R., and Aggarwal, Y. P. 1973. Earthquake prediction: Aphysical basis. *Science* **181**: 803-810.

Scholz, C. H., Barazangi, M., and Sbar, M. L. 1971. Late Cenozoic evolution of the Great Basin, western United States, as an ensialic interarc basin. *Geol. Soc. Am. Bull.* **82**: 2979-2990.

Scholz, C. H., Molnar, P., and Johnson, T. 1972. Detailed studies of frictional sliding of granite and implications for the earthquake mechanism. *J. Geophys. Res.* **77**: 6392-6406.

Scholz, C. H., and Engelder, T. 1976. Role of asperity indentation and ploughing in rock friction. *Int. J. Rock Mech. Min. Sci.* **13**: 149-54.

Scholz, C. H., Koczynski, T., and Hutchins, J. 1976. Evidence for incipient rifting in southern Africa. *Geophys. J. Roy. Astron. Soc.* **44**: 135-144.

Scholz, C. H., and Kato, T. 1978. The behavior of a convergent plate boundary: crustal deformation in the south Kanto District, Japan. *J. Geophys. Res.* **83**: 783-791.

Scholz, C. H., Beavan, J., and Hanks, T. C. 1979. Frictional metamorphism, argon depletion, and tectonic stress on the Alpine fault, New Zealand. *J. Geophys. Res.* **84**: 6770-6782.

Scholz, C. H., and Koczynski, T. A. 1979. Dilatancy anisotropy and the response of rock to large cyclic loads. *J. Geophys. Res.* **84**: 5525-5534.

Scholz, C. H., Boitnott, G. A., and Nemart-Nasser, S. 1986. The Bridgman ring paradox revisited. *Pure Appl. Geophys.* **124**: 587-600.

Scholz, C. H., and Cowie, P. A. 1990. Determination of total strain from faulting using slip measurements. *Nature* **346**: 837-839.

Scholz, C. H., and Saucier, F. J. 1993. What do the Cajon Pass stress measurements say about stress on the San Andreas fault - in-situ stress measurements to 3.5 km depth in the Cajon Pass scientific-research borehole-implications for the mechanics of crustal faulting-comment. *J. Geophys. Res. - Solid Earth* **98**: 17867-17869.

Scholz, C. H., Dawers, N. H., Yu, J. Z., Anders, M. H., and Cowie, P. A. 1993. Faultgrowth and fault scaling laws-preliminary results. *J. Geophys. Res. - Solid Earth* **98**: 21951-21961.

Scholz, C. H., and Campos, J. 1995. On the mechanism of seismic decoupling and back-arc spreading in subduction zones. *J. Geophys. Res.* **100**: 22103-22115.

Scholz, C. H., and Small, C. 1997. The effect of seamount subduction on seismic coupling. *Geology* **25**: 487-490.

Scholz, C. H., and Contreras, J. C. 1998. Mechanics of continental rift architecture. *Geology* **26**: 967-970.

Schulz, S. S., Mavko, G., Burford, R. O., and Stuart, W. D. 1982. Long-term fault creep observations in central California. *J. Geophys. Res.* **87**: 6977-6982.

Schwartz, D. P., Hanson, K., and Swan, F. H. 1983. Paleoseismic investigations along the Wasatch Fault Zone: an update. In *Paleoseismicity along the Wasatch Fault Zone and Adjacent Areas, Central Utah.* ed. A. J. Crone. Utah Geological and Mineral Survey Special Studies 62, pp.45-49.

Schwartz, D. P., and Coppersmith, K. J. 1984. Fault behavior and characteristic earthquakes: Examples from the Wasatch and San Andreas fault zones. *J. Geophys. Res.* **89**: 5681-5698.

Seeber, L, and Armbruster, J. 1981. The 1886 Charleston, South Carolina earthquake and the Appalachian detachment. *J. Geophys. Res.* **86**: 7874-7894.

Seeber, L., Armbruster, J. G., and Quittmeyer, R. C. 1981. Seismicity and continental subduction along the Himalayan arc. In *Geodynamics Series, V.,* eds. H. K. Gupta and F. M. Delany. Washington, DC: American Geophysical Union, pp.215-242.

Seeber, L., and Armbruster, J. 1986. A study of earthquake hazard in New York State and adjacent areas. *U. S. Nuclear Regulatory Commission.* (NUREG/CR4750).

Seeber, L., and Armbruster, J. G. 1990. Fault kinematics in the 1989 Loma-Prieta rupture area during 20 years before that event. *Geophys. Res. Lett.* **17**: 1425-1428.

Seeber, L., and Armbruster, J. G. 1998. Earthquakes, faults, and stress in Southern California. *Southern California Earthquake Center.*

Seeber, L., and Armbruster, J. G. 2000. Earthquakes as beacons of stress change. *Nature* **407**: 69-72.

Segall, P., and Pollard, D. D. 1980. Mechanics of discontinuous faults. *J. Geophys. Res.* **85**: 4337-4350.

Segall, P., and Pollard, D. D. 1983a. Joint formation in granitic rock of the Sierra Nevada. *Geol. Soc. Am. Bull.* **94**: 563-575.

Segall, P., and Pollard, D. D. 1983b. Nucleation and growth of strike-slip faults in granite. *J. Geophys. Res.* **88**: 555-568.

Segall, P., and Simpson, C. 1986. Nucleation of ductile shear zones on dilatant fractures. *Geology* **14**: 56-9.

Segall, P., and Harris, R. 1987. Earthquake deformation cycle on the San-Andreas fault near Parkfield, California. *J. Geophys. Res.* **92**: 10511-10525.

Segall, P., Bürgmann, R., and Matthews, M. 2000. Time-dependent triggered afterslip following the 1989 Loma Prieta earthquake. *J. Geophys. Res.* **105**: 5615-5634.

Semenov, A. N. 1969. Variations of the travel time of transverse and longitudinal waves before violent earthquakes. *Izv. Acad. Sci. U. S. S. R., Phys. Solid Earth* **3**: 245-258.

Seno, T. 1979. Pattern of intraplate seismicity in southwest Japan before and after great interplate earthquakes, *Tectonophysics* **57**: 267-283.

Sharp, R. V., and Clark, M. M. 1972. Geologic evidence of previous faulting near the 1968 rupture on the Coyote Creek fault. In *The Borrego Mountain, California Earthquake of April 9, 1968. U. S. Geol. Surv. Prof. Paper* **787**: 131-140.

Sharp, R. V., Lienkaemper, J., Bonilla, M., Burke, D., Fox, B., Herd, D., Miller, D., Morton, D., Ponti, D., Rymer, M., Tionsley, J., Yount, J., Kahle, J., Hart, E., and Sieh, K. 1982. Surface faulting in the central Imperial Valley. In *The Imperial Valley, California, Earthquake of October 15, 1979. U. S. Geol. Surv. Prof. Paper* **1254**, pp.119-144.

Shaw, B. E. 1995. Frictional weakening and slip complexity on earthquake faults. *J. Geophys. Res.* **100**: 18239-18248.

Shaw, B. E. 1997. Model quakes in the two-dimensional wave equation. *J. Geophys. Res. - Solid Earth* **102**: 27367-27377.

Shaw, B. E., and Scholz, C. H. 2001. Slip-length scaling in large earthquakes: observations and theory and implications for earthquake physics. *Geophys. Res. Lett.* **28**: 2995-2998.

Shedlock, K. M., Giardini, D., Griinthal, G., and Zhang, P. 2000. The GSHA global seismic hazard map. *Seismol. Res. Lett.* **71**: 679-686.

Shimamoto, T. 1986. A transition between frictional slip and ductile flow undergoing large shearing deformation at room temperature. *Science* **231**: 711-714.

Shimamoto, T., and Logan, J. 1986. Velocity-dependent behavior of simulated halite shear zones: An analog for silicates. In *Earthquake Source Mechanics. AGU Ceophys. Mono. 37*, eds. S. Das, J. Boatwright, and C. Scholz. Washington, DC: American Geophysical Union, pp.49-64.

Shimazaki, K. 1976. Intraplate seismicity and interplate earthquakes-historical activity in southwest Japan. *Tectonophysics* **33**: 33-42.

Shimazaki, K., and Nakata, T. 1980. Time-predictable recurrence model for large earthquakes. *Geophys. Res. Lett.* **7**: 279-282.

Sibson, R. H. 1973. Interactions between temperature and pore fluid pressure during an earthquake faulting and a mechanism for partial or total stress relief. *Nature* **243**: 66-68.

Sibson, R. H. 1975. Generation of pseudotachylyte by ancient seismic faulting. *Geophys. J. Roy. Astron. Soc.* **43**: 775-794.

Sibson, R. H. 1977. Fault rocks and fault mechanisms. *J. Geol. Soc. London* **133**: 191-213.

Sibson, R. H. 1980a. Transient discontinuities in ductile shear zones. *J. Struct. Geol.* **2**: 165-171.

Sibson, R. H. 1980b. Power dissipation and stress levels on faults in the upper crust. *J. Geophys. Res.* **85**: 6239-6247.

Sibson, R. H. 1982. Fault zone models, heat flow, and the depth distribution of earthquakes in the continental crust of the United States. *Bull. Seismol. Soc. Am.* **72**: 151-163.

Sibson, R. H. 1984. Roughness at the base of the seismogenic zone: Contributing factors. *J. Geophys. Res.* **89**: 5791-5799.

Sibson, R. H. 1985. Stopping of earthquake ruptures at dilatational jogs. *Nature* **316**: 248-251.

Sibson, R. H. 1986a. Brecciation processes in fault zones: Inferences from earthquake rupturing. *Pure Appl. Geophys.* **124**: 159-176.

Sibson, R. H. 1986b. Earthquakes and rock deformation in crustal fault zones. *Ann. Rev. Earth Planet. Sci.* **14**: 149-175.

Sibson, R. H. 1986c. Rupture interaction with fault jogs. In *Earthquake Source Mechanics. AGU Geophys. Mono. 37*, eds. S. Das, J. Boatwright, and C. Scholz. Washington, DC: American Geophysical Union, pp.157-168.

Sibson, R. H. 1987. Earthquake rupturing as a mineralizing agent in hydrothermal systems. *Geology* **15**: 701-704.

Sibson, R. H., Roberts, F., and Poulsen, K. H. 1988. High-angle reverse faults, fluid pressure cycling, and mesothermal gold-quartz deposits. *Geology* **16**: 551-555.

Sibson, R. H., and Xie, G. Y. 1998. Dip range for intracontinental reverse fault ruptures: Truth not stranger than friction? *Bull. Seismol. Soc. Am.* **88**: 1014-1022.

Sieh, K. 1981. A review of geological evidence for recurrence times of large earthquakes. In Earthquake Prediction: an International Review, eds. D. Simpson and P. G. Richards. Washington, DC: American Geophysical Union, pp.209-216.

Sieh, K. 1984. Lateral offsets and revised dates of large prehistoric earthquakes at Pallett Creek, southern California. *J. Geophys. Res.* **89**: 7641-7670.

Sieh, K., and Jahns, R. 1984. Holocene activity of the San Andreas fault at Wallace Creek, California. *Geol. Soc. Am. Bull.* **95**: 883-896.

Sieh, K., Stuiver, M., and Brillinger, D. 1989. A more precise chronology of earthquakes produced by the San Andreas fault in southern California. *J. Geophys. Res.* **94**: 603-623.

Sieh, K, Jones, L, Hauksson, E., Hudnut, K., Eberhartphillips, D., Heaton, T., Hough, S., Hutton, K, Kanamori, H., Lilje, A., Lindvall, S., McGill, S. F., Mori, J., Rubin, C., Spotila, J. A., Stock, J., Thio, H. K., Treiman, J., Wernicke, B., and Zachariasen, J. 1993. Near-field investigations of the Landers earthquake sequence, April to July 1992. *Science* **260**: 171-176.

Simpson, C. 1984. Borrego Springs-Santa Rosa mylonite zone: A late Cretaceous west-directed thrust in southern California. *Geology* **12**: 8-11.

Simpson, C. 1985. Deformation of granitic rocks across the brittle-ductile transition. *J. Struct. Geol.* **5**: 503-512.

Simpson, C., and Schmid, S. M. 1983. An evaluation of criteria to deduce the sense of movement in sheared rock. *Geol. Soc. Am. Bull.* **94**: 1281-1288.

Simpson, D. W. 1986. Triggered earthquakes. *Ann. Rev. Earth Planet. Sci.* **14**: 21-42.

Simpson, D. W, and Negmatullaev, S. K. 1981. Induced seismicity at Nurek reservoir, Tadjikistan, USSR. *Bull. Seismol. Soc. Am.* **71**: 1561-1586.

Simpson, D. W, Leith, W. S., and Scholz, C. H. 1988. Two types of reservoir induced seismicity. *Bull. Seismol. Soc. Am.* **78**: 2025-2040.

Singh, S., Rodriguez, M., and Esteva, L. 1983. Statistics of small earthquakes and frequency of occurrence of large earthquakes along the Mexican subduction zone. *Bull. Seismol. Soc. Am.* **73**: 1779-1796.

Slemmons, D. B. 1957. Geological effects of the Dixie Valley-Fairview Peak, Nevada, earthquakes of December 16, 1954. *Bull. Seismol. Soc. Am.* **47**: 353-375.

Smith, D. K., Tolstoy, M., Fox, C. G., Bohnenstiehl, D. R., Matsumoto, H., and Fowler, M. J. 2001. Hydroacoustic monitoring of seismicity at the slow-spreading Mid-Atlantic Ridge, *Geophys. Res. Lett,* **28**: 1518-1522.

Smith, R. B., and Bruhn, R. L. 1984. Intraplate extensional tectonics of the eastern Basin-Range: Inferences on structural style from seismic reflection data, regional tectonics, and thermo-mechanical models of brittle-ductile transition. *J. Geophys. Res.* **89**: 5733-5762.

Snoke, A. W., Tullis, J., and Todd, V. R. 1998. *Fault-related Rocks.* Princeton, New Jersey: Princeton Univ. Press.

Snow, D. T. 1972. Geodynamics of seismic reservoirs. In *Proc. Symp. Percolation through Fissured Rocks.* Stuttgart: Ges. Erd- und Grundbau T2-J: pp. 1-19.

Soga, N., Mizutani, H., Spetzler, H., and Martin, R. J. 1978. The effect of dilatancy on velocity anisotropy in Westerly granite. *J. Geophys. Res.* **83**: 4451-4458.

Somerville, P. 1978. The accommodation of plate collision by deformation in the Izu block, Japan. *Bull. Earthquake Res. Inst., Univ. Tokyo* **53**: 629-648.

Sondergeld, C. H., and Esty, L. H. 1982. Source mechanisms and micro fracturing during axial cycling of rock. *Pure Appl. Geophys.* **120**: 151-166.

Sornette, A., and Sornette, S. 1989. Self-organized criticality and earthquakes. *Europhys. Lett.* **9**: 197-202.

Sornette, D., and Virieux, J. 1992. Linking short-timescale deformation to long-timescale tectonics. *Nature* **357**: 401-403.

Sornette, D., and Sammis, C. G. 1995. Complex critical exponents from renormalization-group theory of earthquakes-implications for earthquake predictions. *J. Physique I* **5**: 607-619.

Sowers, J. M., Unruh, J. R., Lettis, W. R., and Rubin, T. D. 1994. Relationship of the Kickapoo Fault to the Johnson Valley and Homestead Valley Faults, San-Bernardino County, California. *Bull. Seismol. Soc. Am.* **84**: 528-542.

Spottiswoode, S. M. 1984. Seismic deformation around Blyvooruitzicht Gold Mine. In *Proc. 1st Int. Cong. Rockbursts and Seismicity in Mines South African Inst. Min. Met.* eds. N. C. Gay and E. H. Wainwright. Johannesburg: pp.29-37.

Spottiswoode, S. M., and McGarr, A. 1975. Source parameters of tremors in a deep-level gold mine. *Bull. Seismol. Soc. Am.* **65**: 93-112.

Spray, J. G. 1987. Artificial generation of pseudotachylyte using friction welding apparatus: Simulation of melting on a fault plane. *J. Struct. Geol.* **9**: 49-60.

Spudich, P., Steck, L. K., Hellweg, M., Fletcher, J. B., and Baker, L. M. 1995. Transient stresses at Parkfield, California, produced by the M 7.4 Landers earthquake of June 28, 1992 - Observations from the UPSAR dense seismograph Array. *J. Geophys. Res. - Solid Earth* **100**: 675-690.

Spyropoulos, C., Scholz, C. H. and Shaw, B. E. 2002. Transient regimes for growing crack populations. *Phys. Rev.* **E**. 56106.

Spyropoulos, C., Griffith, W. J., Scholz, C. H., and Shaw, B. E. 1999. Experimental evidence for different strain regimes of crack populations in a clay model. *Geophys. Res. Lett.* **26**: 1081-

1084.

St-Laurent, F. 2000. The Sanguenay, Quebec, Earthquake lights of November 1988 - January 1989. *Seismol. Res. Lett.* **71**: 160-183.

Staff of U. S. Geol. Surv. 1990. The Loma Prieta, California, earthquake: an anticipated event. *Science* **247**: 286-293.

Starr, A. 1928. Slip in a crystal and rupture in a solid due to shear. *Proc. Cambridge Philos. Soc.* **24**: 489-500.

Stauder, W. 1968. Mechanism of the Rat Island earthquake sequence of February 4, 1965, with relationships to island arcs and sea-floor spreading. *J. Geophys. Res.* **73**: 3847-3854.

Stein, R. S. 1999. The role of stress transfer in earthquake occurrence. *Nature* **402**: 605-609.

Stein, R. S., and Lisowski, M. 1983. The 1979 Homestead Valley earthquake sequence, California: Control of aftershocks and postseismic deformations. *J. Geophys. Res.* **88**: 6477-6490.

Stein, R. S., King, G. C. 1984. Seismic potential revealed by surface folding: The 1983 Coalinga, California earthquake. *Science* **224**: 869-871.

Stein, R. S., King, G. C. P., and Lin, J. 1994. Stress triggering of the 1994 M = 6.7 Northridge, California, earthquake by its predecessors. *Science* **265**: 1432-1435.

Stein, R. S., Barka, A. A., and Dieterich, J. H. 1997. Progressive failure on the North Anatolian fault since 1939 by earthquake stress triggering. *Geophys. J. Int.* **128**: 594-604.

Stein, S., and Pelayo, A. 1991. Seismological constraints on stress in the oceanic lithosphere. *Phil. Trans. Roy. Soc. Lond.* **A 337**: 53-72.

Steinbrugge, K. V., Zacher, E. G., Tocher, D., Whitten, C. A., and Claire, C. N. 1960. Creep on the San Andreas fault. *Bull. Seismol. Soc. Am.* **50**: 389-415.

Stel, H. 1981. Crystal growth in cataclasites: Diagnostic microstructures and implications. *Tectonophysics* **78**: 585-600.

Stel, H. 1986. The effect of cyclic operation of brittle and ductile deformation on the metamorphic assemblage in cataclasites and mylonites. *Pure Appl. Geophys.* **124**: 289-307.

Stesky, R. 1978. Mechanisms of high temperature frictional sliding in Westerly granite. *Can. J. Earth Sci.* **15**: 361-375.

Stesky, R., Brace, W., Riley, D., and Robin, P. -Y. 1974. Friction in faulted rock at high temperature and pressure. *Tectonophysics* **23**: 177-203.

Stesky, R., and Hannan, G. 1987. Growth of contact areas between rough surfaces under normal stress. *Geophys. Res. Lett.* **14**: 550-553.

Stirling, M. W., Wesnousky, S. G., and Shimazaki, K. 1996. Fault trace complexity, cumulative slip, and the shape of the magnitude frequency distribution for strike-slip faults: a global survey. *Geophys. J. Int.* **124**: 833-868.

Stoker, J. J. 1950. *Nonlinear Vibrations.* New York, New York: Interscience.

Strelau, J. 1986. A discussion of the depth extent of rupture in large continental earthquakes. In *Earthquake Source Mechanics. AGU Geophys. Mono. 37*, eds. J. B. S. Das and C. Scholz. Washington, DC: American Geophysical Union, pp.131-146.

Stuart, W. D. 1979. Strain softening prior to 2-dimensional strike slip earthquakes. *J. Geophys. Res.* **84**: 1063-1070.

Stuart, W. D. 1988. Forecast model for great earthquakes at the Nankai trough, southwest Japan. *Pure Appl. Geophys.* **126**: 619-642.

Stuart, W. D., and Mavko, G. M. 1979. Earthquake instability on a strike-slip fault. *J. Geophys. Res.* **84**: 2153-2160.

Stuart, W. D., and Aki, K. 1988. Intermediate-term earthquake prediction-introduction. *Pure Appl. Geophys.* **126**: 175-176.

Stuwe, K. 1998. Heat sources of Cretaceous metamorphism in the eastern Alps - a discussion. *Tectonophysics* **287**: 251-269.

Suh, N. P., and Sin, H. C. 1981. The genesis of friction. *Wear* **69**: 91-114.

Summers, R., and Byerlee, J. 1977. Summary of results of frictional sliding studies, at confining pressures up to 6.98 kb, in selected rock materials. In *U. S. Geol. Surv. Open-file Report.* **77-142**.

Sundaram, P., Goodman, R., and Wang, C. -Y. 1976. Precursory and coseismic water pressure variations in stick-slip experiments. *Geology* **4**: 108-110.

Suppe, J. 1985. *Principles of Structural Geology*. Englewood Cliffs, New Jersey: Prentice-Hall.

Susong, D. D., Janecke, S. U., and Bruhn, R. L. 1990. Structure of a fault segmentboundary in the Lost River fault zone, Idaho, a possible effect on the 1983 Borah Peak earthquake rupture. *Bull. Seismol. Soc. Am.* **80**: 57-68.

Suyehiro, S., Asada, T., and Ohtake, M. 1964. Foreshocks and aftershocks accompanying a perceptible earthquake in central Japan - on a peculiar nature of foreshocks. *Papers Meteorol. Geophys.* **15**: 71-88.

Swan, F. H., Schwartz, D. P., and Cluff, L. S. 1980. Recurrence of moderate to large magnitude earthquakes produced by surface faulting on the Wasatch fault zone, Utah. *Bull. Seismol. Soc. Am.* **70**: 1431-1462.

Swanson, P. L. 1984. Subcritical crack growth and other time and environment dependent behavior in crustal rocks. *J. Geophys. Res.* **89**: 4137-4152.

Swanson, P. L. 1987. Tensile fracture resistance mechanisms in brittle polycrystals: An ultrasonic and microscopic investigation. *J. Geophys. Res.* **92**: 8015-8036.

Sykes, L. R. 1967. Mechanism of earthquakes and nature of faulting on the mid-oceanic ridges. *J. Geophys. Res.* **72**: 2131.

Sykes, L. R. 1970a. Earthquake swarms and sea-floor spreading. *J. Geophys. Res.* **75**: 6598-6611.

Sykes, L. R. 1970b. Seismicity of the Indian Ocean and a possible nascent island arc between Ceylon and Australia. *J. Geophys. Res.* **75**: 5041-5055.

Sykes, L. R. 1971. Aftershock zones of great earthquakes, seismicity gaps, and earthquake prediction for Alaska and the Aleutians. *J. Geophys. Res.* **76**: 8021-8041.

Sykes, L. R. 1978. Intra-plate seismicity, reactivation of pre-existing zones of weakness, alkaline magmatism, and other tectonics post-dating continental separation. *Rev. Geophys. Space Phys.* **16**: 621-688.

Sykes, L. R., and Sbar, M. L. 1973. Intraplate earthquakes, lithospheric stresses and the driving mechanism of plate tectonics. *Nature* **245**: 298-302.

Sykes, L. R., and Quittmeyer, R. C. 1981. Repeat times of great earthquakes along simple plate boundaries. In *Earthquake Prediction, an International Review. M. Ewing Ser. 4*. eds. D. Simpson and P. Richards. Washington, DC: American Geophysical Union, pp. 217-247.

Sykes, L. R., Kisslinger, J., House, L, Davies, J., and Jacob, K. 1981. Rupture zones and repeat times of great earthquakes along the Alaska-Aleutian arc. In *Earthquake Prediction: an International Review. M. Ewing Ser. 4*, eds. D. Simpson and P. G. Richards. Washington, DC: American Geophysical Union, pp.73-80.

Sykes, L. R., and Nishenko, S. P. 1984. Probabilities of occurrence of large plate rupturing earthquakes for the San Andreas, San Jacinto, and Imperial faults, California. *J. Geophys. Res.*

89: 5905-5027.

Sykes, L. R., and Jaumé, S. C. 1990. Seismic activity on neighboring faults as a long-term precursor to large earthquakes in the San Francisco Bay area. *Nature* **348**: 595-599.

Sykes, L. R., Shaw, B. E., and Scholz, C. H. 1999. Rethinking earthquake prediction. *Pure Appl. Geophys.* **155**: 207-232.

Tada, H., Paris, P., and Irwin, G. 1973. *The Stress Analysis of Cracks Handbook.* Hellertown Pennsylvania: Del Research Corp.

Tajima F., and Kanamori, H. 1985. Global survey of aftershock area expansion patterns. *Phys. Earth Planet. Inter.* **40**: 77-134.

Talwani, P. 1997. On the nature of reservoir-induced seismicity. *Pure Appl. Geophys.* **150**: 473-492.

Talwani, P., and Acree, S. 1985. Pore-pressure diffusion and the mechanism of reservoir-induced seismicity. *Pure Appl. Geophys.* **122**: 947-965.

Talwani, P., and Rajendran, K. 1991. Some seismological and geometric features of intraplate earthquakes. *Tectonophysics* **186**: 19-41.

Tapponnier, P., and Brace, W. F. 1976. Development of stress-induced microcracks in Westerly granite. *Int. J. Rock Mech. Min. Sci.* **13**: 103-112.

Taylor, F. W., Frohlich, C., Lecolle, J., and Strekler, M. 1987. Analysis of partially emerged corals and reef terraces in the central Vanuatu arc: Comparison of contemporary coseismic and nonseismic with Quarternary vertical movements. *J. Geophys. Res.* **92**: 4905-4933.

Tchalenko, J. S. 1970. Similarities between shear zones of different magnitudes. *Bull. Geol. Soc. Am.* **81**: 1625-1640.

Tchalenko, J. S., and Berberian, M. 1975. Dasht-e-Bayez fault, Iran: Earthquake and earlier related structures in bed rock. *Geol. Soc. Am. Bull.* **86**: 703-709.

Terada, M., Yanagidani, T., and Ehara, S. 1984. AE rate controlled compression tests of rocks. In *Proc. Third Conf. on Acoustic Emission/Microseismic Activity in Geologic Structures and Materials.* eds. M. R. Hardy Jr., and F. W. Leighton, Clausal, Germany: Trans. Tech. Publ., pp.159-171.

Thatcher, W. 1972. Regional variations of seismic source parameters in northern Baja California area. *J. Geophys. Res.* **77**: 1549.

Thatcher, W. 1975. Strain accumulation and release mechanism of the 1906 San Francisco earthquake. *J. Geophys. Res.* **80**: 4862-4872.

Thatcher, W. 1983. Nonlinear strain buildup and the earthquake cycle on the San Andreas fault. *J. Geophys. Res.* **88**: 5893-5902.

Thatcher, W. 1990. Order and diversity in the modes of circum-Pacific earthquake recurrence. *J. Geophys. Res.* **95**: 2609-2623.

Thatcher, W., Matsuda, T., Kato, T., and Rundle, J. B. 1980. Lithospheric loading by the 1896 Riku-u earthquake, northern Japan: implications for plate flexure and asthenospheric rheology. *J. Geophys. Res.* **85**: 6429-6435.

Thio, H. K., and Kanamori, H. 1996. Source complexity of the 1994 Northridge earthquake and its relation to aftershock mechanisms. *Bull. Seismol. Soc. Am.* **86**: S84-S92.

Thomas, D. 1988. Geochemical precursors to seismic activity. *Pure Appl. Geophys.* **126**: 241-267.

Tichelaar, B. W., and Ruff, L. J. 1993. Depth of seismic coupling along subduction zones. *J. Geophys. Res. - Solid Earth* **98**: 2017-2037.

Tocher, D. 1959. Seismic history of the San Francisco region. In Calif. Div. Mines Spec. Rept57. Sacramento, California: Calif. Div. of Mines, pp. 39-49.

Tocher, D. 1960. Creep rate and related measurements at Vineyard, California. *Bull. Seismol. Soc. Am.* **50**: 396-404.

Toda, S., Stein, R. S., Reasonberg, P. A., Dieterich, J. H., and Yoshida, A. 1998. Stress transferred by the M = 6.9 Kobe, Japan, shock: effect of aftershocks on future earthquake probabilities. *J. Geophys. Res.* **103**: 24543-24565.

Toomey, D. R., Solomon, S. C., Purdy, G. M., and Murray, M. H. 1985. Microearthquakes beneath the median valley of the Mid-Atlantic ridge near 23°N: Hypocenters and focal mechanisms. *J. Geophys. Res.* **90**: 5443-5458.

Toriumi, M. 1982. Strain, stress, and uplift. *Tectonics* **1**: 57-72.

Townend, J., and Zoback, M. D. 2000. How faulting keeps the crust strong. *Geology* **28**: 399-402.

Toyoda, H., and Noma, Y. 1952. Study for underground condition of the Dogo hot spring area, Ehimp Prefecture. *Mem. Ehime Univ.*, **Sec. E (Science) 1**: 139-146.

Trehu, A. M., and Solomon, S. C. 1983. Earthquakes in the Orozco Transform zone: Seismicity, source mechanisms, and earthquakes. *J. Geophys. Res.* **88**: 8203-8225.

Tributsch, H. 1983. *When the Snakes Awake.* Cambridge, Massachusetts: MIT Press.

Triep, E. G., and Sykes, L. R. 1997. Frequency of occurrence of moderate to great earthquakes in intracontinental regions: Implications for changes in stress, earthquake prediction, and hazards assessments. *J. Geophys. Res. - Solid Earth* **102**: 9923-9948.

Tse, S., Dmowska, R., and Rice, J. R. 1985. Stressing of locked patches along a creeping fault. *Bull. Seismol. Soc. Am.* **75**: 709-736.

Tse, S., and Rice, J. 1986. Crustal earthquake instability in relation to the depth variation of frictional slip properties. *J. Geophys. Res.* **91**: 9452-9472.

Tsuboi, C. 1933. Investigation of deformation of the crust found by precise geodetic means. *Japan J. Astron. Geophys.* **10**: 93-248.

Tsuboi, C. 1956. Earthquake energy, earthquake volume, aftershock area, and strength of the earth's crust. *J. Phys. Earth.* **4**: 63-66.

Tsumura, K., Karakama, I., Ogino, I., and Takahashi, M. 1978. Seismic activities before and after the Izu-Oshima-kinkai earthquake of 1978. *Bull. Earthquake Res. Inst., Univ. Tokyo* **53**: 309-315.

Tsuneishi, Y., Ito, T., and Kano, K. 1978. Surface faulting associated with the 1978 Izu-Oshima-kinkai earthquake. *Bull. Earthquake Res. Inst., Univ. Tokyo* **53**: 649-674.

Tsunogai, U., and Wakita, H. 1995. Precursory chemical changes in groundwater: Kobe earthquake, Japan. *Science* **269**: 61-63.

Tucker, B. C., and Brune, J. N. 1973. Seismograms, S-wave spectra and source parameters for aftershocks of the San Fernando earthquake, In *San Fernando Earthquake of February 9, 1971, v. III, U. S. Dept. Commerce*, 69-122.

Tullis, J., and Yund, R. A. 1977. Experimental deformation of dry Westerly granite. *J. Geophys. Res.* **82**: 5705-5718.

Tullis, J., and Yund, R. A. 1980. Hydrolytic weakening of experimentally deformed Westerly granite and Hale albite rock. *J. Struct. Geol.* **2**: 439-451.

Tullis, J., and Yund, R. A. 1987. Transition from cataclastic flow to dislocation creep of feldspar: Mechanisms and microstructure. *Geology* **15**: 606-609.

Turcotte, D. L., and Spence, D. A. 1974. An analysis of strain accumulation on a strike-slip fault. *J. Geophys. Res.* **79**: 4407-4412.

Ulomov, V. I., and Mavashev, B. Z. 1971. The Tashkent Earthquake of 26 April, 1966. *Acad. Nauk.*

Uzbek. SSR, FAN: 188-192.

Usami, T. 1987. *Descriptive Catalogue of Damaging Earthquakes in Japan (rev. ed.).* Tokyo : Univ. Tokyo Press.

Utsu. T. 1971. Aftershocks and earthquake statistics (III). *J. Fac. Science, Hokkaido Univ.* **Ser. VII (Geophysics) 3**: 379-441.

Uyeda, S. 1982. Subduction zones: An introduction to comparative subductology. *Tectonophysics* **81**: 133-159.

Vail, J. R. 1967. The southern extension of the East Africa rift system and related igneous activity. *Geol. Runds.* **57**: 601-614.

Vening Meinesz, F. A. 1950. Les graben africains resultant de compression ou de tension dans le crout terrestre? *Inst. Roy. Colon. Beige. Bull.* **21**: 539-552.

Vermilye, J. M., and Scholz, C. H. 1995. Relation between vein length and aperture. *J. Struct. Geol.* **17**: 423-434.

Vermilye, J. M., and Scholz, C. H. 1998. The process zone: A microstructural view of fault growth. *J. Geophys. Res. - Solid Earth* **103**: 12223-12237.

Versfelt, J., and Rosendahl, B. R. 1989. Relationship between pre-rift structure and rift architecture in Lakes Tanganyika and Malawi, East Africa. *Nature* **337**: 354-357.

Vidale, J. E., and Houston, H. 1993. The depth dependence of earthquake duration and implications for rupture mechanisms. *Nature* **365**: 45-47.

Vidale, J. E., Ellsworth, W. L., Cole, A., and Marone, C. 1994. Variations in rupture process with recurrence interval in a repeated small earthquake. *Nature* **368**: 624-626.

Vidale, J. E., Agnew, D., Johnston, M., and Oppenheimer, D. 1998. Absence of earthquake correlation with earth tides: an indication of high preseismic fault stress rate. *J. Geophys. Res.* **103**: 24,567-24,572.

Villaggio, P. 1979. An elastic theory of Coulomb friction. *Arch. Rational Mech. Anal.* **70**: 135-143.

Villemin, T., Angelier, J., and Sunwoo, C. 1995. Fractal distribution of fault length and offsets: implications of brittle deformation evaluation-the Lorraine coal basin. In *Fractals in the Earth Sciences.* eds. C. C. Barton and P. R. La Pointe. New York: Plenum, pp.205-225.

Voight, B. 1976. *Mechanics of Thrust Faults and Decollements.* Stroudsburg, Pennsylvania: Dowden, Huchinson, and Ross.

Voight, B. 1989. A relation to describe rate-dependent material failure. *Science* **243**: 200-203.

Voll, G. 1976. Recrystallization of quartz, biotite, and feldspars from Erstfeld to the Levantina nappe, Swiss Alps, and its geological implications. *Schweiz. Miner. Petrogr. Mitt.* **56**: 641-647.

Von Herzen, R., Ruppel, C., Molnar, P., Nettles, M., Nagihara, S., and Ekström, G. 2001. A constraint on the shear stress at the Pacific-Australia plate boundary from heat flow and seismicity at the Kermadec forearc. *J. Geophys. Res.* **106**: 6817-6833.

Wadati, K. 1928. Shallow and deep earthquakes. *Geophys. Mag.* **1**: 161-202.

Wakita, H. 1988. Short term and intermediate term geochemical precursors. *Pure Appl. Geophys.* **126**: 267-278.

Wakita, H. 1996. Geochemical challenge to earthquake prediction. *Proc. Nat. Acad. Sci. USA* **93**: 3781-3786.

Wald, D. J., Helmberger, D. V. and Heaton, T. H. 1991. Rupture model of the 1989 Loma-Prieta earthquake from the inversion of strong-motion and broad-band teleseismic data. *Bull. Seismol. Soc. Am.* **81**: 1540-1572.

Wald, D. J., and Heaton, T. H. 1994. Spatial and temporal distribution of slip for the 1992 Landers,

California, earthquake. *Bull. Seismol. Soc. Am.* **84**: 668-691.

Wald, D. J., Heaton, T. H., and Hudnut, K. W. 1996. The slip history of the 1994 Northridge, California, earthquake determined from strong-motion, teleseismic, GPS, and leveling data. *Bull. Seismol. Soc. Am.* **86**: S49-S70.

Wallace, R. E. 1981. Active faults paleoseismology, and earthquake hazards in the Western United States. In *Earthquake Prediction, an International Review. M. Ewing Ser. 4*, ed. D. P. Richards. Washington, DC: American Geophysical Union, pp.209-216.

Wallace, R. E. 1987. Grouping and migration of surface faulting and variations of slip rate on faults in the Great Basin province. *Bull. Seismol. Soc. Am.* **77**: 868-876.

Wallace, R. E., Davis, J. R, and McNally, K. C. 1984. Terms for expressing earthquake potential, prediction, and probability. *Bull. Seismol. Soc. Am.* **74**: 1819-1825.

Walsh, J., Watterson, J., and Yielding, G. 1991. The importance of small-scale faulting in regional extension. *Nature* **351**: 391-393.

Walsh, J. J., and Watterson, J. 1988. Analysis of the relationship between displacements and dimensions of faults. *J. Struct. Geol.* **10**: 238-347.

Wang, C. -Y., Rui, F., Zhengshen, Y., and Xingjue, S. 1986. Gravity anomaly and density structure of the San Andreas fault zone. *Pure Appl. Geophys.* **124**: 127-140.

Wang, K., Mulder, T., Rogers, G. C., and Hyndman, R. D. 1995. Case forverylow coupling stress on the Cascadia subduction fault. *J. Geophys. Res.* **100**: 12907-12918.

Wang, W. B., and Scholz, C. H. 1994a. Micromechanics of the velocity and normal stress dependence of rock friction. *Pure Appl. Geophys.* **143**: 303-315.

Wang, W. B., and Scholz, C. H. 1994b.Wear processes during frictional sliding of rock-a theoretical and experimental-study. *J. Geophys. Res. - Solid Earth* **99**: 6789-6799.

Wang, W. B., and Scholz, C. H. 1995. Micromechanics of rock friction 3. Quantitative modeling of base friction. *J. Geophys. Res. - Solid Earth* **100**: 4243-4247.

Ward, S., and Barrientos, S. 1986. An inversion for slip distribution and fault shape from geodetic observations of the 1983, Borah Peak, Idaho, earthquake. *J. Geophys. Res.* **91**: 4909-4919.

Watterson, J. 1986. Fault dimensions, displacements and growth. *Pure Appl. Geophys.* **124**: 365-373.

Wawersik, W, and Brace, W. F. 1971. Post-failure behavior of a granite and a diabase. *Rock Mech.* **3**: 61-85.

Weertman, J., and Weertman, J. R. 1964. *Elementary Dislocation Theory.* New York, New York: MacMillan.

Weiderhorn, S. M., and Bolz, L. H. 1970. Stress corrosion and static fatigue of glass. *J. Am. Ceram. Soc.* **53**: 543-551.

Wells, D. L., and Coppersmith, K. J. 1994. New empirical relationships among magnitude, rupture length, rupture width, rupture area, and surface displacement. *Bull. Seismol. Soc. Am.* **84**: 974-1002.

Wenk, H., and Weiss, L. 1982. Al-rich calcic pyroxene in pseudotachylyte: An indicator of high pressure and temperature? *Tectonophysics* **84**: 329-341.

Wernicke, B. 1995. Low-angle normal faults and seismicity-a review. *J. Geophys. Res. - Solid Earth* **100**: 20159-20174.

Wernicke, B., and Burchfiel, B. C. 1982. Modes ofextensional tectonics. *J. Struct. Geol.* **4**: 105-115.

Wesnousky, S. G. 1986. Earthquakes, Quaternary faults, and seismic hazard in California. *J. Geophys. Res.* **91**: 12587-12631.

Wesnousky, S. G. 1988. Seismological and structural evolution of strike-slip faults. *Nature* **335**: 340-342.

Wesnousky, S. G., and Scholz, C. H. 1980. The craton: its effect on the distribution of seismicity and stress in North America. *Earth Planet. Sci. Lett.* **48**: 348-355.

Wesnousky, S. G., Scholz, C. H., and Shimazaki, K. 1982. Deformation of an Island Arc: rates of moment release and crustal shortening in intraplate Japan determined from seismicity and quaternary fault data. *J. Geophys. Res.* **87**: 6829-6852.

Wesnousky, S. G., Scholz, C. H., and Shimazaki, K. 1983. Earthquake frequency distribution and the mechanics of faulting. *J. Geophys. Res.* **88**: 9331-9340.

Wesnousky, S. G., Scholz, C. H., Shimazaki, K., and Matsuda, T. 1984. Integration of geological and seismological data for the analysis of seismic hazard - a case-study of Japan. *Bull. Seismol. Soc. Am.* **74**: 687-708.

Wesson, R. L., and Ellsworth, W. L. 1973. Seismicity preceding moderate earthquakes in California. *J. Geophys. Res.* **78**: 8527-8546.

Westbrook, J., and Jorgensen, P. 1968. Effects of water desorption on indentation hardness. *Am. Mineral.* **53**: 1899-1904.

Whitcomb, J., Allen, C., Garmany, J., and Hileman, J. 1973a. The 1971 San Fernando earthquake series: Focal mechanisms and tectonics. *Rev. Geophys. Space Phys.* **11**: 693-730.

Whitcomb, J. H., Garmany, J. D., and Anderson, D. L. 1973b. Earthquake prediction-variation of seismic velocities before San Francisco earthquake. *Science* **180**: 632-635.

White, S. 1975. Tectonic deformation and recrystallization of oligoclase. *Contr. Mineral. Petrol.* **50**: 287-304.

White, S., Burrows, S., Carreras, J., Shaw, N., and Humphreys, F. 1980. On mylonites in ductile shear zones. *J. Struct. Geol.* **2**: 175-187.

Wiens, D. A., and Stein, S. 1983. Age dependence of oceanic intraplate seismicity and implications for the lithospheric evolution. *J. Geophys. Res.* **88**: 6455-6468.

Wiens, D., Stein, S., DeMets, C., Gordon, R., and Stein, C. 1986. Plate tectonic models for Indian Ocean "intraplate" deformation. *Tectonophysics* **132:** 37-48.

Wiens, D. A., and McGuire, J. J. 2000. Aftershocks of the March 9, 1994, Tonga earthquake: The strongest known deep aftershock sequence. *J. Geophys. Res. - Solid Earth* **105**: 19067-19083.

Willemse, E. J. M. 1997. Segmented normal faults: Correspondence between three dimensional mechanical models and field data. *J. Geophys. Res. - Solid Earth* **102**: 675-692.

Willemse, E. J. M., Pollard, D. D., and Aydin, A. 1996. Three-dimensional analyses of slip distributions on normal fault arrays with consequences for fault scaling. *J. Struct. Geol.* **18**: 295-309.

Williams, C. F., and Narasimhan, T. N. 1989. Hydrogeologic constraints on heat-flow along the San Andreas fault - a testing of hypothesis. *Earth Planet. Sci. Lett.* **92**: 131-143.

Wilson, J. T. 1965. A new class of faults and their bearing on continental drift. *Nature* **207**: 343-347.

Wise, D. U., Dunn, D. E., Engelder, J. T., Geiser, P. A., Hatcher, R. D., Kish, S. A., Odom, A. L., and Schamel, S. 1984. Fault-related rocks: Suggestions for terminology. *Geology* **12**: 391-394.

Wong, T. -f. 1982. Shear fracture energy of Westerly granite from post failure behavior. *J. Geophys. Res.* **87**: 990-1000.

Wong, T. -f. 1986. On the normal stress dependence of the shear fracture energy. In *Earthquake Source Mechanics. AGU Geophys. Mono. 37,* eds. S. Das. J. Boatwright, and C. Scholz. Washington, DC: American Geophysical Union, pp.1-12.

Woodcock, N. H., and Fischer, M. 1986. Strike-slip duplexes. *J. Struct. Geol.* **8**: 725-735.

Working Group on California Earthquake Probabilities. 1990. Probabilities of Large Earthquakes in the San Francisco Bay Region, California. *U. S. Geol. Surv. Circular* **1053**.

Wyss, M. 1997. Second round of evaluations of proposed earthquake precursors. *Pure Appl. Geophys.* **149**: 3-16.

Wyss, M., and Brune, J. 1967. The Alaska earthquake of 28 March 1964: A complex multiple rupture. *Bull. Seismol. Soc. Am.* **57**: 1017-1023.

Wyss, M., Klein, F., andJohnston, A. 1981. Precursors of the Kalapana M= 7.2 earthquake. *J. Geophys. Res.* **86**: 3881-3900.

Wyss, M., and Habermann, R. E. 1988. Precursory seismic quiescence. *Pure Appl. Geophys.* **126**: 319-332.

Wyss, M., Westerhaus, M., Berckhemer, H., and Ates, R. 1995. Precursory seismic quiescence in the Mudurnu Valley, North Anatolian fault zone, Turkey. *Geophys. J. Int.* **123**: 117-124.

Wyss, M., Shimazaki, K., and Urabe, T. 1996. Quantitative mapping of a precursory seismic quiescence to the Izu-Oshima 1990 (M6.5) earthquake, Japan. *Geophys. J. Int.* **127**: 735-743.

Wyss, M., Shimazaki, K., and Ito, A. 1999. Seismicity patterns, their statistical significance and physical meaning. *Pure Appl. Geophys.* **155**: 203-205.

Yamada, T., Takida, N., Kagami, J., and Naoi, T. 1978. Mechanisms of elastic contact and friction between rough surfaces. *Wear* **48**: 15-34.

Yamanaka, Y., and Shimazaki, K. 1990. Scaling relationship between the number of aftershocks and the size of the main shock. *J. Phys. Earth* **38**: 305-324.

Yanagadani, T., Ehara, S., Nushizawa, O., Kusenose, K., and Terada, M. 1985. Localization of dilatancy in Oshima granite under constant uniaxial stress. *J. Geophys. Res.* **90**: 6840-58.

Yeats, R. S. 1986. Faults related to foldingwith examples from New Zealand. *Bull. Roy. Soc. New Zealand* **24**: 273-292.

Yonekura, N. 1975. Quaternary tectonic movements in the outer arc of southwest Japan with special reference to seismic crustal deformation. *Bull. Dept. Geogr. Univ. Tokyo* **7**: 19-71.

Yoshii, T. 1979. A detailed cross-section of the deep seismic zone beneath northeastern Honshu, Japan. *Tectonophysics* **55**: 349-360.

Yoshioka, N. 1986. Fracture energy and the variation of gouge and surface roughness during frictional sliding of rocks. *J. Phys. Earth* **34**: 335-355.

Yoshioka, N., and Scholz, C. H. 1989a. Elastic properties of contacting surfaces under normal and shear loads. 1. Theory. *J. Geophys. Res.* **94**: 17681-17690.

Yoshioka, N., and Scholz, C. H. 1989b. Elastic properties of contacting surfaces under normal and shear loads. 2. Comparison of theory with experiment. *J. Geophys. Res.* **94**: 17691-17700.

Zang, A., Wagner, F. C., Stanchits, S., Janssen, C., and Dresen, G. 2000. Fracture process zone in granite. *J. Geophys. Res.* **105**: 23,651-23,661.

Ziv, A., and Rubin, A. M. 2000. Static stress transfer and earthquake triggering: no lower threshold in sight. *J. Geophys. Res.* **105**: 13631-13642.

Zoback, M. L. 1992. Ist-order and 2nd-order patterns of stress in the lithosphere-the world stress map project. *J. Geophys. Res. - Solid Earth* **97**: 11703-11728.

Zoback, M. D., Tsukahara, H., and Hickman, S. 1980. Stress measurements at depth in the vicinity of the San Andreas fault: Implications for the magnitude of shear stress at depth. *J. Geophys. Res.* **85**: 6157-6173.

Zoback, M. L., and Zoback, M. D. 1980. State of stress in the conterminous United States. *J.

Geophys. Res. **85**: 6113-6156.

Zoback, M. D., and Healy, J. H. 1984. Friction, faulting, and insitu stress. *Annales Geophysicae* **2**: 689-698.

Zoback, M. D., Zoback, M. L., Mount, V. S., Suppe, J., Eaton, J. P., Healy, J. H., Oppenheimer, D., Reasenberg, P., Jones, L., Raleigh, C. B., Wong, I. G., Scotti, O., and Wentworth, C. 1987. New evidence on the state of stress of the San Andreas fault system. *Science* **238**: 1105-1111.

Zoback, M. D., and Healy, J. H. 1992. In situ stress measurements to 3.5 km depth in the Cajon Pass scientific research borehole: implications for the mechanics of crustal faulting. *J. Geophys. Res.* **97**: 5039-5057.

Zoback, M. D., and Harjes, H. -P. 1997. Injection induced earthquakes and crustal stress at 9 km depth at the KTB deep drilling site, Germany. *J. Geophys. Res.* **102**: 18477-18491.

Zoback, M. L, and Zoback, M. D. 1997. Crustal stress and intraplate deformation. *Geowissenschaften.* **15**: 116-123.

Zoback, M. L., Jachens, R. C., and Olson, J. A. 1999. Abrupt along-strike change in tectonic style: San Andreas fault zone, San Francisco Peninsula. *J. Geophys. Res. - Solid Earth* **104**: 10719-10742.

Zöller, G., Hainzl, S., and Kurths, J. 2001. Observation of growing correlation length as an indicator for critical point behavior prior to large earthquakes. *J. Geophys. Res.* **106**: 2167-2175.

索　引

あ行

アコースティック・エミッション（AE）〔acoustic emission〕23, 36, 28, 32, 199, 357
アスペリティ〔asperity〕52
アセノスフェア〔asthenosphere〕235, 250
圧力溶解〔pressure solution〕312
アトラクター〔attractor〕281, 283
アフタースリップ〔afterslip〕248, 250-255, 262
アンタイクラック〔anticrack〕315-316
異方性〔anisotropy〕
　　ダイレイタンシーの異方性〔anisotropy of dilatancy〕351
　　横波の異方性〔S wave anisotropy〕378
馬のしっぽ形ファン〔horsetail fan〕107-108, 165
エイサイスミックなすべり〔aseismic slip〕51, 261-262, 節 6.4.1
エイサイスミック・フロント〔aseismic front〕297
エシェロン配列（雁行配列）〔en echelon crack arrays〕109, 119, 204, 315-316
エネルギー解放レート〔energy release rate〕10
覆瓦扇〔imbricate fan〕165
応力拡大係数〔stress intensity factor〕9, 178, 184
　　限界応力拡大係数〔critical stress intensity factor; fracture toughness〕11
応力降下〔stress drop〕（→ストレス・ドロップ）
応力集中〔stress concentration〕179, 184, 187, 214
オーバーシュート〔overshoot〕177, 185, 187
オーバースラスト（断層）〔overthrust faults〕101-103

か行

階段状の構造〔flats and ramps structure〕165
海錨力〔sea-anchor force〕322
海嶺がプッシュする応力〔ridge push stress〕306
ガウジ〔gouge〕63, 67-76, 132-136, 145, 368
ガウジ・ゾーン〔gouge zone〕120-121, 145
カオス〔chaos〕339
鏡肌〔slickensides〕139
角礫化〔brecciation〕119, 135
火山円錐丘の配列〔volcanic cone alignment〕100
加水軟化〔hydrolytic weakening〕38, 48
カタクレーサイト〔cataclasite〕134, 143-144, 251, 331
カタクラスティックな流動（変形）〔cataclastic flow〕133, 135
硬さ〔hardness〕54, 56, 61, 64, 66, 73
眼球構造〔augen〕139
間欠的なクリープ（すべり）〔episodic creep〕262, 321
間欠的なすべり〔episodic slip〕247
間隙（水）圧〔pore pressure〕101-103, 105, 136-138, 141-142, 150-153, 156-167, 222, 229, 節 6.5.2, 節 7.3.2
　　過剰間隙圧〔unusual high pore pressure〕321
間隙弾性〔poroelasticity〕167, 232, 節 6.5.2
間隙流体〔pore fluid〕70-72, 105, 151, 節 7.3.2
キャラクタリスティック地震（モデル）〔characteristic earthquake（model）〕267-272
強度に対する環境効果〔environmental effects on strength〕節 1.3.2
共役（断層）〔conjugate（faults）〕292, 308, 315
空白域（地震の）〔seismic gap〕（→サイスミック・ギャップ）
くさび型付加体〔accretionary wedge〕（→付加体）
クラック伸展力〔crack extension force〕（→エネルギー解放率）
クラック・シール・メカニズム〔crack seal mechanism〕381

くり返し地震〔repeating earthquakes〕260, 281
クリープ領域（San Andreas 断層）〔creeping section, San Andreas fault〕261-262, 節 6.4.1
群発地震〔swarm〕199, 213-217, 303, 327, 356-357
経路に依存しないクラック先端まわりの積分〔path-independent integral around crack tip〕13
凝着ゾーン〔cohesion zone〕28
限界応力拡大係数〔critical stress intensity factor; fracture toughness〕11
限界（すべり）距離〔critical slip distance; nucleation length〕79-84
限界ひずみ〔ultimate strain〕152
現時点での地震災害危険度の解析〔instantaneous seismic hazard analysis〕節 7.4
極超短波帯の磁気放射〔ULF magnetic emission〕355
コーナー周波数〔corner frequency〕
　スペクトルのコーナー周波数〔corner frequency in spectra〕190, 194
　トポグラフィーのコーナー周波数〔corner frequency in topography〕58, 97

さ行

サイスミック・カップリング〔seismic coupling〕260-261, 275, 294-295, 299-300, 303-306, 節 6.4.2
最弱リンク理論〔weakest link theory〕31
サイスミック・ギャップ（地震の空白域）〔seismic gap〕338-339, 349, 384, 392-393
サイズ分布〔size distributions〕
　地震のサイズ分布〔earthquakes〕288-289
　断層のサイズ分布〔faults〕125-130
再来時間〔recurrence time〕388-389, 節 5.3.5
サブイベント〔subevent〕208, 217, 376
サブクリティカルなクラックの成長〔subcritical crack growth〕8, 38-41, 363
自己相似（性）〔self-similarity〕33, 117, 195, 199
自己組織化された限界状態〔self organized criticality, SOC〕131, 334, 節 5.4
地震（発生した場所による分類）〔earthquakes, by region〕
　アイスランド

　　南アイスランドの地震ゾーン 109-111, 218-219
アメリカ合州国
　Alaska 州
　　Alaska（Prince William Sound）地震（1964）201, 217, 270
　　Rat Island 地震（1965）214
　California 州
　　Big Bear 地震（1992）204, 224, 226
　　Borrego Mountain 地震（1968）226
　　Coalinga 地震（1983）318, 347
　　Coyote Lake 地震（1979）, 320
　　Ft. Tejon 地震（1857）266, 270
　　Galway Lake 地震（1975）224
　　Hayward 地震（1868）278
　　Hector Mine 地震（1999）225-226, 228
　　Homestead Valley 地震（1979）223-224
　　Imperial Valley 地震（1979）168-169, 271
　　Joshua Tree 地震（1999）203-204, 224, 226
　　Landers 地震（1992）144, 168, 202-205, 214, 224-226, 228-230, 239, 241, 249-252, 375-376
　　Loma Prieta 地震（1989）206-208, 214, 226, 251, 254, 278, 338, 355
　　North Palm Springs（1986）224
　　Northridge（1994）156, 208-210, 239, 254, 355
　　Morgan Hill 地震（1984）206, 215, 278, 320
　　Owens Valley 地震（1972）171
　　Parkfield 321, 338, 353, 382-383
　　Parkfield 地震（1996）255-258, 260-262
　　San Fernando 地震（1971）156, 208-211, 214, 226, 239
　　San Francisco 地震（1906）146, 172, 208, 233, 250, 277, 278
　　Superstition Hills 地震（1987）229, 231
　　Whittier Narrows 地震（1987）318
　Colorado 州
　　Denver と Rangely 94-96, 216, 325
　Idaho 州
　　Borah Peak 地震（1983）168-169, 211-212, 309-310, 392
　Missouri 州
　　New Madrid 地震（1811-12）313

索　引

Nevada 州
　　Dixie Valley Fairview Peak 地震（1954）218-220
　　Mead 湖　325
New York 州
　　Blue Mountain Lake 地震（1972）350-351
　　Goodnow 地震（1985）217
　　Raquette Lake 地震（1975）217
South Carolina 州
　　Charleston 地震（1896）314
　　Monticello ダム　328
インド
　　Koyna ダム　327
イラン
　　Dasht-e-Bayez 地震（1968）164
エジプト
　　Aswan ダム　328
オーストラリア
　　Meckering 地震（1968）314
　　Talbingo ダム　327
　　Tennant Creek 地震（1988）314
カナダ
　　Manic-3 ダム　327
　　Ungava 地震（1989）314
ギリシャ
　　Kremasta ダム　327
グアテマラ
　　グアテマラ地震（1976）255, 300, 302
ケニア
　　ケニア地震（1928）308
コロンビア
　　コロンビアーエクアドル沖合い（1942, 1958, 1979）272
ジンバブエ
　　Kariba ダム　328
中国
　　海城〔Haicheng〕地震（1975）255, 300, 357
　　唐山〔Tangshan〕地震（1976）300
チリ
　　チリ地震（1960）316
　　ペルーーチリ海溝　288
トルコ

北 Anatolian 地方　219, 221
南極
　　南極プレート地震（1998）307
日本
　　鰺ケ沢地震（1973）341
　　安政地震（1854）217
　　伊豆大島近海地震（1978）354, 357, 359, 380
　　伊豆半島東方沖地震（1980）353
　　関東地震（1923）267-269
　　神戸（兵庫県南部）地震（1995）353, 389
　　佐渡地震（1802）341-343
　　丹後地震（1927）232, 237, 341-342
　　東南海地震（1944）218, 358, 360, 378, 383
　　南海トラフ　217, 236, 238, 242, 252, 259, 276, 360, 385
　　南海道地震（1946）218, 238, 242-243, 252, 255-258, 270-271, 276, 358, 371-372, 378-379
　　新潟地震（1964）342, 348-350, 378
　　日本海地震（1983）348, 350, 378
　　濃尾（美濃 尾張）地震（1981）172
　　浜田地震（1972）341-342
　　宝永地震（1707）218
　　松代　378
ニュー・ジーランド
　　Edgecumbe 地震（1987）309
　　Hope 地震（Glen Wye）（1888）172
　　Murchison 地震（1855）268
南太平洋
　　Solomon Islands　218
メキシコ
　　Oaxaca 地震（1978）345
パキスタン
　　Tarbella ダム　330
ロシヤ連邦
　　Garm（Tadjikistan）350
　　Gazli 地震（1976）218
　　Nurek ダム（Tadjikistan）326-327
　　Kamchaka-Kurile　276
地震効率〔seismic efficiency〕176, 332
地震のポテンシャル〔seismic potential〕275
地震発光〔earthquake light〕343
地震（波）のエネルギー〔seismic energy〕

175-176
地震モーメント〔seismic moment〕189, 194, 288-290, 292-295, 332
地震モーメント・テンソル〔seismic moment tensor〕189, 290
褶曲に関係する断層〔fold-related faulting〕318
修正 Griffth の破壊基準〔modified Griffth criterion〕20
シュードタキライト〔pseudotachylyte〕122, 135-136, 146, 150-151
準ぜい性的（挙動）〔semibrittle behavior〕42, 133, 146
ジョイント〔joint〕13, 56, 61, 107, 128, 130-131, 368
ジョイント・ダイレイタンシー〔joint dilatancy〕61, 368
小地震と大地震〔large and small earthquakes〕192, 198-199
状態変数〔state variable〕（→ RS 摩擦則）
初期摩擦〔initial friction〕52, 59-60, 62-63, 172
ジョグ〔jog〕119, 162-169, 204, 249, 251, 261
震源〔hypocenter〕191-192
震源メカニズム〔focal mechanism〕172, 189, 289-292, 313-314, 332, 392
人工的に誘発された地震活動〔induced seismicity〕380, 節 6.5
深部すべりモデル〔deep slip model〕241, 244-247
震央〔epicenter〕191-192
水圧破砕〔hydraulic fracturing〕100, 138, 167
スキツォスフェア〔schizosphere〕3, 42, 103-104, 146, 188, 92, 244-245, 297, 334
スケーリング則（地震に対するスケーリング則）〔scaling law for earthquakes〕190, 192, 節 4.3.2
スケーリング則（断層に対するスケーリング則）〔scaling law for faults〕112, 122,
スティック－スリップ〔stick-slip model〕節 2.3
持続的なスティック－スリップ〔regular stick-slip〕77-78
スティック－スリップ・モデル（理論）〔stick-slip model〕151-152
ステップ〔step〕119-120, 162-167
ステップオーバー〔stepover〕163, 250-251

ストレス・コロージョン〔stress corrosion〕38-41, 48, 361-362
ストレス・シャドウ〔stress shadow〕125-126, 129, 226, 279
ストレス・ドロップ（応力降下）〔stress drop〕13, 91-92, 113-114, 152, 176-178, 187-188, 193-198, 221-223, 312-315, 332
砂山モデル〔sandpile model〕131, 339
すべり核形成〔nucleation〕（→ニュークリエーション）
すべり核形成長さ〔nucleation length〕（→ニュークリエーション長さ
すべり核形成モデル〔nucleation models〕（→ニュークリエーション・モデル）
すべり強化〔slip hardening〕62
すべり弱化〔slip weakening〕179, 369
すべり速度強化〔velocity strengthening〕92, 143-145, 187-188, 281, 299
すべり速度弱化〔velocity weakening〕92, 143-144, 187-188, 281
スラブの窓効果〔slab window effect〕159
スラブをひきずりこむ力〔slab suction force〕322
スリップ・プレディクタブル・モデル〔slip predictable model〕256-257, 275
静穏期（地震活動の）〔seismic quiescence〕276, 344-347, 349-351, 357-358, 376, 381
ぜい性－塑性遷移〔brittle-plastic transition〕87, 89, 135, 141-142, 147, 305, 節 1.4
接触する表面の閉塞〔closure of contacting surfaces〕56
接触面積（領域）〔contact area〕36, 53-55, 62, 66-67, 73, 75, 84
接触理論〔contact theory〕55, 57, 60, 66, 249, 364
静的な疲労〔static fatigue〕40, 15-216, 356, 363
静摩擦〔static friction〕52, 78-91, 177, 179, 198
線形弾性破壊力学〔linear elastic fracture mechanics〕38, 113, 174-175
前震〔foreshocks〕213, 216, 338, 344, 355-359, 374-377

せん断クラック（モードⅡ，Ⅲ）〔shear crack〕

9, 13-14, 29, 31, 33, 107, 109, 175, 177
せん断発熱〔shear heating〕149-150, 298, 305
速度と状態に依存する摩擦則〔rate and state variable friction〕(→ RS 摩擦則)
塑性〔plasticity〕42-50, 70, 89-90, 117, 122, 131, 133-135, 141-143
損傷力学（モデル）〔damage mechanics（model）〕33, 357

た行

タイム・プレディクタブル・モデル〔time predictable model〕255-258, 262, 272, 388
ダイレイタンシー〔dilatancy〕23-25, 31, 33, 36-37, 45-46, 61, 節 7.3.2
 限界（クリティカルな）ダイレイタンシー（ひずみ）〔critical dilatancy（strain）〕33, 40
 ジョイント・ダイレイタンシー〔joint dilatancy〕61, 368
 ダイレイタンシー（拡散モデル）〔dilatancy（diffusion）model〕374, 378-382, 節 7.3.2
 ダイレイタンシー硬化〔dilatancy hardening〕36-37, 365, 367, 369, 376-381
 断層ダイレイタンシー・（モデル）〔fault zone dilatancy（model）〕節 7.3.2
 ボリューム・ダイレイタンシー・モデル〔volume dilatancy model〕節 7.3.2
ダブレット〔doublet〕213
ダメージ・ゾーン〔damage zone〕110, 115-116, 121
弾性クラック・モデル〔elastic crack model〕13-14, 113-114
弾性反撥理論〔elastic rebound theory〕233-235, 244, 339
断層作用と変成作用の関係〔metamorphism in relation to faulting〕149-150, 297
断層とテクトニックな地域の場所〔fault and tectonic region, by location〕
 アフリカ
  アフリカのリフト・システム（地溝帯）123, 308
  Witwatersrand 節 6.5.3
 オーストリア
  Tyrol 地すべり 15
 アメリカ合州国
  Alaska 州
   Middleton 島 270
  California 州
   Calaveras 断層 278, 316, 319-320
   Camp Rock / Emerson 断層 202, 204, 249, 251
   Cleghorn 断層 154
   Coyote Creek 断層 166
   Eastern California せん断ゾーン 241
   Elmore Ranch 断層 231
   Hayward 断層 215, 226, 278, 320
   Homestead Valley 断層 204, 249, 251
   Imperial 断層 226, 260, 294
   Johnson Valley 断層 202, 204, 249, 251
   Kickapoo 断層 204
   Parkfield 断層 257, 261, 320
   Salton トラフ 320
   San Andreas 断層 119-121, 152-160, 207-208, 246-247, 259-260, 262-264, 272, 318-319, 390
   San Jacinto 断層 166
   Sargent 断層 208
   Superstition Hills 断層 226, 229, 231
  Idaho 州
   Borah Peak 断層 168-169, 211-214, 309-310, 392, 443
   Lost River 断層 212, 392
  Nevada 州
   Great Basin（Basin and Range）171-172, 266, 276, 307-309
  North Carolina 州
   Blue Ridge 衝上断層 133
  Oklahoma 州
   Meers 断層 313
  Utah 州
   East Cache 断層 267
   Wasatch 断層 266-267, 270, 272
 イラン
  Dasht-e-Bayez 断層 164
  Zagros 地方 295, 320
 英国

Moine 衝上断層 131
　スイス
　　　Glarus 122
　トルコ
　　　北 Anatolian 断層 168, 219-221, 226, 295
　日本
　　　伊豆半島 99-101, 353-354, 357-358, 383
　　　喜界島 268-269
　　　中央構造線（MTL）297-299
　　　東海沖のサイスミック・ギャップ 338, 392
　　　日本海沿岸 341-342, 358, 377
　　　日本海溝 295, 385
　　　房総半島 267-270
　ニュー・ジーランド
　　　Alpine 断層 150, 287
　　　Hope 断層 172
　　　Martha 鉱山 166
　　　Taupo 火山帯 307
　　　Wairarapa 断層 268
　パキスタン
　　　Salt Range 320
　ロシヤ連邦
　　　Kamchatka-Kurile 276
断層のクリープ〔creep, fault〕226, 259, 316-319, 380, 385
断層のセグメンテーション〔segmentation of faults〕節 3.2.1
断層面解〔fault-plane solution〕104, 189, 290
地球潮汐〔earth tide〕227-228
長期的な地震災害危険度〔long-term seismic hazard〕383-384, 387-388
超塑性〔superplasticity; superplastic〕122, 134
直接効果〔direct effect〕
　（すべり速度の変更による摩擦に対する）直接効果〔direct effect to friction due to a sudden change of sliding velocity〕80-86, 227
　貯水による直接効果〔direct effect due to a static increase in load and pore pressure〕329
デコルマン〔decollement〕102, 317-322
ディタッチメント（断層）〔detachment (fault)〕103-104, 212, 308
低角の正断層〔low-angle normal fault〕104, 107

デュープレックス・（ジョグ）〔duplex jog〕165
等応力区域〔stress province〕313
東海沖空白域（での予知実験）〔Tokai seismic gap; Tokai prediction experiment〕338, 382-383, 392
動摩擦〔dynamic friction〕52, 78-81, 179, 187
特徴的なすべり距離〔characteristic slip distance〕（→限界すべり距離）
ドーナツ・パターン〔doughnut pattern〕276, 338, 344
トリガー（トリガリング）〔trigger (ing)〕214, 219, 226-229, 232, 325, 328-329, 331

な行

内部摩擦角〔angle of internal friction〕19, 99
内部摩擦係数〔coefficient of internal friction〕17-18
ニュークリエーション（すべり核形成）〔nucleation〕16, 28, 85, 92-94, 247-248, 357-364, 368-370, 372-378, 392
ニュークリエーション・モデル（すべり核形成モデル）〔nucleation model〕360-364, 373-378
熱流量パラドックス〔heat flow paradox〕149-150, 152-155, 158-160
粘弾性カップリング（・モデル）〔viscoelastic coupling (model)〕244-247, 250

は行

背弧拡大〔back arc spreading〕300, 307, 309, 323-324
破壊エネルギー〔fracture energy〕11, 27-29, 113, 116, 118, 177-179
破壊じん性〔fracture toughness〕11, 30, 34, 37
破壊のモード〔fracture modes〕42
パターン認識〔pattern recognition〕373
ばね－スライダー（・モデル）〔spring-slider (model)〕78, 84, 87, 90, 176, 193, 281-285
バリアー〔barrier〕164, 212
バリアブル・スリップ・モデル〔variable slip model〕270-272
ひずみの分割〔strain partitioning〕155

引っ張りの割れ目〔tension gash〕138-139
表面粗さ〔roughness〕55-58, 64, 96, 376
表面エネルギー〔surface energy〕3, 5-6, 27-29, 118, 121, 149, 174, 178
表面のトポグラフィー〔surface topography〕56-58, 62, 96, 151-162
ヒーリング〔healing〕
 すべり面のヒーリング〔healing of slipped surfaces〕97, 節2.3.2
 動的なヒーリング〔dynamic healing〕197, 184-187, 203-204
(くさび型)付加体〔accretionary wedge〕296, 299
複合地震〔compound earthquakes〕213, 217-219, 231, 356, 375
プッシュ・アップ〔push up〕111, 165
フラクタル(集合)〔fractal (set)〕57-58, 118-119, 161-162, 169, 199, 375-376
プラストスフェア〔plastosphere〕3, 42, 140, 244-246
プラストスフェアのリラクゼーション時間〔plastosphere relaxation time〕244
フラットとランプの階段状の構造〔flats and ramps structure〕165
フラワー構造〔flower structure〕165
負の浮力〔negative buoyancy〕277, 322
プル・アパート・ベースン〔pull apart basin〕165
プレート冷却モデル〔plate-cooling model〕305-307
ブレークダウン長さ〔breakdown length〕(→ニュークリエーション長さ)
プロセス・ゾーン〔process zone〕27-29, 109, 116-118, 120-121, 179
母岩〔protolith〕72, 131-135, 143, 148, 153
ポーフィロブラスト〔porphyroblast〕133
ほりおこし〔ploughing〕54, 61, 73

ま行

マイロナイト〔mylonite〕50, 73, 121-122, 142, 244, 298, 節3.3
マグニチュード〔magnitude〕189, 191-192, 199-200, 289, 347, 356, 375, 379-380
マグニチュード・スケールの飽和〔saturation of magnitude scale〕191, 289
摩擦係数〔coefficient of friction〕17-18, 54-55, 64, 67, 72-73, 80, 152-157, 160
摩擦の安定性〔stability of friction〕62, 87, 322
摩擦の接着理論〔adhesion theory of friction〕53-55
摩耗〔wear〕52, 62, 73, 75, 118
モードⅡ〔mode Ⅱ〕9, 29, 32-33, 109, 162, 177-181, 186
モードⅢ〔mode Ⅲ〕9, 29, 33, 107-108, 116, 162, 179, 181-183, 186
モーメント解放速度〔moment release rate〕293-294, 303, 314, 332, 385-386
モーメント中心〔moment centroid〕304
モーメント・マグニチュード〔moment magnitude〕289

や行

山はね〔rockburst〕332
有効応力の法則〔effective stress law〕35-36, 70-71, 95, 101-102
ユニフォーム・スリップ・モデル〔uniform slip model〕270-272
葉状構造〔foliation〕131

ら行

ライズ・タイム〔rise time〕91, 206, 209
ラプチャー速度〔rupture velocity〕92, 180-188, 204, 217
リストリックな断層〔listric fault〕103
リニエーション〔lineation〕131, 133, 136-137, 139-140
リミット・サイクル〔limit cycle〕282
流理構造〔fluixon structure〕135
粒子速度〔particle velocity〕91-92, 149, 184-185, 209
理論的強度〔theoretical strength〕2-6
隆起段丘〔uplifted terraces〕244, 267, 269-270
ロック-アップ角〔lock-up angle〕105-107, 152

abc

AE（→アコースティック・エミッション）

Amontons の摩擦法則〔Amontons's laws of friction〕 51-52

Brune のモデル〔Brune model〕 177

Burgers ベクトル〔Burgers vector〕 43, 180

Burridge-Knopoff のモデル〔Burridge-Knopoff model〕 283

Byerlee の法則〔Byerlee's law〕 64, 93

Cajon Pass ボアホール実験〔Cajon Pass borehole experiment〕 159

CFTT モデル〔CFTT モデル〕 115-118

Cienega ワイナリー〔Cienega Winery〕 262-263, 319

Coulomb の破壊応力〔Coulomb failure stress〕節 4.5.1, 240

Coulomb の破壊基準〔Coulomb criterion〕 17-20, 36, 98, 99, 103, 149, 329

Coulomb-Mohr の破壊基準〔Coulomb-Mohr criterion〕（→ Coulomb の破壊基準）

CTOA モデル〔CTOA model〕 16

da Vinci, Leonardo 51

Δ CFS〔a change in the Coulomb stress〕（→ Coulomb の破壊応力）

Dugdale-Barenblatt モデル〔Dugdale-Barenblatt model〕 113

Einstein 方程式〔Einstein equation〕 180

f_{max} 198

Griffith クラック〔Griffith crack〕 7, 18, 31

Griffith 理論〔Griffith theory〕 3, 32

Gutenberg-Richter の（経験）式〔Gutenberg-Richter (empirical) relationship〕 128, 199, 283-284

Haskell のモデル〔Haskell model〕 177, 191

Hooke, Robert 171

Hopf 分岐〔Hopf bifurcation〕 85

IND モデル〔IND model〕 366

InSAR〔Interferometric Synthtic Aperture Radar〕 249-250

Knopoff モデル〔Knopoff model〕 178-179, 194

Kostrov の式〔Kostrov formula〕 293

KTV ボアホール〔KTV borehole〕 152

Navier-Coulomb 破壊基準〔Navier-Coulomb criterion〕 17

Obreimoff の実験〔Obreimoff's experiment〕 7-8, 37

Omori 法則〔Omori law〕 213, 216, 229, 232

Orowan の強度モデル〔Orowan strength model〕 2-3, 6-7

Parkfield における地震予知実験〔Parkfield prediction experiment〕 259, 338, 節 7.3.6

R 曲線〔R-curve〕 117

Rangely における（水の注入）実験〔Rangely (fluid injection) experiment〕 94-95, 216, 325

Reidel せん断〔Reidel shears〕 68, 76, 109, 137-138

RS 摩擦則（速度と状態に依存する摩擦則）〔rate and state variable friction〕 79-82, 88, 96, 227, 371-372, 節 2.3.2

San Andreas 断層の熱流量のパラドックス〔heat flow paradox, San Andreas fault〕 159

S-C マイロナイト〔S-C mylonite〕 137

Skempton の係数〔Skempton's coefficient〕 222, 331

SOC（→自己組織化された限界状態）

Starr モデル〔Starr model〕 194

von Mises-Taylor の（塑性流動）基準〔von Mises-Taylor criterion〕 44

Wadati-Benioff ゾーン〔Wadati-Benioff zones〕 292, 297, 300, 314

Zener-Stroh のメカニズム〔Zener-Stroh mechanism〕 44

訳者紹介
柳谷　俊　やなぎだに　たかし
京都大学防災研究所地震予知研究センター准教授

中谷正生　なかたに　まさお
東京大学地震研究所准教授

著者紹介
Scholz, Christopher H.　ショルツ，Ｃ．Ｈ．
コロンビア大学ラモント・ドハーティ研究所教授

書　名	地震と断層の力学 第二版
コード	ISBN978-4-7722-4110-6　C3044
発行日	2010年9月1日　第二版第1刷発行
訳　者	柳谷　俊・中谷正生　訳
	Copyright ©2010 YANAGIDANI Takashi and NAKATANI Masao
発行者	株式会社古今書院　橋本寿資
印刷所	カシヨ株式会社
製本所	渡辺製本株式会社
発行所	古今書院
	〒101-0062　東京都千代田区神田駿河台2-10
電　話	03-3291-2757
ＦＡＸ	03-3233-0303
振　替	00100-8-35340
ホームページ	http://www.kokon.co.jp/
	検印省略・Printed in Japan